普通高等教育“十一五”国家级规划教材
高等学校“十四五”新形态教材
高等院校石油与天然气工程类专业系列教材

钻井工程理论与技术（第3版）

主　编　管志川　陈庭根　许玉强

中国石油大学出版社
CHINA UNIVERSITY OF PETROLEUM PRESS
山东·青岛

图书在版编目(CIP)数据

钻井工程理论与技术 / 管志川,陈庭根,许玉强主编. --3 版. --青岛:中国石油大学出版社,2023.12

ISBN 978-7-5636-7771-9

Ⅰ. ①钻… Ⅱ. ①管… ②陈… ③许… Ⅲ. ①钻井工程 Ⅳ. ①TE2

中国国家版本馆 CIP 数据核字(2023)第 220940 号

中国石油大学(华东)规划教材

书　　名: 钻井工程理论与技术(第 3 版)
ZUANJING GONGCHENG LILUN YU JISHU (DI 3 BAN)

主　　编: 管志川　陈庭根　许玉强

责任编辑: 穆丽娜(电话　0532-86981531)

责任校对: 张　廉(电话　0532-86981531)

封面设计: 王凌波　韩　涛

出 版 者: 中国石油大学出版社
(地址:山东省青岛市黄岛区长江西路 66 号　邮编:266580)

网　　址: http://cbs.upc.edu.cn

电子邮箱: shiyoujiaoyu@126.com

排 版 者: 青岛友一广告传媒有限公司

印 刷 者: 青岛国彩印刷股份有限公司

发 行 者: 中国石油大学出版社(电话　0532-86981531,86983437)

开　　本: 787 mm×1 092 mm　1/16

印　　张: 22.5

字　　数: 589 千字

版 印 次: 2000 年 8 月第 1 版　2023 年 12 月第 3 版　2023 年 12 月第 1 次印刷

书　　号: ISBN 978-7-5636-7771-9

定　　价: 56.00 元

第3版前言

PREFACE

《钻井工程理论与技术》是在党的教育方针指导下，根据“石油工程”国家一流专业的教学计划和新时代能源战略人才培养需求改编的专业课教材，也是国家级一流课程“钻井工程”的配套教材。本教材第1版作为普通高等教育“九五”国家级重点教材和面向21世纪课程教材于2000年8月出版，第2版于2017年1月出版。本教材于2007年被审定为普通高等教育“十一五”国家级规划教材，于2020年入选首批山东省普通高等教育一流教材。本教材出版20余年以来，有数十届石油工程专业本科生以及大量成人教育学员和网络教育学生使用了本教材。

中国石油大学(华东)石油工程学院钻井工程课程组在多年使用该教材授课和不断充实教学内容、征求现场工程技术人员和往届毕业生意见及建议的基础上，利用融媒体技术对慕课视频、原理动画、实验讲解、课程思政、前沿动态、拓展阅读等教材配套的数字资源进行了深度融合，并根据教学改革、学生反馈和行业发展等进行维护和更新，形成了可听、可视、可练、可互动的新形态教材，显著提升了教材的使用效果和内容时效性，拓展了学生学习的时空边界。该教材始终遵循在内容上理论与实际相结合、少而精、覆盖面广、尽量反映钻井科技新技术和新成果，在结构上符合循序渐进、有利于课堂讲解和学生自学的原则，从钻井工程地质条件、石油钻机及钻井工具、钻井液、钻进参数优选、井眼轨道设计与轨迹控制、油气井压力控制、固井与完井、其他钻井技术及前沿动态等多方面，系统地讲述钻井工程所涉及的基本理论、基本计算、基本设计和现代主要钻井技术的基本工艺过程与原理。

此次再版由管志川、陈庭根、许玉强主编，中国石油大学(华东)石油工程学院部分教师参与改编。其中，绪论和第八章由陈庭根、王瑞和、许玉强改编，第一章由程远方改编，第二章由邹德永、金业权改编，第三章由邱正松改编，第四章由管志川改编，第五章由韩志勇、史玉才改编，第六章由刘刚改编，第七章由步玉环、管志川改编，课程思政、视频动画、前沿动态、拓展阅读等数字资源由许玉强统筹编写及维护。全书由管志川、许玉强对最后稿件进行了统一修改，并由廖华林、许玉强进行了整体校核。

由于编者水平所限，其中难免有不当和错误之处，诚请使用本教材的师生和广大读者批评指正。

编　者

2023年12月

第1，2版前言

目 录
CONTENTS

— 线上自学 —

0-1

绪　论

(一)

在石油勘探和油气田开发的各项任务中,钻井起着十分重要的作用。诸如寻找和证实含油气构造,获得工业油流,探明已证实的含油(气)构造的含油气面积和储量,取得有关油气田的地质资料和开发数据,最后将原油从地下取到地面上来等,无一不是通过钻井来完成的。钻井是勘探与开采石油及天然气资源的一个重要环节,是勘探和开采石油的重要手段。

石油勘探和开发过程是由许多不同性质、不同任务的阶段组成的。在不同阶段,钻井的目的和任务也不一样,其中一些是为了探明储油构造,另一些是为了开发油田、开采原油。因此,油气井一般定义为以勘探和开发石油、天然气等地下资源及获取地下信息为目的,在地层中钻出的具有一定深度的圆柱形孔眼。

为了适应不同阶段、不同任务的需要,钻井的种类可分为以下几种。

(1) 基准井:在区域普查阶段,为了了解地层的沉积特征和含油气情况、验证物探成果、提供地球物理参数而钻的井。基准井一般钻到基岩并要求全井取心。

(2) 剖面井:在覆盖区沿区域性大剖面所钻的井。目的是揭露区域地质剖面,研究地层岩性、岩相变化并寻找构造。剖面井主要用在区域普查阶段。

(3) 参数井:在含油气盆地内,为了了解区域构造、提供岩石物性参数所钻的井。参数井主要用在综合详查阶段。

(4) 构造井:为了编制地下某一标准层的构造图、了解其地质构造特征、验证物探成果所钻的井。

(5) 探井:在有利的集油气构造或油气田范围内,为了确定油气藏是否存在、圈定油气藏的边界、对油气藏进行工业评价并取得油气开发所需的地质资料而钻的井。各勘探阶段所钻的井又可分为预探井、初探井、详探井等。

(6) 资料井:为了编制油气田开发方案,或在开发过程中为某些专题研究取得资料数据而钻的井。

(7) 生产井:在进行油气田开发时,为开采石油和天然气而钻的井。生产井又可分为产油井和产气井。

(8) 注水(气)井:为了提高采收率及开发速度而对油田进行注水(气)以补充和合理利用地层能量所钻的井。专为注水或注气而钻的井称为注水井或注气井,有时统称注入井。

(9) 检查井:油气田开发到某一含水阶段,为了明确各油气层的压力和油、气、水分布状况,以及剩余油饱和度的分布和变化情况,了解各项调整挖潜措施的效果而钻的井。

(10) 观察井：油气田开发过程中，专门用于了解油气田地下动态，如观察各类油气层的压力、含水变化规律和单层水淹规律等而钻的井。观察井一般不担负生产任务。

(11) 调整井：油气田开发中、后期，为了进一步提高开发效果和最终采收率而调整原有开发井网所钻的井(包括生产井、注入井、观察井等)。这类井的生产层压力或因采油后期呈现低压，或因注入井保持能量而呈现高压。

— 拓展与思政 —

0-2

整个油田开发过程分为勘探、建设、生产三个阶段，各阶段互相联系且都需要进行大量的钻井工作。高质量、快速和高效率钻井是开发油气田的重要手段。

(二)

— 线上自学 —

0-3 钻井发展史

钻井除在石油工业应用外，在国民经济建设中也得到了广泛应用。例如，在探矿、水文地质、铁路、水力及各类基本建设等领域常利用钻井方法取得有关资料，并将钻井技术用在工程施工中。在远古时代，人类为生存和取得地下资源即开始掘井。钻井技术的发展一般可分为四个阶段：① 人工掘井；② 人力冲击钻；③ 机械顿钻(冲击钻)；④ 旋转钻。我国在利用钻井开发地下资源方面有着悠久的历史。据记载，早在两千多年前在四川就已经钻凿了盐井，并发明了冲击钻，其基本原理至今仍为人们所利用。在北宋时代，人力绳索式顿钻方法得到了发展。1521 年钻凿了油井和火井(天然气井)，1835 年在四川钻成了深达 1 200 m 的火井，这是当时世界上最深的井。一般认为机械顿钻(1859 年)是现代石油钻井的开始。此后 1901 年发展了旋转钻井方法，以转盘带动钻柱、钻头破碎井底岩石并循环钻井液以清洁井底。1923 年苏联工程师研究出涡轮钻具，并从 20 世纪 40 年代开始得到广泛应用。以后又出现了电动钻具和螺杆钻具，统称为井下动力钻具，它们在钻定向井中具有特殊的优越性。

到目前为止，旋转钻井方法仍是石油钻井的主要方法。随着现代科学技术的发展，旋转钻井工艺技术得到了迅速发展，其特点是：① 从经验钻井发展到科学化钻井；② 从浅井、中深井发展到深井、超深井；③ 从直井(垂直井)、定向井发展到大斜度定向井、丛式井、水平井；④ 从陆地钻井发展到近海、深海和极地钻井。

旋转钻井技术的发展可分为以下五个时期。

(1) 概念时期(1901—1920 年)：这个时期开始将钻井和洗井结合在一起，并使用牙轮钻头和注水泥封固套管工艺技术。

(2) 发展时期(1920—1948 年)：这个时期内牙轮钻头、固井工艺、钻井液等得到进一步发展，同时出现了大功率钻井设备。

(3) 科学化钻井时期(1948—1969 年)：这个时期开展了大量的研究工作，研究钻井工艺中的内在规律，使钻井技术有了迅速发展。其主要技术成就有：水功率的充分利用(喷射钻井)；镶齿、滑动密封轴承钻头；低固相、无固相不分散体系钻井液及固相控制；钻进参数优选；地层压力检测、井控技术及平衡压力钻井技术等。

(4) 自动化钻井时期(1969 年至今)：这个时期发展了钻井参数自动测量、综合录井、随钻测量技术；计算机在钻井中得到广泛应用；优化钻井、自动化钻机、井口机械化及自动化工具、井眼轨迹遥控及自动闭环控制等新技术、新工艺、新设备应运而生。

(5) 智能化钻井时期(目前处于初级发展阶段)：随着自动化钻井装备和技术的逐渐成熟以及大数据、人工智能技术的发展，钻井技术正经历由自动化向智能化的变革。如智能钻机、智能钻头、智能钻杆、智能钻井液、井下智能导向钻井系统、远程实时智能控制中心等关键技术装备正逐步由概念设计发展至矿场应用，有望实现钻井作业的智能决策和控制，从而大幅度提高作业效率和安全性，降低钻井成本。

随着深水钻井平台、万米深地钻机、极地钻机、“井工厂”钻机、精细控压钻井、大位移井、连续管钻井、自动垂直钻井、旋转导向钻井等钻井技术装备的不断发展，人类已具备钻探深水、深层、极地、非常规等油气资源以及科学钻探的能力，并不断向更深层进军，探索地球深部的奥秘。

党的二十大报告指出要“积极稳妥推进碳达峰碳中和”“深入推进能源革命”“确保能源资源安全”“发展绿色低碳产业”“必须坚持科技是第一生产力”“深入实施创新驱动发展战略”，这些能源关键词为我国当今及未来的石油行业尤其是钻井领域的技术发展指明了方向。水合物、储气库、碳埋存及深水/深层天然气、页岩气等“碳达峰、碳中和”的关键领域，正是近年来石油行业“能源革命”的新战场，而钻井工程和技术是赢得新战场的必要手段和“利器”。随着能源革命推进的不断深入，对钻井新技术的需求显著增加，也激励着当代石油人在新时代、新征程、新业态下坚持科技创新和绿色发展，勇担时代使命，为全面建设社会主义现代化国家、全面推进中华民族伟大复兴贡献石油力量。

2022 年 11 月，中国中央电视台报道了“我国旋转地质导向钻井系统取得突破，整体达到国际先进水平”；2023 年 5 月，我国海上首口二氧化碳封存回注井在恩平 15-1 平台顺利完钻；截至 2023 年 7 月，新疆呼图壁储气库自注气系统投产以来累计注入天然气超 200×10^8 m^3，累计外输天然气超 189×10^8 m^3；2023 年 3 月，果勒 3C 井顺利完钻，以 9 396 m 井深刷新亚洲陆上最深油气水平井纪录；我国首口万米科探井——深地塔科 1 井（设计井深 11 100 m）于 2023 年 5 月 30 日开钻；全球首口地质条件最复杂、钻井难度最高的万米科探井，我国第 2 口万米科探井——深地川科 1 井（设计井深 10 520 m）于 2023 年 7 月 20 日开钻。这些鼓舞人心的突破和进展都表明我国石油人坚定践行党的二十大精神，不忘习近平总书记“端牢能源饭碗”的嘱托和“我为祖国献石油”的初心。

— 拓展与思政 —

0-4

（三）

— 动 画 —

0-5 钻井全流程

在石油钻井中，虽钻井目的不同，井的深浅各异，但无论是在陆地上还是在海上，目前都是用旋转方法钻井，包括转盘旋转钻井、井下动力旋转钻井及顶部驱动旋转钻井。

一口井的建井过程从确定井位到最后试油、投产，要完成许多作业，按其顺序可分为三个阶段，即钻前准备、钻进和固井与完井，而每个阶段又包括许多具体工艺作业。

1. 钻前准备

确定井位、完成井的设计后，钻前准备是钻井施工的第一道工序，它主要包括以下四步。

（1）修公路：修建通往井场的运输用公路，以便运送钻井设备及器材等。

（2）井场及设备基础准备：根据井的深浅、设备的类型及设计要求来平整场地，进行设备基础施工（包括钻机、井架、钻井泵等的基础）。

（3）钻井设备搬运及安装：包括设备就位、找正、调整、固定，钻井循环管线和油、气、水、保温管线及罐、保温锅炉的安装等。

(4) 井口设备准备：包括挖圆井（或不用）、下导管并封固、钻鼠洞及小鼠洞等。

2. 钻　进

钻进是将一定压力作用在钻头上，带动钻头旋转破碎井底岩石，井底岩石破碎后所产生的岩屑通过循环钻井液携带到地面上来的过程。在钻头上施加压力是利用部分钻柱（钻铤）的重力来完成的，钻头的旋转是由转盘或顶驱动力水龙头带动钻柱旋转来实现的。在使用井下动力钻具时，钻柱不旋转。在钻进过程中，只要钻具在井内，就应不断循环钻井液以免造成井下事故。

在钻进中，钻头不断破碎岩石，井眼逐渐加深，钻柱也需要接长，因而需要不断接钻杆（接单根）。

由于钻头在井底破碎岩石，故钻头会逐渐磨损，致使机械钻速下降，当钻头磨损到一定程度时需要更换新钻头。此时，需将全部钻柱从井内起出（起钻），更换新钻头后再将新钻头及全部钻柱下入井内（下钻），这一过程称为起下钻。有时为了处理事故、测井等，也需要进行起下钻作业。

在钻井过程中，井眼不断加深，所形成井眼的井壁应当稳定，不发生复杂情况以保证继续钻进。在钻进中要钻穿各种地层，而各地层的特点不同，其岩石强度有高有低，有的地层含有高压水、油、气等流体，有的含有盐、石膏、芒硝等成分，对钻井液都有不良影响。强度低的地层会发生坍塌或被密度大的钻井液压裂等复杂情况，妨碍继续钻进，这就需要下入套管并注入水泥予以封固，然后用较小的钻头继续钻出新的井段。改变钻头尺寸（井眼尺寸），开始钻新的井段的工艺称为开钻。一般情况下，在一口井的钻进过程中应有几次开钻，井深和地层情况不同，则开钻次数不同。其基本工艺过程如下。

第一次开钻（一开）：从地面钻出较大井眼，到一定设计深度后下入表层套管。

第二次开钻（二开）：从表层套管内用较小一些的钻头继续钻进。若地层不复杂，则可直接钻到目的层后下油层套管完井；若地层复杂，很难用钻井液控制，则要下入技术套管。

第三次开钻（三开）：从技术套管内用再小一些的钻头继续钻进。根据情况，或可一直钻达预定井深，或再下入第二、第三层技术套管，再进行第四、第五次开钻，直到最后钻达目的地层深度，下入油层套管，进行固井、完井作业。

3. 固井与完井

固井是在已钻成的井眼内下入套管，然后在套管与井壁之间的环形空间内（在套管的下段部分或全部环空）注入水泥浆，将套管和地层固结在一起的工艺过程。固井可以防止发生复杂情况以保证安全钻进下一段井眼（对表层、技术套管）或保证顺利开采生产层的油、气（对油层套管）。套管柱的顶部在地面用套管头予以固定。

完井包括钻开生产层，确定油气层和井眼的连通方式（即完井井底结构），确定完井的井口装置及有关技术措施。完井井底结构可分为四类，即封闭式井底、敞开式井底、混合式井底和防砂完井等，它们分别适应不同的油气层条件。完井作业还包括下油管、装油管头和采油树，然后进行替喷、诱导油流使油气进入井眼，以便进行采油生产。

另外，在整个油井的建井过程中还需进行岩屑录井及电测、气测等录井工作，必要时要取心。探井在钻到油层时要进行钻杆测试工作。石油钻井建井过程如图 0-0-1 所示。

— 拓展与思政 —

0-6

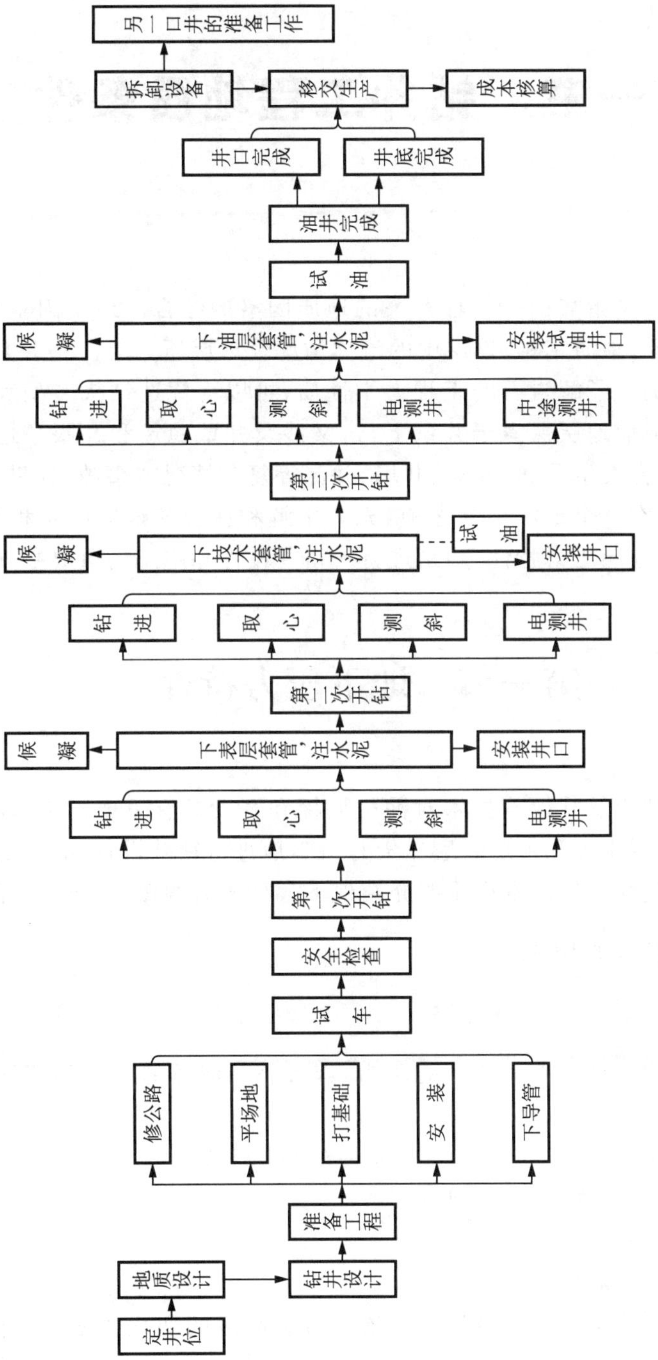

图 0-0-1 石油钻井建井过程

第一章　钻井工程地质条件

钻井工程地质条件是指与钻井工程有关的地质因素的综合。地质因素包括岩石、土壤类型及其工程力学性质、地质结构、地层中的流体情况及地层压力等。钻井是通过不断破碎井底岩石而逐渐钻进的。了解岩石的工程力学性质，可以为优选钻头类型和优化钻进参数提供依据。井眼的形成使地层裸露于井壁上，这又涉及井壁稳定和井眼与地层之间的压力平衡问题，处理不当则会发生井涌、井喷、井塌、井漏等复杂情况或事故，使钻进难以进行，甚至使井眼报废。因此，在一个地区钻井之前，充分了解和认识该地区的工程地质资料（包括岩石的工程力学性质、地层压力特性等）是进行一口井设计和施工的重要基础。

第一节　地下压力特性

地下各种压力的理论及其评价技术对油气勘探和开发具有重要意义。在钻井工程中，地层孔隙压力、地层坍塌压力和地层破裂压力是科学地进行钻井设计和施工的基本依据，因此必须对它们进行准确的评价。本章主要介绍地下各种压力的概念和压力评价方法。

一、地下各种压力的概念

1. 静液压力

静液压力是由液柱自身的重力产生的压力，其大小与液体的密度和液柱的垂直高度有关，即

$$p_h = 0.009\ 81\rho h \tag{1-1-1}$$

— 线上自学 —

1-1　与钻井工程相关的各种压力表征

式中　p_h——静液压力，MPa；

ρ——液体密度，g/cm^3；

h——液柱垂直高度，m。

图 1-1-1 给出了静液压力随液柱垂直高度的变化曲线，可见静液压力随液柱垂直高度的增加而增大。常用单位高度的液柱压力（即压力梯度）来表示静液压力随高度的变化。若用 G_h 表示静液压力梯度，则：

$$G_h = p_h/h = 0.009\ 81\rho \tag{1-1-2}$$

式中　G_h——静液压力梯度，MPa/m。

静液压力梯度的大小与液体中所溶解的矿物及气体的含量有关。在油气钻井中，钻

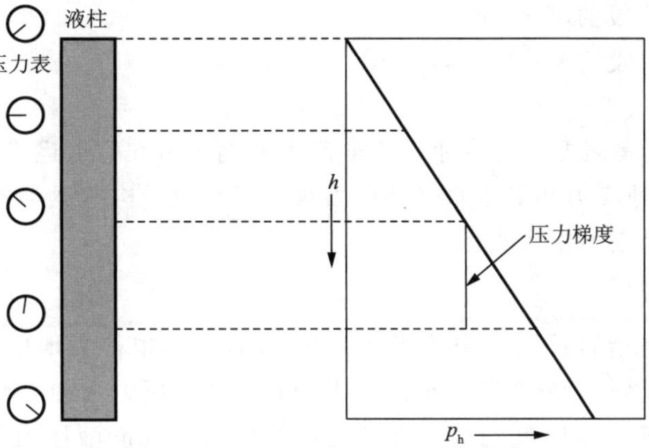

图 1-1-1 液柱垂直高度-静液压力关系图

井液类型不同，静液压力梯度差异很大。例如，气体钻井的钻井液静液压力梯度一般在 0.003 4 MPa/m 以下，泡沫钻井的钻井液静液压力梯度一般在 0.005～0.009 MPa/m 之间，常规水基钻井液或油基钻井液钻井的钻井液静液压力梯度一般在 0.01～0.025 MPa/m 之间。

2. 地应力

钻井工程施工之前存在于地下某点的应力状态称为原地应力状态，简称地应力。它由三个主应力分量组成：垂向应力（也称上覆岩层压力）、最大水平地应力和最小水平地应力。

1）上覆岩层压力

地层某处的上覆岩层压力是指该处以上地层岩石基质和孔隙中流体的总重力所产生的压力，即

$$p_o=\frac{基岩重力+流体重力}{面积}$$

$$p_o=0.009\ 81D\rho_b=0.009\ 81D[(1-\phi)\rho_m+\phi\rho_f] \tag{1-1-3}$$

式中 p_o——上覆岩层压力，MPa；

D——地层垂直深度，m；

ρ_b——岩石容积密度，g/cm^3；

ϕ——岩石孔隙度，%；

ρ_m——岩石骨架密度，g/cm^3；

ρ_f——孔隙中流体密度，g/cm^3。

由于沉积压实作用，上覆岩层压力随深度的增加而增大。若沉积岩的平均密度为 2.5 g/cm^3，则上覆岩层压力梯度为 0.024 5 MPa/m。在实际钻井过程中，通常以钻台位置作为上覆岩层压力的基准面。在海上钻井时，钻台面到海平面的距离、海水的深度和海底未固结沉积物对上覆岩层压力梯度都有影响，实际上覆岩层压力梯度要小于 0.024 5 MPa/m。

由于岩石的容积密度随埋深的增加而增大，因此上覆岩层压力梯度一般要分层段计算，密度和岩性接近的层段作为一个分析层段，即

$$G_o=\frac{\sum p_{oi}}{\sum D_i}=\frac{\sum 0.009\ 81\rho_{bi}D_i}{\sum D_i} \tag{1-1-4}$$

式中 G_o——上覆岩层压力梯度，MPa/m；

p_{oi}——第 i 层段的上覆岩层压力，MPa；

D_i——第 i 层段的厚度，m；

ρ_{bi}——第 i 层段的平均密度，g/cm³。

2）水平地应力

水平地应力是上覆岩层压力在水平方向产生的侧压力和构造运动产生的构造应力作用的结果，由最大水平地应力和最小水平地应力来表征。由于构造运动的结果，一般情况下这两个水平地应力分量是不相等的。

3. 地层孔隙压力

地层孔隙压力是指岩石孔隙中的流体所具有的压力，也称为地层压力，用 p_p 表示。在各种地质沉积中，地层压力分为正常地层压力和异常地层压力两种类型。

正常地层压力等于从地表到地下某处的连续地层水的静液压力（可用 p_n 表示），其大小与沉积环境有关，主要取决于孔隙内流体的密度和环境温度。若地层水为淡水（密度小于 1.02 g/cm³），则正常地层压力梯度（用 G_p 表示）为 0.01 MPa/m；若地层水为盐水，则正常地层压力梯度随地层水含盐量的大小而变化，典型的盐水质量分数为 8%，密度为 1.07 g/cm³，其压力梯度为 0.010 5 MPa/m。石油钻井中遇到的地层水多数为盐水。

异常地层压力是指地层压力大于或小于正常地层压力的现象，即压力异常现象。超过正常压力的地层压力（$p_p>p_n$）称为异常高压，而低于正常压力的地层压力（$p_p<p_n$）称为异常低压。图 1-1-2 给出了美国 100 口井异常高压地层的统计结果。

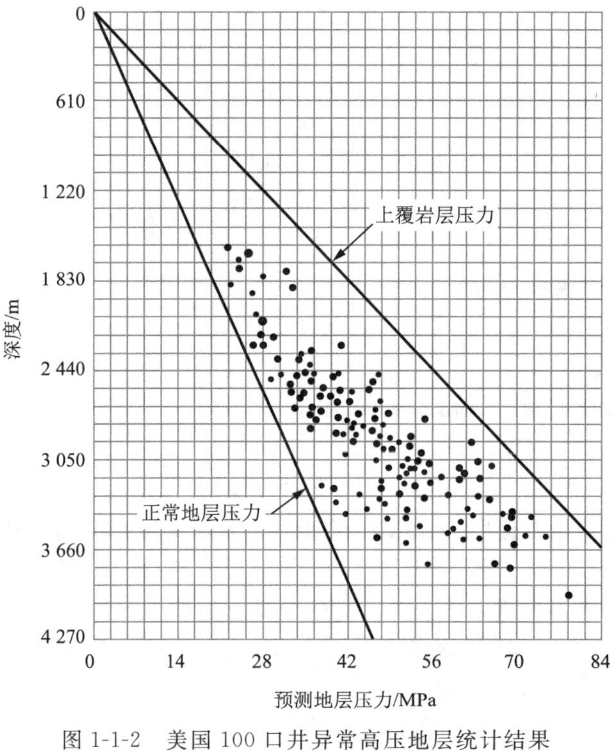

图 1-1-2 美国 100 口井异常高压地层统计结果

4. 基岩应力

基岩应力是指岩石骨架承担的那部分压力，用 σ 来表示。对于上覆岩层压力，其基岩应力又称有效上覆岩层压力或骨架应力。

以上所述地下各种压力之间的关系可用图 1-1-3 和式(1-1-5)来说明。

$$p_o = p_p + \sigma \tag{1-1-5}$$

上覆岩层的重力是由岩石基质(基岩)和岩石孔隙中的流体共同承担的,所以无论什么原因使基岩应力降低,都会导致孔隙压力增大。

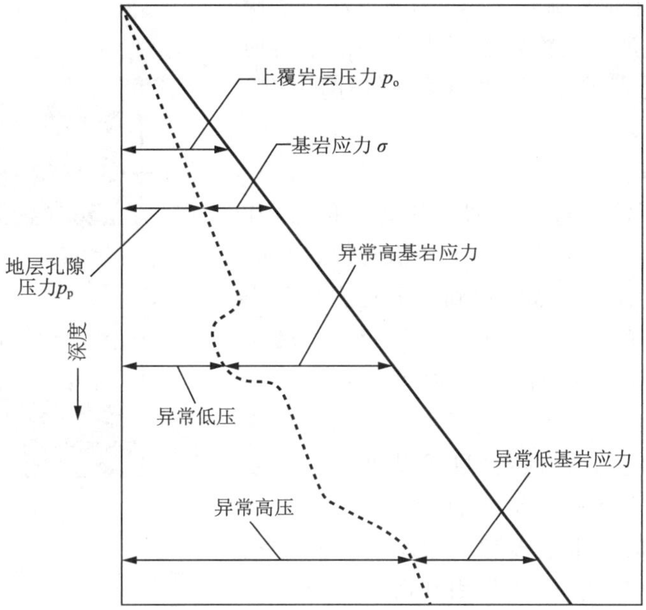

图 1-1-3　p_o,p_p 和 σ 之间的关系

5. 异常压力的成因

异常低压和异常高压统称为异常压力。异常低压的压力梯度小于 0.01 MPa/m(或 0.010 5 MPa/m),有的甚至只有静液压力梯度的一半。世界各地的钻井情况表明,异常低压地层比异常高压地层要少。一般认为,多年开采的油气藏且没有足够的能量补充,便产生异常低压;地下水位很低的地区也会产生异常低压。在这样的地区,正常的流体静液压力梯度要从地下潜水面开始算起。异常高压地层在世界各地广泛存在,从新生代更新世到古生代寒武纪、元古代震旦纪都曾遇到。

— 线上自学 —

1-2　异常地层压力成因

— 动　画 —

1-3　地层异常压力成因

异常压力形成的机制非常复杂,且不同区域形成机制可能有所不同。对于沉积地层,正常的流体压力体系可以看成一个水力学的"开启"系统,即可渗透的、流体可以流通的地层,它允许建立或重新建立静液压力条件。与此相反,异常高压地层的压力系统基本上是封闭的。异常高压和正常压力之间有一个封隔层,它可以阻止或至少大大地限制流体的流通。这样上覆岩层压力有一部分由岩石孔隙内的流体所支撑,形成了欠压实现象。一般认为欠压实机制是形成异常高压的最主要机制,通常用欠压实模型来描述。图 1-1-4 给出了模拟压实过程的简单模型,容器内有流体和弹簧,流体代表孔隙流体,弹簧代表岩石骨架,活塞的受力代表上覆岩层压力,则上覆岩层压力由弹簧力和流体压力共同承担。因此,上覆岩层压力、基岩应力和地层压力的关系满足式(1-1-5)。

从模型中可以看出，随着上覆岩层压力的增加，基岩应力和地层压力都将增大。如果不允许流体排出孔隙空间（排水阀关闭，图 1-1-4b），则地层压力会超过正常地层压力，产生异常高压。由于水的不可压缩性，增加的上覆岩层压力由地层压力承担，而基岩应力没有增加。如果地层流体可以自由流出（排水阀开启，图 1-1-4c），增加的上覆岩层压力全部由基岩应力承担，而流体压力保持原值，此种情况描述的是正常压力地层的环境。

通常认为异常高压的上限为上覆岩层压力。根据稳定性理论，它不能超过上覆岩层压力。但是，在一些地区，如中国新疆准噶尔南缘、巴基斯坦、伊朗、巴比亚等地的钻井实践中，都曾遇到比上覆岩层压力高的超高压地层，有的孔隙压力梯度甚至超过上覆岩层压力梯度的 40%，这种超高压地层可以看作存在一个“压力桥”（图 1-1-5）的局部化条件。覆盖在超高压地层上面的岩石内部的抗压强度可帮助上覆岩层部分地平衡超高压地层流体向上的巨大作用力。

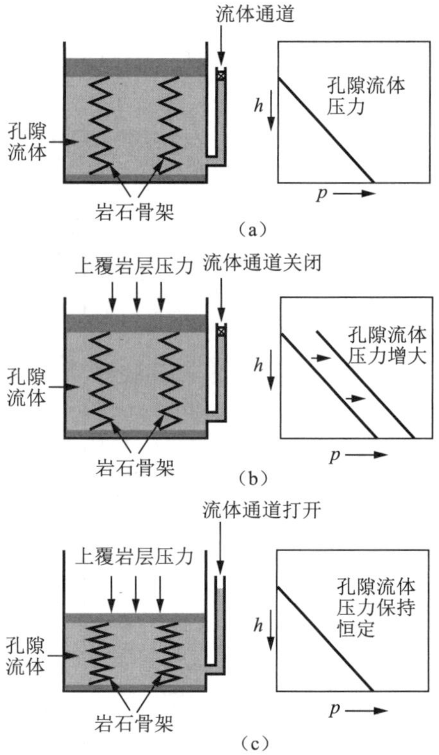

图 1-1-4　形成异常高压的欠压实模型

异常高压的形成常常是多种因素综合作用的结果，这些因素与地质作用、构造作用和沉积速度等密切相关。目前，普遍公认的异常高压成因主要有沉积欠压实、水热增压、渗透作用和构造作用等。由于沉积压实过程是目前各种地层压力评价方法的理论依据，因此下面对其做进一步的描述。

沉积物的压缩过程是由上覆沉积层的重力所引起的。随着地层的沉降，上覆沉积物不断增加，下伏岩层逐渐被压实。如果沉积速度较慢，孔隙中的流体就有足够的时间被挤出，沉积层内的岩石颗粒重新紧密排列，使孔隙度减小。如果是“开放”的地质环境，被挤出的流体就沿着阻力小的方向，或向着低压高渗透方向流动，于是便建立起正常的静液压力环境。这种正常沉积压实的地层，随着地层埋藏深度的增加，岩石越来越致密，密度越来越大，孔隙度越来越小。地层压实能否保持平衡，主要取决于四种因素：① 上覆沉积物沉积速度的大小；② 地层渗透率的大小；③ 孔隙度减小的速度；④ 排出孔隙流体的能力。如果沉积物的沉积速度与其他过程相比很慢，沉积层就能正常压实，保持正常的静液压力。

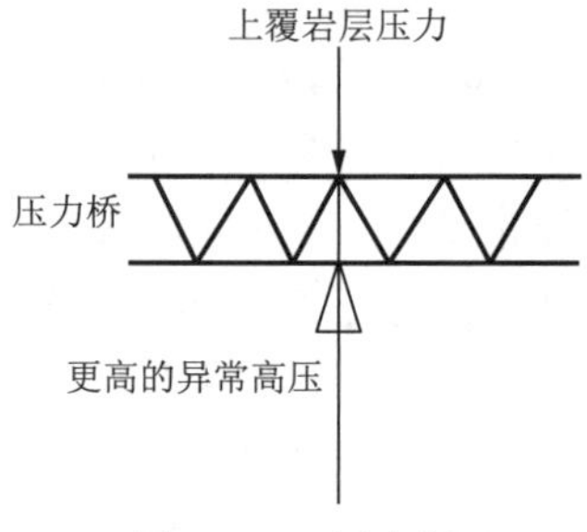

图 1-1-5　压力桥

在稳定沉积过程中，若保持平衡的任意条件受到影响，则正常的沉积平衡就被破坏。如果沉积速度很快，岩石颗粒没有足够的时间重新排列，孔隙内流体的排出受到限制，基岩应力无法增加，即无法增加基岩对上覆岩层的支撑能力。由于上覆岩层继续沉积，负荷增加，而下面基岩的支撑能力没有增加，孔隙中的流体必然开始部分地支撑本应由岩石骨架支撑的那部分上覆岩层压力，从而形成异常高压。

在某一环境中，要将一个异常压力圈闭起来，就必须有一个密封结构。在连续沉积盆地中，最常见的密封结构是低渗透率的岩层，如纯净的页岩层段。页岩可降低正常流体的散逸，从而导致欠压实和异常的流体压力。与正常压实的地层相比，欠压实地层的岩石密度低，孔隙度大。

在大陆边缘，特别是三角洲地区，容易产生沉积物的快速沉降。在这些地区，沉积速度很容易超过平衡条件所要求的值，因此常常遇到异常高压地层。

6. 压力过渡带

图 1-1-6 是美国墨西哥湾某井的井深-压力剖面图。从图中可以看出，上部地层的孔隙压力为常压，其压力梯度为静水压力梯度；下部地层的孔隙压力为异常高压，其压力梯度接近上覆岩层压力梯度。正常压力与异常高压之间的井段称为压力过渡带。

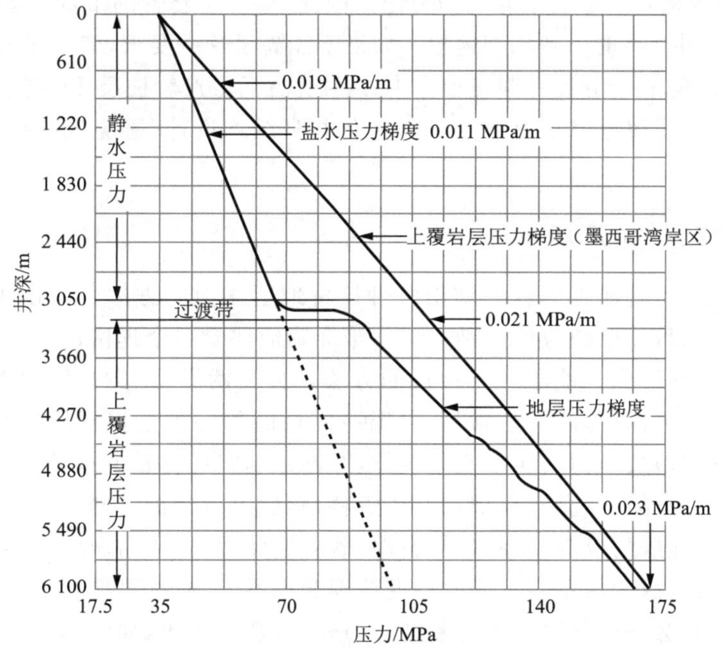

图 1-1-6 美国墨西哥湾某井井深-压力剖面图

压力过渡带和异常高压层的压力明显高于常压地层的压力，压力过渡带是异常高压地层的盖层，因此图 1-1-6 中的压力过渡带代表厚页岩层。这一页岩层具有很低的孔隙度，使得孔隙空间的流体具有超压特征。页岩层的渗透率很低，以致页岩层内及其下部超压层的流体不会通过页岩层向上流动，从而形成有效圈闭。因此，油藏的盖层不是完全不渗透的，但一般情况下其渗透率极低。

如果盖层是厚页岩层，则地层压力是逐渐增加的，这为检测地层超压提供了途径。但如果盖层是不渗透的结晶盐（无渗透率），则不会存在压力过渡带，就无法检测压力在盖层的逐渐变化。

如果在高压区钻井，井队会试图通过检测钻井液、岩屑等性能参数来判断压力过渡带地层压力的增加。因此，压力过渡带给井队提供了一个发现进入超压层的机会。需要明确的是，尽管压力过渡带的孔隙压力很高，但地层流体无法流入井眼，即盖层的渗透率极低，压力过渡带不会产生溢流，必须用其他方法检测超压。

7. 与异常地层压力相关的钻井问题

在常规钻井过程中，钻井液液柱压力要满足两方面的要求：一是防止井壁坍塌；二是防止地层溢流。因此，钻井液液柱压力一般要高于地层压力，这一现象称为过平衡。如果过平衡量太大，则会出现如下现象：① 降低机械钻速（由于压持作用）；② 压裂地层并导致井漏；③ 导致压差卡钻。

地层压力剖面是井身结构设计的主要依据。如果在一个低压井段上面存在一个高压井段，则不可能用同一个钻井液密度钻穿这两个层位，否则可能导致低压区的破裂。因此，必须用套管封隔上部高压层，然后用较低的钻井液密度打开低压层。一个经常遇到的问题是表层套管下入太浅，当下部钻遇高压层出现溢流时，无法用高密度钻井液将溢流循环出井眼而不压漏上部地层，这种现象对于海上钻井尤为突出。因此，每一层套管的下深都必须超过封闭点，以使在下部井段压井作业时不致压裂地层。如果不能满足这一要求，就需要增加一层套管，这不仅会增加钻井成本，还会导致井眼直径变小，以致完井后生产管柱尺寸的选择受到限制。

可见，钻前准确了解地层压力信息可以优化井身结构设计，避免或降低井涌、井漏等钻井风险。

二、地层压力评价方法

在长期的实践中，石油工作者总结出多种评价地层压力的方法。但由于每种方法都有一定的局限性，所以目前单纯应用一种方法很难准确地评价一个地区的地层压力，要用多种方法进行综合分析和解释。地层压力评价的方法可分为两类：一类是用邻近井资料进行压力预测，建立地层压力剖面，此方法常用于新油井设计；另一类是根据所钻井的实时数据进行压力监测，以掌握地层压力的实际变化规律，并据此确定现行钻井措施。这两类方法要求在测井和钻井过程中详细和真实地记录有关资料，然后进行分析处理，并做出科学推断。

由于异常高压地层的成因多种多样，在泥、砂岩剖面中，异常高压层可能有几个盖层（即由几个致密阻挡层组成的层系），它们的厚度范围变化不一，而且可能存在多个压力转变区。当存在断层时，有时会使情况变得更加复杂。另外，岩性的变化，如泥岩中存在钙质、粉砂等成分，也会影响地层压力评价的准确性。因此，在进行地层压力评价时要针对具体情况，综合分析所收集的有关资料，力求做出合理的评价。

1. 地层压力预测

— 线上自学 —

1-4 地层孔隙压力的预测方法

钻井前要进行地层压力预测，建立地层压力剖面，为钻井工程设计和施工提供依据。常用的地层压力预测方法有地震法、声波时差法和页岩电阻率法等。这里主要介绍声波时差法。

利用地球物理测井资料评价地层压力是常用且有效的方法。声波速度是测井资料中的一种常规资料。通过测量声波在不同地层中传播的速度可识别地层岩性、判断储集层、确定地层孔隙度和计算地层孔隙压力。

声波在岩石中的传播可分为纵波和横波两种。在同一种岩石中，纵波速度大约是横波速度的两倍，能够较先到达接收装置。为研究方便，常规声波测井主要是研究纵波在地层中的传播规律。声波在地层中传播的快慢常以通过单位距离所用的时间来衡量，即声波时差。

$$\Delta t=\sqrt{\frac{\rho(1+\mu)}{3E(1-\mu)}} \tag{1-1-6}$$

式中 Δt——声波时差，μs/m；

ρ——岩石密度，g/cm^3；

μ——岩石泊松比；

E——岩石弹性模量，MPa。

由上式可知，声波在地层中传播的快慢与岩石的密度和弹性参数等有关，而岩石的密度和弹性参数又取决于岩石的性质、结构、孔隙度和埋藏深度。不同的地层、不同的岩性有不同的传播速度。因此，通过测定声波在地层中的传播速度就可以研究和识别地层特性。

测井时，声波在地层中传播的快慢常用声波到达井壁上不同深度两点所用的时间之差（即声波时差）Δt 来表示。当岩性一定时，声波速度随岩石孔隙度的增大而减小。对于由沉积压实作用形成的泥、页岩，孔隙度与声波时差之间有如下关系：

$$\phi=\frac{\Delta t-\Delta t_{m}}{\Delta t_{f}-\Delta t_{m}}\times 100\% \tag{1-1-7}$$

式中 ϕ——岩石孔隙度，%；

Δt——地层的声波时差，μs/m；

Δt_{m}——基岩的声波时差，μs/m；

Δt_{f}——地层孔隙流体的声波时差，μs/m。

基岩和地层孔隙流体的声波时差可在实验室测得。若岩性和地层孔隙流体性质一定，则 Δt_{m} 和 Δt_{f} 为常量。

在正常沉积条件下，泥、页岩的孔隙度随深度的变化规律符合下面的函数关系：

$$\phi=\phi_{0}e^{-cD} \tag{1-1-8}$$

式中 ϕ——泥、页岩的孔隙度，%；

ϕ_{0}——泥、页岩在地面的孔隙度，%；

c——常数；

D——井深，m。

由孔隙度和声波时差之间的关系可得：

$$\phi_{0}=\frac{\Delta t_{0}-\Delta t_{m}}{\Delta t_{f}-\Delta t_{m}} \tag{1-1-9}$$

式中 Δt_{0}——起始声波时差，即深度为零时的声波时差，μs/m。

在一定区域内，Δt_{0} 可近似看作常数。由式(1-1-7)～式(1-1-9)可得：

$$\Delta t-\Delta t_{m}=(\Delta t_{0}-\Delta t_{m})e^{-cD} \tag{1-1-10}$$

在泥、页岩岩性一定的情况下，Δt_{m} 也为常数。考虑到岩石基质中的 Δt_{m} 非常小，若令 $\Delta t_{m}=0$，则：

$$\Delta t=\Delta t_{0}e^{-cD} \tag{1-1-11}$$

因此，在半对数坐标系中（井深 D 为线性坐标，即纵坐标，声波时差为对数坐标，即横坐标），声波时差的对数与井深呈线性关系。

在正常地层压力井段，随着井深的增加，岩石的孔隙度减小，声波速度增大，声波时差减小。根据声波时差的数据，可在半对数坐标纸上绘出曲线，如图 1-1-7 所示。在正常压力地层，曲线近似为一直线，称为声波时差的正常趋势线；进入异常高压地层之后，岩石的孔隙度增大，声波速度减小，声波时差增大，便偏离正常趋势线，开始偏离的那一点就是异常高压的顶部。

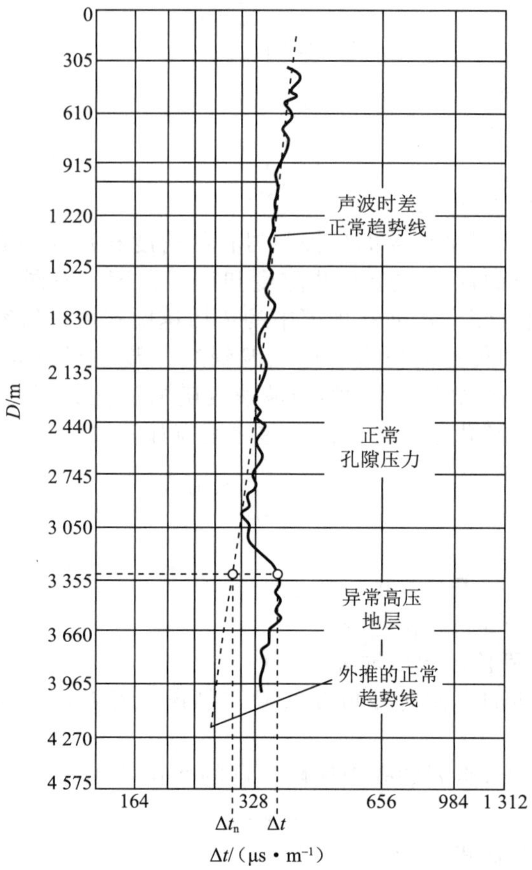

Δt_n—异常高压地层实测声波时差 Δt 相应深度的正常声波时差。

图 1-1-7　D-Δt 关系曲线

对于一个地区，异常高压地层实测声波时差 Δt 与相应深度的正常声波时差 Δt_n 之间的差值与地层压力当量密度 ρ_p（g/cm^3）有较好的相关性，如图 1-1-8 所示，利用该曲线可定量计算地层压力。

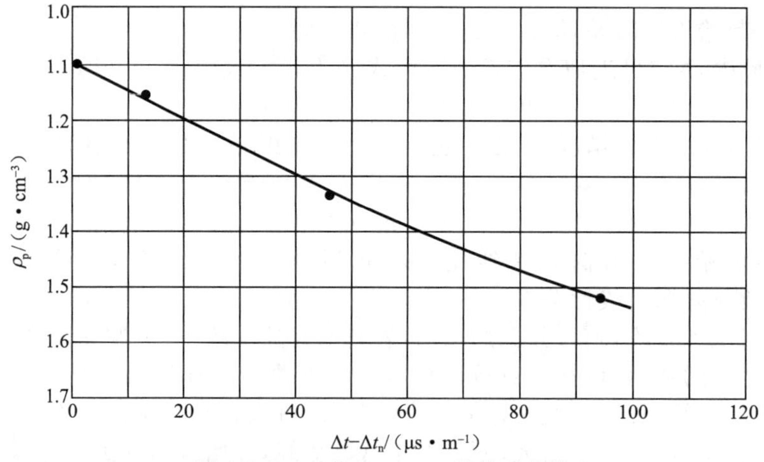

图 1-1-8　ρ_p 与 $\Delta t-\Delta t_n$ 的关系曲线

利用泥、页岩声波时差测井资料计算地层压力的步骤如下：

(1) 在标准声波时差测井资料中选择纯泥、页岩层，以 5 m 左右为间隔点在测井曲线上读出井深和相应的声波时差值，并在半对数坐标纸上描点。

(2) 在已知的正常地层压力井段，通过尽可能多的、可信赖的点建立声波时差随井深变化的正常趋势线，并将其延伸至异常高压井段。

(3) 读出某深度的实测声波时差 Δt 和该深度所对应的正常趋势线上的声波时差 Δt_n，并计算 $\Delta t-\Delta t_n$。

(4) 在 ρ_p 和 $\Delta t-\Delta t_n$ 关系曲线上读出 $\Delta t-\Delta t_n$ 所对应的 ρ_p，用 ρ_p 乘以井深 D，得到该深度的地层压力，即

$$p_p=0.009\ 81\rho_p D \tag{1-1-12}$$

ρ_p 与 $\Delta t-\Delta t_n$ 关系曲线随地区而异，所以必须根据本地区的大量统计资料，绘制适合本地区的地层压力当量密度与声波时差偏离值的关系曲线。

2. 地层压力监测

钻井前地层压力的预测值可能存在一定的误差，所以在钻井过程中应利用钻井资料对地层压力进行实时监测，以便对地层压力的预测值进行校正。常用的地层压力监测方法有 d_c 指数法、标准化钻速法和页岩密度法等。下面主要介绍 d_c 指数法。

d_c 指数法实质上是机械钻速法，它是利用泥、页岩压实规律和压差(即井底的钻井液液柱压力与地层压力之差)对机械钻速的影响规律来监测地层压力的。机械钻速是钻压、转速、钻头类型及尺寸、水力参数、钻井液性能和地层岩性等因素的函数，若其他因素保持恒定，只考虑压差的影响，则机械钻速随压差的减小而增加。

在正常地层压力情况下，若岩性和钻井条件不变，则随着井深的增加，机械钻速下降。当钻入压力过渡带之后，岩石孔隙度逐渐增大，孔隙压力逐渐增加，压差逐渐减小，机械钻速逐渐加快。因此，利用这个特点可以预报异常高压地层。但是，欲使钻压、转速、水力条件等保持不变，使机械钻速仅受地层压实规律和压差的影响是不可能的，因此仅用机械钻速的变化难以准确地预报和定量地计算地层压力，因而发展了 d_c 指数法。

d_c 指数法是在宾汉钻速方程的基础上建立的。宾汉在不考虑水力因素的影响下提出的钻速方程为：

$$v_{pc}=Kn^e(W/d_b)^d \tag{1-1-13}$$

式中 v_{pc}——机械钻速，m/h；

K——岩石可钻性系数；

n——转速，r/min；

e——转速指数；

W——钻压，kN；

d_b——钻头直径，mm；

d——钻压指数。

宾汉根据海湾地区的经验，发现软岩石的转速指数 e 都非常接近，于是将 e 视为不变的整数，取 $e=1$。假设钻井条件和岩性不变，则方程(1-1-13)可简化为：

$$v_{pc}=n(W/d_b)^d \tag{1-1-14}$$

对上式两边取对数，并整理得：

$$d=\frac{\lg(v_{pc}/n)}{\lg(W/d_b)} \tag{1-1-15}$$

若采用常用公制单位，则上式变为：

$$d=\frac{\lg\dfrac{0.054\ 7v_{pc}}{n}}{\lg\dfrac{0.068\ 4W}{d_b}} \tag{1-1-16}$$

式中 v_{pc}——机械钻速，m/h；

n——转速，r/min；

W——钻压，kN；

d_b——钻头直径，mm。

根据目前油田所使用的参数范围，分析式(1-1-16)可知，$0.054\ 7v_{pc}/n$ 和 $0.068\ 4W/d_b$ 的值都小于1.0，故式(1-1-16)的分子、分母均为负数。同时也可以看出，$\lg(0.054\ 7v_{pc}/n)$ 的绝对值与机械钻速 v_{pc} 成反比，因此 d 指数与机械钻速也成反比，进而 d 指数与压差的大小有关，所以 d 指数可用来监测异常高压。在正常地层压力情况下，机械钻速随井深的增加而减小，d 指数随井深的增加而增大。进入压力过渡带和异常高压地层后，实际的 d 指数较正常趋势线偏小。

推导 d 指数法的前提之一是保持钻井液密度不变，实际上这难以做到。特别是当钻入压力过渡带时，往往要提高钻井液密度，这样便会影响 d 指数的正常变化规律。为消除钻井液密度的变化对 d 指数的影响，Rehm 和 MeClendon 于1971年提出了修正的 d 指数法，即 d_c 指数法。d_c 指数按下式计算：

$$d_c=d\frac{\rho_n}{\rho_d} \tag{1-1-17}$$

式中 d_c——修正的 d 指数；

ρ_n——正常地层压力当量密度(即地层水的密度)，g/cm³；

ρ_d——实际钻井液密度，g/cm³。

利用 d_c 指数估算地层压力的步骤如下：

(1) 在高压层顶部以上至少300 m的纯泥、页岩井段，按一定深度间隔取点(如果是砂、泥岩交错的地层，取泥、页岩的数据点)，比较理想的是每1.5 m或3 m取一点，如果钻速高，可以每5 m或10 m甚至更大的间隔取点。重点井段可加密到每1 m取一点，记录每点所对应的钻速、钻压、转速、钻头直径、地层水密度和实际钻井液密度六项参数。

(2) 根据记录的数据计算 d 指数和 d_c 指数。

(3) 在半对数坐标纸上一一画出 d_c 指数和相应井深所确定的点(纵坐标为井深，横坐标为 d_c 指数)。

(4) 根据正常地层压力井段的数据引 d_c 指数的正常趋势线，如图1-1-9所示。

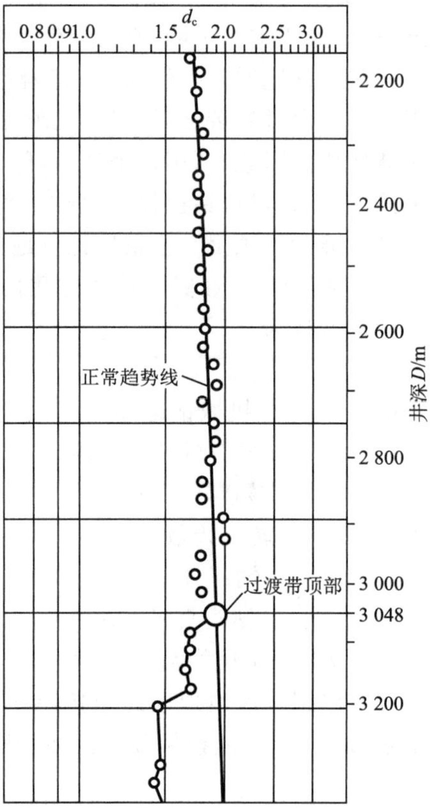

图1-1-9 d_c-D 曲线

(5) 计算地层压力，画出 d_c-D 和正常趋势线之后，可直接观察到异常高压出现的层位和该层位内 d_c 指数的偏离值。d_c 指数偏离正常趋势越远，说明地层压力越高。根据 d_c 指数的偏离值，应用下式可计算相应的地层压力当量密度：

$$\rho_p = \rho_n \frac{d_{cn}}{d_{ca}} \tag{1-1-18}$$

式中　ρ_p——所求井深处地层压力当量密度，g/cm³；

ρ_n——所求井深处正常地层压力当量密度，g/cm³；

d_{cn}——所求井深处正常 d_c 指数值；

d_{ca}——所求井深处实测 d_c 指数值。

式(1-1-18)中的 ρ_n（即正常地层压力的地层水密度）是随地区而异的，要根据不同地区的统计资料加以确定。地层水的密度取决于水中的含盐量（即矿化度），计算时应在不同层位取样分析，测定含盐量，并换算成密度。

另外，还可用等效深度法求地层压力。d_c 指数反映了泥、页岩的压实程度，若地层具有相同的 d_c 指数，则可视其基岩应力相等。而上覆岩层压力总是等于基岩应力与地层压力之和。对于正常地层压力下的地层，其基岩应力是已知的，于是就可以用 d_c 指数值相同则基岩应力相等的原理，在正常压力井段找出与异常地层压力下井深 D 的 d_c 指数值相等的井深 D_e（图 1-1-10），并求出异常高压地层的地层压力：

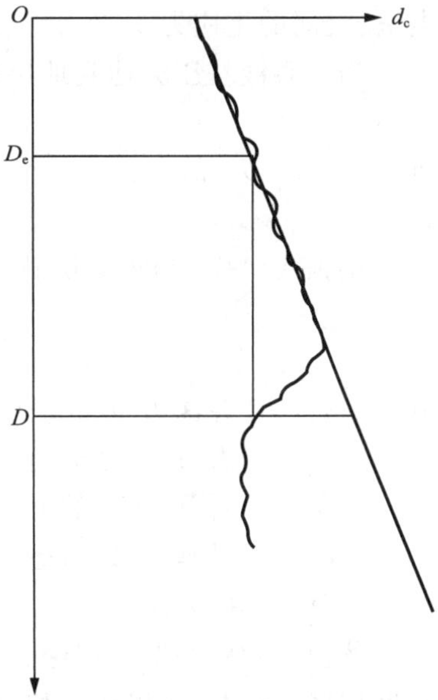

图 1-1-10　d_c 指数的等效深度

$$p_p = G_o D - (G_o - G_{pn}) D_e \tag{1-1-19}$$

式中　p_p——所求井深处的地层压力，MPa；

G_o——上覆岩层压力梯度，MPa/m；

D——所求地层压力点的深度，m；

G_{pn}——等效深度处的正常地层压力梯度，MPa/m；

D_e——等效深度，m。

在计算 d_c 指数值，绘制 d_c 指数正常趋势线时，会产生 d_c 指数值的发散现象，这些发散点是不可取的。产生发散的原因主要有以下几个方面：

(1) 岩性变化。d_c 指数取决于基岩强度，岩性不同，骨架强度也不同。在岩性发生变化的地层，如砂、页岩交错的地层，d_c 指数的规律也会发生变化。

(2) 水力参数。水力参数发生大的变化时，射流对地层的破碎作用不同，d_c 指数的规律也将发生变化。

(3) 钻头类型。钻头类型不同，其破岩机理不同，所以钻头类型的变化会引起 d_c 指数正常趋势线的移动。

另外，在纠斜吊打、用刮刀钻头和取心钻头钻进、钻头的跑合期和磨损的后期、井底不干净、钻遇断层裂缝等情况下都不宜取点计算 d_c 指数值。

— 线上自学 —

1-5　地层坍塌压力与破裂压力

三、地层破裂压力

打开井眼后，井筒内充满钻井液，钻井液液柱压力对井壁起到支撑作用。

钻井实践表明，当钻井液液柱压力高到一定程度时，井壁会产生破裂。井壁产生破裂的钻井液液柱压力称为地层破裂压力。利用水力压裂地层，从20世纪40年代开始就用作油井的增产措施。但对钻井工程而言，并不希望地层被压裂，因为这样容易引起井漏，造成一系列井下复杂问题。因此，了解地层的破裂压力对钻井优化设计和施工都十分重要。

为准确地掌握地层破裂压力，不少学者提出了不同的检测计算地层破裂压力的方法。这些方法多数是基于现场经验或半理论的公式，有其局限性，还有待进一步发展完善。下面介绍几种常用的方法。

1. 休伯特和威利斯(Hubbert & Willis)法

1957年，休伯特和威利斯根据岩石水力压裂机理和实验做出推论，在发生正断层作用的地质区域，地下应力状态以三维不均匀主应力状态为特征，且三个主应力互相垂直。最大主应力 σ_1 为垂直方向，大小等于有效上覆岩层压力（即基岩应力）；最小主应力 σ_3 和介于 σ_1 与 σ_3 之间的主应力 σ_2 在水平方向上互相垂直，最小主应力 $\sigma_3=(1/3\sim1/2)\sigma_1$。

当井眼液柱压力达到地层压力和最小主应力 σ_3 之和时，地层会产生破裂，即

$$p_f=p_p+\sigma_3=p_p+(1/3\sim1/2)\sigma_1 \tag{1-1-20}$$

而 $\sigma_1=p_o-p_p$，故有：

$$p_f=p_p+(1/3\sim1/2)(p_o-p_p) \tag{1-1-21}$$

根据式(1-1-21)求地层破裂压力梯度：

$$G_f=\frac{p_p}{D}+\frac{(1/3\sim1/2)(p_o-p_p)}{D} \tag{1-1-22}$$

式中 p_f——井深 D 处的地层破裂压力，MPa；

p_p——井深 D 处的地层压力，MPa；

p_o——井深 D 处的上覆岩层压力，MPa；

G_f——井深 D 处的地层破裂压力梯度，MPa/m；

D——井深，m。

休伯特和威利斯从理论和技术上为检测地层破裂压力奠定了基础。但是，由于很少在正断层区域钻井，所以休伯特和威利斯的理论在工业应用中受到限制。

2. 马修斯和凯利(Mathews & Kelly)法

1967年，马修斯和凯利根据海湾地区的一些经验数据，提出了检测海湾地区砂岩储集层破裂压力的方法。他们假设最小地层破裂压力等于地层压力，最大地层破裂压力等于上覆岩层压力。如果实际地层破裂压力大于地层压力，则认为是由于克服基岩应力所致。骨架应力的大小与地层压实程度有关，水平骨架应力并非固定为$(1/3\sim1/2)\sigma_1$。地层压得越实，水平骨架应力越大。根据地层破裂压力与地层压力和骨架应力之间的关系，有：

$$G_f=\frac{p_p}{D}+K_i\frac{\sigma}{D} \tag{1-1-23}$$

式中 K_i——骨架应力系数；

σ——基岩应力，MPa。

骨架应力系数 K_i 是将不同地区的地层破裂压力的经验数据代入式(1-1-23)得出的。K_i 是井深的函数，与岩性有关，通常泥质含量高的砂岩比一般砂岩的骨架应力系数高。在正常地层压力情况下，K_i 随井深的增加而增大。如遇异常高压，地层的压实程度降低，地层

压力增大，则 K_i 减小。

3. 伊顿(Eaton)法

伊顿于 1969 年发表了更合适的计算地层破裂压力的方法。这种方法把上覆岩层压力梯度作为一个变量来考虑，并且把泊松比也作为一个变量引入地层破裂压力梯度的计算中。一般来说，在一个弹性体的极限内，它在纵向压力的作用下将产生横向应变和纵向应变。横向应变和纵向应变之间的比值定义为泊松比。把岩石作为弹性体考虑，那么泊松比就反映了岩石本身的特性。然而伊顿的泊松比不是作为岩石本身特性的函数，而是作为区域应力场的函数来考虑的。因此，伊顿的泊松比为水平应力与垂直应力之比。

如果上覆地层仅作为压力源，并且由于岩石周围受水平方向的约束而不发生水平应变，则可导出水平应力和垂直应力之间的关系，即

$$\sigma_h = \frac{\mu}{1-\mu}\sigma_v \qquad (1\text{-}1\text{-}24)$$

式中 σ_h——水平应力，MPa；

σ_v——垂直应力（$\sigma_v = \sigma_1$），MPa；

μ——岩石泊松比。

将上式引入地层破裂压力梯度计算公式(1-1-23)，从而扩充马修斯和凯利的理论，即

$$G_f = \frac{p_p}{D} + \frac{\mu}{1-\mu}\frac{\sigma}{D} \qquad (1\text{-}1\text{-}25)$$

伊顿提出了上覆岩层压力梯度可变的概念。通过研究发现，由于上覆岩层压力梯度的变化，岩石的泊松比随深度呈非线性变化。伊顿计算了墨西哥湾地区的泊松比后，绘制了泊松比和深度的经验曲线，如图 1-1-11 所示。在破裂压力的计算中，上覆岩层压力起着重要作用，若能求得上覆岩层压力梯度的准确增量，可提高破裂压力的计算精度。

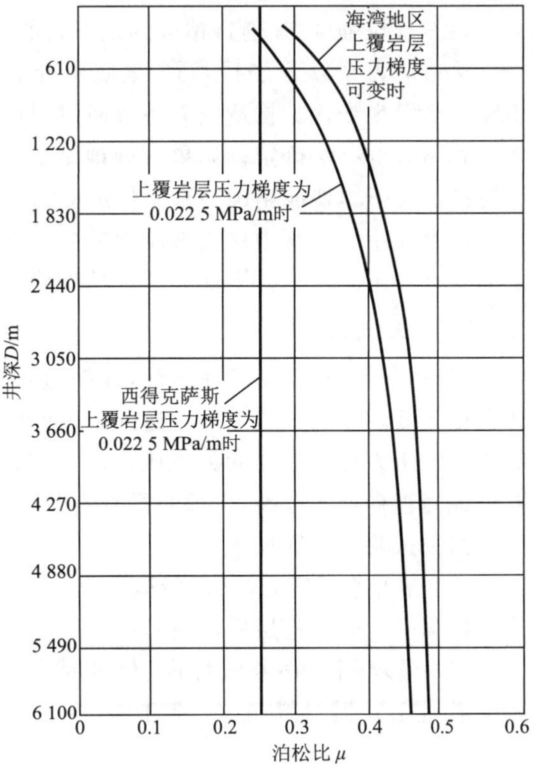

图 1-1-11 墨西哥湾地区 μ-D 关系曲线

如果一个地区的泊松比曲线已知，那么伊顿法可以在该地区应用。泊松比由式(1-1-25)反算求得。

4. 黄荣樽法

以上介绍的计算地层破裂压力的方法均未考虑地层的抗拉强度和地层构造应力对破裂压力的影响，因而计算结果与实际情况有一定的差距。

— 拓展与思政 —

1-6

华东石油学院[现中国石油大学(华东)]黄荣樽教授在总结分析国外各种计算地层破裂压力方法的基础上，综合考虑各种影响因素，进行了较严格的理论推导和一系列室内实验，提出了预测地层破裂压力的新模式：

$$p_f = p_p + \left(\frac{2\mu}{1-\mu} - K_{ss}\right)(p_o - p_p) + S_{rt} \tag{1-1-26}$$

式中　K_{ss}——构造应力系数;

S_{rt}——岩石抗拉强度,MPa。

新模式与前述三个模式相比具有以下两个显著特点:

(1) 地应力一般是不均匀的,包括三个主应力分量,即垂直应力(上覆岩层压力)、最大水平地应力和最小水平地应力。水平地应力一般由两部分组成:一部分是由上覆岩层压力引起的侧压力,它是岩石泊松比的函数;另一部分是由地层构造运动引起的构造应力,它与岩石的泊松比无关,且在两个方向上一般是不相等的。

(2) 地层的破裂是由井壁上的应力状态决定的。深部地层的水压致裂是由于井壁上的有效切向应力达到或超过了岩石的抗拉强度。

岩石抗拉强度 S_{rt}通过钻取的地下岩心,在室内通过巴西实验求得。

构造应力系数 K_{ss}对不同的地质构造是不同的,但它在同一构造断块内部是一个常数,不随深度发生变化。构造应力系数通过现场实际破裂压力试验和在室内对岩心进行泊松比实验相结合的办法确定。如果准确地掌握了破裂层的泊松比 μ 和地层破裂压力 p_f 以及岩石抗拉强度 S_{rt},便能精确地求出构造应力系数 K_{ss}。

以上介绍的计算地层破裂压力的方法均有一定局限性,即使条件合适,计算值与实际值之间也有一定的误差。下面介绍一种准确有效的现场实测方法——漏失试验法。

5. 漏失试验法

漏失试验是在下套管注水泥,并钻过水泥塞后进行的。通过钻井泵或水泥车向井眼内注入钻井液,产生高压,当压力达到一定值后,套管鞋下第一个砂岩层(若存在)首先破裂,此时的井眼压力称为该层的破裂压力。一般认为地层的破裂压力自上而下逐渐升高,因此只要保证套管鞋处不破裂,下部井段发生井漏的可能性就会大大减小。

漏失试验的步骤如下:

(1) 钻开水泥塞,并钻进新地层 5～10 m 或出现第一个砂岩地层后,停钻。

(2) 循环调节钻井液性能,保证钻井液性能稳定,上提钻头至套管鞋内,关闭防喷器。

(3) 用较小排量(0.66～1.32 L/s)向井内注入钻井液,并记录各个时段的注入量及立管压力。

(4) 作立管压力与累计泵入量的关系曲线图,如图 1-1-12 所示。

(5) 从图上确定各个压力值。漏失压力 p_L 即开始偏离直线点的压力,其后压力继续上升;压力升到最大值,即破裂压力 p_f;最大值过后压力下降并趋于平缓,平缓的压力称为传播压力,即 p_r。

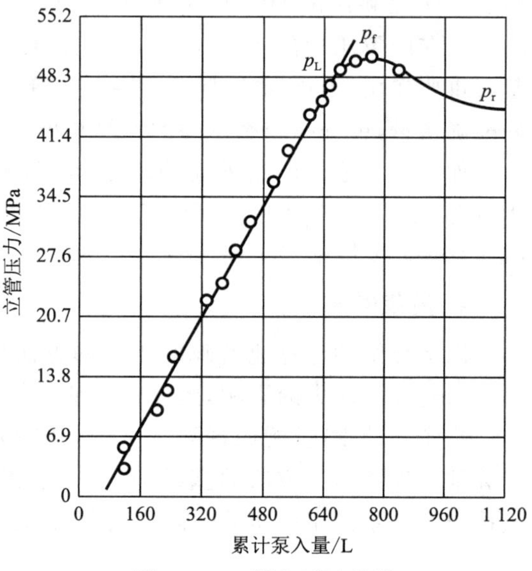

图 1-1-12　漏失试验曲线

（6）求地层破裂压力当量密度 ρ_f：

— 动 画 —

1-7 地漏试验

$$\rho_f=\rho_d+p_L/(0.009\,81D) \tag{1-1-27}$$

式中 ρ_d——试验用钻井液密度，g/cm^3；

p_L——漏失压力，MPa；

D——试验井深，m。

试验压力不应超过地面设备和套管的承载能力，否则应通过提高试验用钻井液密度来完成试验。

四、地层坍塌压力

钻井之前，深埋地下的岩层受到上覆岩层压力、最大水平地应力、最小水平地应力和地层孔隙压力的作用而处于平衡状态。打开井眼后，井内的岩石被取走，井壁岩石失去了原有的支持，取而代之的是钻井液液柱压力，在这种新条件下，井眼围岩应力将重新分布，在井壁附近产生很高的应力集中，如果岩石强度不够大，就会出现井壁不稳定现象。井壁应力集中程度与钻井液液柱压力相关，通过调整钻井液密度，可以改变井眼附近的应力状态，达到稳定井壁的目的。

一般来说，如果钻井液密度过低，井壁应力将超过岩石的抗剪强度而产生剪切破坏（表现为井眼坍塌扩径或屈服缩径），此时的井眼液柱压力定义为地层坍塌压力。剪切破坏分为两种类型：一种是脆性破坏，导致井眼扩大，这会给固井、测井等后续施工带来问题。这种破坏通常发生在脆性岩石中。但对于弱胶结地层，由于冲蚀作用也可能出现井眼扩大的现象。另一种是缩径，发生在软泥岩、砂岩、盐岩等地层中，一些灰岩地层也可能出现这种现象。在工程上遇到这种现象时要不断地划眼，否则会出现卡钻现象。

可见，从实质上讲，井壁稳定与否最终都表现在井眼围岩的应力状态与岩石破坏准则的对比上。如果井壁应力超过地层强度，井壁就会产生破坏；否则，井壁就是稳定的。但由于影响井眼围岩应力状态和地层强度的因素很多，使问题变得非常复杂。概括起来，影响因素可分为四大类：

（1）地质力学因素，包括原地应力状态、地层孔隙压力、原地温度、地质构造特征等，这些因素是不可改变的，只能准确地确定它们。

（2）岩石的综合性质，包括岩石强度、变形特征、孔隙度、含水量、黏土含量、组成和压实情况等。

（3）钻井液的综合性质、化学组成、连续相的性质、内部相的组成和类型、与连续相有关的添加剂类型、钻井液体系的维护等，特别是对于泥页岩和泥质胶结的砂岩，钻井液对它们的物理力学性质的影响非常大。

（4）其他工程因素，包括打开井眼时间、裸眼长度、井身结构参数（井深、井斜角、方位角）、压力活动和抽吸等。

这些因素和参数之间相互作用、相互影响，使井壁稳定问题变得非常复杂。

1. 直井井眼围岩应力分布规律

由于井眼直径远小于井深，故可把直井井眼模型简化为平面应变模型。图 1-1-13 所示为直井井眼力学模型，在 x 方向无限远处作用有最大水平地应力 σ_H，在 y 方向无限远处作用有最小水平地应力 σ_h，在井眼内部作用有钻井液液柱压力，地层内部作用有地层孔隙压力。将地层看作线弹性体，可以得到井眼围岩应力分布规律的表达式：

$$
\left.\begin{aligned}
\sigma_r &= \frac{\sigma_H+\sigma_h}{2}\left(1-\frac{a^2}{r^2}\right)+\frac{\sigma_H-\sigma_h}{2}\left(1-4\frac{a^2}{r^2}+3\frac{a^4}{r^4}\right)\cos 2\theta+\frac{a^2}{r^2}p_h-\alpha p_p \\
\sigma_\theta &= \frac{\sigma_H+\sigma_h}{2}\left(1+\frac{a^2}{r^2}\right)-\frac{\sigma_H-\sigma_h}{2}\left(1+3\frac{a^4}{r^4}\right)\cos 2\theta-\frac{a^2}{r^2}p_h-\alpha p_p \\
\sigma_z &= \sigma_v-\mu\left[2(\sigma_H-\sigma_h)\frac{a^2}{r^2}\cos 2\theta\right]-\alpha p_p \\
\tau_{r\theta} &= \frac{\sigma_H-\sigma_h}{2}\left(1-3\frac{a^4}{r^4}+2\frac{a^2}{r^2}\right)\sin 2\theta
\end{aligned}\right\} \quad (1\text{-}1\text{-}28)
$$

式中 σ_r——研究点的径向应力，MPa；
σ_θ——研究点的周向应力，MPa；
σ_z——研究点的垂向应力，MPa；
$\tau_{r\theta}$——研究点的剪切应力，MPa；
σ_H——最大水平地应力，MPa；
σ_h——最小水平地应力，MPa；
σ_v——上覆岩层压力，MPa；
a——井眼半径，m；
r——研究点半径，m；
θ——圆周角，(°)；
α——有效应力系数；
p_p——地层孔隙压力，MPa；
p_h——井眼液柱压力，MPa。

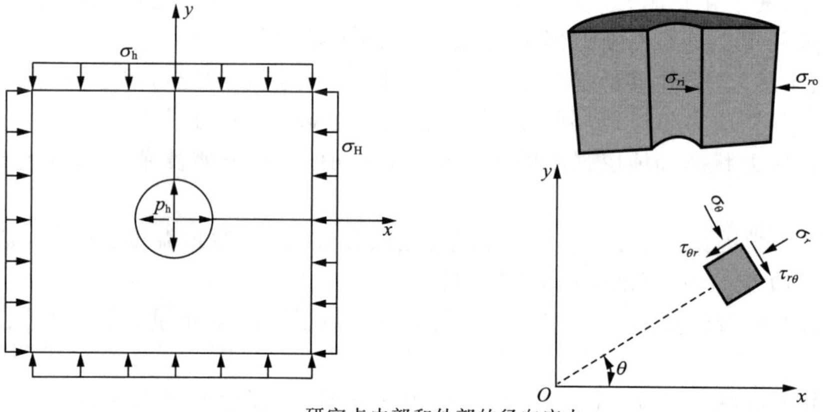

σ_{ri}，σ_{ro}—研究点内部和外部的径向应力。

图 1-1-13　直井井眼力学模型

图 1-1-14 给出了均匀水平地应力、两种井眼压力条件下井眼围岩各应力分量随距离 r/a 的变化规律。可以看出，井壁处应力集中程度最高，远离井眼，应力集中程度逐渐降低，远场处为原地应力的原始状态。井眼压力变化可显著调节围岩应力分布。因此，井眼垮塌是从井壁处开始的，提高井眼液柱压力可避免井眼垮塌。井壁上

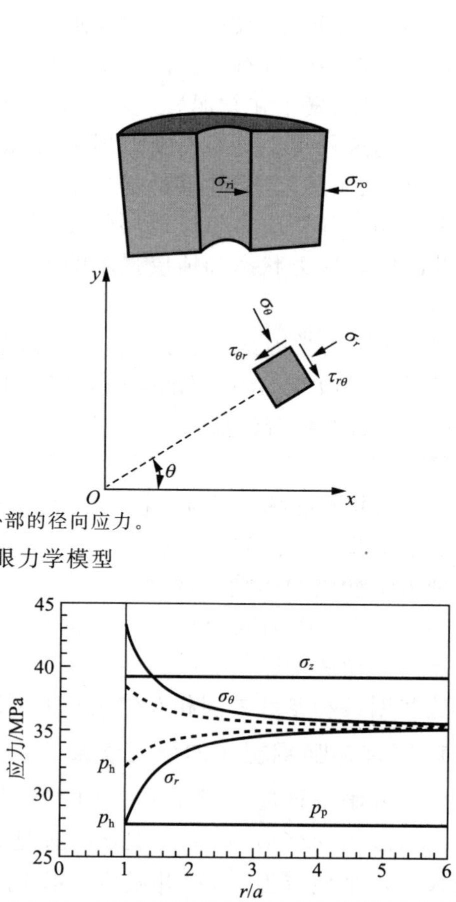

图 1-1-14　不同井眼压力下的井眼围岩应力分布

各应力分量的表达式为：

$$\left.\begin{aligned}\sigma_r&=p_h-\alpha p_p\\ \sigma_\theta&=\sigma_H+\sigma_h-2(\sigma_H-\sigma_h)\cos 2\theta-p_h-\alpha p_p\\ \sigma_z&=\sigma_v-\mu[2(\sigma_H-\sigma_h)\cos 2\theta]-\alpha p_p\\ \tau_{r\theta}&=0\end{aligned}\right\}\tag{1-1-29}$$

图 1-1-15 所示为井壁上径向应力 σ_r、周向应力 σ_θ、垂向应力 σ_z 随圆周角 θ 的变化规律。可以看出，当 $\theta=90°$（沿着最小水平地应力方向）时，应力差最大，此位置是井壁上最先出现垮塌的点。

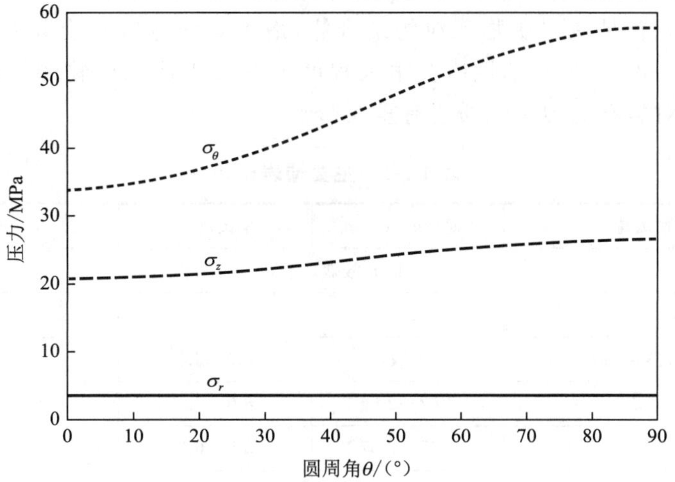

图 1-1-15　井壁应力分量随圆周角的变化规律

2. 直井地层坍塌压力计算公式

根据摩尔-库伦强度破坏准则，直井地层坍塌压力计算公式为：

$$p_c=\frac{(3\sigma_H-\sigma_h)f_1-(f_1-f_2)\alpha p_p-2\tau_0}{f_1+f_2}\tag{1-1-30}$$

其中：

$$f_1=\sqrt{f^2+1}-f$$

$$f_2=\sqrt{f^2+1}+f$$

式中　p_c——直井地层坍塌压力，MPa；

f——内摩擦系数，即内摩擦角的正切值；

τ_0——内聚力，MPa。

f，τ_0 为岩石的抗剪强度参数，由试验确定。

由此可见，若已知地层的地应力和抗剪强度，即可求出保持井壁稳定的最小钻井液液柱压力，即地层坍塌压力。

第二节　岩石的工程力学性质

岩石是钻井的主要工作对象。在钻成井眼的过程中，一方面要提高破碎岩石的效率，另一方面要保证井壁岩层稳定，这都取决于对岩石工程力学性质的认识和了解。本节结合钻井工程阐明岩石的工程力学性质以及影响这些性质的有关因素，为正确掌握钻井工程的主要理论与技术打下必要的基础。

一、岩石的力学性质

— 线上自学 —

1-8 简单应力条件下岩石的基础力学性质

1. 沉积岩

石油及天然气钻井中遇到的岩石主要是沉积岩。

岩石是造岩矿物颗粒的结合体，最主要的造岩矿物分为八类，有20余种，见表1-2-1。岩石的性质在很大程度上取决于造岩矿物的性质，岩石的结构和构造对岩石的力学性质也有重要影响。

表1-2-1 主要造岩矿物

序号	矿物名称	密度/($g \cdot cm^{-3}$)	摩氏硬度	晶形
Ⅰ.铝硅酸盐(长石族)				
1	正长石	2.57	6.0	单斜晶系
2	钾微斜长石	2.54	6.0～6.5	三斜晶系
3	钠长石	2.62～2.65	6.0～6.5	三斜晶系
4	钠钙长石	2.65～2.67	5.5～6.0	三斜晶系
5	中长石	2.68～2.69	5.0～6.0	三斜晶系
6	钙钠斜长石	2.70～2.73	5.0～6.0	三斜晶系
7	钙长石	2.74～2.76	6.0～6.5	三斜晶系
Ⅱ.似长石类				
8	霞　石	2.55～2.65	5.5～6.0	六方晶系
9	白榴石	2.45～2.50	5.5～6.0	等轴晶系
Ⅱ.云母(层状硅酸盐)				
10	白云母	2.76～3.0	2.0～2.5	单斜晶系
11	黑云母	2.70～3.1	2.5～3.0	单斜晶系
Ⅲ.铁镁硅酸盐				
12	辉　石	3.3	5.0～6.0	单斜晶系
13	普通辉石	3.26～3.43	5.0～6.0	单斜晶系
14	普通角闪石	3.05～3.47	5.0～6.0	单斜晶系
15	橄榄石	3.27～3.37	6.5～7.0	斜方晶系
Ⅳ.氧化物类				
16	石　英	2.60～2.66	7.0	六方晶系
17	石髓(玉髓)	—	7.0	隐晶质
18	蛋白石	1.90～2.30	5.5～6.5	非晶体
19	磁铁矿、赤铁矿和其他	—	—	—

续表

序　号	矿物名称	密度/(g·cm^{-3})	摩氏硬度	晶　形
Ⅴ.碳酸盐矿物				
20	方解石	2.71～2.72	3.0	三方晶系
21	文石(霰石)	2.93～2.95	3.5～4.0	斜方晶系
22	白云石	2.80～2.90	3.5～4.0	三方晶系
Ⅵ.硫酸盐矿物				
23	无水石膏	2.90～2.99	3.0～3.5	斜方晶系
24	石　膏	2.37～2.33	1.5～2.0	单斜晶系
Ⅶ.卤化物				
25	盐　岩	2.13	2.0～2.5	等轴晶系
Ⅷ.黏土矿物(层状硅酸盐)				
26	高岭石	2.60～2.63	1.0～2.5	单斜晶系
27	微晶高岭石	—	—	单斜晶系

岩石结构是说明小块岩石的组织特征的,主要指岩石晶体的结构和胶结物的结构。从这方面来看,沉积岩可分为结晶沉积岩和碎屑沉积岩两大类。结晶沉积岩是盐类物质从水溶液中沉淀或在地壳中发生化学反应而形成的,包括石灰岩、白云岩、石膏等。碎屑沉积岩则是由岩石碎屑经沉积、压缩及流经沉积物的溶液中沉淀出的胶结物的胶结作用而形成的,包括砂岩、泥岩、砾岩等,胶结物通常有硅质、石灰质、铁质和黏土质等。

岩石构造是指岩石在大范围内的结构特征,沉积岩的岩石构造主要包括层理和页理。层理是指沉积岩在垂直方向上岩石成分和结构的变化,它主要表现为:不同成分的岩石颗粒在垂直方向上交替变化沉积,岩石颗粒大小在垂直方向上有规律地变化,某些岩石颗粒按一定方向定向排列等。页理是指岩石沿平行平面分裂为薄片的能力,它与岩石的显微结构有关。页理面通常与层理面不一致。

与钻井工程有关的岩石物理性质还有岩石的孔隙度和密度。岩石的孔隙度 ϕ 为岩石中孔隙的体积与岩石体积的比值。

2.岩石的弹性

物体在外力作用下产生变形,外力撤除以后,变形随之消失,物体恢复到原来的形状和体积的性质称为弹性变形;当外力撤除后,变形不能消失,则称为塑性变形。产生弹性变形的物体在变形阶段,其应力与应变的关系服从虎克定律:

$$\sigma = E\varepsilon \qquad (1\text{-}2\text{-}1)$$

式中　σ——应力,MPa;

ε——应变;

E——弹性模量,MPa。

物体在弹性变形阶段,在一个方向上的应力除产生物体在此方向的应变外,还会引起物体在与此方向垂直的其他方向的应变。例如,当材料在 z 轴方向上作用有应力 σ_z 时,除了在 z 轴方向发生应变 ε_z 外,还会引起横向(x 方向和 y 方向)上的应变 ε_x 和 ε_y。如果材料是各向同性的，则有：

$$\mu=-\frac{\varepsilon_x}{\varepsilon_z}=-\frac{\varepsilon_y}{\varepsilon_z} \tag{1-2-2}$$

$$\varepsilon_x=\varepsilon_y=-\mu\frac{\sigma_z}{E} \tag{1-2-3}$$

式中　μ——泊松比。

物体在弹性变形阶段，剪切变形也服从虎克定律，即

$$\tau=G\gamma \tag{1-2-4}$$

式中　τ——剪应力，MPa；

γ——剪应变；

G——切变模量（或剪切弹性模量），MPa。

对于同一材料，三个弹性常数 E，G 和 μ 之间有如下关系：

$$G=\frac{E}{2(1+\mu)} \tag{1-2-5}$$

对于岩石，特别是对于沉积岩而言，由于矿物组成、结构等方面的特点，岩石与理想的弹性材料相比有很大的差别，但仍可以测出岩石的有关弹性常数，以满足工程和施工的需要。组成岩石的矿物在单独存在时的受力（即变形特性）一般都服从虎克定律。表1-2-2 及表 1-2-3 分别列出了部分矿物及岩石的弹性常数。

表 1-2-2　岩石的弹性模量和泊松比

岩石名称	E/(10 GPa)	μ	岩石名称	E/(10 GPa)	μ
黏　土	0.03	0.38～0.45	花岗岩	2.6～6.0	0.26～0.29
致密泥岩	—	0.25～0.35	玄武岩	6.0～10.0	0.25
页　岩	1.5～2.5	0.10～0.20	石英岩	7.5～10.0	—
砂　岩	3.3～7.8	0.30～0.35	正长岩	6.8	0.25
石灰岩	1.3～8.5	0.28～0.33	闪绿岩	7.0～10.0	0.25
大理岩	3.9～9.2	—	辉绿岩	7.0～11.0	0.25
白云岩	2.1～16.5	—	盐　岩	0.5～1.0	0.44

表 1-2-3　矿物的弹性模量

矿物名称	E/(10 GPa)
刚　玉	52
黄　玉	30
石　英	7.85～10
长　石	≤8.0
方解石	5.8～9.0
石　膏	1.2～1.5
盐　岩	≤4.0

3. 岩石强度

岩石强度是指岩石不致产生破坏而能抵抗的最大应力，岩石力学中常将破坏应力定义为岩石强度，单位为 MPa。

岩石所受应力条件不同，表现出的强度特征不同，如单轴抗压强度、单轴抗拉强度、抗剪强度、抗弯强度、三轴强度等。

1）简单应力条件下岩石的强度

简单应力条件下岩石的强度是指岩石在单向外载作用下的强度，包括单轴抗压强度 σ_c、单轴抗拉强度 σ_t、抗剪强度 τ_s 及抗弯强度 σ_r。表 1-2-4 列出了部分岩石简单应力条件下的强度。

表 1-2-4 岩石的抗压、抗拉、抗剪和抗弯强度

岩石名称	抗压强度 σ_c/MPa	抗拉强度 σ_t/MPa	抗剪强度 τ_s/MPa	抗弯强度 σ_r/MPa
粗粒砂岩	142	5.14	—	10.3
中粒砂岩	151	5.2	—	13.1
细粒砂岩	185	7.95	—	24.9
页　岩	14～61	1.7～8.0	—	36.0
泥　岩	18	3.2	—	3.5
石　膏	17	1.9	—	6.0
含膏石灰岩	42	2.4	—	6.5
安山岩	98.6	5.8	98	—
白云岩	162	6.9	118	—
石灰岩	138	9.1	145	—
花岗岩	166	12.0	198	—
正长岩	215.2	14.3	221	—
辉长岩	230	13.5	244	—
石英岩	305	14.4	316	—
辉绿岩	343	13.4	347	—

大量实验结果表明，简单应力条件下岩石的强度有如下规律：

（1）在简单应力条件下，对同一岩石，加载方式不同，岩石的强度也不同。一般来说，岩石强度有以下顺序关系：

抗拉强度＜抗弯强度≤抗剪强度＜抗压强度

假设抗压强度为 1，则其余加载方式下的强度与抗压强度的比例关系见表 1-2-5。

表 1-2-5 岩石各种强度间的比例关系

岩石名称	抗压强度	抗剪强度	抗弯强度	抗拉强度
花岗岩	1	0.09	0.03	0.02～0.04
砂　岩	1	0.10～0.12	0.06～0.20	0.02～0.05
石灰岩	1	0.15	0.08～0.10	0.04～0.10

（2）沉积岩由于层理的影响，在不同的方向上强度不同。表 1-2-6 是某些沉积岩在平行于层理方向（用∥表示）及垂直于层理方向（用⊥表示）上测出的四种强度的结果。

表 1-2-6　某些沉积岩强度的各向异性

岩石名称	抗拉强度/MPa		抗弯强度/MPa		抗剪强度/MPa		抗压强度/MPa	
	∥	⊥	∥	⊥	∥	⊥	∥	⊥
粗粒砂岩	4.43	5.1～5.3	11.1～17.2	10.3	48.3	47.0	118.5～157.5	142.3～176.0
中粒砂岩	7.7	5.2	16.2～22.6	13.1～19.4	33.6～59.4	48.2～61.8	117.0～210.0	147.0～200.0
细粒砂岩	8.1～1.2	6～8	20.9～26.5	17.75	45.2～59.5	52.4～64.8	137.8～241.0	133.5～220.5
粉砂岩	—	—	2.3～16.6	4.3	4.8～11.3	12.9～19.8	34.4～104.3	55.4～114.7

岩石的抗压强度虽不能直接用于石油钻井的井下条件，但目前仍在许多情况下将其作为钻头选型的参考。

— 线上自学 —

1-9　复杂应力状态下岩石的强度

2）复杂应力条件下岩石的强度

在实际地质条件下，岩石埋藏在地下，受到各向压缩作用，岩石处于复杂的三向应力状态，研究这种复杂应力作用下的岩石强度具有重要的实际意义。

（1）岩石三轴应力实验方法。

三轴应力实验是在复杂应力状态下定量测试岩石力学性质的可靠方法。图 1-2-1 表示了几种岩石三轴应力实验的方案，其中方案（a）是最常见的一种，称为常规三轴实验。它是将圆柱状岩样置于一个高压容器中，首先用液压 p 使其四周处于均匀压缩的应力状态，然后保持此压力不变，对岩样进行纵向加载，直到破坏，实验过程中记录纵向的应力和应变，并绘制应力-应变关系曲线。常规三轴实验可以进行三轴压缩实验，也可以进行三轴拉伸实验，前者的施力方案是 $\sigma_1>\sigma_2=\sigma_3=p$，后者的施力方案是 $\sigma_1<\sigma_2=\sigma_3=p$，其中 σ_2 或 σ_3 通常称为围压，如图 1-2-2 所示。

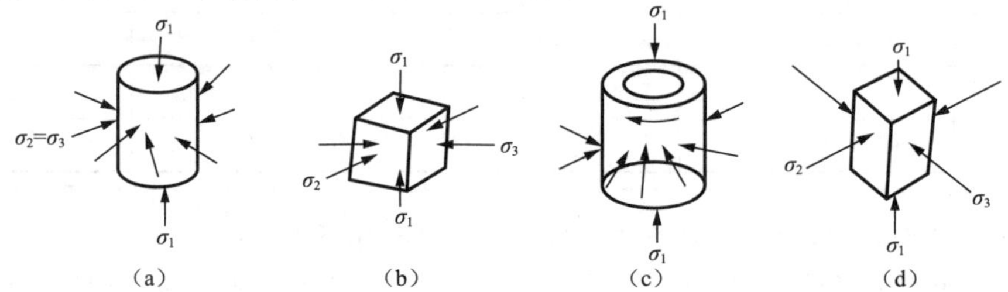

（a）　（b）　（c）　（d）

图 1-2-1　岩石三轴应力实验方法

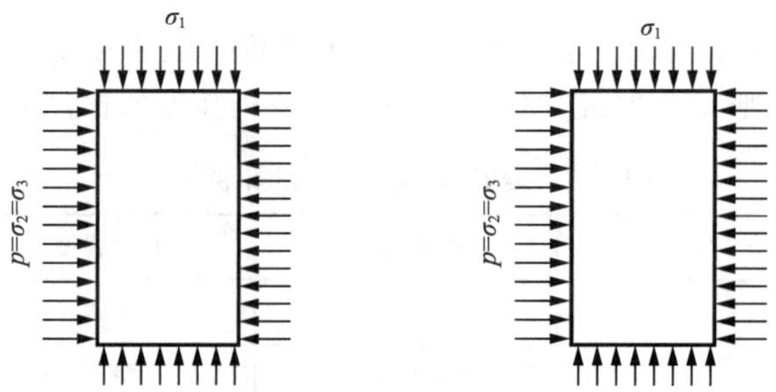

（a）三轴压缩（$\sigma_1>\sigma_2=\sigma_3=p$）　（b）三轴拉伸（$\sigma_1<\sigma_2=\sigma_3=p$）

图 1-2-2　常规三轴实验（压缩和拉伸）

(2) 三轴应力条件下岩石的强度变化特点。

岩石在三轴应力条件下强度明显增加。图 1-2-3 列出了卡尔曼在室温条件下得到的岩石的三轴抗压实验结果，图 1-2-4 为根据汉丁和哈格尔的实验数据整理的一些岩石的三轴抗压强度随围压的变化情况。

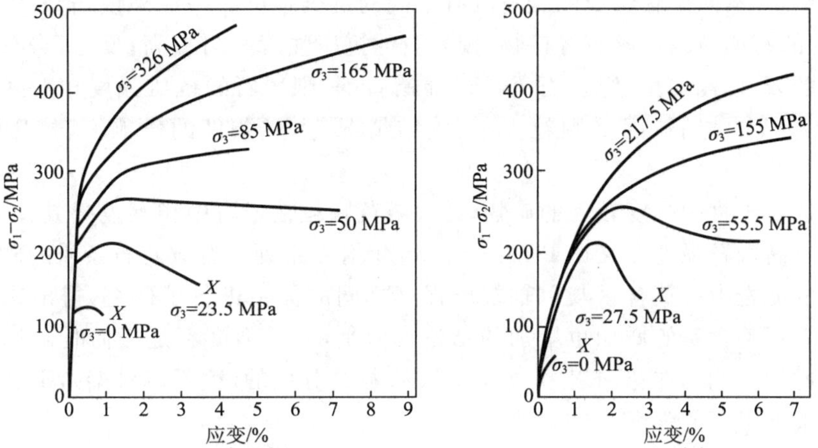

(a) 大理岩　　(b) 砂岩

图 1-2-3　三轴抗压实验的应力-应变曲线(图中有 X 者为脆性破坏)

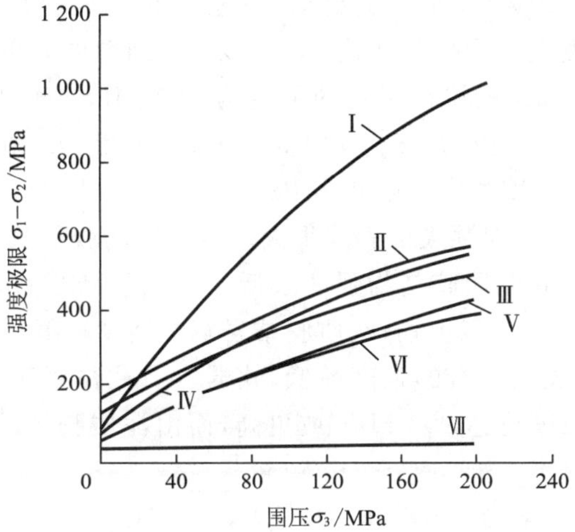

Ⅰ—Oil Creek 石英砂岩；Ⅱ—Hasmark 白云岩；Ⅲ—Blain 硬石膏；Ⅳ—Yule 大理岩；
Ⅴ—Barns 砂岩及 Marianna 石灰岩(曲线重合)；Ⅵ—Muddy 页岩；Ⅶ—盐岩。

图 1-2-4　围压对岩石强度的影响(室温 24 ℃)

对于所有岩石，当围压增加时强度均增大，但增大的幅度对于不同类型的岩石是不一样的。一般来说，压力对砂岩、花岗岩强度的影响要比对石灰岩、大理岩大。此外，压力对强度的影响程度并不是在所有压力范围内都是一样的，在围压开始增大时，岩石的强度增加比较明显，围压继续增加时，相应的强度增量就变得越来越小，最后当围压很高时，有些岩石(如石灰岩)的强度便趋于常量。

3) 岩石强度的影响因素

岩石强度受到很多因素的影响与制约。这些影响因素大体可分为两方面：一方面是岩

— 线上自学 —

1-10 岩石的力学性质影响因素

石本身的因素，如造岩矿物成分、颗粒大小、胶结情况、生成条件、层理结构、容重、孔隙度及含水量等；另一方面是实验方法与物理环境的影响，如试件尺寸和形状、试件加工情况、压力机压头与试件之间的摩擦、加载速率及周围物理环境（如温度、围压等）。

不同矿物组成的岩石具有不同的抗压强度。一般来说，岩石中若含有较多的石英、长石、辉石等矿物，则岩石的抗压强度相对提高；反之，岩石中若含有较多强度较低的云母、高岭土、绿泥石、滑石、叶蜡石等，则岩石的抗压强度相对降低。但即使是相同矿物组成的岩石，因受颗粒大小、胶结情况、生成条件的影响，其抗压强度也相差甚远。

石英是造岩矿物中强度较大的矿物，如果石英颗粒在岩石中相互连接成骨架，则增加石英的含量可提高岩石强度。又如 Price 于 1934 年对一系列含有方解石杂质的砂岩和含有黏土矿物杂质的泥岩中石英含量与单轴抗压强度之间的关系进行了研究，得出这两种岩石的抗压强度随着石英含量的增加也增加的结论。但是，岩石强度不是任何时候都随着石英含量的增加而增加。例如在花岗岩中，如果石英颗粒是分散的（组不成骨架），那么石英含量的增加并不能增加岩石的强度。

花岗岩中含云母类片状矿物以及在两个方向上有很发育的解理面的长石，使花岗岩形成隐蔽的软弱面，从而使岩石强度降低。因此，花岗岩中这类矿物含量较多且颗粒较大时，对花岗岩的强度就起不良的影响，成为决定花岗岩强度的主要因素。

颗粒大小对岩石强度也起到控制作用。一般来说，细粒岩石的强度都高于同样矿物组成的粗粒岩石的强度。例如，粗粒花岗岩的强度为 120 MPa，而细粒花岗岩的强度能达到 260 MPa，致密灰岩干燥时的抗压强度为 140 MPa，而直径为 0.5 mm 的鲕状灰岩干燥时的抗压强度为 118 MPa，饱和水时强度为 97 MPa。

对沉积岩来说，胶结情况对强度的影响很大。岩石中的胶结物以硅质胶结物强度最高，其次是铁质、钙质胶结物，而泥质胶结物强度最低。硅质胶结岩石具有很高的强度，如硅质胶结砂岩抗压强度在 200 MPa 以上；石灰质胶结岩石的强度较低，如灰质胶结砂岩的抗压强度为 20～100 MPa；泥质胶结岩石的强度最低，软弱岩石往往属于此类。以黏土颗粒而论，由硅质胶结的泥板岩的强度可达 200 MPa 或更高，而由泥质胶结的泥页岩的强度最大不会超过 100 MPa。

此外，岩石的密度也常常影响其强度，如石灰岩的密度由 1.5 g/cm^3 增加到 2.7 g/cm^3，其抗压强度由 4.9 MPa 增加到 176.6 MPa；砂岩的密度由 1.87 g/cm^3 增加到 2.57 g/cm^3，其抗压强度由 14.7 MPa 增加到 88.3 MPa。岩石孔隙度对抗压强度的影响很大，随着岩石孔隙度的增大，抗压强度显著下降。若有水的渗入促使胶结软化，则可使岩石强度显著降低。

由此可见，即便是名称相同的岩石，由于产地不同，岩石内部结构、颗粒大小、胶结物、容重、孔隙度及含水量等各不相同，所以其强度亦有很大差异，表 1-2-4 中数据只能提供参考。

— 线上自学 —

1-11 岩石的工程特性

4. 岩石的脆性和塑性

在图 1-2-5 所示的装置上对岩石进行压入破碎实验。实验是用硬质合金平底圆柱压头（图 1-2-6）加载并压入岩石，压入过程中记录载荷与吃入深度的相关曲线（图 1-2-7）。所有岩石的压入实验曲线都可以分为图 1-2-7 所示的三种典型形态。根据这三种典型形态可以把岩石分为脆性岩石、塑性岩石和塑脆性岩石三大类。

— 实 验 —

1-12 岩石单轴压缩过程中应变场变化

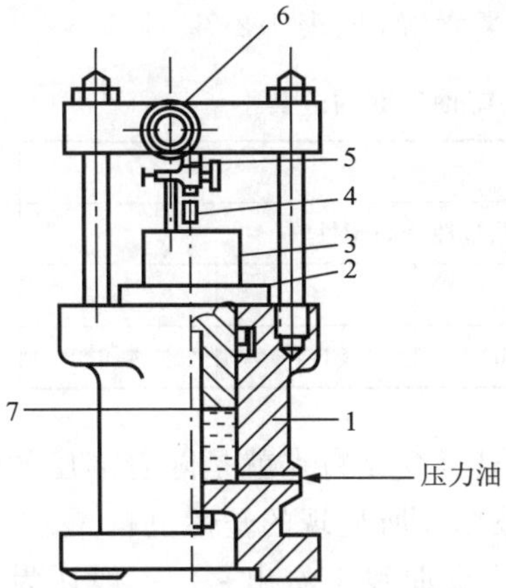

1—液缸缸体；2—液缸柱塞；3—岩样；4—压头；5—压力机上压板；6—千分表；7—柱塞导向杆。

图 1-2-5 测试岩石硬度的实验装置

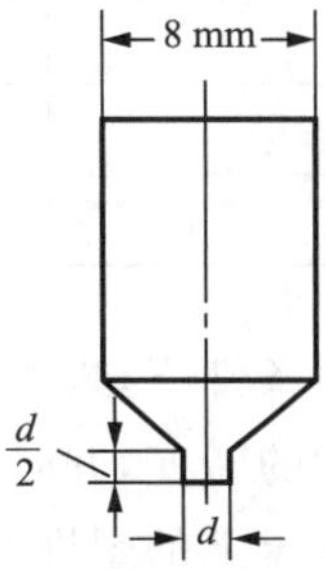

图 1-2-6 硬质合金平底圆柱压头

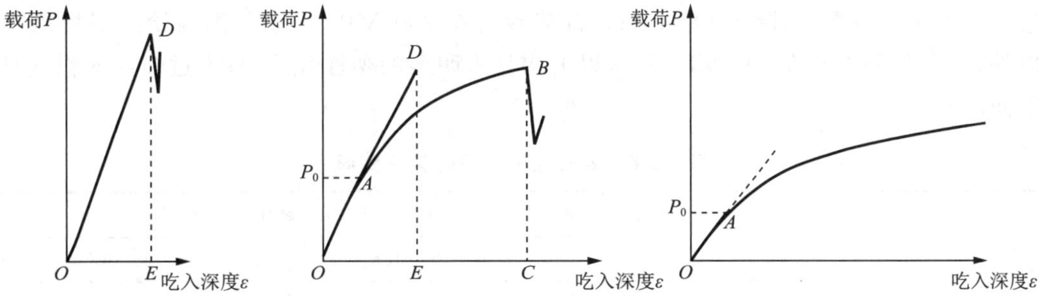

(a) 脆性岩石 (b) 塑脆性岩石 (c) 塑性岩石

图 1-2-7 平底圆柱压头压入岩石时的变形曲线

从图 1-2-7 中可以看出，岩石在外力作用下产生变形直至破坏的过程是不同的。一种情况是在外力作用下，岩石只改变其形状和大小而不破坏自身的连续性，这种情况称为塑性的；另一种情况是岩石在外力作用下直至破碎也无明显的形状改变，这种情况称为脆性的。岩石的塑性是反映岩石吸收残余形变或吸收岩石未破碎前不可逆形变的机械能量的特性；岩石的脆性是反映岩石破碎前不可逆形变中没有明显地吸收机械能量，即没有明显的塑性变形的特性。

在图 1-2-7 中，(a)为脆性岩石，OD 段为弹性变形阶段，到达 D 点后即发生脆性破碎；(b)为塑脆性岩石，其 OA 段为弹性变形阶段，AB 段为塑性变形区，到达 B 点时产生脆性破碎；(c)为塑性岩石，施加不大的载荷即产生塑性变形，其后变形随变形时间的延长而增加，无明显的脆性破坏现象。

以岩石的塑性系数作为定量表征岩石塑性及脆性大小的参数。塑性系数为岩石破碎前耗费的总功 A_F 与岩石破碎前弹性变形功 A_E 的比值。计算依据图 1-2-7 所示的岩石压入破碎过程中的载荷吃入深度曲线。对于脆性岩石，破碎前的总功 A_F 与弹性变形功 A_E 相等，即塑性系数 $K_p=1$；对于塑脆性岩石：

$$K_p=\frac{A_F}{A_E}=\frac{OABC\text{ 的面积}}{ODE\text{ 的面积}} \tag{1-2-6}$$

对于塑性岩石，$K_p=\infty$。

根据岩石塑性系数的大小，将岩石分为三类六级，见表1-2-7。

表1-2-7 岩石按塑性系数的分类

类　别	脆　性	塑脆性				塑　性
		低塑性→高塑性				
级　别	1	2	3	4	5	6
塑性系数 K_p	1	(1,2]	(2,3]	(3,4]	(4,6]	(6,∞)

在三轴应力条件下，岩石力学性质的一个显著变化特点就是随着围压的增大，岩石表现出从脆性向塑性的转变，并且围压越大，岩石破坏前所呈现的塑性也越大。

岩石在高围压下的塑性性质可以从应力-应变曲线上看出来。一般认为，当岩石的总应变量达到3%～5%时，就可以说该岩石已开始具有塑性性质或已实现了脆性向塑性的转变。例如，在图1-2-3中大理岩和砂岩的围压分别超过23.5 MPa和27.5 MPa后，这两种岩石已开始呈现塑性状态。表1-2-8中列出了图1-2-4中的几种岩石在室温下破坏前所达到的应变量。从表中可以看出，除了Oil Creek石英砂岩在200 MPa围压范围内始终保持脆性破坏以外，其余几种岩石在100 MPa围压以上均具有明显的塑性性质，只不过塑性的程度有所差别而已。

表1-2-8 岩石在围压下的塑性变形

岩石名称		在不同围压下破坏前的应变量/%	
		p=100 MPa	p=200 MPa
Oil Creek	石英砂岩	2.9	3.8
Hasmark	白云岩	7.3	13.0
Blain	硬石膏	7.0	22.3
Yule	大理岩	22.0	28.8
Barns	砂　岩	25.8	25.9
Marianna	石灰岩	29.1	27.2
Muddy	页　岩	15.0	25.0
—	盐　岩	28.8	27.5

勃拉克(A. D. Black)和格林(S. J. Green)在1978年发表了美国盐湖城全尺寸深井模拟钻井装置的钻进试验结果，确定了Bonne Terre白云岩、Colton砂岩和Mancos页岩由脆性向塑性转化时的压力分别为100～150 MPa，40～70 MPa和20～40 MPa。

对于深井钻井而言，认识并了解岩石从脆性向塑性的转变压力（或称临界压力，threshold pressure）具有重要的实际意义。由于脆性破坏和塑性破坏是两种本质上完全不同的破坏方式，故破坏这两类岩石要应用不同的破碎工具（不同结构类型的钻头），采用不同的破碎方式（冲击、压碎、挤压、剪切或切削、磨削等）以及不同的破碎参数的合理组合，才能取得较好的破岩效果。

由此可见，了解各类岩石的塑性和脆性性质以及临界压力，是设计、选择和使用钻头的重要依据。

5. 岩石的硬度

岩石的硬度是岩石抵抗其他物体表面压入或侵入的能力。

硬度与抗压强度有联系，但又有很大的区别。硬度只是固体表面的局部对另一物体压入或侵入时的阻力，而抗压强度则是固体抵抗固体整体破坏时的阻力。因此，不能把岩石的抗压强度作为硬度的指标，应区分组成岩石的矿物颗粒的硬度和岩石的组合硬度，前者对钻进过程中工具的磨损起重大影响，而后者对钻进时岩石的破碎速度起重大影响。

岩石及矿物硬度的测量与表示方法有很多种，这里仅介绍石油钻井中常用的两种。

1）摩氏硬度

摩氏硬度是一种流行的、简单的硬度测量方法，它表示了岩石或其他材料的相对硬度。其测量方法是用两种材料互相刻划，在表面留下擦痕者则硬度较低。以 10 种矿物为代表，作为摩氏硬度的标准，依次是：滑石(1)、石膏(2)、方解石(3)、萤石(4)、磷灰石(5)、长石(6)、石英(7)、黄玉(8)、刚玉(9)、金刚石(10)。

在现场，常采用更简便的方法，即用指甲(2.5)、铁刀(3.5)、普通钢刀(5)、玻璃(5.5)、锯条(6)、锉刀(7)、硬合金(9)等刻划矿物或岩石来鉴别其硬度。

岩石中矿物的摩氏硬度是选择破岩工具的重要参考依据，若在岩石中占一定比例的矿物的摩氏硬度达到或接近破岩工具工作部位材料的硬度，则工具磨损很快。

2）岩石的压入硬度

岩石的压入硬度是由苏联的史立涅尔提出的，也称史氏硬度。史氏硬度的测试装置如图 1-2-5 所示。图 1-2-7 所示三类岩石压入硬度的计算方法如下。

对于脆性岩石和塑脆性岩石，它们最终都产生了明显的破碎坑，岩石的压入硬度为：

$$p_Y = \frac{P}{S} \tag{1-2-7}$$

式中 p_Y——岩石的压入硬度，MPa；

P——产生脆性破碎时压头上的载荷，N；

S——压头的底面积，mm^2。

对于塑性岩石，用产生屈服（即从弹性变形开始向塑性变形转化）时的载荷 P_0 代替 P，则岩石的压入硬度为：

$$p_Y = \frac{P_0}{S} \tag{1-2-8}$$

石油钻井过程中，破岩工具在井底岩层表面施加载荷，使岩层表面发生局部破碎。岩石的压入硬度在石油钻井的岩石破碎过程中有一定的代表性，它在一定程度上能相对反映钻井时岩石抗破碎的能力。我国按岩石压入硬度的大小将岩石分为六类 12 级（表 1-2-9），作为选择钻头的主要依据之一。

表 1-2-9 岩石按压入硬度的分类

类别	软		中软		中硬		硬		坚硬		极硬	
级别	1	2	3	4	5	6	7	8	9	10	11	12
硬度/(100 MPa)	≤1	1～2.5	2.5～5	5～10	10～15	15～20	20～30	30～40	40～50	50～60	60～70	>70

二、井底压力条件下岩石的力学性质及其影响因素

石油钻井过程中，特别是在油气井较深时，岩石处于高压和多向压缩条件下，岩石的力学性质发生了很大的变化。研究这种条件下岩石的力学性质及其影响因素对指导钻井工程实践具有重要的意义。

1. 井眼周围地层岩石的受力状况

井眼周围地层岩石受力可用图 1-2-8 表示，包括以下几方面：

（1）上覆岩层压力 σ_1。σ_1 为覆盖在井眼周围地层岩石以上的压力，它来源于上部岩石的重力。σ_1 和岩石内孔隙流体压力的差（$\sigma_1 - p_p$）称为有效上覆岩层压力。

（2）岩石内孔隙流体的压力 p_p。

（3）水平地应力。水平地应力 σ_2 和 σ_3 由上覆岩层压力的侧压力和地质构造应力组成。

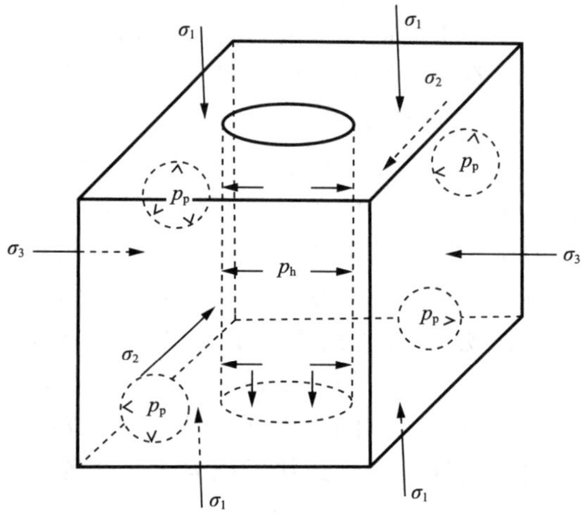

图 1-2-8　井眼周围地层岩石受力示意图

上覆岩层压力是产生一部分水平地应力的来源，如果地层在水平方向是各向同性的，则这部分水平地应力在水平方向上是均匀分布的，可以认为只与该岩层的泊松比 μ 有关，这部分有效水平地应力为 $\mu(\sigma_1 - p_p)/(1-\mu)$。

另一部分水平地应力来源于地质构造应力，它在水平的两个主方向上一般是不相等的，但都随埋藏深度的增加而线性增大，也就是说，都与有效上覆岩层压力成正比。因此，某深度处两个水平地应力方向上的有效水平地应力可以表示为：

$$\left.\begin{aligned}\sigma_2 &= \left(\frac{\mu}{1-\mu}+\alpha\right)(\sigma_1 - p_p)\\ \sigma_3 &= \left(\frac{\mu}{1-\mu}+\beta\right)(\sigma_1 - p_p)\end{aligned}\right\} \tag{1-2-9}$$

式中　α, β——σ_2 和 σ_3 两个水平主方向的构造应力系数，且 $\alpha > \beta$。

σ_1，σ_2 及 σ_3 都是由于地下岩石之间的作用而产生的应力，所以统称为地应力。

（4）钻井液液柱压力 p_h。

2. 井底各种压力对岩石性能的影响

1）地应力的影响

美国盐湖城的全尺寸钻头模拟钻井试验采取图 1-2-9 所示的施载方式模拟井底地应力及其他压力条件对钻进破岩的影响，其中 σ_3 模拟的是均匀的水平地应力。

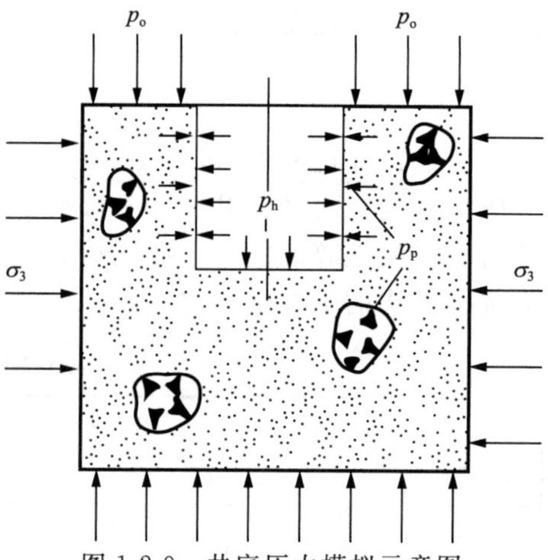

图 1-2-9　井底压力模拟示意图

试验时，各压力的梯度取为：上覆岩层压力梯度

$G_o = 0.023$ MPa/m，水平地应力梯度 $G_3 = 0.016$ MPa/m，地层孔隙压力梯度 $G_p = 0.010\ 4$ MPa/m。试验结果表明：由于试验的压力较小（p_o 和 σ_3 都是 0～35 MPa），无论是上覆岩层压力 p_o 还是水平地应力 σ_3 都对钻进速度没有明显影响。

理论分析表明，无论是垂直的上覆岩层压力还是水平地应力（均匀的或非均匀的）都会影响井壁岩石的应力状态，从而影响到井壁的稳定。井壁岩石的最大和最小水平地应力的差值越大，问题表现得越严重。如果井内钻井液密度过小，那么一些软弱岩层就会产生剪切破坏而坍塌，或者出现塑性流动而使井眼产生缩径；如果井内钻井液密度过大，那么又会使一些地层产生破裂（压裂）。地层的破裂压力取决于井壁上的应力状态，这个应力状态又与地应力的大小紧密相关。

2）液柱压力和孔隙压力的影响

（1）考虑孔隙压力的常规三轴实验结果。

在图 1-2-2 所示的常规三轴实验中，如果岩石是干的或不渗透的，或孔隙度小且孔隙中不存在液体或气体，则增大围压一方面会增大岩石的强度，另一方面也会增大岩石的塑性，这两方面的作用统称为“各向压缩效应”。

当岩石孔隙中含有流体且具有一定的孔隙压力时，汉丁（J. Handin）等认为，孔隙岩石的强度和塑性取决于各向压缩效应，但若孔隙流体是化学惰性的，岩石的渗透率足以保证流体在孔隙中流通并形成一致的压力，且孔隙空间的形状能将孔隙压力全部传给岩石的固体骨架上，则各向压缩效应等于外压与内压之差。在三轴实验中，外压指围压 σ_3，内压指孔隙压力 p_p。也就是说，孔隙压力的作用可降低岩石的各向压缩效应。

外压与内压之差称为有效应力（σ'），即

$$\sigma' = \sigma_3 - p_p \tag{1-2-10}$$

有效应力的作用可以很明显地从阿德里的实验结果（表 1-2-10）中看出。该实验是用 Berea 砂岩岩样，在室温及 0～69 MPa 围压下进行的三轴应力实验。

表 1-2-10　有效应力对岩石强度的作用

围压 σ_3/MPa	孔隙压力 p_p/MPa	有效应力 $(\sigma_3 - p_p)$/MPa	岩石的破碎应力（强度极限）$(\sigma_1 - \sigma_3)$/MPa
0	0	0	59.8
34.5	34.5	0	58.4
13.8	6.9	6.9	106.0
20.7	0	20.7	171.0
34.5	13.8	20.7	169.1
44.8	24.1	20.7	166.7
69.0	48.3	20.7	167.1
34.5	0	34.5	211.0
48.3	13.8	34.5	211.8
69.0	34.5	34.5	212.7
55.2	0	55.2	253.8
69.0	13.8	55.2	250.4

从表中可以看出，在上述实验条件下，岩石的强度只取决于有效应力的大小，即在不同的围压与孔隙压力的搭配方案下，只要 σ' 相同，岩石的强度值就近乎相等。

罗宾逊（L.H.Robinson）通过三轴应力实验研究了孔隙压力对石灰岩、砂岩及页岩试样的作用，实验结果如图 1-2-10 所示。

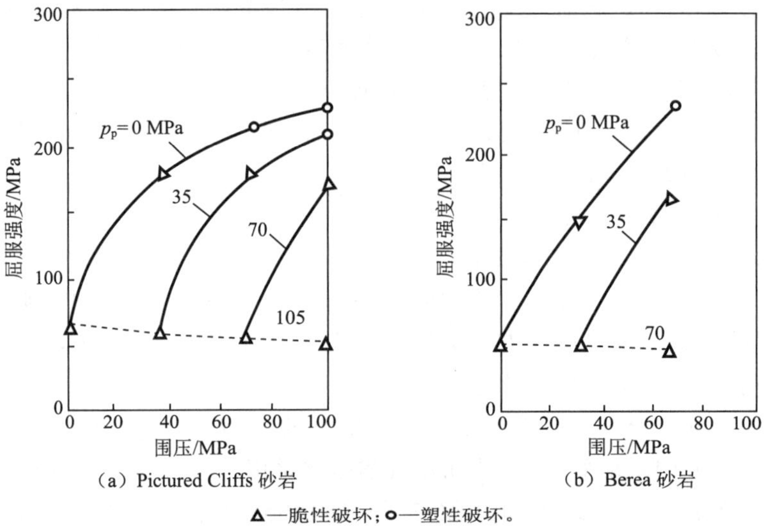

图 1-2-10　围压和孔隙压力对岩石屈服强度的影响

从图中可以看出，岩石的屈服强度随着孔隙压力的减小而增大。当围压一定时，只有当孔隙压力相对较小时，岩石才呈现塑性破坏；增大孔隙压力将使岩石由塑性破坏转变为脆性破坏。因此，在考虑页岩井壁的稳定时应对孔隙压力予以足够的重视。相反，在钻井中孔隙压力有助于岩石的破碎，从而提高钻井速度。

（2）液柱压力的影响。

井底的岩石，如不渗透且无孔隙液体，则增大钻井液液柱压力 p_h 将增大对岩石的各向压缩效应，其结果必然导致岩石的抗压入强度（或硬度）的增加和塑性的增加，并且在一定的液柱压力下，岩石从脆性破坏转为塑性破坏。这个转变压力称为脆-塑性转变的临界压力。

布拉托夫（B.B.Булатов）曾用压头压入法研究了钻井液液柱压力对岩石力学性质的影响，也观察到随着液柱压力 p_h 的提高，岩石的抗压入强度（或硬度）有明显的增大，见表 1-2-11。同时还发现，岩石的硬度越小，液柱压力 p_h 对其硬度的影响越显著（在相同的 p_h 下，硬度增大的倍数越高）。

表 1-2-11　液柱压力 p_h 对岩石硬度的影响

液柱压力/MPa	泥灰岩		大理岩		白云岩	
	硬度/MPa	相对值/%	硬度/MPa	相对值/%	硬度/MPa	相对值/%
0	498	100.0	803	100.0	—	—
20	602	121.0	—	—	3 670	100.0
35	633	127.2	980	122.0	4 136	112.7

续表

液柱压力/MPa	泥灰岩		大理岩		白云岩	
	硬度/MPa	相对值/%	硬度/MPa	相对值/%	硬度/MPa	相对值/%
65	773	155.4	1 083	135.0	4 220	115.0
85	856	172.0	1 180	147.0	4 504	124.0
95	1 301	261.3	—	—	4 626	126.2
100	1 626	306.0	1 490	185.5	4 940	134.7

液柱压力 p_h 除了对岩石起增强作用外，同时可相应地增大岩石的塑性系数，并在某个压力值时(对于不同岩石，该值是不同的)，其破碎特征从脆性转变为塑性(塑性系数 $K_p \to \infty$)，破碎坑的面积接近于压模的底面积，具体数据见表 1-2-12。

表 1-2-12 一些岩石的脆-塑性转变压力

岩　石	大气压力下		呈现 $K_p \to \infty$ 时的液柱压力 p_h/MPa
	硬度/MPa	塑性系数 K_p	
白云岩	3 610	1.30	50～60
砂　岩	514	1.65	20～30
粉砂岩	895	2.68	15

因此，随着井的加深或钻井液密度的增大，钻速的下降不仅与岩石硬度的增大有关，而且与岩石塑性的增大有关，特别是钻头齿每次与岩石作用所破碎岩石的体积减小的原因。

许多研究者研究了高压下单齿及微型钻头破岩的问题，他们认为钻井液液柱压力对钻井速度有明显的影响，表现为随着钻井液液柱压力的增高，单位破岩能量所破碎的岩石体积(V/W)下降，且钻井液液柱压力对于软而易钻的地层的影响更大，实验结果如表 1-2-13 及图 1-2-11 所示。

表 1-2-13 一些岩石的脆-塑性转变压力

液柱压力从 0→35 MPa					
岩石名称		V/W 减小/%	岩石名称		微型钻头钻速降低/%
软↓硬	Indiana 灰岩	93	软↓硬	Rifle 页岩	78
	Berea 砂岩	91		Spraberry 页岩	76
	Virgina 绿岩	90		Wyoming 红层	63
	Danby 大理岩	83		Pennsylvanian 灰岩	50
	Carthage 大理岩	71		Rush Spring 砂岩	33
	Hasmark 白云岩	49		Ellenberger 白云岩	22

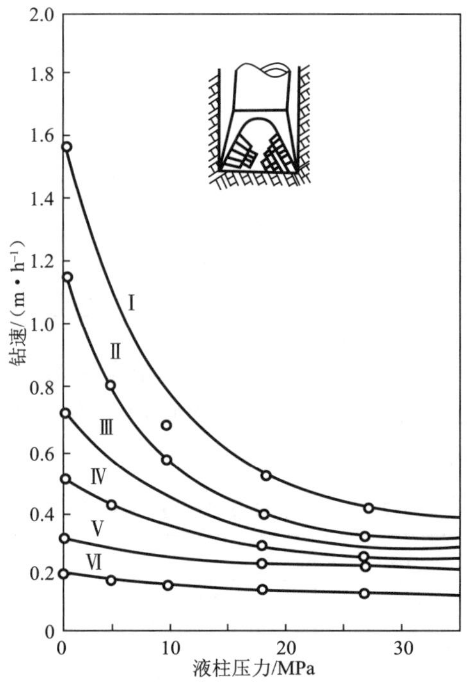

Ⅰ—Rifle 页岩；Ⅱ—Spraberry 页岩；Ⅲ—Wyoming 红层；Ⅳ—Pennsylvanian 灰岩；

Ⅴ—Rush Spring 砂岩；Ⅵ—Ellenberger 白云岩。

图 1-2-11　液柱压力对钻井速度的影响（微型钻头试验）

三、岩石的可钻性与研磨性

1. 岩石的可钻性

岩石可钻性是指岩石抗破碎的能力。它可以理解为在一定钻头规格、类型及钻井工艺条件下岩石抵抗钻头破碎的能力。可钻性的概念已经把岩石性质由强度、硬度等比较一般性的概念引向了与钻孔有联系的概念，在实际应用方面占有重要的地位。通常钻头选型、制定生产定额、确定钻头工作参数、预测钻头工作指标等都以岩石可钻性为基础。

岩石可钻性是岩石在钻进过程中显示出来的综合性指标。它取决于许多因素，包括岩石自身的物理力学性质以及破碎岩石的工艺技术措施。岩石的物理力学性质主要包括岩石的硬度（或强度）、弹性、脆性、塑性、颗粒度及颗粒的连接性质；破碎岩石工艺技术措施包括破岩工具的结构特点、工具对岩石的作用方式、载荷或力的性质、破岩能量的大小、井底岩屑的排除情况等。要找出岩石可钻性与影响因素之间的灵敏度关系是比较复杂和困难的，岩石可钻性只能在这种或那种具体破碎方法和工艺规程下通过实验来确定。

目前，岩石可钻性的测定和分级方法并不统一。不同部门所用钻井方法不同，测定岩石可钻性的实验方法不尽相同；不同国家及地区的测定方法、测定条件及分类方法也不尽相同。我国石油系统在石油大学尹宏锦教授等研究人员多年研究成果的基础上，原石油工业部于 1987 年确定了我国石油系统岩石可钻性测定及分类方法。此分类方法是用微钻头在岩样上钻孔，通过实钻钻时（即钻速）确定岩样的可钻性。具体方法是在岩石可钻性测定仪（即微钻头钻进实验架）上使用 ϕ31.75 mm（1¼ in）钻头，钻压 889.66 N、转速 55 r/min 的钻进参数，在岩样上钻三个孔，孔深 2.4 mm，取三个孔钻进时间的平均值为岩样的钻时（t_d），对 t_d 取以 2 为底的对数值作为该岩样的可钻性级值 k_d，一般 k_d 取整数值。

— 拓展与思政 —

1-13

$$k_d = \log_2 t_d \tag{1-2-11}$$

我国将地层可钻性按 k_d 的整数值分为 10 级，各主要油田地层可钻性等级所占比例见表 1-2-14。

表 1-2-14　我国各油田地层可钻性等级所占比例表　　单位：%

油田或地区	可钻性级别									
	Ⅰ	Ⅱ	Ⅲ	Ⅳ	Ⅴ	Ⅵ	Ⅶ	Ⅷ	Ⅸ	Ⅹ
大　港	6.4	16.8	29.2	27.9	14.8	4.24	0.1			
胜　利	8.0	11.9	18.9	22.1	18.9	12.0	5.0	2.0	0.8	0.2
苏　北	6.5	7.7	11.9	15.5	17.1	15.5	11.7	7.6	3.9	2.6
西　北	0.01	0.3	4.5	15.3	47.5	26.0	5.8	0.4	0.1	
江　汉	2.1	5.1	11.4	18.4	21.7	19.5	12.7	6.2	2.3	
华　北	4.2	6.3	11.2	16.1	18.5	17.2	12.9	7.7	3.8	2.1
大　庆	0.6	2.2	6.7	14.0	21.3	22.9	17.6	9.5	3.9	1.3
四　川	0.07	0.43	3.9	14.2	28.2	29.9	17.1	6.0	0.9	0.01

2. 岩石的研磨性

在用机械方法破碎岩石的过程中，钻头和岩石产生连续的或间断的接触和摩擦，在破碎岩石的同时，工具本身也受到岩石的磨损而逐渐变钝，直至损坏。钻头接触岩石部分的材料一般为钢、硬质合金或金刚石，岩石磨损这些材料的能力称为岩石的研磨性。研究岩石的研磨性对于正确地设计和选择使用钻头、延长钻头寿命、提高钻头进尺、提高钻井速度有重要的意义。

对钻井而言，岩石的研磨性表现在对钻头刃部表面的磨损上，即研磨性磨损。它是由钻头工作刃与岩石接触过程中产生的微切削、刻划、擦痕等所造成的。这种研磨性磨损除了与摩擦副材料的性质有关外，还取决于摩擦的类型和特点、摩擦表面的形状和尺寸（如表面的粗糙度）、摩擦面的温度、摩擦体的相对运动速度、摩擦体间的接触应力、磨损产物的性质及其清除情况、参与摩擦的介质等因素。因此，研磨性磨损是十分复杂的问题，是一个有待深入研究的领域。

关于岩石的研磨性，有各种各样的测量方法，但至今尚无统一的测定方法，许多结果很难进行比较。

— 实 验 —

1-14 岩石工程力学实验1

— 实 验 —

1-15 岩石工程力学实验2

习题与拓展

1. 简述地下各种压力的基本概念及上覆岩层压力、地层孔隙压力和基岩应力三者之间的关系。

2. 简述地层沉积欠压实产生异常高压的机理。

3. 简述正常压实地层中岩石的密度、强度、孔隙度、声波时差和 d_c 指数随井深变化的规律。

4. 解释地层破裂压力的概念。怎样根据漏失试验曲线确定地层破裂压力？

5. 某井井深 2 000 m，地层压力为 25 MPa，求地层压力当量密度。

6. 某井垂深 2 500 m，井内钻井液密度为 1.18 g/cm^3，若地层压力为27.5 MPa，求井底压差。

7. 某井井深 3 200 m，产层压力为 23.1 MPa，求产层的地层压力梯度。

8. 某井钻至 2 500 m，钻进时所用的钻头直径为 215 mm，钻压为 160 kN，转速为 110 r/min，机械钻速为 7.3 m/h，钻井液密度为 1.28 g/cm^3，正常压力条件下钻井液密度为 1.07 g/cm^3，求 d 和 d_c 指数。

9. 岩石的硬度与抗压强度有何区别？

10. 岩石的塑性系数是怎样定义的？简述脆性、塑脆性和塑性岩石在压入破碎时的特性。

11. 岩石在平行层理和垂直层理方向上的强度有何不同？岩石的这种性质叫什么？

12. 岩石受围压作用时，其强度和塑脆性是怎样变化的？

13. 影响岩石强度的因素有哪些？

14. 什么是岩石的可钻性？我国石油部门采用什么方法评价岩石的可钻性？将地层按可钻性分为几级？

15. 井底和井眼周围地层岩石受哪些力？

16. 水平地应力是怎样产生的？它与上覆岩层压力的关系是什么？

17. 什么是有效应力、有效上覆岩层压力、各向压缩效应？

— 拓展阅读 —

1-16

第二章　石油钻机及钻井工具

第一节　石油钻机

石油钻机是用来进行油气勘探、开发的成套钻井设备，是由多种机器设备组成、具有多种功能的联合工作机组。为满足钻井工艺要求，整套钻机须具备动力驱动系统、传动系统、提升系统、旋转系统、钻井液循环系统、控制系统、钻机底座、辅助设备系统等，应具备起下钻能力、旋转钻进能力和循环洗井能力。

为适应各种地理环境和地质条件，近年来出现了各种具有特殊用途的钻机，如沙漠钻机、丛式井钻机、斜井钻机、顶驱钻机、小井眼钻机、连续管钻机、极地钻机等，这些钻机称为特种钻机。

20 世纪 90 年代至今，我国独立自主研制出一系列不同类型的专业化特种钻机，形成了石油钻机的多样化体系。在生产出第一台新型电驱动钻机 ZJ70D 之后，相继生产出一批新型石油钻井装备，包括全球首台人工岛 7 000 m 环形轨道移动模块钻机、“一键式”人机交互 7 000 m 自动化钻机，以及全球首台 12 000 m 特深井自动化钻机，我国首口万米科学探索井——深地塔科 1 井使用的就是该钻机。

一、钻井工艺对钻机的要求

钻机设备的配置与钻井方法密切相关。目前，世界各国普遍采用的钻井方法是旋转钻井法，即利用大钩、游动滑车、天车、绞车起下钻杆柱；利用钻杆柱将钻头送到井底；利用转盘或顶部驱动装置带动钻杆柱、钻头旋转，或利用井下动力钻具直接驱动钻头旋转；利用钻头旋转破碎岩石，形成井眼；利用钻井泵循环输送高压钻井液，带出井底岩屑。

旋转钻井法要求钻井机械设备具有以下三方面的基本能力：

1. 旋转钻进的能力

钻井工艺要求钻井机械设备能为钻具（钻杆柱和钻头）提供一定的转矩和转速，并维持一定的钻压（钻杆柱作用在钻头上的重力）。

2. 起下钻具的能力

钻井工艺要求钻井机械设备具有一定的起重能力及起升速度，能起出或下入全部钻杆柱和套管柱。

3. 循环洗井的能力

钻井工艺要求钻井机械设备具有清洗井底并携带岩屑的能力，即能提供较高的泵压，使钻井液经钻杆柱中孔流至钻头水眼，冲击清洗井底，再经井眼环空上返至井口，并将岩屑带出井外。

此外，考虑到钻井作业流动性的特点，钻机设备要容易安装、拆卸和运输。钻机的使用维修工作必须简便易行，钻机的易损零部件应便于更换。

钻机设备的配置和各种设备的工作能力、技术指标都是根据钻井工艺对钻机的以上三项基本要求确定的。钻机的基本参数对转盘的转矩与功率、大钩起重量与功率、钻井泵的许用泵压与功率提出了要求。在这三组参数中，转盘的转矩、大钩的起重量、钻井泵的许用泵压都是受到机件强度限制的。

在强度满足使用要求的条件下，转盘应提供一定的转速，大钩应提供一定的提升速度，钻井泵应提供一定的排量和泵压，否则钻井作业就不能顺利进行。对转盘扭矩与转速、起升重量与提升速度、泵压与排量的联合要求，就是对工作机功率和强度的要求。为了保证一定的转速、提升速度、排量，动力机应该供给工作机一定的功率。

二、石油钻机的主要工作系统

— 线上自学 —

2-1 钻机的组成及功用

— 动 画 —

2-2 钻机各大系统

钻机的工作系统比较庞大，各机组的工作状况和工作特点各不相同。根据旋转钻井法对钻机的能力要求，钻机主要包括起升系统、旋转系统、循环系统、井控系统、动力与传动系统和控制系统。其中起升系统、旋转系统和循环系统三大系统设备是直接服务于钻井生产的，是钻机最主要的工作系统。绞车、转盘（顶驱）和钻井泵称为钻机的三大工作机。

— 动 画 —

2-3 起升系统

1. 起升系统

为了起下钻具、下套管、控制钻压及送进钻头等，钻机配备了起升系统，以实现钻完井作业的相关操作。这套设备主要由钻井绞车、辅助刹车、游动系统（如钢丝绳、天车、游动滑车）、大钩和井架组成。另外，还有用于起下操作的井口工具及机械化设备（如吊环、吊卡、卡瓦、动力大钳、立根移运机构等）。

1）井　架

（1）井架的主要功能。

井架是石油钻机的重要组成部分，它是一种具有一定高度和空间的金属桁架结构，其主要功用包括：

① 安放天车，悬挂游动滑车、大钩及专用工具（如吊钳等），在钻井过程中起下钻具、下套管。

② 起下钻过程中，用以存放立根。井架能容纳立根的总长度称为立根容量。

（2）井架的组成。

井架的组成主要有以下六部分。

① 井架主体：多为型材组成的空间桁架结构。

② 天车台：用于安放天车和天车架。

③ 天车架:用于安装、维修天车。

④ 二层台:包括井架工进行起下钻操作的工作台和存靠立根的指梁。

⑤ 立管平台:装拆水龙带操作台。

⑥ 工作梯。

(3) 井架的性能。

钻井井架应具备以下性能:

① 足够的承载能力,保证起下一定深度的钻杆柱和下放一定深度的套管柱。所谓足够,即要与该井架所配用的钻机大钩公称起重量(最大钻杆柱重量)及大钩最大起重量相适应。

② 足够的尺寸空间,井架高度越高,起下的立根长度越长,可节省时间;井架上、下底应有必要的尺寸,以安装天车并保证起下操作时游动系统设备畅行无阻;保证钻台有足够的面积,以便于布置设备、安放工具,方便工人安全操作,使司钻有良好的视野。

③ 应保证拆装方便,移运迅速。

(4) 井架的类型。

钻井井架按整体结构形式的主要特征可分为塔形井架、前开口井架、A 形井架和桅形井架等类型。

① 塔形井架。

如图 2-1-1 所示,塔形井架是一种四棱锥体的空间结构,横截面一般为正方形。井架本体分成四扇平行的桁架,每扇又分成若干桁架,同一高度的四面桁格在空间构成井架的一层,故塔架本体又可看成由许多层空间桁架所组成。

塔架整体结构形式的主要特征为:

a. 井架本体是封闭的整体结构,整体稳定性好,承载能力大;

b. 整个井架是由单个构件用螺栓连接而成的可拆结构;

c. 井架尺寸可不受运输条件限制,允许井架内部空间大,起下操作方便、安全,但单件拆装工作量大,高空作业不安全。

② 前开口井架(Ⅱ形井架)。

如图 2-1-2 所示,Ⅱ形井架的主要特征为:

a. 井架本体分成 4～5 段,各段一般为焊接的整体结构,段间采用锥销定位和螺栓连接,地面或接近地面水平组装,整体起放,分段运输。

b. 因受运输尺寸限制,井架本体截面尺寸比塔形井架小。为方便游动系统设备上、下畅行无阻和便于放置立根,井架做成前扇敞开、截面为Ⅱ形的不封闭空间结构。有的Ⅱ形井架最上段做成四边封闭结构,以增强整体的稳定性。

c. 井架各段两段扇桁架结构形式相同。为保证司钻有良好的视野,背扇采用不同的腹杆布置形式,如菱形等。有的Ⅱ形井架的背扇横斜杆是由销轴与左右侧片连接的可拆卸结构,便于井架分段运输。

③ A 形井架。

A 形井架的主要特征为:

a. 两大腿通过天车台、二层台及附加杆件连成 A 字形。在大腿的前方或后方有人字架支撑,构成一完整的空间结构。整个井架在地面或接近地面水平组装,整体起放,分段运输。

b. 大腿可以是空间杆件结构，分成3～5段。大腿断面根据所用型材的不同，一般分为矩形和三角形两种。用管材作大腿弦杆者多采用三角形，用角钢者多采用矩形，以便于制造。撑杆有杆系柱结构、矩形断面板焊柱结构或管柱结构。

c. A形井架的每根大腿都是封闭的整体结构，承载能力和稳定性较好，但因只有两条腿，且腿间联系较弱，致使井架整体稳定性不理想。

图2-1-3所示为A形井架的一种变形，上段做成封闭的整体结构，以增加井架的整体稳定性。

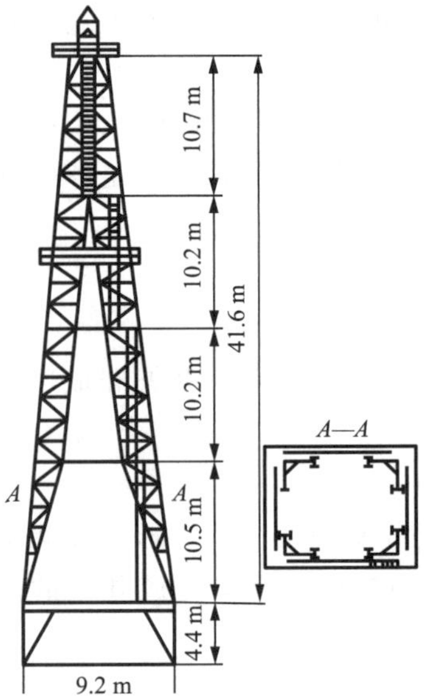

图2-1-1　塔形井架

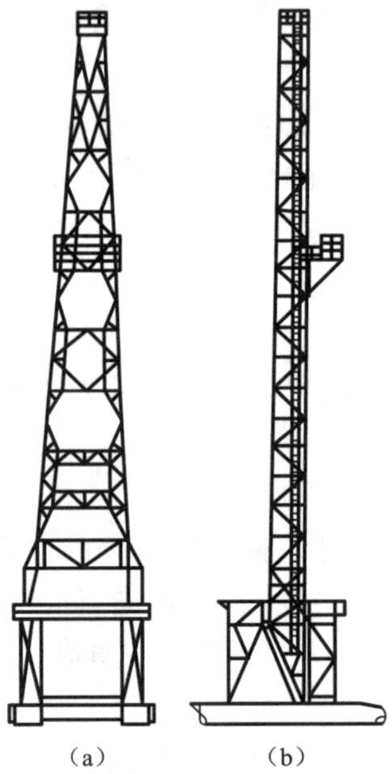

图2-1-2　Ⅱ形井架

图2-1-3　上封闭A形井架

④ 桅形井架。

桅形井架是由一节或几节杆件结构或管柱结构组成的单柱式井架，有整体式和伸缩式两种。桅形井架一般利用液缸或绞车整体起放，整体或分段运输。

桅形井架工作时向井口方向倾斜，需利用绷绳保持结构的稳定性，以充分发挥其承载能力，这是桅形井架整体结构的重要特性。

桅形井架结构简单、轻便，但承载能力小，只适用于车装轻便钻机和修井机。

图2-1-4为XJ250修井机伸缩式桅形井架。

(5) 井架的基本参数。

井架的基本参数包括：

① 最大钩载。

井架的最大钩载是指死绳固定在指定位置，使用规定的钻井绳数，在没有风载和立根载荷的条件下大钩的最大起重量。井架的最大钩载包括游车和大钩的自重(钻机的最大钩载不包括游车和大钩自重)。

② 立根载荷。

立根载荷是指立根自重及其承受的风载在二层台指梁上所产生的水平方向的作用力。

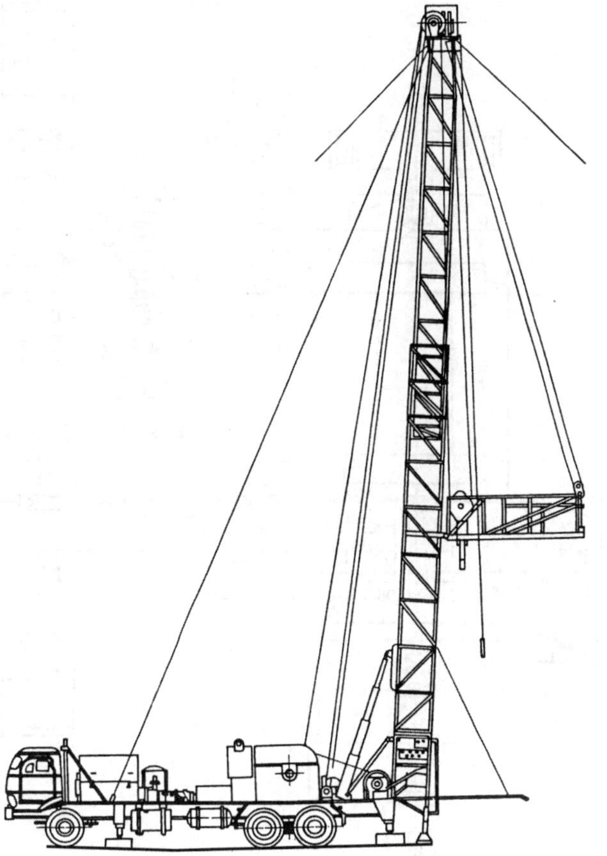

图 2-1-4　XJ250 修井机伸缩式桅形井架

③ 井架高度。

井架高度根据其类型不同而定义。

a. 塔形井架高度：井架大腿底板底面到天车梁底面的垂直高度。

b. Ⅱ形井架和 A 形井架高度：井架下底角销孔中心到天车梁底面的垂直高度。

c. 桅形井架高度：撬座或车轮与地面接触点到天车梁底面的垂直高度。

d. 井架的有效高度：钻台到天车梁底面的垂直高度。

e. 二层台高度：钻台面到二层台面的垂直高度。

f. 二层台容量：二层台（安装在最小高度上）所能存放钻杆的数量。

g. 上底尺寸和下底尺寸：塔形井架的上底尺寸和下底尺寸分别指井架相邻大腿上底和下底轴线间的水平距离；对于单角钢大腿，则指角钢外缘之间的距离。

h. 大门高度：塔形井架大门高度是指井架大腿底板底面到大门顶面的垂直高度。大门高度一般应高于 8 m，以便将单根拉上钻台。

2）绞　车

钻井绞车是起升系统的核心部件之一，动力经联轴器输入绞车减速箱，通过减速箱减速齿轮啮合传到链轮，再经链传动至绞车滚筒离合器轴上，离合器通气结合后，动力传给绞车，从而实现滚筒的旋转和游动滑车的起放。ZJ60D 绞车如图 2-1-5 所示。

绞车的主要功用有：

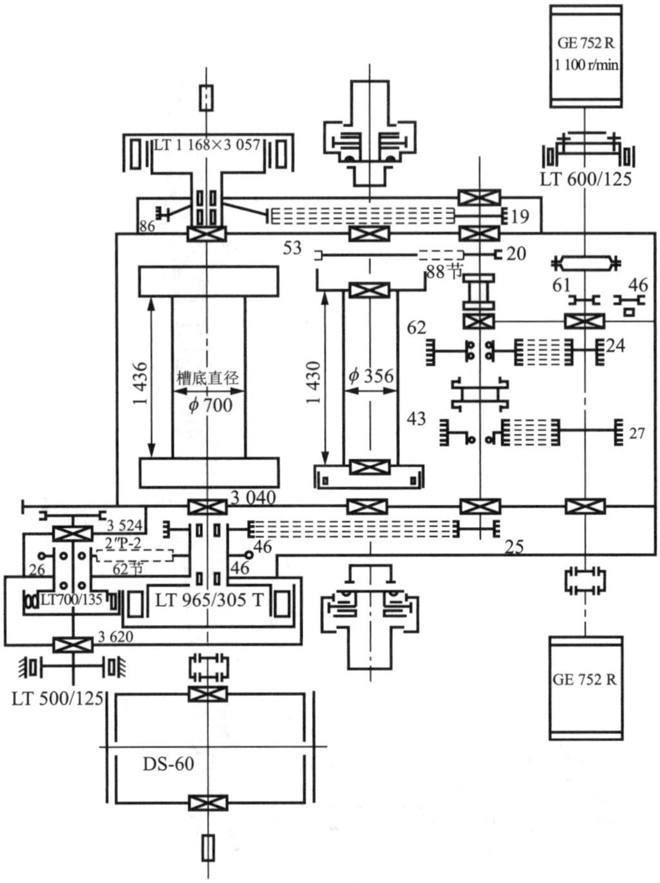

图 2-1-5　ZJ60D 绞车

（1）起下钻具，下套管；

（2）钻进过程中控制钻压，送进钻具；

（3）借助猫头上卸钻具丝扣，起吊重物及其他辅助工作；

（4）充当转盘的变速机构或中间传动机构；

（5）整体起放井架。

2. 旋转系统

2-4 旋转系统

为了转动井内转具，带动钻头破碎岩石，常规钻机旋转系统包括转盘、水龙头、钻具或顶部驱动装置。

1）转　盘

转盘实质上是一个大功率的圆锥齿轮减速器，其主要作用是把发动机的动力通过大方瓦传给方钻杆、钻铤和钻头，驱动钻头旋转，钻出井眼。转盘是旋转钻机的关键设备，也是钻机的三大工作机之一。图 2-1-6 所示 ZP-700 转盘主要由水平轴总成、转台体总成、主辅轴承、密封及壳体等部分组成。

钻井工艺对转盘的要求如下：

（1）具有足够大的扭矩和一定的转速，以转动钻柱，带动钻头破碎岩石，并能满足打捞、对扣、倒扣、造扣或磨铣等特殊作业的要求；

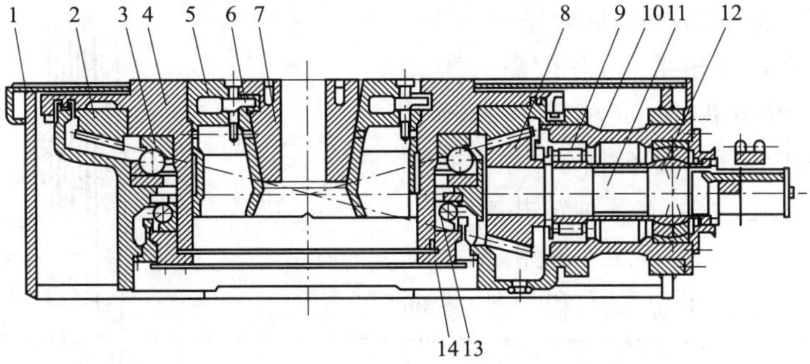

1—壳　体2—大圆锥齿轮；3—主轴承；4—转台；5—大方瓦；6—大方瓦与方补心锁紧机构；7—方补心；8—小圆锥齿轮；9—圆柱滚动轴承；10—套筒；11—快速轴(水平轴)；12—双列向心球面滚子轴承；13—辅助轴承；14—调节螺母。

图 2-1-6　ZP-700 转盘

(2) 具有抗震、抗冲击和抗腐蚀的能力，尤其是主轴承应有足够的强度和寿命，并要求其承载能力不小于钻机的最大钩载；

(3) 能正反转，且具有可靠的制动机构；

(4) 具有良好的密封、润滑性能，以防止外界的钻井液、污物进入转盘内部而损坏主辅轴承。

转盘技术参数见表 2-1-1。

表 2-1-1　石油钻机用转盘技术参数

型　号	通孔直径/mm(in)	中心距/mm	最大静载荷/kN	转　台	
				最大工作扭矩/(N·m)	最高转速/(r·min^{-1})
ZP-175	444.5(17½)	1 118 1 353	1 350	13 729	300
ZP-205	520.7(20½)	1 353	3 150	22 555	300
ZP-275	698.5(27½)	1 353	4 500	27 459	300
ZP-375	952.5(37½)	1 353	5 850	32 362	300
ZP-495	1 257.3(49½)	1 353 1 651	7 250	36 285	300

2) 钻　具

根据所钻井的不同，钻具的组成也有所差异，一般包括方钻杆、钻杆、钻铤和钻头，此外还有稳定器、减振器以及配合接头等。其中，钻头是直接破碎岩石的工具；钻铤的重量和壁厚都很大，用来向钻头施加钻压；钻杆将地面设备和井底设备连接起来，并传递扭矩；方钻杆的截面一般为正方形和正六边形，转盘通过方钻杆带动整个钻柱和钻头旋转。

3) 水龙头

水龙头上部连接水龙带，下部接方钻杆，通过它向旋转着的钻柱导入高压钻井液，同时悬持旋转着的钻具承受大部分以及全部钻具重量，并为旋转钻具提供上部轴承支承，是常规旋转钻机的典型部件。

4) 顶部驱动装置

顶部驱动钻井系统(top drive drilling system，TDS)，简称顶驱系统，是一套安装于井架内部空间、由游车悬持的顶部驱动钻井装置，常规水龙头与钻井马达相结合，并配备一种结构新颖的钻杆上卸扣装置（或称管柱处理装置），从井架空间上部直接旋转钻柱，并沿井架内专用导轨向下送进，可完成各种钻井操作。

如图2-1-7所示，顶驱系统一般由钻井马达-水龙头总成、钻杆上卸扣装置和导轨-导向滑车总成、平衡系统、冷却系统、控制系统和附属设备组成。顶驱系统包括液马达顶驱、AC-SCR-DC顶驱和AC变频顶驱系统，它们之间的区别仅在于驱动马达是液马达，或是直流电机，或是交流电机，故这三种顶驱系统的结构组成没有根本性区别。

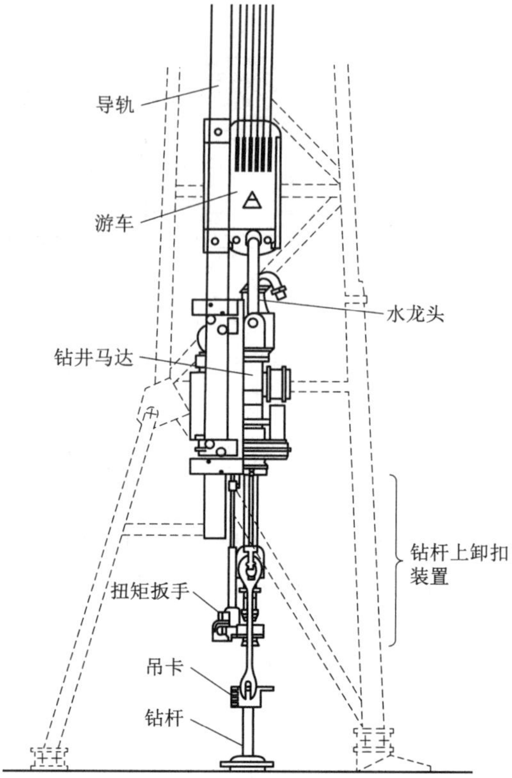

图2-1-7　顶驱系统结构示意图

与常规转盘-方钻杆旋转钻井法相比，顶驱钻井系统旋转钻井法具有以下优点：

（1）可减少接单根的时间。由于顶部驱动装置不使用方钻杆，故不受方钻杆长度的约束，而它又利用立根钻进，从而可避免每钻进9 m左右接一单根的麻烦，可大大节省接单根的时间。

（2）可倒划眼防止卡钻。由于使用顶部驱动装置在起钻时可以继续旋转钻柱和循环钻井液，即具有可使用28 m立根倒划眼的能力，所以该装置可在不增加起钻时间的前提下顺利地循环和旋转并将钻具提出井眼，减少卡钻的危险。

（3）下钻时可划眼。该装置具有不接方钻杆钻过砂桥和缩径点的能力。在下钻中，使用顶部驱动装置可在数秒内接好钻柱，然后立即划眼，从而减少卡钻的危险。

（4）可节省定向钻井时间。顶部驱动装置可以通过28 m立根循环，相应减少井下马达定向的时间。

（5）可提高人员安全性。使用顶部驱动装置接单根时只需要打背钳，可减少钻井工人接单根的次数，从而大大降低事故发生率。此外，钻杆上卸扣装置总成上的倾斜装置可以使吊环、吊卡向下摆至小鼠洞或向上摆至二层台，从而大大减轻作业者工作的危险程度。

（6）可控制上卸扣扭矩。由于采用钻井电机接卸钻杆，可以从司钻台上设定及从扭矩表上观察上卸扣扭矩，故可避免上卸扣扭矩过盈或不足，这样既可以用好设备，又可以延长设备的使用寿命。

（7）可提高井控安全性。采用顶部驱动装置起钻时，若发现井下异常，例如出现井喷征兆，钻杆上卸扣装置可在井架任何高度将主轴接入钻柱，恢复循环。双内防喷器可安全控制钻柱内压力。

（8）可提高一次取心长度。使用顶部驱动装置钻进能够连续取心钻进28 m，取心中间不需要接单根，从而可提高取心收获率。

(9) 可旋转下套管。在套管与主轴之间加入一个转换接头,套管可以旋转和循环入井,从而减小缩径井段的摩阻力,较容易通过井径缩小的井眼。

顶驱钻井系统是20世纪80年代以来钻井设备发展的四大技术(顶驱、盘式刹车、液压钻井泵和AC变频驱动)之一。钻井实践表明,顶驱钻井系统的突出优点是可节省钻井时间20%～25%,可大大减少卡钻事故,可控制井涌、避免井喷,用于深井、超深井、斜井及各种高难度的定向井钻井时,其综合经济效益尤为显著。

3. 循环系统

— 动画 —

2-5　循环系统

为了将井底钻头破碎的岩屑及时携带到地面上来以便继续钻进,同时为了冷却钻头,保护井壁,防止井塌等钻井事故的发生,旋转钻机配备有循环系统。

循环系统包括钻井泵、地面管汇、钻井液罐、钻井液净化设备等,其中地面管汇包括高压管汇、立管、水龙带,钻井液净化设备包括振动筛、除砂器、除泥器、离心机等。

钻井泵将钻井液从钻井液罐中吸入,经泵加压后的钻井液经过高压管汇、立管、水龙带进入水龙头,通过空心钻具下到井底,从钻头的水眼喷出,经井眼和钻具之间的环形空间携带岩屑返回地面;从井底返回的钻井液经各级钻井液净化设备,除去固相含量,然后重复使用。

当采用井下动力钻具钻进时,循环系统还担负着提供高压钻井液驱动井下涡轮钻具或螺杆钻具带动钻头破碎岩石的任务。钻井泵是循环系统的核心,是钻机的三大工作机之一。

1) 钻井泵的分类

按照结构特点,石油矿场钻井泵大致可以按以下方面分类:

(1) 按缸数分为单缸泵、双缸泵、三缸泵、四缸泵等。

(2) 按直接与工作液体接触的工作机构分为活塞式及柱塞式两种。

① 活塞泵由带密封组件的活塞与固定的金属缸套形成密封副;

② 柱塞泵由金属柱塞与固定的密封组件形成密封副。

(3) 按作用方式分主要有单作用式和双作用式。

① 单作用式泵的活塞或柱塞在液缸中往复一次,该液缸吸入一次和排出一次;

② 双作用式泵的液缸被活塞或柱塞分为两个工作室,无活塞杆的为前工作室或称前缸,有活塞杆的为后工作室或称后缸,每个工作室都有吸入阀和排出阀,活塞往复一次,液缸吸入和排出各两次。

(4) 按液缸的布置方案及其相互位置分为卧式泵、立式泵、V形或星形泵等。

(5) 按传动或驱动方式分,常见的有:

① 机械传动泵,如曲柄-连杆传动、凸轮传动、摇杆传动、钢丝绳传动往复泵及隔膜泵等;

② 蒸汽驱动钻井泵;

③ 液压驱动钻井泵等。

石油矿场钻井泵广泛应用三缸单作用和双缸双作用卧式活塞泵;压裂、固井及注水泵常用三缸、五缸单作用卧式柱塞泵及其他类型的往复泵。

2) 钻井泵的工作原理

图2-1-8为卧式单缸单作用往复式活塞泵的示意图。它主要由液缸、活塞、吸入阀、排出阀、阀室、曲柄(或曲轴)、连杆、十字头、活塞杆以及齿轮、皮带轮和传动轴等零部件组成。当动力机通过皮带、齿轮等传动件带动曲柄按图示方向从左边水平位置开始旋转时,活塞向右

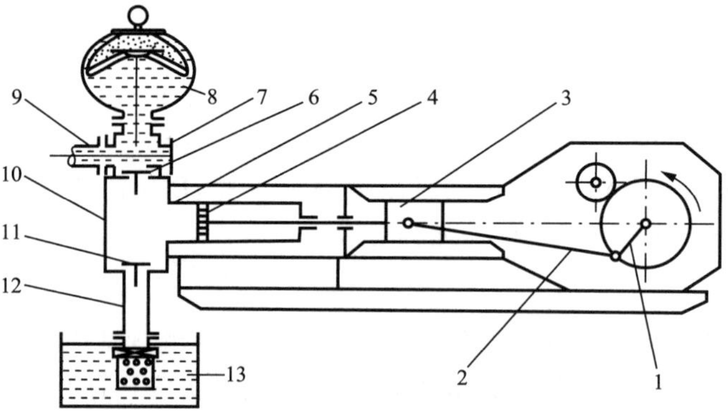

1—曲柄；2—连杆；3—十字头；4—活塞；5—缸套；6—排出阀；7—排出四通；
8—预压排出空气包；9—排出管；10—阀箱（液缸）；11—吸入阀；12—吸入管；13—吸入池。

图 2-1-8 卧式单缸单作用往复式活塞泵工作示意图

边即泵的动力端移动，液缸内形成一定的真空度，吸入池中的液体在液面压力的作用下推开吸入阀并进入液缸，直到活塞移到右死点为止，此为液缸的吸入过程。曲柄继续转动，活塞开始向左即液力端移动，液缸内液体受挤压，压力升高，吸入阀关闭，排出阀被推开，液体经排出阀和排出管进入排出池，直到活塞移到左死点为止，此为液缸的排出过程。曲柄连续旋转，每一周内活塞往复运动一次，单作用泵的液缸完成一次吸入和排出过程。

3）钻井泵的技术规范

我国用于石油天然气钻井的国产钻井泵已实现了标准化，目前所用的钻井泵大都是三缸单作用卧式活塞泵。常用钻井泵技术规范见表 2-1-2。

表 2-1-2 常用钻井泵技术规范

名 称	青州泵				宝石泵					兰石泵		
设备型号	SL3NB-500	SL3NB-1000A	SL3NB-1300A	SL3NB-1600A	F-500	F-800	F-1000	F-1300	F-1600	3NB-800	3NB-1000	3NB-1300
输入功率/kW	368	735	956	1 176	368	588	735	956	1 176	588	735	956
冲程长度/mm	180	305	305	305	191	229	254	305	305	216	235	254
额定冲次/(次·min^{-1})	110	120	120	120	165	150	140	120	120	160	150	140
最大缸套直径/mm	170	180	180	190	170	170	170	180	180	160	170	170
最大工作压力/MPa	35	35	35	35	26.77	27.26	32.85	30.60	37.65	33	35	35

续表

名　称	青州泵				宝石泵					兰石泵		
设备型号	SL3NB-500	SL3NB-1000A	SL3NB-1300A	SL3NB-1600A	F-500	F-800	F-1000	F-1300	F-1600	3NB-800	3NB-1000	3NB-1300
最大排量/(L·s^{-1})	24.50	46.54	46.54	51.85	36.72	41.51	43.22	50.41	50.41	34.50	40.00	40.40
吸入管直径/mm	203	250	300	300	203	254	305	305	305	250	250	305
排出管直径/mm	83	123	123	123	101.6	127	127	127	127	101.3	127	127
齿轮传动比	4.696	3.657	3.957	3.657	4.286	4.185	4.207	4.206	4.206	2.51	2.658	2.868
外形尺寸(长×宽×高)/(mm×mm×mm)	3 385×2 280×2 080	4 600×2 720×2 470	4 300×2 750×2 525	4 720×2 822×2 600	3 658×2 709×2 227	3 963×3 024×2 351	4 269×3 162×2 591	4 426×3 262×2 688	4 426×3 262×2 688	3 995×2 360×1 541	4 575×2 600×1 700	4 900×2 690×1 800
重量/kN	92.943	189.14	203.84	265.58	95.746	142.10	184.142	240.806	242.952	132.692	166.60	201.439

4. 井控系统

— 动 画 —

2-6　井控系统

在钻井过程中，为了防止地层流体侵入井内，通常使井筒内的钻井液静液柱压力略大于地层压力，这就是所谓的对油气井的初级压力控制。但在钻井作业中，常因各种因素的变化，使油气井的初级压力控制失效而导致地层流体侵入井筒，这时就需要依靠井控设备实施关井和压井作业，重新恢复对油气井的压力控制。井控系统是实施油气井压力控制技术的一整套专用设备、仪表与工具。

1）井控系统的功用

井控系统具有以下功用：

（1）及时发现溢流。对油气井进行监测，以便尽早发现地层流体侵入征兆，尽早采取控制措施。

（2）迅速控制地层流体侵入。溢流、井涌、井喷发生后，迅速关井，实施压井作业，对油气井重新建立压力平衡。

（3）处理复杂情况。在油气井失控的情况下，进行灭火抢险等处理作业。

显然，井控系统是对油气井实施压力控制，对事故进行预防、监测、控制、处理的关键手段，是实现安全钻井的可靠保证，是钻井设备中必不可少的系统设备。

2）井控系统的组成

井控系统的组成包括：

（1）以防喷器为主体的钻井井口，又称防喷器组合，主要包括液压防喷器组、套管头、钻井四通、过渡法兰等。

（2）防喷器控制系统，主要包括司钻控制台、远程控制台、辅助遥控控制台等。

（3）井控管汇，主要包括节流管汇及液动节流阀控制箱、放喷管线、压井管汇、注水管线、灭火管线、反循环管线。

（4）钻具内防喷工具，主要包括钻具止回阀、方钻杆上下旋塞、投入式止回阀、旁通阀等。

（5）以监测和预报地层压力异常为主的井控仪器仪表，主要包括钻井液返出温度监测报警仪、钻井液密度监测报警仪、钻井液返出流量监测报警仪、钻井液罐液面监测报警仪、起钻时井筒液面监测报警仪、泵冲等参数的监测报警仪等。

（6）钻井液加重、除气、灌注设备，主要包括钻井液加重设备、钻井液气体分离器、常规式或真空式钻井液除气器、起钻自动灌气钻井液装置等。

（7）井喷失控处理和特殊作业设备，主要包括不压井强行起下管串加压装置、自封头、旋转防喷器、灭火装置、拆装井口设备及工具。

典型井控装置如图2-1-9所示。

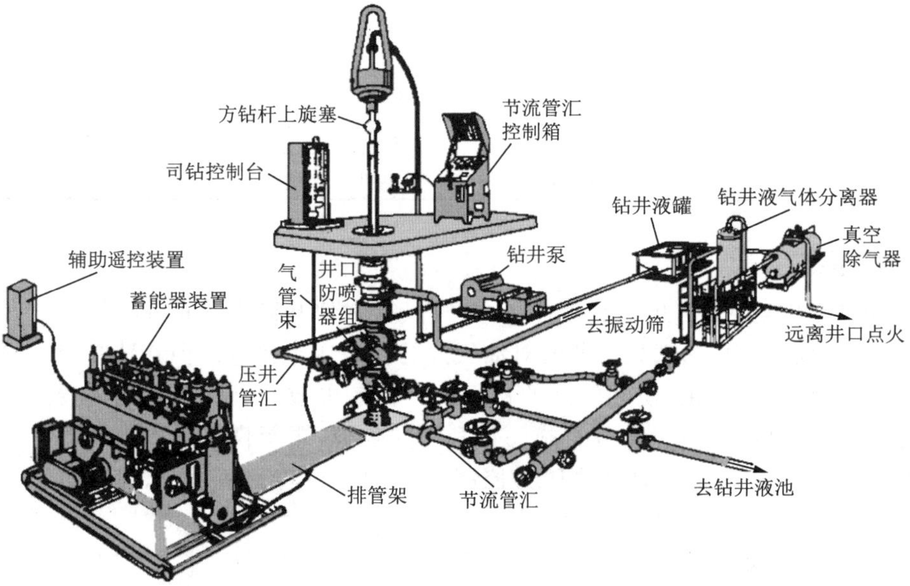

图2-1-9 井控装置配套示意图

5. 动力与传动系统

动力系统设备是指为整套机组（三大工作机组及其他辅助机组）提供能量的设备。钻机的动力机一般为柴油机，有时为电动机。对于柴油驱动钻机，柴油机直接为其他各种设备提供动力；对于电驱动钻机，一般由柴油机提供动力，带动发电机发电，再通过电缆给其他钻井设备提供动力。

柴油机适用于在没有电网的偏远地区打井，交流电机依赖于工业电网或者需要柴油机带动交流发电机发出交流电，直流电机需要柴油机带动直流发电机发出直流电。目前更常用的情况是柴油机带动交流发电机发出交流电，再经可控硅整流，将交流电变成直流电。

按照采用的动力设备不同，钻机分为机械驱动、电驱动和复合驱动三大类。

1）机械驱动

机械驱动依据驱动机组驱动特性的不同，分为柴油机驱动-机械传动和柴油机驱动-液力传动两种。

（1）柴油机驱动-机械传动用2～4台柴油机提供动力，经V带、齿轮、链条、万向轴等机械传动元件的多种形式的组合，实现并车、减速增矩、换向、倒车，以驱动绞车、转盘和钻井泵。由于柴油机本身及机械传动特性，工作机只能通过有限挡位进行调速。

（2）柴油机驱动-液力传动用柴油机提供动力，柴油机首先与液力变矩器（或耦合器）组合，组成柴油机-液力驱动机组，再经V带、齿轮、链条、万向轴等机械传动元件的多种形式的组合，实现并车、减速增矩、换向、倒车，以驱动绞车、转盘和钻井泵。液力变矩器能变速、变矩，属柔性传动。

2）电驱动

与传统的机械驱动相比，电驱动具有传动效率高，对负荷的适应能力强，安装运移性好，处理事故能力及对机具的保护能力强，易于实现对转矩、速度、加减速及位置的控制，易于实现钻井的自动化和智能化等诸多优点。

电驱动钻机按其发展历程可分为以下四种：

（1）交流电驱动钻机，即交流发电机（或工业电网）-交流电动机驱动（AC-AC）；

（2）直流电驱动钻机，即直流发电机-直流电动机驱动（DC-DC）；

（3）可控硅整流直流电驱动钻机，即交流发电机-可控硅整流-直流电动机驱动（AC-SCR-DC）；

（4）交流变频电驱动钻机，即交流发电机-变频调速器-交流电动机驱动（AC-VFD-AC）。

3）复合驱动

复合驱动可根据转盘、绞车、钻井泵三大工作机组的工作特点和性能要求，灵活选用相适应的驱动方式，以最经济的动力配置，获得最佳的工作性能。

复合驱动主要有两种形式：机电复合驱动和交直流电复合驱动。

（1）机电复合驱动。机电复合驱动主要有两种形式：一种是采用柴油机加耦合器驱动钻井泵和绞车，同时带动一台交流发电机，交流发电机发出的交流电通过变频器控制交流变频电动机驱动转盘；另一种是采用柴油机驱动交流发电机，发电机发出的交流电通过变频器控制交流变频电动机驱动绞车和转盘，钻井泵为独立机泵组，采用机械驱动。

（2）交直流电复合驱动。交直流电复合驱动是采用柴油机驱动交流发电机，发电机发出的交流电一路通过变频器控制交流变频电动机驱动绞车和转盘，另一路通过可控硅整流器将交流电变换为可控的直流电，控制直流电动机，由直流电动机驱动钻井泵。

6. 控制系统

为了保证钻机的三大工作机组协调地工作，以满足钻井工艺的要求，钻机配备有控制系统。常用的控制方式有机械控制、气控制、电控制和液控制等。目前，钻机上常用的控制方式是集中控制。司钻通过钻机上的司钻控制台可以完成几乎所有的钻机控制，如总离合器的离合，各动力机的并车，绞车、转盘和钻井泵的起、停，绞车的高低速控制等。

—动画—

2-8　控制系统

— 线上自学 —

2-9 钻机的分类及表示方法

三、石油钻机的分类及特点

1. 石油钻机分类

各钻机制造厂家按照各自的特点，对石油钻机的分类不尽相同。一般来说，可按以下方法对石油钻机进行分类。

1）按钻井方法

按钻井方法的不同可将钻机分为冲击钻机和旋转钻机。冲击钻机又称顿钻钻机，最初用来打水井，1859 年美国人德雷克将其引入石油钻井。旋转钻机根据驱动钻头的动力来源又分为地面驱动旋转钻机和井下驱动旋转钻机。

2）按钻井深度

按钻井深度的不同可将钻机分为浅井钻机（钻井深度不超过 1 500 m）、中深井钻机（钻井深度为 1 500～4 500 m）、深井钻机（钻井深度为 4 500～6 000 m）、超深井钻机（钻井深度大于 6 000 m）。

3）按地域环境

根据钻机使用地区分为陆地钻机、海洋钻机、沙漠钻机、沼泽地钻机、低温环境钻机和丛林直升机吊装钻机。

4）按移动方式

按移动方式不同可将钻机分为块装钻机、车装钻机和拖挂钻机。

5）按驱动传动形式

按驱动设备类型的不同可将钻机分为柴油机驱动钻机（又可分为柴油机驱动-机械传动钻机和柴油机驱动-液力传动钻机）、电驱动钻机（又可分为直流电驱动钻机和交流电驱动钻机）。

2. 常用石油钻机的特点

1）直流电驱动钻机

采用先进的 AC-SCR-DC 电传动技术，绞车、钻井泵分别通过直流电动机独立驱动，实现无级变速。平行四边形整体起升底座有双升式（弹弓式）和旋升式两种结构，钻台面分 9 m 和 10.5 m 两种。

绞车采用整体链传动设计模式，设有机械变挡装置，配备液压盘式主刹车系统和电磁涡流辅助刹车（也可选配气控盘式刹车），配备独立自动送钻装置；转盘可通过链条箱从绞车取力传动，也可采用单独的直流电动机驱动方式。

2）交流变频电驱动钻机

钻机采用先进的全数字交流变频技术，以 PLC 逻辑控制技术为核心，通过电、气、液一体化设计控制。绞车、钻井泵分别通过宽频大功率交流变频电动机独立驱动，能实现全程无级变速。

绞车为单滚筒齿轮传动，一挡无级调速，主刹车为液压盘式刹车，辅助刹车为电机能耗制动，并能通过计算机定量、定位控制制动力矩；转盘交流变频电动机带二级变速传动箱驱动，可实现全程无级变速，传动效率高，并可满足高转速、大扭矩的要求。

3）复合驱动钻机

主机模块采用前高后低的布置方式，动力和传动系统低位安装，底座采用箱块式或前台旋升后台块装结构。动力传动采用“柴油机＋液力耦合器＋整体链条并车箱”驱动绞车和钻井泵，同时并车箱可带节能发电机和自动压风机。转盘采用交流变频电动机或直流电动机独立驱动。绞车采用整体链传动结构设计，远程气控机械换挡变速，配备液压盘式主刹车系统（也可选带刹）和电磁涡流辅助刹车。

4）机械驱动钻机

主机采用块装或箱块式结构及前高后低的布置方式；动力传动采用“柴油机＋液力耦合器＋整体链条并车箱”或“柴油机＋减速箱＋皮带并车联动机”和“柴油机＋Allision变速箱＋齿轮变速箱”联合驱动钻井泵、绞车；绞车动力则通过爬坡万向轴或爬坡链条箱上传到转盘驱动箱驱动转盘。绞车分内变速和外变速两种形式，主刹车采用液压盘式刹车或带式刹车，辅助刹车采用电磁涡流刹车。

5）车装钻机

车装钻机是油田钻井采用的一种特种钻机，可用于油、气、水井的勘探开发，适用于道路条件较好的地区。其主要特点为：钻机主体如动力、传动装置、绞车、转盘传动装置、井架、液气控制系统及辅助装置都集中安装在一个载运底盘上；采用液压机构起放井架，具有重量轻、移动性好、功能强、现场安装方便、作业效率高以及运输成本低等优点。

车装钻机主要有1 000 m，1 500 m，2 000 m，3 000 m，4 000 m等型号。车装钻机主要由自走式底盘、钻井专用装置两大部分构成，两大部分共用一套动力系统。钻井专用装置由起升系统[主要包括绞车及刹车系统、辅助刹车、游动系统（天车、钢丝绳、游车大钩）、井架及辅助设备（吊环、吊卡、卡瓦、大钳）]、旋转系统（转盘、水龙头、钻柱）、传动系统（机械传动包括万向轴、角传动箱、离合器、链传动）、控制系统（液、气、电）及附件等组成。整机作业部分的操作集中在液压控制台和司钻控制台上。

车装钻机一般为液力机械驱动，即高速柴油机＋液力机械传动箱。其装机功率根据绞车的额定功率来选择。其传动方式广泛采用Allison液力传动箱作为变速器箱使用，Allison液力传动箱通过挠性盘与柴油机直接连接，然后通过传动轴与分动箱连接。

四、钻机系列

1. 钻机的基本参数

钻机的基本参数指的是反映钻机基本工作性能的技术指标，也称为特性参数。钻机的基本参数是设计、制造、选择、使用、维修和改造钻机的主要技术依据。

钻机的基本参数按系统分类主要有主参数、起升系统参数、旋转系统参数、循环系统参数、驱动系统参数等。

1）主参数

在钻机基本参数中，选定一个最主要的参数作为主参数，主参数应具备以下特征：① 能最直接地反映钻机的钻井能力和主要性能；② 对其他参数具有影响和决定作用；③ 可用来标定钻机型号，并作为设计、选用钻机的主要技术依据。

我国钻机标准采用名义钻井深度L（名义钻深范围的上限）作为主参数，这是因为钻机的最大钻井深度影响和决定着其他参数的大小。

（1）名义钻井深度。名义钻井深度是钻机在标准规定的钻井绳数下，使用ϕ127 mm（5 in）钻杆柱可钻达的最大井深。

（2）名义钻深范围。名义钻深范围是钻机可经济利用的最小钻井深度与最大钻井深度之间的范围。名义钻深范围的下限与前一级的有重叠，其上限即该级钻机的名义钻井深度。

2）起升系统参数

起升系统参数包括：

（1）最大钩载。最大钩载是钻机在标准规定的最大绳数下，下套管或进行解卡等特殊作业时，大钩上不允许超过的最大载荷。

最大钩载决定了钻机下套管和处理事故的能力，是核算起升系统零部件静强度及计算转盘、水龙头主轴承静载荷的主要技术依据。

（2）最大钻柱质量。最大钻柱质量是钻机在标准规定的钻井绳数下，正常钻进或进行起下钻作业时，大钩所允许承受的钻柱在空气中的最大质量。

（3）起升系统钻井绳数和最大绳数。起升系统钻井绳数是指正常钻进时游动系统采用的有效提升绳数。最大绳数是指钻机配备的游动系统轮系所能提供的最大有效绳数，用于下套管或解卡等重载作业。

另外，起升系统参数还包括绞车各挡起升速度、绞车挡数、绞车最大快绳拉力、钢丝绳直径、绞车额定输入功率、井架有效高度、钻台高度等。

3）旋转系统参数

旋转系统参数包括转盘开口直径、转盘各挡转速、转盘挡数、转盘额定输入功率等。

4）循环系统参数

循环系统参数包括钻井泵额定压力、额定流量、额定输入功率等。

5）驱动系统参数

驱动系统参数包括单机额定功率和总装机功率等。

2. 国产石油钻机标准系列

我国石油钻机型号表示方法如图2-1-10所示。

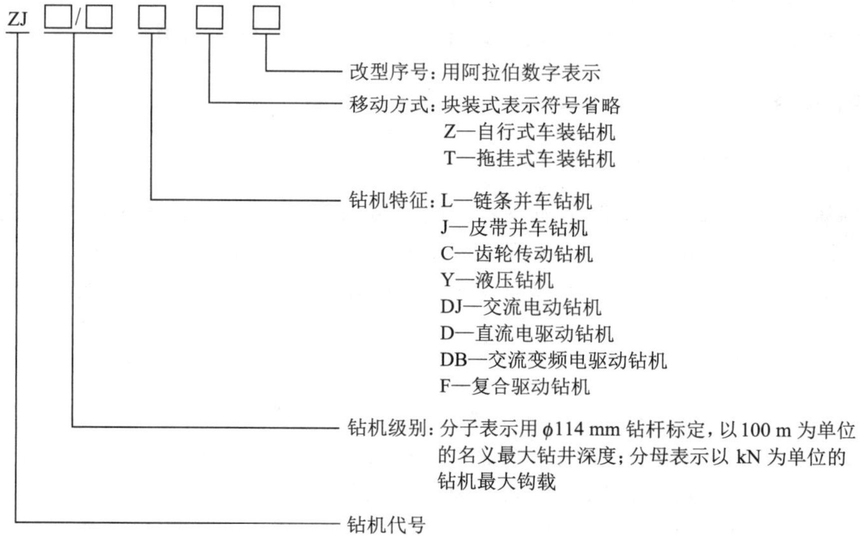

图2-1-10　我国石油钻机型号的表示方法

例：5 000 m交流变频电驱动钻机可表示为ZJ50/3150DB。

根据GB/T 23505—2017，石油钻机按名义最大钻井深度和最大钩载分为10个级别，各级别钻机的主要基本参数应符合表2-1-3的规定。

表 2-1-3 石油钻机基本参数

钻机级别		ZJ10/600	ZJ15/900	ZJ20/1350	ZJ30/1800	ZJ40/2250	ZJ50/3150	ZJ70/4500	ZJ90/6750	ZJ120/9000	ZJ150/11250
最大钩载/kN		600	900	1 350	1 800	2 250	3 150	4 500	6 750	9 000	11 250
名义钻深范围/m	ϕ127 mm 钻杆	500～800	700～1 400	1 100～1 800	1 500～2 500	2 000～3 200	2 800～4 500	4 000～6 000	5 000～8 000	7 000～10 000	8 500～12 500
	ϕ114 mm 钻杆	500～1 000	800～1 500	1 200～2 000	1 600～3 000	2 500～4 000	3 500～5 000	4 500～7 000	6 000～9 000	7 500～12 000	10 000～15 000
绞车额定功率	kW	110～200	257～330	330～500	400～700	735 (1 100)	1 100 (1 470)	1 470 (2 210)	2 210 (2 940)	2 940 (4 400)	4 400 (5 880)
	hp	150～270	350～450	450～680	550～950	1 000 (1 500)	1 500 (2 000)	2 000 (3 000)	3 000 (4 000)	4 000 (6 000)	6 000 (8 000)
游动系统绳数	钻井绳数	6	8	8	8	8	10	12	14	14	16
	最大绳数	6	8	8	10	10	12	14	16	16	18
钻井钢丝绳公称直径	mm	19,22	22,26	26,29	29,32		32,35	35,38	42,45	48,52	
	in	3/4,7/8	7/8,1	1,1⅛	1⅛,1¼		1¼,1⅜	1⅜,1½	1⅝,1¾	1⅞,2	
钻井泵单台功率不小于	kW	368	588		735		956	1 176		1 617	1 617, 2 205
	hp	500	800		1 000		1 300	1 600		2 200	2 200, 3 000
转盘开口直径	mm	381,444.5		444.5,520.7,698.5			698.5,952.5		952.5,1 257.3,1 536.7		1 257.3, 1 536.7
	in	15,17½		17½,20½,27½			27½,37½		37½,49½,60½		49½, 60½
钻台高度	m	3,4	4,5		5,6,7.5		7.5,9,10.5		10.5,12		12,16

注:绞车额定功率参数括号中的数值为非优选值。

第二节　钻　头

一、概　述

钻头是石油钻井破碎岩石的主要工具。钻头工作性能的好坏直接影响钻井速度、钻井质量和钻井成本。钻头工作性能的好坏不仅与钻头结构设计和制造质量有直接关系，还取决于它与岩性及其他钻井工艺条件是否适应、其使用是否合理等。因此，设计和制造高质量的钻头，以及根据岩性和钻井工艺要求合理选择和使用钻头，具有特别重要的意义。

— 线上自学 —

2-10　钻头的分类及合理使用

目前石油钻井使用的钻头按照钻井目的的不同可分为全面钻进钻头、取心钻头和扩眼钻头等类型；按照钻头结构和工作原理的不同，又可分为牙轮钻头、金刚石钻头和PDC钻头三大类。每一类钻头又有多种不同的型号和尺寸，以适应不同岩性和钻井工艺的要求。

评价钻头工作性能优劣的指标有机械钻速、钻头进尺、工作寿命和单位进尺成本等。钻头进尺是指一只钻头钻进的井眼总长度。工作寿命是指一只钻头使用到报废时的累计工作时间。机械钻速是指钻头进尺与工作寿命之比，可用下式表示：

$$v_{pc}=\frac{H}{t} \tag{2-2-1}$$

式中　v_{pc}——机械钻速，m/h；

H——钻头进尺，m；

t——钻头工作寿命，h。

单位进尺成本的计算公式为：

$$C_{pm}=\frac{C_b+C_r(t+t_t)}{H} \tag{2-2-2}$$

式中　C_{pm}——单位进尺成本，元/m；

C_b——单只钻头成本，元；

C_r——钻机作业费，元/h；

t_t——起下钻、接单根时间，h。

实际上，单纯以机械钻速、工作寿命或钻头进尺为指标都不足以评价钻头工作性能的好坏。有的钻头机械钻速很高，但寿命短，钻头进尺少，这样就需要多只钻头并进行多次起下钻；而有的钻头工作寿命长，钻头进尺也比较高，但机械钻速却很低，使得钻井速度慢、周期长。因此，目前多以单位进尺成本为指标来综合评价钻头工作性能的好坏。

本节重点介绍常用的牙轮钻头、金刚石钻头和PDC钻头的结构及类型、工作原理和合理使用等方面的知识，为改进钻头结构设计、合理选择及使用钻头打下基础。

二、牙轮钻头

自1909年美国霍华德·休斯获得第一个关于牙轮钻头的专利以来，牙轮钻头便作为一种高效的破岩工具在石油钻井中得到了广泛的应用。经过100多年的不断改进，已发展了能够满足各种钻井技术要求和适应从软到坚硬的各种地层的多种尺寸和型号的牙轮钻头。目前，国内外钻头厂商和相关研究机构仍在继续开展钻头材料、结构设计和制造工艺等方面的研究，不断开发出新的产品。

1. 牙轮钻头的结构

— 线上自学 —

2-11 牙轮钻头的结构特点

牙轮钻头按牙齿类型可分为铣齿（钢齿）牙轮钻头、镶齿（硬质合金齿）牙轮钻头两大类；按牙轮数目可分为单牙轮、双牙轮、三牙轮和多牙轮钻头。目前，国内外使用最多、最普遍的是三牙轮钻头。

三牙轮钻头的结构如图 2-2-1 所示。钻头上部车有丝扣，供与钻柱连接用；牙爪（也称巴掌）下带牙轮轴（轴颈）；牙轮装在牙轮轴上，牙轮带有牙齿，用以破碎岩石；每个牙轮与牙轮轴之间都有轴承；水眼（喷嘴）是钻井液的通道；储油密封补偿系统储存并向轴承腔内补充润滑油脂，同时可以防止钻井液进入轴承腔并防止润滑油脂漏失。

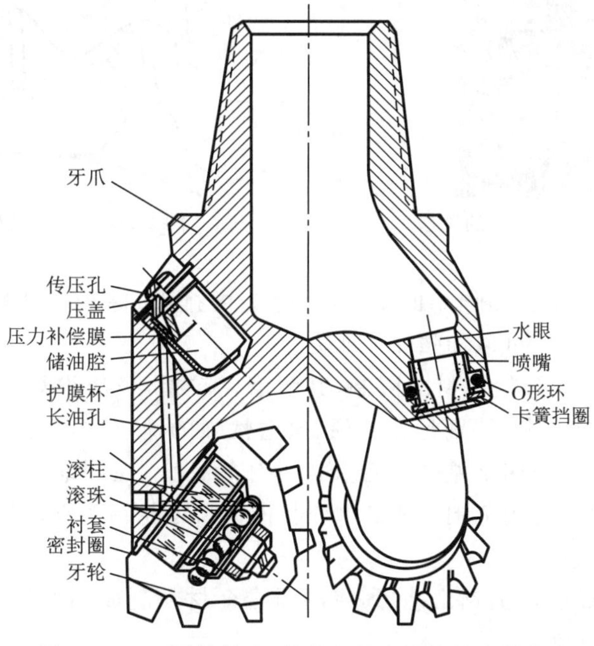

图 2-2-1 三牙轮钻头（铣齿密封滚动轴承喷射式）

1）牙轮及牙齿

（1）牙轮。牙轮是带有牙齿的锥形滚轮，它是牙轮钻头破碎岩石的基本元件。牙轮是用合金钢（一般为 20CrMo）经过模锻制成的锥体，牙轮外锥面或铣出牙齿（铣齿钻头）或镶装硬质合金齿（镶齿钻头），牙轮内腔车有轴承跑道、台肩和密封环槽。

牙轮外锥面有两种至数种锥度。单锥牙轮仅由主锥和背锥组成；复锥牙轮由主锥、副锥和背锥组成，有的有两个副锥，如图 2-2-2 所示。背锥的主要作用是修整井壁。

（2）铣齿。铣齿牙轮钻头的牙齿是由牙轮毛坯经铣削加工而成的，其齿形受到加工的限制，基本都是楔形的。为增强铣齿的耐磨性，通常在铣齿表面堆焊硬质合金耐磨层（图 2-2-3）。

铣齿的主要结构参数包括齿高、齿宽和齿距（图 2-2-4），这些参数的确定有利于破碎岩石及齿的强度。一般对软地层牙轮钻头的齿高、齿宽、齿距都较大，而对硬地层则相反。

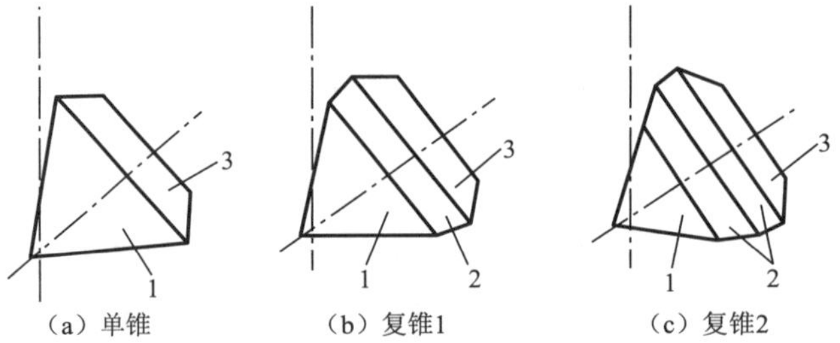

1—主锥；2—副锥；3—背锥。

图 2-2-2 单锥和复锥牙轮

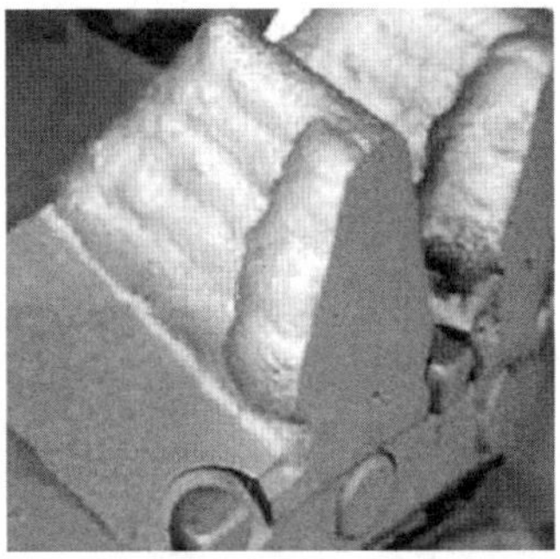

图 2-2-3 堆焊硬质合金耐磨层的铣齿

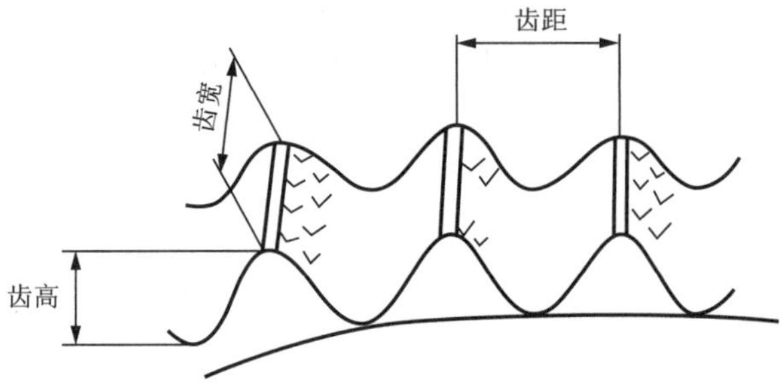

图 2-2-4 铣齿结构参数

根据牙齿在牙轮上位置和作用的不同，可分为内排齿、保径齿和修边齿，如图 2-2-5 所示。修边齿为硬质合金齿，可以加强保径能力。

(3) 镶齿。铣齿受到牙轮材料的限制，其耐磨性较差，虽经堆焊硬质合金耐磨层，但其耐磨性仍不能完全满足要求，特别是在坚硬、研磨性强的地层中，牙齿使用寿命很低。1951 年，在石油钻井中第一次使用了镶硬质合金齿的牙轮钻头，在硬地层中取得了较好的效果，以后镶齿钻头发展很快，使用范围迅速扩大。目前镶齿牙轮钻头在软地层、中硬地层及坚硬地层中都得到了广泛应用。

镶齿牙轮是在牙轮壳体上钻出孔后，将硬质合金材料制成的牙齿以过盈配合方式镶入孔中而制成，如图 2-2-6 所示。

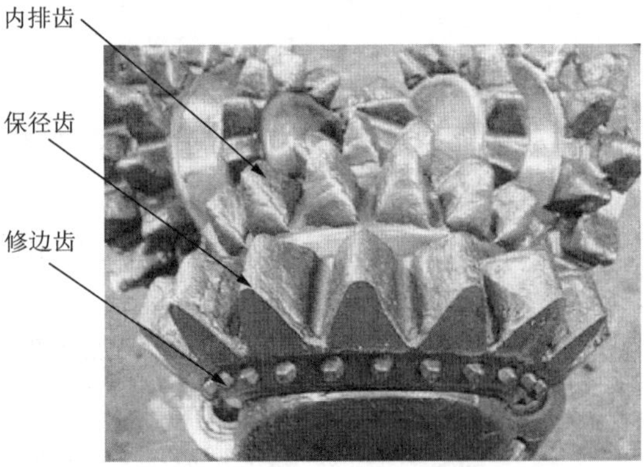

图 2-2-5 牙轮上的牙齿布置

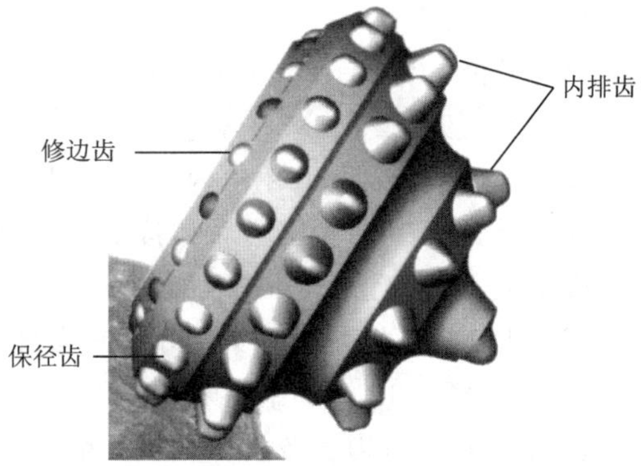

图 2-2-6 镶齿牙轮

镶齿使用的硬质合金是碳化钨(WC)-钴(Co)系列硬质合金。它以碳化钨粉末为骨架材料,金属钴粉末为黏结剂,用粉末冶金方法压制、烧结而成。随着钴含量的增加,合金硬度逐渐降低,即耐磨性能降低,但抗弯强度和冲击韧性逐渐增大。在不改变碳化钨和钴含量的情况下,增大碳化钨的粒度可以提高硬质合金的韧性,而其硬度和耐磨性不变。

国产镶齿钻头常用硬质合金材料及性能见表 2-2-1。

表 2-2-1 国产镶齿钻头常用硬质合金材料及性能

牌　号	硬质合金成分/%		硬度/HRA	密度/($g\cdot cm^{-3}$)	抗弯强度/MPa
	WC	Co			
YG8	92	8	89	14.4～14.8	15
YG8C	92	8	88	14.4～14.8	17.5
YG11C	89	11	87	14.0～14.4	20

硬质合金齿的形状即通常所称的齿形,对钻头的机械钻速和进尺有很大影响。齿的体部是圆柱体,它是镶进牙轮壳体的齿孔内的部分。齿形是指露出牙轮壳体以外部分的形状及高度。确定齿形的主要依据是岩石性能,同时必须考虑齿的材料性质、强度、镶装工艺等。国内外常见硬质合金齿的齿形如图 2-2-7 所示。

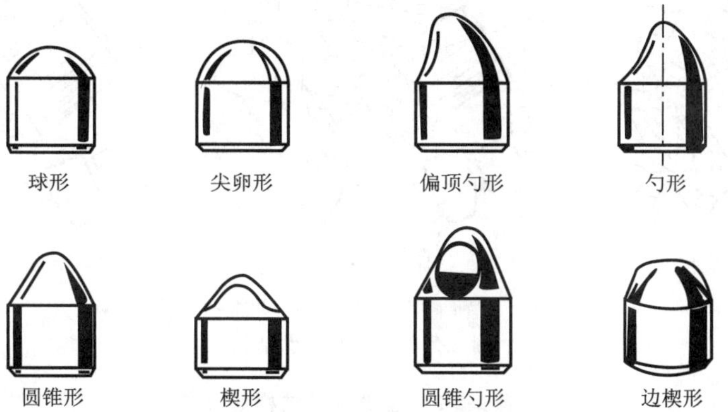

图 2-2-7 硬质合金齿齿形图

① 楔形齿:齿形呈"楔子"状,齿尖角为 65°～90°不等,适用于破碎高塑性的软地层及中硬地层。齿尖角较小的适合较软地层,齿尖角较大的适合较硬地层。齿尖部位皆做成圆弧面,各处棱角都倒圆,以防止齿尖崩碎。对中硬地层,齿尖部位圆弧较大(称钝楔形齿)或齿较宽(称宽楔形齿)。

② 圆锥形齿:锥形有长锥、短锥、单锥、双锥等多种形状,以压碎方式破碎岩石,强度高于楔形齿。锥角 60°～70°的中等锥形齿用来钻中硬地层,如灰岩、白云岩、砂岩等;90°锥形及 120°双锥形齿用来钻研磨性高的坚硬岩石,如硬砂岩、石英岩、燧石等。

③ 球形齿:顶部为半球体,以压碎和冲击方式破碎高研磨性的坚硬地层,如燧石、石英岩、玄武岩、花岗岩等,其强度和耐磨性均较高。

④ 尖卵形齿:球形齿的变形,齿高较大但有一定强度,同样用在高研磨性的坚硬地层中。

⑤ 勺形齿:美国休斯公司于20世纪80年代推出的齿形,是一种不对称的楔形齿,其切削地层的工作面是内凹的勺形,背面是微向外凸的圆弧形。这种结构可改善牙齿的受力状况,既可提高破碎效率,又能增强齿的强度,可高效破碎极软至中软地层岩石。在勺形齿的基础上,又进一步发展了偏顶勺形齿及圆锥勺形齿。偏顶勺形齿的齿顶相对于其轴线超前偏移了一个距离,其凹面正对被切削的地层,这样可以进一步改善牙齿受力面的应力分布,提高牙齿的破岩效率和工作寿命;圆锥勺形齿是在圆锥形齿的基础上产生的,其切削地层的工作面内凹,背面是微向外凸的圆弧形。

此外还有平顶形齿,这种齿形为圆柱体,端部有倒角,只用在牙轮钻头的背锥上以防止背锥磨损,可达到保径及提高钻头寿命的目的。

2）轴　承

牙轮钻头轴承由牙轮内腔、轴承跑道、牙掌轴颈、锁紧元件等组成。轴承副有大、中、小和止推轴承四个。根据轴承密封与否,钻头轴承可分为密封和非密封两大类;根据轴承副的结构,钻头轴承可分为滚动轴承和滑动轴承(指主要承载轴承即大轴承)两大类。各类轴承的结构特点如图2-2-8及表2-2-2所示。

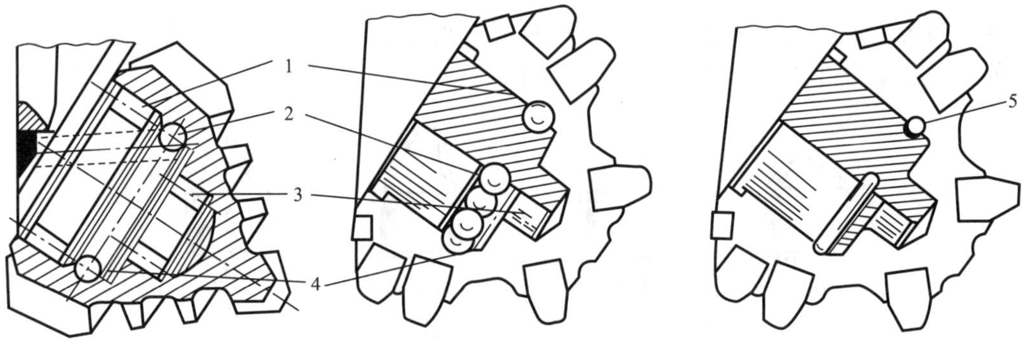

(a) 滚动轴承　(b) 滚珠定位滑动轴承　(c) 卡簧定位滑动轴承

1—大轴承;2—中轴承;3—小轴承;4—止推轴承;5—卡簧。

图2-2-8　钻头轴承结构

表2-2-2　各类轴承结构形式

结　构	大轴承	中轴承	小轴承	止推轴承
	承受径向载荷	锁紧和定位	承受径向载荷	承受轴向载荷
滚动轴承	滚柱轴承	滚珠轴承	滚柱轴承	滑动轴承
	滚柱轴承	滚珠轴承	滚珠轴承	滑动轴承
滑动轴承	滑动轴承	滚珠轴承	滑动轴承	滑动轴承
	滑动轴承	滑动轴承(卡簧)	滑动轴承	滑动轴承

对于滚珠轴承、滚柱轴承及滑动轴承,其轴承副之间的接触方式分别为点接触、线接触和面接触,后者的承压面积大、载荷分布均匀、吸收震动较好,对于承受载荷较大的牙轮钻头,显然采用后者较为有利。因此,牙轮钻头的大轴承及小轴承都采用滚柱轴承或滑动轴承。应当指出,如果钻头的轴承得不到良好的润滑,则滑动轴承将很快失效。

中轴承的作用是锁紧牙轮,因此它非常重要。若中轴承磨损,则牙轮会从轴颈上分离下来，发生掉牙轮事故。即使中轴承磨损后没有达到牙轮从轴颈上分离的程度，也会失去定位作用，而且牙轮和轴颈之间松动会加剧轴承磨损。一般用滚珠轴承作为中轴承，有些钻头用卡簧代替滚珠轴承(图 2-2-8)，这样可进一步增加大轴承的面积，同时可简化轴承结构及加工工艺。

3）储油润滑密封系统

牙轮钻头的储油润滑密封系统既能保证轴承得到润滑，又可以有效地防止钻井液(包括钻井液中的液相和固相)进入钻头的轴承内，从而大幅度地提高轴承及钻头的使用寿命。

牙轮钻头的储油润滑密封系统如图 2-2-1 所示。压力补偿膜又称储油囊，用耐油橡胶制成。护膜杯装于其外或其上，用压盖压紧。整个储油装置安装在牙爪的储油孔内，通过传压孔与外界连通，通过长油孔与轴承腔内连通。密封圈固紧在牙轮轴颈的根部，密封牙轮轴承内腔。

钻头工作时，牙轮上的牙齿在破碎地层的同时受到地层的反作用力，使牙轮沿轴线方向产生高频振动，在轴承腔内外形成压差，使轴承腔内产生抽吸和排液作用。由于密封圈的作用，钻井液不会被抽吸到轴承腔内，轴承腔内的润滑油脂也不会流出钻头，而储油腔内的润滑油脂则会被抽吸到轴承腔内。储油润滑密封系统还通过传压孔、压力补偿膜使轴承腔内润滑油脂的压力与钻头外的钻井液压力一致，使密封圈在较小的压差下工作，以保证密封效果。

密封圈是影响密封效果的主要零件。密封圈有碟形密封圈、O 形密封圈及金属密封圈等几种。金属密封圈是美国休斯公司研制的新式密封元件，采用优质不锈钢加工而成，这种密封圈用于较新型的 ATM 系列钻头上，使 ATM 系列钻头可适应高转速的钻井条件，提高钻头的工作指标。

4）钻头水眼

钻头水眼是钻井液流出钻头射向井底的流道。普通钻头(非喷射式)水眼是在钻头体的适当位置开孔并焊上水眼套。

在钻进中，为了充分利用钻头水力功率，可使高速液体直接射向井底，以充分清除井底岩屑，提高钻进效率，这种钻井技术称为喷射钻井。适合喷射钻井的钻头称为喷射式钻头。喷射式钻头在水眼处装有硬质合金喷嘴。在钻头使用前，应合理选择合适尺寸(内径)的喷嘴并用不锈钢弹性挡圈将喷嘴卡紧在钻头上的水眼内，钻头使用后喷嘴还可以卸下重复使用。

5）牙轮及牙齿的布置

牙轮钻头上的布置主要有非自洗无滑动布置、自洗不移轴布置和自洗移轴布置三种方案(图 2-2-9)，以适用于不同性质的地层。

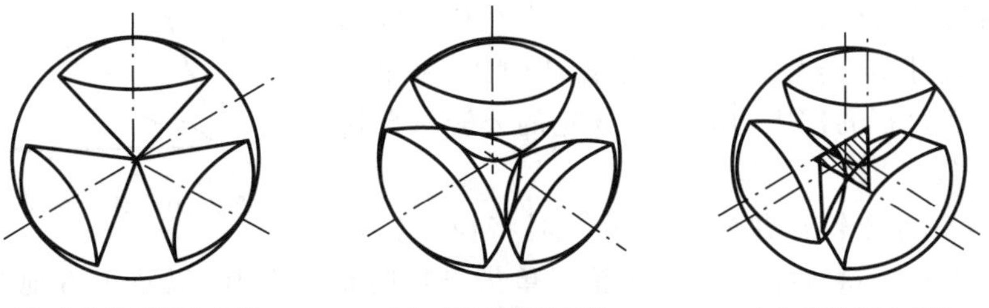

(a) 非自洗无滑动布置　(b) 自洗不移轴布置　(c) 自洗移轴布置

图 2-2-9　牙轮布置方案

（1）非自洗无滑动布置。

该布置方案的主要特点是牙轮为单锥结构，牙齿一般采用较短的球形和尖卵形镶齿，因此相邻牙轮的齿圈互不嵌合，三个牙轮的轴线相交于钻头中心线上的同一点，不超顶，不移轴。这种结构的牙轮钻头适用于硬地层。

（2）自洗不移轴布置。

该布置方案的主要特点是牙轮为复锥结构，牙齿一般采用中等长度的锥形和勺形镶齿，相邻牙轮的齿圈相互嵌合，一个牙轮的齿圈之间积存的岩屑可由另一个牙轮齿圈的牙齿剔除，这样可防止牙齿间积存岩屑而产生泥包。三个牙轮的轴线均通过钻头中心线，但副锥的顶点均超出钻头中心一定的距离（称为超顶距）。这种结构的牙轮钻头适用于中硬地层。

（3）自洗移轴布置。

该布置方案的主要特点是牙轮为复锥结构，牙齿一般采用尺寸较大的楔形齿，相邻牙轮的齿圈相互嵌合，三个牙轮的轴线均不通过钻头中心线，而是向钻头旋转方向平移一定的距离（称为移轴距）。牙轮副锥的顶点均超过钻头中心一定的距离。因此，这种结构的牙轮钻头兼有齿圈嵌合、超顶和移轴特征，适用于软地层。

牙齿在牙轮上的排列布置直接影响钻头的钻进效率，因此是非常重要的。牙齿的布置一般应遵循以下原则：

（1）在钻头每转一周过程中，牙齿应全部破碎井底，保证井底岩石不残留未破碎圈；

（2）牙轮在重复滚动时应使牙齿不落入别的齿已破碎的旧坑内，因此钻头转动一周时应使每个齿圈在井底滚动的周长与齿距之比不为整数，且各齿圈的间距不应大于井底破碎坑之宽；

（3）各牙轮齿圈上的牙齿数应使每个牙齿都能均匀地承担破碎井底岩石的任务，因此外圈齿数应多些，内圈齿数可少些。

— 线上自学 —

2-12 牙轮钻头的破岩机理

2. 牙轮钻头的破岩原理

1）牙轮钻头在井底的运动形式

牙轮钻头在井底的运动形式主要有以下五种。

（1）公转：牙齿连同牙轮一起随钻头绕钻头轴线做顺时针方向的旋转运动。公转的转速 n_b 就是转盘或井下动力钻具带动钻头旋转的转速。

（2）自转：牙齿随牙轮绕牙轮轴线做逆时针方向的旋转运动。自转是破碎岩石时牙齿与井底岩石相互作用的结果。自转转速 n_c 与钻头转速、牙轮结构、牙齿布置以及牙齿对井底岩石的作用力有关。牙轮的公转与自转如图 2-2-10 所示。

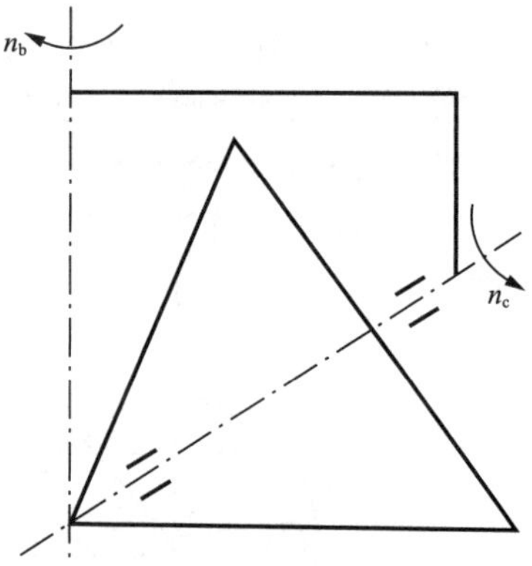

图 2-2-10　牙轮的公转与自转示意图

（3）纵向振动：牙轮在井底滚动的同时将使牙轮及钻头产生纵向振动。这种振动是由牙轮以单齿着地时轴心上升，以双齿着地时轴心下降而引起的，如图 2-2-11 所示。振动频率与牙轮齿数（外圈齿）及牙轮转速成正比；振动幅度与牙轮半径成正比，而与牙轮外圈齿数成反比；振动的冲击速度与牙轮半径及转速成正比，而与外圈齿数成反比。在实际情况下，井底振动除有单双齿交错接触井底所引起的较高频率的振动外，在纵向上还有低频率、振幅较大的振动，这是由井底不平或有凸台所引起的。

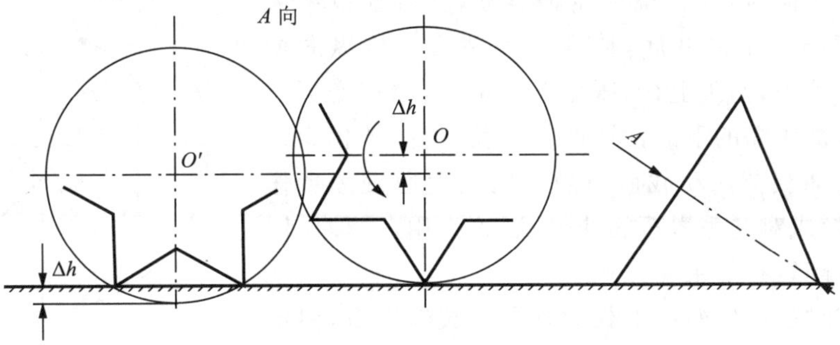

Δh—轴心下降或上升的高度。

图 2-2-11 牙轮纵向振动原理图

(4) 切向滑动：超顶布置的牙轮钻头的牙齿在井底滚动的同时将产生切向方向的滑动，即牙轮的切向滑动。

图 2-2-12 所示为超顶布置的单锥牙轮与井底接触母线 $\overline{aa'}$ 上的速度分布。$\boldsymbol{v}_{bx}$ 表示牙轮随钻头公转的线速度，$\boldsymbol{v}_{cx}$ 表示牙轮绕牙轮轴自转的线速度，则由"点的合成运动"可得接触母线上任一点相对井底的运动速度 $\boldsymbol{v}_{sx}=\boldsymbol{v}_{bx}+\boldsymbol{v}_{cx}$。$\boldsymbol{v}_{sx}$ 呈线性分布，它与接触母线 $\overline{aa'}$ 交于 M 点，M 点的合成速度为零，此点无滑动，称为纯滚动点。由此可知，具有超顶结构的单锥牙轮钻头在井底工作时，牙轮上的牙齿在井底以纯滚动点为中心，产生切向方向的扭转滑动，切向滑动速度将随超顶距 c 的增大而增大。

具有两个以上锥体的复锥牙轮一般都要超顶，因此都有切向滑动。

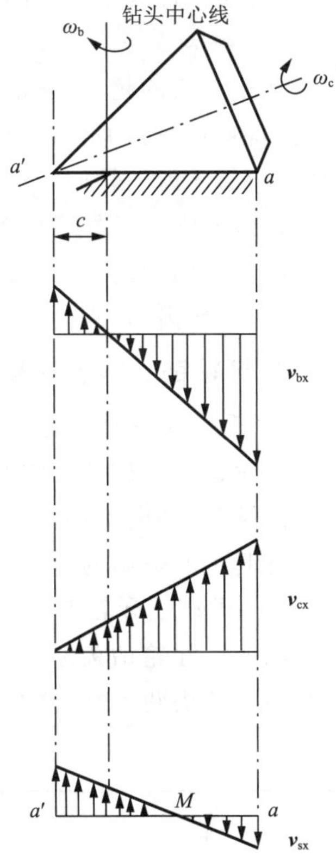

图 2-2-12 超顶引起的切向滑动

(5) 轴向滑动：移轴布置的牙轮钻头，其牙齿在井底滚动的同时还产生沿着牙轮轴线方向的滑动，即牙轮的轴向滑动。

移轴布置的单锥牙轮与井底接触母线上的速度分布如图 2-2-13 所示。牙轮做公转时，由于牙轮的移轴，牙轮与岩石接触母线上任一点 a 的线速度 $\boldsymbol{v}_{ba}$ 可以分解为垂直于牙轮轴的切向速度 $\boldsymbol{v}'_{ba}$ 和沿牙轮轴线方向的向心速度 $\boldsymbol{v}_{sa}$。牙轮绕自身轴线自转时，仅产生垂直于牙轮轴线的切向速度，其方向与 $\boldsymbol{v}'_{ba}$ 相反。切向的合速度可能为零，也可能不为零，但轴向的合速度不可能为零。由此可知，具有移轴结构的牙轮在井底工作时，牙轮上的牙齿总是产生沿牙轮轴线的向心滑动(即轴向滑动)，轴向滑动速度将随移轴距 s 的增大而增大。

—动画—

2-13 牙轮钻头破岩原理

—动画—

2-14 牙轮钻头破岩数值仿真及实验

2）牙轮钻头的破岩作用

（1）冲击压碎作用。

牙轮钻头工作时，牙轮绕牙轮轴滚动，交替地以单齿和双齿接触凹凸不平的井底，使牙轮和钻头产生纵向振动。在每次振动中，钻头上行，压缩下部钻柱，储存变形位能；钻头下行，被压缩的下部钻柱恢复原长，位能转化为钻头冲击岩石的动载荷。动载荷与静载压入力通过牙齿作用在岩石上，形成对井底岩石的冲击、压碎作用，这种作用是牙轮钻头破碎岩石的主要方式。

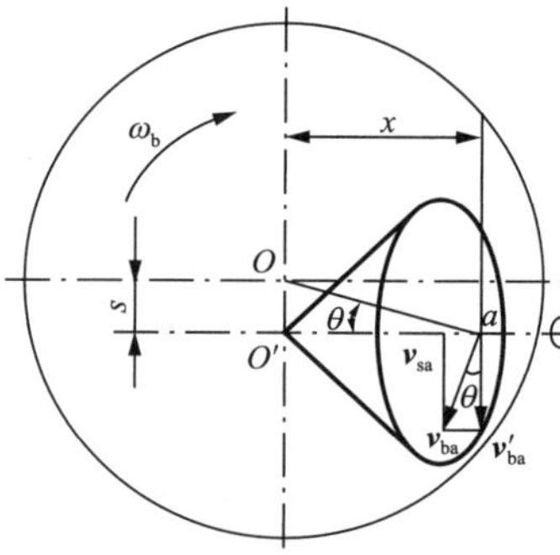

图 2-2-13　牙轮移轴引起的轴向滑动

钻头工作时所产生的冲击载荷有利于破碎岩石，但也会使钻头轴承过早损坏，使牙齿（特别是硬质合金齿）被崩碎，同时使钻柱处于不利的条件下工作。

（2）滑动剪切作用。

牙轮钻头的超顶、复锥和移轴结构使牙轮在井底滚动的同时还产生牙齿对井底的切向滑动和轴向滑动，剪切齿间岩石。牙齿的切向滑动可以剪切掉同一齿圈相邻牙齿破碎坑之间的岩石；牙齿的轴向滑动则可以剪切掉齿圈之间的岩石。

牙齿的滑动虽然可以剪切井底岩石以提高破碎效率，但也相应地使牙齿磨损加剧。移轴引起的轴向滑动使牙齿的内端面部分磨损，而超顶和复锥引起的切向滑动使牙齿侧面磨损。因此，牙齿（特别是铣齿）的加固应根据不同情况区别对待。

3. 牙轮钻头的选择及合理使用

1）牙轮钻头的分类及型号编码

牙轮钻头经过长期的发展，有很多类型供使用者选用。为方便使用者合理地选择合适类型的钻头，国内外都对牙轮钻头进行了系统的分类，并命名了型号编码，都基本上对每类钻头标明了所适用的地层，为钻头选型提供了参考依据。

（1）国产三牙轮钻头分类及型号表示法。

国产三牙轮钻头标准（SY/T 5164—2008）中规定，根据钻头结构特征，钻头分为铣齿钻头及镶齿钻头两大类，共八个系列，见表 2-2-3；钻头的类型及适用的地层见表 2-2-4。

表 2-2-3　国产三牙轮钻头系列代号

类　别	系列名称		代　号
	全　称	简　称	
铣齿钻头	普通三牙轮钻头	普通钻头	Y
	喷射式三牙轮钻头	喷射式钻头	P
	滚动密封轴承喷射式三牙轮钻头	密封钻头	MP
	滚动密封轴承保径喷射式三牙轮钻头	密封保径钻头	MPB
	滑动密封轴承喷射式三牙轮钻头	滑动轴承钻头	HP
	滑动密封轴承保径喷射式三牙轮钻头	滑动保径钻头	HPB
镶齿钻头	镶硬质合金齿滚动密封轴承喷射式三牙轮钻头	镶齿密封钻头	XMP
	镶硬质合金齿滑动密封轴承喷射式三牙轮钻头	镶齿滑动密封钻头	XHP

表 2-2-4 国产三牙轮钻头类型与适用地层

地层性质		极软	软	中软	中	中硬	硬	极硬
类型	类型代号	1	2	3	4	5	6	7
	原类型代号	JR	R	ZR	Z	ZY	Y	JY
适用岩石举例		泥岩 石膏 盐岩 软页岩 白垩 软石灰岩		中软页岩 硬石膏 中软石灰岩 中软砂岩	硬页岩 石灰岩 中软石灰岩 中软砂岩	石英砂岩 花岗岩 硬石灰岩 大理岩		燧石岩 花岗岩 石英岩 玄武岩 黄铁矿
钻头体颜色		乳白	黄	浅蓝	灰	墨绿	红	褐

国产牙轮钻头型号表示方法如下：

□ □ □

- 第三个□：类型代号，用表 2-2-4 中的数字表示，表明钻头所适用的地层
- 第二个□：系列代号，用表 2-2-3 中的字母表示，表明钻头的结构特征
- 第一个□：钻头直径，用数字表示

例：用于中硬地层、直径为 8½ in(215.9 mm)的镶硬质合金齿滑动密封轴承喷射式三牙轮钻头的型号为 8½XHP5 或 215.9XHP5。

(2) IADC 牙轮钻头分类方法及编号。

在全世界，牙轮钻头的生产厂家众多，类型和结构繁杂。为了便于牙轮钻头的选择和使用，国际钻井承包商协会(International Association of Drilling Contractors，IADC)于 1972 年制定了世界上第一个牙轮钻头的分类标准，此后各钻头厂家生产的钻头虽有自己的代号，但都标注了相应的 IADC 编号。1987 年，IADC 将原有分类方法及编号进行了修改和完善，形成了现行的分类及编号方法。

IADC 规定，每一类钻头用四位字码进行分类及编号，各字码的意义如下：

第一位字码为系列代号，用数字 1～8 分别代表八个系列，表明钻头牙齿特征及所适用的地层。

1—铣齿，低抗压强度、高可钻性的软地层；

2—铣齿，高抗压强度的中到中硬地层；

3—铣齿，中等研磨性到研磨性硬地层；

4—镶齿，低抗压强度、高可钻性软地层；

5—镶齿，低抗压强度的软到中软地层；

6—镶齿，高抗压强度的中硬地层；

7—镶齿，中等研磨性或研磨性硬地层；

8—镶齿，坚硬地层和研磨性地层。

第二位字码为岩性级别代号，用数字 1～4 分别表示在第一位数码表示的钻头所适用的地层中再依次从软到硬分为四个等级。

第三位字码为钻头结构特征代号，用数字 1～9 共九个数字表示，其中 1～7 表示钻头轴承及保径特征，8 和 9 留待未来的新结构特征钻头用。1～7 表示的意义如下：

1—非密封滚动轴承；

2—空气清洗、冷却，滚动轴承；

3—非密封滚动轴承，保径；

4—密封滚动轴承；

5—密封滚动轴承，保径；

6—密封滑动轴承；

7—密封滑动轴承，保径。

第四位字码为钻头附加结构特征代号，用以表示前面三位字码无法表达的特征，用英文字母表示。目前IADC定义了17个特征，用下列字母表示：

A—空气冷却；

B—特殊轴承/密封；

C—中心喷嘴；

D—定向钻井；

E—加长喷嘴；

G—附加保径/钻头体保护；

H—水平井；

J—喷嘴偏射；

L—巴掌块；

M—使用马达；

R—加强焊缝(用于顿钻)；

S—标准铣齿；

T—双牙轮钻头；

W—加强切削结果；

X—楔形镶齿；

Y—圆锥形镶齿；

Z—其他形状镶齿。

有些钻头，其结构可能兼有多种附加结构特征，应选择一个主要的特征符号表示。

2）牙轮钻头选型

牙轮钻头是应用范围最广的一种钻头，由于牙轮钻头类型众多，故能适用于不同性质的地层，但一次下井只能使用一种类型的钻头。当使用的钻头类型与所钻地层相适应时，可获得较高的机械钻速和钻头进尺；当使用的钻头类型不适合所钻地层时，机械钻速将变慢，钻头寿命将变短。因此，在生产实际中，必须根据所钻地层的性质，合理选择合适的钻头类型。

地层岩性和软硬不同，破碎机理及对钻头结构的要求也就不同。

对软地层，主要靠牙齿吃入地层较大深度后的滑动来剪切、刮削岩石。因此，软地层应选择兼有最大移轴和超顶距、复锥牙轮三种结构，牙齿大而尖，齿数较少的铣齿或镶齿钻头，以充分发挥钻头的剪切破岩作用。

对硬地层，主要依靠牙齿在动、静载荷作用下的冲击、压碎作用破碎岩石。此时，滑动剪切破岩效果较差，反而会加剧牙齿的磨损；牙齿较尖和出露过高，容易磨损和折断。因此，硬地层应选择球形镶齿和不超顶、不移轴、单锥牙轮的牙轮钻头。

对中软到中硬地层，最好依靠牙齿的冲击、压碎和滑动剪切的综合作用破碎岩石。因此，可选用相对较长的钢齿或镶齿和兼有适当移轴和超顶距的复锥牙轮的钻头。随着岩石硬度的增大，移轴和超顶距应减小，牙齿也要变短、变密。

钻进石英砂岩等研磨性地层时，钻头磨损速度快，特别是钻头的保径齿（外排齿）、背锥和牙掌的掌尖等的磨损更加严重，使钻头直径缩小。因此，研磨性地层应选用加强保径的镶齿钻头。

此外，在选择钻头类型时，还要考虑钻进井段的深浅。在浅井段，岩石一般较软，而起下钻所需时间较短，应以提高机械钻速为主，尽量选用能获得较高机械钻速的钻头；在深井段，岩石一般较硬，而起下钻时间长，应以提高钻头进尺为主，尽量选用具有较高钻头寿命的钻头。

选用的钻头对所要钻的地层是否适合，要通过实践的检验才能下结论。对于同一地层使用过的几种类型的钻头，在保证井身质量的前提下，一般以单位进尺成本作为评价钻头选型是否合理的标准，其计算公式见式(2-2-2)。

3）钻进参数优选

钻进参数是指钻进过程中可以控制的参数，主要包括钻压、转速、钻井液性能和泵压、排量、喷嘴直径等水力参数。钻进参数是否合理，直接影响到钻头的破岩效率和工作寿命。因此，在选定钻头类型以后，应根据地层特性和钻头工作性能，综合考虑钻压、转速、水力参数等对钻头破岩效率和牙齿、轴承磨损的影响，优选钻进参数，以达到最佳使用效果。有关钻进参数优选理论及方法将在第四章进行详细的论述，在此不再赘述。

4）牙轮钻头的磨损分级

牙轮钻头的磨损包括牙齿磨损、轴承磨损和钻头直径磨损。国际钻井承包商协会(IADC)对牙轮钻头的磨损制定了统一的分级标准。

(1) 牙齿磨损分级。

牙齿磨损分为8级，用字母T代表牙齿的磨损，但对铣齿和镶齿的划分标准不同。铣齿的磨损等级是以牙齿的相对磨损高度（磨损高度与原齿高之比）来确定的。磨损高度在1/8以内为1级，磨损高度在1/8～2/8范围内为2级，依此类推，共分为8级。镶齿的磨损等级是以钻头上崩碎、折断和脱落的齿数与原有总齿数之比来确定的。损坏和脱落的齿数在1/8以内为1级，在1/8～2/8范围内为2级，依此类推，共分为8级。

牙齿磨损代号	铣齿	镶齿
T_1	齿高磨去1/8以内	1/8以内的镶齿崩碎或掉落
T_2	齿高磨去2/8	2/8的镶齿崩碎或掉落
T_3	齿高磨去3/8	3/8的镶齿崩碎或掉落
T_4	齿高磨去4/8	4/8的镶齿崩碎或掉落
T_5	齿高磨去5/8	5/8的镶齿崩碎或掉落
T_6	齿高磨去6/8	6/8的镶齿崩碎或掉落
T_7	齿高磨去7/8	7/8的镶齿崩碎或掉落
T_8	齿高磨去8/8	8/8的镶齿崩碎或掉落

(2) 轴承磨损分级。

轴承磨损分级是以钻头使用时间与轴承寿命（小时）之比来评定的，共分为8级，用字母

B 表示轴承磨损。钻头使用时间达到轴承寿命的 1/8 为 1 级，达到 2/8 为 2 级，依此类推，共分为 8 级。轴承寿命从同一地区的同类型钻头使用资料的统计分析得出。

B_1　　轴承寿命用掉 1/8
B_2　　轴承寿命用掉 2/8（轻微磨损）
B_3　　轴承寿命用掉 3/8
B_4　　轴承寿命用掉 4/8（中等磨损）
B_5　　轴承寿命用掉 5/8
B_6　　轴承寿命用掉 6/8（轴承晃动）
B_7　　轴承寿命用掉 7/8
B_8　　轴承寿命用掉 8/8（轴承卡死或弹子掉落）

对于轴承的密封情况分为三类，即密封有效（SE）、密封无效（SF）和密封有问题（SQ）。

（3）钻头直径磨损。

钻头保持原来直径用字母 I 代表；直径磨小用字母 O 表示，并用数字（in）表示直径的磨损量。

— 线上自学 —

2-15　金刚石钻头的结构特点与破岩原理

三、金刚石钻头

金刚石钻头是以金刚石作为工作刃的固定齿钻头。20 世纪 50 年代，金刚石钻头开始在石油钻井中应用。金刚石是人类所知的最硬、最耐磨的材料，特别适合钻硬的研磨性地层，因此金刚石钻头在早期主要用于钻进硬的研磨性地层。随着油气勘探开发不断向深部地层发展，深井和超深井的数量不断增多。对深井、超深井钻井而言，因为起下钻时间长，处理井下事故的难度大、效率低，所以钻头的寿命和安全性变得更加重要。牙轮钻头受牙齿材料和轴承的限制，钻头寿命较短，单只钻头进尺较少，且存在掉牙轮的风险。与牙轮钻头相比，金刚石钻头具有在井下工作寿命长、钻头进尺多、起下钻次数少、井下安全性高等优点。由于金刚石钻头无轴承等活动部件，可采用高转速钻井，从而弥补了每转切削量较小的缺点，机械钻速达到了牙轮钻头水平，有时甚至超过牙轮钻头。金刚石钻头配合高速涡轮钻具钻井已逐渐发展成为有效提高深井、超深井钻井速度的重要技术之一。

1. 金刚石

1）金刚石的物理机械性能

金刚石是碳在高温高压下形成的结晶体，其晶体结构为正四面体，如图 2-2-14 所示。在单位晶胞中，碳元素位于四面体的顶角和中心，每个碳原子与相邻的四个碳原子共用四对价电子，形成四个共价键。因为共价键的结合力很强，正四面体晶体结构非常稳定，所以金刚石的硬度很高，耐磨性很高。金刚石的摩氏硬度为 10；其显微硬度为 100 GPa，是刚玉的四倍，石英的八倍；抗磨能力为硬质合金的 100 倍，钢的 5 000 倍；抗压强度高达 88 000 kg/cm^2。

最常见的金刚石晶体形状为八面体，其次是菱形十二面体和立方体，如图 2-2-15 所示。实际形成金刚石结晶时的形状不规则，还有圆形、椭圆形等其他形状。

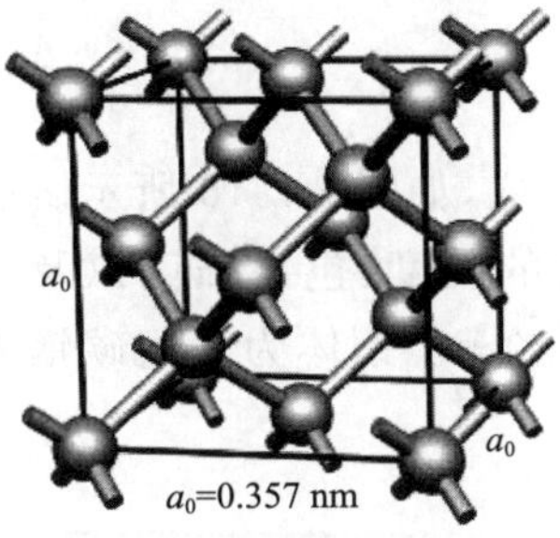

a_0—晶体结构边长。

图 2-2-14　金刚石晶体结构

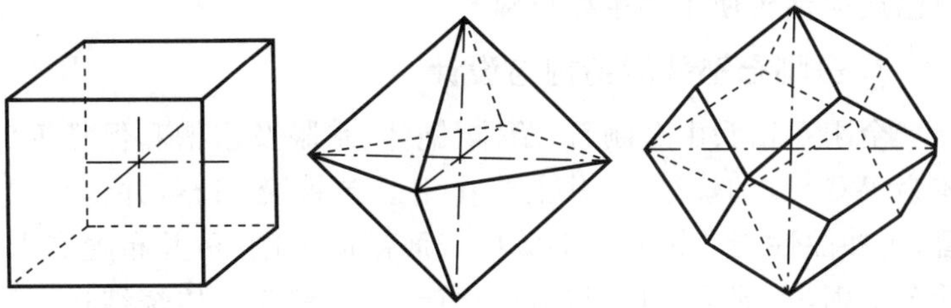

图 2-2-15　常见金刚石晶体形状

钻头用金刚石必须质地坚固，形状规则，如十二面体、八面体、立方体或其他接近球体的形状。

金刚石除了具有最高的硬度和耐磨性等优点外，也存在一定的缺点。金刚石同一切硬质材料一样，脆性较大，受到冲击载荷时容易碎裂。金刚石的另一个缺点是其热敏感性，它在空气中，温度在 450～860 ℃之间时就会发生石墨化燃烧。但金刚石与钨、碳化钨或在石墨模具中烧结时，其氧化速度可降低 50%～90%。在惰性气体保护或真空条件下，金刚石不会燃烧，但约在 1 430 ℃，其晶体结构会转化成石墨的正六边形平面结构，其硬度和强度将大大降低。

2）钻头用金刚石

钻头使用的金刚石分为天然金刚石和人造金刚石两大类。

天然金刚石的产地大多集中在南非、西非和刚果等地区，按品种可分为卡邦（Carbon，又名黑色金刚石）、巴拉斯（Ballas）、包尔兹（Boartz）和刚果（Congo，又称刚果包尔兹）四种。卡邦金刚石的品级最高，稀少珍贵，所以很少用于钻头。巴拉斯金刚石的性能及价格仅次于卡邦，也很少用于钻头。包尔兹金刚石呈浑圆粒状，具有硬度高、多边缘等特征，且价格较便宜，故是钻头用主要品种。刚果金刚石多为碎粒状，硬度次于包尔兹，但价格更便宜，精选可用。

天然金刚石使用最早并一直使用，因价格昂贵，钻头造价高。20 世纪 50 年代以来，人工合成金刚石技术兴起，人造金刚石逐渐取代了天然金刚石，在工业中得到广泛应用。

人造金刚石分为单晶和聚晶两种。单晶是人造金刚石的基本品种，它是用超高压（5～10 GPa）和高温（1 100～3 000 ℃）合成技术使石墨等碳质原料和某些金属触媒（Ni，Mn，Co，Fe，Cr 等及其合金）反应生成的金刚石晶体，粒度为几微米到几毫米，其典型晶形为立方体（六面体）、八面体和十二面体以及它们的过渡形态。

聚晶是用细小的金刚石单晶微粒（直径为 1～100 μm）和金属黏结剂在高温（1 600 ℃左右）高压（7 000 MPa）下烧结而成的较大颗粒的多晶金刚石。聚晶的形状可根据需要制成圆柱形、三角形或其他多边形状。普通聚晶金刚石多以金属 Co 作为金属黏结剂。由于 Co 与金刚石之间的热膨胀系数相差很大，故以金属 Co 为黏结剂的聚晶的热稳定性较差，一般认为其受热不宜超过 700 ℃。为提高聚晶金刚石的热稳定性，美国通用电气公司（General Electric Company，简称 GE）采用特殊的酸处理工艺将 Geoset 聚晶块中的 Co 黏结相去掉，制成热稳定聚晶金刚石（TSP），并命名为 Ballaset，其耐热性可达 1 200～1 300 ℃。最近英国 De Beers 公司又研制成功了 Syndax 3 热稳定金刚石聚晶体，它以热膨胀系数与金刚石相近的 β-SiC 代替了原来的黏结相 Co，大大提高了金刚石的耐温性能。热稳定聚晶金刚石目前已成为钻头使用的主要材料。

2. 金刚石钻头的结构与设计

金刚石钻头由金刚石、胎体、钢体、水眼及水槽和保径等部分组成，如图 2-2-16 所示。胎体为 WC-Co 的烧结体，其主要作用是包镶金刚石，并提供足够高的硬度、包镶强度以及耐磨、耐冲蚀性能。钻头冠部胎体表面镶嵌金刚石，并布置有水眼和水槽。钢体为普通碳钢或低合金钢，上部是丝扣，和钻柱相连接；下部与胎体烧结在一起。

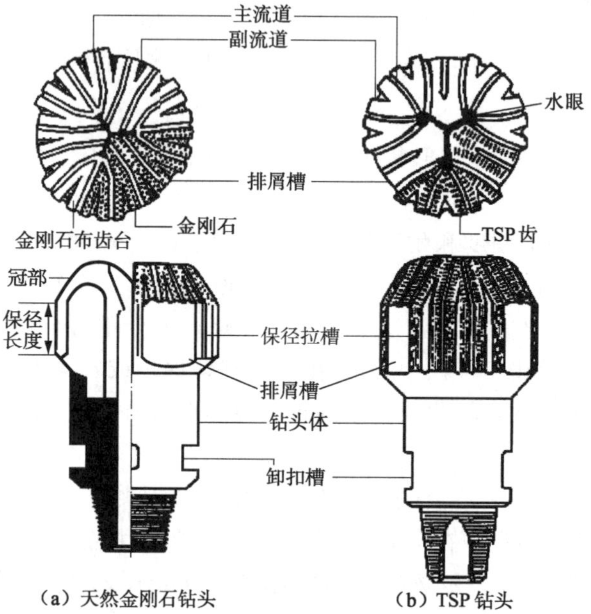

图 2-2-16　金刚石钻头结构

按金刚石材料的不同，可把金刚石钻头分为天然金刚石钻头和人造金刚石钻头两大类；按金刚石的包镶方式不同，又可分为表镶金刚石钻头和孕镶金刚石钻头两大类；按结构和功用不同，还可分为全面钻进钻头和取心钻头两类。采用热稳定聚晶金刚石作为切削刃的金刚石钻头又称为 TSP 钻头。

金刚石钻头的结构设计主要包括剖面形状设计、水力结构设计、金刚石布齿设计和保径设计等内容。

1）剖面形状设计

剖面形状是指钻头冠部表面轮廓线的形状。根据岩石特性及钻井条件合理设计钻头的剖面形状，是提高金刚石钻头使用效果的最基本、最重要的工作。金刚石钻头常用剖面形状如图 2-2-17 所示。

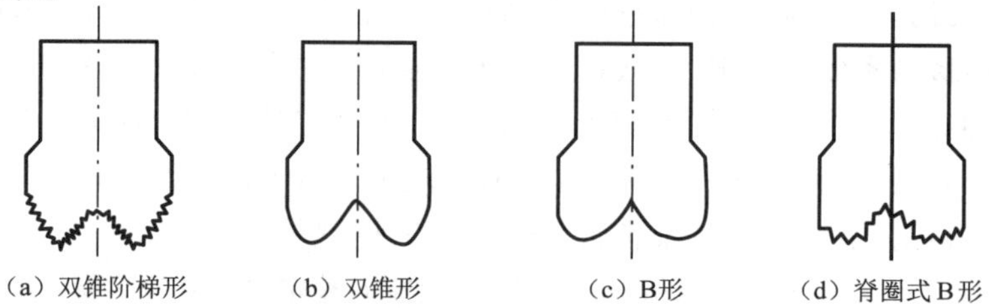

图 2-2-17　金刚石钻头不同冠部形状

(1) 双锥阶梯形。

这种冠部形状除两个锥面外还有阶梯或螺旋阶梯，其特点是钻头顶部形状比较尖锐，工作时顶部金刚石受力比其他部位的大。钻头顶部吃入地层后，外锥面阶梯上的金刚石也相应地吃入地层。阶梯的存在增加了岩石的自由面，有利于提高岩石的破碎效率。这种形状的钻头适于钻软到中硬的地层，如硬石膏、泥岩、砂岩、石灰岩等。

(2) 双锥形。

双锥阶梯形钻头在较硬和致密的岩石（如较硬的砂岩、石灰岩、白云岩等）中钻进时，顶部及阶梯上的金刚石易碰碎而出现较多的薄弱环节。在这类地层中，钻头宜采用双锥形剖面。这种钻头的工作面由内锥、外锥和顶部圆弧三部分组成，内锥角一般在 60°～70°之间，外锥角在 40°～60°之间。

(3) B 形。

上述两种钻头的冠部形状虽不相同，但钻头顶部形状比较尖锐，顶部金刚石所承受的载荷大于其他部位，因而在硬地层中，由于岩石硬度增加，钻进时作用在金刚石上的应力和因钻柱震动所引起的冲击载荷也相应增加。为使钻进时钻头上各部位金刚石受力尽可能均匀，防止局部早期损坏，采用 B 形工作面。B 形工作面由内锥和圆弧面组成，内锥角不小于 90°，其结构特点是顶部较宽也较平缓，适于钻硬地层，如硬砂岩及致密的白云岩等。

(4) 带波纹（或称脊圈式）的 B 形。

这种冠部形状的外形和 B 形相同，不同的是其内锥和圆弧面上带有螺旋形波纹槽，金刚石镶在波纹的波峰上。这种钻头适于钻石英岩、燧石、火山岩和硬砂岩等坚硬地层。

2) 水力结构设计

金刚石钻头均采用水眼-水槽式水力结构，钻井液由水眼中流出，经水槽流过钻头工作面，冲洗每一粒金刚石前的岩屑并冷却、润滑每一粒金刚石，最后携带岩屑从侧面水槽及排屑槽流入环形空间。

钻头工作时，金刚石压在地层岩石上，并相对岩石表面高速运动，因而产生大量的摩擦热，使金刚石温度升高，由于金刚石的热稳定性差，如果钻井液不能及时冷却金刚石，则金刚石将会被“烧毁”。金刚石前面切削出的岩屑如不及时清洗就会导致钻头工作面的堵塞而使金刚石端部产生局部高温，进而使金刚石逐渐被“烧毁”。因此，金刚石钻头的水力结构必须为每一粒金刚石的冷却、润滑及清洗提供保证条件。

金刚石钻头常用的水力结构有四种，如图 2-2-18 所示。

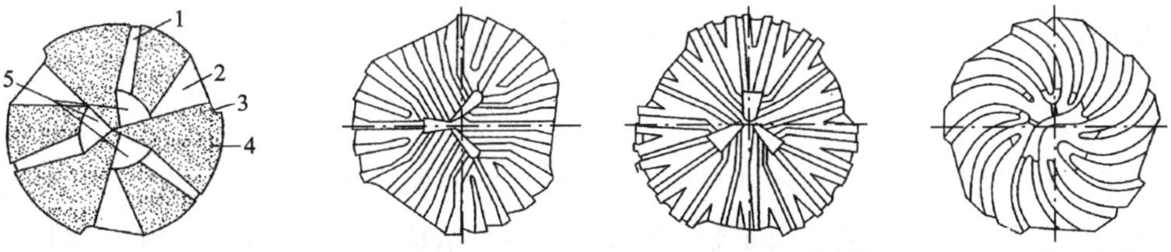

(a) 逼压式水槽　(b) 辐射形水槽　(c) 辐射形逼压式水槽　(d) 螺旋形水槽

1—高压水槽；2—低压水槽；3—排屑槽；4—金刚石；5—水眼。

图 2-2-18　金刚石钻头的水力结构形式

(1) 逼压式水槽。

这种水力结构的水槽分布在金刚石钻头工作面上，包括高压水槽和低压水槽。高压水槽入口截面面积小于低压水槽,随着水槽向外延伸,高压水槽的截面面积逐渐减小,而低压水槽的截面面积却逐渐增大。因此,在高、低压水槽间形成一定的压差。在此压差作用下,部分钻井液从高压水槽漫过金刚石工作面后进入低压水槽,能有效地清洗、冷却及润滑每一粒金刚石。这种水槽一般用于软地层钻头。

(2) 辐射形水槽。

这种水力结构的水槽为辐射形且在钻头工作面上均匀分布,金刚石工作面很窄(一般仅放 1～2 排金刚石),所以钻井液从水眼流到水槽后能很好地冲洗岩屑、冷却金刚石。这种水槽一般用于软到中硬地层钻头。

(3) 辐射形逼压式水槽。

这种水力结构的水槽是上述两种水槽的组合,常用于中硬到硬地层。

(4) 螺旋形水槽。

这种水力结构的水槽为反螺旋流道,在钻头高转速条件下强迫钻井液流过金刚石工作面,有时结合逼压式水槽原理。这种水槽常用在高转速条件下。

以上四种水槽结构中,辐射形逼压式水槽效果最好。

3) 金刚石布齿设计

(1) 金刚石的粒度与出刃量。

钻头用金刚石的粒度根据地层而定。对较软地层,宜采用较大粒度的金刚石;对较硬地层,宜采用较小粒度的金刚石。表镶天然金刚石钻头和孕镶金刚石钻头常用粒度范围见表 2-2-5 和表 2-2-6。

表 2-2-5 表镶天然金刚石钻头粒度推荐值

岩 性	中 硬	硬	坚 硬
粒度/(粒・ct^{-1})	3～4	5～8	10～15

注:1 ct(克拉)=0.2 g。

表 2-2-6 孕镶金刚石钻头粒度推荐值

岩 性		中硬—硬		硬—坚硬	
粒度/目	天 然	20～30	30～40	40～60	60～80
	人 造	＞46	46～60	60～80	80～100

无论粒度大小,金刚石的最大出露量约为其直径的 1/3。如果出露过多,那么金刚石包镶不牢固。

(2) 金刚石用量。

金刚石用量与所钻地层岩石性质有关。地层硬,布齿密度高一些,金刚石用量较大;地层软,布齿密度低一些,金刚石用量较小。此外,钻头结构和尺寸不同,金刚石用量也不同。表 2-2-7 列出了美国休斯-克里斯坦森公司表镶金刚石钻头的金刚石粒度及用量。表 2-2-8 给出了孕镶钻头金刚石浓度推荐值。

表 2-2-7　美国休斯-克里斯坦森公司表镶金刚石钻头的金刚石粒度及用量

钻头型号	MD-34	MD-33	MD-41	MD-24
适用岩层	软	中—中硬	硬	坚　硬
粒度/(粒·ct^{-1})	1～2	4	8	12
钻头直径/mm	金刚石用量/ct			
152.4	120～143	220～265	248～298	190～220
193.6	180～221	340～409	380～460	294～354
215.9	220～270	410～500	462～582	356～434
244.5	330～340	516～630	580～708	448～544
311.1	436～535	800～991	908～1 114	698～880

表 2-2-8　孕镶钻头金刚石浓度推荐值

400%标准浓度/%	44	50	75	100	125
100%标准浓度/%	11	12.5	18.8	25	31.5
金刚石含量/(ct·cm^{-3})	1.93	2.20	3.30	4.39	5.49
适用地层	硬—坚硬 弱研磨性		中硬—硬 中研磨性		硬—坚硬 强研磨性

(3) 金刚石的排列。

金刚石在钻头上的排列方式目前常见的有放射状排列、螺旋状等间距排列及同心圆等间距排列三种，如图 2-2-19 所示。

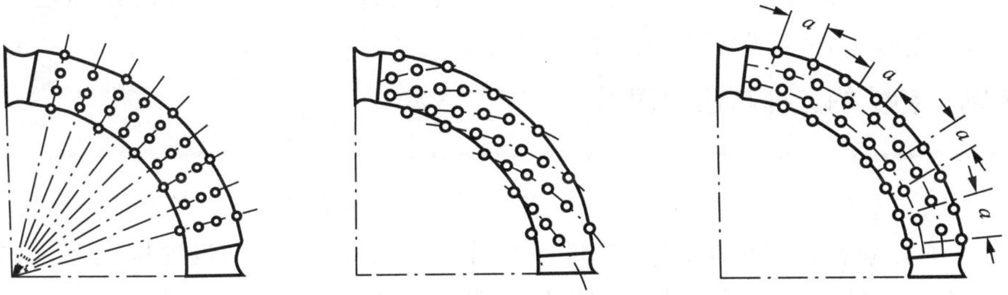

(a) 放射状排列　(b) 螺旋状等间距排列　(c) 同心圆等间距排列

图 2-2-19　表镶钻头金刚石排列方式

4) 保径设计

金刚石钻头的保径部分在钻进时起到扶正钻头、保证井径不致缩小的作用。采用在钻头侧面镶装金刚石的方法达到保径目的时，金刚石的密度和质量可根据钻头所钻岩石的研磨性和硬度而定。对于硬且研磨性高的地层，保径部分的金刚石的质量应较高，密度也应较大。保径部分的结构形式有拉槽式、平镶式和组合式，如图 2-2-20 所示。

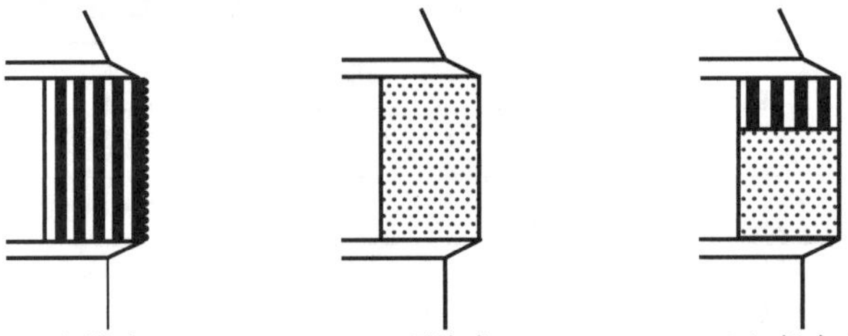

图 2-2-20　金刚石钻头保径结构形式

3. 金刚石钻头的破岩原理

金刚石钻头的破岩作用是由金刚石颗粒完成的。在钻压和旋转扭矩的作用下，金刚石颗粒连续给井底岩石施加正压力和切向力，使岩石破碎，主要破岩方式有压碎、剪切、切削、研磨等。钻头类型和岩石性质不同，各种破岩方式所占的地位也就不同。

表镶钻头破碎硬的脆性岩石时，破岩方式以压碎和体积剪切为主，其特点是体积崩碎，破碎岩石的体积远大于金刚石颗粒吃入与旋转破碎岩石的体积，破碎塑性大的硬及中硬岩石时，主要破岩方式是切削，其特点是“犁开”，切削深度基本上等于金刚石颗粒的吃入深度。

孕镶金刚石钻头以细粒金刚石均匀分布在钻头胎体（孕镶层）内，随着胎体的磨损，金刚石不断出露，形成一个个小刀刃。钻头上的每一微粒金刚石可比作砂轮上的一个磨粒，在钻压和扭矩的作用下，连续刻划、磨削岩石。孕镶金刚石钻头依靠小而多的硬质点（金刚石）刻划、磨削岩石，需要高转速工作才能取得较高的破岩效率。另外，孕镶钻头胎体应与地层研磨性相适应，使胎体被适当地磨蚀，保证金刚石能不断出露，以保持良好的自锐能力。

金刚石钻头的破岩效果除了与岩性以及影响岩性的外界因素（如压力、温度、地层流体性质等）有关外，钻压大小是重要的影响因素。金刚石钻头和牙轮钻头一样，破岩时都具有表层破碎、疲劳破碎、体积破碎三种方式。只有当金刚石颗粒具有足够的比压吃入岩石，使岩石发生体积破碎时，才能取得理想的破岩效果。

4. 金刚石钻头的选择与合理使用

1）钻头选型

金刚石钻头以硬度最高的金刚石颗粒作为工作刃，具有耐性高、比压高、容易吃入岩石等优点，但由于金刚石粒度较小，直接影响了可能的每转切入量，钻进速度受到限制。因此，金刚石钻头在石油钻井中主要用来钻进中硬—坚硬和强研磨性等难钻地层。

表镶金刚石一般用于钻进中硬—硬的完整均质地层。地层愈硬，金刚石粒度应愈小；岩石研磨性愈强，金刚石品级应愈高。

硬—坚硬的地层、软硬不均的地层、裂隙性地层、高研磨性地层和坚硬地层均宜选用孕镶金刚石钻头。钻头胎体硬度应根据岩层的研磨性、破碎程度、硬度、颗粒大小等因素选择。一般地，若岩层的研磨性强、破碎严重、较软、颗粒粗，应选用硬的胎体；反之，若岩层的研磨性弱、均质完整、硬度大、颗粒细，应选用软的胎体。

评定金刚石钻头使用好坏的指标有机械钻速、钻头进尺、单位进尺金刚石消耗量和单位进尺成本。其中，单位进尺成本是最能反映金刚石钻头综合钻进效率的技术指标。

2）钻进参数

（1）钻压。

钻压对金刚石钻头的机械钻速和磨损有很重要的影响。当钻压很小时，达不到岩石破碎的强度极限，破碎过程主要依靠金刚石与岩石间的摩擦力引起表面研磨而实现的，因此机械钻速低。当钻压增大到岩石抗压入强度值时，机械钻速大大提高，并随钻压的增大约呈线性增长，此时岩石破碎呈现为体积破碎。当钻压增大到一定数值后，受金刚石出露高度的限制，机械钻速增长缓慢，若继续增大钻压，将导致钻头胎体与岩石面之间的距离减小，阻碍钻井液的流动，影响钻头清洗和冷却效果，使钻头胎体和金刚石的磨损加剧。当钻压达到金刚石的抗压强度时，将导致金刚石崩刃或压碎。因此，使用金刚石钻头钻井时，钻压存在一个最优值。最优钻压取决于岩石的抗压入强度和金刚石的抗压强度、粒度、数量及出刃量。

（2）转速。

钻头转速也是影响金刚石钻头钻进效率的重要参数之一。由于金刚石颗粒一般比较细小，吃入岩石浅，只有靠单位时间内进行多次破碎才能获得高效率。因此，金刚石钻头钻进一般宜采用高转速。但是，室内实验和现场实践都证明，在一定的转速范围内，机械钻速随钻头转速增大而呈线性增加，当转速升到一定限度时，机械钻速不再有增加的趋势，这是由金刚石在剧烈摩擦中损坏所致。因此，在实际生产中，应根据所钻地层性质和钻头的结构及质量来确定合理的转速。

（3）水力参数。

金刚石钻头在破碎岩石过程中沿着移动方向的功消耗于破碎岩石和克服摩擦上。摩擦功转化为热能可使金刚石强度降低、石墨化，导致早期磨损。因此，金刚石钻头钻进时必须充分冷却和润滑钻头。

钻进中的钻头，其工作面下的间隙很小，大粒岩屑在小间隙中再次被破碎研细，对胎体和金刚石进行磨蚀，被挤压的岩粉还会垫起钻头，阻碍其破碎岩石，这就需要用钻井液将岩粉及时带走并排出井底。

因此，金刚石钻头钻进要求大排量循环钻井液，加强水力的清洗和冷却作用。

3）钻头正确使用

（1）下钻前，要将井底的碎金属等坚硬的杂物打捞干净，确保井底没有对金刚石造成直接损伤的坚硬杂物后，方可下入金刚石钻头；

（2）下钻速度不宜过快，更不能冲击式下入，也不能划眼下入，避免因冲撞井壁硬岩而造成金刚石的损坏；

（3）钻头靠近井底时，应先用大排量将井底冲洗干净，防止泥包钻头；

（4）新钻头下入井底后，先用小钻压、低转速磨合井底，然后平稳匀速增加钻压和转速到正常值。

四、PDC钻头

PDC钻头是聚晶金刚石复合片（polycrystalline diamond compact）钻头的简称，它以锋利、高耐磨、能自锐的聚晶金刚石复合片作为切削元件，在钻压和扭矩的作用下连续切削破碎岩石。PDC钻头在软—中硬的地层中钻进，具有钻速快（牙轮钻头的2～4倍）、进尺高（牙轮钻头的4～6倍）、井下钻头事故少

— 线上自学 —

2-16　PDC钻头的结构特点与破岩原理

等牙轮钻头无可比拟的优势，因此是目前石油钻井破岩工具的主力军。

1. 聚晶金刚石复合片

PDC 钻头是以聚晶金刚石复合片作为切削齿的。聚晶金刚石复合片是 20 世纪 70 年代研发出来的一种超硬复合材料，它由两部分组成，一部分是作为耐磨工作体的聚晶金刚石层，另一部分是作为支撑体的碳化钨合金基体，如图 2-2-21 所示。聚晶金刚石复合片常用的制造方法是：将人造金刚石微粉与黏结金属（钴等）按一定比例混合，然后铺放在碳化钨合金基体上，形成一定厚度的金刚石层，最后在高温（1 500 ℃）高压（6 GPa）条件下烧结而成。

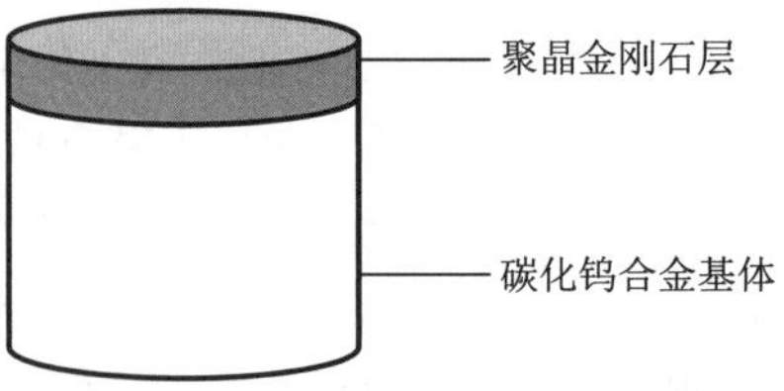

图 2-2-21　聚晶金刚石复合片示意图

聚晶金刚石复合片是金刚石聚晶层与硬质合金的复合体。聚晶金刚石层由许多细小的、取向不规则的金刚石晶体构成，不存在单晶金刚石所固有的解理面，因此其强度和耐磨性极高，且不易碎裂。硬质合金基体支撑着聚晶金刚石层，使其更耐冲击，并具有可焊性。在钻进破碎岩石的过程中，由于硬质合金比聚晶金刚石层磨损快，聚晶金刚石复合片始终能保持锋利的切削刃，正是这种自锐作用使得 PDC 钻头破岩效率高、钻进速度快。

金刚石和硬质合金都属于脆性材料，因此聚晶金刚石复合片也属于脆性体，其抗冲击性能较差，不能承受较大的冲击载荷。另外，聚晶金刚石复合片的热稳定性较差。研究表明，当工作温度超过 350 ℃时，其磨损速度显著加快；当工作温度超过 730 ℃时，可引起聚晶金刚石层的强度失效。这主要是因为在聚晶金刚石层中，黏结金属钴的热膨胀系数（1.22×10^{-4} mm/K）比金刚石的热膨胀系数（3.3×10^{-5} mm/K）大得多，不同的膨胀速率将在聚晶金刚石层产生内应力，引起晶间裂缝，导致结构强度降低。

由于聚晶金刚石复合片性能优异，国内外竞相研制和生产，形成了多种尺寸和规格的产品，供使用者选择。表 2-2-9 列出了目前常用聚晶金刚石复合片型号及规格。

表 2-2-9　常用聚晶金刚石复合片型号及规格

型　号	直径/mm	长度/mm	金刚石厚/mm	刃部倒角	适用地层
0808	8.00	8.0	2	0.25×45°	硬地层
1308	13.44	8.0	2	0.25×45°	均质中硬地层
1313	13.44	13.2	2	0.25×45°	非均质中硬地层
1608	16.00	8.0	2	0.25×45°	均质中等地层
1613	16.00	13.2	2	0.25×45°	非均质中等地层
1908	19.05	8.0	2	0.25×45°	均质软地层
1913	19.05	13.2	2	0.25×45°	非均质软地层
1916	19.05	16.0	2	0.25×45°	非均质含砾软地层

2. PDC 钻头结构与设计

PDC 钻头由聚晶金刚石复合片切削齿、钻头体、喷嘴及水槽、保径和接头等部分组成，如图

2-2-22 所示。PDC 钻头一般采用刀翼式切削结构。聚晶金刚石复合片钎焊在刀翼上预制的齿窝内。刀翼之间为水槽，水槽内布置与钻头内腔连通的水眼，水眼内安装喷嘴，为钻井液提供流动通道。保径部位镶焊金刚石或聚晶金刚石复合片，提高其耐磨能力，防止钻头缩径。接头上端与钻头体焊接在一起，下端车有丝扣，与钻柱连接。

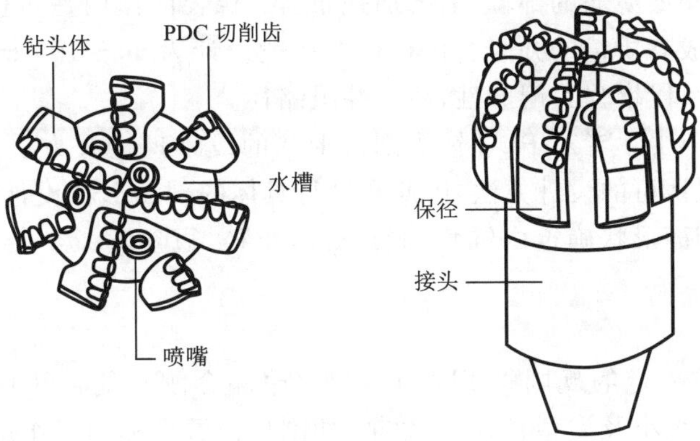

图 2-2-22　PDC 钻头结构示意图

按钻头体材料的不同可将 PDC 钻头分为钢体钻头和胎体钻头两大类。钢体钻头的钻头体一般为合金钢材料，采用机械加工工艺制成。为提高钻头钢体的耐磨耐冲蚀能力，通常在钢体表面敷焊一层硬质合金耐磨材料。胎体 PDC 钻头的钻头体为 WC-Co 的烧结体（胎体），采用粉末冶金工艺烧制而成。为增强胎体刀翼的抗折强度以及便于与接头焊接，钻头胎体内夹有钢芯，一端与胎体烧结在一起，另一端与接头焊接在一起。

PDC 钻头属于一体式固定齿钻头，无活动部件，钻头结构及制造工艺都比牙轮钻头简单。

PDC 钻头结构设计包括剖面形状设计、布齿设计、水力结构设计和保径设计等。

1）剖面形状设计

PDC 钻头的剖面形状是指钻头工作表面轮廓线的形状。PDC 钻头的剖面形状决定了其布齿面积，并对钻头工作性能有着重要的影响。最初，PDC 钻头的剖面形状设计主要参考金刚石钻头的剖面形状。经过多年的完善和发展，逐渐形成了 PDC 钻头所特有的剖面形状，如图 2-2-23 所示。

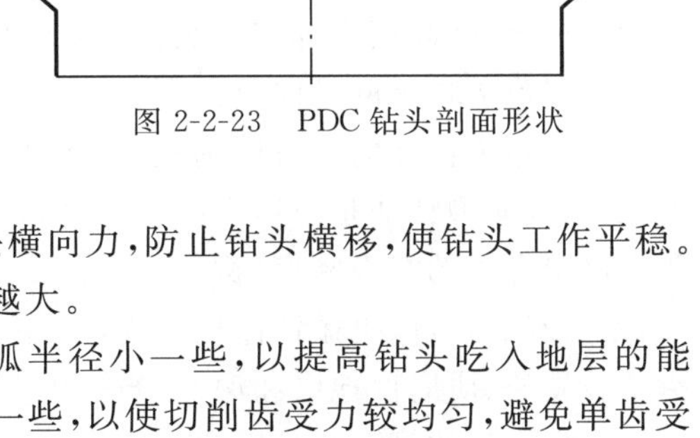

图 2-2-23　PDC 钻头剖面形状

PDC 钻头的剖面形状由内锥、冠顶、外锥、肩部和保径五个部分构成。

内锥形状一般为直线，其主要作用是抵抗钻头横向力，防止钻头横移，使钻头工作平稳。内锥角取值范围为 130°～150°，地层越硬，内锥角越大。

冠顶形状常设计为圆弧。对软地层，冠顶圆弧半径小一些，以提高钻头吃入地层的能力；而对硬地层或软硬交错地层，冠顶圆弧半径大一些，以使切削齿受力较均匀，避免单齿受力过大而先期损坏。

外锥形状多为抛物线。外锥长度决定其布齿面积。对软地层，外锥短一些，可减少布齿数量，以提高钻头吃入地层的能力；对硬地层，外锥长一些，可增加布齿数量，以提高钻头的耐磨性。

肩部是指从外锥向保径过渡的部位。该部位旋转半径最大，摩擦路程最长，承受的冲击载荷较大，是整个钻头最薄弱的部位，需要加强布齿。保径的作用是防止钻头直径磨小和使钻头工作平稳，以形成高质量的井眼。保径长度一般设计为 50～100 mm，通常镶嵌金刚石或聚晶金刚石复合片，以增强其耐磨性，防止井眼缩径。

多年来，国内外不少学者对 PDC 钻头剖面形状的设计理论及方法进行了研究，但至今尚未形成一种被普遍认可的设计方法，因此在进行具体的剖面形状设计时，主要依靠经验或类比同类型钻头的剖面形状确定内锥角、冠顶旋转半径、冠顶圆弧半径、外锥高度和保径长度等相关参数。

2）布齿设计

布齿设计是指按一定的规则将 PDC 切削齿（聚晶金刚石复合片）布置在各个刀翼上。设计内容包括切削点大小及类型、切削点数量、切削齿位置坐标和工作角的确定等。

布齿设计是否合理直接决定钻头性能的好坏。一个理想的布齿设计应满足以下要求：

(1) 井底覆盖良好，钻头旋转一周不能留下未破碎的岩脊；

(2) 各切削齿的磨损速度相等，避免因局部先期磨损而影响钻头寿命；

(3) 同一刀翼上相邻切削齿之间互不干涉，并保留适当的间距；

(4) 刀翼和切削齿的分布有利于提高水力清洗和冷却效果；

(5) 钻头受力能达到平衡状态，使钻头工作平稳；

(6) 钻进速度快，钻头寿命长，成本低。

布齿设计的第一步是根据所钻地层的性质选择合适的 PDC 切削齿。一般地，研磨性强的地层（如石英砂岩）应选择磨耗比高的切削齿；软硬交错严重或富含砾石的地层应选择抗冲击能力强的切削齿。较硬的地层应选择直径较小的切削齿，以提高钻头吃入地层的能力；较软的地层应选择直径较大的切削齿，以提高机械钻速和钻头进尺。

布齿设计的第二步是径向布齿设计，即按某种规则（如切削体积相等、切削功率相等或磨损速度相等）沿钻头剖面线布置切削齿，确定切削齿数量和各切削齿的径向坐标、高度坐标和安装角，得到能反映布齿密度和井底覆盖情况的径向布齿图，如图 2-2-24 所示。

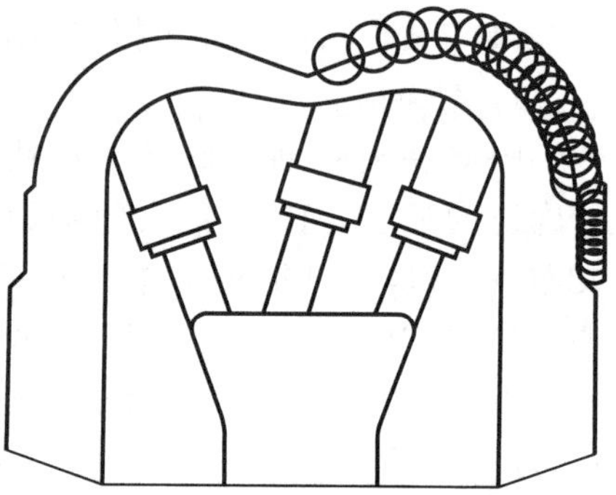

图 2-2-24　PDC 钻头径向布齿设计

径向布齿设计的一般原则是：① 切削齿能完全覆盖井底；② 各切削齿的磨损速度尽可能相等，其典型特征是由钻头中心向外，切削齿密度逐渐增大；③ 根据所钻地层性质和钻井条件确定合适的布齿密度（数量）。钻头布齿密度高，切削齿数量多，各个齿承担的切削量小，钻头寿命长，但机械钻速相应降低。因此，对于软地层、中深井等，布齿密度应低一些，而对于较硬的、研磨性地层和深井，布齿密度应高一些。

布齿设计的第三步是周向布齿设计。首先确定刀翼的数量、形状和各刀翼的周向位置，然后按某种规则（如同一刀翼相邻切削齿的间距相等或不能小于某数值）将切削齿分布在各个刀翼上，确定各切削齿的周向位置坐标，如图 2-2-25 所示。

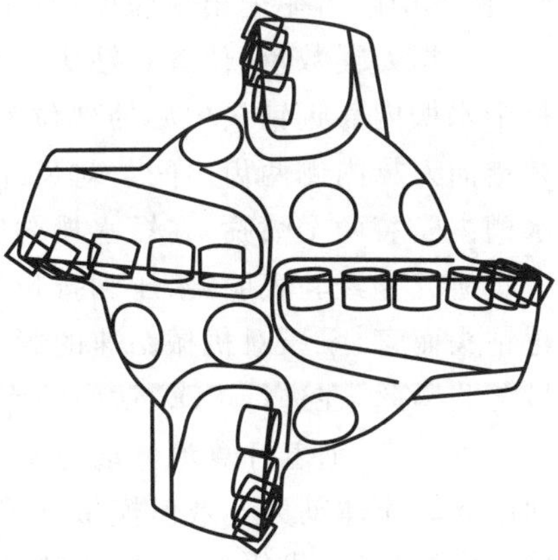

图 2-2-25　PDC 钻头周向布齿设计

周向布齿设计的一般原则是：① 同一刀翼上相邻切削齿之间互不干涉；② 刀翼数量能满足布齿数量要求；③ 切削齿分布均衡，使钻头受力平衡；④ 刀翼之间留有足够大的水槽空间。

布齿设计的最后一步是切削齿工作角的设计。切削齿的工作角是指后倾角 α 和侧转角 β，如图 2-2-26 所示。后倾角是指切削齿工作面与井底岩面外法线的夹角。侧转角是指切削齿工作面与过齿面中心的钻头径向线的夹角。

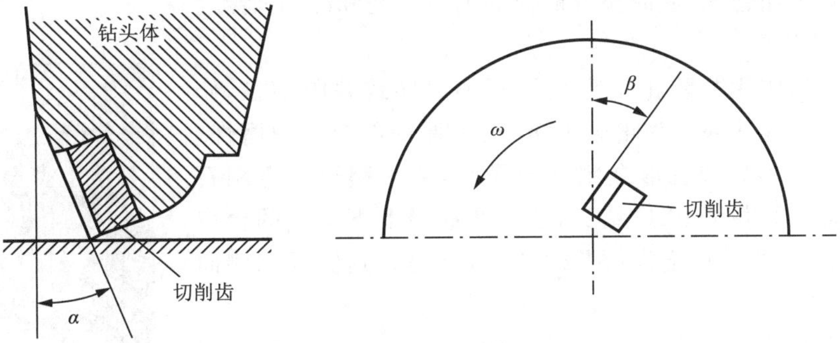

图 2-2-26　PDC 切削齿的后倾角和侧转角示意图

后倾角的主要作用是使切削齿工作刃能有效地吃入岩石，并具有较好的抗冲击性能。后倾角是 PDC 钻头的重要设计参数之一，对钻头性能的影响很大。室内实验研究和现场实践经验表明，PDC 切削齿后倾角的合理取值范围为 10°～25°。后倾角较小时，切削齿攻击岩石的能力强；后倾角较大时，切削齿攻击岩石的能力减弱，但抗冲击能力增强，不容易碎裂。

侧转角的主要作用是使切削齿在切削地层时对齿前岩屑产生一个侧向推力，提高切削齿的排屑能力，防止钻头泥包。侧转角一般取 0°～10°。在钻头水力清洗效果良好的情况下，钻头不容易泥包，切削齿的侧转角对钻头性能没有明显的积极作用，此时侧转角可取零。

3）水力结构设计

PDC 钻头水力结构的主要作用是有效清除井底岩屑和冷却切削齿，防止钻头泥包。

PDC 钻头一般采用喷嘴与开放式水槽相结合的水力结构，如图 2-2-27 所示。水力结构设计参数主要包括水槽宽度与深度以及喷嘴数量、大小、位置、倾斜方位和角度等。

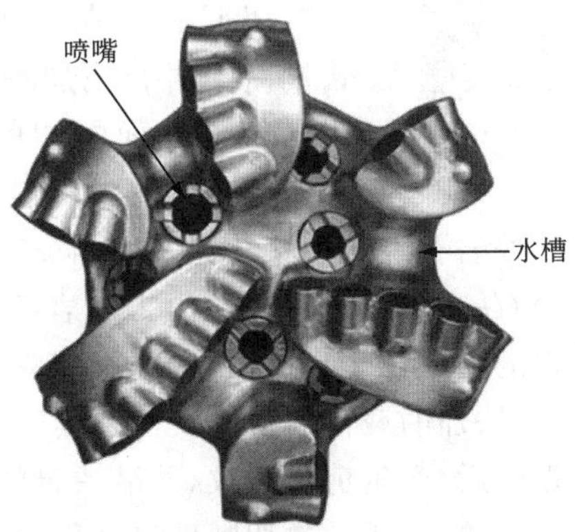

图 2-2-27　PDC 钻头水力结构

水槽宽度由钻头尺寸和刀翼数量、位置及宽度决定；水槽深度由刀翼高度决定。一般地，在满足布齿和强度要求的前提下，刀翼数量应尽可能少，宽度应尽可能窄。对于硬地层，钻速慢，岩屑量较小，水槽应浅一些，保证切削齿完全出露即可；对于软地层，钻速快，岩屑量大，水槽应适当加深。

根据刀翼数量、位置和钻头尺寸来设计喷嘴的数量、位置、倾斜方位及角度。一般地，在每个水槽内靠近钻头中心的部位安装一个喷嘴，喷嘴出口方向与PDC切削齿工作面平行，并指向刀翼内侧两齿之间。对尺寸较大的钻头和软地层，为增强水力作用效果，常采用在长水槽内安装两个喷嘴，在短水槽内安装一个喷嘴的强化型水力结构。

研究和经验表明，泵压和排量对牙轮钻头和PDC钻头机械钻速的影响规律不同。对牙轮钻头而言，泵压对机械钻速的影响较大；而对PDC钻头来讲，排量对机械钻速的影响更加显著。因此，在进行PDC钻头的水力参数设计时，应优先考虑大排量，其次才考虑高泵压。

近年来，随着计算流体动力学(CFD)的迅速发展，国内外的主要钻头生产厂家逐步开始利用计算流体动力学数值模拟技术对PDC钻头水力结构进行优化设计。通过井底流场的数值模拟分析，优化PDC钻头喷嘴组合和布置方案，确定合理的水槽结构参数，使井底流场水力能量分布更加合理，从而获得最佳的水力清洗和冷却效果。

4）保径设计

钻头保径的作用是防止钻头直径磨小而导致井眼缩径，修整井壁以形成光滑井眼。为增强PDC钻头保径部分的耐磨性，通常在保径面上镶焊圆柱形金刚石聚晶块，或平镶聚晶金刚石复合片。对定向钻井用PDC钻头，还常在保径上下两端的台肩处安装被切平的PDC切削齿(图2-2-28)，以提高其保径和侧向切削能力。

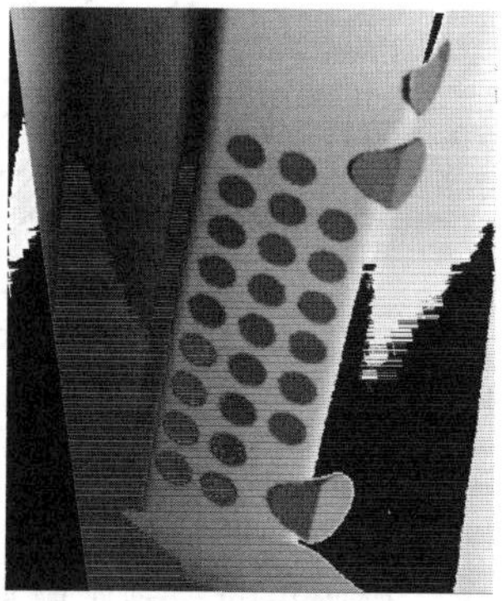

图2-2-28　定向井PDC钻头保径结构

PDC钻头的保径长度一般为50～100 mm。保径长度影响钻头的稳定性和导向性能。保径长，钻头稳定性好，钻出的井眼平滑，但其导向性能差，能获得的最大造斜率小。

—动画—

2-17　PDC钻头破岩原理

—动画—

2-18　PDC钻头破岩数值仿真

3. PDC钻头的破岩原理

PDC钻头以切削方式破碎岩石。在钻压和旋转扭矩的共同作用下，钻头在井下做旋转和给进运动，连续侵入并剪切破碎岩石，将岩石一层层地剥离井底，从而使井眼不断加深。

PDC钻头在井底工作时，PDC切削齿同时给岩石施加垂直于岩面的正压力和平行于岩面的切削力，如图2-2-29所示。在正压力和切削力的共同作用下，刃尖处岩石因应力集中首先被压碎，切削齿工作刃吃入岩石一定深度，接着挤压刃前岩石。随着刃-岩接触压力的增大，刃前岩石首先被压碎成粉末，并挤压成密实核，增加的载荷通过密实核继续传递给围岩。当岩石内产生的最大剪应力超过岩石的抗剪强度后，产生剪切裂纹，并沿一定的轨迹（近似对数螺线）迅速向自由面扩展，产生大体积剪切破碎，完成一次切削破岩过程。

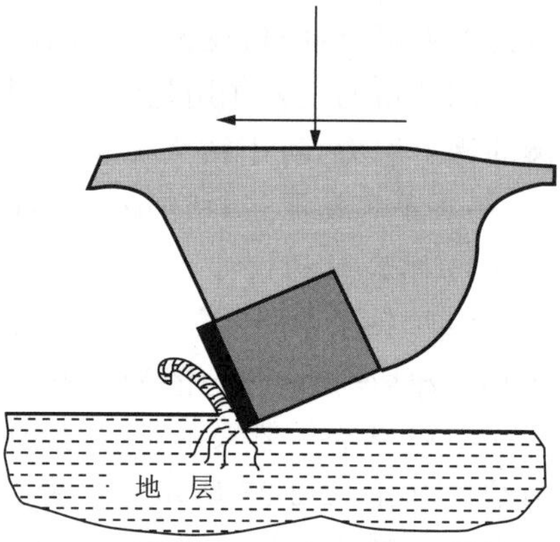

图2-2-29　PDC切削齿破岩示意图

岩石性质不同，PDC钻头切削破岩过程的特点也就不同。对于塑性岩石，PDC切削齿在正压力和切削力的联合作用下吃入岩石一定深度并挤压刃前岩石，使之发生塑性破坏，岩屑不断地向自由面剪切滑移出去，切削过程是连续的、平稳的，切削力波动不大，类似于车刀切削金属的过程。对脆性岩石，其破碎过程是由三个阶段组成的循环过程，即碰撞压碎、形成密实核和剪切崩离，其切削过程是跃进式的、极不平稳的，切削力波动很大。岩层的均质性越差，钻头旋转速度越快，切削力波动幅度就越大。当切削力峰值超过 PDC 切削齿的抗冲击强度时，切削齿便发生崩刃。

与牙轮钻头相比，PDC 钻头破碎岩石的过程具有以下特点：

（1）PDC 钻头的主要破岩方式是剪碎而不是压碎，充分利用了岩石抗剪强度低的特点；

（2）PDC 切削齿同时受到正压力和切削力两向载荷的作用，比单纯受正压力作用的情况更容易吃入岩石；

（3）在钻进过程中，PDC 切削齿始终接触井底岩石，破岩过程是连续的，能量利用率高。

因此，PDC 钻头在软—中硬地层中的破岩效率比牙轮钻头高得多。但在硬地层中，由于 PDC 钻头不能像牙轮钻头那样对井底岩石产生冲击作用，故破岩效率相对较低。当 PDC 切削齿不能有效吃入岩石时，则会出现“打滑”现象。

4. PDC 钻头的选择和合理使用

1）PDC 钻头的分类

PDC 钻头是一种高效的固定切削齿钻头。最初，PDC 钻头主要用于钻软的均质地层。随着 PDC 切削齿性能的提高和钻头结构的改进，PDC 钻头已能用于钻中硬地层和硬夹层。目前，在软—中硬地层中，PDC 钻头已取代牙轮钻头成为主要的破岩工具。

国内外生产 PDC 钻头的厂家有很多，为使用者提供了多种不同结构和类型的 PDC 钻头。为了方便使用者正确选择适合所钻地层的钻头类型，IADC 对 1987 年制定的《固定切削齿钻头分类标准》进行了修订，于 1992 年的 IADC/SPE 钻井会议上提出了新的分类系统。

新的 IADC 固定切削齿钻头（包括金刚石钻头）的分类与编号方法采用四位字码对每一类钻头进行编号，各字码的意义如下。

（1）第一位字码为钻头类别代号，用大写字母 M，S 和 D 表示钻头体材料及钻头类别：

M—胎体 PDC 钻头；

S—钢体 PDC 钻头；

D—金刚石钻头。

（2）第二位字码为切削齿密度和适用地层级别代号。

数字 1～4 分别表示 PDC 钻头适用的地层级别及布齿密度：

1—极软地层，布齿密度系数＜3.7；

2—软地层，布齿密度系数＝3.7～5.0；

3—软到中等地层，布齿密度系数＝5.0～6.2；

4—中等地层，布齿密度系数＞6.2。

用布齿密度系数表示布齿密度，布齿密度系数越大，表明钻头布齿数量越多，可钻地层越硬。具有不同尺寸的切削齿和不同规格钻头的布齿密度系数按下式计算：

$$K=\frac{\sum_{i=1}^{n} d_i n_i}{R_{\mathrm{b}}} \tag{2-2-3}$$

式中　K——布齿密度系数；

d_i——第 i 种尺寸的切削齿直径，mm；

n_i——第 i 种尺寸的切削齿数量；

R_b——钻头半径，mm。

数字 6～8 分别表示金刚石钻头适用的地层级别和布齿密度：

6—中硬地层，金刚石粒度＜3 粒/ct；

7—硬地层，金刚石粒度＝3～7 粒/ct；

8—极硬地层，金刚石粒度＞8 粒/ct。

金刚石粒度（粒/ct）表示金刚石钻头的布齿密度。该数值越大，则金刚石尺寸越小，布置金刚石的数量越多，可钻地层越硬。

数字 0，5 和 9 留待将来使用。

（3）第三位字码为切削齿尺寸及类型代号，见表 2-2-10。对 PDC 钻头，用数字 1～4 表示 PDC 切削齿的尺寸（直径）；对金刚石钻头，则用数字 1～4 表示金刚石（钻头）的种类。

表 2-2-10　切削齿尺寸及类型代号

代　码	PDC 切削齿尺寸/mm	金刚石（钻头）种类
1	24	天然金刚石
2	19	TSP
3	13.3	混合型
4	8	孕镶钻头

（4）第四位字码为钻头冠部轮廓形状代号，用数字 1～4 表示：

1—鱼尾形（平底型）；

2—短锥形，冠部高度＜58 mm；

3—中锥形，冠部高度＝58～114.3 mm；

4—长锥形，冠部高度＞114.3 mm。

2）PDC 钻头的合理使用

（1）下钻。

① 钻头下井前，井底要清洁，无金属落物。

② 钻头螺纹要涂好标准的润滑油脂，上卸钻头要用钻头装卸器。

③ 钻头入井要扶正、慢放，防止碰坏 PDC 切削齿；通过阻流环位置时，要减慢下放速度，注意防碰。

④ 下钻遇阻划眼时，划眼钻压应控制在 20 kN 以下（钻头直径小于 215.9 mm 时，要低于 10 kN），转速低于 50 r/min。严禁大段划眼和不循环钻井液划眼。

⑤ 在钻头接近井底时，将泵的排量开到最大，充分清洗井底；然后启动转盘，将转速控制在 30～60 r/min 之间，缓慢下钻直至钻头接触井底。

（2）井底造型。

确认钻头接触井底后，以小钻压（5～20 kN）、低转速（50 r/min）磨合井底，进尺 0.5～1.0 m，使井底形状与钻头工作面形状完全吻合，称之为井底造型。

(3) 钻进参数。

① 钻压。PDC钻头的主要特性之一是可用低钻压获得高转速，其钻压一般为同尺寸牙轮钻头的30%左右。对软地层，钻压相对小一些；对较硬地层，钻压相对大一些。最佳的钻压值应该是：当钻压达到此值后，钻头的机械钻速不再随着钻压的增加而增加，或钻头扭矩已达到极限扭矩值。

② 转速。PDC钻头为固定齿钻头，无轴承等活动部件，理论上无转速上限。在软一中硬均质地层中，转速越高，钻速越快。PDC钻头＋螺杆钻具复合钻进，可显著提高钻井速度。但在较硬、研磨性较强的地层和软硬交错、富含砾石等非均质地层中，高的钻头转速易导致切削齿提前磨损失效。

③ 水力参数。PDC钻头机械钻速快，单位时间产生的岩屑量大，井底水力能量必须确保岩屑及时排出且PDC切削齿充分冷却。因此，在机泵条件允许的情况下，应尽可能采用大排量钻进，以达到最佳的井底水力净化效果和钻头冷却效果。

第三节 钻 柱

钻柱是钻头以上、水龙头以下部分工具的总称，其主体包括方钻杆、钻杆、钻铤、转换接头及稳定器等井下工具。

钻柱是钻井的重要工具，它是连通地下与地面的枢纽。在转盘钻井中，靠钻柱来传递破碎岩石所需要的能量，给井底施加钻压，以及循环钻井液等。在井下动力钻井中，井下动力钻具是用钻柱送到井底并靠它来承受反扭矩，同时钻头和动力钻具所需的液体能量也是通过钻柱输送到井底的。

随着钻井深度的增加，对钻柱性能的要求越来越高。几千米甚至上万米的钻柱在井下的工作条件十分恶劣，它往往是钻井设备与工具中的薄弱环节。钻具断落和卡钻是常见的钻井事故，并常导致复杂的井下情况。因此，根据钻柱在井下的工作条件及工艺要求，合理地设计和使用钻柱，对于预防钻井事故、实现快速优质钻井及顺利完成各种井下作业等都具有十分重要的意义。

— 线上自学 —

2-19 钻柱的作用及组成

一、钻柱的作用与组成

1. 钻柱的作用

1) 钻柱在钻井过程中的主要作用

(1) 为钻井液由井口流向钻头提供通道；

(2) 给钻头施加破碎岩石所需要的钻压；

(3) 把地面动力(扭矩等)传递给钻头，带动钻头旋转破碎岩石；

(4) 起下钻头；

(5) 根据钻柱的长度计算井深。

2) 钻柱的特殊作用

(1) 通过钻柱可以观察和了解钻头的工作情况、井眼状况及地层情况等；

(2) 进行取心、地层漏失试验、挤水泥、井下事故处理等特殊作业；

（3）在钻井过程中，对地层流体及压力状况进行测试与评价，即中途测试，又称钻杆测试。

2. 钻柱的组成

钻柱由方钻杆、钻杆柱、下部钻具组合和配合接头等部分组成，如图 2-3-1 所示。下部钻具组合主要由钻铤组成，有时串接稳定器、减振器、震击器、扩眼器等特殊工具。在定向井和水平井常用钻具组合中，常用加重钻杆代替部分或全部钻铤，并在钻头上方安装弯外壳螺杆钻具、随钻测量（MWD）、随钻测井（LWD）或旋转导向钻井工具等。

1）钻　杆

钻杆为两端带接头的无缝钢管，长度一般为 9.45 m（31 ft）左右，壁厚一般为 10 mm 左右。钻杆是组成钻柱的基本部件，其主要作用是承受拉伸载荷、传递扭矩和输送钻井液，并靠钻杆的逐渐加长使井眼不断加深。

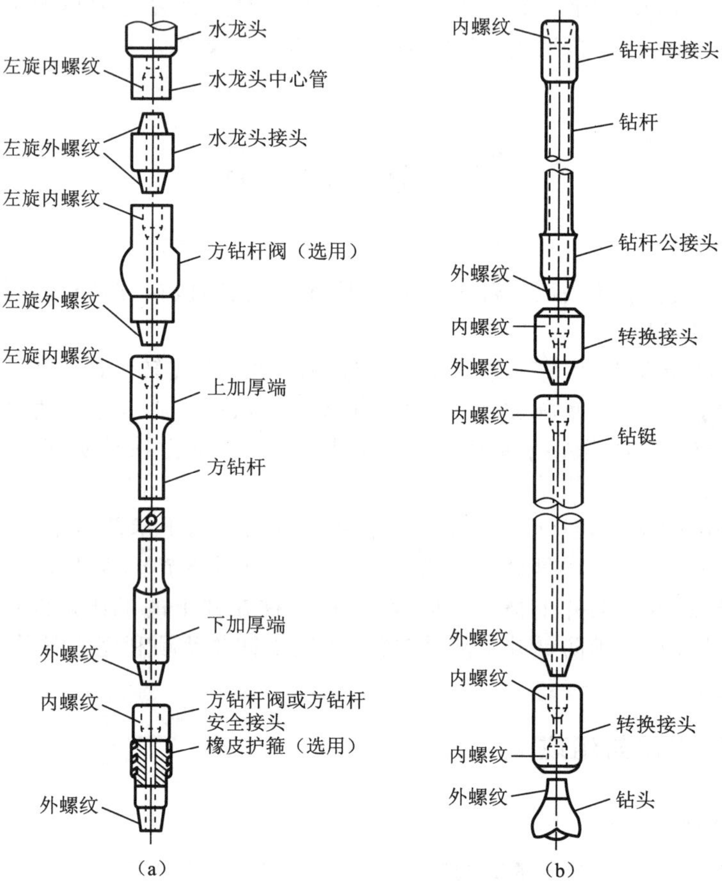

图 2-3-1　基本钻具组合

（方钻杆下加厚端和钻头之间的全部连接均为右旋）

（1）钻杆结构与规范。

钻杆由管体和接头两部分组成，采用对焊方法连接在一起。钻杆接头分公接头和母接头两种，分别对焊在钻杆管体的两端。在钻井过程中，接头处要经常拆卸，接头表面受到相当大的大钳咬合力的作用，所以钻杆接头壁厚较大，接头外径大于管体外径，并采用强度更高的合金钢，如 35 CrMo 合金钢等。为了增强管体与接头的连接强度，管体两端可加厚。加厚形式有内加厚、外加厚、内外加厚三种，如图 2-3-2 所示。

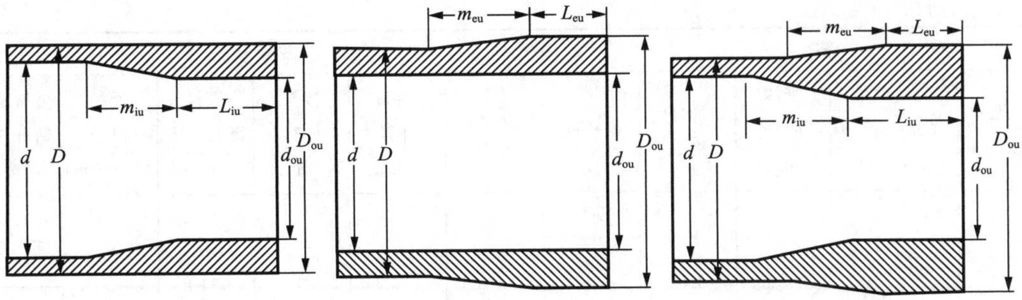

(a) 内加厚(IU)　　(b) 外加厚(EU)　　(c) 内外加厚(IEU)

d,D—钻杆管体内、外径;d_{ou},D_{ou}—钻杆管体加厚处内、外径;

L_{iu},L_{eu}—钻杆管体内、外加厚长度;m_{iu},m_{eu}—钻杆管体内、外加厚锥体长度。

图 2-3-2　钻杆加厚形式

目前,石油工业均采用 API 标准钻杆,新钻杆类型及结构参数见表 2-3-1。

表 2-3-1　API 新钻杆类型及结构参数(API RP 7G)

钻杆					钻杆接头					
公称尺寸/mm(in)	名义重量/(N·m⁻¹)(lb·ft⁻¹)	管体内径/mm	加厚形式	钢级	接头类型	接头外径/mm	接头内径/mm	公母接头组合长度/mm	紧扣扭矩/(kN·m)	公接头与钻杆抗扭强度比
60.3(2⅞)	97.12(6.65)	46.10	EU	E-75	NC26(2⅜IF)	85.7	44.5	381	4.39	1.11
				X-95						0.87
				G-105						0.79
73(2⅞)	151.86(10.40)	54.6	EU	E-75	NC31(2⅞IF)	104.8	54.0	406.4	8.05	1.03
				X-95			50.8		10.00	0.90
				G-105						0.82
				S-135		111.1	41.3		10.48	0.82
88.9(3½)	194.14(13.30)	70.20	EU	E-75	NC38(3½IF)	120.7	68.3	469.9	12.28	0.98
				X-95		127.0	65.1		13.78	0.87
				G-105			61.9		15.06	0.86
				S-135			54.0		17.64	0.80
	226.22(15.50)	66.10		E-75	NC38(3½IF)	127.0	65.1		13.78	0.97
				X-95			61.9		15.06	0.83
				G-105			54.0		17.64	0.90
				S-135	NC40(4FH)	139.7	57.2	431.8	22.33	0.87
101.6(4)	204.34(14.00)	84.80	IU	E-75	NC40(4FH)	133.4	71.4	431.8	15.92	1.01
				X-95			68.3		17.40	0.86
				G-105		139.7	61.9		20.42	0.93
				S-135			50.8		24.65	0.87

续表

钻杆					钻杆接头					
公称尺寸/mm(in)	名义重量/(N·m⁻¹)(lb·ft⁻¹)	管体内径/mm	加厚形式	钢级	接头类型	接头外径/mm	接头内径/mm	公母接头组合长度/mm	紧扣扭矩/(kN·m)	公接头与钻杆抗扭强度比
101.6(4)	204.34(14.00)	84.80	EU	E-75	NC46(4IF)	152.4	82.6	431.8	22.80	1.43
				X-95						1.13
				G-105						1.02
				S-135			76.2		25.59	0.94
114.3(4½)	242.30(16.60)	97.20	IEU	E-75	NC46(4IF)	158.8	82.6	431.8	23.05	1.09
				X-95			76.2		26.88	1.01
				G-105						0.91
				S-135			69.9		30.42	0.81
	291.95(20.00)	92.50		E-75			76.2		26.88	1.07
				X-95			69.9		30.42	0.96
				G-105			63.5		33.65	0.96
				S-135			57.2		36.56	0.81
	242.30(16.60)	97.20	EU	E-75	NC50(4½IF)	161.9	95.3	431.8	25.54	1.23
				X-95						0.97
				G-105						0.88
				S-135			88.9		30.28	0.81
	291.95(20.00)	92.50		E-75			92.1		27.95	1.02
				X-95			88.9		30.28	0.96
				G-105						0.86
				S-135		168.3	76.2		37.77	0.87
127(5)	284.78(19.50)	108.6	IEU	E-75	NC50(4½IF)	161.9	95.3	431.8	25.54	0.92
				X-95			88.9		30.28	0.86
				G-105		165.1	82.6		34.88	0.89
				S-135		168.3	69.9		42.29	0.86
	372.40(25.60)	101.6		E-75		161.9	88.9		30.28	0.86
				X-95		165.1	76.2		37.77	0.86
				G-105		168.3	69.9		42.29	0.87

续表

钻杆					钻杆接头					
公称尺寸 /mm(in)	名义重量 /(N·m⁻¹) (lb·ft⁻¹)	管体内径 /mm	加厚形式	钢级	接头类型	接头外径 /mm	接头内径 /mm	公母接头组合长度 /mm	紧扣扭矩 /(kN·m)	公接头与钻杆抗扭强度比
127 (5)	284.78 (19.50)	108.6	IEU	E-75	5½FH	177.8	95.3	457.2	41.59	1.53
				X-95						1.21
				G-105						1.09
				S-135		184.2	88.9		49.14	0.98
	372.40 (25.60)	101.6		E-75		177.8	88.9		41.59	1.21
				X-95						0.95
				G-105		184.2	88.9		49.14	0.99
				S-135			82.6		52.30	0.83
139.7 (5½)	319.71 (21.91)	121.40	IEU	E-75	5½FH	177.8	101.6	457.2	37.92	1.11
				X-95			95.3		41.59	0.98
				G-105		184.2	88.9		49.14	1.02
				S-135		190.5	76.2		59.09	0.96
	360.52 (24.70)	118.60		E-75		177.8	101.6		37.92	0.99
				X-95		184.2	88.9		49.14	1.01
				G-105						0.92
				S-135		190.5	76.2		59.09	0.86

API 标准钻杆接头均为旋转台阶式接头，台阶是其唯一的密封区，螺纹只起连接作用，如图 2-3-3 所示。按连接螺纹的不同，钻杆接头可分为内平型(IF)、贯眼型(FH)、正规型(REG)和数字型(NC)四种。四种钻杆接头均采用 V 形螺纹，但螺纹牙型、螺距和锥度等有所差别。由于数字型螺纹根部采用圆角过渡，显著改善了螺纹的应力状态，提高了连接强度，因此现在的 API 标准钻杆基本都采用数字型接头。

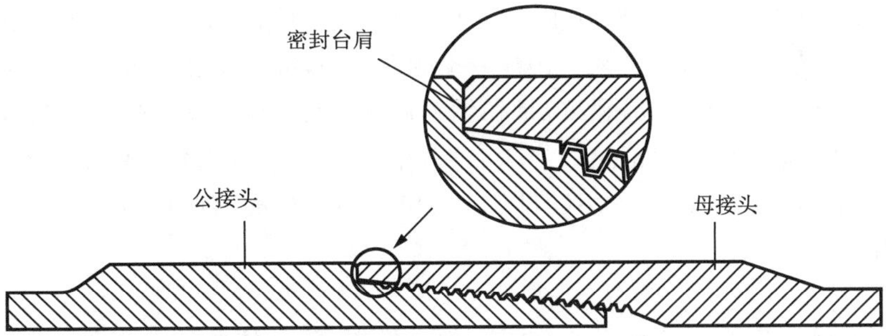

图 2-3-3　旋转台阶式接头结构和连接形式

数字型接头以字母 NC 和螺纹基面中径(以 in 为单位)的前两位数字表示。例如，NC26 表示螺纹基面中径为 2.668 in 的数字型接头，NC38 表示螺纹基面中径为 3.808 in 的数字型接头。数字型螺纹具有 0.065 in 平螺纹顶和 0.038 in 圆螺纹底，用 V-0.038 R 表示螺纹牙型，可与 V-0.065 牙型（螺纹顶切平宽度 0.065 in）的螺纹相连接。API 标准中的全部内平型（IF）接头和 4 in 贯眼接头（4FH）均属 V-0.065 牙型螺纹，故可以与数字型接头互换使用。

在钻柱中，除了钻杆接头外，还有各种配合接头（用来连接不同尺寸或不同扣型的管柱）、保护接头（保护管柱上经常拆卸处的丝扣，如方钻杆保护接头）等。此外，方钻杆、钻铤、钻头及其他井下工具也都靠丝扣连接。需要说明的是，上述各种接头及工具的丝扣类型都与钻杆接头的标准相一致。

（2）钻杆钢级与强度。

钻杆的钢级是指钻杆钢材的等级，它由钻杆钢材的最小屈服强度决定。常用 API 钻杆的钢级有 E-75，X-95，G-105 和 S-135 四种。钻杆的钢级越高，管材的屈服强度越大，钻杆的强度（包括抗拉、抗扭、抗外挤、抗内压等）也就越大。API RP 7G 标准中规定了各类钻杆的强度特性，表 2-3-2 列出了 API 新钻杆的强度数据。在钻柱的强度设计中，一般推荐采用提高钢级的方法来提高钻柱的承载能力，而不采用增加壁厚的方法。

（3）钻杆接头紧扣扭矩。

紧扣扭矩是指使丝扣上紧时的扭矩。若丝扣上得不够紧，会在钻进时继续紧扣，发生接头胀裂、脱扣等事故；若丝扣上得过紧，则会损坏丝扣，甚至导致丝扣断裂。因此，上扣扭矩是否合理直接影响丝扣连接的可靠性和安全性。API RP 7G 标准中规定了各种尺寸规范和级别的紧扣扭矩。新钻杆接头的紧扣扭矩推荐值见表 2-3-1。最小的上扣扭矩应不小于紧扣扭矩推荐值的 90%，但最大不应超过紧扣扭矩推荐值。

2）钻铤

钻铤位于钻柱的最下部，是下部钻柱组合的主要组成部分。与钻杆相比，钻铤的主要特点是壁厚大（一般为 38～53 mm，相当于钻杆壁厚的 4～6 倍），具有较大的重量和刚度，可承受较大的轴向压力而不发生弯曲。钻铤在钻井过程中主要起以下作用：

（1）给钻头施加钻压；

（2）保证压缩条件下的必要强度；

（3）减轻钻头的振动、摆动和跳动等，使钻头工作平稳；

（4）控制井斜。

钻铤按其外形可分为圆（或光）钻铤、螺旋钻铤、方钻铤等。最常用的是圆钻铤和螺旋钻铤两种。螺旋钻铤是在圆钻铤外圆柱面上加工三条右旋的螺旋槽，其与井壁的接触面积可减少 40%～50%，而其重力只减少 7%～10%。接触面积小，可减少发生压差卡钻的可能性。

钻铤的连接螺纹（公螺纹、母螺纹）是在钻铤两端管体上直接车制的，不另加接头。钻铤有多种规格。API 标准钻铤规范见表 2-3-3。表中的钻铤类型代号由两部分组成，第一部分为 NC 型螺纹代号，第二部分的数字（取以 in 为单位的外径的前两位数字）表示钻铤外径，中间用短线分开。

3）加重钻杆

加重钻杆的壁厚比普通钻杆大 2～3 倍，但比钻铤薄，其接头比普通钻杆接头长，中间还有加厚的特制磨辊，如图 2-3-4 所示。

表 2-3-2 API 新钻杆强度数据(API RP 7G)

钻杆外径		名义重量		扭力屈服强度/(kN·m)				按最小屈服强度计算的最小抗拉力/kN				最小抗挤压力/MPa				按最小屈服强度计算的抗内压力/MPa			
mm	in	N/m	lb/ft	E-75	X-95	G-105	S-135	E-75	X-95	G-105	S-135	E-75	X-95	G-105	S-135	E-75	X-95	G-105	S-135
60.3	2⅜	97.12	6.65	8.46	0.71	11.85	15.25	615.02	779.06	861.02	1 107.00	107.58	136.27	150.62	193.65	106.69	135.17	149.38	192.07
73.0	2⅞	151.86	10.40	15.64	19.82	21.90	28.16	953.75	1 208.10	1 335.27	1 716.79	113.86	144.20	159.38	204.96	114.00	144.34	159.58	205.17
88.9	3½	138.71	9.50	19.15				864.40				69.24				65.66			
		194.14	13.30	25.12	31.84	35.17	45.21	1 208.41	1 350.66	1 691.73	2 175.11	97.30	123.31	136.27	175.17	95.17	120.55	133.24	171.13
		226.22	15.50	28.55	36.16	39.97	51.39	1 436.28	1 819.27	1 010.78	2 585.29	115.65	146.55	161.93	208.20	116.14	147.10	162.55	290.03
101.6	4	172.95	11.85	26.36				1 206.77				58.00				59.31			
		204.31	14.00	31.53	39.49	44.15	56.75	1 269.77	1 605.45	1 777.66	2 285.60	78.27	99.17	109.65	139.10	74.69	94.62	104.55	134.41
114.3	4½	200.71	13.75	15.07				1 201.56				49.65				54.48			
		242.30	16.60	41.71	52.83	58.39	75.07	1 470.90	1 863.09	2 058.24	2 647.58	71.65	87.93	95.32	115.86	67.78	85.86	94.90	122.00
		291.95	20.00	49.97	63.28	69.94	89.92	1 843.89	2 324.18	2 568.83	3 302.76	89.38	113.24	125.17	160.89	86.48	109.58	121.10	155.72
127.0	5	284.78	19.50	55.73	70.59	78.03	100.32	1 760.31	2 229.17	2 464.39	3 168.51	68.96	82.83	89.58	108.27	65.52	83.03	91.72	118.00
		372.40	25.60	70.74	89.61	99.05	127.36	2 358.97	2 988.08	3 302.58	4 246.19	93.10	117.93	130.34	167.58	90.48	114.62	126.76	162.89
139.7	5½	319.71	21.91	68.66	86.97	96.12	123.58	1 945.06	2 463.72	2 723.05	3 501.08	58.21	68.96	74.04	87.85	59.38	75.24	83.17	106.96
		360.52	24.70	76.59	97.02	107.23	137.87	2 212.49	2 802.48	3 097.49	3 982.30	72.14	89.10	96.55	116.70	68.27	86.48	95.58	122.96

表 2-3-3　API 标准钻铤规范(API SPEC 7)

钻铤类型	外　径		内　径		长　度		名义重量		紧扣扭矩/(kN·m)	
	mm	in	mm	in	m	ft	lb/ft	N/m	最　小	最　大
NC23-31	79.4	$3\frac{1}{8}$	31.8	$2\frac{1}{4}$	9.1	30	22	321	4.45	4.9
NC26-35($2\frac{7}{8}$IF)	88.9	$3\frac{1}{2}$	38.1	$1\frac{1}{3}$	9.1	30	27	394	6.25	6.9
NC31-41($2\frac{7}{8}$IF)	104.8	$4\frac{1}{8}$	50.8	2	9.1	30	35	511	9.00	9.9
NC35-47	120.7	$4\frac{3}{4}$	50.8	2	9.1	30	50	730	12.50	13.5
NC38-50($33\frac{1}{2}$IF)	127.0	5	57.2	$2\frac{1}{4}$	9.1	30	53	774	17.50	19.0
NC44-60	152.4	6	57.2	$2\frac{1}{4}$	9.1	30 或 31	83	1 212	31.65	35.0
NC44-62	158.8	$6\frac{1}{4}$	57.2	$2\frac{1}{4}$	9.1 或 9.2	30 或 31	91	1 328	31.50	35.0
NC44-62(4IF)	158.8	$6\frac{1}{4}$	71.4	$2\frac{13}{16}$	9.1 或 9.2	30 或 31	83	1 212	30.00	33.0
NC46-65(4IF)	165.1	$6\frac{1}{2}$	57.2	2	9.1 或 9.2	30 或 31	99	1 445	38.00	42.0
NC46-65(4IF)	165.1	$6\frac{1}{2}$	71.4	$2\frac{13}{16}$	9.1 或 9.2	30 或 31	91	1 328	30.00	33.0
NC46-67(4IF)	171.5	$6\frac{3}{4}$	57.2	$2\frac{1}{4}$	9.1 或 9.2	30 或 31	108	1 577	38.00	42.0
NC50-70($4\frac{1}{2}$IF)	177.8	7	57.2	$2\frac{1}{4}$	9.1 或 9.2	30 或 31	117	1 708	51.50	56.5
NC50-70($4\frac{1}{2}$IF)	177.8	7	71.4	$2\frac{13}{16}$	9.1 或 9.2	30 或 31	110	1 606	43.50	48.6
NC50-72($4\frac{1}{2}$IF)	184.2	$7\frac{1}{4}$	71.4	$2\frac{13}{16}$	9.1 或 9.2	30 或 31	119	1 737	43.50	48.0
NC56-77	196.9	$7\frac{3}{4}$	71.4	$2\frac{13}{16}$	9.1 或 9.2	30 或 31	139	2 029	65.00	71.5
NC56-80	203.2	8	71.4	$2\frac{13}{16}$	9.1 或 9.2	30 或 31	150	2 190	65.00	71.5
$6\frac{5}{8}$REG	209.6	8	71.4	$2\frac{13}{16}$	9.1 或 9.2	30 或 31	160	2 336	72.00	79.0
NC61-90	228.6	9	71.4	$2\frac{13}{16}$	9.1 或 9.2	30 或 31	195	2 847	92.00	101.0
$7\frac{5}{8}$REG	241.3	$9\frac{1}{2}$	76.2	3	9.1 或 9.2	30 或 31	216	3 153	119.50	—
NC70-100	254.0	10	76.2	3	9.1 或 9.2	30 或 31	243	3 548	142.50	156.5
NC70-110	279.4	11	76.2	3	9.1 或 9.2	30 或 31	299	4 365	194.00	214.5

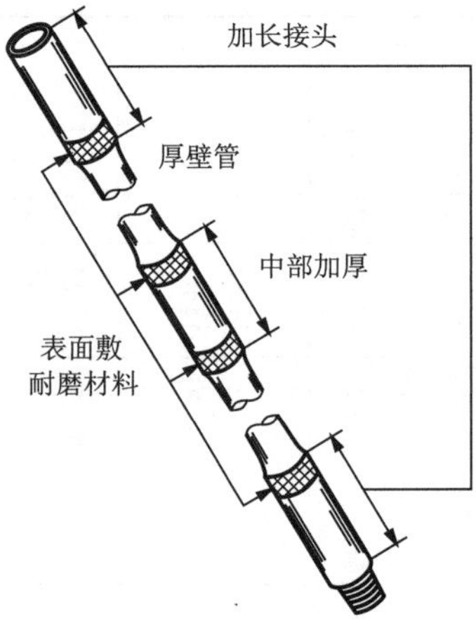

图 2-3-4　加重钻杆示意图

加重钻杆的刚度比普通钻杆大，允许承受压缩载荷，但其刚度、重量及与井壁的接触面积较钻铤小，可减小摩阻和发生压差卡钻的可能性。因此，加重钻杆在石油钻井中主要用于以下方面：

(1) 用于钻铤与钻杆的过渡区，缓和两者截面和刚度的突然变化，以减轻钻柱的疲劳破坏；

(2) 在深井钻井中，代替一部分钻铤，以减小扭矩和提升负荷；

(3) 在定向井，尤其是大斜度井、水平井钻井中，代替大部分或全部钻铤，以减小摩阻和压差卡钻的风险。

4) 方钻杆

方钻杆位于钻柱的最上端，有四方形和六方形两种。钻进时，方钻杆与方补心、转盘补心配合，将地面转盘扭矩传递给钻杆，以带动钻头旋转。

标准方钻杆全长 12.19 m，与转盘配合的驱动部分长 11.25 m。为了适应钻柱配合的需要，方钻杆也有多种尺寸和接头类型。常用方钻杆规范见表 2-3-4。方钻杆的壁厚一般比钻杆大 3 倍左右，并用高强度合金钢制造，故具有较大的抗拉屈服强度及抗扭屈服强度（表 2-3-5），可以承受整个钻柱的重量和旋转钻柱及钻头所需要的扭矩。

方钻杆旋转时，上端始终处于转盘面以上，下端则处在转盘面以下。方钻杆上端至水龙头的连接部位的丝扣均为左旋丝扣（反扣），以防止方钻杆转动时卸扣。方钻杆下端至钻头的所有连接丝扣均为右旋转扣（正扣），在方钻杆带动钻柱旋转时，丝扣越上越紧。为减轻方钻杆下部接头丝扣（经常拆卸部位）的磨损，常在该部位安装保护接头。

5) 其他钻井工具

(1) 稳定器。

稳定器又称扶正器，是稳定井下钻具、控制井眼轨迹的工具，它是下部钻具组合的重要组件。钻直井时，在下部钻铤柱的适当位置安装一定数量的稳定器，组成防斜和降斜钻具组合，可起到防止井斜和纠正井斜的作用。钻定向井时，利用稳定器，可改变下部钻具组合的受力状态，达到控制井眼轨迹的目的。此外，使用稳定器，能有效限制钻头的横向摆动，提高钻头工作的稳定性，从而延长钻头的使用寿命，这对金刚石钻头尤为重要。

稳定器按结构形式可分为整体式、不转动橡胶套筒式和滚轮式三种，如图 2-3-5 所示。

整体式稳定器按翼片形状又可分为螺旋型和直翼型两种，并做成长型和短型，以适应各种地层和工艺的要求，是使用最广泛的稳定器。

不转动橡胶套筒式稳定器的主要特点是：工作时橡胶套筒支撑井壁不转动，不会破坏井壁，摩擦扭矩小，但它不具备修整井壁的能力，且橡胶不耐高温，使用寿命短，所以使用范围小。

滚轮式稳定器（也称牙轮铰孔器）的主要优点是有较强的修整井壁的能力，可保持井眼规则，主要用于研磨性地层。

(2) 减振器。

减振器是一种用以减轻井下钻具振动的工具。在钻井过程中，井下钻具会产生纵向和扭转的冲击振动，特别是在硬地层、破碎地层和软硬交错地层中钻进时，这种振动现象更为剧烈。井下钻具的振动将给钻井工作带来很多危害，如钻头先期损坏、钻具疲劳破坏等。使用减振器，可大大降低钻具振动的幅度和冲击载荷，提高井下钻具（包括钻头）的工作寿命，减少钻具事故。

表 2-3-4　常用方钻杆规范

方钻杆规格		驱动部分长度 L_D		全长 L		上部内螺纹连接					下部外螺纹连接			内径	驱动部分					质量
						规格和类型		外径		长度	规格和类型	外径	长度		对角宽	对角宽	对边宽	棱角半径	棱角半径	
						LH		D_U		L_U	RH	D_L	L_L	d	D_C	D_{CC}	D_{FL}	R_C	R_{CC}	
		标准	选择	标准	选择	标准	选择	标准	选择											
mm	in	mm	mm	mm	mm	in	in	mm	mm	mm	in	mm	mm	mm	mm	mm	mm	mm	mm	kg
63.5	1½	11 250	—	12 190	—	6⅝REG	4½REG	196.8	146.0	420	2⅜IF	85.7	520	31.8	83.3	82.6	63.5	7.9	41.3	402
76.2	3	11 250	—	12 190	—	6⅝REG	4½REG	196.8	146.0	420	2⅞IF	104.8	520	44.4	100.0	98.4	76.2	9.5	49.2	500
88.9	3½	11 250	—	12 190	—	6⅝REG	4½REG	196.8	146.0	420	3½IF	120.6	520	57.2	115.1	112.7	88.9	12.7	56.4	597
108.0	4½	11 250	15 500	12 190	16 460	6⅝REG	4½REG	196.8	146.0	420	4IF	152.4	520	71.4	141.3	130.7	108.0	12.7	69.8	829
											4½IF	155.6	520	69.8						
133.4	5½	11 250	15 500	12 190	16 460	6⅝REG	—	196.8	—	420	5½FH	177.8	520	82.6	175.4	171.4	133.4	15.9	85.7	1 255

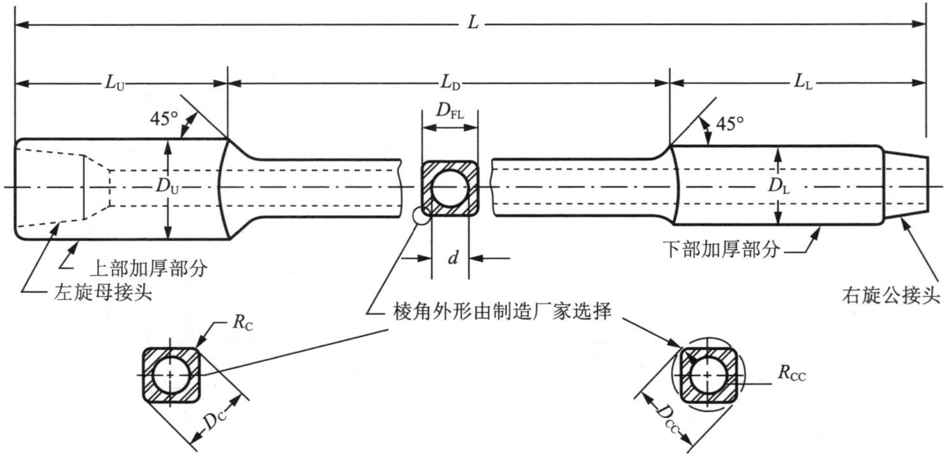

表 2-3-5　四方方钻杆的强度(API RP 7G)

方钻杆尺寸		下部丝扣		荐用套管最小外径		抗拉屈服强度/kN		抗扭屈服强度/kN		抗弯强度/(kN·m)	
mm	in	类型	外径/mm	mm	in	下部公扣端	驱动部分	下部公扣端	驱动部分	驱动部分对角	驱动部分对边
63.5	2½	NC26	85.70	114.30	4½	1 850	2 420	13.10	20.60	20.45	30.00
76.2	3	NC31	104.80	130.70	5½	2 380	3 170	19.60	32.60	30.10	49.35
88.9	3½	NC38	120.70	168.30	6⅝	3 220	3 940	30.80	48.00	48.95	75.00
108.0	4¼	NC46	158.80	219.10	8⅝	4 680	5 820	53.30	83.50	85.40	131.90
108.0	4¼	NC50	161.90	219.10	8⅝	6 320	5 700	77.60	85.30	87.30	133.70
133.4	5¼	5½FH	177.80	244.50	9⅝	7 150	9 250	99.00	167.50	170.40	257.80

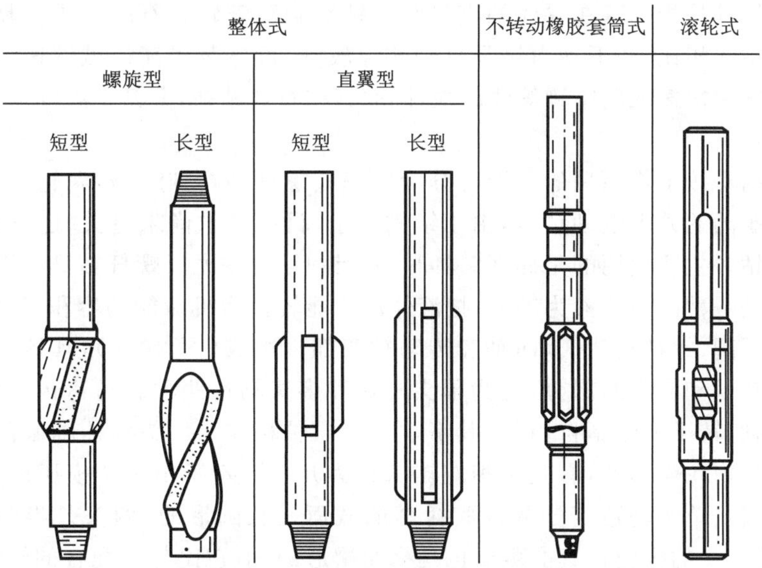

图 2-3-5　稳定器的基本类型

减振器按减振作用可分为单向(只能吸收一个方向的振动,如纵向振动)和双向(可同时吸收两个方向的振动)两种;按减振元件可分为弹簧式、液压式和橡胶式三种;按适用工作温度又可分为普通型(小于或等于 120 ℃)和高温型(120～180 ℃)两种。弹簧减振器具有结构简单、对井下温度不敏感、能够同时吸收纵向和扭转振动的特点,是目前使用较广、性能比较可靠的减振器。

减振器原则上应尽量靠近钻头,以增强减振效果,保护钻头和钻柱。对于不同的钻具组合,减振器可以参照以下原则安放:

① 对于光钻铤组合或钟摆钻具组合,减振器安装在钻铤和钻头之间;

② 对于刚性满眼钻具组合,减振器一般安装在稳定器之上;

③ 使用井下动力钻具时,减振器安装在动力钻具之上。

(3) 随钻震击器。

随钻震击器是连接在钻具中随钻柱一起进行钻井作业的井下解卡工具。在深井、海上钻井，尤其是定向钻井中，时常在下部钻具组合中安装随钻震击器。一旦下部钻具被卡住，即可操纵震击器，产生向上或向下的震动冲击作用，达到解除卡钻的目的。

随钻震击器有液压式和机械式两种，尤以后者较为常用。其工作原理是：需要上击时，快速上提钻柱，钻柱伸长，积蓄很大的能量，当拉力超过锁定机构的安全锁紧力而解除锁定时，钻柱的弹性力使震击头碰撞而产生强大的上击震动作用；需要下击时，迅速下放钻柱，利用上部钻柱的重力，使锁定机构解锁，此时上部钻柱在压缩过程中所积蓄的能量突然释放，震击头就产生向下的震击作用。

震击器安装的理想位置是钻柱易卡点之上的1～2个单根处。现场通常将震击器安装在钻柱中性点以上的部位。在正常钻进期间，应尽可能地使震击器处于受拉状态，短时间受压也可以，但所受压力应小于所调校的下击解锁的压力。

(4) 井下动力钻具。

井下动力钻具是指安装在井底的直接驱动钻头旋转破碎岩石的专用工具，又称为井底马达。与转盘钻井相比，井下动力钻具具有转速较高、可显著提高机械钻速、容易实现井身轨迹的定向控制和快速准确中靶等优越性，因而其在石油钻井，尤其是在定向井钻井中得到了广泛的应用。

井下动力钻具按工作原理的不同可分为容积式螺杆钻具、叶片式涡轮钻具和电动钻具三种。以电力驱动的井下电动钻具，由于结构复杂，目前技术尚未过关，还没有大量推广使用。目前石油钻井主要使用的是螺杆钻具和涡轮钻具，其中尤以螺杆钻具使用最广。

螺杆钻具是一种以钻井液为动力，把液体压力能转换为机械能的容积式井下动力钻具。螺杆钻具由旁通阀、螺杆马达、万向轴和传动轴四部分组成(图2-3-6)，其核心是螺杆马达。螺杆马达包括转子和定子两部分，分为单头马达和多头马达两种。马达转子是一根实心的扭成螺旋状的轴，转子上端是自由的，其下端与万向轴相连。单头马达轴截面是圆形的，多头马达轴截面是梅花瓣形的，有几个梅花瓣就称为几头。定子由一个模压成型的橡胶衬套和马达外壳构成。单头马达定子的橡胶衬套的截面是长圆形的（两头是半圆，中间为长方形）。多头马达定子的橡胶衬套的截面也是梅花瓣形的，但它比与之配合的转子多一个梅花瓣，也就是通常所说的多一个头。马达转子与定子相互配合后，由于两者几何形状上的差异，可在转子和橡胶衬套之间形成空腔。循环钻井液时，高压钻井液流经转子与定子间的空腔，推动转子旋转，并将转速和扭矩通过万向轴和传动轴传递给钻头，驱动钻头旋转破碎岩石。

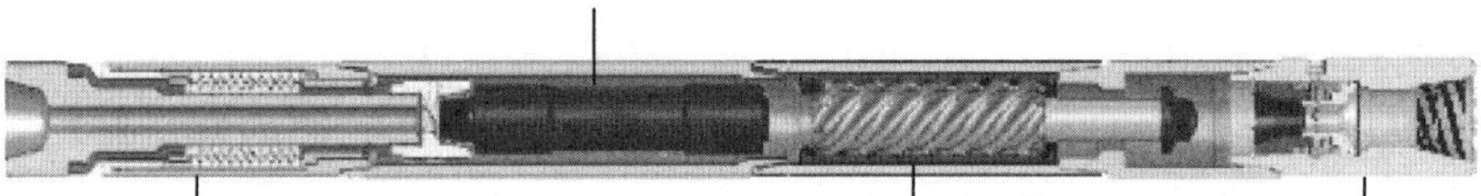

图2-3-6　螺杆钻具示意图

螺杆钻具的转速与钻井液排量成正比，而与扭矩无关，通过调节排量可以调节转速。其输出扭矩与钻井液流经螺杆马达的压力降成正比。排量一定时，随着钻压增加，扭矩增大，螺杆钻具的压力降将随之增大，但转速基本保持不变。

涡轮钻具是一种将钻井液的压力能和动能转换成旋转机械能的井下动力机。其主要部件是上百级涡轮，每一级涡轮由一个定子和一个转子组成（图 2-3-7）。定子固定在外壳上，转子固定在主轴上，定子和转子的叶片形状基本一样，只是弯曲的方向相反。循环钻井液时，钻井液从定子叶片流入转子叶片，液流方向和速度均发生变化，因而在转子叶片上产生推力，使转子旋转，从而驱动主轴和钻头旋转。与螺杆钻具相比，涡轮钻具转速较高，可达 400～800 r/min。

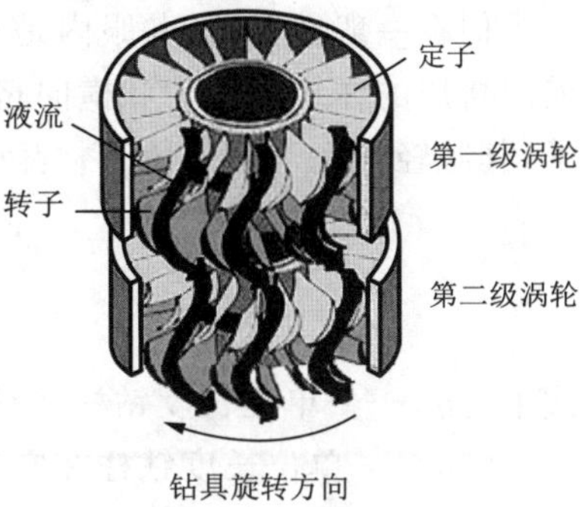

图 2-3-7　涡轮钻具示意图

—线上自学—
2-20　井下钻柱受力分析

二、钻柱的工作状态及受力分析

在钻井过程中，钻柱主要是在起下钻和正常钻进两种工况下工作的，有时也利用钻柱进行中途测试、挤水泥和井下事故处理等特殊作业。钻柱在不同的钻井作业工况和不同的钻井方式（转盘钻井、井下动力钻井）下，其工作状态是不同的，受力也不同。为了正确设计和使用钻柱，必须首先了解钻柱在整个钻井过程中的工作状态及受力情况。

1. 起下钻过程中钻柱的工作状态及受力

在起下钻过程中，钻柱或被悬挂在井口，或被悬吊在大钩上，不与井底接触。此时，钻柱主要受自身重力作用，处于拉伸状态。

当井内没有钻井液时，钻柱仅受由自重引起的轴向拉力的作用。图 2-3-8 所示为直井钻柱所受轴向拉力的分布情况，井口处的拉力最大，底端处的拉力为零。钻柱井口截面处的拉力 F_0 可按下式计算：

$$F_0 = q_p L_p + q_c L_c \tag{2-3-1}$$

式中　q_p, q_c——单位长度钻杆、钻铤在空气中的重量，称为线重，kN/m；

L_p, L_c——钻杆柱和钻铤柱的长度，m。

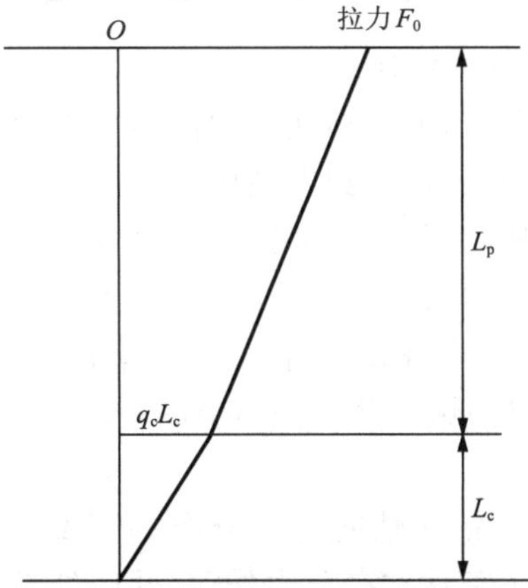

图 2-3-8　起下钻过程中直井钻柱轴向拉力分布

但在一般情况下，井眼内是充满钻井液的，浸在钻井液中的钻柱要受到钻井液的浮力和横向挤压的作用。浮力和横向挤压作用的综合效应相当于钻柱的线重（单位长度重量）减轻了，其减轻程度可用系数 K_B 表示。

$$q_m = K_B q \tag{2-3-2}$$

$$K_B = 1 - \frac{\rho_d}{\rho_s} \tag{2-3-3}$$

式中　q_m——单位长度钻柱在钻井液中的重量，称为线浮重，kN/m；

q——单位长度钻柱在空气中的重量，kN/m；

K_B——浮力（减轻）系数；

ρ_d——井内钻井液密度，g/cm^3；

ρ_s——钻柱钢材密度，g/cm^3。

因此，在充满钻井液的垂直井眼内，钻柱井口截面上的轴向拉力可按下式计算：

$$F_m = K_B(q_p L_p + q_c L_c) \tag{2-3-4}$$

式中　F_m——井内充满钻井液时钻柱井口截面上的轴向拉力，它等于该截面以下钻柱在钻井液中的重力，kN。

钻柱在钻井液中的重力称为浮重（buoyant weight）。由式（2-3-4）知，钻柱的浮重等于钻柱在空气中的重力乘以浮力系数。这种计算钻柱轴向拉力的方法称为浮力系数法。

此外，在起下钻柱时，还受到由于上提或下放速度的变化引起的惯性力（称之为动载）和井壁及钻井液对钻柱的摩擦阻力的作用。尤其是在起下钻柱时猛提和猛刹，会使钻柱受到的轴向拉力大大增加。在使用卡瓦起下钻时，井口部位的钻柱还受到卡瓦的箍紧力作用而处于拉伸和外挤的双向应力状态，这会使钻柱的抗拉强度降低，特别在钻深井时应予以考虑。在弯曲井眼中，钻柱将随井眼弯曲产生附加的弯曲应力。

2. 钻进过程中钻柱的工作状态及受力

在钻进过程中，大部分钻柱的重力由钻机大钩悬吊起来，称为大钩悬重；而小部分钻柱的重力（主要是钻铤的重力）施加在钻头上，称为钻压。此时，上部钻柱受到由钻柱浮重引起的轴向拉力的作用，处于拉伸状态，而下部钻柱受到由钻压引起的轴向压力的作用，处于压缩状态。当用转盘带动钻柱和钻头旋转破碎岩石时，整个钻柱还受到一个扭矩的作用，并处于不停地旋转运动状态。

— 线上自学 —

2-21　钻柱的中性点与钻铤长度设计

1）钻柱的轴向力与中性点

在正常钻进工况下，上部钻柱受到由钻柱重力（浮重）引起的轴向拉力的作用，下部钻柱（主要是钻铤）受到由钻压引起的轴向压力的作用。钻压的反作用力使得下部钻柱受压缩，并使上部钻柱的轴向拉力减小一个相应的数值。此时钻柱井口截面上的轴向力为：

$$F_w = K_B(q_p L_p + q_c L_c) - W \tag{2-3-5}$$

式中　F_w——正常钻进时（有钻压）钻柱井口截面上的轴向拉力，kN；

W——钻压，kN。

在重力和钻压的共同作用下，钻柱轴向力的分布如图 2-3-9 所示。上部钻柱受拉力作用，井口处最大，向下逐渐减小；下部钻柱受压力作用，井底处最大，向上逐渐减小；在某一位置处，钻柱既不受拉，也不受压，其轴向力等于零。

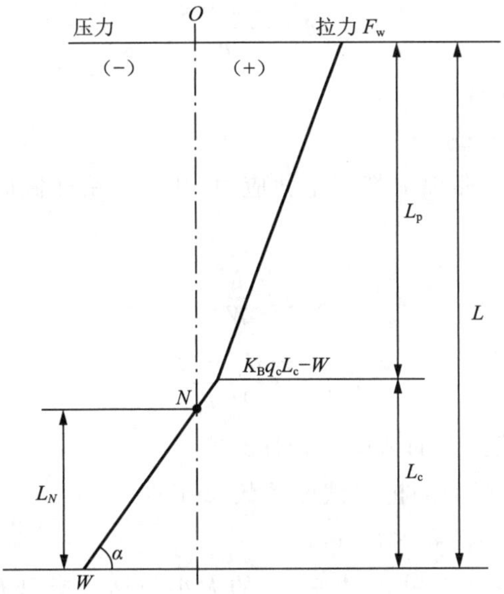

图 2-3-9 正常钻进中钻柱轴向力分布

通常把钻柱上轴向力等于零的点（N 点）称为钻柱中性点。显然，对直井钻柱而言，中性点将钻柱分为两段，上面一段钻柱的浮重等于大钩悬重，下面一段钻柱的浮重等于钻压。

根据钻柱中性点的定义，假定中性点落在钻铤上，且不考虑井壁摩阻力的影响，则单一钻铤柱中性点高度满足如下力的平衡关系：

$$W=K_Bq_cL_N\cos\alpha \tag{2-3-6}$$

式中 L_N——中性点距井底的高度，m；

α——井斜角，(°)。

钻柱的中性点在实际工作中有着重要的意义。在钻进过程中，希望中性点始终落在刚度较大、承压抗弯能力强的钻铤上，而不是落在强度较弱的钻杆上，以免钻杆受压弯曲和受交变应力的作用。因此，设计的钻铤长度不能小于中性点高度，也就是说，钻铤的浮重不能小于钻压，这就是所谓的“浮重原则”。目前，钻柱设计都遵循这一原则来确定钻铤的长度。此外，在处理卡钻事故时，通常将钻柱中性点调整到卸扣的位置，以指导卸扣作业。在用公锥打捞落鱼时，要将中性点调整到落鱼顶端部位，以便于进行造扣作业。

2）钻柱的扭矩及剪应力

在转盘钻井中，转盘通过方钻杆将旋转扭矩传递给钻柱，并带动钻头旋转破碎岩石，此时整个钻柱处于不停旋转的状态。作用在钻柱上的力，除了轴向拉力和压力外，还有扭矩。钻柱所受的扭矩取决于转盘传递给钻柱的功率。转盘传递给钻柱的功率由钻柱空转所需功率与钻头旋转破碎岩石所需功率两部分组成，即

$$N=N_s+N_b \tag{2-3-7}$$

式中 N——转盘传递给钻柱的功率，kW；

N_s——钻柱空转所需功率，kW；

N_b——钻头旋转破碎岩石所需功率，kW。

钻柱承受的扭矩在井口处最大，向下随着能量的消耗逐渐减小，井底处最小。井口处钻柱所受扭矩为：

$$M=\frac{9\ 549N}{n} \tag{2-3-8}$$

式中　M——钻柱扭矩，N·m；

n——钻柱转速，r/min。

转盘扭矩在钻柱的各个截面上都产生剪应力，井口处钻柱截面上的剪应力最大，可按下式计算：

$$\tau=\frac{M}{W_n} \tag{2-3-9}$$

$$W_n=\frac{\pi(d_{po}^4-d_{pi}^4)}{16d_{po}} \tag{2-3-10}$$

式中　τ——井口处钻柱截面上的剪应力，MPa；

W_n——井口处钻柱截面的抗扭截面系数，cm^3；

d_{po}，d_{pi}——钻杆的外径和内径，cm。

正常钻进时，转盘传递给钻柱的功率 N 的大小与钻头类型及直径、岩石性质、钻柱尺寸、钻压、转速、钻井液性能以及井眼质量等因素有关，可以使用以下经验公式近似计算：

钻柱空转所需功率 N_s

$$N_s=4.6C\rho_d n d_{po}^2 L\times10^{-3} \tag{2-3-11}$$

钻头旋转破碎岩石所需功率 N_b

$$N_b=0.078\ 5Wnd_{po}L\times10^{-8} \tag{2-3-12}$$

式中　L——钻柱长度，m；

C——与井斜角有关的系数，直井时 $C=18.8\times10^{-5}$，井斜角为6°时 $C=31\times10^{-5}$，井斜角为15°时 $C=38.5\times10^{-5}$，井斜角为25°时 $C=48\times10^{-5}$。

在井下动力钻井中，钻柱承受的扭矩为动力钻具的反扭矩，在井底处最大，往上则逐渐减小。最大扭矩等于钻头破岩所需扭矩。

3）钻柱的弯曲

正常钻进时，中性点以下钻柱受轴向压力的作用。根据压杆稳定理论，当轴向压力小于某一临界值时，受压部分钻柱将一直保持直线稳定状态。当压力增加到某一临界值时，受压钻柱将丧失直线稳定状态而发生弯曲，并与井壁接触于某个点（通常称之为切点），这是钻柱的第一次弯曲（图2-3-10中曲线Ⅰ）。若继续加大钻压，则弯曲形状改变，切点逐渐下移（图2-3-10中曲线Ⅱ）。当钻压增大到新的临界值时，钻柱的弯曲轴线呈现出第二个半波，这是钻柱的第二次弯曲（图2-3-10中曲线Ⅲ）。如果继续加大钻压，那么会出现钻柱的第三次弯曲或更多次弯曲。

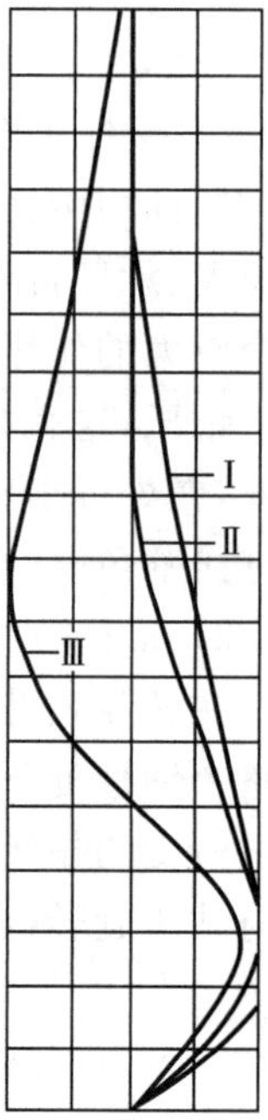

图2-3-10　钻柱受压弯曲示意图

在垂直井眼中，光钻铤发生一次弯曲的临界钻压可用下式计算：

$$W_{cr}=2.04q_{cm}\sqrt[3]{\frac{EI}{q_{cm}}} \tag{2-3-13}$$

式中 W_{cr}——光钻铤发生一次弯曲的临界钻压,kN;

q_{cm}——单位长度钻铤的浮重,kN/m;

EI——钻铤的抗弯刚度,kN·m^2。

目前旋转钻井所用的钻压一般都超过常用钻铤的一次弯曲临界钻压,如果不采取其他措施,下部钻柱将不可避免地发生弯曲。

当钻柱围绕井眼轴线做偏心旋转运动时,将产生离心力。离心力的作用将加剧下部受压部分钻柱的弯曲变形。钻柱上部的受拉部分在离心力的作用下也可能呈现弯曲状态。另外,钻柱通过定向井和水平井的弯曲井段也必然发生弯曲变形。弯曲的钻柱在井下做旋转运动时,在扭矩的作用下一般不可能呈平面弯曲状态,而是呈变节距的空间螺旋形弯曲状态。

钻柱的弯曲将在钻柱内产生弯曲应力。弯曲应力在钻柱上部是由离心力引起的,在钻柱下部则是由钻柱受压弯曲和离心力共同作用引起的,因此钻柱下部的弯曲应力最大。弯曲应力的大小与钻柱的刚度、弯曲变形部分的长度及最大挠度等因素有关。由于井下钻柱的弯曲变形是一个十分复杂的问题,故弯曲力矩及弯曲应力的计算也十分复杂,在此不作讨论。

4)钻柱的运动形式

一个弯曲的钻柱在井眼内是怎样旋转的呢?这是一个十分复杂的问题,至今尚未研究透彻。根据井下钻柱的实际磨损情况和工作情况来分析,钻柱在井眼内的运动形式可能有以下四种:

(1)自转。钻柱像一根柔性轴,围绕自身轴线旋转。钻柱自转时,在整个圆周上与井壁接触,产生均匀磨损。弯曲钻柱在自转时,受到交变弯曲应力的作用,容易发生疲劳破坏。在软地层弯曲井段,钻柱自转容易在下井壁上形成键槽,起钻时容易造成卡钻事故。

(2)公转。钻柱像一个刚体,围绕着井眼轴线旋转并沿着井壁滑动。钻柱公转时,不受交变弯曲应力的作用,但会产生不均匀的单向磨损(偏磨),从而加快了钻柱的磨损和破坏。

(3)公转与自转相结合。钻柱围绕井眼轴线旋转,同时围绕自身轴线转动,即不是沿着井壁滑动而是滚动。在这种情况下,钻柱磨损均匀,并受交变弯曲应力的作用,但循环次数比自转时低得多。

(4)振动。在钻进过程中,钻柱还可能产生纵向振动、扭转振动和横向振动。钻柱的纵向振动主要是由钻头的纵向振动引起的。钻柱的纵向振动会使中性点附近的钻柱受到交变轴向应力的作用,容易发生疲劳破坏。当纵向振动频率和钻柱本身的固有振动频率相同或成倍数时,将会产生共振现象,振幅急剧增大,称为跳钻。严重的跳钻常常造成钻柱的迅速疲劳破坏和钻头的先期损坏。

钻柱的扭转振动是由井底岩石对钻头的旋转阻力和井壁对钻柱的旋转阻力不断发生变化所引起的。特别是使用切削型钻头(如 PDC 钻头等)钻进软硬交错地层时,钻柱的扭转振动更为严重,甚至出现所谓的"蹩跳"现象。

钻柱的横向振动是指在某一临界转速下,整个或部分钻柱做无规则的横向摆振,就像拨动的琴弦一样。这种运动形式很不稳定,常常造成钻柱的强烈振动。钻柱的振动使得钻柱受交变应力(交变的轴向应力、剪应力和弯曲应力)的作用,容易产生疲劳破坏。剧烈的振动常常造成钻头和钻柱的强度破坏。

在井下动力钻井时,钻头破碎岩石的旋转扭矩来自井下动力钻具,其上部钻柱一般是不旋转的,既不存在离心力的作用,也不存在由钻柱横向振动和弯曲钻柱旋转引起的交变弯曲应力,这就使钻柱的受力情况变得比较简单。

此外,无论是转盘钻井还是井下动力钻井,在正常钻进过程中都要循环钻井液。循环钻井液时,在钻柱内及钻头水眼上的压力降还会在钻柱内产生附加的轴向拉伸应力,相当于钻柱受到一个拉伸载荷的作用。

3. 其他特殊作业中钻柱的工作状态及受力

1) 中途测试

中途测试又称钻杆测试,是指在钻井过程中如果发现良好的油气显示则停止钻进,对可能的油气层进行测试求产的一种作业。进行中途测试时,在钻柱下部安装一套专用的井下工具(包括封隔器和地层测试器),下钻到测试层处,将封隔器坐封在测试层上部,把其他层段和环空内的钻井液隔离开来;在钻柱内采用水垫或气垫(氮气)降低液柱压力,形成一定的负压差,然后由地面控制将井底测试阀打开,诱导测试层的流体进入测试阀和钻杆内,到达地面,进行测压、取样。

在中途测试过程中,钻柱悬挂在井口,整个钻柱受自重引起的轴向拉力的作用。除此之外,由于钻柱内部是水垫或气垫,液柱压力较低,管内外压差势必对钻柱产生一个外挤压力,在钻柱底部的外挤压力最大。最大外挤压力可按钻柱内全掏空的情况计算,即

$$p_{\mathrm{c\,max}}=0.009\ 81\rho_{\mathrm{d}}D \tag{2-3-14}$$

式中 $p_{\mathrm{c\,max}}$——钻柱的最大外挤压力,MPa;

ρ_{d}——井内钻井液密度,g/cm³;

D——井深,m。

2) 挤水泥

挤水泥是在固井水泥凝固之后,发现套管鞋处有替空段或油气层附近有窜槽段,将钻杆下到需要挤注水泥井段的上部,在钻杆和套管之间用封隔器坐封,将井筒上下隔离开来,然后通过钻杆泵注水泥浆,用压力将水泥浆从套管的底部或套管壁上的射孔孔眼挤到管外的环形空间。

在挤水泥作业中,钻柱除了受到由重力引起的轴向拉力外,还受到由管内外压力差异引起的内压力的作用(管内压力大于管外钻井液液柱压力)。高压挤水泥时,要求井底挤注压力超过地层的破裂压力,此时井口处钻柱受到的有效内压力最大,可按下式计算:

$$p_{\mathrm{i\,max}}=0.009\ 81(\rho_{\mathrm{f}}-\rho_{\mathrm{d}})D \tag{2-3-15}$$

式中 $p_{\mathrm{i\,max}}$——钻柱的最大内压力,MPa;

ρ_{f}——地层破裂压力当量密度,g/cm³。

此外,在处理卡钻事故时,上提钻柱解卡将使钻柱受到一个比钻柱重力大很多的轴向拉伸载荷的作用。

由以上分析可知,转盘钻井时钻柱的受力情况是比较复杂的。这些载荷就性质而言可分为不变的和交变的两大类。由轴向载荷和扭矩产生的拉应力、压应力和剪应力属于不变应力;弯曲应力、扭转振动引起的剪应力以及纵向振动所产生的拉应力和压应力属于交变应力。在整个钻柱长度内,载荷作用的特点是在井口处主要受不变载荷(拉应力)的作用,而靠近井底则主要受交变载荷(拉、压、弯曲应力等)的作用,这种交变载荷的作用正是钻柱疲劳

破坏的主要原因。

由以上分析不难看出，钻柱受力严重的部位是：

(1) 井口部位。井口处钻柱受到最大拉力和最大扭矩的作用。使用卡瓦起下钻时，井口部位的钻柱还受到卡瓦的挤压作用，处于拉伸和外挤的双向应力状态，使钻柱的抗拉强度降低。

(2) 下部钻柱。钻进时，下部钻柱同时受到轴向压力、扭矩和弯曲应力的作用。钻柱的弯曲和横向振动还将产生交变弯曲应力，常常导致钻柱疲劳破坏。钻头突然遇阻、遇卡会使下部钻柱受到的剪应力大大增加。

(3) 中性点附近。由于地层岩性变化、钻头的冲击和纵向振动等因素的存在，使得钻压大小不均匀，因而使中性点附近的钻柱受拉、压交变载荷的作用，容易产生疲劳破坏。

三、钻柱设计

合理的钻柱设计是确保优质、快速、安全钻井的重要条件。尤其是对深井钻井，钻柱在井下的工作条件十分复杂与恶劣，钻柱设计就显得更加重要。

钻柱设计包括钻柱尺寸选择、钻铤柱长度设计和钻杆柱强度设计三方面的内容。在设计中，一般应遵循以下原则：

(1) 满足工艺要求，确保钻井作业顺利进行；

(2) 满足强度(抗拉、抗挤等)要求，保证钻柱安全工作；

(3) 尽量减轻整个钻柱的重力，以便在现有的抗负荷能力下钻更深的井。

1. 钻柱尺寸选择

具体对一口井而言，钻柱尺寸的选择首先取决于钻头尺寸和钻机的提升能力。同时，还要考虑每个地区的特点，如地质条件、井身结构、钻具供应及防斜技术措施等。在长期的生产实践中，形成了常用的钻头尺寸与钻柱尺寸配合关系，见表 2-3-6。

表 2-3-6　钻头尺寸与钻柱尺寸配合

钻头直径/mm(in)	钻铤外径/mm(in)	钻杆外径/mm(in)	方钻杆方宽/mm(in)
>299(11¾)	203(8)	168(6⅝)	152(6)
248～299(9¾～11¾)	178～203(7～8)	140(5½)	133,152(5¼,6)
197～248(7¾～9¾)	152～178(6～7)	114,127(4½,5)	108,133(4¼,5¼)
146～216(5¾～8½)	146(5¾)	89(3½)	89,108(3½,4¼)

从表中可以看出，一种尺寸的钻头可以使用两种尺寸的钻具，具体选择就要依据实际条件。选择的基本原则是：

(1) 由于方钻杆受到的扭矩和拉力最大，在供应可能的情况下，应尽量选用大尺寸方钻杆。

(2) 在钻机提升能力允许的情况下，选择大尺寸钻杆是有利的。因为大尺寸钻杆强度大，水眼大，钻井液流动阻力小，有利于提高井底钻头水功率。入井的钻柱结构力求简单，以便于起下钻操作。国内各油田目前大都使用 127 mm(5 in)钻杆。

(3) 钻铤尺寸一般选用与钻杆接头外径相等或相近的尺寸，有时根据防斜技术措施来选用钻铤的直径。

钻铤尺寸决定着井眼的有效直径，为了保证所钻井眼能使套管或套铣筒顺利下入，钻铤柱中最下部一段（一般应不少于一立柱）的外径应不小于允许最小钻铤外径。霍奇提出了允许最小钻铤外径的计算公式：

$$\text{允许最小钻铤外径} = 2 \times \text{套管接箍外径} - \text{钻头直径} \qquad (2\text{-}3\text{-}16)$$

当钻铤柱中采用了稳定器时，可以选用外径稍小的钻铤。

在直径大于 241.3 mm 的井眼中，推荐采用塔式钻铤结构，可以起到防止井斜的作用。一般情况下，相邻两段钻铤的外径差值以不超过 25.4 mm 为宜，以避免在相邻两段钻铤的连接处（包括最上一段钻铤与钻杆的连接处）产生过大的应力集中与疲劳破坏。钻铤柱中的最大外径钻铤应保证在打捞作业中能够套铣。

2. 钻铤柱长度设计

钻铤柱长度取决于钻压与钻铤的尺寸，其设计原则是：钻铤的浮重应满足给钻头提供钻压的要求，并保证在最大钻压时钻杆不承受压缩载荷，即保持中性点始终位于钻铤上。对单一尺寸的钻铤柱，其长度设计公式为：

$$L_c = \frac{S_N W_{max}}{K_B q_c \cos \alpha} \qquad (2\text{-}3\text{-}17)$$

式中 L_c——钻铤柱长度，m；

S_N——安全系数，防止遇到意外附加力（动载荷、井壁摩擦阻力等）时中性点移到较弱的钻杆上，一般取 1.15～1.25；

W_{max}——设计的最大钻压，kN；

K_B——浮力系数；

q_c——每米钻铤在空气中的重量，kN/m；

α——井斜角，直井时，$\alpha = 0°$。

3. 钻杆柱强度设计

— 线上自学 —

2-22 钻杆柱强度设计

由钻柱的受力分析可知，在钻井过程中，作用于钻柱上的力有轴向拉力、压力、扭矩、外挤压力、内压力和弯曲应力等。其中，始终作用在钻杆柱上且数值较大的力是由钻柱重力（浮重）引起的轴向拉力，它是钻杆柱的主要作用力。而且，井越深，钻杆柱越长，钻杆柱上部受到的拉力越大。因此，钻杆柱强度设计一般以抗拉强度计算为主，对其他载荷，如扭矩、外挤压力和内压力等的作用进行相应的强度校核。

1）钻杆柱设计的强度条件

在以抗拉强度计算为主的钻杆柱强度设计中，主要考虑由钻柱重力引起的静载荷，其他一些附加载荷（如动载荷、摩擦阻力、卡瓦挤压力的影响及解卡上提力等）通过一定的设计系数考虑。

（1）考虑起下钻过程中的动载荷及摩擦阻力的影响。

起下钻柱时，钻柱不仅受到重力引起的轴向拉力的作用，还受到动载荷和摩擦阻力的作用。在钻杆柱设计中，用一个安全系数 S_t 来考虑动载荷和摩擦阻力的影响，这种设计方法称为安全系数法，其强度条件为：

$$F_m S_t \leqslant F_p \tag{2-3-18}$$

式中 F_m——钻杆柱任一截面上由浮重引起的轴向拉力,kN;

S_t——抗拉安全系数,一般取 1.3;

F_p——钻杆的最大允许拉力,kN。

钻杆的最大允许拉力取决于钻杆钢材的屈服强度、钻杆尺寸和钻柱的实际工作条件。

钻杆所受拉力不能超过其最小屈服强度下的拉伸力,称之为屈服拉力,按下式计算:

$$F_y = 0.1\sigma_y A_p \tag{2-3-19}$$

式中 F_y——钻杆的屈服拉力,kN;

σ_y——钻杆钢材的最小屈服强度,MPa;

A_p——钻杆的横截面积,cm^2。

当钻杆所受拉伸载荷达到其屈服拉伸力时,材料将发生屈服而产生轻微的永久伸长。为了避免这种情况的发生,一般取屈服拉力的 90%作为钻杆的最大允许拉力,即

$$F_p = 0.9F_y \tag{2-3-20}$$

(2) 考虑卡瓦箍紧力的影响。

在使用卡瓦起下钻时,钻杆坐挂于卡瓦中,钻杆不仅受到重力引起的轴向拉力的作用,而且受到很大的箍紧力,处于拉伸和外挤的双向应力状态。当合成应力(大于纯拉伸应力)接近或达到材料的最小屈服强度时,就会导致卡瓦挤毁钻杆。为了防止钻杆被卡瓦挤毁,要求钻杆受到的轴向拉力小于其最大允许拉力。在钻杆柱强度设计中,通常用一个设计安全系数来考虑卡瓦箍紧力的影响,这种设计方法称为设计系数法,其强度条件为:

$$F_m S_f \leqslant F_p \tag{2-3-21}$$

式中 S_f——设计安全系数。

S_f 可根据钻杆抗挤毁条件得出,由下式确定:

$$S_f \geqslant \sqrt{1+\frac{d_{po}K_s}{2L_s}+\left(\frac{d_{po}K_s}{2L_s}\right)^2} \tag{2-3-22}$$

其中: $K_s = 1/\tan(\alpha+\phi$, $\phi = \arctan f$

式中 d_{po}——钻杆外径,cm;

L_s——卡瓦长度,cm;

K_s——卡瓦侧压系数;

α——卡瓦锥角,一般为 9°27′45″;

ϕ——摩擦角,(°);

f——摩擦系数,$f \approx 0.08$。

为便于应用,将最小设计安全系数计算结果列于表 2-3-7 中,设计时可直接查表。

(3) 考虑卡钻时解卡上提力的影响。

考虑钻柱被卡时的解卡上提力,在钻杆柱设计时要求由钻柱自重(浮重)引起的轴向拉力应小于钻杆柱最大允许拉力一个合适的数值,并以该数值作为余量(称为拉力余量,记为 *MOP*)以确保钻柱不被拉断,这种设计方法称为拉力余量法,其强度条件为:

$$F_m + MOP \leqslant F_p \tag{2-3-23}$$

式中 *MOP*——拉力余量,一般取 200~500 kN。

表 2-3-7　防止卡瓦挤毁设计安全系数

卡瓦长度/mm	摩擦系数 f	侧压系数 K_s	钻杆尺寸/mm						
			60.3	73.0	88.9	104.6	108.0	127.0	139.7
			设计安全系数 S_f						
304.8	0.06	4.35	1.27	1.34	1.43	1.50	1.58	1.66	1.73
	0.08	4.00	1.25	1.31	1.39	1.45	1.52	1.59	1.66
	0.10	3.68	1.22	1.28	1.35	1.41	1.47	1.54	1.60
	0.12	3.42	1.21	1.26	1.32	1.38	1.43	1.49	1.55
	0.14	3.18	1.19	1.24	1.30	1.34	1.40	1.45	1.50
406.4	0.06	4.36	1.20	1.24	1.30	1.36	1.41	1.47	1.52
	0.08	4.00	1.18	1.22	1.28	1.32	1.37	1.42	1.47
	0.10	3.68	1.16	1.20	1.25	1.29	1.34	1.38	1.43
	0.12	3.42	1.15	1.18	1.23	1.27	1.31	1.35	1.39
	0.14	3.18	1.14	1.17	1.21	1.25	1.28	1.32	1.365

注：摩擦系数 $f=0.08$ 用于正常润滑情况。

综合式(2-3-18)、式(2-3-20)、式(2-3-21)和式(2-3-23)，可得钻杆柱强度条件通式为：

$$F_m = F_a \tag{2-3-24}$$

式中　F_a——钻杆的最大允许静拉力，kN。

对安全系数法：

$$F_a = 0.9F_y/S_t \tag{2-3-25}$$

对设计系数法：

$$F_a = 0.9F_y/S_f \tag{2-3-26}$$

对拉力余量法：

$$F_a = 0.9F_y - MOP \tag{2-3-27}$$

一般地，在进行钻杆柱设计时，分别用式(2-3-25)、式(2-3-26)及式(2-3-27)计算选定钻杆的 F_a，从三者中取最小者作为该种钻杆的最大允许静拉力，然后代入式(2-3-24)计算钻杆柱的许用长度。

2）钻杆柱设计方法

（1）单一钻杆柱的设计。

单一钻杆柱是指由同一种尺寸、壁厚和钢级的钻杆组成的钻杆柱。其设计步骤如下：

第一步，选择一种钻杆。

第二步，计算钻杆的最大允许静拉力。

第三步，根据强度条件计算钻杆柱的许用长度：

$$L_p = \frac{F_a/K_B - q_c L_c}{q_p} \tag{2-3-28}$$

式中　L_p——钻杆柱的许用长度，m；

q_p——单位长度钻杆在空气中的重量，kN/m；

L_c——钻铤柱长度，m。

第四步，分析钻杆柱许用长度是否满足设计井深的要求。如果不能满足设计井深要求，那么选择更高强度的钻杆重新进行设计，直到满足要求为止。

(2) 复合钻杆柱的设计。

在深井和超深井钻井中，经常采用复合钻杆柱，即采用不同尺寸(上大下小)，或不同壁厚(上厚下薄)，或不同钢级(上高下低)的钻杆组成的钻杆柱。这种复合钻杆柱和单一钻杆柱相比具有很多优点，它既能满足强度要求，又能减轻钻柱的重力，允许在一定的钻机负荷能力下钻达更大的井深。

设计复合钻杆柱时，应自钻铤上面第一段钻杆开始，自下而上逐段计算各段钻杆的许用长度，确定其实际使用长度。钻铤上面的第一段钻杆的强度较低，往上则强度逐级增大。

3) 钻杆柱强度校核

(1) 抗挤强度。

当钻杆所受外挤压力大于其最小抗挤压力时，钻杆管体就会被挤扁。为了避免钻杆管体被挤扁，钻杆柱受最大外挤压力处的外挤压力应小于该处钻杆的最小抗挤压力。为安全起见，一般要求钻杆的最小抗挤压力与所受最大外挤压力之比不小于一定的安全系数，即

$$\frac{p_{pc}}{p_{c\max}} \geqslant S_c \qquad (2\text{-}3\text{-}29)$$

式中 p_{pc}——钻杆的最小抗挤压力，MPa；

S_c——抗挤安全系数，一般取 1.125。

钻杆柱最大外挤压力按管内钻井液全掏空的情况计算[式(2-3-14)]，最危险的截面是钻杆柱最底部位置。

(2) 抗内压强度。

钻杆柱偶尔也会受到较大的净内压力。当钻杆柱所受内压力大于按最小屈服强度计算的抗内压力(最小抗内压力)时，钻杆管体就会被胀裂。为防止钻杆管体被胀裂，要求钻杆的最小抗内压力与所受最大内压力之比不小于一定的安全系数，即

$$\frac{p_{pi}}{p_{i\max}} \geqslant S_i \qquad (2\text{-}3\text{-}30)$$

式中 p_{pi}——钻杆的最小抗内压力，MPa；

$p_{i\max}$——钻杆柱所受最大内压力，MPa；

S_i——抗内压安全系数，一般取 1.1。

钻杆柱所受最大内压力可按式(2-3-15)计算，最危险的截面在井口处。

(3) 抗扭强度。

扭矩是井下钻杆柱受到的主要载荷之一。尤其是在定向井、水平井、深井钻井和扩眼、处理卡钻事故等作业中，钻杆柱可能受到很大的扭矩。当钻杆柱所受扭矩超过其最小抗扭强度时，钻杆就会被扭断。为确保钻杆柱在井下安全工作，钻杆柱所受最大扭矩应满足以下强度条件：

$$\frac{M_p}{M_{\max}} \geqslant S_m \qquad (2\text{-}3\text{-}31)$$

式中 M_p——钻杆柱的抗扭强度，取管体和接头抗扭强度的较小值，kN·m；

M_{max}——钻杆柱所受最大扭矩，kN·m；

S_m——抗扭安全系数。

钻杆柱在正常钻进过程中所受的扭矩可按式(2-3-8)计算，最大扭矩发生在钻柱顶部，即转盘补心处或顶驱方钻杆保护接头下部。

4. 典型钻柱的设计举例

1）设计参数

井深5 000 m，井径215.9 mm(8½ in)，钻井液密度1.2 g/cm³，最大钻压180 kN，最大允许井斜角3°，拉力余量200 kN，卡瓦长度406.4 mm，抗拉安全系数1.30，设计安全系数1.42。

2）钻铤柱设计

选用外径158.75 mm(6¼ in)、内径57.15 mm(2¼ in)钻铤，线重$q_c=1.35$ kN/m，安全系数$S_N=1.18$，浮力系数$K_B=0.846$。

计算钻铤长度：

$$L_c=\frac{S_N W_{max}}{K_B q_c \cos\alpha}=\frac{1.18\times 180\ \text{kN}}{0.846\times 1.35\ \text{kN/m}\times\cos 3^\circ}=186.228\ \text{m}$$

按每根钻铤长9.2 m计，需用21根钻铤，总长193.2 m。

3）钻杆柱设计

(1) 选择第一段钻杆(接钻铤)。

选用外径127 mm、线重284.78 N/m的E级新钻杆，最小抗拉力$F_y=1\ 760$ kN。

计算最大允许静拉力：

$$F_{a1}=0.9\times F_y/S_t=0.9\times 1\ 760\ \text{kN}/1.30=1\ 218.46\ \text{kN}$$

$$F_{a1}=0.9\times F_y/S_f=0.9\times 1\ 760\ \text{kN}/1.42=1\ 115.49\ \text{kN}$$

$$F_{a1}=0.9\times F_y-MOP=0.9\times 1\ 760\ \text{kN}-200\ \text{kN}=1\ 384\ \text{kN}$$

由此可以看出，考虑卡瓦箍紧力情况下的最大允许静拉力最小，则第一段钻杆的许用长度为：

$$L_{p1}=\frac{F_{a1}/K_B-q_c L_c}{q_{p1}}=\frac{1\ 115.49\ \text{kN}/0.846-1.35\ \text{kN/m}\times 193.2\ \text{m}}{\frac{284.78}{1\ 000}\ \text{kN/m}}=3\ 714.187\ \text{m}$$

按每根钻杆长9.1 m计，需要408根E级钻杆，实际长度3 712.8 m。显然，需要增加一段较高强度的钻杆，方能达到设计井深。

(2) 选择第二段钻杆。

选用外径127 mm、线重284.78 N/m的X-95级新钻杆，最小抗拉力为$F_y=2\ 229.71$ kN。

许用长度计算如下：

$$F_{a2}=0.9\times 2\ 229.71\ \text{kN}/1.30=1\ 543.645\ \text{kN}$$

$$F_{a2}=0.9\times 2\ 229.71\ \text{kN}/1.42=1\ 413.196\ \text{kN}$$

$$F_{a2}=0.9\times 2\ 229.71\ \text{kN}-200\ \text{kN}=1\ 806.739\ \text{kN}$$

$$L_{p2}=\frac{F_{a2}/K_B-q_{p1}L_{p1}-q_c L_c}{q_{p2}}$$

$$=\frac{1\ 413.196\ \text{kN}/0.846-\frac{284.78}{1\ 000}\ \text{kN/m}\times 3\ 712.8\ \text{m}-1.35\ \text{kN/m}\times 193.2\ \text{m}}{\frac{284.78}{1\ 000}\ \text{kN/m}}$$

$=1\ 237.072\ \text{m}$

按每根钻杆长 9.1 m 计，需要 136 根 X-95 钻杆，合计长度 1 237.6 m。

钻柱总长度为：

$$L=193.2\ \text{m}+3\ 712.8\ \text{m}+1\ 237.6\ \text{m}=5\ 143.6\ \text{m}$$

上述钻具的累计长度超过设计井深（5 000 m），因此 X-95 级钻杆实际使用长度为 5 000 m－193.2 m－3 712.8 m＝1 094 m。

最后设计的钻柱组合见表 2-3-8。

表 2-3-8　钻柱组合设计结果

规　范	长度/m	空重/kN	浮重/kN
钻铤：外径 158.75 mm，内径 57.15 mm，线重 1.35 kN/m	193.2	260.82	220.65
第一段钻杆：外径 127 mm，线重 284.78 N/m，E 级	3 712.8	1 057.33	894.50
第二段钻杆：外径 127 mm，线重 284.78 N/m，X-95 级	1 094	311.55	263.57
合　计	5 000	1 629.70	1 378.72

习题与拓展

1. 旋转钻井工艺对钻机的功能有哪些要求？
2. 钻机的组成及各系统的主要部件有哪些？
3. 根据不同的分类标准，钻机有哪些类型？
4. 何为钻机的基本参数、主参数？国产钻机系列有哪些钻机？
5. 简述常用井架的分类及各类井架的优缺点。
6. 钻机的动力驱动系统有哪些类型？
7. 简述绞车、钻井泵、转盘和顶驱的功用。
8. 评价钻头性能的指标有哪几项？
9. 铣齿牙轮钻头和镶齿牙轮钻头有哪些不同？
10. 牙轮钻头有哪几副轴承？按结构不同可分为几类？滑动轴承有什么特点？
11. 牙轮钻头的储油润滑密封系统包括几部分？其作用是什么？
12. 牙轮的超顶、移轴和复锥各产生哪个方向的滑动？
13. 国产三牙轮钻头有哪几个系列？试解释 $8\frac{1}{2}$HP5 的含义。
14. 金刚石钻头有哪些突出优点？
15. 金刚石钻头常用的水力结构有哪几种？各有何优点？
16. 天然金刚石钻头是怎样破碎岩石的？适于钻什么样的地层？
17. PDC 的含义是什么？有哪些特点？
18. PDC 钻头切削齿的后倾角和侧倾角是怎样定义的？各起什么作用？
19. PDC 钻头是怎样破碎岩石的？其适于钻什么样的地层？
20. 钻柱主要由哪几部分组成？其主要功用有哪些？

21. 钻杆的 API 钢级有哪几种？

22. 为什么钻柱下部使用钻铤而不使用钻杆？

23. 内平、贯眼和正规三种接头的主要区别是什么？

24. 钻柱在井下的运动形式可能有哪几种？

25. 井下钻柱受到哪些力的作用？最主要的作用力是什么？

26. 何谓钻柱的中性点？为什么要保证中性点落在钻铤上？

27. 钻柱的哪些部位受力最严重？都受到什么载荷的作用？

28. 钻柱设计应满足哪些要求？

29. 在条件允许的情况下，为什么要尽可能选用大尺寸钻柱？

30. 什么叫复合钻柱？使用复合钻柱有何优点？

31. 钻杆柱设计主要考虑哪种力的作用？强度条件是什么？

32. 某井用 $9\frac{1}{2}$ in 钻头，7 in 钻铤（q_c=1 632 N/m）和 5 in 钻杆（q_p=284.78 N/m），设计钻压为 180 kN，钻井液密度为 1.28 g/cm^3，安全系数取 1.30，许可井斜角 3°，试计算所需钻铤长度。

33. 已知井深 D=1 500 m，钻压 W=14 t，钻井液密度为 1.38 g/cm^3，钻具结构为 $8\frac{1}{2}$ in 钻头+$6\frac{1}{2}$ in 钻铤 200 m（q_c=136.24 kg/m）+5 in 钻杆 1 300 m（q_p=29.04 kg/m）。试求中性点所在井深。

34. 试计算由 $4\frac{1}{2}$ in 内外加厚、壁厚为 10.92 mm 的 E 级钻杆和 $5\frac{1}{2}$ in 内外加厚、壁厚为 10.54 mm 的 E 级钻杆组成的复合钻柱在密度为 1.2 g/cm^3 的钻井液中的可下深度。若将$5\frac{1}{2}$ in 钻杆换成 $4\frac{1}{2}$ in 内外加厚、壁厚为 10.92 mm 的 X-95 级钻杆，可下深度将为多少？

35. 某井用 $12\frac{1}{4}$ in 钻头钻至 3 500 m，试根据以下条件进行钻柱设计：

钻井液密度 ρ_d=1.25 g/cm^3；钻压 W=200 kN；拉力余量 MOP=450 kN；抗拉安全系数 S_t=1.3；卡瓦长度 L_s=406.4 mm，正常润滑；井斜角 α=6°。

库存钻具：9 in 钻铤（q_c=2 860 N/m）27 m，7 in 钻铤（q_c=1 632 N/m）81 m，$6\frac{1}{2}$ in 钻铤（q_c=1 362.4 N/m）供应充足。

库存钻杆：E 级 5 in 钻杆（q_p=284.78 N/m）900 m，X-95 级；

G-105 级 5 in 钻杆（q_p=284.78 N/m）供应充足。

— 拓展阅读 —

2-23

— 线上自学 —

3-1 钻井液的组成、分类和性能

第三章　钻井液

钻井液(drilling fluids)是指钻井过程中使用的循环工作流体的总称,俗称钻井泥浆或泥浆(muds)。钻井液可以是液体或气体,因此确切地应称为钻井流体。钻井液在钻井过程中起着重要作用,没有钻井液,现代钻井就无法进行,钻井液常被比喻为钻井工程的“血液”。钻井液与钻井速度和钻井成本密切相关,钻井液的性能是关系到钻井成败的重要因素之一。

第一节　钻井液的组成与分类

一、钻井液的主要功用

钻井中钻井液的循环工作过程如图 3-1-1 所示。从图中可以看出,钻井液在钻井泵作用下经过地面管线、立柱、水龙带进入钻杆,然后通过钻头水眼喷向井底,再携带着钻头钻下来的岩屑,从钻杆与地层(或套管)之间的环形空间上返至地面,在地面经振动筛等固控设备将岩屑除去,最后返回钻井液池,进行循环使用。

钻井液的主要功用如下:

1. 清除井底岩屑

钻头破碎的岩石碎屑称为钻屑或岩屑。随着钻井过程的不断进行,必须将井底的岩屑及时清除,防止钻头重复切削,以利于提高钻速和减少钻井事故。虽然重力作用倾向于使钻屑向井底滑落,但如果钻井液在环形空间向上的流速大于滑落速度,那么岩屑就可被携带出井眼。清除钻屑的效率与钻井液的密度、黏度和切力、流型等因素有关。

2. 冷却和润滑钻头及钻柱

钻进过程中,钻头摩擦部分以及钻柱与地层接触处会产生很多热量,这些热量很难由地层传递出去,但热量从摩擦部位传递到钻井液中后,随着钻井液循环该热量就会被带到地面大气中。

钻井液中加有各种类型的添加剂,尤其是润滑剂类,使钻井液具有较好的润滑性能,这样有利于减少钻柱扭矩和阻卡,延长钻头寿命,降低泵压,提高机械钻速。

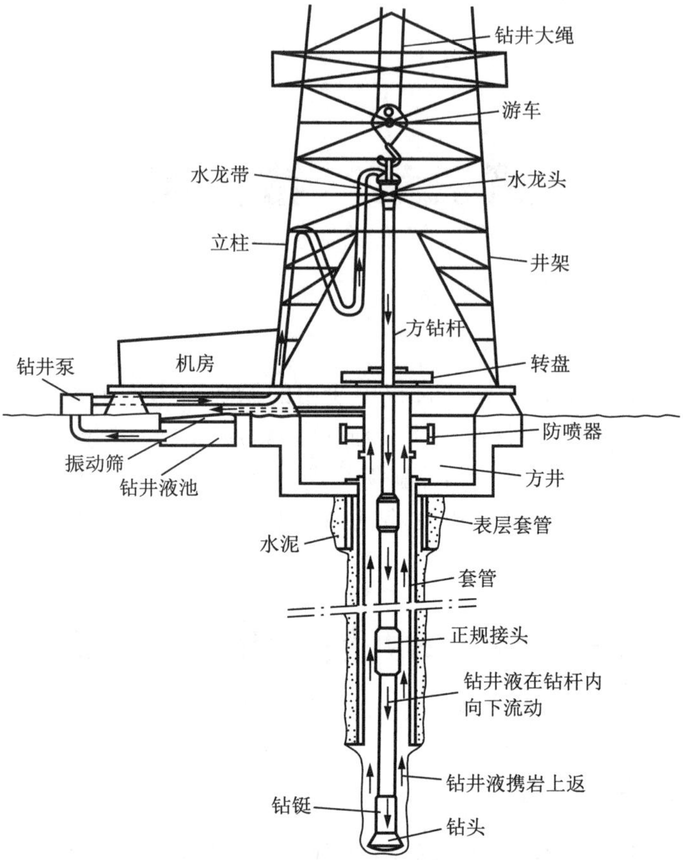

— 动 画 —

3-2 循环系统

图 3-1-1 钻井液的循环工作过程示意图

3. 改善造壁性能，促进井壁稳定

性能良好的钻井液在井壁上可形成一层渗透性比地层低得多的滤饼，一方面可巩固井壁，预防井壁坍塌，另一方面可阻缓滤液进入地层。在钻井液中加入膨润土并进行化学处理，改善膨润土的颗粒度分布，增加钻井液中胶体颗粒的含量，并配合使用封堵防塌剂，可使钻井液的造壁性能得到改善。

4. 控制地层压力

地层压力的合理控制主要取决于钻井液的密度。正常情况下，地层压力为地层水柱产生的压力。一般情况下，钻进过程中混入的岩屑加上水的重量足以平衡地层压力。然而有时存在地层压力异常，若不注意则会引起井漏或井涌、井喷。因此，需要根据监测的地层压力来调整钻井液密度，即根据下式求得平衡地层压力的钻井液密度：

$$\rho_d = \frac{p_p}{0.009\ 81D} \tag{3-1-1}$$

式中 ρ_d——钻井液密度，g/cm^3；

p_p——地层压力，MPa；

D——井深，m。

一般情况下，钻井液液柱压力稍大于地层压力，所以实际使用的钻井液密度为由式

(3-1-1)求得后再加一附加值 $\Delta\rho$。对于气层，附加值为 0.07～0.15 g/cm^3；对于油层，附加值为 0.05～0.10 g/cm^3。

5. 悬浮岩屑和加重材料，防止下沉

性能良好的钻井液在循环停止后都具有切力，即具有悬浮岩屑和加重材料的能力，否则这些固相颗粒沉于井底，会造成反复研磨和沉砂卡钻等事故。循环恢复后，钻井液又呈流体状态，可把岩屑等粗颗粒带到地面。

6. 获得地层信息

根据钻井液携带出的岩屑分析和钻井液中的油气显示，可以判断所钻地层是否含油气资源。从钻井液性能变化和滤液分析可以判断是否钻遇盐岩层、盐膏层和盐水层等复杂地层。

7. 传递水力功率

钻井液可将钻井泵的功率传递至钻头，经钻头水眼形成高压射流，进而发挥水力辅助破岩作用，有助于提高钻井速度。另外，当使用涡轮钻具钻进时，钻井液高速流经涡轮叶片，进而驱动涡轮旋转，带动钻头破碎岩石。

随着钻井技术的不断发展，对钻井(完井)液的性能提出了更高、更全面的要求。可能钻遇油气储层的钻井(完井)液还应具备优良的油气层保护性能；复杂地层超深井钻井液应具有良好的抗高温、抗盐膏污染、抗二氧化碳或硫化氢污染以及防腐等性能。此外，随着人们环保意识的加强，对钻井液环保性能的要求也越来越高。在保证满足性能要求的基本前提下，应尽可能降低钻井液成本，但更应该注重促进钻探综合效益的提高。

二、钻井液的基本组成

广义上讲，钻井液的基本组成包括分散介质、分散相和钻井液处理剂。钻井液中的分散介质可以是水、油或气体。钻井液中的分散相可以是悬浮体颗粒、乳状液和(或)泡沫，其中常见悬浮体颗粒部分主要是配浆黏土、加重剂和(或)堵漏材料、岩屑等，而其乳状液部分一般为油或水，其泡沫部分常为空气(气体)。

钻井液处理剂是为调节钻井液性能而添加的化学剂。若按元素组成分类，钻井液处理剂可分为无机钻井液处理剂(包括无机的酸、碱、盐和氧化物等)和有机钻井液处理剂(如表面活性剂和高分子等)；若按用途分类，钻井液处理剂可分为 15 类，即钻井液 pH 值控制剂、钻井液降黏剂、钻井液增黏剂、钻井液降滤失剂、钻井液絮凝剂、页岩抑制剂(又称防塌剂)、钻井液除钙剂、钻井液缓蚀剂、钻井液润滑剂、解卡剂、温度稳定剂、钻井液起泡剂、钻井液乳化剂、密度调整材料、堵漏材料。在钻井液处理剂按用途分类中最后两类之所以称为材料是因为它们的用量较大，一般超过 0.05 g/mL(即 100 mL 试液中所含处理剂超过 5 g)。

三、钻井液的分类

随着钻井液技术的不断发展，钻井液的种类越来越多，不同钻井液体系的主要组成及性能特点存在明显区别。根据钻井工程对钻井液性能的实际需要，并兼顾成本和环保需求，可优选不同钻井液体系类型。

目前，国内外对钻井液的分类有不同的方法，但最常用的方法是基于钻井液的分散介质及体系主要组成进行分类，即总体上可分为水基钻井液、油基钻井液和气体钻井流体。

水基钻井液在实际应用中一般占多数，按其对泥页岩的抑制性强弱又可分为抑制性钻井液和非抑制性（细分散）钻井液。抑制性钻井液又可按典型处理剂细分为钙处理钻井液、钾盐钻井液、盐水钻井液、硅酸盐钻井液、聚合物钻井液、正电胶钻井液等，其中聚合物钻井液又可具体分为阴离子型、两性离子型、阳离子型和非离子型。

图 3-1-2 给出了钻井液体系按上述基本原则的详细分类。

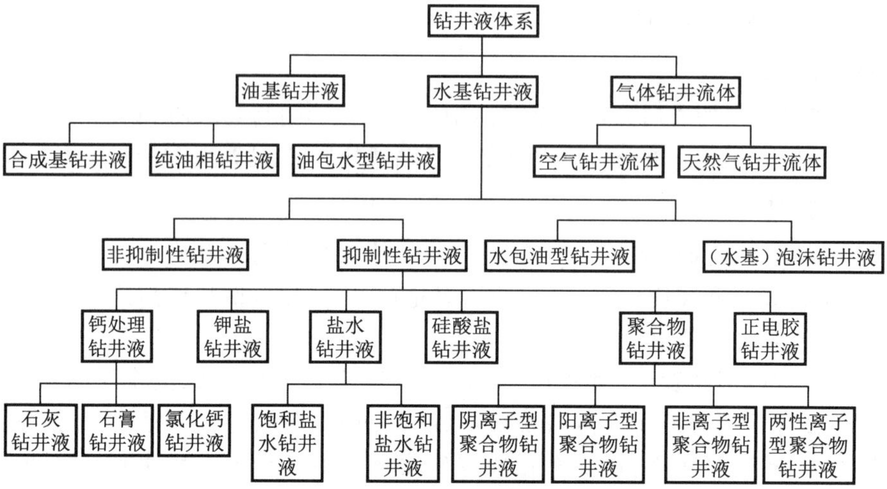

图 3-1-2　钻井液体系分类框图

另外，有时也按照以下简单方法进行分类：按密度大小可分为非加重钻井液和加重钻井液；按固相含量不同可分为高固相钻井液、低固相钻井液和无固相钻井液；按黏土颗粒的分散程度可分为细分散钻井液、粗分散钻井液和不分散钻井液。有时还常根据特殊钻井需要进行分类或命名，例如超高温钻井液、大位移水平井钻井液等。广义上讲，与储层接触的各种外来工作流体统称为工作液，那么用于钻开油气层的钻井液可称为钻井完井液。

1. 水基钻井液

这是以水作分散介质的钻井液，一般主要由水、膨润土和处理剂配成。它又可进一步分为非抑制性钻井液和抑制性钻井液以及水包油型钻井液和（水基）泡沫钻井液。

1）非抑制性钻井液

非抑制性钻井液又称细分散性钻井液，是最早使用的、成本较低的一类钻井液体系。它是用淡水、膨润土和各种对黏土和岩屑起分散作用的处理剂（简称分散剂）配成的水基钻井液。其中使用的分散剂种类较多，包含起降黏作用的分散剂（降黏剂类）以及起降滤失作用的分散剂（如羧甲基纤维素、聚阴离子纤维素、改性褐煤类等）。它的基本特点是通过黏土在水中高度分散来满足钻井液所需的流变性和滤失性等要求。

这种钻井液具有密度较高（超过 2 g/cm^3）、滤饼致密而坚韧、滤失量低、较抗高温等优点。但是，其抑制性、保护油气层以及抗钙侵和盐侵的能力较差。另外，由于这种钻井液中黏土亚微米粒子（直径小于 1 μm 的粒子）的含量高（可超过固相质量的 70%），因此对钻井速度有不利的影响。

为了保证这种钻井液的性能良好，要求钻井液中膨润土含量控制在 10%以内，并且随密度增加和温度升高应相应减少；同时要求钻井液中的盐含量小于 1%；pH 必须超过 10，以使降黏剂的作用得以发挥。

为了提高细分散性钻井液的抗温能力和抗盐污染能力，我国研制了以磺化栲胶、磺化褐煤、磺化酚醛树脂为主处理剂的三磺钻井液体系，耐温可达 200 ℃以上，是我国典型的深井细分散钻井液体系。

这种钻井液适用于打深井（深度超过 4 500 m 的井）和高温井（温度在 200 ℃以上的井），但不适用于打开油层、盐岩层、石膏层和大段泥页岩地层。国内超深井的井底温度最高已达 240 ℃以上（泌深 1 井）。

2）抑制性钻井液

这是以页岩抑制剂为主要处理剂配成的水基钻井液。由于页岩抑制剂可使黏土颗粒保持在较粗分散的状态，因此这种钻井液又称为粗分散钻井液。它是为了克服非抑制性钻井液的缺点（黏土亚微米粒子含量高和耐盐能力差）而发展起来的。

这种钻井液按页岩抑制剂的不同可再分类如下：

（1）钙处理钻井液。

这是以钙处理剂为主要处理剂配成的水基钻井液。可用的钙处理剂包括石灰、石膏和氯化钙等，它们可提供的钙离子浓度依次增加，对应分别称为石灰处理钻井液（简称石灰钻井液）、石膏处理钻井液（简称石膏钻井液）和氯化钙处理钻井液（简称氯化钙钻井液）。钙处理钻井液需加入分散剂来制约钙离子较强的絮凝作用，使钻井液中的黏土颗粒处于适度絮凝的粗分散状态，以维持钻井液良好的稳定性能。其中，分散剂包括起降黏作用的分散剂（降黏剂类）以及起降滤失作用的分散剂（如 CMC、改性褐煤类等）。

钙处理钻井液具有抗钙侵、稳定页岩和控制钻井液中的黏土处于适度粗分散状态等特点。钙处理钻井液特别适用于石膏层的钻井施工。

（2）钾盐钻井液。

这是以聚合物钾盐或聚合物铵盐与氯化钾为主要处理剂配成的水基钻井液。

钾盐钻井液具有抑制泥页岩水化膨胀、分散，控制地层造浆，防止地层坍塌和减少钻井液中黏土亚微米粒子含量的特点，也有利于保护油气层。

为了保证这种钻井液的性能良好，要求钻井液的 pH 控制在 8～9 的范围内，钻井液滤液中的 K^+ 质量浓度大于 18 g/L。钾盐钻井液主要用于易塌泥页岩层的钻井。

（3）盐水钻井液。

这是以盐（氯化钠）为主要处理剂配成的水基钻井液。盐含量从 10 g/L（Cl^- 质量浓度约为 6 g/L）直到饱和（Cl^- 质量浓度约为 18 g/L）。在盐水钻井液中，盐含量达到饱和的钻井液称为饱和盐水钻井液。

盐水钻井液具有耐盐，耐钙、镁离子，对泥页岩层防塌能力强，滤液对油气层损害小等特点。

为了保证这种钻井液的性能良好，配制钻井液时最好使用耐盐黏土（如海泡石）和耐盐、耐钙镁离子的处理剂。为了防止盐水对钻具的腐蚀，应加入缓蚀剂。饱和盐水钻井液中还应加入盐结晶抑制剂，防止盐结晶的析出。

盐水钻井液适用于海上钻井或近海滩及其他缺乏淡水地区的钻井。饱和盐水钻井液主要用于盐岩层、易塌泥页岩层或盐膏泥混层的钻井。

（4）硅酸盐钻井液。

这是以硅酸盐为主要处理剂配成的水基钻井液。由于硅酸盐中的硅酸根可与井壁表面和地层水中的钙、镁离子反应，产生硅酸钙、硅酸镁沉淀，并沉积在井壁表面形成保护层，因此硅酸盐钻井液具有抗钙侵和控制页岩水化膨胀、分散的能力。使用硅酸盐钻井液时要求pH在11～12范围内，因pH<11时，硅酸根可转变为硅酸而使处理剂失效。这类钻井液存在流变性和滤失量相对较难控制、泥饼虚厚等不足。硅酸盐钻井液特别适用于石膏层和膏泥混层的钻井。

（5）聚合物钻井液。

这是以聚合物为主要处理剂配成的水基钻井液。聚合物的选择性絮凝作用使钻井液中的黏土颗粒保持在较粗的状态，同时聚合物的吸附作用使岩屑表面受到吸附层的保护（包被作用）而不分散成更细的颗粒，因此用聚合物钻井液钻井可以有更高的钻井速度。聚合物钻井液属于不分散低固相钻井液。

根据所使用的聚合物，聚合物钻井液又可分为以下四类：

① 阴离子型聚合物钻井液。这是以阴离子型聚合物为主要处理剂配成的水基钻井液。这种钻井液具有携岩能力强、黏土亚微米粒子含量少、水眼黏度（指钻头水眼处高剪速下的黏度）低、井壁防塌作用和保护油气层作用较好等优点，其与钾盐等复配使用时防塌性能更好。

为了保证这种钻井液的性能良好，要求钻井液的固相含量不超过10%（最好小于4%）；固相中的岩屑与膨润土的质量比控制在2∶1～3∶1的范围内；钻井液的动切力与塑性黏度之比控制在0.48 Pa/(mPa·s)附近。通常这种钻井液适用于井深小于3 500 m、井温低于150 ℃地层的钻井。

② 阳离子型聚合物钻井液。这是以阳离子型聚合物为主要处理剂配成的水基钻井液。由于阳离子型聚合物具有中和页岩表面负电性以及包被作用，所以它具有很强的稳定页岩的能力。此外，还可以加入阳离子型表面活性剂，它可扩散至阳离子型聚合物不能扩散进去的黏土晶层间而起到稳定页岩的作用。阳离子型聚合物钻井液特别适用于易塌泥页岩层的钻井。

③ 两性离子聚合物钻井液。这是以两性离子聚合物为主要处理剂配成的水基钻井液。由于两性离子聚合物中的阳离子基团可起阳离子型聚合物稳定页岩的作用，而阴离子基团则可通过其水化作用提高钻井液的稳定性，加上这种聚合物与其他处理剂的配伍性好，因此两性离子聚合物钻井液成为一种性能优异的钻井液。

④ 非离子型聚合物钻井液。这是一种以醚型聚合物为主要处理剂的水基钻井液。另外，国外新开发出一种胺基优质（high-performance）水基钻井液，它不仅具有很强的抑制防塌能力，而且其润滑、防泥包、防卡性能突出，还有助于钻速的提高。

非离子型聚合物钻井液具有无毒、无污染、润滑性能好、防止钻头泥包和卡钻的能力强、对井壁有稳定作用、对油气层有保护作用等特点，特别适用于海上钻井和易塌泥页岩层的钻井。

（6）正电胶钻井液（MMH钻井液）。

这是以正电胶为主要处理剂配成的水基钻井液。正电胶是一种带正电的混合金属层状氢氧化物晶体颗粒，可与膨润土形成剪切稀释性极强的凝胶结构。这种钻井液具有携岩能力强、稳定井壁性能好、对油气层有保护作用等优点，适用于水平井钻井和打开油气层。

3）水包油型钻井液

在水基钻井液中加入油和水包油型乳化剂，可配成水包油型钻井液。配制水包油型钻井液的油可用矿物油或合成油。配制水包油型钻井液必须加入水溶性表面活性剂类乳化剂。水包油型钻井液具有润滑性能好、滤失量低、对油气层有保护作用等特点，适用于易黏附卡钻或易产生钻头泥包地层的钻井。

4）泡沫钻井液

若在水基钻井液中加入起泡剂或/和稳泡剂并混入气体，就可配成泡沫钻井液。由于它以水作为分散介质，所以属于水基钻井液。配制泡沫钻井液的气体可用空气、氮气和二氧化碳气体。其中，均匀稳定的微泡沫钻井液可循环使用。

泡沫钻井液具有摩阻低、携岩能力强、对低压油气层有保护作用等特点，主要用于低压易漏地层的钻井。

2. 油基钻井液

这是以油（或合成有机化合物）作为分散介质的钻井液，主要由油（或合成有机化合物）、有机土和处理剂组成。油基钻井液中还包含水，并可按水的含量将油基钻井液再分类。

1）纯油相钻井液

一般水含量小于10%的油基钻井液称为纯油相钻井液。配制纯油相钻井液的油可用矿物油（如原油、白油、柴油等）或合成有机化合物。配制纯油相钻井液的有机土是用季铵盐型表面活性剂处理膨润土而制得的。配制纯油相钻井液主要使用的处理剂包括降滤失剂（如氧化沥青）和乳化剂（如硬脂酸钙）。

纯油相钻井液具有耐温、防塌、防卡、防腐蚀、润滑性能好、抗污染以及保护油气层等优点，但缺点是配制成本高、污染环境和使用时不够安全等。纯油相钻井液适用于泥页岩层、盐岩层和石膏层的钻井，特别适用于高温地层钻井和打开油气层。

2）油包水型钻井液

若在油基钻井液中加入水（水含量大于10%）和油包水型乳化剂，就可配成油包水型钻井液。配制油包水型钻井液的乳化剂主要是油溶性表面活性剂。油包水型钻井液具有纯油相钻井液的特点，但它的成本低于纯油相钻井液。

油包水型钻井液具有与纯油相钻井液类同的使用范围。

3）合成基钻井液

以合成有机化合物（简称合成油）作为连续相的钻井液称为合成基钻井液，是传统油基钻井液的替代产品。所使用的合成有机化合物主要有直链烷烃、直链烯烃、聚 α-烯烃、脂类和醚类等，环保性能较好。这类钻井液既保持了油基钻井液的各种优良性能，同时又能大大减轻环境污染，或避免干扰岩屑荧光录井，尤其适合于海上等高风险区域钻井施工，可获得较好的钻探综合效益。

3. 气体钻井流体

以气体（如空气、氮气、二氧化碳、天然气等）作为分散介质的钻井流体称为气体钻井流体。为保证岩屑的携带，气体钻井流体的环空上返速度要求大于15 m/s。

气体钻井流体的密度低、钻速快，能较好地保护油气层，也可有效防漏，但空气钻井存在干摩擦和易着火或爆炸等缺点，地层出水后也易造成卡钻、井塌等恶性事故。在确保井壁稳定的前提下，气体钻井流体适用于低压油气层、易漏失层及某些稠油地层的钻井。

第二节　钻井液的基本性能

一、钻井液的密度

钻井液的密度是指单位体积钻井液的质量，单位用 kg/m^3 或 g/cm^3 表示。钻井液密度是钻井液的重要性能参数，合适的钻井液密度可平衡地层油、气、水的压力，防止油、气、水侵入井内而造成井涌或井喷。同时钻井液液柱压力可平衡岩石侧压力，保持井壁稳定，防止井壁坍塌。钻井液密度不能过高，否则容易压漏地层；同时钻井液密度对钻速有很大的影响。为了提高钻速，在地层情况允许的条件下，应尽可能使用低密度钻井液。

当有井漏征兆时，应降低钻井液密度，可采取机械除砂、加清水、充气、混油以及加入絮凝剂促使钻井液中的固相颗粒下沉等措施。如果为了防止井喷而需要增加钻井液密度，那么，可根据需要加入不同密度的加重材料，如常用的碳酸钙（$CaCO_3$，密度大于或等于 2.7 g/cm^3）、重晶石（$BaSO_4$，密度大于或等于 4.2 g/cm^3）、钛铁矿粉（$TiO_2 \cdot FeO$，密度大于或等于 4.7 g/cm^3）等。

二、钻井液的流变性能及调整

实际流体分为牛顿流体和非牛顿流体，非牛顿流体又分为塑性流体、假塑性流体和膨胀型流体三种类型。它们的流变曲线如图 3-2-1 所示。

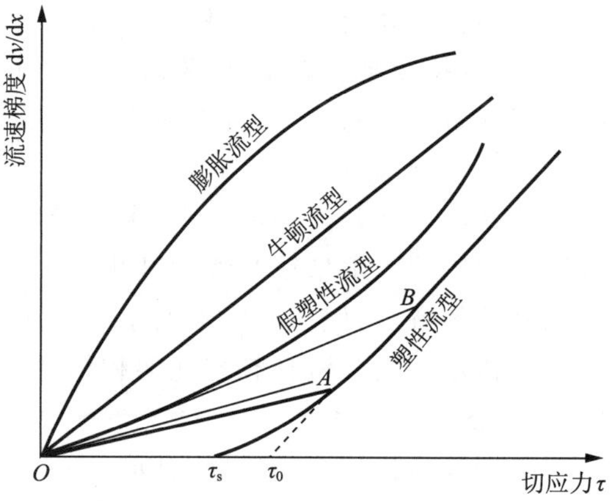

τ_s—静切应力；τ_0—动切应力。

图 3-2-1　流体四种基本流型

大多数钻井液属于塑性流型，某些钻井液属于假塑性流型，用淀粉类处理剂配制的钻井液有时呈膨胀流型。下面重点讨论与钻井液关系密切的塑性液体的流动特性。

1. 塑性流型

1）塑性流型的特点

塑性流型的特点为：

（1）所加切应力达到某一最低值 τ_s 之后钻井液才开始流动，这个最低切应力 τ_s 称为静切应力，现场简称静切力，又称凝胶强度。当切应力超过 τ_s 时，塑性流体并非全部变形，而是靠近管壁处先变形，中间未变形或逐层开始变形，这种流动状态像个塞子，因此称为塞流。

（2）当切应力继续增大，流变曲线出现直线段，反向延长该直线不经过原点，而与切应力轴交于 τ_0，τ_0 称为动切应力或屈服值。

2）塑性流型的流变方程

引入屈服值后，塑性流体的流变曲线可用如下方程描述：

$$\tau - \tau_0 = \mu_{pv} \frac{dv}{dx} \tag{3-2-1}$$

式中 μ_{pv}——塑性黏度。

该方程称为宾汉公式，是塑性流体的基本公式。

3）塑性流型的流变参数及物理意义

（1）τ_s（静切应力，静切力）：使钻井液开始流动所需的最低切应力，它是钻井液静止时单位面积上所形成的连续空间网架结构强度的量度。连续空间网架结构又叫凝胶结构，所以静切力又称为凝胶强度。静切力的大小与钻井液停止循环时悬浮岩屑和加重材料的能力密切相关。然而静切力不能太大，否则开泵困难，有时甚至憋漏地层。

（2）τ_0（动切应力，屈服值）：延长流变曲线直线段与切应力轴相交得 τ_0，它是一假想值，是钻井液处于层流状态时钻井液中网状结构强度的量度。影响 τ_0 大小的因素和调整方法与 τ_s 相同。调整钻井液中黏土的含量及分散度，借助无机或有机选择性絮凝剂以及降黏剂等，可调整钻井液静、动切应力。

（3）塑性黏度 μ_{pv}：由式(3-2-1)得出 $\mu_{pv} = \frac{\tau - \tau_0}{dv/dx}$，即塑性黏度是塑性流体流变曲线斜率的倒数，它不随剪切应力而变化。这说明它是体系中结构拆散速度等于恢复速度时的黏度。塑性黏度是由流体在层流状态下体系中固相颗粒之间、固相颗粒与周围液相之间以及液相分子之间的摩擦形成的。塑性黏度由钻井液中的固相含量、固相颗粒的形状和分散程度、表面润滑性及液相本身的黏度等因素决定。它与钻井液的悬浮能力有直接关系，其值应当适度。若钻井液体系塑性黏度太高而需要降低，则一般使用固控设备降低固相含量，增加体系的抑制性，降低配浆土等活性固相的分散度；若急需降低，则可加水稀释（尽量不用此方法）。如果要提高钻井液体系的塑性黏度，那么可加入高分子有机聚合物增黏剂等。

（4）表观黏度 μ_{av}：又称视黏度或有效黏度。它是在某一流速梯度下剪切应力与相应流速梯度的比值，如图 3-2-1 所示。A 点的表观黏度 $\mu_{avA} = \tau_A / \left(\frac{dv}{dx}\right)_A$，而 B 点的表观黏度 $\mu_{avB} = \tau_B / \left(\frac{dv}{dx}\right)_B$。这说明钻井液在不同流速梯度下表观黏度是不同的。为了便于比较，统一规定在 600 r/min 下进行测量（见本小节“流变参数的测定”部分），其单位为 mPa · s。

如前所述，对塑性流体，$\tau = \tau_0 + \mu_{pv}\frac{dv}{dx}$。根据表观黏度的定义，$\mu_{av} = \tau / \frac{dv}{dx}$，所以 $\mu_{av} = \tau_0 / \frac{dv}{dx} + \mu_{pv}$。屈服值 τ_0 与层流时体系中网架结构的密度和强度有关，故 $\tau_0 / \frac{dv}{dx}$ 可以看作钻井液的结构黏度 $\mu_{结构}$，所以塑性流体的表观黏度 $\mu_{av} = \mu_{pv} + \mu_{结构}$。$\tau_0/\mu_{pv}$ 称为动塑比，反映钻井液中结构强度和塑性黏度的比例关系，它决定钻井液在环空中的流态，与钻井液携带岩屑的效果密切相关。一般情况下，要求 τ_0/μ_{pv} 在 0.36～0.48 之间。τ_0/μ_{pv} 值过小，则会导致尖锋型层流，引起岩屑转动；τ_0/μ_{pv} 值过大，则钻井液结构太强，会增大泵压。表观黏度的调整可采用调节动切力和塑性黏度的办法。

2. 假塑性流型和膨胀流型

从图 3-2-1 中的流变曲线可以看出，假塑性流型和膨胀流型的流变曲线都通过原点，即施加很小的力流体就发生流动。但不同的是假塑性流体随剪切速率的增加而变稀，而膨胀流体随剪切速率的增大而变稠，两种流型可用如下指数方程描述：

$$\tau = K / \left(\frac{\mathrm{d}v}{\mathrm{d}x}\right)^n \tag{3-2-2}$$

式中，n 表示流体在一定流速范围内的非牛顿性程度，故称流性指数。$n<1$ 时为假塑性流体；$n>1$ 时为膨胀流体。K 与流体在 1 s^{-1} 流速梯度下的黏度有关，K 值越大，黏度越大，因此 K 称为稠度系数。与动塑比所要求的值相对应，一般要求 n 值在 0.4～0.7 之间。

3. 流变参数的测定

常用六速旋转黏度计测定钻井液的流变参数，测定方法如下。

1）静切力

为了说明钻井液的触变性（钻井液搅拌后变稀、静止后变稠的性质），一般要测定初切力（10 s 切力）和终切力（10 min 切力）。

初切力测定：将钻井液在 600 r/min 下搅拌 10 s，静置 10 s，然后测得 3 r/min 下的表盘读数，该读数乘以 0.511 即得初切力（Pa）。

终切力测定：将钻井液在 600 r/min 下搅拌 10 s，静置 10 min，然后测得 3 r/min 下的表盘读数，该读数乘以 0.511 即得终切力（Pa）。

初切力与终切力数值差别的大小反应钻井液的触变性能，一般应有合理的数值。

2）其他流变参数

用六速旋转黏度计测得 600 r/min 和 300 r/min 表盘读数（ϕ_{600}，ϕ_{300}），就可计算下列流变参数：

表观黏度（单位 mPa·s） $\mu_{av} = \frac{1}{2}\phi_{600}$

塑性黏度（单位 mPa·s） $\mu_{pv} = \frac{1}{2}\phi_{600} - \phi_{300}$

动切力（屈服值）（单位 Pa） $\tau_0 = 0.511(\phi_{300} - \mu_{pv})$

流性指数 $n = 3.32\lg\frac{\phi_{600}}{\phi_{300}}$

稠度系数（单位 mPa·s^n） $K = \frac{0.511\phi_{600}}{1\,022^n}$

4. 钻井液流变性与钻井工程的关系

钻井液流变性与钻井工程的关系十分密切。层流和紊流都不利于岩屑的携带，改型层流有利于携带岩屑，使井眼净化，对井壁的冲刷较轻，这就要求动塑比 τ_0/μ_{pv} 在 0.36～0.48 范围内（或流性指数 $n=0.4～0.7$）。钻井液具有剪切稀释特性（即表观黏度随剪切速率增大而降低的现象），在钻头水眼处紊流摩阻小，有利于提高钻速，而在环空中有利于岩屑和加重材料的悬浮等。但终切力又不能太大，否则会影响开泵和产生压力激动等。不同地区、不同钻井液类型对流变参数值要求不一样，可根据实际情况灵活运用。

三、钻井液的滤失性及造壁性能

1. 滤失性及造壁性

当钻头钻穿带孔隙的渗透性地层时，由于一般情况下钻井液的静液柱压力总是大于地层压力，钻井液中的液体（刚开始也有钻井液）在压差作用下向地层内渗滤，这个过程称为钻井液的滤失。在钻井液产生滤失的同时，在井壁表面会形成一层固体颗粒沉积物——滤饼。滤饼形成的过程是先由较大的颗粒堵塞一部分大孔，然后次大的颗粒堵塞大颗粒之间的孔隙，依次下去，孔越堵越小。一般来说，所形成滤饼的渗透率比地层岩心的渗透率小几个数量级。因此，形成的滤饼可阻止滤液向地层内渗透，同时又可保护井壁。滤饼在井壁上的形成称为造壁性。

2. 几种滤失的概念

根据钻井过程的不同情况，存在不同类型的滤失，下面进行简要介绍。

1）瞬时滤失

钻头刚破碎井底岩石形成井眼的瞬间，钻井液便迅速向地层孔隙渗透。在滤饼尚未形成的一段时间内的滤失称为瞬时滤失。做静滤失实验时，刚打开通气阀，测量筒中即收集到钻井液或浑浊的液体，这就是瞬时滤失量。

瞬时滤失有利有弊。瞬时滤失有利于提高钻速，但钻开油气层时，瞬时滤失可使储层受到损害，降低油气层的渗透率，这时应该设法控制瞬时滤失。

影响瞬时滤失的因素包括地层孔隙大小、钻井液中固相含量及颗粒尺寸分布、钻井液及滤液黏度等。

2）动滤失

随着钻井过程的进行，瞬时滤失后井壁上很快形成一层滤饼，滤饼不断增厚、加固；同时井壁上形成的滤饼又受到钻井液的冲刷和钻柱的碰撞、刮挤而遭到破坏。当滤饼的形成（或沉积）速度等于被冲刷的速度时，滤饼达到不变的厚度，滤失速率也基本保持不变。将钻井液在井内循环流动时的滤失过程称为动滤失。动滤失的特点是滤饼薄、滤失量大。钻井液的流变参数除了受地层条件、压差、钻井液中固相含量和粒度分布、黏度等影响外，与动滤失密切相关；平衡滤饼的厚度与钻井液的流速和流态有关，流速越高，滤饼冲蚀越严重，滤饼就越薄，滤失量越大。紊流对滤饼的冲蚀比层流严重，故滤失量较层流时大。

3）静滤失

在起下钻或处理钻井事故时，钻井液停止循环，井壁上的滤饼不再受钻井液冲刷，此时随着滤失过程的进行，滤饼的阻力逐渐增大，滤失速率不断降低，滤失量逐渐减小。钻井液在停止循环时的滤失过程称为静滤失。与动滤失过程相比，静滤失过程比较简单，所以一般所说的滤失量都指静滤失。静滤失方程为：

$$V_f = A\sqrt{\frac{k\left(\frac{C_c}{C_m}-1\right)\Delta pt \times 10}{\mu}} \tag{3-2-3}$$

式中 V_f——钻井液的滤失量，mL；

A——过滤面积，cm^2；

k——滤饼的渗透率；

C_c——滤饼中固相含量（体积分数），%；

C_m——钻井液中固相含量（体积分数），%；

Δp——压差，MPa；

t——滤失时间，min；

μ——钻井液滤液黏度，mPa·s。

控制滤失量最有效的方法是借助降滤失剂、控制滤饼的渗透性等。

3. 降滤失剂及其作用机理

使用降滤失剂可有效控制钻井液的滤失量。降滤失剂主要通过以下途径起作用：

1）护胶作用

为了形成渗透率低的滤饼，要求固相颗粒在多级分布的同时还要有适当多的溶胶颗粒。降滤失剂的作用在于：一方面能吸附在黏土颗粒表面上而形成吸附层，阻止黏土颗粒絮凝变大；另一方面能把在钻井液循环搅拌作用下所拆散的细颗粒吸附在分子链上，不再黏结成大颗粒。这样就大大增加了细颗粒的比例，使钻井液形成薄而致密的滤饼，从而降低滤失量。这称为降滤失剂的护胶作用。

2）增加钻井液中黏土颗粒的水化膜厚度，有助于降低滤失量

由静滤失公式可知，在其他条件不变的情况下，如增加钻井液中黏土颗粒的变形能力和降低滤饼中固相体积分数，即 C_c/C_m 减小，则滤失量会降低。由于降滤失剂吸附在钻井液中的黏土颗粒上，使其水化程度增加，因此黏土颗粒周围的水化膜增厚，形成的滤饼在压差作用下容易变形，滤饼的渗透率降低。

3）提高滤液黏度，降低滤失量

由静滤失公式可知，滤失量与钻井液滤液黏度的 1/2 次方成反比。有机降滤失剂大多是长链化合物，加入钻井液中可使滤液黏度增加，有利于降低滤失量。

4）降滤失剂分子本身的堵孔作用

大部分有机聚合物降滤失剂的分子尺寸在胶体颗粒的范围内，加入这些处理剂就增加了钻井液中胶体颗粒的含量，它们对滤饼起堵孔作用。这些大分子以两种方式参加堵孔：一种是分子的长链楔入滤饼的孔隙中；另一种是长链分子卷曲呈线团状，堵塞滤饼的微孔隙，使滤饼薄而致密，从而降低滤失量。

另外，沥青类等封堵剂能改善滤饼质量，形成薄而致密、韧性较好的滤饼，可有效降低高温高压滤失量。

常用的降滤失剂有 Na-CMC（羧甲基纤维素钠盐）、SMP（磺化酚醛树脂）、NH_4HPAN（水解聚丙烯腈铵盐）、Na-HPAN（水解聚丙烯腈钠盐）、Ca-HPAN（水解聚丙烯腈钙盐）、SPNH（磺化褐煤树脂）及磺化沥青粉等。

4. 滤失量的测量及技术要求

室内及现场测定的滤失量通常有以下两种：

1）静滤失量

静滤失量即常称的 API 滤失量，用 API 滤失量仪测定，是在常温、0.7 MPa 压差下 30 min 所测得的滤液体积（单位 mL）。为了节省时间，通常将 7.5 min 内测得的滤失量值乘以 2 即得 API 滤失量。

在钻井过程中，不同时期及不同地层对 API 滤失量的要求不同。对上部地层及坚固地层，API 滤失量可以放宽些；对易坍塌地层，API 滤失量应控制低些；而钻油气层时，API 滤失量不能高于 5 mL。

2）高温高压滤失量

为了模拟地层的温度、压力条件，必须使用高温高压滤失量仪测量钻井液的高温高压滤失量。规程要求实验在 150 ℃温度（或模拟地下温度）、3.5 MPa 压差下 30 min 所测得的滤失量值乘以 2 即得高温高压滤失量。对高温高压滤失量要求的原则同 API 滤失量，一般在钻油气储层时高温高压滤失量不得大于 15 mL。

四、钻井液的固相含量及控制

钻井液的固相按来源可分为配浆黏土、岩屑、密度调整材料以及处理剂中的固相物质等。钻井液中的固相颗粒对钻井液的密度、黏度和切力有显著的影响，而这些性能对钻井液的水力参数、钻井速度、钻井成本和井下复杂情况有直接的关系。钻井液的固相控制是钻井液工艺的重点内容之一。

钻井液中固相含量高会造成很多问题：形成厚的滤饼而引起压差卡钻；形成滤饼的渗透率高，滤失量大，造成储层损害和井眼不稳定；造成钻头及钻柱的严重磨损；尤其可导致机械钻速降低。

1. 钻井液中的固相对钻速的影响

1）固相含量对钻速的影响

钻速随钻井液中固相含量的升高而下降。设清水的钻速为 100%，当固相含量升高到 7%时，钻速降为 50%。从大量研究结果得出，固相含量每降低 1%，钻速至少可提高 10%，固相含量与钻速的关系如图 3-2-2 所示。

2）固相类型对钻速的影响

实践证明，钻井液中的固相类型对钻速影响差异较大。砂、重晶石等惰性固相对钻速影响较小，岩屑、低造浆率的劣质土的影响居中，而配浆用的高造浆率黏土的影响最大。当钻井液中的固相含量相同时，颗粒尺寸不同，对钻速的影响也不同，直径小于 1 μm 的溶胶颗粒对钻速影响最大。实验得出，直径小于 1 μm 的颗粒对钻速的影响为大于 1 μm 颗粒的 13 倍。这可从固相含量相同的分散钻井液和不分散钻井液的钻速差别很大而得到证实(图 3-2-3)。

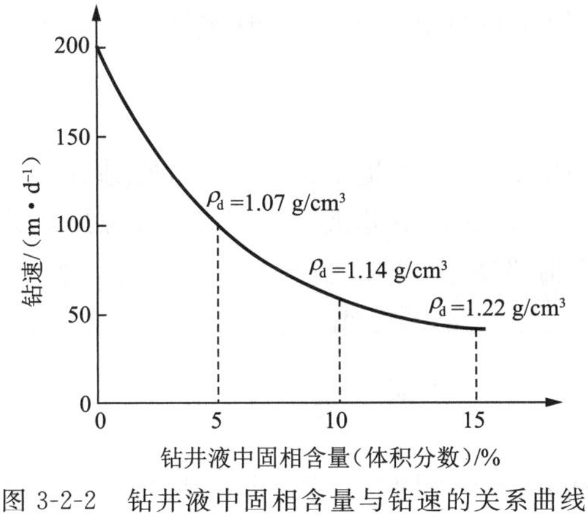

图 3-2-2 钻井液中固相含量与钻速的关系曲线

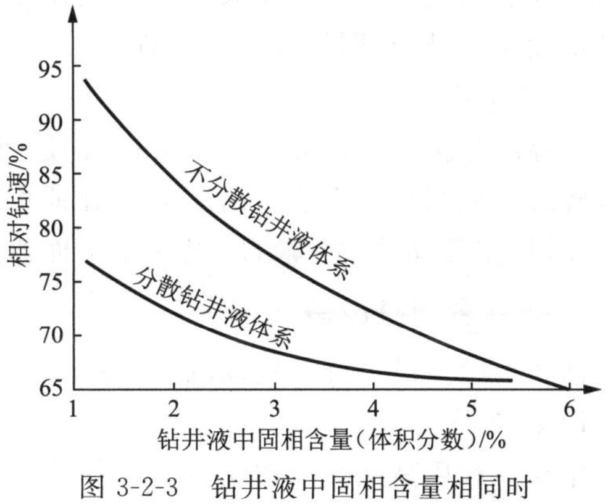

图 3-2-3 钻井液中固相含量相同时钻井液类型对钻速的影响

从图 3-2-2 中还可以看出，在不同的固相含量范围内，钻速随固相含量的降低而升高的幅度不同。钻井液固相含量在 7%(相当于密度为 1.08 g/cm^3)以下时，降低固相含量，钻速提高很快；而超过 7%后，降低固相含量来提高钻速的效果就不明显了。

2. 固相控制方法

1）重力沉降法

这种方法在钻井现场使用较为普遍。利用固相与液相的密度差，岩屑在重力作用下从钻井液池中沉降分离。

2）机械固控设备清除法

通常用于钻井液固相分离的设备有振动筛、旋流分离器和离心机三大类。根据清除固相颗粒尺寸不同，旋流分离器又分为除砂器、除泥器和超级旋流分离器三种。机械分离设备的分离颗粒尺寸范围如图 3-2-4 所示。

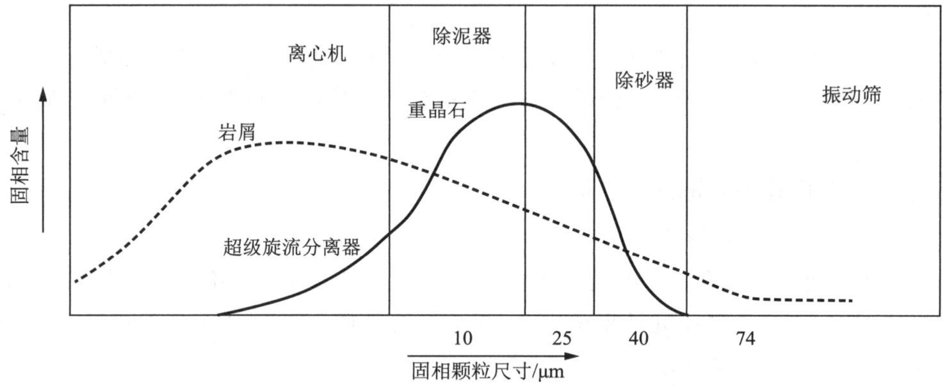

图 3-2-4　机械分离设备分离颗粒尺寸范围

机械设备清除固相不增加钻井液体积，不必补加大量处理剂，故有利于降低钻井液成本，同时对钻井液性能影响小，有利于井下正常钻进。此方法是固相控制方法中最好的。

3）化学控制法

化学控制法是指加入絮凝剂使钻井液中的固相颗粒聚集变大，以有利于用沉降法或机械固控设备清除法除去固相的方法。此方法可除去颗粒直径在 5 μm 以下的固相颗粒，而单纯的沉降法与机械法只能除去颗粒直径在 5 μm 以上的固相颗粒。一般化学法与机械固控设备清除法相结合，固控效果会更理想。

4）稀释法

稀释法是指向钻井液中加入分散介质（水或油）或固相含量低的钻井液，使钻井液固相含量暂时降低的简单方法。由于分散介质的加入还会影响钻井液的其他性能，辅助处理费用较高，且需要外排钻井液，所以一般不推荐使用稀释法。

3. 钻井液固控设备

钻井液固控设备分为振动筛、旋流分离器和离心机三大类。

1）振动筛

振动筛利用高频振动作用将流经筛布上的钻井液实现固相分离，即颗粒直径大于筛孔直径的固相颗粒不能通过筛孔而从筛布上往前移动，而小于筛孔直径的固相颗粒连同钻井液通过筛布而流入钻井液槽。

振动筛的筛布有多种孔眼型号，应根据返出钻井液中岩屑及固相的尺寸、各种尺寸固相的百分含量来选择合适目数的筛布。一般振动筛使用 40 目或更粗的筛布，振动筛主要是清除颗粒直径在 0.5 mm 以上的岩屑和砂粒。现场使用最密的筛布为 200 目，它可以去掉粗颗粒的重晶石。

2）旋流分离器

旋流分离器在离心力的作用下将较粗的颗粒从钻井液中分离出来。按被分离颗粒大小的不同，旋流分离器分为以下三种：

(1) 旋流除砂器。分离固相颗粒直径一般在 74 μm 以上，也可以分离少部分 40～74 μm 的固相颗粒。

(2) 旋流除泥器。分离直径为 10～74 μm 的固相颗粒，大部分在 20～40 μm 范围内。

(3) 超级旋流分离器。分离直径为 5～10 μm 的固相颗粒，可从钻井液中分离出膨润土。

3) 离心机

在离心力作用下，钻井液中质量大的固相颗粒被甩到旋转筒(外壳)壁沉降下去，然后靠螺旋输送器将堆积起来的固相颗粒推至离心机端部，从端部的孔眼排出，而钻井液从离心机另一端的排液孔排出。

离心机主要有两方面的用途：

(1) 清除非加重钻井液中的固相。在这种情况下，离心机用于清除颗粒直径在 2～5 μm 以上的粗颗粒，主要是淤泥尺寸范围的颗粒。从离心机另一端排出的钻井液则返回循环系统。

(2) 从加重钻井液中回收重晶石等加重材料。加重钻井液通过离心机后，重晶石和一些其他成分的粗颗粒被分离回收，而另一端排出的钻井液则弃掉。

为达到有效的固相控制，必须将上述固控设备配套使用，其清除固相的流程必须按振动筛→除砂器→除泥器→离心机→超级旋流分离器的顺序布置。如果只使用其中部分设备，则达不到好的固相控制效果。若只使用振动筛和除砂器，则只能分离颗粒直径在 74 μm 以上的粗颗粒；若不使用振动筛和除砂器，而直接使用除泥器、离心机和超级旋流分离器，则这些设备会被粗颗粒堵死而不能正常工作。

为了提高固控设备的使用效果，更有利于除去对钻速影响最大的颗粒直径在 1 μm 以下的溶胶颗粒，配合使用聚合物絮凝剂是有效的。

4. 聚合物絮凝剂

20 世纪 60 年代末期，国外将聚合物絮凝剂引入钻井液中，不分散低固相聚合物优质钻井液得到应用，从而使钻速大幅度提高。国内自 1974 年开始研制和试验该类钻井液及其用剂，并在全国各油田推广应用，目前已成为喷射钻井技术中不可缺少的必要条件。下面简要介绍有机聚合物絮凝剂。

1) 有机聚合物絮凝剂的类型

根据有机聚合物絮凝剂与钻井液中固相作用的情况，将其分为以下两种：

(1) 全絮凝剂。能使钻井液中所有的固相(包括膨润土、钻屑等)都发生絮凝沉淀的聚合物称为全絮凝剂，如聚丙烯酰胺。

(2) 选择性絮凝剂。只絮凝岩屑和劣质土，而不絮凝膨润土的聚合物絮凝剂称为选择性絮凝剂，如合适水解度的部分水解聚丙烯酰胺。

常用的有机聚合物絮凝剂有聚丙烯酰胺(PAM)、部分水解聚丙烯酰胺(HPAM)、醋酸乙烯酯-顺丁烯二酸酐共聚物(VAMA)等。

2) 有机聚合物絮凝剂的作用机理

有机聚合物絮凝剂对钻井液中固体颗粒的絮凝作用分三个步骤。

(1) 吸附：通过分子链上的吸附基团(如—OH，—$CONH_2$)与黏土表面的氧原子或氢氧原子形成氢键而发生优先吸附，同时通过分子链上的离子化基团(如—COONa)还可以与黏土颗粒断键边缘产生静电吸附。

(2) 架桥:由于絮凝剂的分子链较长,分子链上有多个吸附基团,所以一条长链上可以同时吸附多个黏土颗粒,这一作用过程就是长链分子在黏土颗粒间的架桥作用。

(3) 絮凝成团,在重力作用下下沉:当架桥作用完成后,聚合物分子链本身及其链段发生旋转和运动,将小的黏土颗粒聚集到一起,形成絮凝团块,絮凝团块在重力作用下下沉,从钻井液中除去。

3) 聚合物絮凝剂的加量

要想达到好的絮凝效果,絮凝剂的加量一定要合适。理论和实验证明,只有当絮凝剂的加量为钻井液中固相饱和吸附量的 1/2 时,才能达到较好的絮凝作用效果。

五、钻井液的润滑性

在钻井过程中,钻井液的存在使钻柱与井壁之间的干摩擦变为钻柱与井壁(存在滤饼)之间的湿摩擦,从而使摩擦阻力降低。钻井液这种降低摩阻的性能称为钻井液的润滑性,通常包括钻井液泥饼的润滑性和钻井液本身的润滑性。

钻井液的润滑性可用摩阻系数来衡量。摩阻系数是指在一定条件下,相对运动的物体(固体)所产生的摩擦力与垂直摩擦面作用力的比值。所谓的一定条件,主要是指相对运动物体的运动速度以及它们之间是否存在液体。利用泥饼摩阻系数测试仪可测定钻井液摩阻系数,即利用测试滤失量时所形成的滤饼,在模拟钻柱与井壁之间的湿摩擦条件下测出摩阻系数。利用钻井液极压润滑仪可测定钻井液本身的摩阻系数。摩阻系数越小,钻井液的润滑性越好。钻井液的润滑性对钻柱磨损、阻卡预防以及钻井速度的提高具有重要的影响。对于大多数水基钻井液而言,钻井液的摩阻系数应维持在 0.2 左右,水平井钻井液的摩阻系数应尽可能维持在 0.08～0.10 范围内或更低。大部分油基钻井液的摩阻系数在 0.08～0.09 之间。

在钻井液中可加入润滑剂以改善钻井液的润滑性。能有效改善钻井液润滑性的物质称为钻井液润滑剂。常见的钻井液润滑剂有液体润滑剂和固体润滑剂两类。液体润滑剂主要是油类,包括植物油(如豆油、棉籽油、蓖麻油)、动物油(如猪油)和矿物油(如煤油、柴油、机械润滑油、白油或原油等)。为使油在摩擦面上形成均匀的油膜,可在钻井液中协同加入表面活性剂。固体润滑剂主要有固体小球、石墨粉。其中,常用的固体小球有塑料小球和玻璃小球。塑料小球可用聚酰胺(尼龙)小球和聚苯乙烯与二乙烯苯共聚物小球,它们具有耐温、抗压和化学惰性等优点,可作为各类钻井液的润滑剂。玻璃小球可用不同成分的玻璃(钠玻璃、钙玻璃)制成,具有耐温、化学惰性等优点,成本比塑料小球低,但抗压强度比塑料小球差,且易下沉。石墨粉可强烈吸附在井壁表面,且具有抗高温、无荧光、对钻井液主要性能无不良影响、加量少、润滑效果好等优点,也具有较好的封堵降滤失以及防塌和保护储层的作用。固体润滑剂主要通过在钻柱与井壁之间形成一层隔离润滑薄膜,或将滑动摩擦变为滚动摩擦,进而起降低摩阻的作用。

六、井塌及防塌措施

井塌即井壁岩石碎块掉入井内的现象,广义上称为井壁不稳定。井壁稳定性是指井壁保持其原始状态的能力。若井壁不能保持其原始状态,则称为井壁不稳定,主要表现为井径扩大、井径缩小或地层破裂。井壁不稳定是关系到钻井的安全、质量、速度和成本的复杂工程技术问题。井塌是钻井液工艺和钻井工程中的重要问题，尽管在井塌方面进行了大量的研究工作，也取得不少研究成果，但还有不少问题有待研究和解决。

发生井塌时，有下列明显现象发生：

(1) 钻井液黏度、切力、密度和含砂量都增高，泵压忽高忽低，有时突然憋泵；

(2) 井口返出的岩屑增多，砂样混杂，有上部地层岩石，有时返出大块岩样；

(3) 起钻遇阻，下钻达不到井底，有时造成环形空间堵塞，引起憋泵或卡钻。

井塌可导致不能正常钻进，钻速降低，影响固井质量，严重时造成井眼报废，带来巨大的经济损失。

1. 井塌原因

井壁不稳定是一个涉及钻井液化学、岩石力学、渗流力学以及地质学和钻井工艺学等多个学科的复杂技术问题。导致井壁不稳定的原因有以下三个方面。

(1) 地质及力学因素：异常压力地层的压力释放，钻遇地质破碎带、断层、含有大量微裂缝地层及煤层等。

(2) 工程因素：钻井液排量过大，冲蚀井壁；起下钻太快，造成压力激动，压裂地层；钻井液液柱压力低于地层压力及钻井液浸泡时间过长等。

(3) 物理化学因素：井壁泥页岩与水接触产生水化作用可引起井壁不稳定。泥岩地层中黏土矿物含量较高，若泥岩地层中主要含膨胀性黏土矿物，则与水接触后可引起泥岩的水化膨胀和分散，往往导致缩径和(或)地层造浆现象；若泥岩地层主要含非膨胀性黏土矿物(如伊利石、高岭石)，则与水基钻井液接触后，泥岩容易局部水化，引起剥落掉块(扩径)或井塌卡钻，导致井壁不稳定。据统计，多数井壁不稳定问题(约占 90%)与泥页岩地层相关。

复杂地层的井壁不稳定往往是以上多种因素耦合作用的结果。

2. 防塌对策

引起井壁不稳定的主要因素不同，则井壁稳定性的控制方法(协同防塌措施)也不尽相同。

针对地质及力学因素引起的井壁不稳定情况，可适当提高钻井液密度(在有效封堵井壁能阻缓压力传递和滤液侵入地层的前提下)，以便借助井眼内钻井液的液柱压力提供有效应力支撑井壁作用(力学稳定井壁作用)，或采取化学固壁的防塌技术措施。

针对物理化学因素(水化作用)引起的井壁不稳定情况，主要可通过加入页岩抑制剂来提高钻井液抑制性能，改善封堵能力，并采取合理调整钻井液密度等协同防塌措施。

针对工程因素引起的井壁不稳定情况，可采用改进钻井工艺的有效方法加以预防。

可有效抑制泥页岩水化膨胀和(或)分散(剥落)的化学剂称为页岩抑制剂。页岩抑制剂常有下列几种：

1) 无机盐和有机盐

无机盐页岩抑制剂主要包括氯化钠、氯化铵、氯化钾和氯化钙等，有机盐页岩抑制剂主要包括甲酸盐(甲酸钠、甲酸钾、甲酸铯)和乙酸盐。当超过一定浓度时，任何水溶性盐都有抑制泥页岩水化的作用。无机盐一般是通过压缩泥页岩(黏土)表面扩散双电层的厚度、降低 ζ 电位，进而起稳定泥页岩的作用。虽然任何水溶性盐都有稳定页岩的作用，但稳定泥页岩的效果是不同的。在水溶性盐中，稳定泥页岩效果最好的是钾盐和铵盐，这是因为它们的阳离子直径与黏土硅氧四面体底面由氧原子形成的六角氧环直径(0.288 nm)相近，当这些阳离子进入黏土层间后，产生“镶嵌”晶格固定作用，可将黏土晶片紧紧地连在一起，从而对泥页岩水化膨胀和分散起较强的抑制作用。通常盐类抑制剂与聚合物协同抑制水化的作用效果更好。

硅酸盐(硅酸钠、硅酸钾)在一定温度下可与地层中的钙、镁离子以及黏土矿物等发生化学胶结反应，起到一定的化学固壁作用。

2）阳离子型表面活性剂

阳离子型表面活性剂主要通过起活性作用的阳离子基团吸附在泥页岩表面，中和页岩表面的负电性，也可使页岩表面反转为亲油（憎水）表面，抑制泥页岩的水化膨胀和分散作用，从而起稳定井壁的作用。

另外，部分低相对分子质量的有机阳离子化合物也可作为页岩抑制剂。

3）聚合物页岩抑制剂

聚合物页岩抑制剂一般是通过多点吸附(即包被作用机理)来抑制泥页岩的水化膨胀和分散作用。聚合物页岩抑制剂包括阳离子型、非离子型、两性离子型、阴离子型聚合物。特别是近年来国内外新开发的胺基优质(high-performance)水基钻井液中所使用的胺基聚合物，具有独特的抑制黏土层间水化膨胀作用，表现出很强的抑制水化及防塌能力。

4）改性沥青类

沥青是由少量烃化合物(分子中只含碳、氢元素)和大量非烃化合物(分子中除含碳、氢元素外，还含氧、硫、氮等元素)组成。沥青分天然沥青、石油沥青和焦油沥青。天然沥青是石油在天然条件下形成的沥青，石油沥青是由石油炼制加工得到的沥青，焦油沥青是由煤、木材等干馏得到的沥青。

通常有两种重要的沥青改性产物：一种是氧化沥青，它是由常压蒸馏或减压蒸馏所得的渣油，或裂化渣油在高温(200～220 ℃)下用空气氧化所得的产物，主要用在油基钻井液中；另一种是磺化沥青，它是由沥青用磺化剂(如浓硫酸、发烟硫酸或三氧化硫)磺化而成，其主要成分是沥青磺酸盐，可分散在水基钻井液中使用。

改性沥青类产品主要是通过其本身黏附在页岩表面，封堵页岩的孔隙，形成憎水油膜，必要时也可与其他惰性封堵材料(如超细碳酸钙粉)复配使用，显著改善泥饼质量，有效阻缓压力和滤液侵入，减少泥页岩与水的接触，进而起稳定页岩的作用。

为了达到满意的防塌效果，通常将无机盐抑制剂、高聚物和封堵类防塌剂在钻井液中配合使用。

七、钻井液的漏失与堵漏

1. 钻井液的漏失

在钻井过程中，井眼内的钻井液在压差作用下大量流入地层的现象称为钻井液的漏失，简称井漏。严重井漏不仅造成大量的钻井液损失，还可进一步诱发井塌甚至井喷等恶性井下事故。井漏的发生一般应具备以下必要条件：① 井眼内的钻井液压力高于地层孔隙压力，即存在漏失压差；② 地层存在漏失通道(天然的或人为的)和足够容纳液体的空间，此通道的开口尺寸应大于外来工作钻井液中固相的粒径。其中，井眼内的钻井液压力包括钻井液静液柱压力、循环压耗(降)以及井眼波动压力。解决井漏问题应以预防为主。预防井漏的主要方法包括合理设计井身结构、尽可能降低井眼内钻井液压力以及封堵地层以提高承压能力。

根据漏失地层的特点，可将钻井液的漏失分为以下三类。

1）渗透性漏失

在高渗透性砂岩地层或砾岩地层产生的钻井液漏失称为渗透性漏失。这类漏失的特点是漏失速度不高（0.5～10 m^3/h），通常表现为钻井液池的液面缓慢下降。

2）裂缝性漏失

在裂缝性地层产生的钻井液漏失称为裂缝性漏失。引起钻井液漏失的裂缝包括灰岩和砂岩地层中天然存在的裂缝（天然裂缝）和由钻井液压力将灰岩和砂岩地层压开所形成的裂缝（人工裂缝）。这类漏失的特点是漏失的速度较快（10～100 m^3/h），通常表现为钻井液池的液面迅速下降。

3）溶洞性漏失

在溶洞性地层产生的钻井液漏失称为溶洞性漏失。这类漏失一般只出现在灰岩地层。这类漏失的特点是一旦漏失，漏失速度就很快（大于100 m^3/h），钻井液有进无出。

2. 堵　漏

对漏失地层的封堵称为堵漏。地层堵漏使用的材料称为堵漏材料。不同的漏失地层需使用不同的堵漏材料。堵漏方法可概括为：将惰性桥接堵漏材料直接加入钻井液中实施随钻堵漏或注入化学堵漏液实施段塞堵漏方法等。针对渗透性和微裂缝性地层的不严重漏失情况，一般首先采取随钻堵漏方法，即通常将不同形状（颗粒状、片状、纤维状）和不同尺寸（粗、中、细）的惰性桥接堵漏材料以不同的配方混合于钻井液中，随钻经过或直接注入漏层，从而封堵地层以提高承压能力。难以对付的井漏情况必要时也可采用化学段塞堵漏的方法。

八、黏附卡钻与解卡

卡钻是指钻具在井眼内被卡住而不能正常运动的现象，它是钻井过程中经常遇到的一种复杂情况。其中，与钻井液性能密切相关的卡钻主要是黏附卡钻（或称压差卡钻）。黏附卡钻是钻柱被钻井液滤饼黏附后，在钻井液压力与地层压力之差的作用下所产生的卡钻复杂情况。卡钻的解除称为解卡。

为了减小解除黏附卡钻所需的提力，只有通过降低压差（钻井液密度）以及滤饼与钻柱的摩擦系数两种方法来实现，其中往往以后者为主，严重解卡时需使用解卡剂。解卡剂是指能降低滤饼与钻柱的摩擦系数而达到解卡目的的化学剂。因此，解卡剂可用前面介绍过的钻井液用液体润滑剂。这种液体润滑剂通常是用沥青稠化的柴油。为使稠化柴油乳化在水中，应使用复配的乳化剂，包括水溶性表面活性剂（如聚氧乙烯烷基醇醚）和油溶性表面活性剂（如油酸钙）。

由于柴油和沥青所含的荧光物质会影响录井和测井的资料解释，所以解卡剂也有只用表面活性剂的。例如，烷基磺酸钠或烷基苯磺酸钠加上低分子醇（如乙醇、丙醇）和盐（如氯化钠），调整亲水亲油平衡性质后，也可配制成解卡剂，但其解卡效果不如含稠化柴油的解卡剂。

九、储层保护与钻井完井液

钻井完井液是指在储层中钻进时所使用的一类钻井液。当一口井钻达目的层时，所用的钻井完井液不仅应能满足钻井工程和地质的要求，而且还应满足保护油气层（储层）的需要，以减轻或避免对油气层的损害。广义上讲，任何阻碍储层流体从井眼周围流入井眼内部的现象均称为对油气层的损害，严重的油气层损害会极大地影响油气井的产能，甚至延误油气层的发现。凡是与油气层接触的各种外来工作流体（完井液）或工程作业，均有可能导致油气层损害。

在钻井过程中，一方面主要由于钻井液中外来固相颗粒堵塞侵入和/或地层内部颗粒分散运移，产生固相堵塞，另一方面钻井液组成与地层岩石和流体的不配伍，产生复杂的物理和/或化学作用（如储层内黏土水化膨胀、生成沉淀、乳液堵塞等），均可增大油气的流出阻力，导致油气层渗透率降低，即产生油气层损害。因此，必须采用保护油气层的钻井液技术措施。例如，钻进储层之前，应调整钻井液密度和流变参数处于合理范围内，尽可能采用近平衡钻井，或条件允许时也可采用欠平衡钻井，以减少或避免钻井液固相或液相侵入储层；优选合适的暂堵剂，改善滤失造壁性，尽可能降低滤失量；针对水敏性储层，应采用强抑制性钻井完井液体系；尽可能用低固相或无黏土相体系；所使用的处理剂应与储层相配伍等。

常用的钻井完井液体系具体配方不相同，如无固相清洁盐水完井液、低膨润土聚合物完井液以及改性钻井液等。

— 拓展与思政 —

3-3

习题与拓展

1. 钻井液与钻井工程的关系如何？钻井液有哪些功用？

2. 试说明钻井液的一般组成及钻井液的分类。

3. 大多数钻井液属于什么流体类型，写出其常用流变方程。

4. 试说明静切力、动切力、表观黏度、塑性黏度的物理意义。怎样调整这些参数？

5. 现有一种液体在管中做层流流动，管长 $L=15$ cm 的管段两端压差 $\Delta p=3$ kPa，求半径 $R=3$ cm 处的液层所受的剪切应力。

6. 钻井液的流态对钻井作业影响如何？

7. 现用旋转黏度计测得钻井液的 $\phi_{600}=76$，$\phi_{300}=54$，计算该钻井液的 μ_{av}，μ_{pv} 和 τ_0。

8. 试说明瞬时滤失、动滤失、静滤失各自的含义。

9. 降滤失剂是如何起降滤失作用的？

10. 简述常用钻井液润滑剂及其作用机理。

11. 简述钻井液漏失的类型及常用堵漏剂。

12. 引起井壁不稳定的因素有哪些？

13. 从钻井液角度出发，为了防止井塌应采取什么措施？

14. 试说明钻井液固相对钻速的影响。

15. 固相控制设备有哪几种？各自的使用范围如何？

16. 引起油气储层损害的主要原因是什么？怎样预防？

17. 哪些完井液适用于钻油气储层？

— 拓展阅读 —

3-4

第四章　钻进参数优选

钻井的基本含义就是利用一定的设备、工具和技术手段，形成一个从地表到地下某一深度处具有不同轨迹形状的孔道。在钻井施工中，大量的工作是破碎岩石和加深井眼。在钻进过程中，钻进的速度、成本和质量会受到多种因素的影响和制约，这些影响和制约因素可分为可控因素和不可控因素。不可控因素是指客观存在的因素，如所钻地层的岩性、储层埋藏深度以及地层压力等；可控因素是指通过一定的设备、工具和技术手段可进行人为调节的因素，如地面机泵设备、钻头类型、钻井液性能、钻压、转速、泵压和排量等。所谓钻进参数，是指表征钻进过程中的可控因素所包含的设备、工具、钻井液以及操作条件的重要性质的量。钻进参数优选是指在一定的客观条件下，根据不同参数配合时各因素对钻进速度的影响规律，采用最优化方法，选择合理的钻进参数配合，使钻进过程达到最优的技术和经济指标。

第一节　钻进过程中各参数间的基本关系

— 线上自学 —

4－1　影响钻速的主要因素与钻速方程

钻进过程中参数优选的前提是将影响钻进效率的主要因素以及钻进过程中的基本规律分析清楚，并建立相应的数学模型。

一、影响钻速的主要因素

除了前面已经介绍的岩石特性和钻头类型对钻速有重要影响外，钻进过程中的钻压、转速、钻头的牙齿磨损、水力因素以及钻井液性能等也是影响钻速的主要因素。

1. 钻压对钻速的影响

在钻进过程中，钻头牙齿在钻压的作用下吃入地层、破碎岩石。钻压的大小决定了牙齿吃入岩石的深度和岩石破碎体积的大小，因此钻压是影响钻速最直接和最显著的因素之一。关于钻压对钻速的影响，人们进行了长期的研究工作。油田现场的大量钻进实践表明，在其他钻进条件保持不变的情况下，钻速与钻压的典型关系曲线如图 4-1-1 所示。

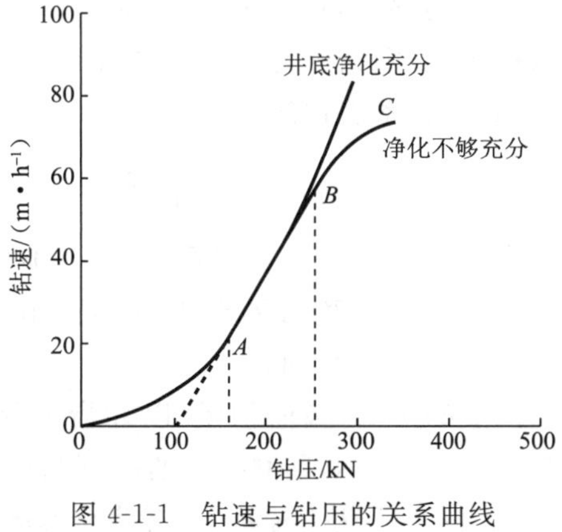

图 4-1-1　钻速与钻压的关系曲线

由图 4-1-1 可以看出，钻压在较大的变化范围内与钻速近似呈线性关系。目前实际钻井中通用的钻压取值一般都在图中 AB 这一线性关系范围内变化。这主要是因为在 A 点之前，钻压太低，钻速很慢；在 B 点之后，钻压过大，岩屑量过多，甚至牙齿完全吃入地层，井底净化条件难以改善，钻头磨损也会加剧，钻压增大，钻速改善效果并不明显，甚至使钻进效果变差。因而，在实际应用中，以图 4-1-1 中的直线段为依据建立钻速 v_{pc} 与钻压 W 的定量关系，即

$$v_{pc} \propto (W - M) \tag{4-1-1}$$

—实 验—

4-2 门限钻压实验现象

式中 v_{pc}——钻速，m/h；

W——钻压，kN；

M——门限钻压，kN。

门限钻压是 AB 线延长线在钻压轴上的截距，相当于牙齿开始压入地层时的钻压，其大小主要取决于岩石性质，且具有较强的地区性。不同地区的门限钻压不可以相互引用。

2. 转速对钻速的影响

转速对钻速的影响是人们早就认识到并已研究解决了的问题。随着转速的提高，钻速是以指数关系变化的，但指数一般小于 1。其原因主要是转速提高后，钻头工作刃与岩石接触时间缩短，每次接触时的岩石破碎深度减小。这反映了岩石破碎时的时间效应问题。在钻压和其他钻井参数保持不变的条件下，钻速与转速的关系曲线如图 4-1-2 所示，其关系表达式为：

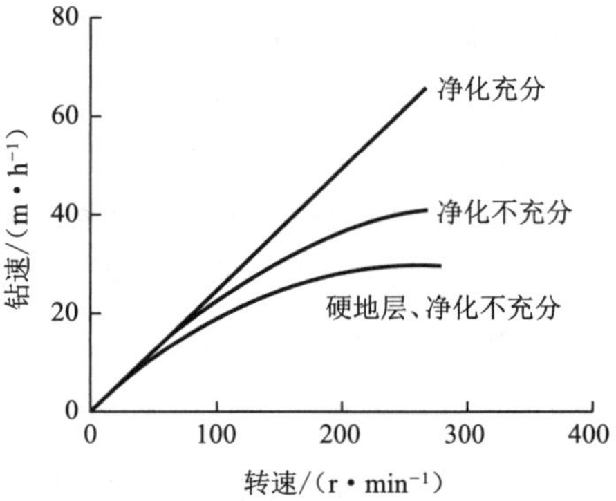

图 4-1-2　钻速与转速的关系曲线

$$v_{pc} \propto n^{\lambda} \tag{4-1-2}$$

式中 λ——转速指数，一般小于 1，其大小与岩石性质有关；

n——转速，r/min。

3. 牙齿磨损对钻速的影响

钻进过程中钻头在破碎地层岩石的同时，其牙齿也受到地层的磨损。随着钻头牙齿的磨损，钻头工作效率将明显下降，钻速也将随之降低。若钻压、转速保持不变，则钻速与牙齿磨损量的关系曲线如图4-1-3所示，其关系表达式为：

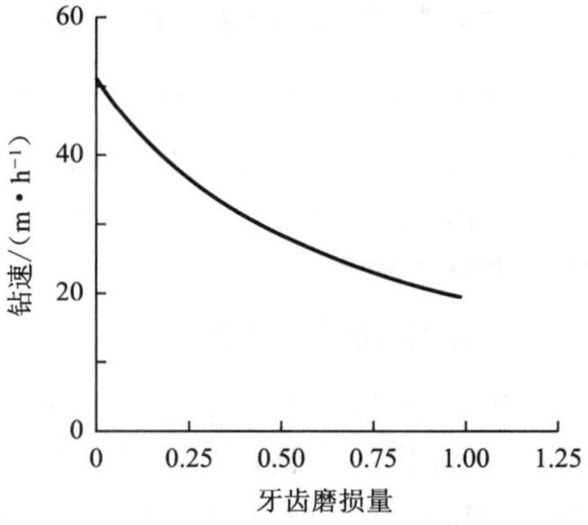

图 4-1-3　钻速与牙齿磨损量的关系曲线

$$v_{pc} \propto \frac{1}{1 + C_2 h} \tag{4-1-3}$$

式中 C_2——牙齿磨损系数，其大小与钻头齿形结构和岩石性质有关，由现场数据统计得到；

h——牙齿磨损量，以牙齿的相对磨损高度表示，即磨损掉的高度与原始高度之比，新钻头时 $h=0$，牙齿全部磨损时 $h=1$。

4. 水力因素对钻速的影响

在钻进过程中，及时有效地把钻头破岩产生的岩屑从井底清离，避免岩屑的重复破碎，是提高钻速的一项重要手段。井底岩屑的清洗是通过钻头喷嘴所产生的钻井液射流对井底的冲洗来完成的。表征钻头及射流水力特性的参数统称为水力因素。水力因素的总体指标通常用井底单位面积上的平均水功率（称为比水功率）来表示。1975 年，AMOCO 研究中心发表了钻速与井底比水功率的关系曲线（图 4-1-4）。

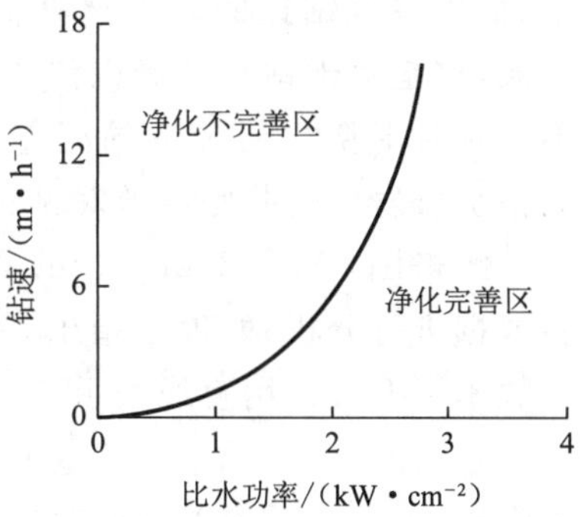

图 4-1-4　钻速与井底比水功率的关系曲线

图 4-1-4 中表明，一定的钻速意味着单位时间内钻出的岩屑总量一定，而该数量的岩屑需要一定的比水功率才能完全清除，低于这个比水功率值，井底净化就不完善。若钻进时的实际比水功率落入图 4-1-4 的净化不完善区，则实际钻速就比净化完善时的钻速低，如果此时增大水功率，使井底净化条件得到改善，则钻速会在其他条件不变的情况下增大。因此，水力因素对钻速的影响主要表现为井底水力净化能力对钻速的影响。水力净化能力通常用水力净化系数 C_H 表示，其含义为实际钻速与净化完善时的钻速之比，即

$$C_H=\frac{v_{pc}}{v_{pcs}}=\frac{P}{P_s} \tag{4-1-4}$$

式中　v_{pcs}——净化完善时的钻速，m/h；

P——实际比水功率，kW/cm^2；

P_s——净化完善时所需的比水功率，kW/cm^2。

P_s 可通过图 4-1-4 的曲线回归表达式得到：

$$P_s=9.72\times10^{-2}v_{pcs}^{0.31} \tag{4-1-5}$$

应引起注意的是，式(4-1-4)中的 C_H 值应小于或等于 1，即当实际比水功率大于净化完善时所需的比水功率时，仍取 $C_H=1$。其原因是，井底达到完全净化后，随着比水功率的提高，钻速不会再由于净化的原因而进一步提高。

水力因素对钻速的影响还表现为另外一种形式，就是水力能量的破岩作用。当比水功率超过井底净化完善时所需的比水功率后，机械钻速仍有可能增加。水力破岩作用对钻速的影响主要表现为使钻压与钻速关系中的门限钻压降低。

5. 钻井液性能对钻速的影响

钻井液性能对钻速的影响规律比较复杂，其复杂性不仅在于表征钻井液性能的各参数对钻速都有不同程度的影响，而且几乎不可能在改变钻井液某一性能参数时不影响其他性能参数的变化。因此，要单独评价钻井液的某一性能对钻速的影响相当困难。大量的实验研究表明，钻井液的密度、黏度、固相含量及其分散性等都对钻速有不同程度的影响。

(1) 钻井液密度对钻速的影响。钻井液密度的基本作用在于保持一定的液柱压力，以控制地层流体进入井内。钻井液密度对钻速的影响主要表现为由钻井液密度决定的井内液柱压力与地层孔隙压力之间的压差对钻速的影响。室内实验和钻井实践证明，该压差增加，钻速将明显下降。其主要原因是井底压差对刚破碎的岩屑有压持作用，阻碍井底岩屑的及

时清除，影响钻头的破岩效率。在低渗透性岩层内钻进时，压差对钻速的影响比在高渗透性岩层内的影响更大，这是由于钻井液难以渗入低渗透性的岩层孔隙，不能及时平衡岩屑上下的压差。图 4-1-5 所示为在现场钻页岩岩层时井底压差对钻速的影响曲线。

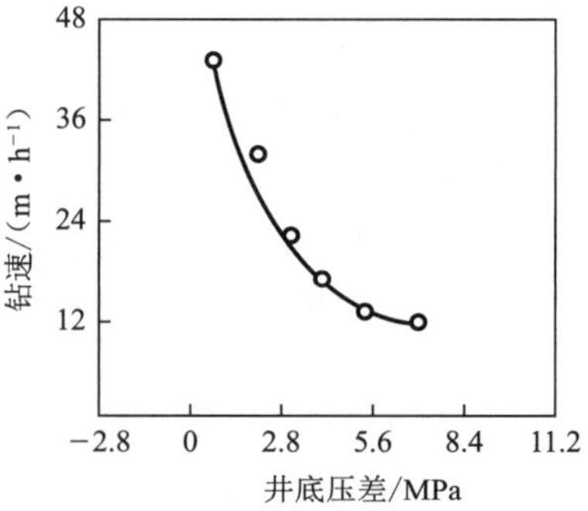

图 4-1-5　钻速与井底压差的关系曲线

鲍格因（A.T.Bourgoyne）等通过对以往的大量实验数据进行分析、处理后指出，钻速与压差的关系在半对数坐标上可以用直线表示，其关系表达式为：

$$v_{pc}=v_{pc0}\,e^{-\beta\Delta p} \tag{4-1-6}$$

式中　v_{pc0}——零压差时的钻速，m/h；

β——与岩石性质有关的系数；

Δp——井内液柱压力与地层孔隙压力之差，MPa。

实际钻速与零压差条件下的钻速之比称为压差影响系数，用 C_p 来表示，即

$$C_p=\frac{v_{pc}}{v_{pc0}}=e^{-\beta\Delta p} \tag{4-1-7}$$

（2）钻井液黏度对钻速的影响。钻井液的黏度并不直接影响钻速，它是通过对井底压差和井底净化作用的影响而间接影响钻速的。在一定的地面功率条件下，钻井液黏度的增大将会增大钻柱内和环空的压降，使得井底压差增大，井底钻头获得的水功率降低，从而使钻速减小。由实验得出的钻速随钻井液黏度增加而下降的关系曲线如图 4-1-6 所示。

（3）钻井液固相含量及其分散性对钻速的影响。钻井液固相含量、固相的类型及颗粒大小对钻速有很大影响。图 4-1-7 是由 100 多口试验井的统计资料得到的固相含量对钻井指标的影响曲线。由图可见，钻井液固相含量对钻速和钻头消耗量都有严重的影响。因此，应严格控制固相含量，一般应采用固相含量低于 4％的低固相钻井液。

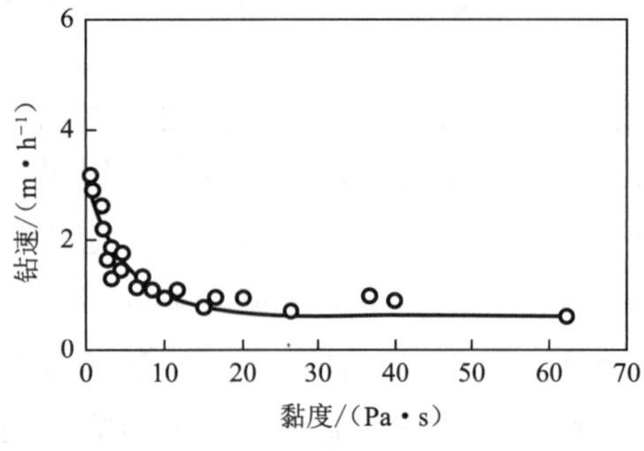

图 4-1-6　钻速与钻井液黏度的关系曲线

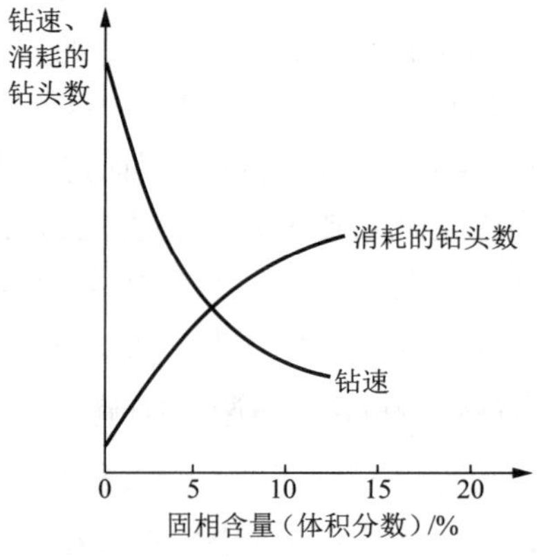

图 4-1-7　钻井液固相含量对钻井指标的影响

进一步的研究表明，固体颗粒的大小和分散度也对钻速有影响。实验证明，钻井液内颗粒直径小于 1 μm 的胶体颗粒越多，其对钻速的影响就越大。图 4-1-8 所示为固体颗粒分散性对钻速影响的对比曲线。由图可见，固相含量相同时，分散性钻井液比不分散性钻井液的钻速低；固相含量越小，两者的差别越大。为了提高钻速，应尽量采用低固相不分散钻井液。

钻井实践证明，钻井液性能是影响钻速的极其重要的因素。但是，由于其对钻速的影响

机理十分复杂，且钻井液性能常受井下工作条件的影响而难以严格控制，因此至今没有一个能够确切反映钻井液性能对钻速影响规律的数学模式作为优选钻井液性能的客观依据。

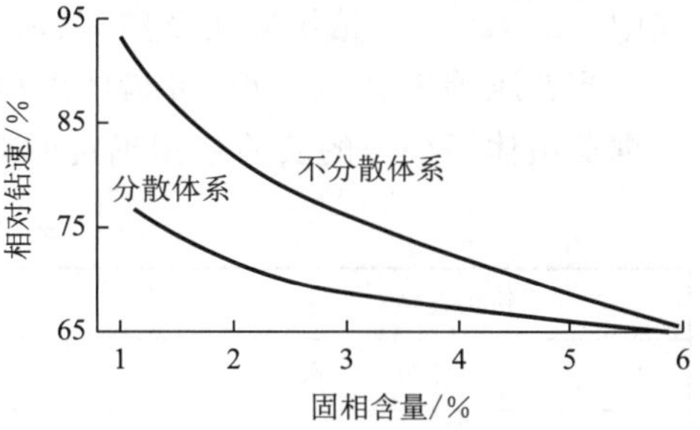

图 4-1-8　固相含量和分散性对钻速的影响

二、钻速方程

在以上分析各因素对钻速影响规律的基础上，可以把各影响因素归纳在一起，建立钻速与钻压、转速、牙齿磨损、压差和水力因素之间的综合关系式，即

$$v_{pc} \propto (W-M)n^{\lambda}\frac{1}{1+C_2h}C_pC_H \tag{4-1-8}$$

引入一个比例系数 K_R，可将式(4-1-8)写成等式形式的钻速方程：

$$v_{pc}=K_R(W-M)n^{\lambda}\ \frac{1}{1+C_2h}C_pC_H \tag{4-1-9}$$

式(4-1-9)就是人们常说的修正的杨格(F.S.Young)模式。1969 年，杨格在考虑钻压、转速和牙齿磨损对钻速影响的基础上，曾提出过一个与上式形式相同，但没有将水力净化系数 C_H 和压差影响系数 C_p 考虑进去的杨格钻速模式。

式(4-1-9)中的比例系数 K_R 通常称为地层可钻性系数。实际上 K_R 包含了除钻压、转速、牙齿磨损、压差和水力因素以外其他因素对钻速的影响，它与地层岩石的机械性质、钻头类型以及钻井液性能等因素有关。当岩石特性、钻头类型、钻井液性能和水力参数一定时，式(4-1-9)中的 K_R，M，λ 和 C_2 都是固定不变的常量，可通过现场的钻进试验和钻头资料来确定。

三、钻头磨损方程

— 线上自学 —

4-3　影响钻头磨损的因素与钻头磨损方程

钻进过程中，钻头在破碎岩石的同时，本身也在逐渐地磨损、失效。分析研究影响钻头磨损的因素以及钻头的磨损规律，对优选钻进参数、预测钻进指标和钻头工况具有重要意义。对牙轮钻头而言，其磨损形式主要包括牙齿磨损、轴承磨损和直径磨损。下面主要介绍牙轮钻头牙齿磨损和轴承磨损的影响因素及磨损规律。

1. 牙齿磨损速度方程

钻头牙齿的磨损主要与钻压、转速、地层以及牙齿自身的状况等因素有关。牙轮钻头牙齿的磨损速度可以用牙齿磨损量对时间的微分 $\mathrm{d}h/\mathrm{d}t$ 来表示。

1) 钻压对牙齿磨损速度的影响

不同直径钻头牙齿磨损速度与钻压的关系曲线如图 4-1-9 所示，其关系表达式为：

$$\frac{\mathrm{d}h}{\mathrm{d}t}\propto\frac{1}{Z_2-Z_1W} \tag{4-1-10}$$

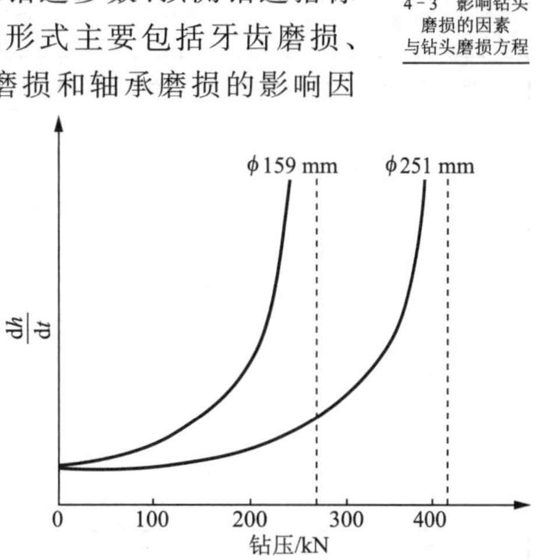

图 4-1-9　牙齿磨损速度与钻压的关系曲线

式中 Z_1, Z_2——钻压影响系数，其值与牙轮钻头尺寸有关。

当钻压等于 Z_2/Z_1 时，牙齿的磨损速度无限大，说明 Z_2/Z_1 是该尺寸钻头的极限钻压。根据美国休斯公司的实验数据确定的 Z_1 和 Z_2 见表 4-1-1。

表 4-1-1 钻压影响系数

钻头直径/mm	Z_1	Z_2
159	0.019 8	5.5
171	0.018 7	5.6
200	0.016 7	5.94
220	0.016 0	6.11
244	0.014 8	6.38
251	0.014 6	6.44
270	0.013 9	6.68
311	0.013 1	7.15
350	0.012 4	7.56

2）转速对牙齿磨损速度的影响

钻压一定时，增大转速，牙齿的磨损速度将加快。转速对牙齿磨损速度的影响关系曲线如图 4-1-10 所示，其关系表达式为：

$$\frac{\mathrm{d}h}{\mathrm{d}t} \propto a_1 n + a_2 n^3 \tag{4-1-11}$$

式中 a_1, a_2——由钻头类型决定的转速影响系数，不同钻头类型时的 a_1 和 a_2 值见表 4-1-2。

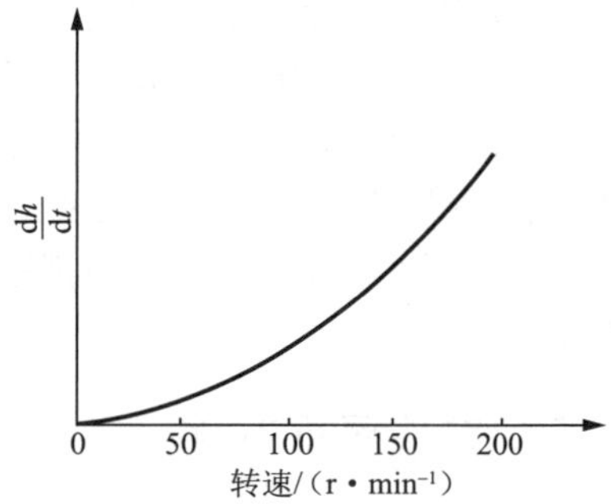

图 4-1-10 牙齿磨损速度与转速的关系曲线

表 4-1-2 转速影响系数

齿型	适用地层	系列号	类型	a_1	a_2	C_1
铣齿钻头	软	1	1	2.5	1.088×10^{-4}	7
			2			
			3	2.0	0.870×10^{-4}	6
			4			
	中	2	1	1.5	0.653×10^{-4}	5
			2	1.2	0.522×10^{-4}	4
			3			
			4	0.9	0.392×10^{-4}	3
	硬	3	1	0.65	0.283×10^{-4}	2
			2	0.5	0.218×10^{-4}	2

续表

齿　型	适用地层	系列号	类　型	a_1	a_2	C_1
铣齿钻头	硬	3	3	0.5	0.218×10^{-4}	2
			4			
镶齿钻头	特　软	4	1	0.5	0.218×10^{-4}	2
			2			
			3			
			4			
	软	5	1			
			2			
			3			
			4			
	中	6	1			
			2			
			3			
			4			
	硬	7	1			
			2			
			3			
			4			
	坚　硬	8	1			
			2			
			3			
			4			

3）牙齿磨损状况对牙齿磨损速度的影响

钻头牙齿一般都是顶面积小、底面积大的梯形、锥形或球形齿。牙齿的工作面积随着齿高的磨损将不断增加，因此当各种钻进参数不变时，牙齿的磨损速度也将随着齿高的磨损而下降。牙齿磨损速度与牙齿磨损量的关系曲线如图 4-1-11 所示，其关系表达式为：

$$\frac{\mathrm{d}h}{\mathrm{d}t}\propto\frac{1}{1+C_1h} \quad (4\text{-}1\text{-}12)$$

式中　C_1——牙齿磨损减慢系数，与钻头类型有关，其取值见表 4-1-2。

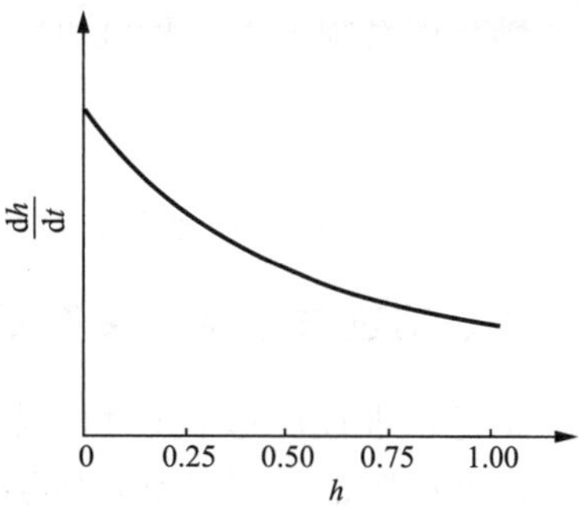

图 4-1-11　牙齿磨损速度与牙齿磨损量的关系曲线

根据上述各关系式，可建立牙齿磨损速度与各影响因素的综合关系式：

$$\frac{\mathrm{d}h}{\mathrm{d}t} \propto \frac{a_1 n + a_2 n^3}{(Z_2 - Z_1 W)(1 + C_1 h)} \tag{4-1-13}$$

在式(4-1-13)中引入一个比例系数 A_f，可将其写成等式形式的牙齿磨损速度方程：

$$\frac{\mathrm{d}h}{\mathrm{d}t} = \frac{A_f(a_1 n + a_2 n^3)}{(Z_2 - Z_1 W)(1 + C_1 h)} \tag{4-1-14}$$

式中 A_f——岩石研磨性系数，需要根据现场钻头资料统计计算确定。

例 4-1-1 某油田 2 800 m 井段的地层研磨性系数 $A_f = 3.22 \times 10^{-3}$，用 $\phi 251$ mm 适合于中硬地层的 21 型钻头钻进，钻压 $W = 196$ kN，转速 $n = 110$ r/min，试求 10 h 后的牙齿磨损量。

解 由表 4-1-1 和表 4-1-2 查得 $\phi 251$ mm 适合于中硬地层的 21 型钻头的有关系数为：$Z_1 = 0.014\ 6$，$Z_2 = 6.44$，$a_1 = 1.5$，$a_2 = 0.653 \times 10^{-4}$，$C_1 = 5$。由式(4-1-14)移项积分得：

$$\int_0^{h_f} (1 + C_1 h)\mathrm{d}h = \frac{A_f(a_1 n + a_2 n^3)}{Z_2 - Z_1 W} \int_0^{t_f} \mathrm{d}t$$

式中 h_f——钻头钻进 t_f 后的牙齿磨损量。

对上式积分并整理得牙齿磨损的二次三项式，解出 h_f：

$$\frac{C_1}{2} h_f^2 + h_f - \frac{A_f(a_1 n + a_2 n^3)}{Z_2 - Z_1 W} t_f = 0$$

$$h_f = \frac{-1 + \sqrt{1 + 2C_1 \dfrac{A_f(a_1 n + a_2 n^3) t_f}{Z_2 - Z_1 W}}}{C_1}$$

将有关数值代入式中得：

$$h_f = 0.77$$

2. 轴承磨损速度方程

牙轮钻头轴承的磨损量用 B 表示，新钻头时 $B = 0$，轴承全部磨损时 $B = 1$。轴承磨损速度用轴承磨损量对时间的微分 $\mathrm{d}B/\mathrm{d}t$ 表示。

钻头轴承的磨损速度主要受钻压、转速等因素影响，根据格雷姆(J.W.Graham)等的大量现场和室内实验研究，轴承的磨损速度与钻压的 1.5 次幂成正比关系，与转速呈线性关系。轴承的磨损速度方程可表示为：

$$\frac{\mathrm{d}B}{\mathrm{d}t} = \frac{1}{b} W^{1.5} n \tag{4-1-15}$$

式中 b——轴承工作系数，与钻头类型和钻井液性能有关，应根据现场实际资料确定。

四、钻进方程中有关系数的确定

描述钻进过程基本规律的钻速方程和钻头磨损方程是在一定条件下通过实验和数学分析处理而得到的。方程中的地层可钻性系数 K_R、门限钻压 M、转速指数 λ、牙齿磨损系数 C_2、岩石研磨性系数 A_f 和轴承工作系数 b 与钻井的实际条件和环境有密切的关系，需要根据实际钻井资料分析确定。确定各参数的基本步骤是：首先根据新钻头开始钻进时的钻速试验资料求门限钻压、转速指数和地层可钻性系数，然后根据该钻头的工作记录确定该钻头所钻岩层的岩石研磨性系数、牙齿磨损系数和轴承工作系数。

1. 门限钻压 M 和转速指数 λ 的确定

求取门限钻压和转速指数的基本方法是五点法钻速试验。试验条件为：

（1）试验中钻井液性能不变，水力参数恒定，且维持在本地区的通用水平上，以保证试验中 C_p 和 C_H 不变，同时避免水力破岩条件变化对 M 值的影响；

（2）在不影响试验精确性的条件下，尽可能使试验井段短一些或试验时间短一些，以保证试验开始和结束时的牙齿磨损量相差很小。

五点法钻速试验的步骤如下：

（1）根据本地区、本井段可能使用的钻压和转速范围，确定试验中所采用的最高钻压 W_{max} 和最低钻压 W_{min}、最高转速 n_{max} 和最低转速 n_{min}。同时，选取一对近似于平均钻压和平均转速的钻压 W_0 和转速 n_0。

（2）按照图 4-1-12 上各点的钻压、转速配合，从第一点（W_0，n_0）开始，按图中所示的方向，依点的序号进行钻进试验，每点钻进 1 m 或 0.5 m，并记录各点的钻时，直至钻完第 6 点，完成试验。

（3）将试验数据填入表 4-1-3 中，同时将钻时转换为钻速。

试验中设置同一钻压、转速配合的第 1 和第 6 点，目的在于求取试验的相对误差。试验的相对误差 $\dfrac{|v_{pc1}-v_{pc6}|}{v_{pc1}}$ 小于 15%，试验才算成功。

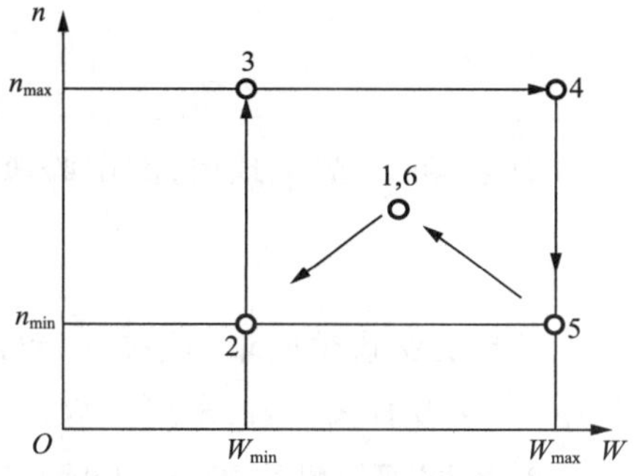

图 4-1-12　五点法钻速试验

表 4-1-3　五点钻速试验记录

实测点序号	钻压/kN	转速/(r·min^{-1})	钻时/(s·m^{-1})	钻速/(m·h^{-1})
1	W_0	n_0	Δt_1	v_{pc1}
2	W_{min}	n_{min}	Δt_2	v_{pc2}
3	W_{min}	n_{max}	Δt_3	v_{pc3}
4	W_{max}	n_{max}	Δt_4	v_{pc4}
5	W_{max}	n_{min}	Δt_5	v_{pc5}
6	W_0	n_0	Δt_6	v_{pc6}

根据试验记录中恒转速下第 2 和第 5 两点的试验数据，设置该转速下的门限钻压为 M_1。由转速方程可得：

$$v_{pc2}=K_R C_p C_H (W_{min}-M_1) n_{min}^{\lambda} \frac{1}{1+C_2 h} \tag{4-1-16}$$

$$v_{pc5}=K_R C_p C_H (W_{max}-M_1) n_{min}^{\lambda} \frac{1}{1+C_2 h} \tag{4-1-17}$$

式(4-1-16)除以式(4-1-17)可消去方程中的不变量，整理可得：

$$M_1=W_{min}-\frac{W_{max}-W_{min}}{v_{pc5}-v_{pc2}} v_{pc2} \tag{4-1-18}$$

同理，由第 3 和第 4 两点的试验数据，可得该试验转速下的门限钻压 M_2：

$$M_2 = W_{\min} - \frac{W_{\max} - W_{\min}}{v_{pc4} - v_{pc3}} v_{pc3} \tag{4-1-19}$$

取 M_1 和 M_2 的平均值，即该地层的门限钻压 M：

$$M = \frac{1}{2}(M_1 + M_2) \tag{4-1-20}$$

同样，根据试验记录中恒钻压条件下的两对试验点，将第 2 和第 3 两点以及第 4 和第 5 两点的试验数据分别代入钻速方程，并消去方程中的不变量，则可获得两个钻压下的转速指数 λ_1 和 λ_2：

$$\lambda_1 = \frac{\lg(v_{pc2}/v_{pc3})}{\lg(n_{\min}/n_{\max})} \tag{4-1-21}$$

$$\lambda_2 = \frac{\lg(v_{pc5}/v_{pc4})}{\lg(n_{\min}/n_{\max})} \tag{4-1-22}$$

取 λ_1 和 λ_2 的平均值，即试验地层的转速指数 λ：

$$\lambda = \frac{1}{2}(\lambda_1 + \lambda_2) \tag{4-1-23}$$

五点法钻进试验求门限钻压和转速指数较适用于钻速较快的地层。对于钻速极慢的地层，可以参考有关资料，采用释放钻压法求门限钻压和转速指数。

2. 地层可钻性系数 K_R 的确定

根据新钻头的试钻资料，此时牙齿磨损量 $h=0$，由钻速方程式(4-1-9)可得：

$$K_R = \frac{v_{pc}}{C_H C_p (W-M) n^{\lambda}} \tag{4-1-24}$$

3. 牙齿磨损系数 C_2 的确定

假定在钻进过程中岩石性质基本不变，各项钻进参数又基本保持一致，起出钻头时的牙齿磨损量为 h_f，开始钻进和起钻时的钻速分别为 v_{pc0} 和 v_{pcf}，则由钻速方程式(4-1-9)得：

$$\frac{v_{pc0}}{v_{pcf}} = \frac{1+C_2 h_f}{1+C_2 h_0} \tag{4-1-25}$$

因开始钻进时的牙齿磨损量 $h_0=0$，所以有：

$$v_{pc0} = v_{pcf}(1+C_2 h_f)$$

$$C_2 = \frac{v_{pc0} - v_{pcf}}{v_{pcf} h_f} \tag{4-1-26}$$

4. 岩石研磨性系数 A_f 的确定

由牙齿磨损速度方程(4-1-14)积分得：

$$t_f = \frac{Z_2 - Z_1 W}{A_f(a_1 n + a_2 n^3)}\left(h_f + \frac{C_1}{2} h_f^2\right)$$

$$A_f = \frac{Z_2 - Z_1 W}{(a_1 n + a_2 n^3) t_f}\left(h_f + \frac{C_1}{2} h_f^2\right) \tag{4-1-27}$$

根据钻头类型及其影响系数，钻进过程中的平均钻压、转速和钻头工作时间，以及起出钻头的牙齿磨损量，便可求出该钻进过程中的岩石研磨性系数 A_f。

— 线上自学 —

4-4 钻进参数优选与目标函数

第二节 机械破岩钻井参数优选

钻进过程中的机械破岩参数主要包括钻压和转速。机械破岩参数优选的目的是寻求一定的钻压、转速参数配合,使钻进过程达到最佳的技术经济效果。为达到这一目的,首先需要确定一个衡量钻进技术经济效果的标准,并将各参数对钻进过程影响的基本规律与这一标准结合起来,建立钻进目标函数。然后,运用最优化数学理论,在各种约束条件下寻求目标函数的极值点。满足极值点条件的参数组合即钻进过程的最优机械破岩参数。

一、目标函数的建立

衡量钻井整体技术经济效果的标准有多种类型。目前,一般都以单位进尺成本作为标准,其表达式为:

$$C_{pm}=\frac{C_b+C_r(t_t+t)}{H} \tag{4-2-1}$$

式中 C_{pm}——单位进尺成本,元/m;

C_b——单只钻头成本,元;

C_r——钻机作业费,元/h;

t_t——起下钻、接单根时间,h;

t——钻头工作时间,h;

H——钻头进尺,m。

式(4-2-1)中的钻头进尺和钻头工作时间与钻进过程中所采用的各参数有关。建立各参数与 H 和 t 的关系,并代入单位进尺成本表达式,即形成以每米钻井成本表示的钻进目标函数。

钻速方程(4-1-9)可写为:

$$v_{pc}=\frac{dH}{dt}=C_H C_p K_R(W-M)n^{\lambda}\frac{1}{1+C_2 h}$$

从而得到:

$$dH=C_H C_p K_R(W-M)n^{\lambda}\frac{1}{1+C_2 h}dt \tag{4-2-2}$$

由钻头牙齿磨损速度方程(4-1-14)可得:

$$dt=\frac{Z_2-Z_1 W}{A_f(a_1 n+a_2 n^3)}(1+C_1 h)dh \tag{4-2-3}$$

将式(4-2-3)代入式(4-2-2)得:

$$dH=\frac{C_H C_p K_R(W-M)n^{\lambda}(Z_2-Z_1 W)}{A_f(a_1 n+a_2 n^3)}\frac{1+C_1 h}{1+C_2 h}dh \tag{4-2-4}$$

在钻压、转速恒定的条件下,可对式(4-2-4)进行积分,并以 h_f 表示牙齿的最终磨损量:

$$\int_0^{H_f}dH=\frac{C_H C_p K_R(W-M)n^{\lambda}(Z_2-Z_1 W)}{A_f(a_1 n+a_2 n^3)}\int_0^{h_f}\left(\frac{1+C_1 h}{1+C_2 h}\right)dh$$

则牙齿最终磨损量为 h_f 时的钻头进尺 H_f 为:

$$H_f=\frac{C_H C_p K_R(W-M)n^\lambda(Z_2-Z_1W)}{A_f(a_1n+a_2n^3)}\left[\frac{C_1}{C_2}h_f+\frac{C_2-C_1}{C_2^2}\ln(1+C_2h_f)\right] \tag{4-2-5}$$

在式(4-2-5)中，令

$$J=C_H C_p K_R(W-M)n^\lambda \tag{4-2-6}$$

$$S=\frac{A_f(a_1n+a_2n^3)}{Z_2-Z_1W} \tag{4-2-7}$$

$$E=\frac{C_1}{C_2}h_f+\frac{C_2-C_1}{C_2^2}\ln(1+C_2h_f) \tag{4-2-8}$$

则钻头进尺表达式(4-2-5)可写成：

$$H_f=\frac{J}{S}E \tag{4-2-9}$$

式中，J 的物理意义是该钻头在式中各钻进参数作用下的初始钻速，即牙齿磨损量 $h=0$ 时的初始钻速；S 的物理意义是钻头牙齿在该钻进参数作用下的初始磨损速度，即牙齿磨损量 $h=0$ 时牙齿的磨损速度，它的倒数相当于不考虑牙齿磨损影响时的钻头理论寿命；J/S 的含义即不考虑牙齿磨损影响时的钻头理论进尺；E 的物理意义是考虑牙齿磨损对钻速和牙齿磨损速度影响后的进尺系数，它是牙齿最终磨损量的函数。

将式(4-2-3)对牙齿最终磨损量 h_f 积分，便可得到牙齿最终磨损量为 h_f 时的钻头工作时间 t_f，即

$$\int_0^{t_f}\mathrm{d}t=\frac{Z_2-Z_1W}{A_f(a_1n+a_2n^3)}\int_0^{h_f}(1+C_1h)\mathrm{d}h$$

$$t_f=\frac{Z_2-Z_1W}{A_f(a_1n+a_2n^3)}\left(h_f+\frac{C_1}{2}h_f^2\right) \tag{4-2-10}$$

将式(4-2-7)的 S 代入式(4-2-10)，并且令

$$F=h_f+\frac{C_1}{2}h_f^2 \tag{4-2-11}$$

则：

$$t_f=\frac{F}{S} \tag{4-2-12}$$

分析式(4-2-11)可以看出，F 与进尺系数 E 相似，其物理意义是考虑牙齿磨损对牙齿磨损速度影响后的钻头寿命系数，它也是牙齿最终磨损量的函数。

将进尺表达式(4-2-9)和钻头工作时间表达式(4-2-12)代入成本表达式(4-2-1)，则可求得包含各项钻进参数的目标函数表达式：

$$C_{pm}=\frac{C_bS+C_r(St_t+F)}{JE}$$

令

$$t_E=\frac{C_b}{C_r}+t_t$$

则有：

$$C_{pm}=\frac{C_r}{JE}(t_ES+F) \tag{4-2-13}$$

式中　t_E——钻头与起下钻成本的折算时间，当钻头成本和钻机作业费一定时，t_E 仅与起下钻时间有关，而与各钻进参数无关。

若将 J,E,S 和 F 的各项参数代入式(4-2-13),则可获得含有五个变量(W,n,h_f,C_H,C_p)的目标函数,即

$$C_{pm}=\frac{C_r\left[\frac{t_E A_f(a_1n+a_2n^3)}{Z_2-Z_1W}+h_f+\frac{C_1}{2}h_f^2\right]}{C_HC_pK_R(W-M)n^\lambda\left[\frac{C_1}{C_2}h_f+\frac{C_2-C_1}{C_2^2}\ln(1+C_2h_f)\right]} \tag{4-2-14}$$

二、目标函数的极值条件和约束条件

钻进参数优选的目的是确定使单位进尺成本最低的各有关参数,也就是寻求目标函数式(4-2-14)为极小值时的最优参数配合。根据经典的最优化理论,某一函数取得极值的必要条件是:在其定义域内,函数对各变量的偏导数分别等于零。大量数学运算证明,对钻进成本函数来讲,符合钻进目标函数极值条件的点就是该函数的极小值点。

钻进目标函数中包含五个变量,即 W,n,h_f,C_p 和 C_H。首先,分析 C_p 和 C_H 在函数表达式中所处的位置可以发现,为使钻进成本最低,C_p 和 C_H 的值应尽量增大,但按这两个系数的定义,其最大值只能取 1,故在钻井实践中,为使成本最低,C_p 和 C_H 的值应尽量等于 1。确定了 C_p 和 C_H 的最优取值以后,目标函数的极小值条件为:

$$\frac{\partial C_{pm}}{\partial W}=0,\quad \frac{\partial C_{pm}}{\partial n}=0,\quad \frac{\partial C_{pm}}{\partial h_f}=0 \tag{4-2-15}$$

式中,W,n 和 h_f 三个变量在实际工况限制下所确定的取值范围即目标函数的约束条件,归纳起来可用以下四组不等式描述:

牙齿磨损量 h

$$0\leqslant h\leqslant 1 \tag{4-2-16a}$$

轴承磨损量 B

$$0\leqslant B\leqslant 1 \tag{4-2-16b}$$

钻压 W

$$\left.\begin{array}{l} M<W<Z_2/Z_1, M>0 \\ 0<W<Z_2/Z_1, M<0 \end{array}\right\} \tag{4-2-16c}$$

转速 n

$$n>0 \tag{4-2-16d}$$

凡不能同时满足以上约束条件的钻进参数组合都是不可行的。另外,在上述四组不等式中,有关轴承磨损量的不等式似乎不直接与目标函数有关。但对于同一个钻头,钻头的工作寿命同时是轴承磨损量和牙齿磨损量的函数。轴承磨损的约束条件可由相对应的牙齿磨损量表示。令轴承的最终磨损量为 B_f,由于

$$t_f=\frac{Z_2-Z_1W}{A_f(a_1n+a_2n^3)}\left(h_f+\frac{C_1}{2}h_f^2\right)$$

$$t_f=\frac{bB_f}{nW^{1.5}}$$

对同一个钻头,牙齿和轴承的工作时间相同,因此由以上两式可得:

$$B_f=\frac{(Z_2-Z_1W)nW^{1.5}}{A_f(a_1n+a_2n^3)b}\left(h_f+\frac{C_1}{2}h_f^2\right) \tag{4-2-17}$$

三、钻头最优磨损量、最优钻速和最优钻压

目标函数、极值条件和约束条件确定后，就可以通过最优化数学方法求解出在约束条件限定范围内使钻进成本最低的一组最优钻压、最优转速和钻头最优磨损量组合，但由于其数学推导和计算过程十分复杂，这里从略，需要时可查阅有关参考书。

这里主要介绍一定参数组合条件下钻头最优磨损量、最优转速和最优钻压的确定方法。

1. 钻头最优磨损量

对于一只在一定钻压、转速条件下工作的钻头，钻头磨损到什么程度时起钻，钻进成本最低，这就是求钻头最优磨损量的问题。根据成本函数表达式(4-2-14)和决定最优磨损量的必要条件 $\frac{\partial C_{\mathrm{pm}}}{\partial h_{\mathrm{f}}}=0$，可以导出最优磨损量的表达式，即

$$\frac{C_1}{2}h_{\mathrm{f}}^2+\left(\frac{C_1}{C_2}-1\right)h_{\mathrm{f}}-\frac{C_1-C_2}{C_2^2}(1+C_2h_{\mathrm{f}})\ln(1+C_2h_{\mathrm{f}})-\frac{A_{\mathrm{f}}t_{\mathrm{E}}(a_1n+a_2n^3)}{Z_2-Z_1W}=0 \qquad (4\text{-}2\text{-}18)$$

式(4-2-18)是一个三维非线性方程式，其在 W-n-h_{f} 的三维空间中组成一个曲面，称为最优磨损面。从理论上讲，每一组 W 和 n 的数值都可以在最优磨损面上找到一个对应点，即把每一组 W 和 n 的数值代入式(4-2-18)，都可以解出一个最优磨损量 h_{f}。但因钻进成本函数要受到约束条件式(4-2-16)和式(4-2-17)的限制，凡超出约束范围的最优磨损量是不可取的，这时只能用钻头牙齿或轴承的极限磨损量作为钻头最优磨损量。

2. 最优转速

在 W-n-h_{f} 三维空间中的约束条件范围内，任取一对 W 和 h_{f}，都可找到一个使钻进成本最低的转速 n，此转速即所取钻压和磨损量时的最优转速。由成本函数表达式(4-2-14)，并令 $\frac{\partial C_{\mathrm{pm}}}{\partial n}=0$，可以导出最优转速曲面方程：

$$n^3+\frac{(1-\lambda)a_1}{(3-\lambda)a_2}n-\frac{1}{3-\lambda}\frac{F(Z_2-Z_1W)}{t_{\mathrm{E}}A_{\mathrm{f}}a_2}=0 \qquad (4\text{-}2\text{-}19)$$

式(4-2-19)共有三个解，只有实数解对钻进参数有意义，其实数解为：

$$n_{\mathrm{opt}}=\sqrt[3]{\frac{V}{2}+\sqrt{\left(\frac{V}{2}\right)^2+\left(\frac{U}{3}\right)^3}}+\sqrt[3]{\frac{V}{2}-\sqrt{\frac{V}{2}+\left(\frac{U}{3}\right)^3}} \qquad (4\text{-}2\text{-}20)$$

其中：

$$V=\frac{F(Z_2-Z_1W)\lambda}{t_{\mathrm{E}}A_{\mathrm{f}}a_2(3-\lambda)}$$

$$U=\frac{(1-\lambda)a_1}{(3-\lambda)a_2}$$

式(4-2-20)就是根据给定钻压 W 和钻头磨损量 h_{f} 求最优转速的通式。

3. 最优钻压

与最优转速的特点相似，在 W-n-h_{f} 三维空间中，在约束条件范围内，任取一对 n 和 h_{f}，都可以求得一个使钻进成本最低的最优钻压 W。由成本函数表达式(4-2-14)和确定最优钻压的极值条件 $\frac{\partial C_{\mathrm{pm}}}{\partial W}=0$，可以导出最优钻压方程：

$$W^2-2\left[\frac{Z_2}{Z_1}+\frac{t_E A_f(a_1 n+a_2 n^3)}{Z_1 F}\right]W+t_E A_f\frac{(a_1 n+a_2 n^3)}{Z_1 F}\left(\frac{Z_2}{Z_1}+M\right)+\left(\frac{Z_2}{Z_1}\right)^2=0 \quad (4\text{-}2\text{-}21)$$

求解式(4-2-21)可得到钻压的两个解，一个大于 Z_2/Z_1，另一个小于 Z_2/Z_1。取钻压值小于 Z_2/Z_1 的解得：

$$W_{opt}=\frac{Z_2}{Z_1}+\frac{R}{F}-\sqrt{\frac{R}{F}\left(\frac{R}{F}+\frac{Z_2}{Z_1}-M\right)} \quad (4\text{-}2\text{-}22)$$

其中：

$$R=\frac{t_E A_f(a_1 n+a_2 n^3)}{Z_1}$$

式(4-2-22)就是给定转速 n 和钻头磨损量 h_f 时求最优钻压的通式。

在实际工作中，一般都是根据邻井或同一口井上同一类钻头的资料，先确定牙齿或轴承的合理磨损量，然后根据钻机设备条件确定转速的允许范围，最后求出不同钻压、转速配合时的钻井成本，从中找出最低的最优钻压、转速配合。

例 4-2-1　某井段的地层可钻性系数 $K_R=0.002\ 3$，研磨性系数 $A_f=2.28\times10^{-3}$，门限钻压 $M=10$ kN，转速指数 $\lambda=0.68$。用 ϕ251 mm 适合于中硬地层的 21 型钻头钻进，$C_2=3.68$，$C_H=1$，$C_p=1$，单只钻头成本 $C_b=900$ 元，钻机作业费 $C_r=250$ 元/h，起下钻时间 $t_t=5.75$ h；所用钻机的转盘转速只有三挡，分别为 $n_1=60$ r/min，$n_2=120$ r/min，$n_3=180$ r/min。根据邻井资料，所选钻头在该井段的牙齿磨损量一般为 T_6 级($h_f=0.75$)，试求最优钻压、转速组合及其工作指标。

解　查表可得 ϕ251 mm 适合于中硬地层的 21 型钻头参数为：

$$Z_1=0.014\ 6,\quad Z_2=6.44,\quad a_1=1.5,\quad a_2=6.53\times10^{-5},\quad C_1=5$$

$$t_E=\frac{C_b}{C_r}+t_t=\frac{900\ 元}{250\ 元/h}+5.75\ h=9.35\ h$$

$$E=\frac{C_1}{C_2}h_f+\frac{C_2-C_1}{C_2^2}\ln(1+C_2 h_f)=\frac{5}{3.68}\times0.75+\frac{3.68-5}{3.68^2}\ln(1+3.68\times0.75)=0.89$$

$$F=h_f+\frac{C_1}{2}h_f^2=0.75+\frac{5}{2}\times0.75^2=2.156$$

不同转速时的最优钻压可由式(4-2-22)求得，即

$$W_{opt}=\frac{Z_2}{Z_1}+\frac{R}{F}-\sqrt{\frac{R}{F}\left(\frac{R}{F}+\frac{Z_2}{Z_1}-M\right)}$$

$$R=\frac{t_E A_f(a_1 n+a_2 n^3)}{Z_1}$$

— 拓展阅读 —

4-5

计算结果见表 4-2-1。

表 4-2-1　不同转速时的最优钻压及其工作指标

n /(r·min^{-1})	$a_1 n+a_2 n^3$	R	R/F	W_{opt}/kN	S	t_f/h	J	H_f/m	C_{pm} /(元·m^{-1})
60	104.105	152.008	70.505	323.544	0.138 3	15.59	11.67	75.10	83.02
120	292.838	427.584	198.323	286.109	0.295 1	7.31	16.47	49.67	83.83
180	650.830	950.301	440.770	261.950	0.567 3	3.80	19.80	31.06	105.84

由表 4-2-1 可见，转速为 120 r/min 和 180 r/min 时的最优钻压都是局部最优值，只有

$n=60$ r/min 时的最优钻压才是该设备条件下钻进成本最低的最优转速和最优钻压组合。此外，所确定的钻压还应符合井眼轨迹控制的要求。

第三节　水力参数优化设计

在钻进过程中，及时地把岩屑携带出来是安全快速钻进的重要条件之一。把岩屑携带出来要经过两个过程：第一个过程是使岩屑离开井底，进入环形空间；第二个过程是依靠钻井液上返将岩屑带出地面。过去，人们认为第一个过程比较容易实现，第二个过程比较困难，因此人们将注意力集中在第二个过程上，采取了大排量洗井的技术措施，以便加快岩屑的上返速度。这样钻速也确实得到了一定的提高，但大排量洗井技术受到了井壁冲刷问题和地面机泵条件的限制。另外，在钻井实践中人们还注意到一种现象，即钻头水眼被刺坏后，排量并没有减少，而钻速却明显下降。这一现象提醒人们重新认识这两个过程。经过多年的研究和理论分析，人们认识到第二个过程并不很困难，而困难的恰恰是第一个过程。也就是说，把岩屑冲离井底不是容易的事。岩屑不能及时离开井底是影响钻进速度的主要因素之一。为了解决将岩屑及时冲离井底的问题，人们研究出一种新的工艺技术，即在钻头水眼处安装可以产生高速射流的喷嘴，使钻井液通过钻头喷嘴后以高速射流的方式作用于井底，给予井底岩屑一个很大的冲击力，使其快速离开井底，保持井底干净。同时，在一定条件下，钻头喷嘴所产生的高速射流还可以直接破碎岩石。这就是钻井工程中经常提到的喷射式钻头和喷射钻井技术。

水力参数优化设计的概念是随着喷射式钻头的使用而提出来的。钻井水力参数是表征钻头水力特性、射流水力特性以及地面水力设备性质的量，主要包括钻井泵的功率、排量、泵压以及钻头水功率、钻头水力压降、钻头喷嘴直径、射流冲击力、射流喷速和环空钻井液上返速度等。水力参数优化设计的目的就是寻求合理的水力参数配合，使井底获得最优的水力能量分配，从而达到最优的井底净化效果，提高机械钻速。然而，井底水力能量的分配要受到钻头喷嘴选择、循环系统水力能量损耗和地面机泵条件的制约。因此，水力参数优化设计是在了解钻头水力特性、循环系统水力能量损耗规律、地面机泵水力特性的基础上进行的。

— 线上自学 —

4-6 射流对井底的作用及钻头水力参数

一、喷射式钻头的水力特性

喷射式钻头的主要水力结构特点就是在钻头上安装具有一定结构特点的喷嘴。钻井液通过喷嘴以后能形成具有一定水力能量的高速射流，以射流冲击的形式作用于井底，从而清除井底岩屑或破碎井底岩石。

— 动　画 —

4-7 井底射流特性

1. 射流及其对井底的作用

1）射流特性

射流是指通过管嘴或孔口过水断面周界不与固体壁接触的液流。按射流流体与周围流体介质的关系划分，可分为淹没射流（射流流体的密度小于或等于周围流体的密度）和非淹没射流（射流流体的密度大于周围流体的密度）；按射流的运动和发展是否受到固体壁限制划分，可分为自由射流（不受固体壁限制）和非自由射流（受到固体壁限制）；按射流压力是否稳定划分，又可分为连续射流（射流内某一点的压力保持稳定）和脉冲射流（射流流束内的压力不稳定）等。在喷射式钻头的井底条件下，钻井液从喷嘴喷出形成射流后，被井筒内的钻井液所淹没，并且其运动和发展受到井底和井壁的限制，因而属淹没非自由射流。

射流出喷嘴后，由于摩擦作用，射流流体与周围流体产生动量交换，带动周围流体一起运动，使射流的周界直径不断扩大。射流纵剖面上周界母线的夹角称为射流扩散角（图 4-3-1 中的 α）。射流扩散角 α 表征了射流的密集程度。显然，α 越小，则射流的密集性越高，能量就越集中。

射流在喷嘴出口断面各点的速度基本相等，为初始速度 v_j。随着射流的运动和向前发展，由于动量交换并带动周围介质运动，射流周边的速度分布首先受到影响，且影响范围不断向射流中心推进，使原来保持初始速度运动的流束直径逐渐减小，直至射流中心的速度小于初始速度。射流中心这一部分保持初始速度流动的流束称为射流等速核，如图 4-3-1 所示。射流等速核的长度 L_0 主要受喷嘴直径和喷嘴内流道影响。周围介质是由外向里逐渐影响射流的，在射流的任一横截面上，射流轴心上的速度最高，自射流中心向外速度很快降低，到射流边界上速度为零（射流各截面上的速度分布见图 4-3-1）。在等速核以内，射流轴线上的速度等于出口速度；超过等速核以后，射流轴线上的速度迅速降低。射流轴线上的速度衰减规律如图 4-3-2 所示。图中 d_n 为喷嘴直径，L 为射流轴线上某点距出口的距离，v_j 为射流出口流速，v_{jm} 为距出口 L 处的最大流速。

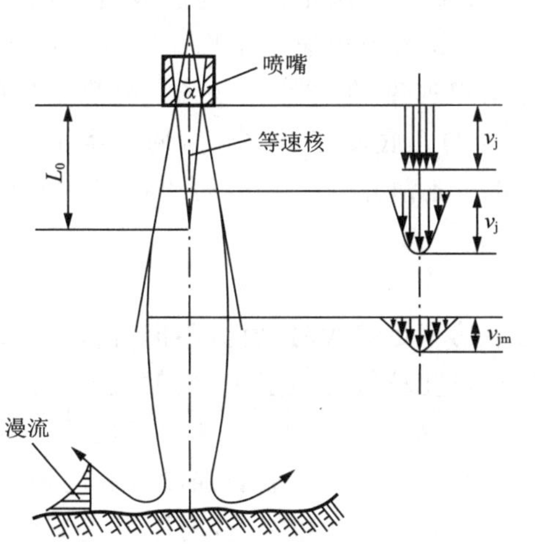

图 4-3-1　喷射式钻头的井底射流特性

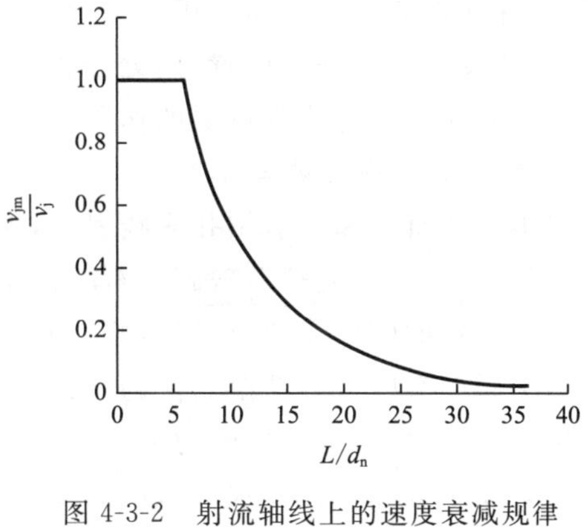

图 4-3-2　射流轴线上的速度衰减规律

射流撞击井底后，射流的动能转换成对井底的压能，形成井底冲击压力波，且射流流体在井底限制下沿井底方向流动，形成一层沿井底高速流动的漫流。

淹没非自由连续射流的基本特征为：射流具有等速核和扩散角；在射流横截面上中心速度最大；超过等速核以后，射流轴线上的速度迅速降低；射流撞击井底后，形成井底冲击压力波和井底漫流。

2）射流对井底的清洗作用

射流撞击井底后形成的井底冲击压力波和井底漫流是射流对井底清洗的两个主要作用形式。

（1）射流的冲击压力作用。射流撞击井底后形成的冲击压力波并不是作用在整个井底，而是作用在如图 4-3-3 所示的小圆面积上。就整个井底而言，射流作用的面积内压力较高，而射流作用的面积以外压力较低。在射流的冲击范围内，冲击压力也极不均匀，射流作用中心的压力最高，离开中心则压力急剧下降。另外，由于钻头的旋转，射流作用的小面积在迅速移动，本来不均匀的压力分布又在迅速变化。由于这两个原因，作用在井底岩屑上的冲击压力极不均匀。极不均匀的冲击压力使岩屑产生一个翻转力矩，从而离开井底，如图 4-3-4 所示。这就是射流对井底岩屑的冲击翻转作用。

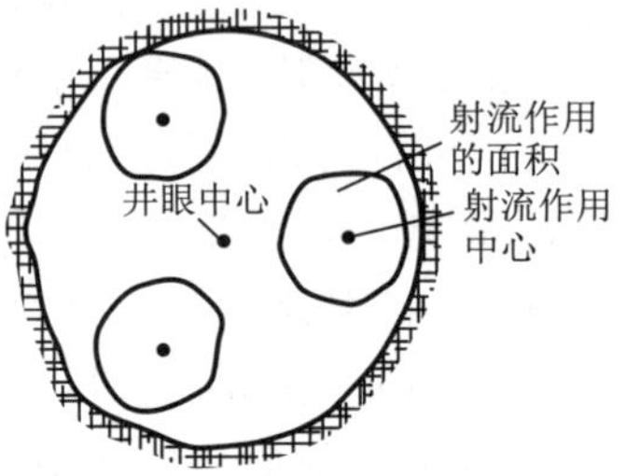

图 4-3-3　射流冲击面积

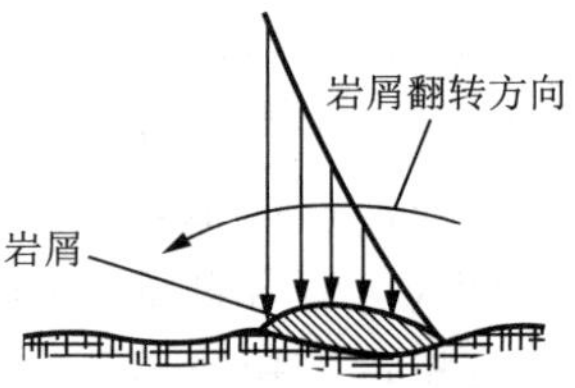

图 4-3-4　岩屑翻转

（2）漫流的横推作用。射流撞击井底后形成的漫流是一层很薄的高速液流层，具有附面射流的性质。研究表明，在表面光滑的井底条件下，最大漫流速度出现在距井底小于 0.5 mm 的高度范围内，最大漫流速度可达到射流喷嘴出口速度的 50%～80%。喷嘴出口距井底越近，井底漫流速度越高。正是这层具有很高速度的井底漫流对井底岩屑产生了一个横向推力，使其离开原来的位置，而处于被钻井液携带并随钻井液一起运动的状态。因此，井底漫流对井底清洗有非常重要的作用。

3）射流对井底的破岩作用

多年来的研究和喷射钻井实践表明，当射流的水功率足够大时，射流不但有清洗井底的作用，而且还有直接或辅助破碎岩石的作用。在岩石强度较低的地层中，当射流的冲击压力超过地层岩石的破碎压力时，射流将直接破碎岩石。这种破岩形式在一口井的表层钻进中经常遇到。如有些地区钻鼠洞，只开泵不用旋转钻头就可完成。在岩石强度较高的地层中，钻头破碎井底岩石时，在机械力的作用下，在岩石中形成微裂纹和裂缝，高压射流流体挤入岩石微裂纹或裂缝，形成“水楔”，使微裂纹和裂缝扩大，从而使岩石强度大大降低，钻头的破碎效率大大提高。

2. 射流水力参数

射流水力参数包括射流的喷射速度、射流冲击力和射流水功率。从衡量射流对井底的清洗效果来看，应该计算的是射流到达井底时的水力参数。但由于射流在不同条件下其速度和压力的衰减规律以及不同射流横截面上的分布规律不同，直接计算井底的射流水力参数还有一定困难。因此，工程上选择射流出口断面作为水力参数的计算位置，即计算射流出口处的喷射速度、冲击力和水功率。

1）射流喷射速度

钻头喷嘴出口处的射流速度称为射流喷射速度，习惯上称为喷速，其计算式为：

$$v_{j}=\frac{10Q}{A_{0}} \tag{4-3-1}$$

其中：
$$A_{0}=\frac{\pi}{4}\sum_{i=1}^{z}d_{ni}^{2}$$

式中　v_j——射流喷速，m/s；

Q——通过钻头喷嘴的钻井液流量，L/s；

A_0——喷嘴出口截面面积，cm^2；

d_{ni}——第 i 个喷嘴的直径，$i=1,2,\cdots,z$，cm；

z——喷嘴个数。

2）射流冲击力

射流冲击力是指射流在其作用的面积上的总作用力。喷嘴出口处的射流冲击力表达式可以根据动量原理导出，其形式为：

$$F_{j}=\frac{\rho_{d}Q^{2}}{100A_{0}} \tag{4-3-2}$$

式中　F_j——射流冲击力，kN；

ρ_d——钻井液密度，g/cm^3。

3）射流水功率

在射流冲离岩屑、清洗井底和协助钻头破碎岩石的过程中，实质上是射流不断地对井底和岩屑做功。单位时间内射流所具有的做功能量越多，其清洗井底和破碎岩石的能力就越强。单位时间内射流所具有的做功能量就是射流水功率，其表达式为：

$$P_{j}=\frac{0.05\rho_{d}Q^{3}}{A_{0}^{2}} \tag{4-3-3}$$

式中　P_j——射流水功率，kW。

3. 钻头水力参数

对井底清洗有实际意义的是射流水力参数。但射流是钻井液通过钻头喷嘴以后产生的，由于喷嘴对钻井液有阻力，故会损耗一部分能量。因此，在水力参数设计中，不仅要计算射流的能量，还要考虑喷嘴损耗的能量。能反映这两部分能量的就是钻头的水力参数。钻头水力参数包括钻头压降和钻头水功率。

1）钻头压降

钻头压降是指钻井液流过钻头喷嘴以后其压力降低的值。当钻井液排量和喷嘴尺寸一定时，根据流体力学中的能量方程，可以得到钻头压降的计算公式：

$$\Delta p_{b}=\frac{0.05\rho_{d}Q^{2}}{C^{2}A_{0}^{2}} \tag{4-3-4}$$

式中　Δp_b——钻头压降，MPa；

C——喷嘴流量系数，与喷嘴的阻力系数有关，其值总是小于1，无因次。

如果喷嘴出口截面面积用喷嘴当量直径表示，则钻头压降的计算公式为：

$$\Delta p_{b}=\frac{0.081\rho_{d}Q^{2}}{C^{2}d_{ne}^{4}} \tag{4-3-5}$$

其中：

$$d_{ne}=\sqrt{\sum_{i=1}^{z}d_{ni}^2}$$

式中 d_{ne}——喷嘴当量直径，cm。

2）钻头水功率

钻头水功率是指钻井液流过钻头时所消耗的水力功率。钻头水功率的大部分变成射流水功率，少部分则用于克服喷嘴阻力而做功。根据水力学原理，钻头水功率可用下式表示：

$$P_b=\frac{0.05\rho_d Q^3}{C^2 A_0^2} \tag{4-3-6}$$

或

$$P_b=\frac{0.081\rho_d Q^3}{C^2 d_{ne}^4} \tag{4-3-7}$$

式中 P_b——钻头水功率，kW。

对比式(4-3-3)和式(4-3-6)，可以得出：

$$P_j=C^2 P_b \tag{4-3-8}$$

由式(4-3-8)可以看出，钻头水功率与射流水功率之间仅相差一个系数 C^2。C^2 实际上表示了喷嘴的能量转换效率。射流水功率是钻头水功率的一部分，是由钻头水功率转换而来的。为了提高射流的水功率，必须选择流量系数高的喷嘴。

射流的另外两个水力参数也可以用钻头水力参数来表示，即

$$v_j=10C\sqrt{\frac{20}{\rho_d}}\sqrt{\Delta p_b} \tag{4-3-9}$$

$$F_j=0.2A_0 C^2\Delta p_b \tag{4-3-10}$$

由以上两式可以看出，要提高射流喷速和射流冲击力，必须提高钻头压降和选择流量系数高的喷嘴。

二、水功率传递的基本关系

— 线上自学 —

4-8 水功率传递的基本关系与提高钻头水力参数的途径

钻头水功率是由钻井泵提供的。钻井液从钻井泵排出时具有一定的水功率，称为钻井泵输出功率，简称泵功率。水功率从钻井泵传递到钻头上是通过钻井液在循环系统中的流动实现的。钻井液循环系统总体上可分为地面管汇、钻柱内、环形空间和钻头喷嘴四部分。钻井液流过这四部分时都要消耗部分能量，使压力降低。当钻井液返至地面出口管时，其压力变为零。因此，泵压传递的基本关系式可表示为：

$$p_s=\Delta p_g+\Delta p_{st}+\Delta p_a+\Delta p_b \tag{4-3-11}$$

式中 p_s——钻井泵压力，MPa；

Δp_g——地面管汇压耗，MPa；

Δp_{st}——钻柱内压耗，MPa；

Δp_a——环空压耗，MPa；

Δp_b——钻头压降，MPa。

根据水力学原理，水功率是压力和排量的乘积，因此钻井泵输出功率可由下式计算：

$$P_s=p_s Q \tag{4-3-12}$$

式中　P_s——钻井泵输出功率，kW；

Q——钻井泵排量，L/s。

由于整个循环系统是单一管路，故系统各处的排量应相等。因此，由式(4-3-11)，泵功率传递的基本关系式可表示为：

$$P_s = P_g + P_{st} + P_a + P_b \tag{4-3-13}$$

式中　P_g——地面管汇损耗功率，kW；

P_{st}——钻柱内损耗功率，kW；

P_a——环空损耗功率，kW；

P_b——钻头损耗功率，kW。

水力参数优选的目的是获得较高的钻头压降和钻头水功率。由式(4-3-11)和式(4-3-13)可以看出，在泵压或泵功率一定的条件下，要提高钻头压降或钻头水功率，就必须降低地面管汇、钻柱内和环形空间这三部分的压力损耗。习惯上将钻井液在这三部分流动时所造成的压力损耗统称为循环系统压耗。

三、循环系统压耗的计算

钻井液在循环系统的流动主要是在钻柱内的管内流动和钻柱外的环空流动。对流动介质钻井液本身，根据其流变性不同，可分为宾汉流体、幂律流体和卡森流体等不同流型；根据钻井液在管内和环空的流动状态，又分为层流和紊流。根据流体力学的基本理论，不同流型的流体介质在不同几何空间中流动时，其流态的判别方法不同，且不同流型的流体介质在不同几何空间以不同流态流动时，其压力损耗的计算方法也不同。对循环系统的压力损耗，如果按严格的流体力学理论计算，必须首先测定钻井液的流型及性能；再判断钻井液在循环系统各个部分流动时的流态；然后根据不同流型和不同流态下的管内流或环空流的压耗计算公式，计算循环系统各部分的压耗；最后合并求出循环系统总的压耗。

从以上分析可以看出，循环系统压耗的计算是一个非常复杂的问题。这是因为，一方面钻井液是一种非牛顿流体，其流变性变化较大，有多种流型；另一方面钻井循环系统各部分的几何形状不同，在同一排量下，各部分的流态也不相同，且钻井过程中钻柱在井内是旋转的，钻井液在钻柱内和环空中的流动并不是纯粹的轴向流动，有些问题在理论上还没有彻底解决。所以，在工程计算上，为应用方便，需在精度允许的范围内对循环系统的流动问题进行适当简化。实际上，在钻井条件下，钻井液在管内的流动总是紊流，环空流动则可能是层流也可能是紊流，但考虑到循环系统压耗的主要组成部分是管内压耗，而环空压耗在数值上较小，整个循环系统全按紊流流态计算在工程上是可以保证足够精度的。另外，在紊流流态下，钻井液流动的剪切速率较高，高剪切速率条件下不同流型钻井液的流变性比较接近，将钻井液均看作宾汉流体在工程计算中也可以达到足够的精度。因此，在循环系统压耗的实际工程计算中进行了以下假设：① 钻井液为宾汉流体；② 钻井液在循环系统各部分的流动均为等温紊流；③ 钻柱处于与井眼同心的位置；④ 不考虑钻柱旋转；⑤ 井眼为已知直径的圆形井眼；⑥ 钻井液为不可压缩流体。

1. 压耗计算的基本公式

在以上六项假设的条件下，根据水力学基本方程，图 4-3-5 所示的钻井液在管内流动的沿程水头损失 Δh 可表示为：

$$\Delta h=\frac{p_1-p_2}{\gamma}=\xi\frac{v^2}{2g}$$

式中　γ——钻井液重度，N/m^3；

ξ——水头损失系数，无因次；

v——钻井液在管路中的平均流速，m/s；

g——重力加速度，m/s^2。

式中，p_1-p_2 就是钻井液在该管路内的流动压耗。因此，钻井液在循环管路中的流动压耗 Δp_L 为：

$$\Delta p_L=p_1-p_2=\xi\frac{\gamma v^2}{2g}=\xi\frac{\rho_d v^2}{2}$$

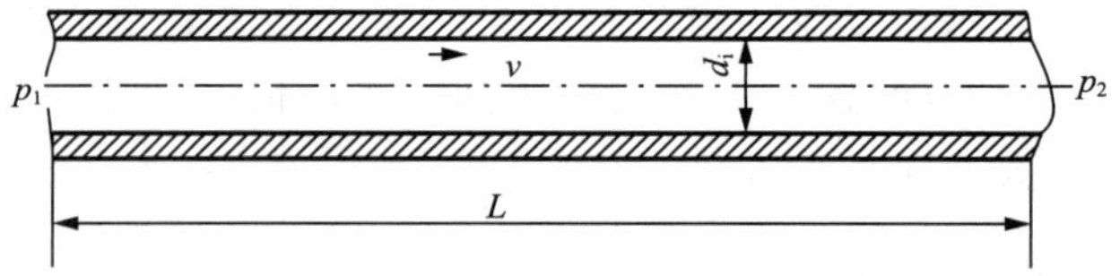

图 4-3-5　管流示意图

实验证明，ξ 与管路长度 L 成正比，与管路的水力半径 r_w 成反比，与管壁摩阻系数 f 成正比，即 $\xi=f\frac{L}{r_w}$。于是可得：

$$\Delta p_L=f\frac{\rho_d L v^2}{2r_w} \tag{4-3-14}$$

根据水力半径的定义，水力半径等于过流截面面积除以湿周。因此，对管内流，$r_w=\frac{d_i}{4}$；对环空流，$r_w=\frac{d_h-d_{po}}{4}$。其中，d_i 为管路内径，d_h 为井眼直径，d_{po} 为钻柱外径。将水力半径 r_w 代入式(4-3-14)，并对各物理量选择合适的量纲，可得循环系统管内流动和环空流动的压力损耗(简称压耗)计算公式：

管内流

$$\Delta p_L=\frac{0.2f\rho_d L v^2}{d_i} \tag{4-3-15}$$

环空流

$$\Delta p_L=\frac{0.2f\rho_d L v^2}{d_h-d_{po}} \tag{4-3-16}$$

式中　Δp_L——压力损耗，MPa；

f——管路的水力摩阻系数，无因次；

ρ_d——钻井液密度，g/cm^3；

L——管路长度，m；

v——钻井液在管路中的平均流速，m/s；

d_i——管路内径，cm；

d_h——井眼直径，cm；

d_{po}——钻柱外径，cm。

2. 摩阻系数的确定

分析式(4-3-15)和式(4-3-16)可以看出，钻井液密度、平均流速以及管路的几何尺寸都是容易确定的参数，计算管路压耗的关键在于确定管路的水力摩阻系数 f。确定摩阻系数 f 是一件非常麻烦的事情，许多人对不同流动条件下的摩阻系数进行了大量的理论和实验研究。研究表明，流体流动的摩阻系数与流体的流型、流态、管壁粗糙度以及流体雷诺数等因素有关。但到目前为止，还没有适合于各种流动条件下精确计算摩阻系数的方法，摩阻系数仍然是通过实验测定或根据由实验所得到的经验公式进行计算。

关于钻井条件下循环系统的摩阻系数，有人以牛顿流体为流动介质测定了紊流条件下摩阻系数 f 与雷诺数 Re 的关系数据，f 与 Re 的关系曲线如图 4-3-6 所示。研究表明，对宾汉流体在循环系统的紊流，可以借鉴牛顿流体的测量结果确定摩阻系数。但在计算雷诺数时，必须将宾汉流体的塑性黏度换算成相应的当量紊流黏度。当量紊流黏度 μ_e 与宾汉流体塑性黏度 μ_{pv} 的关系为：

$$\mu_e=\frac{\mu_{pv}}{3.2} \tag{4-3-17}$$

将式(4-3-17)代入雷诺数计算公式并注意各物理量的量纲变化，即可得到适合于宾汉流体、利用图 4-3-6 确定摩阻系数的雷诺数计算公式，即

管内流

$$Re=\frac{32\rho_d d_i v}{\mu_{pv}} \tag{4-3-18}$$

环空流

$$Re=\frac{32\rho_d (d_h-d_{po}) v}{\mu_{pv}} \tag{4-3-19}$$

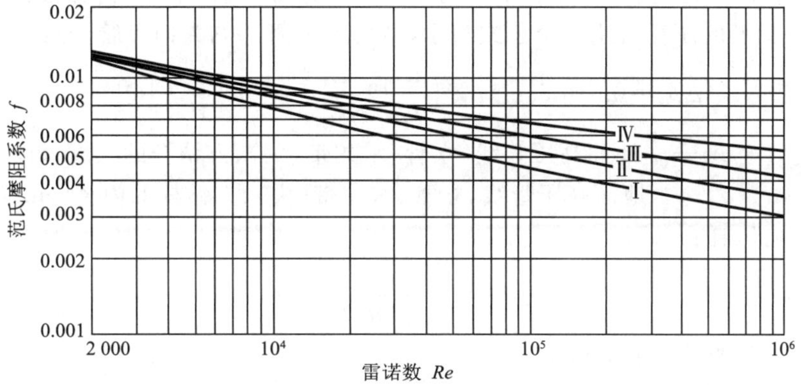

Ⅰ—冷轧黄铜管或玻璃管的最小值；Ⅱ—接头处断面不变的新管子(内平管)；

Ⅲ—具有贯眼接头的钻杆或下套管井的环形空间；Ⅳ—未下套管裸眼井的环形空间。

图 4-3-6　紊流条件下 f 与 Re 关系图

为应用方便，可将图 4-3-6 中的四条曲线用一个关系式近似表示为：

$$f=\frac{k}{Re^{0.2}} \tag{4-3-20}$$

式中　k——计算系数，各条曲线的 k 值可由表 4-3-1 查得。

表 4-3-1　不同管路条件下的 k 值

曲线编号	k
Ⅰ	0.046
Ⅱ	0.053
Ⅲ	0.059
Ⅳ	0.062

根据式(4-3-18)～式(4-3-20)以及表 4-3-1 中的 k 值即可求出不同管路条件下的摩阻系数 f。

(1) 内平钻杆和钻铤的内部摩阻系数：

$$f=0.026\ 5\left(\frac{\mu_{pv}}{\rho_d d_i v}\right)^{0.2} \tag{4-3-21}$$

(2) 贯眼接头的钻杆内部摩阻系数：

$$f=0.029\ 5\left(\frac{\mu_{pv}}{\rho_d d_i v}\right)^{0.2} \tag{4-3-22}$$

(3) 环形空间摩阻系数：

$$f=0.029\ 5\left[\frac{\mu_{pv}}{\rho_d (d_h-d_{po}) v}\right]^{0.2} \tag{4-3-23}$$

3. 循环系统压耗的计算公式

根据循环系统的实际情况，分别将式(4-3-21)～式(4-3-23)有选择地代入管路压耗计算公式(4-3-15)或式(4-3-16)，就可导出循环系统各部分的压耗计算公式。

(1) 地面管汇压耗，包括地面高压管线、立管、水龙带(包含水龙头在内)、方钻杆等的压耗。整个地面管汇的压耗可用一个公式表示(认为所有管路均为内平管子)：

$$\Delta p_g=0.516\ 55\rho_d^{0.8}\mu_{pv}^{0.2}\left(\frac{L_1}{d_1^{4.8}}+\frac{L_2}{d_2^{4.8}}+\frac{L_3}{d_3^{4.8}}+\frac{L_4}{d_4^{4.8}}\right)Q^{1.8} \tag{4-3-24}$$

式中　L_1, L_2, L_3, L_4——地面高压管线、立管、水龙带(头)、方钻杆的长度，m；

d_1, d_2, d_3, d_4——地面高压管线、立管、水龙带(头)、方钻杆的内径，cm。

(2) 钻杆内压耗：

$$\Delta p_{pi}=\frac{B\rho_d^{0.8}\mu_{pv}^{0.2}L_p Q^{1.8}}{d_{pi}^{4.8}} \tag{4-3-25}$$

式中　Δp_{pi}——钻杆内压耗，MPa；

d_{pi}——钻杆内径，cm；

B——常数，内平钻杆 $B=0.516\ 55$，贯眼钻杆 $B=0.575\ 03$；

L_p——钻杆总长度，m。

(3) 钻杆外环形空间压耗：

$$\Delta p_{pa}=\frac{0.575\ 03\rho_d^{0.8}\mu_{pv}^{0.2}L_p Q^{1.8}}{(d_h-d_{po})^3(d_h+d_{po})^{1.8}} \tag{4-3-26}$$

式中　Δp_{pa}——钻杆外环形空间压耗，MPa；

d_h——井眼直径，cm；

d_{po}——钻杆外径，cm。

（4）钻铤内压耗：

$$\Delta p_{ci}=\frac{0.516\ 55\rho_d^{0.8}\mu_{pv}^{0.2}L_cQ^{1.8}}{d_{ci}^{4.8}} \tag{4-3-27}$$

式中　Δp_{ci}——钻铤内压耗，MPa；

L_c——钻铤长度，m；

d_{ci}——钻铤内径，cm。

（5）钻铤外环形空间压耗：

$$\Delta p_{ca}=\frac{0.575\ 03\rho_d^{0.8}\mu_{pv}^{0.2}L_cQ^{1.8}}{(d_h-d_{co})^3\ (d_h+d_{co})^{1.8}} \tag{4-3-28}$$

式中　Δp_{ca}——钻铤外环形空间压耗，MPa；

d_{co}——钻铤外径，cm。

为使计算进一步简化，将式(4-3-25)～式(4-3-28)进行适当合并得：

钻杆内外压耗

$$\Delta p_p=\left[\frac{B}{d_{pi}^{4.8}}+\frac{0.575\ 03}{(d_h-d_{po})^3\ (d_h+d_{po})^{1.8}}\right]\rho_d^{0.8}\mu_{pv}^{0.2}L_pQ^{1.8} \tag{4-3-29}$$

钻铤内外压耗

$$\Delta p_c=\left[\frac{0.516\ 55}{d_{ci}^{4.8}}+\frac{0.575\ 03}{(d_h-d_{co})^3\ (d_h+d_{co})^{1.8}}\right]\rho_d^{0.8}\mu_{pv}^{0.2}L_cQ^{1.8} \tag{4-3-30}$$

在式(4-3-24)、式(4-3-29)和式(4-3-30)中，分别令 K_g，K_p 和 K_c 为地面管汇、钻杆内外和钻铤内外的压耗系数，即

$$K_g=0.516\ 55\rho_d^{0.8}\mu_{pv}^{0.2}\left(\frac{L_1}{d_1^{4.8}}+\frac{L_2}{d_2^{4.8}}+\frac{L_3}{d_3^{4.8}}+\frac{L_4}{d_4^{4.8}}\right) \tag{4-3-31}$$

$$K_p=\rho_d^{0.8}\mu_{pv}^{0.2}L_p\left[\frac{B}{d_{pi}^{4.8}}+\frac{0.575\ 03}{(d_h-d_{po})^3\ (d_h+d_{po})^{1.8}}\right] \tag{4-3-32}$$

$$K_c=\rho_d^{0.8}\mu_{pv}^{0.2}L_c\left[\frac{0.516\ 55}{d_{ci}^{4.8}}+\frac{0.575\ 03}{(d_h-d_{co})^3\ (d_h+d_{co})^{1.8}}\right] \tag{4-3-33}$$

则整个循环系统的压耗公式为：

$$\Delta p_L=\Delta p_g+\Delta p_p+\Delta p_c=(K_g+K_p+K_c)Q^{1.8}=K_LQ^{1.8}$$

其中，$K_L=K_g+K_p+K_c$ 称为整个循环系统的压耗系数。

将压耗系数 K_L 做进一步变化，设井深为 D，单位为 m，并令

$$m=\rho_d^{0.8}\mu_{pv}^{0.2}\left[\frac{B}{d_{pi}^{4.8}}+\frac{0.575\ 03}{(d_h-d_{po})^3\ (d_h+d_{po})^{1.8}}\right]$$

得：

$$K_p=mL_p$$

则有：

$$\begin{aligned}K_L&=K_g+K_p+K_c\\&=K_g+mL_p+K_c\\&=K_g+m(D-L_c)+K_c\\&=mD+K_g+K_c-mL_c\end{aligned}$$

令
$$a=K_g+K_c-mL_c$$
则得到：
$$K_L=mD+a$$

分析 m 和 a 可以看出，当地面管汇、钻具结构、井身结构和钻井液性能确定以后，m 和 a 基本上可以看作常数。因此，循环系统的压耗系数 K_L 随井深的增加而增大。

最终得到管路循环系统压耗的计算公式为：
$$\Delta p_L=K_LQ^{1.8}=(K_g+K_p+K_c)Q^{1.8}=(mD+a)Q^{1.8} \tag{4-3-34}$$

4. 提高钻头水力参数的途径

从前面所述的水功率传递关系可知，地面机泵提供的钻井液压力和水功率主要消耗在钻头和循环系统两部分。因而，提高钻头水力参数的问题也就是采取怎样的手段使地面机泵提供的能量尽可能多地传递给钻头、尽可能少地消耗在循环系统中。

仿照式(4-3-34)的形式，可以将式(4-3-4)改写为：
$$\Delta p_b=\frac{0.05\rho_dQ^2}{C^2A_0^2}=K_bQ^2 \tag{4-3-35}$$
$$K_b=\frac{0.05\rho_d}{C^2A_0^2}$$
式中　K_b——钻头压降系数。

根据泵压和泵功率的传递关系，可以得到：
$$p_s=\Delta p_b+\Delta p_L=K_bQ^2+K_LQ^{1.8}$$
$$\Delta p_b=K_bQ^2=p_s-K_LQ^{1.8} \tag{4-3-36}$$
$$P_s=P_b+P_L=K_bQ^3+K_LQ^{2.8}$$
$$P_b=K_bQ^3=P_s-K_LQ^{2.8} \tag{4-3-37}$$

对式(4-3-36)和式(4-3-37)进行分析，可以看出提高钻头水力参数(Δp_b 和 P_b)的主要途径有以下四个方面：

1）提高泵压 p_s 和泵功率 P_s

提高泵压和泵功率可以提高水力能量的总体水平，但要受到井队装备条件的限制。我国喷射钻井的发展大体上可以分为三个阶段，又称为三个台阶。第一阶段 $p_s=13\sim15$ MPa，第二阶段 $p_s=17\sim18$ MPa，第三阶段 $p_s=20\sim22$ MPa。随着阶段的上升，所用钻井泵的额定泵压和额定功率都在增加，这为提高钻头压降和钻头水功率提供了装备。

2）降低循环系统压耗系数 K_L

由于 $K_L=K_g+K_p+K_c$，由式(4-3-31)～式(4-3-33)可以看出，压耗系数与钻井液密度 ρ_d、钻井液塑性黏度 μ_{pv} 以及管路直径有关。因此，降低 K_L 的途径为：① 使用低密度钻井液；② 减小钻井液塑性黏度；③ 适当增大管路内径。对压耗系数 K_L 影响最显著的是管路内径，在可能的条件下应使用较大直径或内平的钻杆。ϕ114 mm 钻杆与 ϕ127 mm 钻杆相比较，虽然前者直径比后者仅小 13 mm，但压耗系数的差别很大。在其他条件相同的情况下，ϕ114 mm 钻杆的压耗系数比 ϕ127 mm 钻杆高出 66％。

3）增大钻头压降系数 K_b

由式(4-3-35)可知，增大 K_b 的途径可能是增大 ρ_d，或减小 C 和 A_0。但实际上增大 ρ_d 和减小 C 都是不可取的。ρ_d 增大则 K_L 相应增大，也就增大了对井底的压力，这对提高钻速是不利的；减小 C 实际上增大了喷嘴处的能量损耗。因此，增大 K_b 唯一有效的方法是缩小喷嘴直径。喷嘴直径的缩小对增大 K_b 影响显著。例如，当喷嘴直径由 ϕ12 mm 缩小到 ϕ11 mm 时，K_b 可以增大 42%。

4）优选排量 Q

由式(4-3-36)和式(4-3-37)可以看出，排量 Q 的增大将使钻头压降和钻头水功率增大，但同时也使循环系统压耗和循环系统损耗功率增大。因此，必须在一定的优选目标下优选排量，使钻头和循环系统的水力能量分配达到最合理。

四、钻井泵的工作特性

提高地面机泵的泵压和泵功率是提高钻头水力参数的一个重要途径。但钻井现场不可能为了提高泵功率而经常更换地面机泵。因此，进行水力参数优选应该是在现有机泵条件的基础上，考虑怎样充分发挥地面机泵的能力，使钻井泵得到最合理的应用。这就要求对钻井泵的工作特性有所了解。

每一种钻井泵都有一个最大输出功率，称为泵的额定功率。每一种钻井泵都有几种直径不同的缸套，每种缸套都有一定的允许压力，称为使用该缸套时的额定泵压。额定泵功率和额定泵压时的排量称为泵的额定排量，额定排量时的泵冲数称为泵的额定冲数。钻井现场经常用到的 3NB-1000 和 3NB-1300 泵的性能参数见表 4-3-2 和表 4-3-3。

表 4-3-2　3NB-1000 钻井泵性能参数表

缸套直径/mm	额定泵冲/(次·min^{-1})	额定排量/(L·s^{-1})	额定泵压/MPa
120	150	19.9	33.1
130	150	23.4	28.2
140	150	27.1	24.3
150	150	31.1	21.2
160	150	35.4	18.6
170	150	40.0	16.5

表 4-3-3　3NB-1300 钻井泵性能参数表

缸套直径/mm	额定泵冲/(次·min^{-1})	额定排量/(L·s^{-1})	额定泵压/MPa
130	140	23.6	34.3
140	140	27.4	31.4
150	140	31.4	27.3
160	140	35.7	24.0
170	140	40.4	21.3

泵的额定功率、额定泵压和额定排量的关系为：

$$P_r = p_r Q_r$$

式中　P_r——泵的额定功率，kW；

p_r——额定泵压，MPa；

Q_r——额定排量，L/s。

随着排量的变化,可将钻井泵的工作分为两种工作状态,如图 4-3-7 所示。

当 $Q \leqslant Q_r$ 时,由于泵压受到缸套允许压力的限制,即泵压最大只能等于额定泵压 p_r,所以泵功率要小于额定泵功率,随着排量的减小,泵功率下降。泵的这种工作状态称为额定泵压工作状态。当 $Q > Q_r$ 时,由于泵功率受到额定泵功率的限制,即泵功率最大只能等于额定泵功率 P_r,所以泵压要小于额定泵压,随着排量的增加,泵的实际工作压力降低。泵的这种工作状态称为额定功率工作状态。从泵的这两种工作状态可以看出,只有当泵排量等于额定排量时,钻井泵才有可能同时达到额定输出功率和缸套的最大许用压力。因此,在选择缸套时,应尽可能选择额定排量与实用排量相近的缸套,这样才能充分发挥泵的能力。

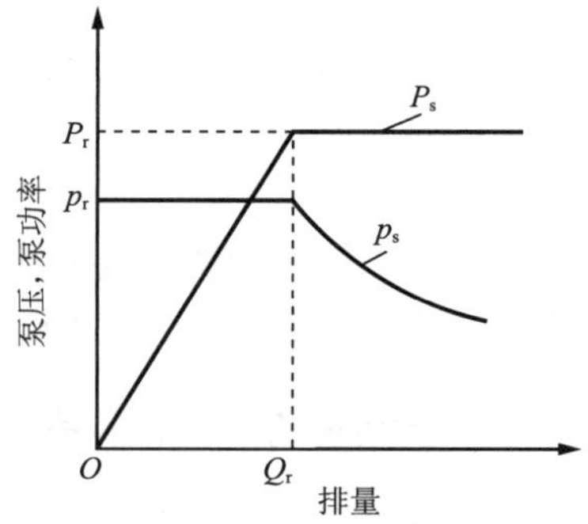

图 4-3-7　钻井泵的工作状态

五、水力参数优选的标准

前面已经介绍了射流与钻头的五个水力参数,即射流喷速 v_j、射流冲击力 F_j、射流水功率 P_j、钻头压降 Δp_b 和钻头水功率 P_b。由于 P_b 和 P_j 之间仅差一个系数 C^2,本质上是一个参数,所以在实际工作中只计算 P_b,而不计算 P_j。将剩下的四个水力参数与地面机泵的工作参数以及循环系统的损耗联系起来,其计算公式可转换为:

— 线上自学 —

4-9　水力参数优选的标准及获得最优水力参数的条件

$$\Delta p_b = p_s - K_L Q^{1.8} \tag{4-3-38}$$

$$v_j = K_v \sqrt{p_s - K_L Q^{1.8}} \tag{4-3-39}$$

$$F_j = K_F Q \sqrt{p_s - K_L Q^{1.8}} \tag{4-3-40}$$

$$P_b = Q(p_s - K_L Q^{1.8}) \tag{4-3-41}$$

其中:

$$K_v = 10C\sqrt{\frac{20}{\rho_d}}$$

$$K_F = \frac{C\sqrt{20\rho_d}}{100}$$

以上四个公式表明了四个水力参数随排量 Q 的变化情况。各水力参数随排量变化的关系曲线如图 4-3-8 所示。

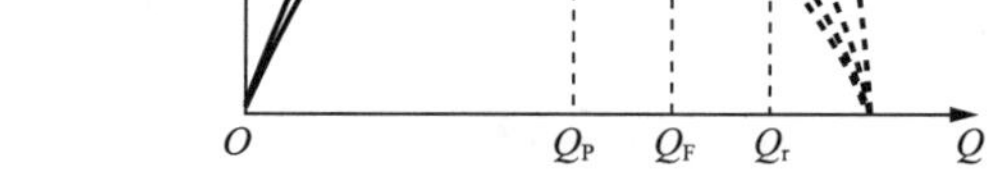

Q_P—最大钻头水功率下的排量;

Q_F—最大射流冲击力下的排量。

图 4-3-8　各水力参数随排量的变化规律

从井底清洗的要求来看,希望这四个水力参数都越大越好。但从图 4-3-8 中可以看出,根本没有办法选择同一个排量使这四个水力参数同时达到最大值。这就存在一个在确定泵的操作参数以及选择喷嘴直径和排量时以哪一个水力参数达到最大为标准的问题。由于人们在水力作用对井底清洗机理认识上的差异,通常有最大钻头水功率、最大射流冲击力和最大射流喷速三个标准。目前钻井现场常用的是最大钻头水功率和最大射流冲击力标准。

六、最大钻头水功率

最大钻头水功率标准认为，水力作用清洗井底或辅助破岩是射流对井底做功。因此，要求在机泵允许的条件下钻头获得的水功率越大越好。

1. 获得最大钻头水功率的条件

当钻井泵处在额定功率工作状态时，泵功率 $P_s=P_r$。由水功率的传递关系可得钻头水功率的表达式为：

$$P_b=P_s-P_L=P_r-K_LQ^{2.8} \tag{4-3-42}$$

由式(4-3-42)可知，随着 Q 的增大，P_b 总是减小；随着 Q 的减小，P_b 总是增大。因此在额定功率工作状态下，获得最大钻头水功率的条件应是 Q 尽可能小。由于在额定功率工作状态下，排量不可能比 Q_r 更小，所以实际获得最大钻头水功率的条件是 $Q_{opt}=Q_r$。

当钻井泵处在额定泵压工作状态时，$p_s=p_r$，则钻头水功率可表示为：

$$P_b=P_s-P_L=p_rQ-K_LQ^{2.8}$$

令 $\dfrac{dP_b}{dQ}=0$，可得：

$$\frac{dP_b}{dQ}=p_r-2.8K_LQ^{1.8}=0$$

求得最优排量为：

$$Q_{opt}=\left(\frac{p_r}{2.8K_L}\right)^{\frac{1}{1.8}}=\left[\frac{p_r}{2.8(a+mD)}\right]^{\frac{1}{1.8}} \tag{4-3-43}$$

由于该最优排量时的 $\dfrac{d^2P_b}{dQ^2}=-5.04K_L\left(\dfrac{p_r}{2.8K_L}\right)^{\frac{0.8}{1.8}}<0$，所以该最优排量 Q_{opt} 对应的就是钻头水功率的最大值。进一步变化式(4-3-43)可得：

$$p_r=2.8K_LQ^{1.8}=2.8\Delta p_L$$

$$\Delta p_L=\frac{p_r}{2.8}=0.357p_r \tag{4-3-44}$$

式(4-3-43)或式(4-3-44)就是额定泵压工作状态下获得最大钻头水功率的条件。

2. 钻头水功率随排量和井深的变化规律

根据整个循环系统的水功率分配关系，有：

$$P_b=P_s-P_L=P_s-K_LQ^{2.8}=P_s-(a+mD)Q^{2.8}$$

当 $Q>Q_r$ 时，

$$P_b=P_r-(a+mD)Q^{2.8} \tag{4-3-45}$$

当 $Q\leqslant Q_r$ 时，

$$P_b=p_rQ-(a+mD)Q^{2.8} \tag{4-3-46}$$

对不同的井深 D，分别按式(4-3-45)和式(4-3-46)作钻头水功率 P_b 随排量 Q 变化的关系曲线，可得到不同井深和排量下钻头水功率的变化规律，如图 4-3-9 所示。其中，$D_0<D_1<D_2<D_3<D_{Pc}<D_5<D_{Pa}<D_7$。从图中可以看出，当井深 $D\leqslant D_{Pc}$时，钻头水功率最高时的排量为额定排量，即 $Q_{opt}=Q_r$，此时泵处于额定功率工作状态；当井深 $D>D_{Pc}$时，钻头水功率最高时的排量为式(4-3-43)所表示的最优排量，此时泵处于额定泵压工作状态；当井深 $D>D_{Pa}$时，获得最大钻头水功率时的排量小于携带岩屑所需要的最小排量 Q_a，此时只能用携岩所需的最小排量 Q_a 继续钻进。由此可以看出，井深 D_{Pc}和 D_{Pa}在选择排量时具有非常特殊的意义。通常将 D_{Pc}和 D_{Pa}分别称为第一临界井深和第二临界井深。

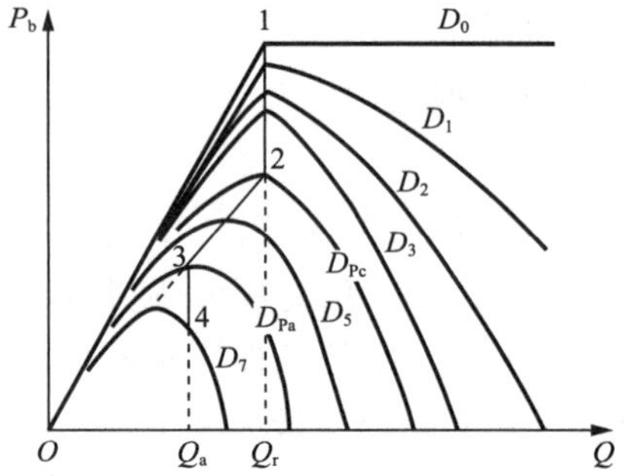

图 4-3-9　钻头水功率随排量和井深的变化规律

由于当 $D=D_{Pc}$时，最优排量 $Q_{opt}=Q_r$，同时还应满足式(4-3-43)，由此可求得第一临界井深为：

$$D_{Pc}=\frac{p_r}{2.8mQ_r^{1.8}}-\frac{a}{m} \tag{4-3-47}$$

当井深 $D=D_{Pa}$时，最优排量 $Q_{opt}=Q_a$，同时也应满足式(4-3-43)，由此可求得第二临界井深为：

$$D_{Pa}=\frac{p_r}{2.8mQ_a^{1.8}}-\frac{a}{m} \tag{4-3-48}$$

3. 最优喷嘴直径的确定

以上所说的最大钻头水功率只是最优排量下钻头可能获得的水功率。然而，钻头实际上能否得到这样大的水功率还取决于所选择的喷嘴直径是否合适。

最优排量确定以后，最优喷嘴直径的确定取决于最大钻头水功率条件下的钻头压降 Δp_b。由式(4-3-5)得：

$$d_{ne}=\sqrt[4]{\frac{0.081\rho_d Q^2}{C^2\Delta p_b}}$$

当 $D\leqslant D_{Pc}$时，$\Delta p_b=p_s-\Delta p_L=p_r-(a+mD)Q_r^{1.8}$，则：

$$d_{ne}=\sqrt[4]{\frac{0.081\rho_d Q_r^2}{C^2[p_r-(a+mD)Q_r^{1.8}]}} \tag{4-3-49}$$

当 $D_{Pc}<D\leqslant D_{Pa}$时，$\Delta p_b=p_s-\Delta p_L=p_r-0.357p_r=0.643p_r$，则：

$$d_{ne}=\sqrt[4]{\frac{0.126\rho_d Q_{opt}^2}{p_r C^2}} \tag{4-3-50}$$

当 $D>D_{Pa}$时，$\Delta p_b=p_s-\Delta p_L=p_r-(a+mD)Q_a^{1.8}$，则：

$$d_{ne}=\sqrt[4]{\frac{0.081\rho_d Q_a^2}{C^2[p_r-(a+mD)Q_a^{1.8}]}} \tag{4-3-51}$$

由以上各式可以看出，当 $D\leqslant D_{Pc}$时，喷嘴当量直径应随井深的增加而逐渐增大；当

$D_{Pc}<D\leqslant D_{Pa}$时，喷嘴当量直径应随井深的增加而逐渐减小；当$D>D_{Pa}$时，喷嘴当量直径则又随井深的增加而逐渐增大。

七、最大射流冲击力

最大射流冲击力标准认为，射流冲击力是决定井底清洗效果的主要因素，射流冲击力越大，井底清洗的效果越好。

1. 获得最大射流冲击力的条件

在额定功率工作状态下，式(4-3-40)可变为：

$$F_j=K_F\sqrt{P_rQ-K_LQ^{3.8}} \tag{4-3-52}$$

在式(4-3-52)中，F_j达到最大值时，必然满足条件$\dfrac{dF_j}{dQ}=0$，则可得$P_L=\dfrac{P_r}{3.8}$。这是在理论上推导出的额定功率工作状态下获得最大射流冲击力的条件。但在实际工作中，要求$Q>Q_r$是不合适的，这是由于要求泵冲数超过额定冲数，对泵的工作是不利的。因此，在额定功率工作状态下，实际上是以$Q=Q_r$作为最优条件。

在额定泵压工作状态下，式(4-3-40)可变为：

$$F_j=K_F\sqrt{p_rQ^2-K_LQ^{3.8}} \tag{4-3-53}$$

由$\dfrac{dF_j}{dQ}=0$，可求得获取最大射流冲击力的条件为：

$$\Delta p_L=\frac{p_r}{1.9}=0.526p_r \tag{4-3-54}$$

$$Q_{opt}=\left(\frac{p_r}{1.9K_L}\right)^{\frac{1}{1.8}}=\left[\frac{p_r}{1.9(a+mD)}\right]^{\frac{1}{1.8}} \tag{4-3-55}$$

2. 最大射流冲击力随排量和井深的变化规律

将$K_L=a+mD$代入式(4-3-52)和式(4-3-53)可得：

当$Q>Q_r$时，

$$F_j=K_F\sqrt{P_rQ-(a+mD)Q^{3.8}} \tag{4-3-56}$$

当$Q\leqslant Q_r$时，

$$F_j=K_F\sqrt{p_rQ^2-(a+mD)Q^{3.8}} \tag{4-3-57}$$

对不同的井深D，分别按式(4-3-56)和式(4-3-57)作射流冲击力F_j随排量Q变化的关系曲线，可得到不同井深和排量下射流冲击力的变化规律，如图4-3-10所示。由图可知，从理论上推导出的获得最大射流冲击力的工作路线为1′→2→3→4→5。由于1′→2段$Q>Q_r$，对泵的工作不利，所以实际工作中取1→2→3→4→5这条路线。从图中还可以看出，井深D_{Fc}和D_{Fa}在选择排量时具有非常特殊的意义，D_{Fc}和D_{Fa}分别称为最大射流冲击力标准下的第一临界井深和第二临界井深。

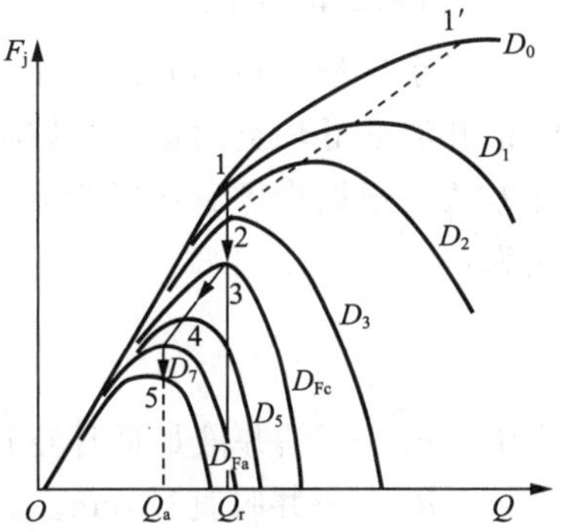

图4-3-10　射流冲击力随排量和井深的变化规律

$$D_{Fc}=\frac{p_r}{1.9mQ_r^{1.8}}-\frac{a}{m} \tag{4-3-58}$$

$$D_{Fa}=\frac{p_r}{1.9mQ_a^{1.8}}-\frac{a}{m} \tag{4-3-59}$$

式中　Q_a——携带岩屑所需要的最小排量，L/s。

3. 最优喷嘴直径的确定

与用最大钻头水功率标准确定最优喷嘴直径的方法相同，根据获得最大射流冲击力时的最优排量以及应获得的钻头压降计算喷嘴直径。

当 $D\leqslant D_{Fc}$ 时，$\Delta p_b=p_s-\Delta p_L=p_r-(a+mD)Q_r^{1.8}$，则：

$$d_{ne}=\sqrt[4]{\frac{0.081\rho_d Q_r^2}{C^2[p_r-(a+mD)Q_r^{1.8}]}} \tag{4-3-60}$$

当 $D_{Fc}<D\leqslant D_{Fa}$ 时，$\Delta p_b=p_s-\Delta p_L=p_r-0.526p_r=0.474p_r$，则：

$$d_{ne}=\sqrt[4]{\frac{0.171\rho_d Q_{opt}^2}{p_r C^2}} \tag{4-3-61}$$

当 $D>D_{Fa}$ 时，$\Delta p_b=p_s-\Delta p_L=p_r-(a+mD)Q_a^{1.8}$，则：

$$d_{ne}=\sqrt[4]{\frac{0.081\rho_d Q_a^2}{C^2[p_r-(a+mD)Q_a^{1.8}]}} \tag{4-3-62}$$

由以上各式可以看出，喷嘴当量直径随井深的变化与采用最大钻头水功率标准时喷嘴当量直径变化的规律相同。

八、水力参数优化设计

水力参数优化设计是指在一口井施工之前，根据水力参数优选的目标，对钻进每个井段时所采取的钻井泵工作参数（排量、泵压、泵功率等）、钻头和射流水力参数（喷速、射流冲击力、钻头水功率等）进行设计和安排。分析钻井过程中与水力因素有关的各变量可以看出，当地面机泵设备、钻具结构、井身结构、钻井液性能和钻头类型确定以后，真正对各水力参数有影响的可控制参数就是钻井液排量和喷嘴直径。因此，水力参数优化设计的主要任务就是确定钻井液排量和选择喷嘴直径。

— 线上自学 —

4-10　水力参数优选的步骤

进行水力参数优化设计，要进行以下几个方面的工作。

1. 确定最小排量 Q_a

最小排量是指钻井液携带岩屑所需要的最低排量。只要确定了携岩所需的钻井液最低环空返速，也就确定了最小排量。确定最低环空返速的方法有多种。其中，一种方法是根据现场工作经验来确定；另一种方法是利用经验公式计算。通常使用的经验公式为：

$$v_a=\frac{18.24}{\rho_d d_h} \tag{4-3-63}$$

式中　v_a——钻井液最低环空返速，m/s；

d_h——井眼直径，cm。

实质上，最低环空返速与钻井液的环空携岩能力有关。钻井液的携岩能力通常用岩屑

举升效率(或称岩屑运载比)来表示。岩屑举升效率是指岩屑在环空的实际上返速度与钻井液在环空的平均上返速度之比,即

$$K_s=\frac{v_s}{v_a} \tag{4-3-64}$$

式中 K_s——岩屑举升效率,无因次;

v_s——岩屑在环空的实际上返速度,m/s;

v_a——钻井液在环空的平均上返速度,m/s。

在工程上,为了保持钻进过程中产生的岩屑量与井口返出量相平衡,一般要求 $K_s \geqslant 0.5$。因此,在用经验公式确定了钻井液最低环空返速以后,还应对岩屑举升效率进行计算,以确保 $K_s \geqslant 0.5$。

为计算 K_s,需求出岩屑的实际上返速度 v_s。设岩屑在钻井液中的下滑速度为 v_{s1},则 $v_s=v_a-v_{s1}$。岩屑的下滑速度与钻井液的性能有关,其计算公式为:

$$v_{s1}=\frac{0.070\,7d_s(\rho_s-\rho_d)^{\frac{2}{3}}}{\rho_d^{\frac{1}{3}}\mu_e^{\frac{1}{3}}} \tag{4-3-65}$$

式中 v_{s1}——岩屑在钻井液中的下滑速度,m/s;

d_s——岩屑直径,cm;

ρ_s——岩屑密度,g/cm^3;

μ_e——钻井液有效黏度,Pa·s。

μ_e 可按下式计算:

$$\mu_e=K\left(\frac{d_h-d_{po}}{1\,200v_a}\right)^{1-n}\left(\frac{2n+1}{3n}\right)^n \tag{4-3-66}$$

式中 K——钻井液稠度系数,Pa·s^n;

n——钻井液流性指数,无因次。

若根据以上各式求出的 $K_s \geqslant 0.5$,则所确定的最低环空返速可用;若 $K_s<0.5$,则需要适当调整钻井液性能或适当调整最低环空返速,以确保 $K_s \geqslant 0.5$。

钻井液最低环空返速确定以后,即可根据下式确定携岩所需的最小排量:

$$Q_a=\frac{\pi}{40}(d_h^2-d_{po}^2)v_a \tag{4-3-67}$$

式中 Q_a——携岩所需最小排量,L/s。

2. 计算不同井深时的循环系统压耗系数

将全井分为若干个井段,以每个井段最下端处的井深作为计算井深。根据前面所讲的公式,分别计算 K_g,K_p,K_c,m 和 a,最后计算不同井深时的循环系统压耗系数($K_L=a+mD$)。

3. 选择缸套直径

钻井泵的每一级缸套都有额定排量和额定泵压两个指标。如果循环系统的承压能力普遍高于各级缸套的额定泵压,则在所选缸套的额定排量 Q_r 大于携带岩屑所需的最小排量 Q_a 的前提下,尽量选用额定泵压高的缸套,进行最优水力参数计算时以缸套的实际额定泵压 p_r 作为最大许用压力。如果循环系统的承压能力低于各级缸套的额定泵压,则应首先计算在承压能力限定的泵压条件下获得最大钻头水功率或最大射流冲击力的最优排量,使所

选缸套的额定排量大于最优排量。进行最优水力参数计算时，应以整个循环系统(包括地面管汇、水龙带、水龙头等)耐压能力的最小值作为最大许用压力。

4. 计算和确定最优排量、最优喷嘴直径及各项水力参数

在确定最优排量之前先要选择水力参数优选的标准；根据所选择的优选标准计算第一和第二临界井深；根据优选标准、临界井深和获得最大水力参数的条件，计算各井段所用的最优排量和最优喷嘴直径，同时计算出不同井段可获得的射流参数和钻头水力参数 v_j，F_j，Δp_b 和 P_b。

例 4-3-1 某井采用 ϕ215.9 mm 钻头钻进(喷嘴流量系数 $C=0.98$)，ϕ177.8 mm 钻铤(内径 71.4 mm)120 m，所用钻杆为 ϕ127 mm 内平钻杆(内径 108.6 mm)。井队配备两台 3NB-1600 钻井泵，根据经验，对整个循环系统而言，地面泵压以不超过 20 MPa 较合适；K_g 取值为 1.07×10^{-3} MPa·s$^{1.8}$/L$^{1.8}$。预计钻进到 4 000 m 井深处钻井液密度为 1.64 g/cm^3，塑性黏度为 0.047 Pa·s。试按最大钻头水功率方式对该井深处进行水力参数设计。要求环空返速不低于 0.7 m/s。

解

(1) 确定最小排量 Q_a。

由经验公式(4-3-63)计算最低环空返速 v_a：

$$v_a=\frac{18.24}{\rho_d d_h}=\frac{18.24}{1.64\times21.59}\ \text{m/s}=0.515\ \text{m/s}$$

由于要求环空返速不低于 0.7 m/s，故取 $v_a=0.7$ m/s。

携岩要求的最小排量为：

$$Q_a=\frac{\pi}{40}(d_h^2-d_{po}^2)v_a=\frac{3.14}{40}\times(21.59^2-12.7^2)\times0.7\ \text{L/s}=16.75\ \text{L/s}$$

(2) 计算不同井深循环压耗系数。

$$\begin{aligned}m&=\rho_d^{0.8}\mu_{pv}^{0.2}\left[\frac{B}{d_{pi}^{4.8}}+\frac{0.575\ 03}{(d_h-d_{po})^3\ (d_h+d_{po})^{1.8}}\right]\\&=1.64^{0.8}\times0.047^{0.2}\times\left[\frac{0.516\ 55}{10.86^{4.8}}+\frac{0.575\ 03}{(21.59-12.7)^3\times(21.59+12.7)^{1.8}}\right]\\&=5.58\times10^{-6}\end{aligned}$$

$$\begin{aligned}K_c&=\rho_d^{0.8}\mu_{pv}^{0.2}L_c\left[\frac{B}{d_{ci}^{4.8}}+\frac{0.575\ 03}{(d_h-d_{co})^3\ (d_h+d_{co})^{1.8}}\right]\\&=1.64^{0.8}\times0.047^{0.2}\times120\times\left[\frac{0.516\ 55}{7.14^{4.8}}+\frac{0.575\ 03}{(21.59-17.78)^3\times(21.59+17.78)^{1.8}}\right]\\&=5.34\times10^{-3}\end{aligned}$$

$$\begin{aligned}a&=K_g+K_c-mL_c\\&=1.07\times10^{-3}+5.34\times10^{-3}-5.58\times10^{-6}\times120\\&=5.740\ 4\times10^{-3}\end{aligned}$$

井深 4 000 m 处的循环压耗系数为：

$$\begin{aligned}K_L&=mD+a=5.58\times10^{-6}\times4\ 000+5.740\ 4\times10^{-3}\\&=0.028\end{aligned}$$

(3) 确定最优排量。

当钻井泵处在限定泵压状态时，p_s 为一定值，大小为 20 MPa，则钻头水功率可表示为：

$$P_b = P_s - P_L = p_s Q - K_L Q^{2.8}$$

令 $\frac{dP_b}{dQ}=0$，得：

$$\frac{dP_b}{dQ} = p_s - 2.8K_L Q^{1.8} = 0$$

求得最优排量为：

$$Q_{opt} = \left(\frac{p_s}{2.8K_L}\right)^{\frac{1}{1.8}} = \left[\frac{p_s}{2.8(a+mD)}\right]^{\frac{1}{1.8}} = \left(\frac{20}{2.8\times 0.028}\right)^{\frac{1}{1.8}} \text{ L/s} = 21.73 \text{ L/s}$$

此时的循环压耗为：

$$\Delta p_L = (mD+a)Q_{opt}^{1.8} = 0.028\times 21.73^{1.8} \text{ MPa} = 7.14 \text{ MPa}$$

(4) 选缸套。

3NB-1600 钻井泵的性能参数见表 4-3-4。根据泵的使用特点，一般缸套的工作额定排量为缸套额定排量的 90%，缸套的工作压力为缸套额定压力的 90%，故所选缸套的额定排量应为：

$$Q_r \geqslant \frac{21.73}{0.9} \text{ L/s} = 24.14 \text{ L/s}$$

所选缸套额定泵压应为：

$$p_r \geqslant \frac{20}{0.9} \text{ MPa} = 22.22 \text{ MPa}$$

表 4-3-4 3NB-1600 钻井泵性能参数表

缸套直径/mm	额定泵冲/(次·min^{-1})	额定排量/(L·s^{-1})	额定泵压/MPa
190	120	51.9	20.7
180	120	46.6	23.1
170	120	41.5	25.9
160	120	36.8	29.2
150	120	32.3	33.2
140	120	28.2	38.1
130	120	24.3	44.2
120	120	20.7	51.9

从表 4-3-4 中可以查得满足上述条件的缸套为直径 130～180 mm 的缸套。

(5) 确定喷嘴直径。

$$d_{ne} = \sqrt[4]{\frac{0.081\rho_d Q_{opt}^2}{C^2[p_s-(a+mD)Q_{opt}^{1.8}]}}$$

$$= \sqrt[4]{\frac{0.081\times 1.64\times 21.73^2}{0.98^2\times[20-(5.740\,4\times 10^{-3}+5.58\times 10^{-6}\times 4\,000)\times 21.73^{1.8}]}} \text{ cm}$$

$$= 1.50 \text{ cm}$$

（6）计算各水力参数。

$$v_{j}=\frac{10Q_{opt}}{A_{0}}=\frac{10\times 21.73}{3.14\times 1.50^{2}/4}\ \text{m/s}=123.03\ \text{m/s}$$

$$F_{j}=\frac{\rho_{d}Q_{opt}^{2}}{100A_{0}}=\frac{1.64\times 21.73^{2}}{100\times 3.14\times 1.50^{2}/4}\ \text{kN}=4.384\ \text{kN}$$

$$P_{j}=\frac{0.05\rho_{d}Q_{opt}^{3}}{A_{0}^{2}}=\frac{0.05\times 1.64\times 21.73^{3}}{\left(\frac{3.14}{4}\times 1.50^{2}\right)^{2}}\ \text{kW}=269.70\ \text{kW}$$

$$\Delta p_{b}=p_{s}-\Delta p_{L}=20\ \text{MPa}-7.14\ \text{MPa}=12.86\ \text{MPa}$$

$$P_{b}=\Delta p_{b}Q_{opt}=12.86\times 21.73\ \text{kW}=279.45\ \text{kW}$$

计算结果列于表 4-3-5 中。

表 4-3-5　水力参数设计结果

井深/m	Q_{opt}/(L·s^{-1})	d_{ne}/cm	Δp_{b}/MPa	P_{b}/kW	v_{j}/(m·s^{-1})	F_{j}/kN	P_{j}/kW
4 000	21.73	1.50	12.86	279.45	123.03	4.384	269.70

习题与拓展

— 拓展与思政 —

4-11

1. 某井用 ϕ200 mm 241 型钻头钻进，钻压 W=196 kN，转速 n=70 r/min，井底净化条件较好，钻头工作 14 h 以后起钻，已知 $A_{f}=2.33\times 10^{-3}$，试求牙齿磨损量 h_{f}。

2. 某井用 ϕ200 mm 211 型钻头钻进，钻压 W=196 kN，转速 n=80 r/min，钻头工作 14 h 以后起钻，轴承磨损到 B_{6} 级，试求轴承工作系数 b。

3. 已知某井五点法钻进试验的结果见表 1。

表 1　题 3

实验点	1	2	3	4	5	6
钻压/kN	225	254	254	196	196	225
转速/(r·min^{-1})	70	60	120	120	60	70
钻速/(m·h^{-1})	31	32.5	46	34	24	30

试求该地区的门限钻压 M 和转速指数 λ。

4. 某井使用 ϕ215.9 mm 钻头钻进，喷嘴流量系数 C=0.96，井内钻井液密度为 1.42 g/cm^{3}，排量为 16 L/s。若要求井底比水功率为 0.418 kW/cm^{2}，且三个喷嘴中拟采用一个直径为 9 mm，另两个为等径。试求另两个喷嘴的直径，并计算射流水力参数和钻头水力参数。

5. 某井钻进直径为 215.9 mm 的井眼，使用 ϕ127 mm 内平钻杆（内径 108.6 mm），ϕ177.8 mm 钻铤（内径 71.4 mm）100 m。测得钻井液性能 ρ_{d}=1.2 g/cm^{3}，μ_{pv}=0.022 Pa·s，

Δp_g=0.34 MPa,Q=22 L/s。试求 m 和 a 值及井深 2 000 m 时循环系统的压力损耗。

6. 条件同题 5,求允许泵压分别为 17.3 MPa 和 14.2 MPa 时钻头所能获得的压降、相应的喷嘴当量直径(喷嘴流量系数 C=0.96)和射流水力参数。

7. 已知某井使用 ϕ215.9 mm 钻头钻进,井眼扩大处井径为 310 mm,钻杆外径为 127 mm,排量为 21 L/s。钻井液密度为 1.16 g/cm^3,其范氏黏度计 600 r/min 和 300 r/min 的读数分别为 65 和 39。岩屑密度为 2.52 g/cm^3,平均粒径为 6 mm。试校核岩屑举升效率。

8. 某井采用 ϕ215.9 mm 钻头钻进,喷嘴流量系数 C=0.98,ϕ177.8 mm 钻铤(内径 71.4 mm)120 m,所用钻杆为 ϕ139.7 mm 内平钻杆(内径 118.6 mm)。井队配备两台 3NB-1300 钻井泵,根据经验,对整个循环系统而言,地面泵压以不超过 18 MPa 较合适;K_g 取 1.05×10^{-3} MPa · s$^{1.8}$/L$^{1.8}$。预计钻进到 4 000 m 井深处钻井液密度为 1.45 g/cm^3,塑性黏度为 0.038 Pa · s。试按最大钻头水功率方式对该井深处进行水力参数设计。要求环空返速不低于 0.7 m/s。

9. 某井准备用牙轮钻头从 2 000 m 钻至 2 500 m,钻井泵额定排量 Q_r=36 L/s,额定泵压 p_r=20 MPa,循环测试得 $m=5.5\times10^{-3}$,$a=5.7\times10^{-3}$,钻井液密度为 1.15 g/cm^3,携岩要求的最小排量为 20 L/s,采用等径喷嘴组合,试设计获得钻头最大水功率的钻头喷嘴当量直径(喷嘴流量系数 C=0.96)。

10. 某井用喷射钻井技术进行钻进,钻进至井深 2 000 m 时,排量为 28 L/s,循环压耗为 8 MPa;钻至 2 500 m 时,排量为 28 L/s,循环压耗为 9 MPa;若钻至 2 700 m,排量保持不变,泵压为 20 MPa,此时钻井液密度为 1.30 g/cm^3,已知钻头上使用三个等径喷嘴,喷嘴的流量系数为 0.96,试求喷嘴当量直径。

— 拓展阅读 —

4-12

第五章　井眼轨道设计与轨迹控制

井眼轨道是指在一口井钻进之前设计出来的井眼轴线形状。井眼轨迹是指一口井实际钻出来的井眼轴线形状。

自 19 世纪末旋转钻井技术诞生以来，初期都是打垂直井，人们设计的井眼轨道乃是一条铅垂线。人们认为旋转钻的实钻井眼轨迹也和顿钻一样，是一条铅垂线。直到大约 20 世纪 20 年代末，人们意外地发现一口新钻井把旁边一口老井的套管钻穿了，还发现相邻两口井的井深不同却钻到了同一油层，于是认识到井是会斜的，需要采取有效措施控制井眼轨迹，才能减小井斜，因此出现了垂直井防斜技术。20 世纪 30 年代初，在海边向海里打定向井开采海上油田的尝试成功之后，定向井得到了广泛的应用，其应用领域大体有以下三种情况。

— 线上自学 —

5-1　定向井概述

(1) 地面环境条件的限制：当地面上是高山、湖泊、沼泽、河流、沟壑、海洋、农田或重要的建筑物等，难以安装钻机进行钻井作业时，或者安装钻机和钻井作业费用很高时，为了勘探和开发它们下面的油田，最好钻定向井。

(2) 地下地质条件的要求：对于断层遮挡油藏，定向井比垂直井可发现和钻穿更多的油层；对于薄油层，定向井和水平井比垂直井的油层裸露面积要大得多。另外，侧钻井、分支井、大位移井、侧钻水平井、径向水平井等特殊定向井显著地扩大了勘探开发效果，增加了原油产量，提高了油藏的采收率。

(3) 处理井下事故的特殊手段：当井下落物或钻具落鱼最终无法捞出时，可从上部井段侧钻打定向井；特别是遇到井喷着火，采用常规方法难以处理时，可在事故井附近打定向井(称作救援井)，与事故井贯通，进行引流或压井，从而处理井喷着火事故。

目前，定向钻井已成为油田勘探开发极为重要的手段，井眼轨道设计和井眼轨迹控制是定向钻井技术的基本内容。事实上，垂直井可以看作定向井的特例，其设计的井眼轨道为一条铅垂线。垂直井防斜和定向井井眼轨迹控制在技术原理上是一致的，只是应用方向不同而已。井眼轨迹控制技术经历了从经验到科学、从定性到定量的发展过程，现在正在向自动控制阶段发展。

第一节　井眼轨迹的基本概念

搞清井眼轨迹有关参数的概念及这些参数之间的关系，对于井眼轨道设计、轨迹测量和计算、轨迹控制都是至关重要的。

— 线上自学 —

5-2 井眼轨迹的基本概念

一、井眼轨迹的基本参数

所谓井眼轨迹，实际上是指井眼轴线。一口实钻井的井眼轴线乃是一条空间曲线。为了进行井眼轨迹控制，就要了解这条空间曲线的形状，进行井眼轨迹测量，这就是“测斜”。目前常用的测斜方法并不是连续测斜，而是每隔一定长度的井段测一个点，这些井段被称为测段，这些点被称为测点。每个测点上测得的参数有三个，即井深、井斜角和井斜方位角。这三个参数是井眼轨迹的基本参数。

(1) 井深：井口(通常以转盘面为基准)至测点的井眼长度，也有人称之为斜深，国外称之为测量井深(measure depth)。井深是以钻柱或电缆的长度来量测的。井深既是测点的基本参数之一，又是表明测点位置的标志。

井深常以字母 L 表示，其增量以 ΔL 表示，单位均为米(m)。相邻两测点之间的井段称为测段。在一个测段的两个测点中，井深小的称为上测点，井深大的称为下测点。井深的增量总是下测点井深减去上测点井深。

(2) 井斜角：过井眼轴线上某测点作井眼轴线的切线，该切线向井眼前进方向延伸的部分称为井眼方向线。井眼方向线与重力线之间的夹角就是井斜角。显然，井眼方向线与重力线都是有向线段。井斜角表征了井眼轨迹在该测点处倾斜程度。

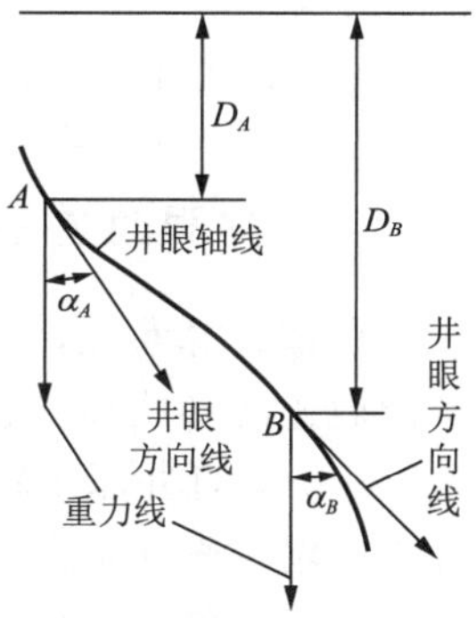

图 5-1-1　井斜角示意图

井斜角常以希腊字母 α 表示，单位为度(°)。一个测段内井斜角的增量总是下测点的井斜角减去上测点的井斜角，以 $\Delta\alpha$ 表示。井斜角的值通常在 0°～90°范围内，在水平井中可能超过 90°。

如图 5-1-1 所示，A 点的井斜角为 α_A，B 点的井斜角为 α_B，AB 井段的井斜角的增量 $\Delta\alpha=\alpha_B-\alpha_A$。

(3) 井斜方位角：某测点处的井眼方向线投影到水平面上，称为井眼方位线，或井斜方位线。以正北方位线为始边，顺时针方向旋转到井眼方位线上所转过的角度称为井斜方位角。注意，正北方位线是指地理子午线沿正北方向延伸的线段。因此，正北方位线和井眼方位线都是有向线段，都可以用矢量表示。

注意“方向”与“方位”的区别。方位线是水平面上的矢量，而方向线乃是空间的矢量。只要讲到方位、方位线、方位角，都是在某个水平面上；而方向和方向线则是在三维空间内(当然也可能在水平面上)。井眼方向线是指井眼轴线上某一点的井眼前进方向线。该点的井眼方位线是指该点井眼方向线在水平面上的投影。在学习本章第五节的扭方位计算时，要特别注意这个区别。

井斜方位角常以字母 ϕ 表示，单位为度(°)。井斜方位角的增量总是下测点的井斜方位角减去上测点的井斜方位角，以 $\Delta\phi$ 表示。井斜方位角的值可以在 0°～360°范围内变化。

如图 5-1-2 所示，A 点的井斜方位角为 ϕ_A，B 点的井斜方位角为 ϕ_B，AB 井段的井斜方位角增量 $\Delta\phi=\phi_B-\phi_A$。

需要注意的是，目前广泛使用的磁性测斜仪是以地球磁北方位(MN)为基准的。磁北方位与正北方位并不重合，而是有一个夹角，称为磁偏角。磁偏角又分为东磁偏角和西磁偏角。当磁北方位线在正北方位线的东面时，磁偏角为正值，称为东磁偏角；当磁北方位线在正北方位线的西面时，磁偏角为负值，称为西磁偏角。用磁性测斜仪测得的井斜方位角称为磁方位角，并不是真方位角。真方位角需要经过换算才能得到，这种换算称为磁偏角校正。校正方法如下：

$$真方位角=磁方位角+磁偏角$$

井斜方位角还有另一种表示方式，称为象限角模式，如图5-1-3所示。它是指井斜方位线与正北方位线或正南方位线之间的夹角。象限角在0°～90°之间变化，书写时需注明所在的象限，如N67.5°W。

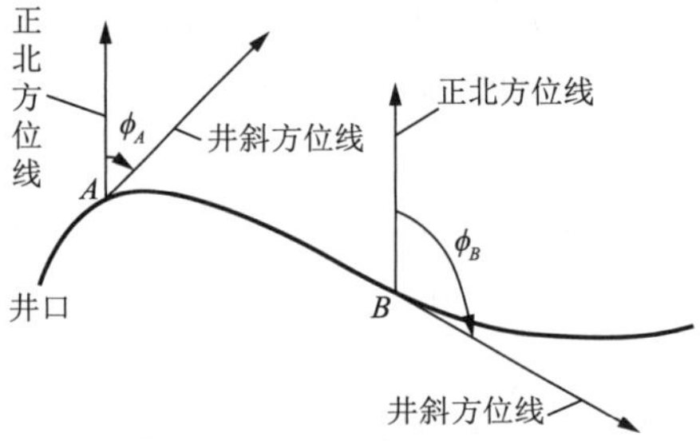

图 5-1-2　井斜方位角示意图

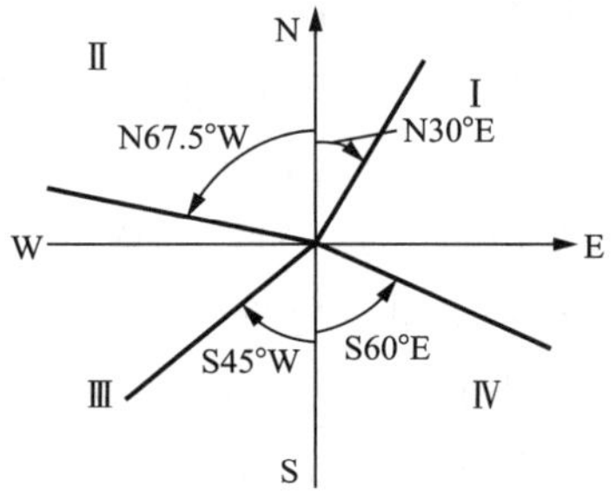

图 5-1-3　井斜方位角的象限角表示法

二、井眼轨迹的计算参数

所谓计算参数，就是根据基本参数计算出来的参数。井眼轨迹的计算参数可用于描述井眼轨迹的形状和位置，也可用于井眼轨迹绘图。

(1) 垂直井深：简称垂深，是指井眼轨迹上某点至井口所在水平面的距离。垂深的增量称为垂增。垂深常以字母 D 表示，垂增以 ΔD 表示。如图5-1-1所示，A 点和 B 点的垂深分别为 D_A 和 D_B，AB 井段的垂增 $\Delta D=D_B-D_A$。

(2) 北南位移和东西位移：井眼轨迹上某点在以井口为原点的水平面坐标系中的坐标值。此水平面坐标系有两个坐标轴：一是 N 坐标轴，以正北方向为正方向；一是 E 坐标轴，以正东方向为正方向。北南位移和东西位移可简称为 N 坐标和 E 坐标。如图5-1-4所示，A 点和 B 点的水平坐标值分别为(N_A，E_A)和(N_B，E_B)。水平坐标可以有增量，以 ΔN 和 ΔE 表示。

(3) 水平投影长度：简称水平长度或平长，是指井眼轨迹上某点至井口的长度在水平面上的投影，即井深在水平面上的投影长度。水平长度的增量称为平增。水平长度以字母 P 表示，平增以 ΔP 表示。如图5-1-4所示，水平长度和平增均是曲线的长度。

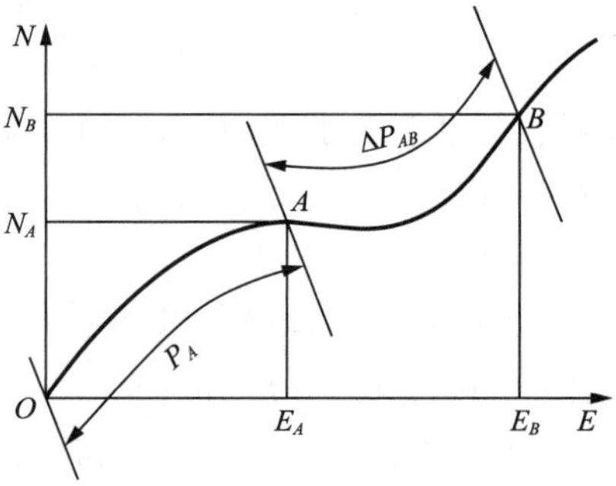

图 5-1-4　井眼轨迹的水平面坐标示意图

(4) 闭合距：英文为closure distance，是指井眼轨迹上某点至井口所在铅垂线的距离，或指井眼轨迹上某点至井口的距离在水平面上的投影。此投影线称为闭合方位线。闭合距常以字母 C 表示。如图5-1-5所示 A 点和 B 点的闭合距分别为 C_A 和 C_B。我国油田现场过去称闭合距为水平位移，现在仍有人在使用。

请注意，闭合距和水平长度是完全不同的概念。在实钻井眼轨迹上，二者的区别是明显的，但在二维设计轨道上二者是完全相同的。

(5) 闭合方位角：英文为 closure azimuth，是指闭合方位线所在的方位角，即以正北方位线为始边，顺时针转至闭合方位线上所转过的角度，常以字母 θ 表示。如图 5-1-5 所示，A 点和 B 点的闭合方位角分别为 θ_A 和 θ_B。

我国油田现场过去称闭合方位角为平移方位角，现在仍有人在使用。

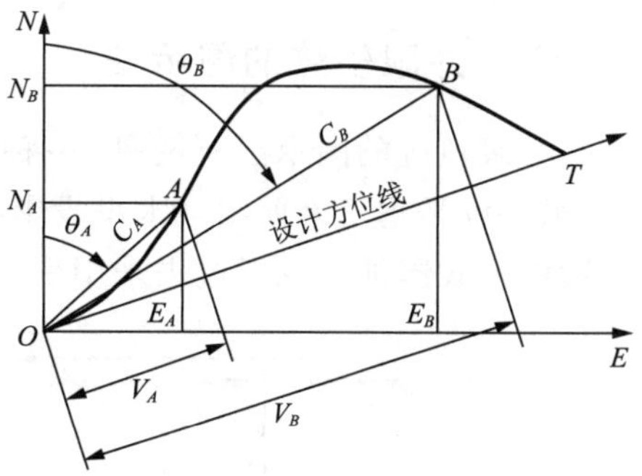

图 5-1-5 闭合距、闭合方位角与视平移

(6) 视平移：有人称之为投影位移，英文为 vertical section，是指闭合距在设计方位线上的投影长度，常以字母 V 表示。如图 5-1-5 所示，A 点和 B 点的视平移分别为 V_A 和 V_B。显然，当实钻轨迹与设计轨道偏差很大甚至背道而驰时，视平移可能为负值。视平移是井眼轨迹绘图要用到的重要参数。

(7) 井眼曲率：井眼轴线的曲率。由于实钻井眼轨迹是任意的空间曲线，其曲率是不断变化的，所以在工程上常常计算井段的平均曲率。

井眼从一个点到另一个点，其前进方向发生了变化，既有井斜角的变化，又有井斜方位角的变化，人们将这种既反映井斜角变化又反映井斜方位角变化的井眼前进方向变化值称为全角变化值。全角变化值除以井段长度，称为全角变化率。全角变化率可以反映该井段的平均井眼曲率。全角变化值的计算公式如下：

$$\gamma=\sqrt{\Delta\alpha^2+\Delta\phi^2\sin^2\alpha_c} \tag{5-1-1}$$

$$\alpha_c=\frac{\alpha_1+\alpha_2}{2} \tag{5-1-2}$$

式中 γ——该测段的全角变化值，(°)；

α_c——该测段的平均井斜角，(°)；

α_1,α_2——上、下两测点的井斜角，(°)。

如果把相邻两测点间的井眼轴线假设为空间的平面圆弧曲线，则两测点井眼方向线之间的夹角(注意是在空间的夹角)称为狗腿角，这段空间平面圆弧曲线的曲率称为狗腿严重度。狗腿严重度也可以反映井眼的平均曲率。狗腿角的计算公式为：

$$\cos\gamma=\cos\alpha_1\cos\alpha_2+\sin\alpha_1\sin\alpha_2\cos(\phi_2-\phi_1) \tag{5-1-3}$$

上述各式中，γ 既可表示全角变化值，也可表示狗腿角；下标 1 和 2 分别代表上、下测点。

计算出全角变化值或狗腿角后，就很容易计算井段的平均井眼曲率 K：

$$K=\frac{\gamma}{\Delta L}\times 30 \tag{5-1-4}$$

式中，平均井眼曲率 K 的单位通常为(°)/30 m。如果采用狗腿角计算，则 K 称为狗腿严重度；如果采用全角变化值计算，则 K 称为全角变化率。总之，它们都表示井段的平均井眼曲率。

由于狗腿角是根据平面圆弧曲线假设推导的，所以计算出的狗腿严重度实际上是井眼曲率的最小值。对于同一个井段参数，全角变化率和狗腿严重度的计算值有少许差别。那么在工程应用中应该以哪个值为准呢？美国等西方国家多采用狗腿严重度，而我国 2003 年以前的行业标准规定采用全角变化率,2003 年后的行业标准则规定采用狗腿严重度。

三、井眼轨迹的图示法

井眼轨迹的图示法有两种:一种是垂直投影图与水平投影图相配合,如图 5-1-6(a)所示;另一种是垂直剖面图与水平投影图相配合,如图 5-1-6(b)所示。不管哪种都必须有水平投影图。我国油田现场过去采用后一种,现在基本上都采用前一种。

— 线上自学 —

5-3 井眼轨迹的图示法

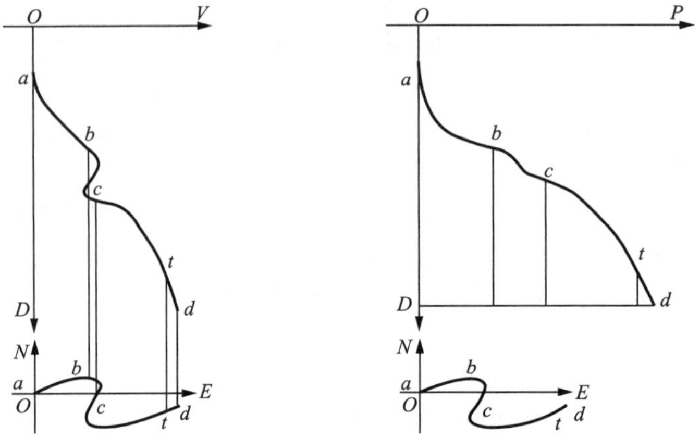

(a) 垂直投影图与水平投影图　　(b) 垂直剖面图与水平投影图

图 5-1-6　定向井井眼轨迹图示法

1. 水平投影图

水平投影图相当于机械制图中的俯视图,也相当于将井眼轨迹这条空间曲线投影到井口所在的水平面上。图中的坐标为 N 坐标和 E 坐标,以井口为坐标原点。因此,只要知道井眼轨迹上所有测点的 N 和 E 坐标值就很容易绘出该井的水平投影图。

2. 垂直投影图

垂直投影图相当于机械制图中的侧视图,即将井眼轨迹这条空间曲线投影到某个铅垂面上。图中的坐标为垂深 D 和视平移 V,也是以井口为坐标原点。但是经过井口的铅垂面有无数个,应该选择哪个呢?我国钻井行业标准规定,选择设计方位线所在的那个铅垂面。这样得到的垂直投影图与设计轨道的垂直投影图进行比较,可以看出实钻井眼轨迹与设计井眼轨道的差别,便于指导井眼轨迹控制。

显然,只要计算出井眼轨迹上所有测点的垂深和视平移,就很容易绘出该井的垂直投影图。

3. 垂直剖面图

可以这样来理解垂直剖面图:如图 5-1-7 所示,设想过井眼轨迹上每个测点作一条铅垂线,所有这些铅垂线就构成了一个曲面,这种曲面在数学上称为柱面。此曲面有一个显著的特点,就是可以展平到一个平面上。当此柱面展平时就形成了垂直剖面图。

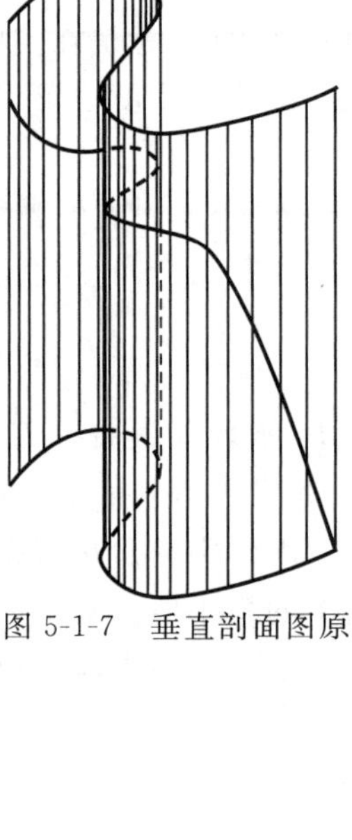

图 5-1-7　垂直剖面图原理

实际的垂直剖面图并不是按照先作柱面然后展平的办法得到

的。垂直剖面图的两个坐标是垂深 D 和水平长度 P，只要计算出井眼轨迹上所有测点的垂深和水平长度就很容易绘出该井的垂直剖面图。

第二节　井眼轨迹测量及计算

一口井钻完后，需要知道井眼轨迹的形状和位置，需要知道是否打中了预计的目标点；在实钻过程中，也需要及时了解已钻井眼的轨迹形状，以便判断其发展趋势，及时采取控制措施。这就需要进行井眼轨迹测量，并根据测量数据进行井眼轨迹计算。井眼轨迹测量在工程术语中称为测斜。测斜时使用专门的测量仪器，称为测斜仪。

一、测斜方法及测斜仪原理简介

— 线上自学 —

5-4　井眼轨迹的测量方法

测斜仪按照测量方法可分为单点测斜仪、多点测斜仪和随钻测斜仪三类。单点测斜仪通常是用钢丝或电缆从钻柱内送入井下，一次下井只能测一个井深处（通常测量靠近钻头）的井眼轨迹参数，费时短，常用于井眼轨迹控制过程中给造斜工具定向。多点测斜仪一次下井可以测量多个井深位置处的井眼轨迹参数，在裸眼井中可以用电缆送入井下，或者在起钻前从钻柱水眼中投入靠近钻头处，然后在起钻过程中利用每起一个立柱的静止卸扣时间进行测量和记录。多点测量数据通常用于井眼轨迹计算。随钻测斜仪随同钻柱一同下入井内，在钻进过程中连续进行测量，并实时将测量数据传到地面上，可准确地进行井眼轨迹控制。但随钻测斜仪使用费用较高，早期仅用于测斜难度较高的井中，目前已经广泛应用于各种定向井施工中。

每个测点的井眼轨迹基本参数有三个：井深、井斜角和井斜方位角。井深是依靠记录电缆或者钻柱的长度来测量的。实际上只有井斜角和井斜方位角两个参数需要用测斜仪测量。测斜仪的发展经过了漫长的时间。早期，人们根据液面水平原理设计制造了虹吸测斜仪和氢氟酸测斜仪，后来又根据重锤原理设计制造了打孔测斜仪，它们都只能测量井斜角。大约在 20 世纪 40 年代，出现了罗盘照相测斜仪，该测斜仪既可测量井斜角，又可同时测量井斜方位角。后来又出现了陀螺测斜仪，它可以在有磁性干扰情况下进行测斜。20 世纪 80 年代，出现了新一代测斜仪，采用重力加速度计与磁通门组合，称之为电子测斜仪。由于重力加速度计和磁通门都属于固态传感器，可承受一定程度的振动，所以电子测斜仪不仅可用于单点和多点测量，而且可用于随钻测量。目前，电子测斜仪已经广泛应用于各类定向井的轨迹控制测量和轨迹计算测量。下面重点介绍电子测斜仪的测量原理。

1. 重力加速度计测量井斜角的原理

重力加速度计是测量井斜角的传感器。下面主要介绍常用的电容式石英加速度计，其原理如图 5-2-1 所示。重力元由石英薄片做成，其铰链固定在外壳上。在石英重力元两侧有两个串联的铁芯线圈。电容传感器的上下极板与石英重力元之间有很小的间隙。伺服回路包括电容电桥、放大器、解调器、电源等。在重力场中，石英重力元受到重力作用，将绕铰链转动而产生角位移。此角位移被电容传感器感知，产生一个输出信号，经过伺服回路产生一个反馈电流，反馈电流输入铁芯线圈中，铁芯线圈产生相应的磁力。在磁力作用下，石英重力元恢复到原来的平衡位置。反馈电流的大小正好反映了重力元轴向受到的重力大小，因而也反映了重力加速度在重力元轴向的分量。因此，该传感器称为重力加速度计。

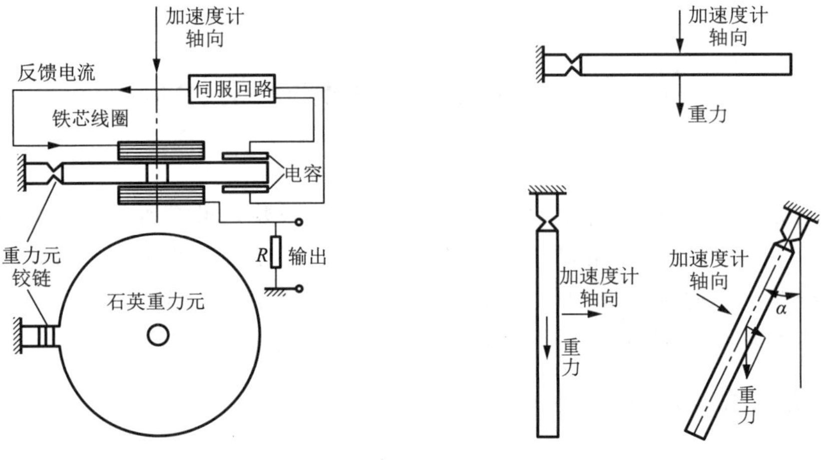

（a）工作流程　　（b）空间位置

图 5-2-1　重力加速度计工作原理示意图

由图 5-2-1(b)可知，重力元在空间的姿态不同，受到的重力就不同。当重力元轴向与重力方向的夹角为 0°时，受到的重力最大；夹角为 90°时，受到的重力为零。显然，重力加速度计的输出量与井斜角具有一定的对应关系。为了测量井斜角，测斜仪探管内需要安装三个重力加速度计。通过一定的计算，可以求得探管所在位置的井斜角。

2. 磁通门测量井斜方位角的原理

磁通门是测量井斜方位角的传感器，其工作原理如图 5-2-2 所示。在并排放置的两个结构和性能参数完全相同的铁芯上，缠绕着结构参数完全相同的两个主线圈，两个主线圈缠绕方向相反并相互串联，外接交流电源。另外，有一个副线圈同时缠绕在两个铁芯上。

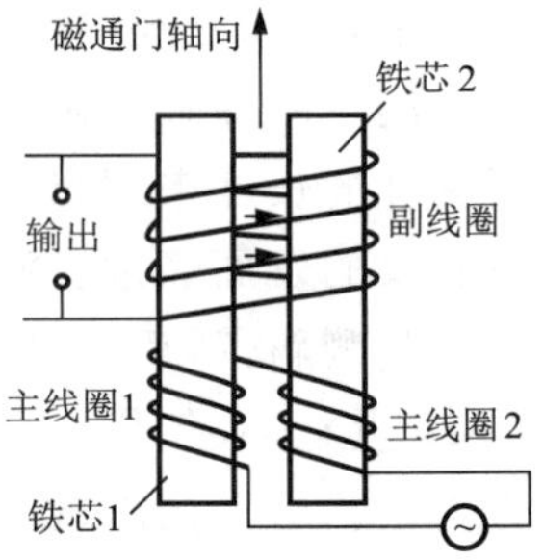

图 5-2-2　磁通门工作原理示意图

接通交流电源后，两个主线圈同时通电。假如大地磁场不存在，由于两个主线圈缠绕方向相反，所以在两个铁芯上感应的磁场大小相等、方向相反。这两个大小相等、方向相反的磁场在副线圈中感应的电流之和就等于零，因此从副线圈输出的电压也就等于零。

实际上，由于大地磁场的存在，通电后在两个铁芯上感应的磁通量，一个被增大，一个被减小。被增大的铁芯将提前达到饱和状态，而被减小的铁芯则将推迟半个周期达到饱和。这样两个铁芯上磁通量的变化出现了速率差，如图 5-2-3 所示。这种不对称的波形将产生二次谐波，而且两个铁芯上的二次谐波的相位和幅值完全相同，可以相互叠加。由于两个铁芯的奇次谐波（基波和三次谐波）完全对称，可相互抵消，所以在副线圈中只有二次谐波能感应出电流。副线圈中的感应电流以相应的电压信号输出。具有重要意义的是，二次谐波的幅值大小正好与大地磁场在磁通门轴向的分量成正比，其相位与大地磁场的方向相反。因此，副线圈输出的电压值正好反映了大地磁场在磁通门轴向上的磁通量大小和方向。

与重力加速度计的原理类似，通过磁通门轴向的大地磁场的磁通量大小和方向与磁通

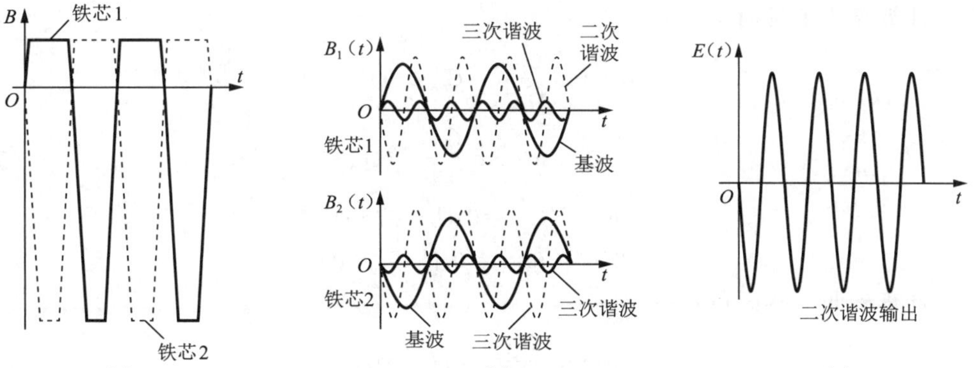

图 5-2-3　大地磁场影响下磁通门的输出

门在空间的姿态相关。当磁通门轴向与大地磁场方向完全相同(夹角为 0°)时，磁通量最大；当两个方向的夹角为 90°时，磁通量最小，等于零。

为了测量井斜方位角，探管内需要同时安装三个磁通门和三个重力加速度计。通过一定的计算，可以求得探管所在位置处的井斜方位角。

3. 井眼轨迹参数和定向参数的计算

重力加速度计和磁通门安装在一个圆筒形的外壳中，该外壳俗称测斜仪的探管。为了满足测量和计算的需要，在探管上建立随动坐标系(图 5-2-4)：Z 轴与测斜仪轴线一致，正方向指向井底；Y 轴和 X 轴的方向按照右手坐标系确定。

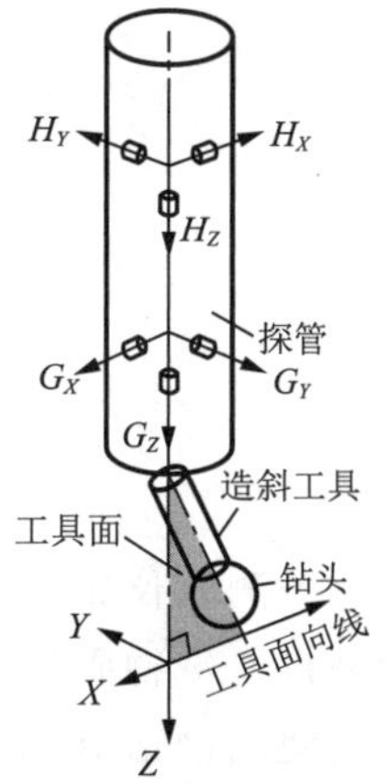

图 5-2-4　探管坐标系以及重力加速度计和磁通门的布置

重力加速度计和磁通门在探管内的布置方案不同，计算公式也就不同。图 5-2-4 所示是我国电子测斜仪制造商常用的布置方案：

(1) 加速度计 G_X 和 G_Z 的正方向与随动坐标系的 X 轴和 Z 轴正方向相同，但是加速度计 G_Y 的正方向沿 Y 轴负方向。

(2) 磁通门 H_Y 和 H_Z 的正方向与随动坐标系的 Y 轴和 Z 轴正方向相同，但是磁通门 H_X 的正方向沿 X 轴负方向。

(3) 造斜工具面的工具面向线沿 X 轴负方向。

按照上述布置方案，在任意一个测点处，根据三个重力加速度计和三个磁通门的测量值，可以计算出该测点处的井斜角、高边工具面角、磁北工具面角以及井斜方位角。

(1) 计算井斜角 α：

$$\alpha=\begin{cases}\arctan\dfrac{\sqrt{G_X^2+G_Y^2}}{G_Z} & (G_Z>0)\\[2ex] 180^\circ+\arctan\dfrac{\sqrt{G_X^2+G_Y^2}}{G_Z} & (G_Z<0)\\[2ex] 90^\circ & (G_Z=0)\end{cases} \tag{5-2-1}$$

（2）计算高边工具面角 ω：

$$\omega=\begin{cases}\arctan\dfrac{G_Y}{G_X} & (G_X>0)\\ 180^\circ+\arctan\dfrac{G_Y}{G_X} & (G_X<0)\\ 90^\circ & (G_X=0\ \text{且}\ G_Y>0)\\ 270^\circ & (G_X=0\ \text{且}\ G_Y<0)\end{cases} \tag{5-2-2}$$

（3）计算磁北工具面角 ω_m：

$$\omega_m=\begin{cases}\arctan\dfrac{H_Y}{H_X} & (H_X>0)\\ 180^\circ+\arctan\dfrac{H_Y}{H_X} & (H_X<0)\\ 90^\circ & (H_X=0\ \text{且}\ H_Y>0)\\ 270^\circ & (H_X=0\ \text{且}\ H_Y<0)\end{cases} \tag{5-2-3}$$

（4）计算井斜方位角 ϕ：

$$\phi=\begin{cases}\arctan\dfrac{U}{-V} & (V>0)\\ 180^\circ+\arctan\dfrac{U}{-V} & (V<0)\\ 90^\circ & (V=0\ \text{且}\ U<0)\\ 270^\circ & (V=0\ \text{且}\ U>0)\end{cases} \tag{5-2-4}$$

$$V=H_X\cos\omega\cos\alpha+H_Y\sin\omega\cos\alpha+H_Z\sin\alpha \tag{5-2-5}$$

$$U=H_X\sin\omega-H_Y\cos\omega \tag{5-2-6}$$

电子测斜仪属于磁性测斜仪。磁性测斜仪的最大缺点是会受到磁干扰，其中最大的磁干扰来自铁磁物质的钻具，俗称钻磁干扰。而测斜仪本身就处在钻柱内部，要避免磁干扰，就不能使用钢钻铤，而应使用足够长度的无磁钻铤。关于无磁钻铤长度的确定及有关问题，请参看相关资料。

二、对测斜计算数据的规定

我国钻井行业标准对测斜计算数据有以下七条规定。

（1）用于进行井眼轨迹计算的测斜数据必须是用多点测斜仪测得的数据。

（2）用磁性测斜仪测得的井斜方位角必须经过磁偏角校正，还要进行子午线收敛角校正，然后才能进行井眼轨迹计算。

（3）测点编号：测斜时虽然是自下而上进行的，但规定的测点编号顺序却是自上而下的，以第1个井斜角不等于0°的测点作为第1测点，向下类推编号。每个测点的井眼轨迹参数皆以该点编号作为下标符号。

（4）测段编号：也是自上而下编号的且规定第 $i-1$ 个点与第 i 个点之间所夹的测段为第 i 测段。因此，若有 n 个测点，就有 n 个测段。每个测段的井眼轨迹参数皆以该段的编号作为下标符号。

(5) 第 0 测点:根据测段编号的方法,第 1 测段应该是第 0 测点与第 1 测点之间所夹的测段。第 0 测点不是实测的,而是人为规定的。当第 1 测点的井深大于 25 m 时,规定第 0 测点的井深比第 1 测点的井深小 25 m,井斜角为 0°。当第 1 测点的井深小于或等于 25 m 时,规定第 0 测点的井深为 0 m,井斜角为 0°。

(6) 当某个测点的井斜角等于 0°时,该点的井斜方位角是不存在的。为了满足计算的需要,规定:若 $\alpha_i=0°$,则计算第 i 测段时,$\phi_i=\phi_{i-1}$;计算第 $i+1$ 测段时,$\phi_i=\phi_{i+1}$。

(7) 在一个测段内,井斜方位角变化的绝对值不得超过 180°。在具体计算时,还要特别注意平均井斜方位角 ϕ_c 的计算方法。

当 $\phi_i-\phi_{i-1}>180°$时,有:

$$\Delta\phi_i=\phi_i-\phi_{i-1}-360° \tag{5-2-7}$$

$$\phi_c=\frac{\phi_i+\phi_{i-1}}{2}-180° \tag{5-2-8}$$

当 $\phi_i-\phi_{i-1}<-180°$时,有:

$$\Delta\phi_i=\phi_i-\phi_{i-1}+360° \tag{5-2-9}$$

$$\phi_c=\frac{\phi_i+\phi_{i-1}}{2}+180° \tag{5-2-10}$$

对于上述七条规定,需要进一步阐述的是第(2)条。磁偏角校正和子午线收敛角校正合称为井斜方位角的校正。关于磁偏角的概念和校正方法,前面已经介绍过。下面简略介绍一下子午线收敛角的概念和校正。

首先,需要从地图投影说起。如图 5-2-5 所示,地球表面是球面,地图投影就是设法把球面上各点的位置和相互距离在平面上表示出来。地图投影有多种方法,最常用的是高斯投影法,每 6°(经度)为一个投影带。在高斯投影图上,除中央子午线是直线外,其余子午线都是互不平行的曲线。曲线上任一点的真北方位 TN(true north)是该点的切线方向。井斜方位角经过磁偏角校正之后变成以真北方位为基准。显然,各测点的位置不同,其真北方位也不同。但是,进行定向井井眼轨道设计、轨迹计算以及绘图时,使用的坐标系是高斯平面直角坐标系,俗称网格坐标系,纵坐标正方向为 GN(grid north),称为网格北,横坐标正方向为正东(E)。在网格坐标系中,所有点的正北方位都是相同的,且互相平行。

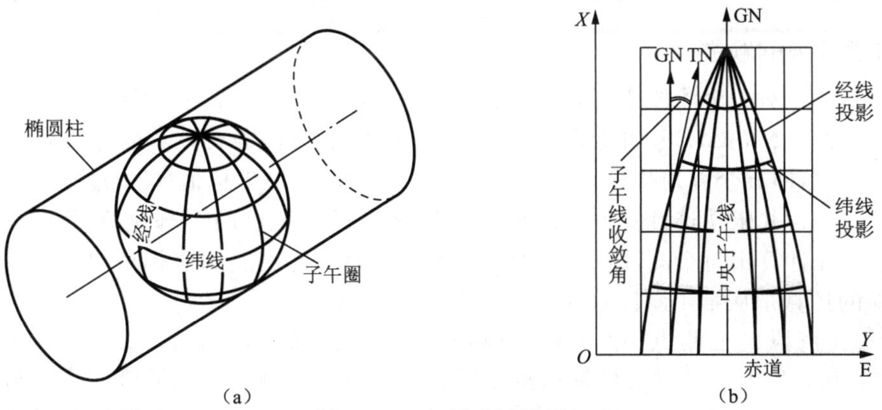

图 5-2-5　高斯地图投影

显然，除中央子午线和赤道外，其余各处的真北方位线与网格北方位线是不一致的。二者之间的夹角称为子午线收敛角。子午线收敛角有正负之分：当网格北方位线处在真北方位线以东时，为正值，称为东收敛角；当网格北方位线处在真北方位线以西时，为负值，称为西收敛角。已知地球表面上任一点的经度和纬度，可根据高斯投影原理推导的公式计算出该点的子午线收敛角。

显然，以真北方位为基准表示的井斜方位角不能直接应用于高斯平面直角坐标系中，需要对井斜方位角进行子午线收敛角校正。

在实际工程计算中，磁偏角校正和子午线收敛角校正通常是同时进行的。如图 5-2-6 所示，设磁性测斜仪测量得到的井斜方位角以磁方位角 ϕ_m 表示，校正后可用于测斜计算的井斜方位角以 ϕ 表示，则：

$$\phi = \phi_m + \delta - \beta \tag{5-2-11}$$

式中 δ——磁偏角，(°)；

β——子午线收敛角，(°)。

对于非磁性测斜仪，如陀螺测斜仪，只进行子午线收敛角校正即可，上式中磁偏角 δ 可取为 0°。

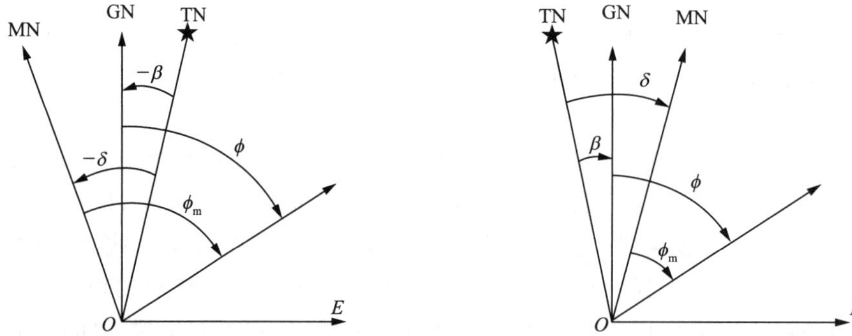

（a）西磁偏角和西子午线收敛角的校正　　（b）东磁偏角和东子午线收敛角的校正

图 5-2-6　井斜方位角的校正

三、井眼轨迹计算方法

1. 轨迹计算的顺序

— 线上自学 —

5-5 井眼轨迹的计算方法

对一个测段来说，需要计算的井眼轨迹参数有五个，即四个坐标增量（ΔD，ΔP，ΔN，ΔE）和井眼曲率 K。对一个测点来说，需要计算的井眼轨迹参数有七个，即五个直角坐标值（D，P，N，E，V）和两个极坐标值（C，θ）。

井眼轨迹计算的最终要求是计算出每个测点的全部坐标值。为此必须首先计算出每个测段的坐标增量，然后累加求得测点的坐标值（极坐标 C 和 θ 除外）。具体的计算是从第 1 测段开始，逐段向下进行。

由于第 1 测段的上测点（第 0 测点）的坐标值是已知的，即 $D_0 = L_0$，$P_0 = 0$，$N_0 = 0$，$E_0 = 0$，所以在算出第 1 测段的坐标增量之后就可算出第 1 测点的坐标值。第 1 测点既是第 1 测段的下测点，又是第 2 测段的上测点。在求得第 2 测段的坐标增量之后又可计算第 2 测点的坐标值。对于第 i 测段来说，在算出该测段的坐标增量之后，即可求得该测段下测点的坐标值。用公式表达为：

$$D_i = D_{i-1} + \Delta D_i \tag{5-2-12}$$

$$P_i = P_{i-1} + \Delta P_i \tag{5-2-13}$$

$$N_i = N_{i-1} + \Delta N_i \tag{5-2-14}$$

$$E_i = E_{i-1} + \Delta E_i \tag{5-2-15}$$

第 i 测段下测点的坐标就可以作为第 $i+1$ 测段上测点的坐标值。在算出第 $i+1$ 测段的坐标增量之后就可计算第 $i+1$ 测段下测点的坐标值。依此类推，可由第 1 测段算至最后一个测段。

求得测点的上述四个直角坐标之后，即可计算测点的闭合距和闭合方位角：

$$C_i = \sqrt{N_i^2 + E_i^2} \tag{5-2-16}$$

$$\theta_i = \begin{cases} \arctan \dfrac{E_i}{N_i} & (N_i > 0) \\ \arctan \dfrac{E_i}{N_i} + 180° & (N_i < 0) \\ 90° & (N_i = 0 \text{ 且 } E_i > 0) \\ 270° & (N_i = 0 \text{ 且 } E_i < 0) \end{cases} \tag{5-2-17}$$

利用闭合距和闭合方位角以及设计方位角 θ_0，即可求得视平移：

$$V_i = C_i \cos(\theta_0 - \theta_i) \tag{5-2-18}$$

或

$$V_i = N_i \cos \theta_0 + E_i \sin \theta_0 \tag{5-2-19}$$

2. 测段计算方法的多样性

测段井眼曲率的计算在本章第一节中已经介绍过，即可用式(5-1-4)计算。如何计算出测段的四个直角坐标增量是一个较为复杂的问题。至今国内外已经提出的计算方法有 20 多种，但是这些计算方法还没有一种可以说是绝对准确的。这是因为对一个测段来说，只是测得了两个端点的井斜角和井斜方位角，这两个参数仅能表示出井眼轨迹上这两个点处的井眼方向，而这个测段上有无数个点，对它们的参数一无所知。也就是说，不知道测段在空间到底是什么形状的曲线。要想计算测段的坐标增量，就只好假设测段的曲线形状。假设不同，推导出的计算公式也就不同。测段形状既然都是假设的，就必然与实际形状有差别，因此推导出的计算公式都不能说是绝对准确的。

为了选择较为准确的计算方法，人们对各种方法进行了对比研究。在 20 多种方法中，有的名异实同，有的是其他方法的组合，有的已公认误差较大，实际上真正有特色且有实用价值的只有六七种。在这六七种方法中，人们的选择也有很大的随意性。在国外，不同公司可能选择不同的计算方法。我国 2003 年以前的钻井行业标准规定采用平均角法和校正平均角法，2003 年以后规定采用圆柱螺线法和最小曲率法。下面重点介绍这四种方法。

1）平均角法

平均角法假设测段是一条直线，该直线对应的井斜角和井斜方位角分别等于该测段上、下两测点的平均井斜角和平均井斜方位角。根据这种假设，测段四个坐标增量的计算公式如下：

$$\Delta D = \Delta L \cos \alpha_c \tag{5-2-20}$$

$$\Delta P = \Delta L \sin \alpha_c \tag{5-2-21}$$

$$\Delta N = \Delta L \sin \alpha_c \cos \phi_c \tag{5-2-22}$$

$$\Delta E = \Delta L \sin \alpha_c \sin \phi_c \tag{5-2-23}$$

式中　α_c——平均井斜角，$\alpha_c=(\alpha_1+\alpha_2)/2$，(°)；

ϕ_c——平均井斜方位角，$\phi_c=(\phi_1+\phi_2)/2$，(°)。

2）圆柱螺线法

美国学者 G. J. Wilson 于 1968 年首先提出曲率半径法。1975 年，我国著名学者郑基英教授修正了曲率半径法的缺点，提出了圆柱螺线法。圆柱螺线法的假设条件是：两测点间的测段是一条等变螺旋角的圆柱螺线，螺线在两端点处与上、下两测点的井眼方向线相切。所谓等变螺旋角，是指螺旋升角是变化的，螺旋升角 α 的变化与螺线长度 L 成正比，即 $d\alpha/dL=$常数。既然是圆柱螺线，水平投影图必然是圆弧曲线。根据 $d\alpha/dL=$常数，垂直剖面图也必然是圆弧曲线。根据上述假设条件，郑基英教授推导的圆柱螺线法计算公式如下：

$$\Delta D = \frac{2\Delta L \sin \dfrac{\Delta\alpha}{2} \cos \alpha_c}{\Delta\alpha} \tag{5-2-24}$$

$$\Delta P = \frac{2\Delta L \sin \dfrac{\Delta\alpha}{2} \sin \alpha_c}{\Delta\alpha} \tag{5-2-25}$$

$$\Delta N = \frac{4\Delta L \sin \dfrac{\Delta\alpha}{2} \sin \dfrac{\Delta\phi}{2} \sin \alpha_c \cos \phi_c}{\Delta\alpha \Delta\phi} \tag{5-2-26}$$

$$\Delta E = \frac{4\Delta L \sin \dfrac{\Delta\alpha}{2} \sin \dfrac{\Delta\phi}{2} \sin \alpha_c \sin \phi_c}{\Delta\alpha \Delta\phi} \tag{5-2-27}$$

上述公式中可能出现分母为零的情况，需要特殊处理，处理方案如下：

第一种情况，$\Delta\alpha=0$，$\Delta\phi\neq0$，此时按如下公式计算：

$$\Delta D = \Delta L \cos \alpha_2 \tag{5-2-28}$$

$$\Delta P = \Delta L \sin \alpha_2 \tag{5-2-29}$$

$$\Delta N = \frac{2\Delta L \sin \alpha_2 \sin \dfrac{\Delta\phi}{2} \cos \phi_c}{\Delta\phi} \tag{5-2-30}$$

$$\Delta E = \frac{2\Delta L \sin \alpha_2 \sin \dfrac{\Delta\phi}{2} \sin \phi_c}{\Delta\phi} \tag{5-2-31}$$

第二种情况，$\Delta\alpha\neq0$，$\Delta\phi=0$，此时按如下公式计算：

$$\Delta D = \frac{2\Delta L \sin \dfrac{\Delta\alpha}{2} \cos \alpha_c}{\Delta\alpha} \tag{5-2-32}$$

$$\Delta P = \frac{2\Delta L \sin \dfrac{\Delta\alpha}{2} \sin \alpha_c}{\Delta\alpha} \tag{5-2-33}$$

$$\Delta N=\frac{2\Delta L\sin\dfrac{\Delta\alpha}{2}\sin\alpha_c\cos\phi_2}{\Delta\alpha} \tag{5-2-34}$$

$$\Delta E=\frac{2\Delta L\sin\dfrac{\Delta\alpha}{2}\sin\alpha_c\sin\phi_2}{\Delta\alpha} \tag{5-2-35}$$

第三种情况，$\Delta\alpha=0$，$\Delta\phi=0$，此时按如下公式计算：

$$\Delta D=\Delta L\cos\alpha_2 \tag{5-2-36}$$

$$\Delta P=\Delta L\sin\alpha_2 \tag{5-2-37}$$

$$\Delta N=\Delta L\sin\alpha_2\cos\phi_2 \tag{5-2-38}$$

$$\Delta E=\Delta L\sin\alpha_2\sin\phi_2 \tag{5-2-39}$$

其中，所有的 $\Delta\alpha$ 和 $\Delta\phi$ 均按弧度计算（求三角函数时按度计算）。

3）校正平均角法

校正平均角法是郑基英教授在圆柱螺线法基础上经过近似处理而得到的方法，其计算公式为：

$$\Delta D=\left(1-\frac{\Delta\alpha^2}{24}\right)\Delta L\cos\alpha_c \tag{5-2-40}$$

$$\Delta P=\left(1-\frac{\Delta\alpha^2}{24}\right)\Delta L\sin\alpha_c \tag{5-2-41}$$

$$\Delta N=\left(1-\frac{\Delta\alpha^2+\Delta\phi^2}{24}\right)\Delta L\sin\alpha_c\cos\phi_c \tag{5-2-42}$$

$$\Delta E=\left(1-\frac{\Delta\alpha^2+\Delta\phi^2}{24}\right)\Delta L\sin\alpha_c\sin\phi_c \tag{5-2-43}$$

该方法消除了分母可能为零的情况，而且表达形式更简单，应用实践也表明其误差很小。需要注意的是，此处 $\Delta\alpha$ 和 $\Delta\phi$ 应采用弧度。

4）最小曲率法

最小曲率法把测段假设为空间某平面上的圆弧曲线，这正好与狗腿严重度公式的假设条件相同。由于狗腿严重度反映的是测段的最小曲率，所以此方法被称为最小曲率法。最小曲率法的计算公式如下：

$$\Delta D=\lambda_M(\cos\alpha_1+\cos\alpha_2) \tag{5-2-44}$$

$$\Delta N=\lambda_M(\sin\alpha_1\cos\phi_1+\sin\alpha_2\cos\phi_2) \tag{5-2-45}$$

$$\Delta E=\lambda_M(\sin\alpha_1\sin\phi_1+\sin\alpha_2\sin\phi_2) \tag{5-2-46}$$

$$\lambda_M=\frac{180}{\pi}\frac{\Delta L}{\gamma}\tan\frac{\gamma}{2} \tag{5-2-47}$$

$$\gamma=\arccos(\cos\alpha_1\cos\alpha_2+\sin\alpha_1\sin\alpha_2\cos\Delta\phi) \tag{5-2-48}$$

注意：最小曲率法没有计算水平投影长度的公式。这是因为测段是空间斜平面上的圆弧曲线，那么它在水平面上的投影一般来说只能是椭圆曲线，而椭圆曲线长度的计算很复杂，无法用简单公式表示。

其他计算方法请参考相关文献。

例 5-2-1 给定某水平井的测斜数据，用校正平均角法进行轨迹计算。原始数据及计算结果见表 5-2-1。原数据共 134 组，本表中略去了部分数据。

表 5-2-1　某井测斜数据及测斜计算结果

序　号	井深 /m	井斜角 /(°)	井斜方位角 /(°)	N 坐标 /m	E 坐标 /m	垂深 /m	井眼曲率 /[(°)·(30 m)$^{-1}$]
1	0.00	0.00	42.80	0.00	0.00	0.00	0.00
2	6.70	0.10	42.80	0.00	0.00	6.70	0.45
3	33.40	0.30	76.60	0.06	0.08	33.40	0.26
4	60.10	0.40	72.80	0.12	0.23	60.10	0.12
5	86.80	0.70	102.00	0.15	0.48	86.80	0.46
6	113.50	0.30	122.80	0.08	0.70	113.50	0.49

（略去 7～62 号数据）

63	1 642.82	0.70	328.10	3.88	10.57	1 642.70	0.01
64	1 670.96	1.30	151.80	3.70	10.32	1 670.83	3.34
65	1 698.63	2.50	163.10	2.90	10.76	1 698.49	1.36
66	1 726.69	3.40	168.10	1.54	11.25	1 726.51	1.00
67	1 735.00	3.50	168.00	1.06	11.40	1 734.80	0.36
68	1 735.30	3.54	167.28	1.04	11.40	1 735.10	5.78
69	1 745.56	4.80	138.00	0.42	11.80	1 745.33	7.24
70	1 754.18	6.70	114.00	−0.01	12.54	1 753.91	10.67
71	1 773.05	11.10	92.00	−0.39	15.42	1 772.55	8.84
72	1 782.65	14.50	83.00	−0.09	17.52	1 781.91	12.32
73	1 793.37	15.10	78.00	0.62	20.16	1 792.27	3.95

（略去 74～96 号数据）

97	1 974.90	41.85	72.07	35.14	109.58	1 944.40	8.03
98	1 983.00	44.62	72.51	37.33	114.68	1 950.30	10.32
99	1 991.00	47.69	72.25	39.59	119.99	1 955.84	11.53
100	2 001.48	52.18	72.42	42.75	127.36	1 962.58	12.86
101	2 006.00	54.20	72.42	44.17	130.69	1 965.29	13.41
102	2 011.26	56.62	72.25	45.87	134.67	1 968.28	13.83
103	2 021.00	60.90	69.50	49.34	142.24	1 973.33	15.04
104	2 030.00	65.00	66.60	53.03	149.35	1 977.42	16.15

（略去 105～120 号数据）

121	2 144.00	86.77	68.75	103.40	246.75	2 005.53	6.93
122	2 150.29	88.18	68.38	106.24	252.35	2 005.80	6.94
123	2 169.00	87.94	66.53	115.04	268.85	2 006.44	2.99
124	2 188.19	88.66	69.11	123.95	285.84	2 007.01	4.19

续表

序　号	井深 /m	井斜角 /(°)	井斜方位角 /(°)	N 坐标 /m	E 坐标 /m	垂深 /m	井眼曲率 /[(°)·(30 m)$^{-1}$]
125	2 206.67	88.20	68.64	132.22	302.35	2 007.51	1.07
126	2 217.00	88.18	68.91	136.87	311.57	2 007.84	0.79
127	2 226.28	87.91	69.17	141.00	319.87	2 008.16	1.21
128	2 235.89	87.78	69.17	145.26	328.48	2 008.52	0.41
129	2 245.00	87.34	71.19	149.15	336.71	2 008.91	6.80
130	2 254.57	87.34	70.22	153.16	345.39	2 009.35	3.04
131	2 294.20	88.66	68.30	170.67	380.91	2 010.73	1.76
132	2 303.42	89.67	67.15	174.97	389.06	2 010.87	4.98
133	2 312.80	90.68	66.90	179.44	397.31	2 010.84	3.33
134	2 344.00	91.00	66.50	194.47	424.65	2 010.38	0.49

第三节　垂直井防斜技术

— 线上自学 —

5-6　垂直井防斜技术

按照设计井眼轨道的不同，井可以分为两大类，即垂直井和定向井。对于垂直井来说，设计轨道是一条铅垂线，不需要进行特殊的设计。但钻井实践表明，垂直井的实钻井眼轨迹往往偏离设计的铅垂线（这种现象称为井斜），垂直井的井眼轨迹控制难度很大，甚至比定向井的井眼轨迹控制难度还大。

垂直井的井眼轨迹控制就是要防止实钻井眼轨迹偏离设计的铅垂线。在工程术语中，人们常常把垂直井的井眼轨迹控制称为垂直井防斜技术。

一般来说，实钻井眼轨迹总是会偏离设计井眼轨道的，因此实钻的垂直井总是会发生井斜的。要想控制垂直井井眼绝对不斜是不可能的。问题在于能否控制井斜度数，或井底闭合距或井眼曲率在一定范围之内。

一、井斜的原因分析

井为什么会斜？找到井斜的原因，就可以提出防斜的措施。影响井斜的因素很多，概括起来可分为三大类：① 地质因素；② 钻具因素；③ 井眼扩大。

1. 地质因素

人们提出了许多理论来解释地质因素导致井斜的原因。其中，最本质的原因是地层可钻性的不均匀性和地层倾斜两个因素。这种地层可钻性的不均匀性表现在许多方面，再与地层倾斜相结合，导致井眼倾斜。

1）地层可钻性的各向异性

地层可钻性的各向异性即地层可钻性在不同方向上的不均匀性。如图 5-3-1 所示，沉积岩都有这样的特性:垂直层面方向的可钻性高,平行层面方向的可钻性低。钻头总是有向着容易钻进的方向前进的趋势。在地层倾斜的情况下,井眼偏斜的大体规律是:当地层倾角小于 45°时,钻头前进方向偏向垂直地层层面的方向而偏离铅垂线;当地层倾角超过 60°以后,钻头前进方向则是沿着平行于地层层面方向下滑而偏离铅垂线;当地层倾角在 45°～60°之间时,井斜方向属不稳定状态。

2）地层可钻性的纵向变化

地层在沉积过程中,由于沉积环境的不同和变化,形成了沿垂直于地层层面方向可钻性的变化,俗称软硬交错。这里的纵向变化是指沿钻头轴线方向遇到软硬交错地层。如图 5-3-2 所示,由于地层倾斜,钻头底面上遇到软地层的一侧容易钻,该侧的钻速高;而另一侧遇到硬地层则钻速低,于是井眼轴线偏离铅垂线,发生井斜。

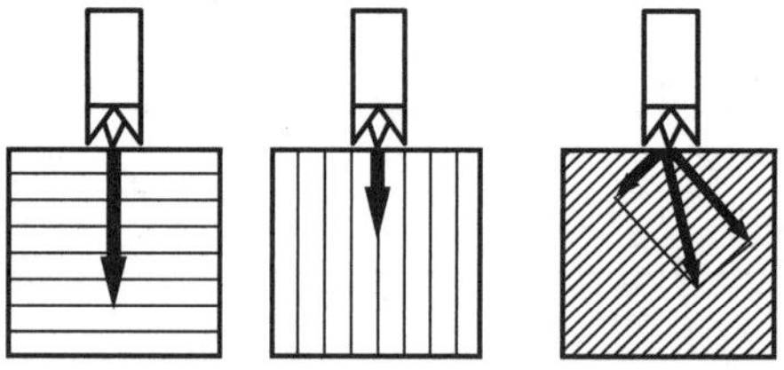

图 5-3-1　地层可钻性的各向异性引起井斜

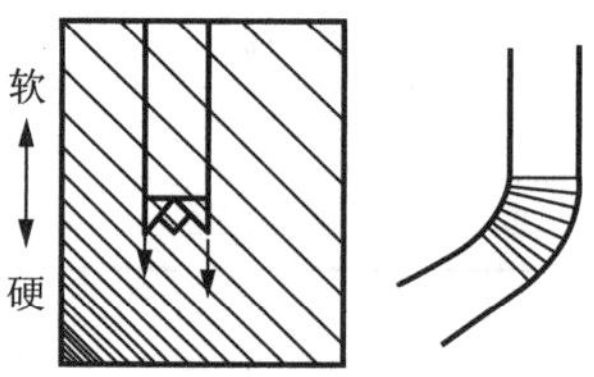

图 5-3-2　地层可钻性纵向变化引起井斜

3）地层可钻性的横向变化

地层可钻性不仅沿垂直于地层层面方向有变化,而且在平行于地层层面方向也有变化。这里的横向变化是指垂直于钻头轴线方向上可钻性的变化。如图 5-3-3 所示,钻头的一侧钻遇溶洞或较疏松的地层,而另一侧钻遇较致密的地层,于是钻头前进方向发生偏离。

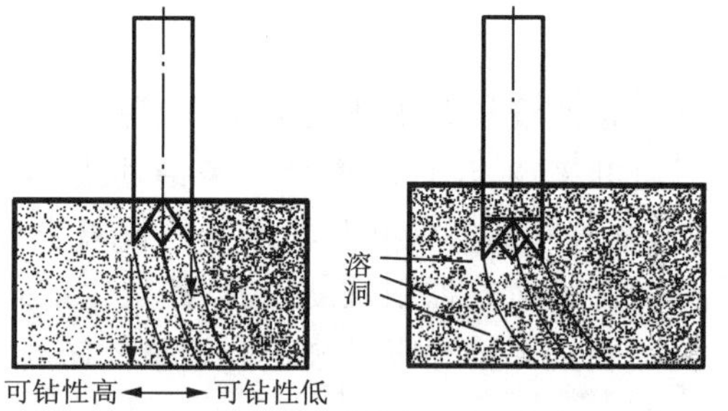

图 5-3-3　地层可钻性横向变化引起井斜

从以上分析可知,地层可钻性的各种不均匀性和地层倾斜引起井斜的机理最终体现为钻头对井底的不对称切削,使钻头轴线相对于井眼轴线发生倾斜,从而使新钻的井眼偏离原井眼。

2. 钻具因素

钻具导致井斜的主要因素是钻具的倾斜和弯曲。其中,影响最大的是靠近钻头的那部分钻具,称为底部钻具组合(bottom hole assembly,简称 BHA)。钻具的倾斜和弯曲将产生两个后果:一是引起钻头倾斜,在井底形成不对称切削,如图 5-3-4(a)所示,新钻的井眼将不断地偏离原井眼方向;二是使钻头受到侧向力的作用,迫使钻头进行侧向切削,如图 5-3-4(b)所示,这样也将使新钻的井眼不断地偏离原井眼方向。

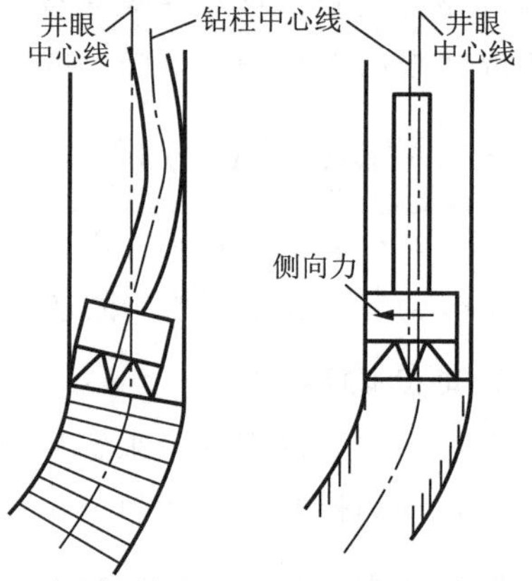

（a）不对称切削　　（b）侧向切削

图 5-3-4　钻头的不对称切削和侧向切削

那么是什么原因导致钻具的倾斜和弯曲呢？

首先，由于钻具直径小于井眼直径，钻具和井眼之间有一定的间隙，所以钻具在井眼内的活动余地很大，这就给钻具的倾斜和弯曲创造了空间条件。

其次，由于钻压的作用，下部钻具受压后必将靠向井壁一侧而倾斜。当轴向压力超过一定值后，钻柱将发生弯曲。弯曲钻柱将使靠近钻头的钻具倾斜更大。

此外，还有一些原因也会导致钻具倾斜和弯曲，如：下入井内的钻具本来就是弯曲的；在安装设备时，天车、游车和转盘三点不在一条铅垂线上；转盘安装不平而引导钻具一开始就倾斜等。

3. 井眼扩大

除上述地质和钻具因素外，井眼扩大也是井斜的重要原因。井眼扩大后，钻头可在井眼内左右移动，靠向一侧，于是钻头轴线与井眼轴线不重合，导致井斜。

上述三方面原因中，地质因素是客观存在的，无法改变。钻具因素是可以人为控制的，人们在这方面进行了大量的研究，设计了许多种防斜和纠斜钻具组合，最常见的两种是满眼钻具组合和钟摆钻具组合。井眼扩大总有个过程，不会刚一钻成就马上扩大，因此可以利用这个过程防斜。

二、满眼钻具组合控制井斜

从上述对井斜原因的分析可知，井斜的原因可归结为：① 钻头对井底的不对称切削；② 钻头轴线相对于井眼轴线发生倾斜；③ 钻头上的侧向力导致对井壁的侧向切削。防斜措施就是要想办法克服这三个方面的原因，满眼钻具组合就是这样设计的。

设想，如果钻具的直径与钻头的直径完全相等，上述三个井斜原因就都会被克服。但这样做将无法循环钻井液，而且会引起一系列其他问题，在工程上是行不通的。实际上这个问题是采用扶正器组合的办法来解决的。

满眼钻具组合是在靠近钻头大约 20 m 处的钻铤上适当安置扶正器，以此达到防斜的目的。所谓适当，包括扶正器的数量、位置和直径适当。国内外学者已经提出的满眼钻具组合设计方法很多，设计思想虽有不同，但设计结果差别不大。这里介绍的是我国著名石油钻井专家杨勋尧提出的满眼钻具组合，简称 YXY 组合。

1. YXY 满眼钻具组合的结构

— 拓展与思政 —
5－7

YXY 满眼钻具组合一般包括四个扶正器，如图 5-3-5 所示，自下而上分别为近钻头扶正器、中扶正器、上扶正器和第四扶正器。

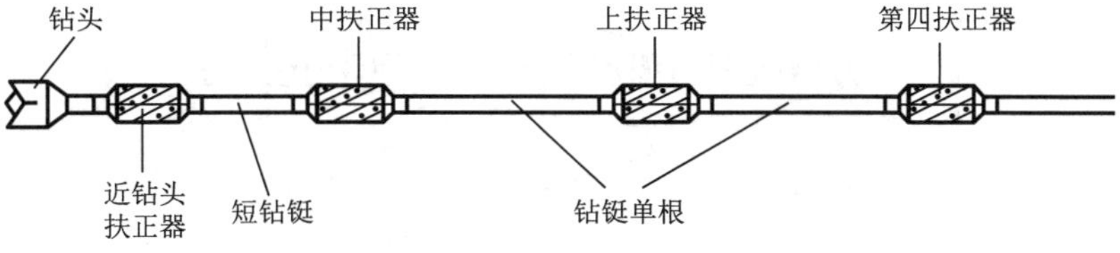

图 5-3-5　YXY 满眼钻具组合结构图

(1) 近钻头扶正器：紧装在钻头之上，简称近扶。近扶直径较大，与钻头直径仅差 1～2 mm。在易斜地层，近扶的长度可加长；在特别易斜的地层，可将两个扶正器串联起来作为近扶。近扶的主要作用是通过支撑在尚未扩大的井壁上，抵抗钻头所受的侧向力，有效地防止钻头侧向切削。同时，近扶由于直径大、长度长、刚性大，也可有效地防止钻头倾斜，从而阻止钻头的不对称切削。

（2）中扶正器：简称中扶或二扶。中扶的安装位置需要经过严格的计算来确定。中扶的直径与近扶相同。中扶的主要作用是保证中扶与钻头之间的钻柱不发生弯曲，使这段钻柱不发生倾斜，从而防止钻头对井底的不对称切削。

（3）上扶正器：简称上扶或三扶。上扶的安装位置在中扶之上一个钻铤单根处。上扶的直径一般与近扶和中扶相同，但要求可以稍松。

（4）第四扶正器：简称四扶，一般情况下可不装，仅在特别易斜的地层才安装。其安装位置在上扶之上一个钻铤单根处，直径要求与上扶相同。

上扶与四扶的作用在于增大下部钻柱的刚度，协助中扶防止下部钻柱轴线发生倾斜。

2. YXY 满眼钻具组合中扶位置的计算

中扶位置的计算是满眼钻具组合设计的核心。中扶距钻头的最优长度以 L_p 表示。图5-3-6是杨勋尧建立的下部钻具受力的力学模型。先不考虑近钻头扶正器的存在，由图可知，钻头相对于井眼中心线的偏移角 $\theta=\theta_c+\theta_q$。中扶距钻头的距离增大，则 θ_c 减小，但 θ_q 增大；中扶距钻头的距离减小，则 θ_c 增大，但 θ_q 减小。因此，存在一个最优距离可使 θ 最小。根据力学模型建立数学模型，然后求解，即可得到 L_p 的计算公式，最后对公式进行简化，得到如下计算式：

$$L_p=\sqrt[4]{\frac{16CEJ}{q_m\sin\alpha}} \tag{5-3-1}$$

式中 L_p——中扶距钻头的最优长度，m；

C——扶正器与井眼的半间隙，$C=(d_h-d_s)/2$，m；

d_h——井眼直径，m；

d_s——扶正器外径，m；

E——钻铤钢材的弹性模量，kPa；

J——钻铤截面的轴惯性矩，m^4；

q_m——钻铤在钻井液中的线重，kN/m；

α——允许的最大井斜角，(°)。

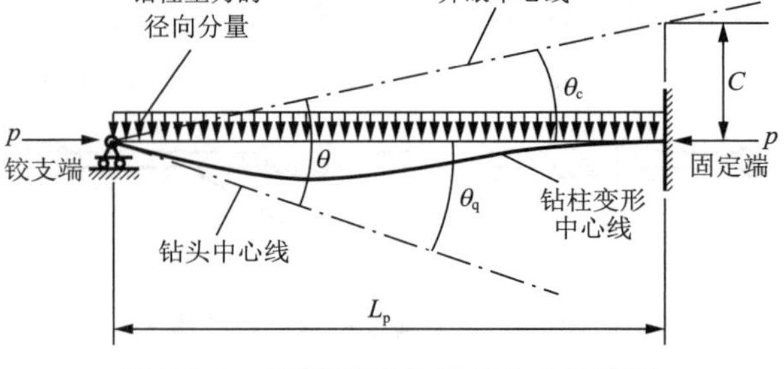

图5-3-6 YXY满眼钻具组合力学模型

例5-3-1 已知钻头直径 d_h=216 mm，扶正器直径 d_s=215 mm，钻铤钢材的弹性模量

$E=205.94\ \mathrm{GPa}$，钻铤外径 $d_{co}=178\ \mathrm{mm}$，内径 $d_{ci}=71.4\ \mathrm{mm}$，钻井液的密度 $\rho_d=1.25\ \mathrm{g/cm^3}$，钻铤线重 $q_c=1.606\ \mathrm{kN/m}$，允许的最大井斜角 $\alpha=3°$，试求中扶距钻头的最优长度。（钢材密度 $\rho_s=7.85\ \mathrm{g/cm^3}$）

解　根据给定条件，可求得：

$$J=\frac{\pi}{64}(d_{co}^4-d_{ci}^4)=\frac{\pi}{64}\times(0.178^4-0.071\ 4^4)\ \mathrm{m^4}=0.48\times10^{-4}\ \mathrm{m^4}$$

$$q_m=q_c\left(1-\frac{\rho_d}{\rho_s}\right)=1.606\times\left(1-\frac{1.25}{7.85}\right)\ \mathrm{kN/m}=1.350\ \mathrm{kN/m}$$

$$C=\frac{d_h-d_s}{2}=\frac{0.216-0.215}{2}\ \mathrm{m}=0.000\ 5\ \mathrm{m}$$

代入式(5-3-1)中，可求得：

$$L_p=\sqrt[4]{\frac{16CEJ}{q_m\sin\alpha}}=\sqrt[4]{\frac{16\times0.000\ 5\times205.94\times10^6\times0.48\times10^{-4}}{1.350\times\sin 3°}}\ \mathrm{m}=5.784\ \mathrm{m}$$

例 5-3-2　已知钻头直径 $d_h=311\ \mathrm{mm}$，扶正器直径 $d_s=309.5\ \mathrm{mm}$，钻铤钢材的弹性模量 $E=205.94\ \mathrm{GPa}$，钻铤外径 $d_{co}=203.2\ \mathrm{mm}$，内径 $d_{ci}=71.4\ \mathrm{mm}$，钻井液密度 $\rho_d=1.25\ \mathrm{g/cm^3}$，钻铤线重 $q_c=2.190\ \mathrm{kN/m}$，允许的最大井斜角 $\alpha=3°$，试求中扶距钻头的最优长度。（钢材密度 $\rho_s=7.85\ \mathrm{g/cm^3}$）

解　根据给定条件，可求得：

$$J=\frac{\pi}{64}(d_{co}^4-d_{ci}^4)=\frac{\pi}{64}\times(0.203\ 2^4-0.071\ 4^4)\ \mathrm{m^4}=0.823\ 7\times10^{-4}\ \mathrm{m^4}$$

$$q_m=q_c\left(1-\frac{\rho_d}{\rho_s}\right)=2.190\times\left(1-\frac{1.25}{7.85}\right)\ \mathrm{kN/m}=1.841\ 3\ \mathrm{kN/m}$$

$$C=\frac{d_h-d_s}{2}=\frac{0.311-0.309\ 5}{2}\ \mathrm{m}=0.000\ 75\ \mathrm{m}$$

代入式(5-3-1)中，可求得：

$$L_p=\sqrt[4]{\frac{16CEJ}{q_m\sin\alpha}}=\sqrt[4]{\frac{16\times0.000\ 75\times205.94\times10^6\times0.823\ 7\times10^{-4}}{1.841\ 3\times\sin 3°}}\ \mathrm{m}=6.779\ \mathrm{m}$$

3. 满眼钻具组合的使用

满眼钻具组合的使用要注意以下问题：

(1) 在已经发生井斜的井内使用满眼钻具组合并不能减小井斜角，只能做到使井斜角的变化（增斜或降斜）很小或不变化。因此，满眼钻具组合的主要功能是控制井眼曲率，而不是控制井斜角的大小。

(2) 满眼钻具组合使用的关键在于一个“满”字，即扶正器与井眼的间隙对满眼钻具组合的性能影响非常显著。在使用中应使间隙尽可能小，设计间隙一般为 $\Delta d=d_h-d_s=0.8\sim1.6\ \mathrm{mm}$。在使用中，因扶正器的磨损，间隙将增大。当间隙 Δd 达到或超过设计值的两倍时，应及时更换或修复扶正器。

(3) 保持“满”的另一个关键在于井径不要扩大。这就要求有好的钻井液护壁技术。即使钻井液护壁技术不好，井径扩大总要经过一定时间才发生，因此只要抢在井径扩大以前钻出新的井眼，则仍可保持“满”的效果，这就要求加快钻速。我国现场技术人员将此概念总结

— 动 画 —

5-8 钟摆钻具

为“以快保满，以满保直”。

（4）在钻进软硬交错或倾角较大的地层时，要注意适当减小钻压并要勤划眼，以便消除可能出现的狗腿（特指垂直井实钻井眼轨迹上井眼曲率较大的井段）。

三、钟摆钻具组合控制井斜

1. 钟摆钻具组合的原理

钟摆钻具组合的原理如图 5-3-7 所示。当钟摆摆过一定角度时，在钟摆上会产生一个向回摆的力 G_c，称为钟摆力，$G_c = G\sin\alpha$。显然，钟摆摆过的角度越大，钟摆力就越大。如果在钻柱下部适当位置加一个扶正器，该扶正器支撑在井壁上，使下部钻柱悬空，则该扶正器以下的钻柱就好像一个钟摆，也会产生一个钟摆力。此钟摆力的作用是使钻头切削井壁的下侧，从而使新钻的井眼不断降斜。

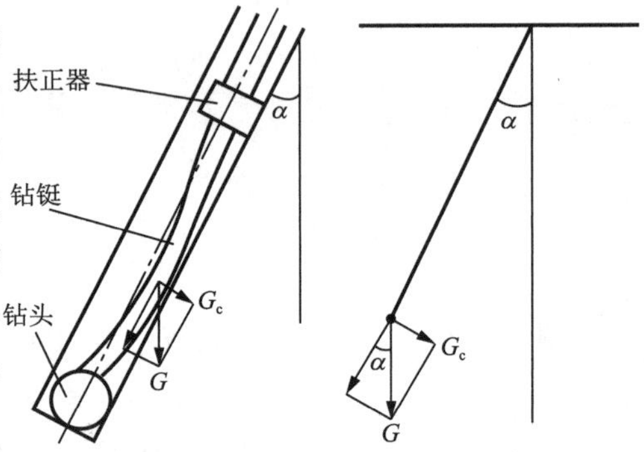

图 5-3-7　钟摆钻具组合原理图

2. 钟摆钻具组合的设计

钟摆钻具组合最早是由美国人鲁宾斯基（A. Lubinski）提出的，但鲁宾斯基的设计方法是图表设计法，查算太复杂。之后，国内外许多学者从研究力学模型入手，通过数学求解，提出了钟摆钻具组合的计算方法。这里介绍的是我国著名石油钻井专家杨勋尧提出的设计方法，这是一种简单实用的方法。

钟摆钻具组合设计的关键在于计算扶正器至钻头的距离 L_z。此距离太小，则钟摆力不够大；此距离太大，则扶正器与钻头间会产生新的接触点。因此，L_z 称为最优距离。杨勋尧提出的 L_z 计算公式如下：

$$L_z = \sqrt{\frac{\sqrt{B^2 + 4AC} - B}{2A}} \tag{5-3-2}$$

其中：

$$A = \pi^2 q_m \sin\alpha$$

$$B = 82.04Wr$$

$$C = 184.6\pi^2 EJr$$

$$r = (d_h - d_{co})/2$$

式中　W——钻压，kN；

d_{co}——钻铤外径，m；

E，J，q_m 和 d_n 意义同式(5-3-1)。

考虑到扶正器的磨损和井径的扩大，在实际使用时，扶正器至钻头的距离可比计算的 L_z 减小 5%～10%。

3. 钟摆钻具组合的使用

（1）钟摆钻具组合的钟摆力随井斜角的大小而变化。井斜角大，则钟摆力大；井斜角等于零，则钟摆力也等于零。因此，钟摆钻具组合多数用于对井斜角已经较大的井进行纠斜。

（2）钟摆钻具组合的性能对钻压特别敏感。钻压增大，则增斜力增大，钟摆力减小；钻压再增大，则会将扶正器以下的钻柱压弯，甚至出现新的接触点，从而完全失去钟摆钻具组合的纠斜作用。因此，钟摆钻具组合在使用过程中必须严格控制钻压。

（3）在井尚未斜或井斜角很小时，要想继续钻进而保持不斜，只能减小钻压进行吊打。由于吊打钻速很慢，所以这时多使用满眼钻具组合。仅在对井眼轨迹要求特别严格的垂直井（段）中，才使用钟摆钻具组合进行吊打。

（4）扶正器与井眼的间隙对钟摆钻具组合性能的影响也特别明显。当扶正器直径因磨损而减小时应及时更换或修复。

（5）使用多扶正器的钟摆钻具组合需要进行较复杂的设计和计算。

第四节　定向井井眼轨道设计

— 线上自学 —

5-9 定向井井眼轨道设计

定向井井眼轨道设计是定向井设计的重要内容之一。

一、定向井井眼轨道分类

首先要说明，这里的分类是根据设计井眼轨道而不是根据实钻井眼轨迹划分的。这是因为设计井眼轨道是一条人为设计的某种规则曲线，容易作为分类的标准，而实钻井眼轨迹是一条随意的空间曲线，不能作为分类的标准。例如，垂直井是指设计井眼轨道是一条铅垂线的井，不管实钻井眼轨迹在空间如何变化，仍然称为垂直井。

根据井眼轨道形状的不同，定向井可分为二维定向井和三维定向井两大类。二维定向井是指设计的井眼轨道在一个铅垂平面上变化，即设计井眼轨道只有井斜角的变化而无井斜方位角的变化，三维定向井既有井斜角的变化又有井斜方位角的变化。

二维定向井又可分为常规二维定向井和非常规二维定向井。常规二维定向井的井段形状都是由直线和圆弧曲线组成的。非常规二维定向井的井段形状除直线和圆弧曲线外，还有某种特殊曲线，如悬链线、二次抛物线等。

在实际工程中，大量应用的是常规二维定向井。我国钻井行业标准化委员会已经制定了常规二维定向井的井眼轨道设计标准。

二、常规二维定向井轨道设计

1. 设计原则

定向井井眼轨道设计应遵循以下原则：

（1）能实现钻定向井的目的。钻定向井的目的是多种多样的：或为钻穿多套含油层系，扩大勘探成果；或为延长目标段的长度，增大油层的裸露面积；或为使老井、死井复活；或为处理井下事故进行侧钻；或受限于地面条件而移动井位，或受限于地下条件而钻绕障井；或为节约土地而钻丛式井；或为扑灭邻井大火而钻救援井，等等。井眼轨道设计首先要考虑实现钻井的目的。

（2）有利于安全、优质、快速钻井。要注意选好造斜点，应选择硬度适中且无坍塌、缩径、高压、易漏等复杂情况的地层开始造斜。按照井斜角的大小，可将定向井分为三类：井斜角在15°～30°之间的属小斜度定向井；井斜角在30°～60°之间的属中斜度定向井；井斜角超过60°的属大斜度定向井。在可能的条件下，井斜角不要太大，以便减小钻井的难度，但最大井斜角不得小于15°，否则井斜方位角不易稳定。在选择井眼曲率值时，要权衡造斜工具的造斜能力，减小起下钻和下套管的难度，以及缩短造斜井段的长度等各方面的要求。

(3) 有利于采油工艺的要求。在可能的情况下应减小井眼曲率，以改善油管和抽油杆的工作环境。在某些情况下，进入目的层的井段的井斜角还应尽量小，最好是垂直井段，以利于安装电潜泵、坐封封隔器及进行其他井下作业。

2. 井眼轨道类型

按照我国钻井行业标准的规定，常规二维定向井井眼轨道有四种类型：三段式、多靶三段式、五段式和双增式。如图 5-4-1 所示，图中的字母 k 代表造斜点，b 代表增斜结束点，t 代表目标点，c 代表五段式的降斜始点或双增式的第二次造斜点，d 代表多目标井的目标终点。所有这些点称为节点，这些节点的参数均以相应字母为下标。

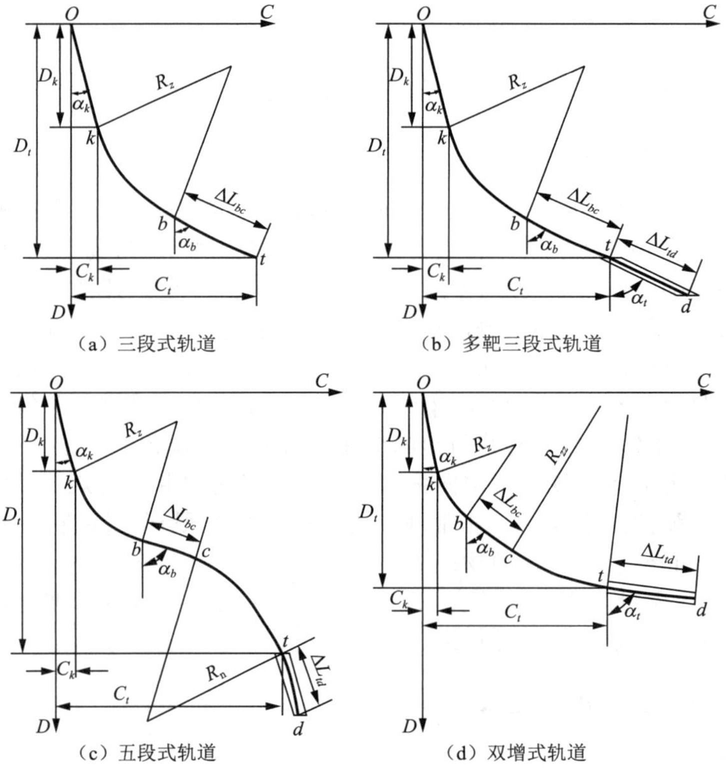

图 5-4-1 常规二维定向井井眼轨道类型

考虑到可能使用斜井架钻机，从井口开始先钻斜直井段，然后再造斜钻弯曲井段，所以在所有的井眼轨道类型图中，造斜点处都可能有一定的闭合距 C_k 和井斜角 α_k。当然，如果使用直井架钻机，则 C_k 和 α_k 均为零。

不同类型的井眼轨道，其设计条件和计算公式各不相同。

3. 设计依据的条件

井眼轨道设计依据的条件有两种：一种是由地质、采油部门提供的分层地质情况预告和目标点或目标井段的有关数据（如目标点的垂深、闭合距及设计方位等）；另一种是由钻井工程部门根据设计原则和钻井条件选定的造斜点位置、造斜率大小等。

将给定和选定的条件汇集于表 5-4-1 中。

表 5-4-1　井眼轨道设计给定的条件

轨道类型	给定的条件	关键参数
三段式	$D_t, C_t, D_k, C_k, \alpha_k, K_z, \theta_0$	$\alpha_b, \Delta L_{bc}$
多靶三段式	$D_t, D_k, C_k, \alpha_k, K_z, \theta_0, \alpha_t, \Delta L_{td}$	$C_t, \Delta L_{bc}$
五段式	$D_t, C_t, D_k, C_k, \alpha_k, K_z, \theta_0, \alpha_t, \Delta L_{td}, K_n$	$\alpha_b, \Delta L_{bc}$
双增式	$D_t, C_t, D_k, C_k, \alpha_k, K_z, \theta_0, \alpha_t, \Delta L_{td}, K_{zz}$	$\alpha_b, \Delta L_{bc}$

表中符号解释如下：

D_t——目标点或目标段起点的垂深，m；

C_t——目标点或目标段起点的闭合距，m；

D_k——造斜点垂深，m；

C_k——造斜点闭合距，m；

α_k——造斜点井斜角，(°)；

K_z——造斜段的造斜率，(°)/30 m；

K_n——降斜段的造斜率，(°)/30 m；

K_{zz}——双增式轨道的第二增斜段的造斜率，(°)/30 m；

θ_0——设计方位角，(°)；

α_t——目标点(段)井斜角，(°)；

ΔL_{td}——目标段长度，m；

α_{bc}——稳斜段井斜角，(°)；

ΔL_{bc}——稳斜段长度，m。

根据 K_z，K_n 和 K_{zz}，可分别算出对应的曲率半径 R_z，R_n 和 R_{zz}，计算公式如下：

$$R = \frac{5\,400}{\pi K} \approx \frac{1\,719}{K} \tag{5-4-1}$$

根据 D_k 和 α_k，可计算出 C_k，计算公式如下：

$$C_k = D_k \tan \alpha_k \tag{5-4-2}$$

表 5-4-1 中有一栏“关键参数”，是指井眼轨道设计中需要首先求得的参数。只有首先求得这些关键参数，才能进行井眼轨道其他参数的计算。

4. 关键参数的计算

对于不同的井眼轨道类型，关键参数有不同的计算公式。

1) 三段式轨道

(1) 正常情况下，给定设计条件见表 5-4-1，所需计算的关键参数为 α_b 和 ΔL_{bc}，按如下公式计算：

$$\Delta L_{bc} = \sqrt{D_e^2 + C_e^2 - R_e^2} \tag{5-4-3}$$

$$\alpha_b = 2\arctan \frac{D_e - \Delta L_{bc}}{R_e - C_e} \tag{5-4-4}$$

其中：

$$D_e = D_t - D_k + R_z \sin \alpha_k \tag{5-4-5}$$

$$C_e = C_t - C_k - R_z \cos \alpha_k \tag{5-4-6}$$

$$R_e=R_z \tag{5-4-7}$$

（2）有时可给定 D_t，D_k，C_t，C_k，α_k，α_b，所需计算的关键参数为 ΔL_{bc} 和 K_z，这种情况下的计算公式如下：

$$\Delta L_{bc}=\frac{D_t-D_k-R_z(\sin\alpha_b-\sin\alpha_k)}{\cos\alpha_b} \tag{5-4-8}$$

其中：

$$R_z=\frac{(D_t-D_k)\sin\alpha_b-(C_t-C_k)\cos\alpha_b}{1-\cos(\alpha_b-\alpha_k)} \tag{5-4-9}$$

$$K_z=1\ 719/R_z$$

（3）有时也可给定 D_t，C_t，K_z，α_k，α_b，而求 D_k 和 ΔL_{bc}：

$$D_k=\frac{C_t\cos\alpha_b-D_t\sin\alpha_b+R_z[1-\cos(\alpha_b-\alpha_k)]}{\tan\alpha_k\cos\alpha_b-\sin\alpha_b} \tag{5-4-10}$$

$$\Delta L_{bc}=\frac{(D_t-D_k)-R_z(\sin\alpha_b-\sin\alpha_k)}{\cos\alpha_b} \tag{5-4-11}$$

2）多靶三段式轨道

这种类型的井眼轨道给定的设计条件中没有目标点的闭合距 C_t，也就是说没有给出地面上的井位，这是它与其他类型的区别之处。这种设计需要求出 C_t 之后再确定地面上的井位，所以被称为倒推设计法。计算公式如下：

$$C_t=C_k+(D_t-D_k)\tan\alpha_t-R_z\frac{1-\cos(\alpha_t-\alpha_k)}{\cos\alpha_t} \tag{5-4-12}$$

ΔL_{bc} 的计算公式同式(5-4-11)。

3）五段式轨道

五段式轨道可用下述三式计算 D_e，C_e，R_e，然后用式(5-4-3)和式(5-4-4)求得 ΔL_{bc} 和 α_b。

$$D_e=D_t-D_k+R_z\sin\alpha_k+R_n\sin\alpha_t \tag{5-4-13}$$

$$C_e=C_t-C_k-R_z\cos\alpha_k-R_n\cos\alpha_t \tag{5-4-14}$$

$$R_e=R_z+R_n \tag{5-4-15}$$

4）双增式轨道

双增式轨道可用下述三式计算 D_e，C_e，R_e，然后用式(5-4-3)和式(5-4-4)求得 ΔL_{bc} 和 α_b。

$$D_e=D_t-D_k+R_z\sin\alpha_k-R_{zz}\sin\alpha_t \tag{5-4-16}$$

$$C_e=C_t-C_k-R_z\cos\alpha_k+R_{zz}\cos\alpha_t \tag{5-4-17}$$

$$R_e=R_z-R_{zz} \tag{5-4-18}$$

5. 节点参数计算及设计结果表述

节点参数计算是根据给定的设计条件和计算出的关键参数，算出每个节点的井深、垂深、闭合距三个参数。下面分别列出节点参数的计算公式。

（1）造斜点处（k 点）D_k 和 C_k 已知，井深计算公式如下：

$$L_k=D_k/\cos\alpha_k \tag{5-4-19}$$

（2）增斜段终点（b 点）参数计算公式如下：

$$L_b=L_k+\frac{R_z\pi(\alpha_b-\alpha_k)}{180} \tag{5-4-20}$$

$$D_b = D_k + R_z(\sin\alpha_b - \sin\alpha_k) \tag{5-4-21}$$

$$C_b = C_k + R_z(\cos\alpha_k - \cos\alpha_b) \tag{5-4-22}$$

(3) 稳斜段终点(c 点或三段式、多靶三段式轨道的 t 点)参数计算公式如下:

$$L_c = L_b + \Delta L_{bc} \tag{5-4-23}$$

$$D_c = D_b + \Delta L_{bc}\cos\alpha_b \tag{5-4-24}$$

$$C_c = C_b + \Delta L_{bc}\sin\alpha_b \tag{5-4-25}$$

(4) 五段式降斜段终点(t 点)参数计算公式如下:

$$L_t = L_c + \frac{R_n\pi(\alpha_b - \alpha_t)}{180} \tag{5-4-26}$$

$$D_t = D_c + R_n(\sin\alpha_b - \sin\alpha_t) \tag{5-4-27}$$

$$C_t = C_c + R_n(\cos\alpha_t - \cos\alpha_b) \tag{5-4-28}$$

(5) 双增式第二增斜段终点(t 点)参数计算公式如下:

$$L_t = L_c + \frac{R_{zz}(\alpha_t - \alpha_b)\pi}{180} \tag{5-4-29}$$

$$D_t = D_c + R_{zz}(\sin\alpha_t - \sin\alpha_b) \tag{5-4-30}$$

$$C_t = C_c + R_{zz}(\cos\alpha_b - \cos\alpha_t) \tag{5-4-31}$$

(6) 多靶三段式、五段式及双增式井底(d 点)参数计算公式如下:

$$L_d = L_t + \Delta L_{td} \tag{5-4-32}$$

$$D_d = D_t + \Delta L_{td}\cos\alpha_t \tag{5-4-33}$$

$$C_d = C_t + \Delta L_{td}\sin\alpha_t \tag{5-4-34}$$

根据以上计算,将设计结果列表或绘图。

例 5-4-1 已知设计条件如下:$D_t=2\,530$ m,$C_t=910$ m,$D_k=300$ m,$\alpha_k=0°$,$\alpha_t=15°$,$\Delta L_{td}=120$ m;$K_z=2.7°/30$ m,$K_n=1°/30$ m。试设计五段式轨道。

解 根据式(5-4-1)可求得:$R_z=636.67$ m,$R_n=1\,719.00$ m。

根据式(5-4-13)~式(5-4-15)、式(5-4-3)及式(5-4-4),计算结果为:

$$D_e=2\,674.91\text{ m},\quad C_e=-1\,387.10\text{ m},\quad R_e=2\,355.67\text{ m}$$

$$\Delta L_{bc}=1\,878.83\text{ m},\quad \alpha_b=24.02°$$

根据式(5-4-19)~式(5-4-28)及式(5-4-32)~式(5-4-34),可计算出全部节点参数。设计的五段式轨道数据列于表 5-4-2 中。

表 5-4-2 五段式轨道设计结果列表

参数	不同井段设计结果				
	垂直段	增斜段	稳斜段	降斜段	目标段
井斜角/(°)	0	0~24.02	24.02	24.02~15	15
垂增/m	300	259.11	1 716.19	254.70	115.91
垂深/m	300	559.11	2 275.30	2 530.00	2 645.91
闭合距/m	0	55.11	819.76	910.00	941.59
段长/m	300	266.68	1 878.83	270.49	120.00
井深/m	300	566.68	2 445.51	2 716.00	2 836.00

第五节　定向井造斜工具及井眼轨迹控制

— 线上自学 —

5-10　定向井造斜工具

本章第二节介绍了垂直井防斜技术，论述了井斜发生的原因，以及防斜和纠斜钻具组合的原理、结构及使用问题。这些介绍对于正确理解和使用定向井造斜工具，进行定向井井眼轨迹控制是很有帮助的。

一、动力钻具造斜工具

动力钻具又称井下马达，包括涡轮钻具、螺杆钻具、电动钻具三种。目前我国常用的是前两种。动力钻具接在钻铤之下、钻头之上。对于涡轮钻具和螺杆钻具来说，钻井液循环通过动力钻具时，驱动动力钻具转动并带动钻头旋转破碎岩石，动力钻具以上的整个钻柱都可以不旋转，这种特点对定向造斜是非常有利的。

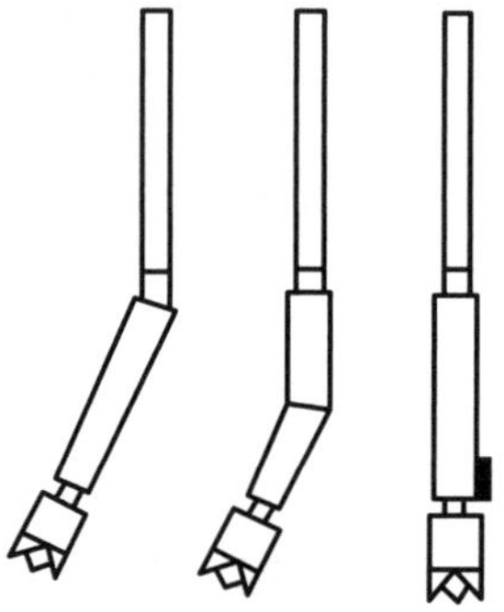

图 5-5-1　动力钻具造斜工具

1. 动力钻具造斜工具的形式

如图 5-5-1 所示，动力钻具造斜工具的形式有三种。

（1）弯接头：在动力钻具和钻铤之间接一个弯接头（又称斜接头），使此部位形成一个弯曲角。这种结构一方面迫使钻头倾斜，造成对井底的不对称切削，从而改变井眼方向；另一方面井壁迫使造斜工具的弯曲部分伸直，使钻头受到钻柱的弹性力作用，从而产生侧向切削，改变井眼方向。

弯接头造斜率的大小与以下因素有关：弯接头弯角越大，造斜率越大；弯曲点以上钻柱的刚度越大，造斜率越大；弯曲点至钻头的距离越小且重量越小，造斜率越大；钻进速度越小，造斜率越大。此外，造斜率大小还与井眼间隙、地层因素、钻头结构有关。

（2）弯外壳：动力钻具的外壳做成弯曲形状，称为弯外壳马达。其造斜原理与弯接头类似，而且比弯接头的造斜能力更大。

（3）偏心垫块：在动力钻具壳体下端的一侧加焊一个垫块。在井斜角较大的倾斜井眼内，通过定向使此垫块处在井壁下侧，形成一个支点，在上部钻柱重力作用下使钻头受到一个杠杆力，从而产生侧向切削，改变井眼方向。显然，垫块的偏心高度越大，造斜率就越大。

需要注意，工具的造斜率越大，下入井内就越困难。

2. 涡轮钻具的结构与特性

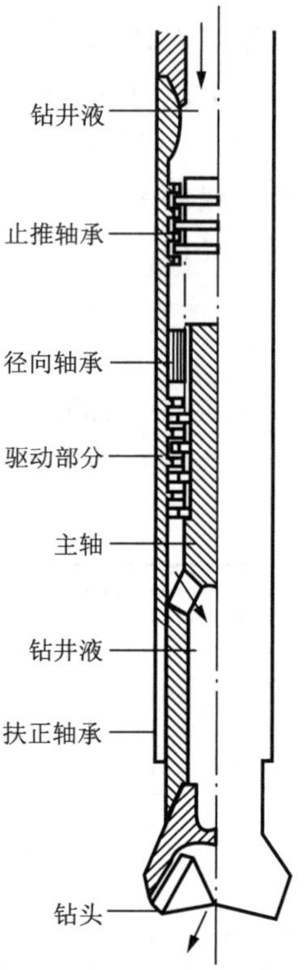

图 5-5-2　涡轮钻具结构示意图

涡轮钻具的结构如图 5-5-2 所示，包括上端带大小头的外壳、被压紧短节压紧而安装在外壳内的定子、下端带有下部短节并与钻头相连接的主轴、套装在主轴上的转子，以及止推轴承和扶正轴承等。定子和转子由特殊的叶片组成。

涡轮钻具的工作特性曲线如图 5-5-3 所示。图中的横坐标为涡轮转数(n)，纵坐标为功率(P)和扭矩(M)。图中三组曲线表示钻井液流量(Q)不同，每组曲线均有一个最优转数(n_0)，即最大功率对应的转数。

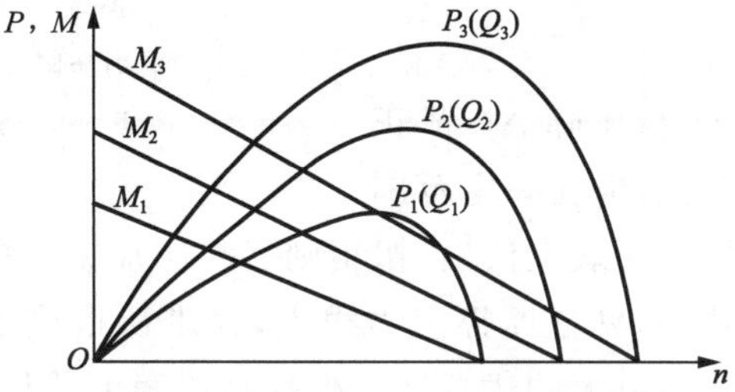

图 5-5-3　涡轮钻具工作特性曲线

涡轮钻具各参数之间有如下关系：

(1) 转数与流量成正比，扭矩与流量的平方成正比，压降(Δp)与流量的平方成正比，功率与流量的三次方成正比，即

$$\frac{n_1}{n_2}=\frac{Q_1}{Q_2} \tag{5-5-1}$$

$$\frac{M_1}{M_2}=\left(\frac{Q_1}{Q_2}\right)^2 \tag{5-5-2}$$

$$\frac{\Delta p_1}{\Delta p_2}=\left(\frac{Q_1}{Q_2}\right)^2 \tag{5-5-3}$$

$$\frac{P_1}{P_2}=\left(\frac{Q_1}{Q_2}\right)^3 \tag{5-5-4}$$

显然，足够的流量是涡轮钻具输出足够功率和扭矩的前提。

(2) 在一定流量下，涡轮钻具的转速随扭矩的减小而增大。在空转时，转速达到最高，因此不宜使用涡轮钻具进行划眼。

3. 螺杆钻具的结构与特性

螺杆钻具的结构如图 5-5-4 所示，包括与外壳做成一体的定子和与主轴做成一体的转子。定子的上部与钻柱相连，转子的下部通过万向轴与钻头相接。显然，螺杆钻具的结构要简单得多。

螺杆钻具的工作特性曲线如图 5-5-5 所示。

(1) 螺杆钻具的转数 n、扭矩 M、功率 P 与压降 Δp 之间的关系符合式(5-5-5)～式(5-5-7)。

$$n=\frac{60Q}{q}\eta_v \tag{5-5-5}$$

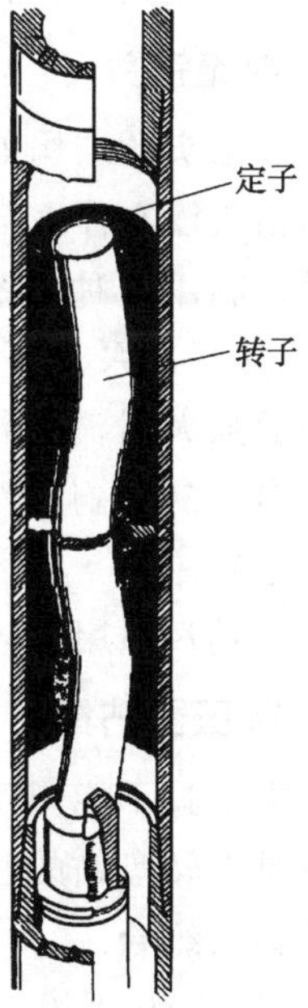

图 5-5-4　螺杆钻具结构示意图

$$M=\frac{\Delta pq}{2\pi}\eta_m \qquad (5\text{-}5\text{-}6)$$

$$P=\Delta pQ\eta_v\eta_m \qquad (5\text{-}5\text{-}7)$$

式中　q——螺杆钻具结构参数（每转流量），L/r；

η_v——水力效率；

η_m——机械效率。

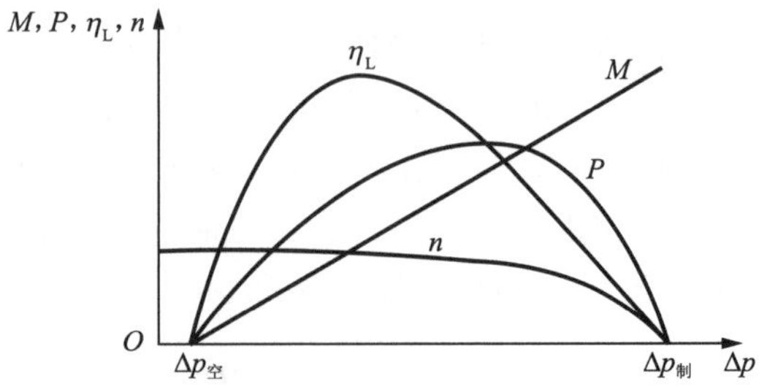

$\Delta p_{空}$—空转时压降；$\Delta p_{制}$—制动时压降；η_L—负荷效率。

图 5-5-5　螺杆钻具工作特性曲线

（2）螺杆钻具的扭矩 M 与压降 Δp 成正比。转速也随压降变化而变化，但在一定范围内转速变化很小。压降可从泵压表上读出，扭矩则反映所加钻压的大小，因此可以看着泵压表打钻。在定向井和水平井中，钻柱摩擦阻力很大，很难从指重表上看出钻压大小。因此，能够看着泵压表打钻就显示出巨大的优越性。根据泵压表上的压降还可以换算出钻头上的扭矩，从而可以较为准确地求得反扭角（见本章第五节扭方位计算）。这是螺杆钻具在定向钻井应用中的突出优点。

二、转盘钻造斜工具

转盘钻造斜工具包括变向器、射流钻头和扶正器钻具组合。变向器和射流钻头仅用于造斜，目前已经很少应用，因此仅做简单介绍。

1. 变向器

变向器的结构如图 5-5-6 所示，它是最早使用的造斜工具。由于工艺复杂，目前变向器仅用于套管内开窗侧钻，或不适宜用动力钻具的井内。

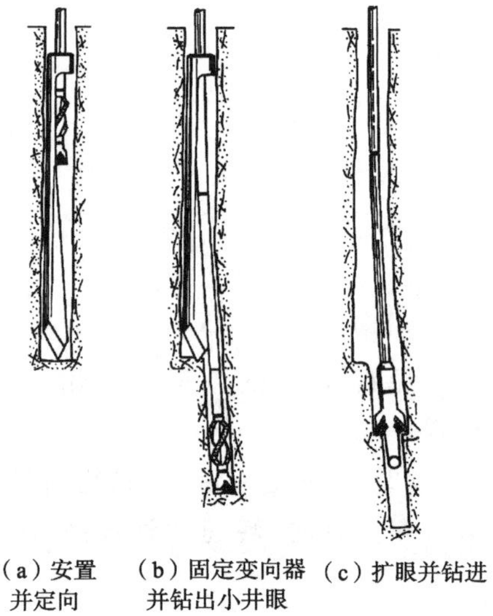

（a）安置并定向　（b）固定变向器并钻出小井眼　（c）扩眼并钻进

图 5-5-6　变向器的结构及造斜原理

2. 射流钻头

射流钻头的结构如图 5-5-7 所示。从外形上看，它与普通钻头没有什么区别，只是使用一个大喷嘴、两个小喷嘴。利用这种钻头造斜时，先要定向并保持钻柱不旋转，然后开泵循环并上下小幅度活动钻具，大喷嘴中喷出的强大射流会沿预定方向冲出一个斜井眼来，之后再启动转盘，修整并扩大此斜井眼。如此反复即可不断造斜。

此工具仅适用于较软的地层，现在也仅用于缺少动力钻具的情况。

3. 扶正器钻具组合

此类工具不能用于造斜，仅能用于在已有一定斜度的井眼内进行增斜、降斜或稳斜。此类工具是在转盘钻的基础上，利用靠近钻头的钻铤部分，巧妙地使用扶正器，得到各种造斜性能的钻具组合。

20 世纪 80 年代以来，国内外对扶正器钻具组合的研究逐步深入。运用数学、力学和计

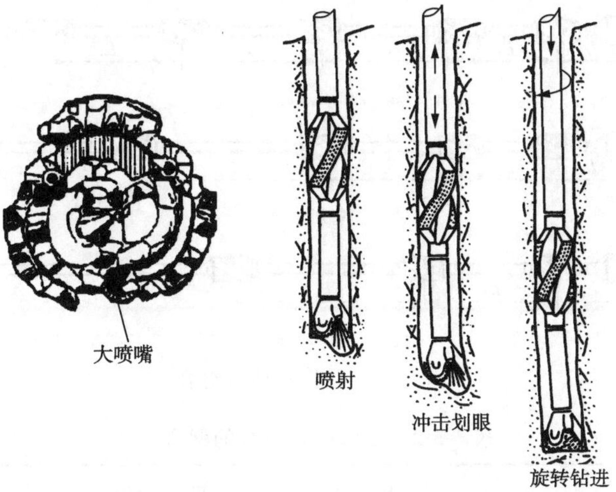

(a) 射流钻头　　(b) 造斜原理

图 5-5-7　射流钻头结构及造斜原理

算机工具，研究出微分方程法、有限元法、纵横连续梁法、加权余量法等方法，这些方法都需要使用较复杂的计算机程序。在没有相应计算机程序的情况下，可使用表 5-5-1～表 5-5-3 所列的现场常用的经验数据。表中数据有的是一个范围，使用者可根据经验进行调整。

(1) 增斜钻具组合：按照增斜能力的大小分为强、中、弱三种。其结构如图 5-5-8 所示，配合尺寸见表 5-5-1。在使用中要注意：钻压越大，其增斜能力越大；L_1 越长，其增斜能力越小；近钻头扶正器直径减小，增斜能力也减小。使用时应保持低转速。

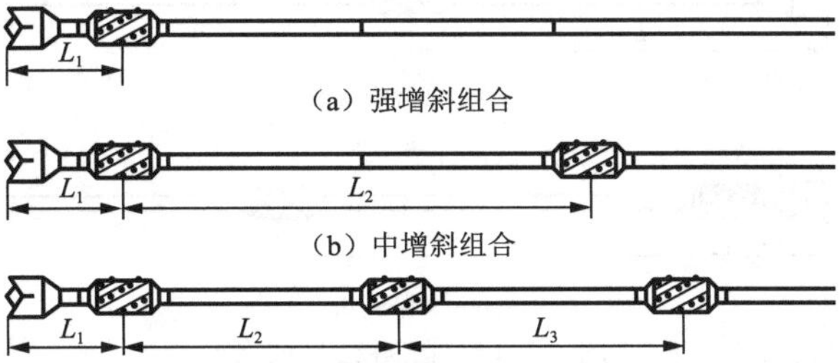

(a) 强增斜组合

(b) 中增斜组合

(c) 弱增斜组合

图 5-5-8　增斜钻具组合

表 5-5-1　增斜钻具组合的配合尺寸

类　型	L_1/m	L_2/m	L_3/m
强增斜组合	1.0～1.8	—	—
中增斜组合	1.0～1.8	18.0～27.0	—
弱增斜组合	1.0～1.8	9.0～18.0	9.0

(2) 稳斜钻具组合：按照稳斜能力的大小分为强、中、弱三种。其结构如图 5-5-9 所示，配合尺寸见表 5-5-2。在使用中要注意保持正常钻压和较高转速。若需要更强的稳斜钻具组合，可将双扶正器串联起来作为近钻头扶正器。

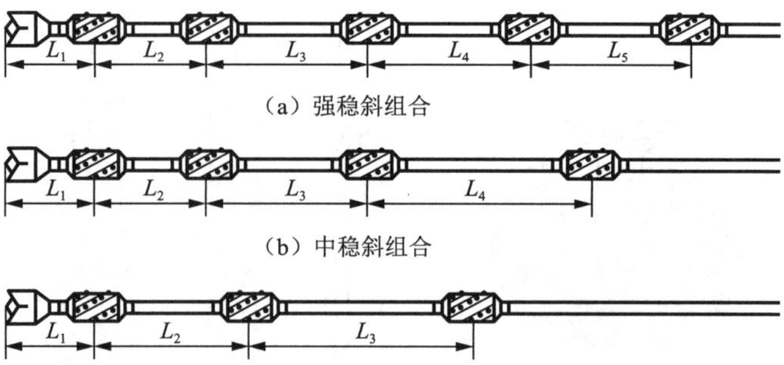

（a）强稳斜组合

（b）中稳斜组合

（c）弱稳斜组合

图 5-5-9　稳斜钻具组合

表 5-5-2　稳斜钻具组合的配合尺寸

类　型	L_1/m	L_2/m	L_3/m	L_4/m	L_5/m
强稳斜组合	0.8～1.2	4.5～6.0	9.0	9.0	9.0
中稳斜组合	1.0～1.8	3.0～6.0	9.0～18.0	9.0～27.0	—
弱稳斜组合	1.0～1.8	4.5	9.0	—	—

(3) 降斜钻具组合：按照降斜能力的大小分为强、弱两种。其结构如图 5-5-10 所示，配合尺寸见表 5-5-3。在使用中要注意保持小钻压和较低转速。对于强降斜组合来说，L_1 越长，则降斜能力越大，但不得与井壁有新的接触点。

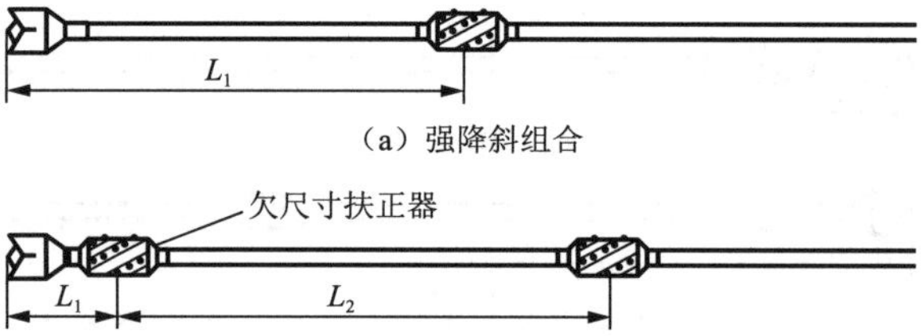

（a）强降斜组合

（b）弱降斜组合

图 5-5-10　降斜钻具组合

表 5-5-3　降斜钻具组合的配合尺寸

类　型	L_1/m	L_2/m
强降斜组合	9.0～27.0	—
弱降斜组合	0.8	18.0～27.0

三、导向钻井系统

导向钻井系统是把造斜工具与随钻测量仪（measurement while drilling，简称 MWD）组合起来，并配合以高效能钻头，在一次下钻后可以完成增斜、降斜、扭方位、稳斜等各种轨迹控制任务的钻井系统。MWD 的作用是随时测量井眼轨迹，并把测量结果传输到地面上，便于施工人员根据井眼轨迹的发展和需要，随时调整系统的工作方式和钻进参数。只要井下工具和测量仪器可正常工作，就可以不更换造斜工具而继续钻进。根据定向钻进时是否允许钻柱旋转，导向钻井系统可分为滑动导向钻井系统和旋转导向钻井系统。

1. 滑动导向钻井系统

滑动导向钻井系统是把动力钻具造斜工具与 MWD 组合在一起的钻井系统，是在动力钻具造斜工具基础上发展起来的。这是目前应用最为广泛的导向钻井系统。

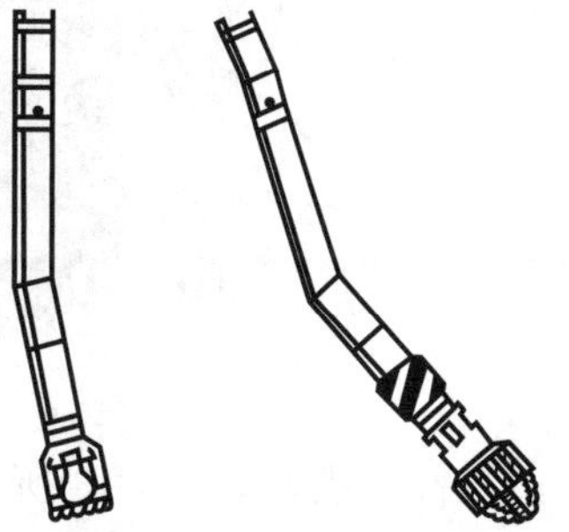

（a）单弯马达　　（b）反向双弯马达

图 5-5-11　滑动导向钻井系统用的动力钻具造斜工具

滑动导向钻井系统有两种工作方式：① 当需要增斜、降斜或扭方位时，钻柱不能旋转，只能沿井眼轴线方向滑动钻进，称为滑动钻进方式；② 当需要稳斜或使井眼曲率变化很小时，在动力钻具旋转的同时，用转盘驱动整个钻柱带动动力钻具外壳旋转起来，称为旋转钻进方式。因为动力钻具外壳需要旋转，所以不是所有的动力钻具造斜工具都可用于导向钻井系统，只有特制的弯外壳动力钻具才可应用。这种弯外壳动力钻具有两种结构形式，如图 5-5-11 所示。一种俗称单弯马达，弯曲点较低，弯曲角度较小；另一种俗称反向双弯马达，具有两个方向相反的弯曲角。它们的共同特点是：在滑动钻进过程中具有较大的造斜能力，在旋转钻进过程中弯外壳可以旋转而不会有很大的阻力。

滑动导向钻井系统的出现大大促进了现代水平井和大位移井的发展，也是目前水平井和大位移井最重要的钻井工具之一。

2. 旋转导向钻井系统

— 拓展与思政 —

5 - 11

随着水平井和大位移井的继续发展以及更高难度的三维多目标井的出现，滑动导向钻井系统显示出多种问题：① 在滑动钻进方式下，钻柱不旋转，钻柱与井壁间的摩擦阻力完全施加在钻柱轴向上，有时会导致钻柱屈曲甚至自锁，使送钻困难，加不上钻压，钻速很低；还容易出现黏卡现象，动力钻具反扭角严重干扰工具面角的稳定，容易形成井眼扭曲。② 在旋转钻进方式下，弯外壳旋转会造成井眼扩大，同时加快钻头磨损。于是，旋转导向钻井系统应运而生。

旋转导向钻井系统是由旋转造斜工具与 MWD 组合起来的，甚至还可以把随钻测井(logging while drilling，简称 LWD)、随钻地层评价(formation evaluation while drilling，简称 FEWD)等组合进来，形成功能更强大的钻井系统。

旋转导向钻井系统的造斜工具部分有两种结构：一种称为侧推钻头式(push-the-bit)，一种称为指引钻头式(point-the-bit)。

1）侧推钻头式造斜工具

根据造斜工具的执行机构是否随钻柱一起旋转，侧推钻头式造斜工具又可分为静态侧推钻头式和动态侧推钻头式两种。此处仅以动态侧推钻头式造斜工具为例进行介绍。

动态侧推钻头式造斜工具的结构如图 5-5-12 所示，包括控制总成和执行总成两大部分。控制总成的核心除一个惯性平台外，还包括发电装置和计算机控制系统。当钻柱旋转时，控制总成的外壳和钻头跟着钻柱旋转，但惯性平台不旋转。

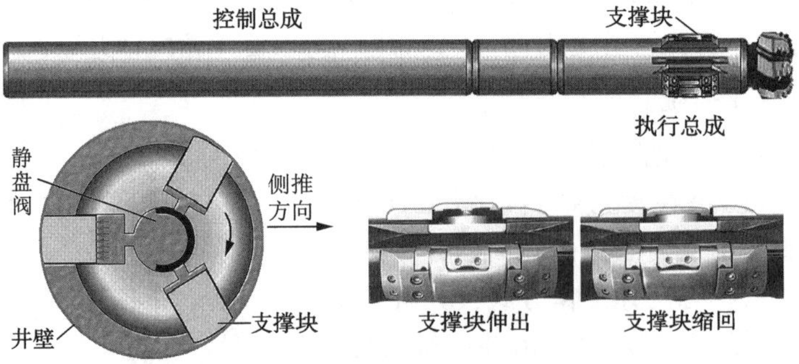

图 5-5-12 侧推钻头式造斜工具

执行总成如图 5-5-13 所示,内有静盘阀和动盘阀,静盘阀上有一个月牙形的孔。静盘阀受惯性平台的控制,不随钻柱旋转而旋转,所以静盘阀的月牙孔的径向方位是不动的。此方位可以根据井眼轨迹发展的需要由惯性平台进行调整。

动盘阀上有三个相隔 120°的孔。三个孔分别与三个相隔 120°的液缸相连通。每个液缸内有一个相当于活塞的支撑块。动盘阀受钻柱旋转轴控制,当钻柱旋转时,动盘阀跟着一起旋转。只有当动盘阀的某个孔旋转到与静盘阀的月牙孔相通时,液流才会流进与该孔相通的液缸中,推动该液缸中的支撑块伸出去并给井壁一个支撑力。当该孔离开月牙孔时,液流被切断,该支撑块将缩回液缸中。接下来,另一个动盘阀孔旋转到与月牙孔相通,又一个支撑块伸出并给井壁一个支撑力。由于月牙孔的方位不变,所以每个支撑块给予井壁上的支撑力总是在同一个方位上。在井壁支撑力的作用下,钻头被推向另一侧,形成侧向切削,这样就实现了定向造斜。

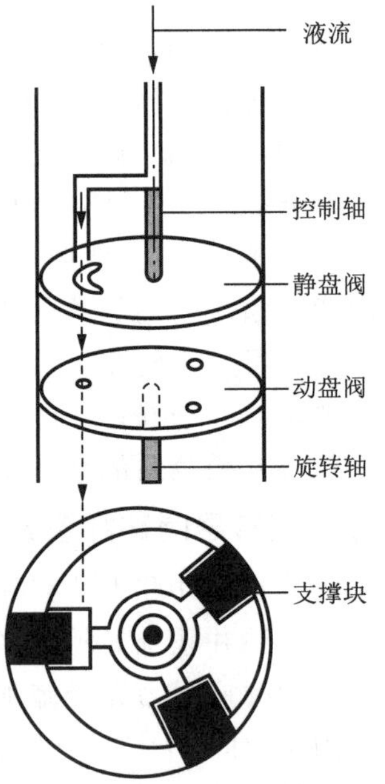

图 5-5-13 液流控制原理

调整流过月牙孔的液流压力,即可调整支撑块的支撑力,从而调整造斜率。如果完全切断此液流,则可进行稳斜钻进。

2) 指引钻头式造斜工具

指引钻头式造斜工具如图 5-5-14 所示。在靠近钻头处有一个非旋转套筒,内有两个偏心环,即外偏心环和内偏心环。在钻进过程中,偏心环和非旋转套筒都不随钻柱旋转。由于偏心环的偏置作用,驱动钻头旋转的旋转轴将出现弯曲,这就使钻头轴线与井眼轴线偏离一个角度,其结果导致钻头对井底的不对称切削,从而实现造斜。

内外偏心环的不同组合可以使旋转轴弯曲方向不同,从而实现定向造斜。这种造斜原理就像船舶的舵一样,在钻头后面为钻头指引前进方向,因此称为指引钻头式。

偏心环的调整不仅可以改变旋转轴的弯曲方向,还可以通过改变弯曲程度获得不同的造斜率,也可以使旋转轴完全不弯曲,从而实现稳斜钻进。

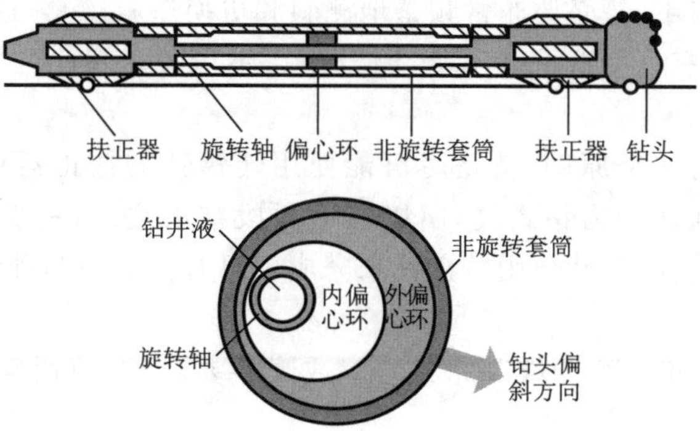

图 5-5-14　指引钻头式造斜工具

四、定向井轨迹控制的基本方法

二维定向井的设计轨道一般由四种井段组成：垂直井段、增斜井段、稳斜井段和降斜井段。使用导向钻井系统时，井眼轨迹控制方法相对简单，可以随时调整钻井方式（滑动导向钻井系统）或钻井指令（旋转导向钻井系统），实现对井眼轨迹的连续控制，不仅可降低井眼轨迹控制难度，而且可大大提高井眼轨迹控制质量和效率。不使用导向钻井系统时，井眼轨迹控制方法相对复杂，在不同井段应使用不同的钻井工具，并有不同的井眼轨迹控制方法。此处按不使用导向钻井系统来介绍井眼轨迹控制方法。总的来说，一口定向井的井眼轨迹控制过程可分为以下三个阶段。

— 线上自学 —

5-12　井眼轨迹控制

1. 打好垂直井段

要求垂直井段的实钻井眼轨迹尽可能接近铅垂线，也就是要求井斜角尽可能小。定向井的垂直井段可以按照打垂直井的方法进行轨迹控制，而且比打垂直井要求更高，因为定向井垂直井段的施工质量是以后轨迹控制的基础。关于垂直井的轨迹控制问题，已在本章第三节中论述过。

2. 把好定向造斜关

这是增斜井段的一部分，但它是从垂直井段开始增斜的。由于垂直井段井斜角等于零，所以称为造斜；由于垂直井段没有井斜方位角，所以开始造斜时需要定向。若定向造斜段的井斜方位角有偏差，则会给以后的井眼轨迹控制造成巨大的困难。因此，定向造斜是关键，一定要把好这一关。

现代的定向造斜除套管开窗侧钻还使用变向器外，几乎全都使用动力钻具造斜工具。造斜井段的长度一般是以井斜角达到可以使用转盘钻的扶正器钻具组合继续增斜为准，该井斜角一般为 8°～10°。

3. 跟踪控制到靶点

从造斜段结束至钻完全井，都属于跟踪控制阶段。人们常说的轨迹控制实际上多指这一阶段。这一阶段的任务是在实钻过程中不断了解井眼轨迹的变化发展情况，不断使用各种造斜工具或钻具组合使实钻井眼轨迹偏离设计井眼轨道不要太远。“不要太远”一词的意义在于，一方面如果太远就可能造成脱靶，使井成为不合格井；另一方面如果始终要求实钻轨迹与设计轨道误差很小，势必要非常频繁地测斜和更换造斜工具，这将大大地增加钻井时间和钻井成本，而且还有可能造成井下复杂情况，得不偿失。因此这里的原则就是：既要保证中靶，又要加快钻速。

跟踪控制阶段还有一个原则，就是尽可能使用转盘钻的扶正器钻具组合来进行控制。这是因为转盘钻的钻速比动力钻具高，所以在造斜段结束之后，一般都换用转盘钻继续增斜，并在需要稳斜和降斜时仍然使用转盘钻来完成。只有在下列两种情况下，才使用动力钻具进行控制：

（1）使用转盘钻扶正器组合难以完成增斜或降斜要求时，改用动力钻具造斜工具进行强力增斜或降斜。

（2）转盘钻扶正器组合不能控制方位，在钻进中常常出现方位偏差。当井眼方位有较大偏差，有可能造成脱靶时，必须使用动力钻具造斜工具来完成扭方位。

可见，在跟踪控制阶段井斜角的控制比较容易，可用的工具也较多，但井斜方位角的控制则比较难，还涉及许多复杂的计算问题，特别是在扭方位的同时还要求改变井斜角，其计算就更为复杂。下面重点阐述扭方位计算问题。

— 线上自学 —

5-13　扭方位计算

五、扭方位计算

首先，不可望文生义，以为扭方位时只有井眼方位变化。实际上，它是指除沿原井眼方位继续增斜或降斜以外，只要有井眼方位改变就都属于扭方位。在扭方位期间往往伴随着井斜角的变化。在定向井井眼轨迹控制中，扭方位计算是最基本、最重要的计算，也是定向井工程师必须掌握的基本计算之一。扭方位计算包括工具面角的计算、动力钻具反扭角的计算以及给定工具面角和扭方位井段长度条件下新井底的井斜角、井斜方位角的计算等。

1. 工具面角的概念

前述的造斜工具的定向造斜原理可分为两类：一类是使钻头轴线弯曲，造成对井底的不对称切削；另一类是给钻头一个侧向力，造成侧向切削。无论哪一类，都可使钻头的前进方向向井壁的一侧偏斜。在这个偏斜方向上引一条垂直于钻柱轴线的方向线，这条方向线称为工具面向(tool face)。这个工具面向与钻柱轴线构成的平面称为工具面，如图5-5-15所示。

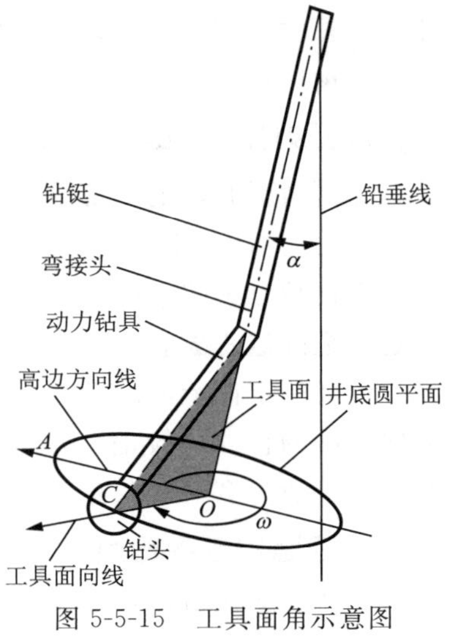

图5-5-15　工具面角示意图

由于井眼倾斜，井底平面当然也跟着倾斜。井底圆平面上的最高点与圆心的连线称为高边方向线。

当钻柱下到井底后，造斜工具的工具面向线与高边方向线之间的夹角称为高边工具面角。需要特别注意的是，高边工具面角是以高边方向线为始边，顺时针旋转到工具面向线所转过的角度。高边工具面角通常以字母 ω 表示。在20世纪80年代以前，我国油田现场把高边工具面角称为装置角。因此，过去的甚至现在的许多文献资料和许多人的口头仍在使用装置角这个术语。

需要说明的是，除高边工具面角以外，工具面角还有一种表达方式，称为磁北工具面角。但是，如果不特指的话，通常所说的工具面角都是指高边工具面角。

磁北工具面角是指在井底水平面上，以磁北方位线为始边，顺时针旋转到工具面向线所转过的角度。磁北工具面角以符号 ω_m 表示。由于磁北方位线并不在井底平面上，所以实际通过测量计算获得的磁北工具面角式(5-2-3)乃是近似公式，只有当井斜角较小或者井斜方位角接近 0°或180°时，近似程度才比较高。而高边工具面角恰恰在井斜角较小时精确度较低。因此，在实际工作中，二者可互补使用：井斜角大于 5°时，以高边工具面角为准；井斜角小于 5°时，则以磁北工具面角为准。

磁北工具面角与高边工具面角的换算可近似采用如下公式：

$$磁北工具面角=井斜方位角+高边工具面角 \tag{5-5-8}$$

显然，随着钻柱的转动，工具面向也跟着转动，工具面角亦随之发生变化。工具面角的变化范围是 0°～360°。在西方国家，工具面角是以高边方向线或磁北方位线为始边，顺时针(右旋)或逆时针(左旋)旋转到工具面向线所转过的角度；工具面角的变化范围常常采用 0°～180°，但前面需要加上“右旋(turn right)”或“左旋(turn left)”字样，或者在前面加上正负号，“＋”表示右旋，“－”表示左旋。

显然，工具面角不同，新钻出来的井眼方向就不同：

(1) 当工具面角等于 0°时，工具面向将与高边方向重合，新钻出来的井眼只有井斜角变化，井斜方位角不变化。井斜角的变化为继续增斜。

(2) 当工具面角等于 180°时，工具面向将与高边方向相反，新钻出来的井眼也是只有井斜角变化，但井斜角的变化却是不断降斜，井斜方位角保持不变。当井斜角降到 0°以后，如果仍保持工具面角不变，井眼将会向相反方向增斜，井斜方位角也将同时反向 180°。

(3) 当工具面角在 0°～180°之间以及 180°～360°之间时，各存在一个特殊的工具面角，可以使井斜角不变化，只有井斜方位角变化。

(4) 当工具面角等于上述特殊值以外的其他值时，新钻出的井眼的井斜角和井斜方位角将同时发生变化，而且变化方向和快慢均取决于工具面角的大小。

在造斜井段狗腿角较小的情况下，一般来说，当工具面角在 0°～90°之间时，新钻出的井眼的井斜角和井斜方位角均增大；当工具面角在 90°～180°之间时，新钻出的井眼的井斜角减小，井斜方位角增大；当工具面角在 180°～270°之间时，新钻出的井眼的井斜角和井斜方位角均减小；当工具面角在 270°～360°之间时，新钻出的井眼的井斜角增大，井斜方位角减小。因此，当造斜工具的造斜能力确定以后，改变井眼方向的最重要的参数就是工具面角；反过来说，当需要井眼向某个方向钻进时，只要计算和控制好工具面角就可以实现。

2. 工具面角的计算

计算工具面角时，通常有以下已知条件：当前井底的井斜角 α_1、井斜方位角 ϕ_1；造斜工具的造斜率 K；预计继续钻进的井段长度 ΔL、新井底的井斜角 α_2、井斜方位角 ϕ_2。根据上述条件计算钻进过程中需要的工具面角 ω。计算方法有两种，即图解法和解析法。早期人们多使用图解法，但随着高速计算工具的出现和发展，图解法已被淘汰。下面只介绍解析法。

解析法按照如下公式进行计算：

$$\cos\gamma=\cos\alpha_1\cos\alpha_2+\sin\alpha_1\sin\alpha_2\cos\Delta\phi \tag{5-5-9}$$

$$\cos\omega=\frac{\cos\alpha_1\cos\gamma-\cos\alpha_2}{\sin\alpha_1\sin\gamma} \tag{5-5-10}$$

由式(5-5-9)可求得狗腿角 γ，将 γ 代入式(5-5-10)可求得工具面角 ω。

需要特别注意的是，利用式(5-5-10)求 ω 时，反余弦函数的值域为 $0°\sim180°$，当 $\Delta\phi$ 为负值时，应注意 ω 的取值范围。设 $\cos\omega=C$，则：当 $\Delta\phi>0$ 时，$\omega=\arccos C$；当 $\Delta\phi<0$ 时，$\omega=-\arccos C+360°$。扭方位的井段长度 ΔL 为：

$$\Delta L=\frac{30\gamma}{K} \tag{5-5-11}$$

上述三个公式中，共有七个参数，即 α_1，α_2，$\Delta\phi$，γ，K，ω，ΔL。若已知其中四个就可求得另外三个，可根据扭方位的实际情况灵活应用。

例 5-5-1 已知 $\alpha_1=15°$，$K=3°/30\ \text{m}$，$\Delta\phi=22°$，要求扭完方位以后的井斜角 $\alpha_2=18°$。试求工具面角 ω 和扭方位的井段长度 ΔL。

解 由式(5-5-9)可求得 $\gamma=6.88°$，由式(5-5-10)可求得 $\omega=75.19°$，由式(5-5-11)可求得 $\Delta L=68.77\ \text{m}$。

例 5-5-2 条件同上例，但 $\Delta\phi=-22°$，试求工具面角 ω 和扭方位的井段长度 ΔL。

解 γ 和 ΔL 同上例，ω 按式(5-5-10)计算得 $\omega=-75.19°+360°=284.81°$。

3. 动力钻具反扭角的计算

动力钻具在工作中，循环钻井液作用于转子上并产生扭矩，传给钻头以破碎岩石。循环钻井液同时也作用于定子上，使定子受到一个反扭矩，此反扭矩有使钻柱沿逆时针方向旋转的趋势，但由于钻柱在井口处是被转盘锁住的，所以只能沿逆时针方向扭转一定的角度，此角度称为反扭角，以 ϕ_n 表示。反扭角会使已确定好的工具面角减小。为了弥补反扭角的影响，在给造斜工具定向时，需要在原计算出的工具面角上加上此反扭角值。

影响反扭角的因素很多，如反扭矩的大小、钻柱的长度、钻柱断面的极惯性矩、钻柱与井壁之间的摩擦力以及工具面角的大小等。由于有些因素很难确定，所以很难建立反扭角的计算模式。在工程上，可采用经验数据法或资料反算法获得反扭角值。

资料反算法是根据试钻一个井段的有关参数，反过来计算实际的反扭角。在试钻前，先根据井眼轨迹发展要求和造斜工具的造斜能力，计算一个工具面角 ω_o，同时估计一个反扭角 ϕ_{no}，然后按照工具面角等于 $\omega_o+\phi_{no}$ 给造斜工具定向。开始试钻进以后，因为预先估计的反扭角总有一定偏差，所以实际工具面角 ω 和反扭角 ϕ_n 均未知。因为试钻进时钻柱在井口处是被转盘锁住的，所以试钻进过程中实际工具面角 ω 和反扭角 ϕ_n 之和始终等于造斜工具的工具面角，即 $\omega_o+\phi_{no}=\omega+\phi_n$。因此，试钻结束后进行井眼轨迹测量和计算，即可反算出实际的工具面角 ω 和反扭角 ϕ_n。

已知试钻前的井斜角 α_1 和井斜方位角 ϕ_1，试钻后测量出的井斜角 α_2 和井斜方位角 ϕ_2，按如下顺序进行计算：

(1) 求试钻井段的狗腿角 γ：

$$\gamma=\arccos[\cos\alpha_1\cos\alpha_2+\sin\alpha_1\sin\alpha_2\cos(\phi_2-\phi_1)] \tag{5-5-12}$$

(2) 求试钻井段的实际工具面角 ω：

$$\omega=\pm\arccos\frac{\cos\alpha_1\cos\gamma-\cos\alpha_2}{\sin\alpha_1\sin\gamma} \tag{5-5-13}$$

式中，当 $\phi_2 > \phi_1$ 时，ω 取“+”；当 $\phi_2 < \phi_1$ 时，ω 取“−”。

(3) 求实际反扭角 ϕ_n：

$$\phi_n = \omega_o + \phi_{no} - \omega \tag{5-5-14}$$

六、造斜工具的定向

所有的造斜工具，包括转盘钻造斜工具和动力钻具造斜工具，只要进行定向钻进，就需要进行定向。可以根据井眼轨迹发展的需要，计算出造斜工具的工具面角 ω。但人在地面上，怎样知道造斜工具在井下的状况呢？又如何使造斜工具的工具面正好处在预定位置上呢？这就需要一套定向工艺技术。定向就是把造斜工具的工具面摆在预定位置上。

当使用导向钻井系统时，由于井下有 MWD，可以随时把造斜工具的工具面角数据传到地面上并显示出来。如果工具面角不符合计算值，可随时旋转钻柱进行调整。但是，目前仍有很多定向井没有使用导向钻井系统，而是使用单点测斜仪进行定向。单点测斜仪定向工艺较为复杂。下面要讲的就是如何用单点测斜仪定向。

早期的定向方法称为地面定向法，由于工艺复杂和落后，现已被淘汰。现在的定向方法称为井底定向法。这种方法需要先在造斜工具上做一个标记，这个标记正好处在造斜工具的工具面上。当造斜工具下井后，用电缆或钢丝把测斜仪从钻柱水眼中下到造斜工具的标记处，即可测量出工具面角。

目前最常用的工具面标记方法是定向键法。如果造斜工具是弯接头加动力钻具，定向键就装在弯接头内，如图 5-5-16 所示。如果采用弯外壳动力钻具，则定向键安装在动力钻具上端的定向接头内，并与工具面同向。

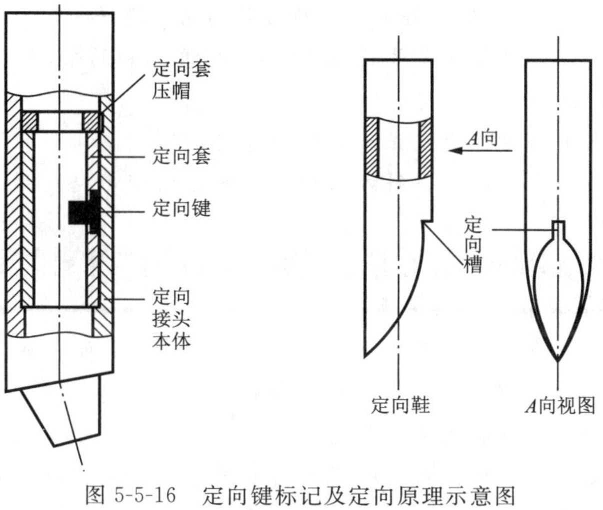

图 5-5-16　定向键标记及定向原理示意图

测斜仪的最下端连接着一个定向鞋。定向鞋下半截的外形是一条特制的曲线，曲线最上端形成一个定向槽。沿定向槽所在的圆柱母线向上延长，正好是电子测斜仪探管的 X 轴负方向。当测斜仪下到井底时，由于定向鞋特制曲线的作用，定向键自动卡在定向槽内。这样就使得造斜工具的工具面向线、定向键、定向槽和探管的 X 轴负方向在井下完全对齐。X 轴负方向就表示造斜工具的工具面向。根据探管中的重力加速度计和磁通门的测量值，不仅可以测得井底的井斜角和井斜方位角，还可以测得造斜工具的工具面角。若测得的工具

—实 验—

5-14 定向井轨迹测量机控制实验1

—实 验—

5-15 定向井轨迹测量机控制实验2

面角不符合预计值，则可在地面上缓慢旋转钻柱进行调整。

一旦定向成功，还要在方钻杆和转盘外缘上做好标记，确保在接单根后工具面角仍不会变化。钻进1～2个单根后，需要重新测斜和定向，直至达到预定要求。

习题与拓展

1. 定向井与垂直井的区别何在？什么情况下适合打定向井(请用示意图表示)？
2. 井眼轨迹的基本参数有哪些？为什么将它们称为基本参数？
3. 井斜方位角有哪两种表示方法？二者之间如何换算？
4. 方位与方向的区别何在？请举例说明。
5. 水平投影长度与闭合距有何区别？视平移与闭合距有何区别？
6. 垂直投影图与垂直剖面图有何区别？
7. 狗腿角、狗腿度、狗腿严重度三者的概念有何不同？为什么说狗腿严重度是井眼的最小曲率？
8. 全角变化值是何含义？如何计算？为什么全角变化率能表示井眼曲率？
9. 重力加速度计和磁通门的工作原理是什么？它们为什么能测量井斜角和井斜方位角？
10. 电子测斜仪为什么要使用无磁钻铤？电子测斜仪在无磁钻铤中的位置应该偏上还是偏下？无磁钻铤长度的确定与井斜角和井斜方位角有没有关系？
11. 什么是磁偏角？什么是子午线收敛角？磁北、真北和网格北三者之间有何区别？钻井工程中为什么要以网格北为基准？
12. 为什么要进行井斜方位角校正？如何进行校正？
13. 为什么要规定一个测段内井斜方位角变化的绝对值不得超过180°？实际资料中如果超过了应如何处理？
14. 对一个测段来说，测斜计算时要计算哪些参数？对一个测点来说，又需要计算哪些参数？测段计算与测点计算有什么关系？
15. 平均角法与校正平均角法有什么区别？实际计算结果可能有什么差别？
16. 最小曲率法和圆柱螺线法的假设条件分别是什么？
17. 垂直井井眼轨迹控制的主要任务是什么？
18. 引起井斜的地质因素中最本质的两个因素是什么？二者如何起作用？
19. 引起井斜的钻具因素中最主要的两个因素是什么？它们又与什么因素有关？
20. 井径扩大如何引起井斜？如何防止井径扩大？
21. 满眼钻具组合控制井斜的原理是什么？它能使井斜角减小吗？
22. 钟摆钻具组合控制井斜的原理是什么？为什么使用它钻速很慢？
23. 井的分类标准是什么？一口垂直井打斜了还能算是垂直井吗？
24. 定向井如何分类？常规二维定向井包括哪些？
25. 从钻井工艺的角度看，定向井的最大井斜角是大点好还是小点好？

26. 多靶三段式与三段式有何区别？轨道设计方法有何不同？

27. 井眼轨道设计的最终结果包括哪些内容？

28. 动力钻具造斜工具有哪几种形式？它们的造斜原理有何共同之处？

29. 螺杆钻具在定向井造斜方面有何优点？用于导向钻井系统的螺杆钻具有什么特点？为什么要有这些特点？

30. 变向器与射流钻头造斜原理有何不同？它们能连续造斜吗？

31. 旋转导向钻井系统由哪些部分组成？如何在井下工作？最主要的优点是什么？

32. 井眼轨迹控制的三个阶段的主要任务各是什么？

33. 高边方向线与工具面向线各是怎样形成的？

34. 工具面角有何重要意义？当工具面角等于 240°时，井眼轨迹将如何发展？

35. 有了高边工具面角为什么还要有磁北工具面角？它们之间有什么关系？

36. 动力钻具反扭角是如何产生的？为什么反扭角总是使工具面角减小？

37. 什么是定向？定向的目的和意义是什么？现场是如何作业的？

38. 测量仪的定向槽为什么能够与造斜工具上的定向键自动嵌合？

39. 井斜方位角与象限角的换算：

(1) 将下列井斜方位角用象限角表示：50°，90°，175°，200°，315°，0°。

(2) 将下列象限角用井斜方位角表示：S13.5°E，S70°W，N50°E，N33°W。

40. 试用两种井眼曲率公式分别计算表 1 中所列三个测段的井眼曲率。

表 1　题 40

参　数	测段 1	测段 2	测段 3
段长/m	33	35	35
井斜角 α_1/(°)	3	80	35
井斜角 α_2/(°)	3	85	39
井斜方位角 ϕ_1/(°)	15	100	303
井斜方位角 ϕ_2/(°)	194	160	295
狗腿严重度/[(°)·(30 m)$^{-1}$]			
全角变化率/[(°)·(30 m)$^{-1}$]			

41. 求表 2 中各测段的井斜方位角增量 $\Delta\phi$ 和平均井斜方位角 ϕ_c。

表 2　题 41

参　数	测段 1	测段 2	测段 3	测段 4
ϕ_1/(°)	300	185	3	45
ϕ_2/(°)	10	25	355	230
$\Delta\phi$/(°)				
ϕ_c/(°)				

42. 试分别用最小曲率法和圆柱螺线法完成表 3 数据的测斜计算。已知设计方位角 $\theta_0=22°$。

表3　题42

L/m	α/(°)	ϕ/(°)	N/m	E/m	D/m	V/m	井眼曲率/[(°)·(30 m)$^{-1}$]
1 524.24	16.11	1.06					
1 532.24	17.34	0.89					
1 542.89	19.00	358.20					
1 551.94	20.12	0.99					

43. 验算表5-2-1中某些测段及测点的计算结果。

44. 满眼钻具组合中扶位置的计算：已知井径 d_h=216 mm，扶正器直径 d_s=215 mm，钻铤外径 d_{co}=178 mm（内径 d_{ci}=71.40 mm），弹性模量 E=20.594×10^{10} Pa，线重 q_c=1.606 kN/m，钻井液密度 ρ_d=1.33 g/cm^3，设计允许的最大井斜角为3°。试求该组合的中扶正器距离钻头的最优距离。

45. 钟摆钻具组合扶正器最优距离的计算：已知井径 d_h=216 mm，扶正器直径 d_s=214 mm，钻铤外径 d_{co}=178 mm（内径 d_{ci}=71.40 mm），弹性模量 E=20.594×10^{10} Pa，线重 q_c=1.606 kN/m，钻井液密度 ρ_d=1.33 g/cm^3，设计允许的最大井斜角为3°，钻压为120 kN。试求该钟摆钻具组合扶正器距离钻头的最优距离。

46. 某井拟设计为三段式轨道，已知设计条件如下：目标点垂深为1 200 m，闭合距为200 m，造斜点垂深为500 m，造斜率为1.8°/30 m。试设计该井轨道，并按表4所列项目计算有关未知参数。

表4　题46

节　点	井斜角/(°)	垂深/m	闭合距/m	井深/m
o				
k				
b				
t				

47. 某井拟设计为双增式轨道，已知设计条件：目标点垂深 D_t=2 930 m，闭合距 C_t=1 830 m，目标段长 ΔL_{td}=400 m，目标段井斜角 α_t=90°；造斜点垂深 D_k=500 m，第一增斜段造斜率 K_z=3°/30 m，第二增斜段造斜率 K_{zz}=2.5°/30 m。试设计该井轨道，并按表5所列项目计算有关未知参数。

表5　题47

节　点	井斜角/(°)	垂深/m	闭合距/m	井深/m
o				
k				

续表

节　点	井斜角/(°)	垂深/m	闭合距/m	井深/m
b				
c				
t				
d				

48. 某井拟设计为多靶三段式轨道，已知设计条件：目标点垂深 $D_t = 2\ 930$ m，目标段长 $\Delta L_{td} = 400$ m，目标段井斜角 $\alpha_t = 55°$；造斜点垂深 $D_k = 350$ m，造斜率 $K_z = 3.3°/30$ m。试设计该井轨道，并按表 6 所列项目计算有关未知参数。

表 6　题 48

节　点	井斜角/(°)	垂深/m	闭合距/m	井深/m
o				
k				
b				
t				
d				

49. 某井钻至井深 2 000 m 处，井斜角 31°，井斜方位角 102°。根据井眼轨迹控制要求，希望继续钻进 100 m 使井斜角达到 33°，井斜方位角达到 70°。试求造斜工具的工具面角和造斜率。

50. 某井方位控制计算：已知当前井底井斜角为 22.5°，井斜方位角为 205°，造斜工具的造斜率为 4.5°/30 m，工具面角设定为 85°，试求钻进 120 m 以后的新井底井斜角和井斜方位角。

— 拓展阅读 —

5-16

第六章　油气井压力控制

— 拓展与思政 —

6-1

第一节　油气井控基本概念

井控技术的实施既要考虑油气钻完井施工的安全，又要考虑油气藏的发现、油气层保护等因素。不同类型井、不同施工阶段，对井控的要求各有侧重。例如：在探井、评价井的钻井施工中，由于人们对所钻地层的认知度较低，井控应以确保钻井施工安全、有效钻达目的层位为重点，井控措施应采取相对保守的策略；在生产井的钻井施工中，由于人们对所钻地层情况已有了一定的或较高的认知度，井控应以保证钻井安全、有效发现油气层和减少油气层污染为重点，井控措施应采取相对开放的策略，采取能够提高钻速、减少故障、降低损害的油气井压力控制技术。

常规井控技术的一般原则是保持油气井筒内的压力平衡，以保证钻完井施工的顺利进行和油井的正常生产。现代井控技术对油气井控的概念和功能进行了拓展，强调井筒的完整性，注重技术与装备的配合，协调井眼压力系统的平衡关系，兼顾施工安全、发现和保护油气层、提高钻井速度、减少钻井故障、提高综合经济效益等多方需求，形成了新的井控理念。

井喷造成的经济损失巨大，教训惨痛。据不完全统计，1994—2003 年期间，我国陆上共发生 15 起钻井严重井喷失控事故，其中井喷失控后着火的有七口，占 47%。由油气井压力失控所造成的井喷事故不仅可能对井筒安全、设备安全、储层安全、资源安全、人员安全造成危害，而且可能对环境安全、社会安全造成影响。

近年来，国家和各油公司更加注重对油气井控工作的监督和管理，井控意识不断增强，井控管理日趋完善，因井喷造成的险情和危害得到了有效遏制。随着钻完井施工向着深井、海洋井及其他钻井高风险地区的拓展，深水钻井、超深井钻井、高压井钻井、高温井钻井、高含硫井钻井等都对油气井控提出了更高的要求。2010 年发生的美国墨西哥湾“深水地平线”井喷和平台沉没事故足以说明油气井压力控制任重道远，井控理论、井控装备、井控技术、井控管理、井控培训等仍有待加强。

一、井控基本概念

— 线上自学 —

6-2　井控的基本概念

1. 油气井控

油气井压力控制，简称井控，是指采取一定的技术，控制井口和钻井液液柱压力，使之与地层孔隙压力保持一定的平衡关系，保证钻井施工的安全、顺利实施。

定义中所说的“一定的技术”和“一定的平衡关系”包括以下几个方面的内容：

（1）一定的井控装备，包括足够强度的套管柱、满足要求的井口防喷器系统和管汇系统以及有效的防喷器控制系统；

（2）一定的技术手段，包括可靠的地层压力预（监）测结果、合理的井身结构设计、有效的井筒压力控制技术；

（3）一定的井筒压力平衡关系，包括根据钻井施工需要所选定的近平衡钻井、欠平衡钻井、气体钻井、控压钻井等技术方案；

（4）一定的井控管理，包括接受了相应培训、具有一定资质或技能人员所完成的设计、维修和操作。

2. 井　侵

地层孔隙中的流体（油、气、水）侵入井内，称为井侵。最常见的井侵为气侵、油侵和盐水侵。

3. 溢　流

溢流是指地层流体（油、气、水）侵入井内，井口返出的钻井液量大于泵入量，或停泵后钻井液从井口自动外溢的现象。

4. 井　涌

溢流进一步发展，出现钻井液涌出井口的现象，称为井涌。

5. 井　喷

井喷是指地层流体（油、气、水）无控制地流入井内，从井口喷出或进入井下某薄弱地层的现象，它是一种恶性钻井事故。

（1）地上井喷：地层流体经井筒喷出地面。

（2）地下井喷：地层流体从喷出地层进入井下某薄弱地层。

6. 井控分级

1）*初级井控*

初级井控是指在正常钻进和钻进高压油气层时，利用井内钻井液液柱压力来平衡地层压力的技术。

初级井控的核心是确定一个合理的钻井液密度和一套与井筒压力系统平衡关系相适应的地面装备。初级井控期间，依靠钻井液液柱压力和井口装备能够使井筒压力系统维持在可控的平衡关系下，并保障钻完井施工的安全。

在常规钻完井情况下，初级井控要求钻井液液柱压力能够平衡或大于地层压力，保证井口敞开施工时井底流体不侵入井筒。特殊钻完井施工，如欠平衡钻井、气体钻井、控压钻井等是在地面装备的配合下将井筒压力系统平衡关系维持在规定的范围内，保证钻完井施工的安全顺利实施。

2）二级井控

二级井控是指出现溢流或井涌后，采用井控工艺和井控装备，使井筒压力系统恢复到一级井控状态的技术。

由于某种非故意原因造成钻井液液柱压力小于地层压力，发生了非希望的溢流，但可以利用井控技术和地面装备控制住溢流的发展，并建立起新的压力平衡。能够顺利实施二级井控技术的关键是具有完备的井筒和采用合理的井控工艺。

3）三级井控

三级井控是指二级井控失败，井喷失控后的井控抢险措施及技术。

由于井涌量过大，地面装备或人员失去对地层流体流入井内的控制时机或能力，发生地上或地下井喷，甚至发生着火、塌陷等恶劣状况时，需要使用特殊的技术与设备重新恢复对井筒压力系统的控制，甚至需要通过抢险、灭火、打救援井等特殊手段来控制井喷。

7. 井控原则

井控工作的原则是立足初级井控、搞好二级井控、杜绝三级井控。

应努力使所钻井处于可控状态，同时做好一切应急准备。一旦发现井筒压力超出设计的控制范围，能迅速做出响应，采取正确的措施，尽快恢复井筒压力系统的设计可控状态。

三级井控是油气钻井施工中不希望发生的情况，也是钻井施工、管理、研究人员致力于杜绝发生的事件。

8. 井控基本要求

井控基本要求为：

（1）有效地控制地层压力，防止井喷；

（2）协助解决井漏、井塌或缩径等井筒复杂情况；

（3）在保证井筒安全的前提下，最大限度地保护油气层。

9. 井控技术内容

井控技术内容主要包括：

（1）地层压力的预测和监测；

（2）钻井液密度的控制；

（3）合理的井身结构设计；

（4）达标的防喷装备配套及安装；

（5）井眼压力剖面的控制；

（6）溢流、井涌、井喷的预防及处理。

需要说明的是，由于地下情况千变万化，受到人们对客观世界认识水平的限制，井喷失控仍有可能发生。警钟长鸣，杜绝思想麻痹、管理松懈造成的井喷责任事故，是井控工作非常关键的内容。

— 线上自学 —

6-3 井眼-地层系统的压力平衡

二、井筒压力与地层压力平衡关系

井筒压力与地层压力的平衡关系受许多因素影响，除了已经介绍的地层孔隙压力、地层破裂压力、钻井液液柱压力、钻井液循环压力外，还受钻柱在井筒中的运动、钻井液中所含岩屑的情况、井口回压等因素影响。

1. 波动压力

—动画—

6-4 波动压力的生活现象

1）波动压力的定义

井内波动压力是指由于井内钻具或流体上下运动而引起的井底压力增大或减小值，它是激动压力和抽吸压力的总称。

(1) 激动压力：当钻柱向下运动时，井内钻井液向上流动，受钻井液黏度、切力、流动速度等因素的影响，使井底压力增加的值。其计算公式为：

$$p_{sg}=0.009\ 81S_gD \tag{6-1-1}$$

式中　p_{sg}——激动压力，MPa；

S_g——激动压力的当量钻井液密度(激动压力系数)，g/cm^3；

D——井深，m。

一般情况下，$S_g=0.015\sim0.040\ g/cm^3$。

(2) 抽吸压力：当钻柱向上运动时，井内钻井液向下流动，受钻井液黏度、切力、流动速度等因素的影响，使井底压力降低的值。其计算公式为：

$$p_{sb}=0.009\ 81S_bD \tag{6-1-2}$$

式中　p_{sb}——抽吸压力，MPa；

S_b——抽吸压力的当量钻井液密度(抽吸压力系数)，g/cm^3。

一般情况下，$S_b=0.015\sim0.040\ g/cm^3$。

2）波动压力对钻井安全的影响

由于钻井液具有一定的黏度和切力，当快速提升钻柱(尤其是存在缩径、钻头泥包)时，会引起过大的抽吸压力，使井底压力降低，造成井侵；当钻具下放速度过快时，会引起过大的激动压力，使井底压力升高，造成井漏。

3）引起波动压力的主要因素

(1) 钻井液静切力。钻井液静止时间越长，其网状结构强度越大，静切力越大，钻井液从静止状态到流动状态所需克服的流动阻力越大，井内钻柱上下运动时造成的波动压力也越大。

(2) 起下钻具速度。起钻具时，钻具底部产生负压，使井底压力减小；下钻具时，钻具底部排挤钻井液向上流动，使井底压力增大。

(3) 惯性力。在起下钻具作业中，钻柱加速和减速运动产生的惯性力会产生波动压力，惯性力越大，波动压力就越大。

4）减小波动压力的措施

(1) 严格控制起下钻具速度，尤其是钻头在井底附近和裸眼井段时，更应高度重视；

(2) 起下钻具时严禁猛提猛刹，防止产生过大的惯性力；

(3) 维持钻井液性能良好，保持其密度均匀，防止因切力、黏度过大产生较大的波动压力；

(4) 保持井眼畅通，避免或减小因缩径、泥包等引起的压力波动。

2. 含岩屑钻井液的压力增加值

含岩屑钻井液的压力增加值可表示为：

$$\Delta p_r = 0.00981\Delta\rho_r D \tag{6-1-3}$$

式中 Δp_r——含岩屑钻井液压力增加值，MPa；

$\Delta\rho_r$——含岩屑钻井液密度增加值，g/m³。

3. 井底有效压力

井底有效压力 p_{he}是指作用在井底上的各种压力的总和。不同钻井作业工况下井底有效压力不同。以下计算以转盘钻进方式为例。

1）井内钻井液静止时

井内钻井液静止时，井底有效压力 p_{he}可表示为：

$$p_{he} = p_h = 0.00981\rho_d h \tag{6-1-4}$$

式中 p_h——钻井液液柱压力，MPa；

ρ_d——钻井液密度，g/cm³；

h——钻井液液柱垂直高度，m。

钻井液液柱压力是构成井底有效压力和维持井内压力平衡最主要的部分，是实施一级井控的关键。

2）钻进时

钻进时，井底有效压力 p_{he}可表示为：

$$p_{he} = p_h + \Delta p_a + \Delta p_r \tag{6-1-5}$$

式中 Δp_a——环空循环压降，MPa。

环空循环压降使井底有效压力增加，有利于抑制地层流体向井内侵入。

3）起钻时

起钻时，井底有效压力 p_{he}可表示为：

$$p_{he} = p_h + \Delta p_r - p_{sb} \tag{6-1-6}$$

起钻时，一般会停止循环钻井液，故 $\Delta p_a = 0$；由于起钻前会循环钻井液，清除钻井液中的岩屑，所以 Δp_r 会显著降低，再加上抽吸作用的存在，井底有效压力会降低，所以起钻时应格外谨慎。另外，起钻时随着井内钻具的减少，井筒内的液柱高度会降低，导致井底有效压力减小，因此起钻过程和起钻后的静止时段是诱发井底压力失衡的关键时段，应特别注意及时灌满（灌足）钻井液并观察空井时段的溢流。当探井、深井、含气井长时间空井时，建议关闭井口并密切关注套压变化。

4）下钻时

下钻时，井底有效压力 p_{he}可表示为：

$$p_{he} = p_h + \Delta p_r + p_{sg} \tag{6-1-7}$$

下钻时，钻具下放引起的激动压力会使井底有效压力增大。若钻具下放速度过快，引发的激动压力过高，可能会压漏地层，造成钻井液漏失，因此应注意监测井漏。

5）最大井底有效压力与最小井底有效压力

钻井过程中向下划眼时，井底有效压力最大，可表示为：

$$p_{he\,max} = p_h + \Delta p_r + \Delta p_a + p_{sg} \tag{6-1-8}$$

式中 $p_{he\,max}$——最大井底有效压力，MPa。

起钻时，井底有效压力最小（由于起钻前会对钻井液中的岩屑进行清除，所以起钻时不考虑岩屑对井底有效压力的影响)，可表示为：

$$p_{he\,min}=p_h-p_{sb} \tag{6-1-9}$$

式中　$p_{he\,min}$——最小井底有效压力，MPa。

可以看出，处于不同施工阶段的井底有效压力差别较大，这也是造成窄压力窗口地层溢、漏交替的主要原因。

4. 井底有效压力与地层压力的平衡关系

井底压差是井底有效压力与地层孔隙压力之差，即

$$\Delta p=p_{he}-p_p \tag{6-1-10}$$

式中　Δp——井底压差，MPa。

井底有效压力与地层孔隙压力和地层破裂压力的关系为：

(1) 当 $p_{he}\gg p_p$ 时，$\Delta p\gg 0$，井底为过平衡状态；

(2) 当 p_{he} 稍大于 p_p 时，Δp 稍大于零，井底为近平衡状态，相应的钻井方式称为平衡压力钻井；

(3) 当 $p_{he}<p_p$ 时，$\Delta p<0$，井底为欠平衡状态，相应的钻井方式称为欠平衡钻井；

(4) 当 $p_{he}>p_f$ 时，可能会压漏地层；

(5) 当 $p_{he}<p_p$ 时，地层流体可能侵入井眼。

第二节　地层流体的侵入与检测

— 线上自学 —

6-5 井侵的原因、征兆及检测方法

一、地层流体侵入

1. 地层流体的分类

地层流体包括油、气、水。其中，气可为天然气、二氧化碳或硫化氢等；水可为淡水或盐水等。

对渗透性或裂缝性地层，当井筒内的液柱压力小于该处的地层压力时，地层流体会在负压差作用下侵入井眼。在井眼环空裸眼段任意位置或井筒套管的不完整处，只要环空液柱压力低于该处地层压力，地层流体就可能进入井眼。对于同一裸眼中存在多个压力层系的情况，尽管井底压力有可能大于地层压力，但如果上部钻井液液柱压力小于相应层位的地层压力，则该处地层流体仍有可能进入井眼。因此，正常情况下要求全裸眼井段环空钻井液液柱压力均大于地层压力，才能避免地层流体侵入。

2. 地层流体侵入的原因

1) 地层压力掌握不准

对于新探区和碳酸盐岩地层压力预测问题，目前还未得到很好的解决。受油气开采、地层枯竭、注水生产等因素的影响，常常难以准确预测老探区地层压力。对地层压力认识的未确知性可能导致钻井液密度设计值偏低(偏高)。

2) 地层流体侵入

地层中油、气、水的侵入，特别是气体的侵入，会使井筒内钻井液密度降低。

3）起钻未按规定灌钻井液

起钻过程中，未及时补足因井内钻具减少导致的井筒钻井液体积减小。

4）井漏使井内液面降低

未及时发现井内的钻井液漏失，导致井底有效压力降低。

5）起钻抽吸

起钻引起的抽吸作用使井底有效压力减小。

6）停止循环

当钻井液循环时，由于存在环空循环压降，井底有效压力较大；当停止循环时，环空循环压降消失，井底有效压力减小。

3. 不同状态下地层流体侵入量

1）井底有效压力与地层压力之差对地层流体侵入的影响

在同样条件下，井底有效压力与地层压力的负压差越大，则地层流体的侵入量越大。

2）钻井液循环对地层流体侵入的影响

当钻井液循环时，井底有效压力较高，地层流体侵入量较低，侵入的流体也很快被循环上升的钻井液所携带，不易产生聚集；当停止循环时，井底有效压力较低，侵入量较高，侵入的流体会产生聚集。

3）关井对地层流体侵入的影响

关井初期，随着地层流体侵入和气体的滑脱，井口回压增加，井底有效压力增大，地层流体侵入量减少。如果长时间关井，井底有效压力随气体的滑脱、膨胀增加，可能会大于薄弱地层的破裂压力，造成钻井液漏失和地层流体的继续侵入，导致井眼与地层压力严重失衡。

4）不同地层对地层流体侵入的影响

对于致密地层，地层流体侵入速度慢，单位时间内的侵入量小；对于低压、低渗地层，侵入量较小；对于高压、高渗地层，侵入量大；对于高压且裂缝发育的地层及溶洞，侵入量最高。

二、气　侵

1. 气侵的方式

气侵的方式主要有：

（1）岩石孔隙中的气体随钻碎的岩屑进入井筒内；

（2）气层中的气体由于浓度差通过泥饼向井内扩散；

（3）井底压力小于气层压力时，气体经地层孔隙或裂缝渗入或流入井内。

2. 气侵的特点

气侵的特点为：

（1）气体密度远远小于钻井液密度，气体占据同体积钻井液的井筒高度会使井底压力降低；

（2）气体刚刚侵入钻井液时呈压缩状态，导致井底钻井液液柱压力的降低有限；

（3）气体由井底向井口运移时体积膨胀，越接近地面膨胀越快，对井底压力的影响越大；

（4）高压高产气层会导致大量侵入气体在井底积聚形成气柱；

（5）长时间停止循环钻井液，气体也会在井底积聚形成气柱；

(6) 在钻井液液柱压力作用下，侵入气体在井底占据的体积有限。

3. 气侵的危害

气侵有如下危害：

(1) 在未关井条件下，气柱受密度差作用滑脱上升或随钻井液循环上升，上部钻井液液柱压力逐渐降低，气体体积膨胀加速，越接近井口膨胀越快。膨胀的气体置换的钻井液体积越大，钻井液当量密度越低，井底有效压力降低越多。井底有效压力的降低加剧了井筒压力系统的失衡，导致更多的气体更快速地侵入井内，造成井喷。

— 线上自学 —

6-6　气侵的特点及危害

(2) 在长期关井条件下，气体保持产出地层的压力滑脱上升，一方面会增大井底压力，另一方面会增大井口压力，引起薄弱地层破裂、井口超压、套管抗内压强度不足，造成井漏、地下井喷。

(3) 对于高压、高产地层，特别是高含硫井，气侵来势更猛、发展更快，控制不当则危害更大。

4. 气侵后的压力变化

计算条件：井深为 3 000 m，井眼直径为 8½ in，钻杆尺寸为 4½ in，钻井液密度为 1.2 g/cm^3。

1) 未关井条件下

由图 6-2-1 可以看出，随着气体滑脱(循环)上升，气体上部的液柱压力减小，气体体积膨胀，气体占据的井筒体积增大，作用在井底的钻井液液柱压力减小。在本例中，井底侵入气体量为 0.26 m^3，在井底的气柱高度为 10 m，到达井口时，膨胀后的气体体积为 8.35 m^3，在井口的气柱高度为 320 m，引起的井底压力降低值为 3.8 MPa。

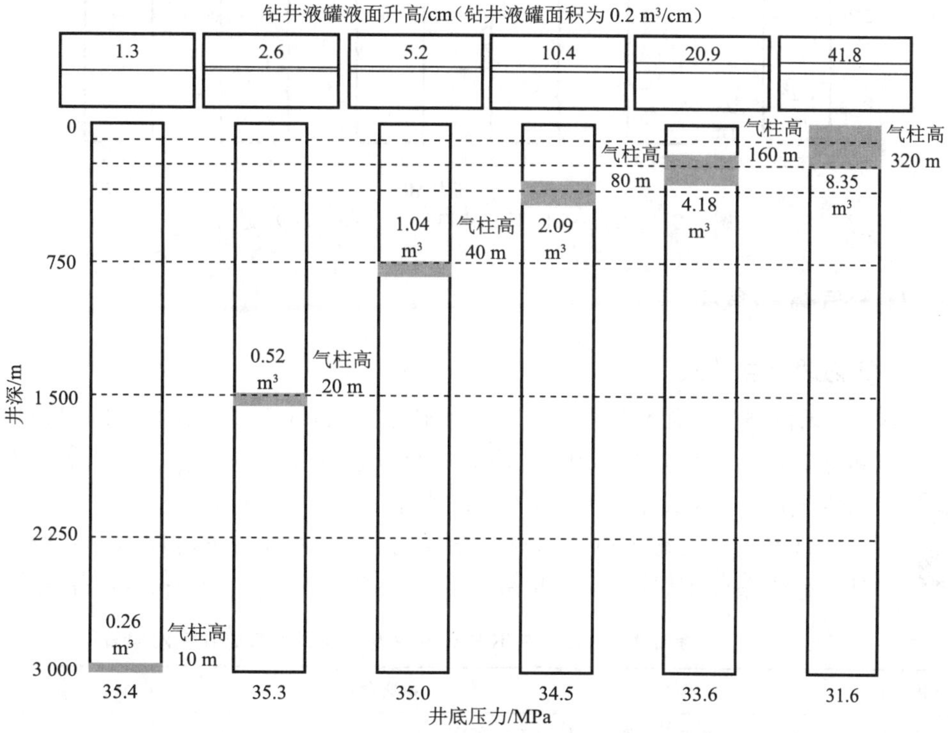

图 6-2-1　未关井条件下的气体膨胀及井底压力变化

2）关井条件下

气侵关井后，气体滑脱上升，由于井口关闭，气体不能膨胀，气体压力几乎保持井底压力。若关井时间过长，则气体最终会在井口积聚，气体压力与钻井液液柱压力叠加，形成过高的井底压力并作用于整个井筒，极易造成薄弱地层破裂、井口压力超出井控装备的额定压力、井筒压力超出套管抗内压强度、井漏及地下井喷。

由图 6-2-2 可以看出，气体滑脱上升过程中，由于上部钻井液液柱高度减小，不能平衡气柱压力，导致井口压力逐渐增大。气体滑脱到井口时，井口压力等于原井底压力，此时整个井筒所承受的压力均增加了 35.4 MPa，井底压力达到 70.8 MPa。因此，考虑到井口、套管和井底的承压能力，必须避免因长时间关井而造成的井筒压力过高。

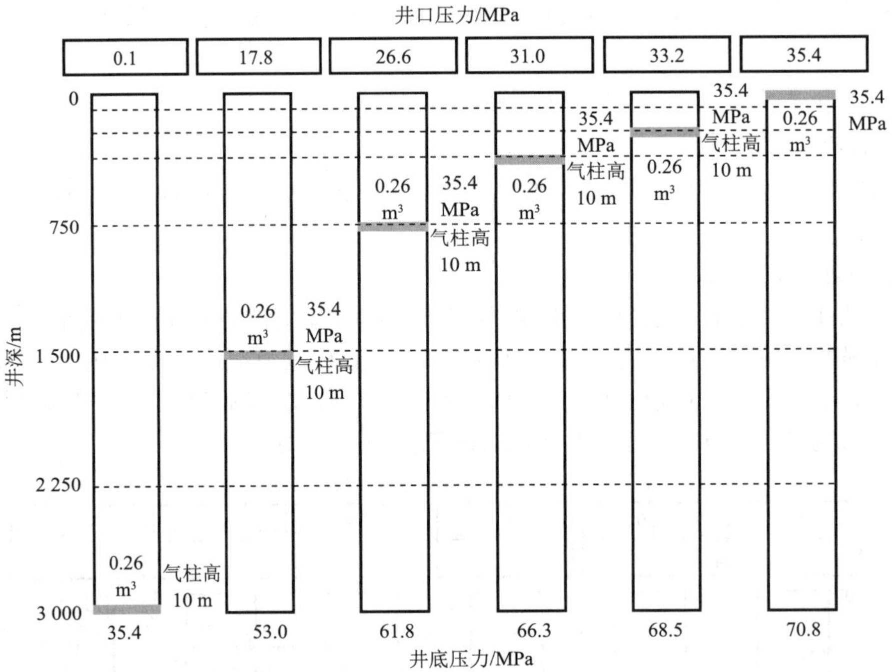

图 6-2-2　关井条件下的井口压力及井底压力变化

三、H_2S 气体的危害

1. H_2S 的物理化学性质

H_2S 是一种无色、剧毒、强酸性气体，其相对密度为 1.176。低浓度的 H_2S 气体有臭鸡蛋味。H_2S 的燃点为 250 ℃，燃烧时呈蓝色火焰，产生有毒的二氧化硫。H_2S 与空气混合，体积分数达 4.3%～46%时会形成一种爆炸混合物。

— 拓展阅读 —

6-7　硫化氢的危害

H_2S 的毒性较 CO 大 5～6 倍，几乎与氰化物同样剧毒，是一种致命的气体。通常条件下，H_2S 对人的安全临界浓度是 14 ppm（1 ppm＝1.4 mg/m^3）。

表 6-2-1　人类在不同 H_2S 浓度下受到危害的程度对照表

H_2S 浓度/ppm	危害程度
0.13～4.6	可嗅到臭鸡蛋味，一般对人体不产生危害

续表

H_2S浓度/ppm	危害程度
4.6～10	刚接触有刺热感，但会迅速消失
10～20	为安全临界浓度值，在此浓度、露天条件下，人可以连续待 8 h，否则要戴防毒面具
50	允许人直接接触 10 min
100	接触 3～10 min 就会感到咽喉发痒、咳嗽，接着损伤嗅觉神经、眼睛，有轻微头痛，恶心，脉搏加快；接触 4 h 以上可能导致死亡
200	立即破坏嗅觉系统，眼睛、咽喉有灼热感，时间长了，眼睛、咽喉将被灼伤，若不立即离开，将导致死亡
500	失去理智和平衡知觉，呼吸困难，2～15 min 内出现呼吸停止，若抢救不及时，将导致死亡
700	很快失去知觉，停止呼吸，若不立即抢救，马上死亡
1 000	立即失去知觉，造成死亡或永久性脑损伤，导致智力残损（植物人）
2 000	吸上一口，立即死亡，无法抢救

2. H_2S 气体的分布

H_2S 多存在于碳酸盐岩中，特别是在与碳酸盐岩伴生的硫酸岩沉积环境中大量、普遍地存在 H_2S 气体。世界上 H_2S 气体含量最高的地区要属美国的南得克萨斯气田；我国华北油田冀中坳陷赵兰庄气田古近系孔店组碳酸盐岩气藏，四川油田川东卧龙河气田三叠系嘉陵江灰岩气藏，以及新疆塔里木轮古油田和克拉玛依油田南缘的卡 10 井、西 4 井、东湾 1 井、安 4 井等在钻井施工中都出现过 H_2S 气体；在红山嘴、八区、稠油区等区块的油田开发过程中也出现过 H_2S 气体。

四、产生溢流的原因及征兆

需要说明的是，随着钻井技术的进步，为了减少对地层的伤害，提高钻井速度，早期发现油气，减少井漏的发生，采用了欠平衡钻井、气体钻井、控压钻井等钻井技术。当采用这些钻井技术时，常常会人为地降低钻井液密度，使钻井液液柱压力略低于地层压力，某些情况下会造成地层流体在受控状态下进入井筒，形成溢流，而这些情况下的溢流是主观故意造成的。除非特殊说明，下面所讨论的溢流均为非主观故意造成的溢流。

1. 产生溢流的原因

钻井工程中所说的溢流是指由于操作或地层等方面的原因，地层压力高于井底有效压力，致使地层流体进入井内，发生了施工人员未预知的溢流，因此这种溢流为非主观故意造成的。溢流发生时地层流体会进入井眼内，导致井口有钻井液外溢，发现过晚可能会形成井涌，甚至必须在井口设备受压的条件下关井。在正常钻进或起下钻作业中，溢流可能在下列条件下发生：

（1）井筒内钻井液液柱压力小于地层压力；

（2）溢流发生的地层具有一定的渗透率，允许流体流入井内；

（3）地层中含有一定体积的流体。

虽然地层压力和地层渗透率无法控制，但可以保持井内有适当的钻井液液柱压力。任何原因造成的钻井液液柱压力降低都有可能导致地层流体侵入井内，其中最普遍的原因有：

（1）起钻时未及时灌钻井液，使井筒内液柱高度降低；

（2）起钻抽吸，形成负压差；

（3）地层漏失，使井筒内液柱高度降低；

（4）钻井液或固井液的密度低，形成负压差；

（5）地层异常高压，大于井底有效压力，形成负压差；

（6）下钻速度过快，压漏地层，使井筒内液柱高度降低；

（7）固井过程中，由于水泥浆的失重、窜槽，形成套管外气侵，造成套管外溢流。

2. 溢流的征兆

在各种钻井作业中，当发生气侵或油水侵后，侵入井内的油、气、水便推动井内钻井液从井口向外溢出。可以在地面上发现的从井内溢出的钻井液液流的各种显示称为溢流显示。通过观察分析这些溢流显示可以判断井筒内钻井液受侵情况。及时发现溢流，采取正确的操作迅速控制井口，是防止井喷发生的关键。

（1）下钻时溢流的征兆：正常情况下，钻柱下入井眼内，会排开相当于该钻柱体积的钻井液，如果返出的钻井液体积大于下入钻柱的体积，证明有一定数量的地层流体侵入井内。若停止下放钻具，井口仍向外溢出钻井液，则说明发生了溢流。下钻中停止下放并观察井口是否有流体流出是发现溢流最直观、有效的方法。

（2）钻进时溢流的征兆：正常钻进时，出口钻井液流速发生变化，钻井液返出量大于注入量，钻井液罐液面升高；停泵后钻井液外溢；钻井液性能，如气测值、密度、氯离子浓度、电阻率、电导率、温度发生变化等。

（3）起钻时溢流的征兆：起钻时，灌入井内的钻井液体积小于起出钻柱的体积；停止起钻时，井口有钻井液外溢。

（4）空井时溢流的征兆：井口有钻井液外溢，钻井液罐液面升高。

五、地层流体侵入的检测

1. 钻井液体积检测法

地层流体侵入井眼后，钻井液总体积增加，钻井液罐液面升高。对于油水侵入情况，若忽略其在环空中的压缩性，则地层油水侵入多少，钻井液体积应增加多少。对于气侵，由于其具有可压缩性，当气体上升到井筒中上部，有明显膨胀时，钻井液罐液面才有较明显的变化。目前，监测钻井液罐液面的仪器主要有浮子液位计（图 6-2-3）和超声液位计。利用安装在各钻井液罐中的传感器监测各钻井液罐的液位改变，可累计求出钻井液体积的改变。

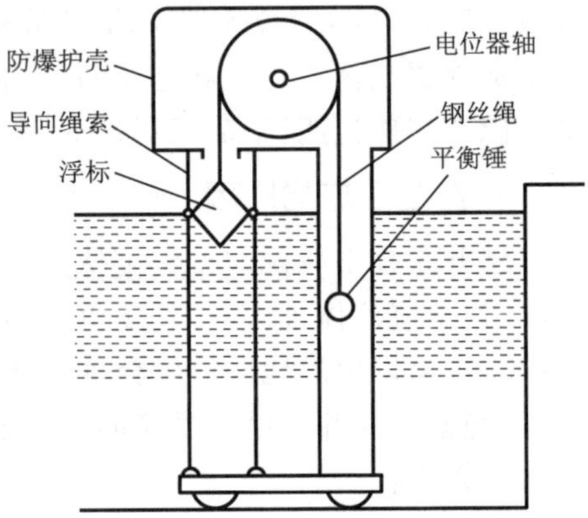

图 6-2-3　浮子液位计

2. 返出钻井液流量检测法

检测返出钻井液流量的变化也是溢流检测的方式之一。常用的检测手段主要是采用靶式流量计（图 6-2-4），也有采用电磁流量计和质量流量计的检测方式。

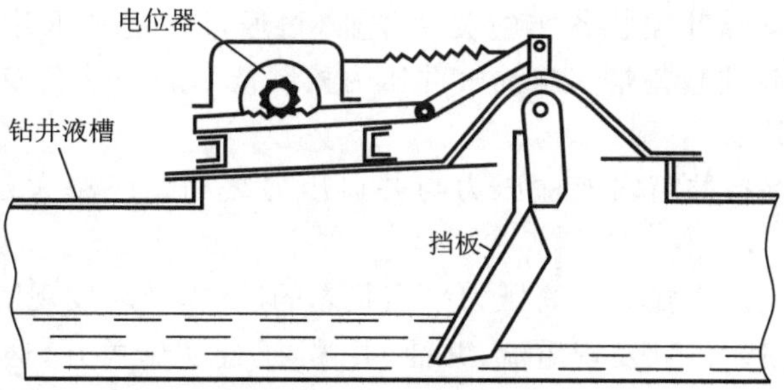

图 6-2-4 靶式流量计

3. 声波法检测溢流

在常温常压下，声波在水中的传播速度约为 1 500 m/s，在空气中的传播速度约为 340 m/s，而在空气和水形成的气液两相流中的传播速度可以低达每秒几十米，因此通过相应的检测仪器和手段可以检测到井筒气侵。

4. 声波法检测漏失

某一时刻沿井筒向下发射声波信号，该信号到达井筒内的气液界面会发生反射，反射波沿井筒上返到达接收装置。测量声波发射时刻到接收时刻的时差，即可计算出井筒内钻井液液面的高度，利用这一原理可以检测是否发生井漏。

5. 其他检测手段

综合录井技术提供了一套检测地层流体侵入的手段。

(1) 泵压上升或下降，悬重减小或增大：钻遇高压层时，井底压力突然升高，导致悬重减小，泵压升高；地层流体侵入钻井液后，钻井液密度降低，浮力减小，悬重增大，泵压减小。

(2) 钻井液出入口温度：异常高压地层温度一般较高，故钻遇异常高压地层时在井口可发现返出钻井液温度升高。

(3) 钻井液出入口密度：地层中的油、气、水侵入井眼，会使返出钻井液的密度降低。

(4) 钻井液出入口电导(阻)率：地层中的油、气、水侵入井眼，会使钻井液的理化性质发生改变。例如，地层盐水侵入钻井液会使钻井液的电阻率降低，电导率升高。

(5) 钻井液出入口黏度：地层中的油、气、水侵入井眼，可与钻井液发生反应，使钻井液黏度发生改变。

(6) 气测值变化：钻到油气层或含 H_2S 的地层时，返出钻井液中会溶解或携带一定的油气或 H_2S，通过色谱仪可以检测出钻井液中烃组分及全烃的变化；利用 H_2S 监测仪也可以检测出钻井液中是否含 H_2S。

第三节 井控装备

— 线上自学 —

6-8 井控装备的组成及功用

一、井控装备的功用

在钻井作业中，常因各种因素使油气井的压力系统平衡遭到破坏，发生溢流、井涌，这时就需要依靠井控装备实施关井作业，再通过一定的压井手段重新恢复对油气井压力系统的控制。井控装备是实施油气井压力控制技术的一整套专用设备、仪表与工具。井控装备具有以下功用：

（1）预防井喷。保持井筒内液柱压力与井口压力之和始终略大于地层压力，防止井喷条件的形成。

（2）及时发现溢流。实施对井筒压力平衡状态的监测，及时发现溢流、井涌、井喷征兆。

（3）迅速控制井喷。一旦发现溢流、井涌、井喷，迅速实施关井，遏制溢流、井涌、井喷势态的进一步恶化，为实施压井作业提供设备条件，重新恢复井眼系统的压力平衡。

（4）处理复杂情况。在井喷失控的情况下，实施压井、灭火、抢险等作业。

二、井控装备的基本构成

井控装备的基本构成如下：

1. 井口防喷器组合

井口防喷器组合主要包括环形防喷器、单闸板防喷器、双闸板防喷器、剪切闸板防喷器、套管头、钻井四通、过渡法兰等。

2. 液压防喷器控制系统

液压防喷器控制系统主要包括司钻控制台、远程控制台、辅助遥控控制台等。

3. 井控管汇

井控管汇主要包括节流管汇及液动节流阀控制箱、放喷管线、压井管汇、注水管线、灭火管线、反循环管线等。

4. 钻具内防喷工具

钻具内防喷工具主要包括钻具止回阀、方钻杆上旋塞、方钻杆下旋塞、投入式止回阀、旁通阀等。

5. 井控仪器仪表

井控仪器仪表主要包括钻井液返出温度监测报警仪、钻井液密度监测报警仪、钻井液返出流量监测报警仪、钻井液罐液面监测报警仪、起钻时井筒液面监测报警仪、泵冲等参数的监测报警仪、硫化氢监测报警仪、二氧化碳监测报警仪等。

6. 钻井液处理设备

钻井液处理设备主要包括钻井液加重设备、钻井液气体分离器、常规式或真空式钻井液除气器、起钻自动灌钻井液装置等。

7. 特殊作业设备

特殊作业设备主要包括不压井强行起下管串装置、旋转防喷器、灭火装置、拆装井口设备及工具、井口排风设备、防毒气设备等。

典型的井控装置配套如图 6-3-1 所示。

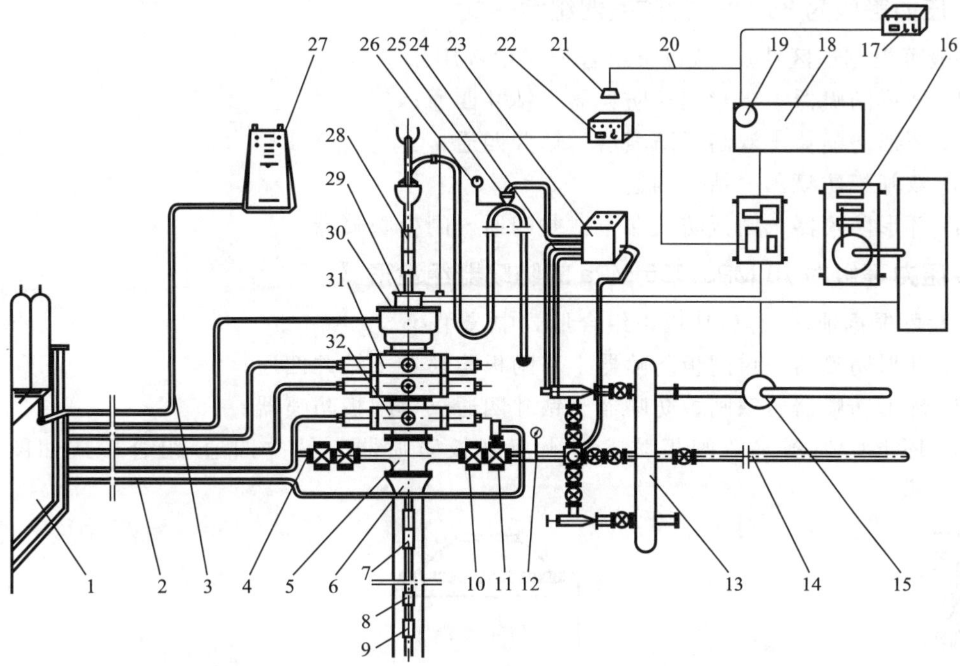

1—防喷器远程控制台；2—防喷器液压管线；3—防喷器气管束；4—压井管汇；5—钻井四通；6—套管头；7—方钻杆下旋塞；8—旁通阀；9—钻具止回阀；10—手动闸阀；11—液动闸阀；12—套管压力表；13—节流管汇；14—放喷管线；15—钻井液气体分离器；16—真空式除气器；17—钻井液罐液面监测报警仪；18—钻井液罐；19—钻井液罐液面监测传感器；20—自动灌钻井液装置；21—钻井液罐液面报警器；22—自灌装置报警箱；23—液动节流阀控制箱；24—节流管汇控制线；25—压力变送器；26—立管压力表；27—防喷器司钻控制台；28—方钻杆上旋塞；29—防溢管；30—环形防喷器；31—双闸板防喷器；32—单闸板防喷器。

图 6-3-1 井控装置配套示意图

三、常用防喷器组合

1. 压力等级为 14 MPa 的防喷器组合形式

一般可根据地区特点，从以下组合形式中选用：

（1）单闸板防喷器＋钻井四通；

（2）双闸板防喷器＋钻井四通；

（3）全封闸板防喷器＋半封闸板防喷器＋钻井四通；

（4）环形防喷器＋半封闸板防喷器＋钻井四通；

（5）全封闸板防喷器＋钻井四通＋半封闸板防喷器。

2. 压力等级为 21 MPa 的防喷器组合形式

一般可根据地区特点，从以下组合形式中选用：

（1）环形防喷器＋双闸板防喷器＋钻井四通；

（2）单闸板防喷器＋钻井四通；

（3）双闸板防喷器＋钻井四通。

3. 压力等级为 35 MPa 的防喷器组合形式

一般可根据地区特点，从以下组合形式中选用：

(1) 环形防喷器＋半封闸板防喷器＋钻井四通；

(2) 环形防喷器＋双闸板防喷器＋钻井四通；

(3) 双闸板防喷器＋钻井四通；

(4) 环形防喷器＋闸板防喷器＋钻井四通＋闸板防喷器。

4. 压力等级为 70 MPa，105 MPa 的防喷器组合形式

一般可根据地区特点，从以下组合形式中选用：

(1) 环形防喷器＋单闸板防喷器＋双闸板防喷器＋钻井四通；

(2) 环形防喷器＋双闸板防喷器＋钻井四通＋单闸板防喷器；

(3) 环形防喷器＋双闸板防喷器＋双闸板防喷器＋钻井四通，组合形式如图 6-3-2 所示。

—动画—
6-9 环形防喷器

—动画—
6-10 闸板防喷器

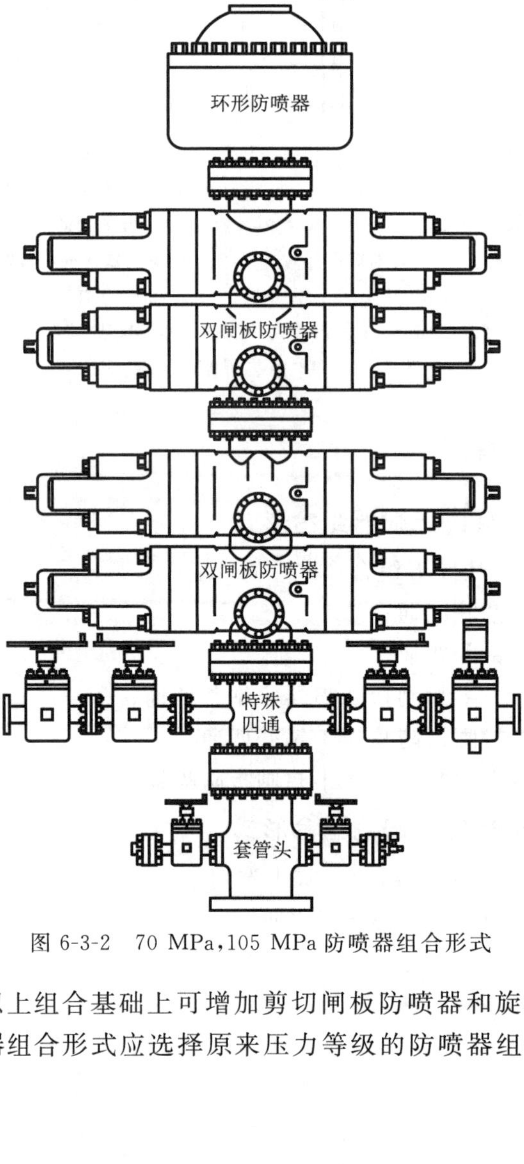

图 6-3-2 70 MPa，105 MPa 防喷器组合形式

若有特殊需要，在以上组合基础上可增加剪切闸板防喷器和旋转控制头。选用高一等级的井控装备时，防喷器组合形式应选择原来压力等级的防喷器组合形式。使用复合钻具

时，应配齐相应数量的闸板防喷器，并配备相应尺寸的闸板芯子。半封闸板防喷器的安装位置应保证关闭时封闭对应的钻杆本体。一般情况下，使用概率大的半封闸板芯子安装在下面，全封闸板芯子安装在闸板防喷器最上部。需要安装剪切闸板时，应将剪切闸板安装在原组合中全封闸板的位置上，具有封空井的功能。

四、井控管汇

井控管汇包括防喷管汇、节流管汇和压井管汇。常用的井控管汇包括双四通井口井控管汇（图 6-3-3）和单四通井口井控管汇（图 6-3-4）。

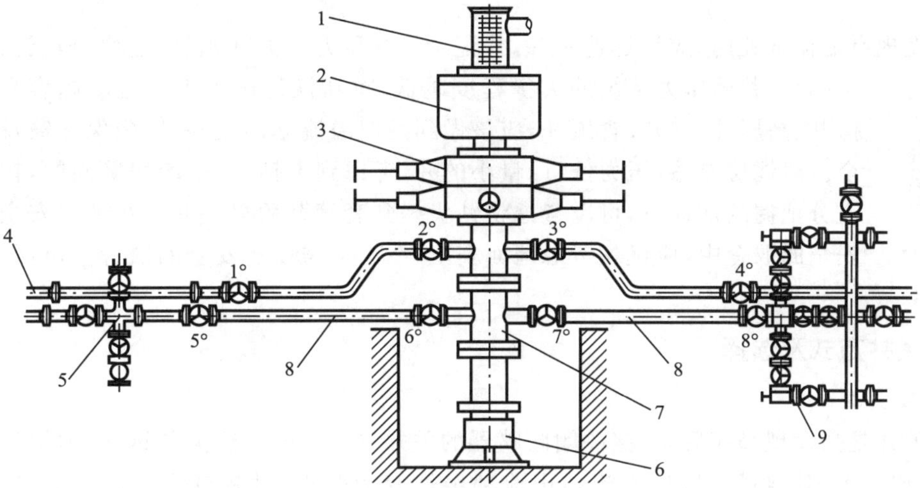

1—防溢管；2—环形防喷器；3—闸板防喷器；4—放喷管线；5—压井管汇；6—套管头；7—钻井四通；8—防喷管汇；9—节流管汇。

图 6-3-3 双四通井口井控管汇

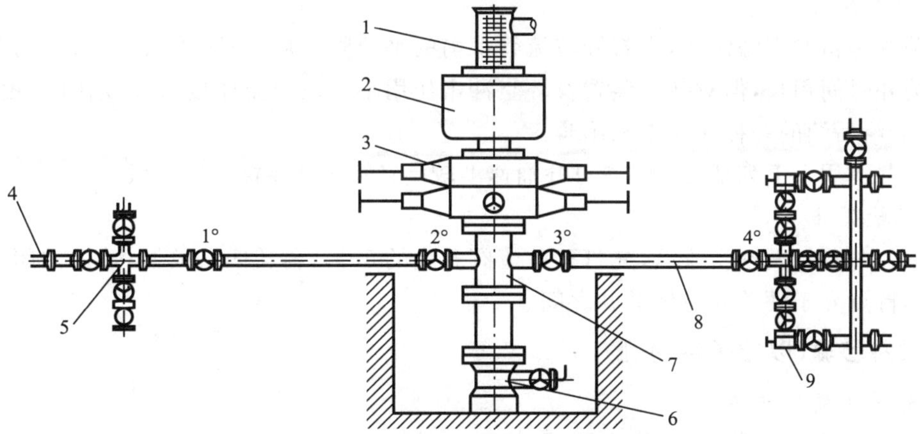

1—防溢管；2—环形防喷器；3—闸板防喷器；4—放喷管线；5—压井管汇；6—套管头；7—钻井四通；8—防喷管汇；9—节流管汇。

图 6-3-4 单四通井口井控管汇

第四节　关　井

控制地层流体侵入的关键是阻止地层流体继续侵入井眼。要想阻止地层流体继续侵入井眼，最直接的方式就是利用井口防喷装置关闭井口。

一、关　井

当发现有溢流征兆时，应该迅速关井，并记录关井压力。关井越早、越快，地层流体侵入量越小，井筒压力系统的失衡程度越低，重新恢复压力平衡也就越容易。对于探井、高压井、气井、含硫井，应该做到疑似溢流立即关井，以确保井筒及井口安全。对地层熟悉，压力低、产量小的井，考虑到卡钻、井壁垮塌等问题，在井控有充分把握的前提下，可以考虑将钻头提到套管鞋后再关井。在地面安全与井下安全的取舍中，应优先考虑地面安全；在人员与设备安全的取舍中，应优先考虑人员安全。

— 线上自学 —

6-11　关井方式与关井程序

1. 关井方式及选择

1）硬关井

硬关井是指发现溢流后，直接关闭防喷器的关井方式。该方法关井迅速，地层流体侵入量最小，但在关闭防喷器时，环空流体由流动突然变为静止，对井口装置会产生水击作用。强烈的水击波作用在环空、套管鞋及裸眼地层，会损害井口装置，压漏地层。

硬关井适用于下列情况：① 井口井涌速度不高；② 盐水侵严重影响井眼稳定；③ 井口装置承压能力较强。

2）软关井

软关井是指发现溢流后，先打开节流管汇前的平板阀，再关闭防喷器，然后关闭节流阀。该方法关井时间稍长，但对井口装置及环空冲击作用小。地层流体侵入速度快时，侵入量较大，可能会给后续的井控作业带来困难。

软关井适用于下列情况：① 井口井涌速度较高；② 井口装置承压较低。

3）半软关井

半软关井是指发现溢流后，先打开节流阀开度的50%，再关闭防喷器，然后关闭节流阀。该方法的特点介于硬关井与软关井之间。

2. 关井步骤(以硬关井为例)

1）钻进中发生井涌

(1) 司钻：发出报警信号，停止钻进，停泵。

(2) 副司钻：迅速到达远程控制台位置，准备接收控制指令，保证控制系统正常工作。

(3) 司钻：上提方钻杆接头出转盘面500 mm左右。

(4) 司钻：打开液动放喷阀。

(5) 司钻：关闭与井内钻具尺寸相符的半封闸板防喷器。

(6) 司钻、内钳工、外钳工:将钻具缓慢坐在吊卡上。
(7) 司钻:迅速向钻井监督、钻井队平台经理或钻井工程师报告。
(8) 内钳工:每 2 min 准确记录一次立管压力和套管压力。
(9) 井架工:协助并提醒司钻正确完成各步动作。

2) 起下钻杆中发生井涌

(1) 司钻:发出报警信号,停止起下钻作业。
(2) 副司钻、内钳工、外钳工:抢接箭形止回阀。
(3) 副司钻:迅速到达远程控制台位置,准备接收控制指令,保证控制系统正常工作。
(4) 司钻:上提钻具 100 mm 左右。
(5) 司钻:打开液动放喷阀,关闭与井内钻具尺寸相符的半封闸板防喷器。
(6) 司钻:将吊卡缓慢坐在转盘面上。
(7) 司钻、内钳工、外钳工:接方钻杆。
(8) 司钻:迅速向钻井监督、钻井队平台经理或钻井工程师报告。
(9) 内钳工:每 2 min 准确记录一次立管压力和套管压力。
(10) 井架工:协助并提醒司钻正确完成各步动作。

3) 起下钻铤中发生井涌

(1) 司钻:发出报警信号,下放钻铤坐在转盘上。
(2) 副司钻、内钳工、外钳工:卡紧安全卡瓦。
(3) 副司钻、内钳工、外钳工:抢接防喷立柱(或防喷单根)。
(4) 副司钻:迅速到达远程控制台位置,准备接收控制指令,保证控制系统正常工作。
(5) 司钻:下放钻具至吊卡离转盘面 100 mm 左右。
(6) 司钻:打开液动放喷阀。
(7) 司钻:关闭与井内钻具尺寸相符的半封闸板防喷器。
(8) 司钻:将吊卡缓慢坐在转盘面上。
(9) 司钻、内钳工、外钳工:接方钻杆。
(10) 司钻:迅速向钻井监督、钻井队平台经理或钻井工程师报告。
(11) 内钳工:每 2 min 准确记录一次立管压力和套管压力。
(12) 井架工:协助并提醒司钻正确完成各步动作。

4) 空井发生井涌

(1) 司钻:发出溢流报警信号。
(2) 副司钻:迅速到达远程控制台位置,准备接收控制指令,保证控制系统正常工作。
(3) 司钻:打开液动放喷阀。
(4) 司钻:关闭全封闸板防喷器。
(5) 司钻:迅速向钻井监督、钻井队平台经理或钻井工程师报告。
(6) 内钳工:每 2 min 准确记录一次套管压力。
(7) 井架工:协助并提醒司钻正确完成各步动作。

3. 关井中应注意的几个问题

(1) 关防喷器时,要先关环形防喷器,再关闸板防喷器;
(2) 关节流阀时,速度不要太快,注意套压不要超过允许值;

（3）关闸板防喷器时，应使钻具处于悬吊状态，不能坐在转盘上，以防止钻具不居中而封不住；

（4）如确实需要向井内下入钻具，不能在钻井液外溢的情况下敞着井口抢下钻，而应采用上下两个闸板防喷器交替过接头强行下钻；

（5）当关井套压大于允许关井套压时，不能把节流阀全关死，并保持在尽可能高的套压下进行节流循环。

二、压井钻井液密度计算

关井后，如果井筒是完整的，即井口防喷设备完好，套管抗内压强度满足压井要求，裸眼段没有漏失，整个井筒就可以形成一个密闭的空间，关井后随着地层流体的侵入或气体的滑脱，井筒压力会与地层压力达到暂时的平衡状态。由于井底压力低于地层压力，要重新建立井筒压力系统的平衡，需要提高钻井液液柱压力。在常规钻井方式下，一般通过替入合适密度的加重钻井液，将已进入井眼的地层流体及受到地层流体污染的低密度钻井液循环出井。

配制加重钻井液，首先要确定加重钻井液密度。确定加重钻井液密度需要知道地层压力，而要求取地层压力，需要掌握U形管原理和关井立管压力的读取方法。

1. U形管原理

由于钻柱、环空与地层之间是连通的，它们之间的液体压强是可以传递的，因此关井立管压力、关井套管压力、地层压力、环空液柱压力、钻杆内液柱压力之间存在一定的平衡关系。由于钻头喷嘴尺寸很小，一般可假设关井期间地层流体未进入钻柱内。随着地层流体的侵入，环空内的钻井液体积增大，关井套管压力增加，井底压力增加，关井立管压力也随之增大，井底压力与地层压力差减小，最终井底压力与地层压力达到平衡，地层流体停止侵入。

1）静止条件下的压力平衡关系

根据U形管原理，如图6-4-1所示，可以将静止条件下（不循环）的压力平衡关系描述为：

$$p_a + p_{ha} = p_p = p_{sp} + p_{hi} \tag{6-4-1}$$

式中 p_a——关井套管压力，MPa；

p_{ha}——环空内受侵钻井液静液柱压力，MPa；

p_p——地层压力，MPa；

p_{sp}——关井立管压力，MPa；

p_{hi}——钻柱内钻井液静液柱压力，MPa。

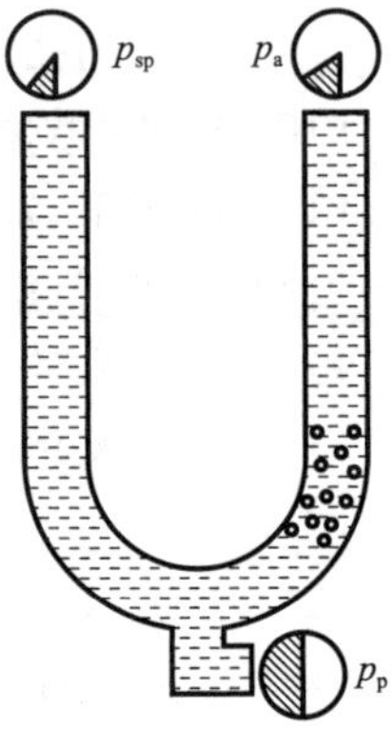

图6-4-1 关井期间U形管原理图

根据关井后受侵钻井液未进入钻柱内的假设，钻柱内的钻井液密度就是钻井采用的钻井液密度，也就是原钻井液密度，正确读取立管压力与套管压力，由式(6-4-1)可以计算出地层压力 p_p，并求出平衡地层压力所需的压井钻井液密度。

2）节流循环条件下的压力平衡关系

根据U形管原理，如图6-4-2所示，可以将节流循环条件下的压力平衡关系描述为：

$$p_T + p_{hi} - \Delta p_{ld} = p_p + \Delta p_{la} = p_a + p_{ha} + \Delta p_{la} \tag{6-4-2}$$

$$p_T = p_p - p_{hi} + \Delta p_{la} + \Delta p_{ld}$$
$$= p_{sp} + \Delta p_{la} + \Delta p_{ld} = p_{sp} + \Delta p_c \qquad (6\text{-}4\text{-}3)$$

式中 p_T——循环时的立管压力，MPa；

Δp_{ld}——钻杆内及钻头循环压耗，MPa；

Δp_{la}——环空内循环压耗，MPa；

Δp_c——循环总压耗，MPa。

由于环空内的钻井液受到地层流体侵入后密度发生了变化，所以不能采用关井套管压力来求地层压力。显然，正确地读取立管压力是准确计算地层压力的关键。读取套管压力，有助于判断井底的压力失衡状态以及侵入的地层流体性质。

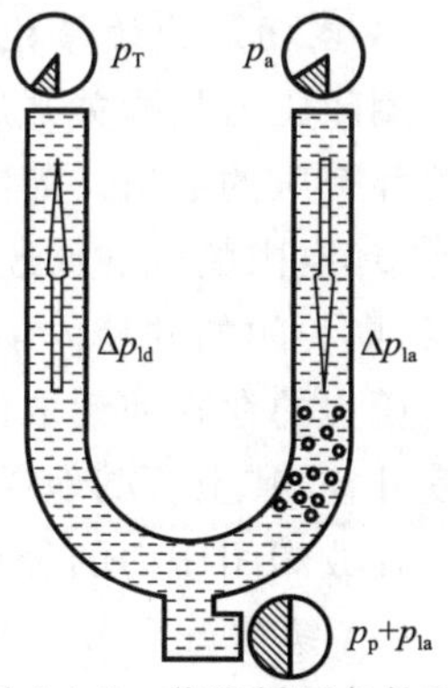

图 6-4-2 节流循环条件下 U 形管原理图

2. 未装钻具内防喷工具时读取关井立管压力和套管压力

对于具有良好渗透性的地层，关井 10～15 min 后地层和井眼之间可以建立起平衡（图 6-4-3），而对于致密性地层，建立起平衡所需的时间较长。

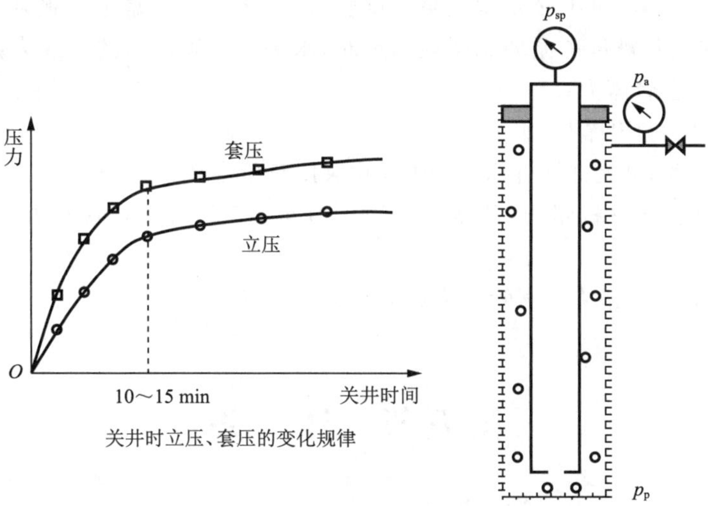

图 6-4-3 关井后立管压力、套管压力的变化

1）油水侵

油、水密度一般低于钻井液密度，油、水虽与钻井液有相对上升运动，但可忽略不计，因此不会产生因滑脱膨胀造成的圈闭压力，当关井压力恢复曲线平稳后，即可得出关井压力值。

2）气 侵

对于气侵（油气侵、水气侵）情况，环空内为含气钻井液。若关井及时，则当立管压力与套管压力上升到一定值时，井底压力等于地层压力，地层流体不再进入井眼。从理论上讲，如果此时刚好读取立管压力，那么求得的地层压力较为准确。

若关井时间滞后，则井筒内的气体会滑脱、上升、膨胀，井口压力会上升，读取的立管压力和套管压力会大于平衡地层压力所需的实际压力，导致由此求取的地层压力也高于实际地层压力。

3）圈闭压力的释放

圈闭压力是指关井后记录的关井立压或关井套压超出平衡地层压力所应有的关井立压或关井套压的数值。圈闭压力通常是由于溢流发现较晚、关井较迟，或关井后读取关井压力较晚，环空内的气柱滑脱上升，并受到井筒空间限制不能膨胀引起的。若在循环时关井先于关泵，向关闭的井筒内多注入了一定体积的钻井液，则也会引起井筒憋压，形成圈闭压力。圈闭压力的存在使读取的关井立压和关井套压偏大，由此求出的压井钻井液密度偏高，造成过度井控，甚至压漏地层，因此必须先释放圈闭压力。

释放圈闭压力的步骤是：

（1）缓慢开启节流阀，放出少量钻井液（40～80 L），关闭节流阀；

（2）观察压力变化情况，如果立管压力和套管压力均有下降，说明有圈闭压力，重复上述步骤；

（3）直至立管压力不再下降为止，记录关井立管压力和关井套管压力。

如果放压后，立管压力不变，套管压力升高，说明没有圈闭压力，不宜继续放出钻井液。

3. 装有钻具内防喷工具时读取关井立管压力和关井套管压力

井控标准规定，每个班组必须做低泵冲试验，以测定压井排量下的循环总压耗。当做过低泵冲试验，已知压井排量和循环总压耗 Δp_c 时，求关井立管压力的步骤为：

（1）记录关井套管压力；

（2）缓慢开泵和打开节流阀；

（3）控制节流阀，使套压等于关井套压，并保持套压不变；

（4）当排量达到压井排量，套压等于关井套压时，记录循环立管压力 p_T，停泵，关闭节流阀；

（5）由式(6-4-3)计算关井立管压力（其中 Δp_c 已知）。

第五节　压　井

压井是指利用合理的压井方法，将根据实际地层压力得到的钻井液密度配制出的压井钻井液，按照一定的步骤注入井内，重新建立井筒压力系统的平衡。

一、压井的目的及原则

1. 压井的目的

压井的目的就是恢复井筒与地层之间的压力平衡，使井内钻井液液柱压力不低于地层孔隙压力。一方面要使压井后的井底压力稍大于地层压力，另一方面还必须把由地层侵入井眼中的流体安全地排出井眼，或安全地压回地层（高含硫井）。

— 线上自学 —

6-12　压井原则及压井参数计算

2. 压井的基本原则

一般采用保持井底常压的方法进行压井，即在压井过程中，井底压力略大于地层压力，并在压井施工的整个过程中保持井底压力不变。同时还要考虑套管鞋处的地层破裂压力、套管的抗内压强度、井口防喷装置的承压能力等。

3. 关井套压的最大允许值

关井套压的最大允许值应同时满足下列条件：

（1）不大于井口防喷装置的额定工作压力；

（2）与液柱压力之和不大于薄弱地层的破裂压力；

（3）与液柱压力之和不大于最薄弱套管抗内压强度的80％。

4. 压井工艺过程

根据确定的压井方法，通过控制节流阀，控制立管压力和套管压力，维持井底常压，用确定的压井排量，将配制好的压井钻井液注入井内，替换出井内被污染的钻井液，重新建立井筒内的压力平衡。

二、压井基本参数计算

1. 压井钻井液密度计算

1）地层压力计算

根据式(6-4-1)得：

$$p_{p}=p_{hi}+p_{sp}=0.00981(\rho_{d}+\Delta\rho_{d})D \qquad (6\text{-}5\text{-}1)$$

式中　D——井眼垂直深度，m；

ρ_{d}——原钻井液密度，g/cm³；

$\Delta\rho_{d}$——平衡地层压力所需的钻井液密度增量，g/cm³。

2）压井钻井液密度计算

$$\begin{aligned}p_{he}&=p_{p}+\Delta p=p_{sp}+p_{hi}+\Delta p\\&=0.00981(\rho_{d}+\Delta\rho_{d})D+\Delta p\\&=0.00981\rho_{d1}D\end{aligned} \qquad (6\text{-}5\text{-}2)$$

$$\rho_{d1}=\frac{p_{p}+\Delta p}{0.00981D} \qquad (6\text{-}5\text{-}3)$$

式中　ρ_{d1}——压井钻井液密度，g/cm³；

Δp——井底压力安全附加值，MPa。

3）标准规定的安全附加值

油井：井底压力安全附加值 $\Delta p=1.5\sim3.5$ MPa，钻井液密度安全附加值 $\Delta\rho=0.05\sim0.1$ g/cm³。

气井：井底压力安全附加值 $\Delta p=3.0\sim5.0$ MPa，钻井液密度安全附加值 $\Delta\rho=0.07\sim0.15$ g/cm³。

2. 压井排量计算

压井过程中一般采用低泵速压井，所采用的排量一般为正常钻井施工排量的1/3～1/2。采用低泵速小排量的目的是便于压井过程中节流阀和压力的控制。同时考虑气体循环到达井口时，膨胀不要过快，流量不要过大，以减小控制难度和处理难度。因此，压井排量应为：

$$Q'=(1/3\sim1/2)Q \qquad (6\text{-}5\text{-}4)$$

式中　Q'——压井排量，L/s；

　　　Q——钻进时正常排量，L/s。

3. 压井立管压力变化规律

根据压井过程中的压力平衡关系，由式(6-4-1)和式(6-4-3)可以导出：

$$p_T+p_{hi}-\Delta p_c=p_p=p_a+p_{ha} \tag{6-5-5}$$

由式(6-5-5)可以看出：

(1) 只要在压井过程中保持等式左侧的值不变，就能保持井底常压；

(2) 由于压井钻井液密度 ρ_{d1} 大于原钻井液密度 ρ_d，所以压井过程中 p_{hi} 是不断增大的，要保持井底压力恒定，必须减小立管总压力 p_T；

(3) 增大节流阀开度，可以减小节流压力，降低立管总压力 p_T；

(4) 压井钻井液由立管泵入时的立管总压力称为初始循环立管压力 p_{Ti}，压井钻井液返到井口时的立管总压力称为终了循环立管压力 p_{Tf}；

(5) 当压井钻井液循环到井底时，钻柱内的钻井液液柱压力已能平衡地层压力，关井立管压力 p_{sp} 变为 0，系统循环压耗也由于钻井液密度的变化由初始循环压耗 Δp_{ci} 变为终了循环压耗 Δp_{cf}（图 6-5-1）。

$$p_{Ti}=p_{sp}+\Delta p_{ci} \tag{6-5-6}$$

$$p_{Tf}=\Delta p_{cf}=\frac{\rho_{d1}}{\rho_d}\Delta p_{ci} \tag{6-5-7}$$

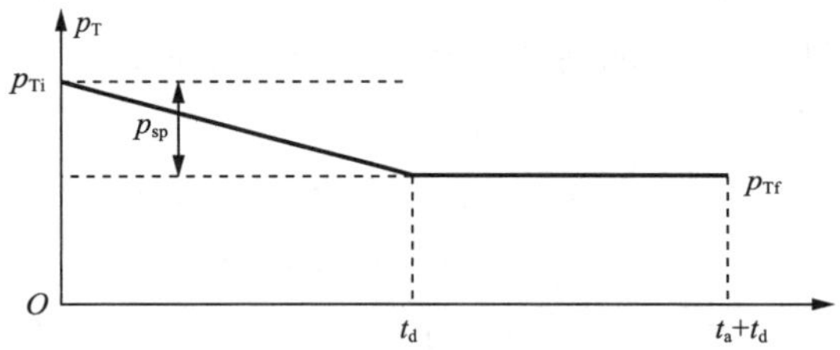

图 6-5-1　压井过程中立管压力的变化

4. 压井钻井液从地面到达钻头的时间

压井钻井液从地面到达钻头的时间是指在压井排量下，将钻井液通过钻杆从地面泵至钻头所需的时间，可表示为：

$$t_d=\frac{V_d D}{60Q'} \tag{6-5-8}$$

式中　t_d——压井钻井液从地面到达钻头的时间，min；

　　　V_d——单位长度钻柱的容积，L/m。

5. 压井钻井液充满环空所需的时间

压井钻井液充满环空所需的时间是指在压井排量下，将钻井液通过钻头上返至井眼环空，充满井眼环空并到达井口所需的时间，可表示为：

$$t_a=\frac{V_a D}{60Q'} \tag{6-5-9}$$

式中　t_a——压井钻井液充满环空所需的时间，min；

V_a——单位长度环空的容积，L/m。

三、一次循环压井法

— 线上自学 —　— 动　画 —

6-13　司钻法和工程师法压井　　6-14　工程师法压井原理

1. 特　点

一次循环压井法又称为工程师法，也称等待加重法，其基本做法是：发现溢流即关井，取得地层压力数据，等候配制压井钻井液；待压井钻井液配制完成后，开泵，控制节流阀开度，注入压井钻井液；在一个循环周内将原钻井液替出，恢复地层井眼系统的压力平衡，用一个循环周完成压井施工。一次循环压井法的优点是压井作业时间短，压井时的套压低，不易压漏薄弱地层；缺点是关井等候压井的时间长，对易卡钻地层增加了卡钻的可能性。近阶段，探井、边远井、重点井都会在井场储备一定体积的重钻井液，使用重钻井液更省时、省力，一次循环压井法的优势更为明显。

2. 施工工序

一次循环压井法压力变化如图 6-5-2 所示，其具体施工工序如下：

(1) 缓慢开泵，调节节流阀开度，保持套压等于关井套压；

(2) 调节泵速使排量达到压井排量并保持排量不变，立管压力等于初始循环立管压力 p_{Ti}；

(3) 泵入压井钻井液，调节节流阀开度，使立管压力在压井钻井液从地面到达钻头的时间 t_d 内由初始循环立管压力 p_{Ti}降到终了循环立管压力 p_{Tf}；

(4) 调节节流阀开度，在压井钻井液从井底返至地面的时间 t_a 内，保持立管压力始终等于 p_{Tf}；

(5) 当压井钻井液返至井口时，套管压力 p_a 降为 0，压井结束。

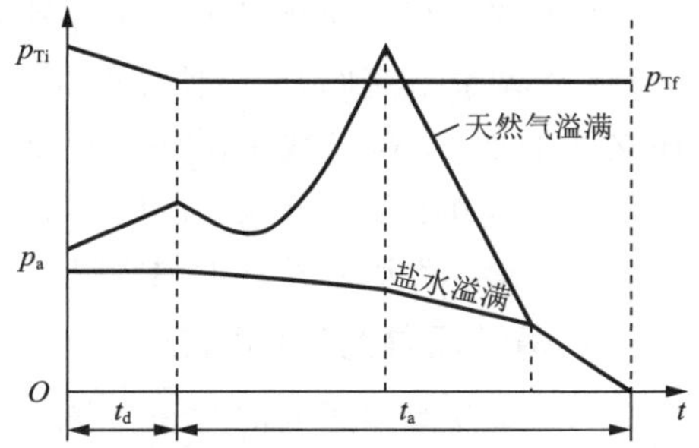

图 6-5-2　一次循环压井法压力变化

四、二次循环压井法

1. 特　点

二次循环压井法又称司钻法，其基本做法是：发现溢流后关井，取得地层压力数据；先用原钻井液循环一周，排出井内受污染钻井液，然后用配制好的压井钻井液进行第二周循环，替出原钻井液，恢复地层井眼系统的压力平衡。二次循环压井法的优点是可以尽快排出井内受污染的钻井液，关井等待时间短，可尽快恢复循环；缺点是压井时间长，第一循环周内套压可能较高。

2. 施工工序

二次循环压井法采用两个循环周完成压井作业，压力变化如图 6-5-3 所示，具体施工工序如下：

1) 第一循环周

(1) 缓慢开泵注入原钻井液，调节节流阀开度，使套管压力等于关井套压。

—动画—

6-15 司钻法压井原理

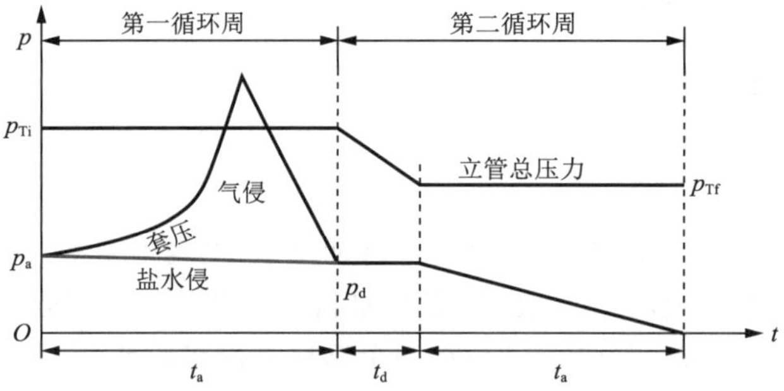

图 6-5-3 二次循环压井法压力变化

(2) 调整泵速达到压井排量，调节节流阀开度，使立管压力等于初始循环立管压力 p_{Ti}；保持立管压力等于 p_{Ti} 不变，直到替换出井内受侵钻井液。

(3) 停泵，关闭节流阀，此时套管压力等于关井立管压力。

2) 第二循环周

(1) 缓慢开泵，调节节流阀开度，保持套管压力等于第一循环周后的关井套管压力。

(2) 调节泵速使排量等于压井排量，此时的立管压力接近初始循环立管压力 p_{Ti}。

(3) 调节节流阀开度，使立管压力在压井钻井液由井口到达钻头的时间 t_d 内由初始循环立管压力 p_{Ti} 降到终了循环立管压力 p_{Tf}。

(4) 调节节流阀开度，在压井钻井液从井底返至地面的时间 t_a 内，保持立管压力始终等于 p_{Tf} 不变。当压井钻井液返至井口时，套管压力降为 0，压井结束。

3. 两种压井方法的比较

(1) 关井等候压井的时间：司钻法＜工程师法。

(2) 压井作业时间：司钻法＞工程师法。

(3) 套压峰值：司钻法＞工程师法。

(4) 作业难度：司钻法＜工程师法。

(5) 工程师法适用于井口装置承压及地层破裂压力较低的情况。

(6) 司钻法适用于井下易卡钻的情况。

五、特殊压井方法

1. 置换法

该方法适于在井内钻井液已大部分喷空的井况下压井，其基本做法是：向井内泵入定量钻井液后，关井，使钻井液下落，释放一定的套压，套压降低值与泵入的钻井液产生的液柱压力相等。重复上述过程，逐步降低套压。当套压降低到一定程度后强行下钻，再实行常规压井。在井内无钻具无法实施循环的情况下，也可采用置换法压井。

2. 压回法（直推法）

该方法的适用条件为：高含硫化氢的井涌；套管下得较深、裸眼短、井内无钻具或只有少量钻具；只有一个产层且渗透性很好；钻杆堵塞，压井液不能到达井底；地面设备无法承受的超高压地层；产层下面有一个漏层，且压井循环时大量的钻井液将漏入该漏层等。其基本做法是：从环空泵入钻井液，把进入井筒的地层流体压回地层，以不超过最大许用关井套压的工作压力挤入钻井液。

3. 强行下钻到井底循环压井法

强行下钻适用于井眼液体浮力大于钻柱重力，需要强行起下钻工具辅助下放钻具的情况。该方法在井口关闭的情况下进行，强行下钻时必须根据下入钻具的体积放掉相同体积的钻井液。

4. 动力压井法

动力压井法是通过增大压井液的排量、增大循环流动阻力来实施压井的一种方法。这种方法适用于小井眼、超深井等对流速和循环阻力敏感的井。

5. 反循环压井法

反循环压井法是指在发生溢流后，裸眼段较长，为了防止溢流窜入井下其他地层，须尽快将溢流排出井内的方法。其基本做法是：将压井钻井液从环空注入井内，将井底的溢流循环至钻柱内，经钻柱、井口、反循环管汇、地面节流管汇排出。待溢流排出后，可继续采用反循环替出井内的轻钻井液，也可改用正循环压井。

第六节　压力控制钻井

早期提出的压力控制钻井（controlled pressure drilling，简称 CPD）包含气体钻井、欠平衡钻井和控压钻井（managed pressure drilling，简称 MPD）三项技术。

事实上控压钻井是在欠平衡钻井、气体钻井技术不断发展，并为完善欠平衡钻井、气体钻井技术的不足而发展起来的一项钻井工艺技术。三者的共同特点是采用专用装备，控制井口或井筒中某井深处的压力，进而实现对井筒压力分布的控制，以期达到在低压地层、窄压力窗口地层、多压力层系地层、极硬地层、深水钻井等特殊地层、特殊区域安全顺利施工的目的。

一、欠平衡钻井

— 线上自学 —

6-16　平衡与欠平衡压力钻井

1. 欠平衡钻井的定义

欠平衡钻井是指使钻井流体施加在井底的压力小于地层孔隙压力，有效控制地层流体流入井筒，并对其进行处理的钻井方式。

欠平衡钻井一般是指液相欠平衡钻井（flow drilling）和充气钻井液钻井（aerated fluid drilling）。液相欠平衡钻井是指使用液相流体进行的欠平衡钻井；充气钻井液钻井是指将气体注入钻井液，以钻井液和气体的混合物作为钻井循环介质进行的钻井。

2. 欠平衡钻井的技术特点

1）欠平衡钻井的优点

负压差可控制钻井液滤液进入地层，降低地层损害，保护储层；采用负压钻井，可降低钻井液密度，部分解决因地层压力衰竭带来的井漏、压差卡钻等问题；可降低或克服压持效应，提高钻速；地层流体在负压差下进入井眼，有利于早期发现油气层；理论上讲，可以通过改变井口回压来改变地层的产液量，进行实时油藏试验。

2）欠平衡钻井的缺点

由于没有泥饼的保护，压力控制不当会造成更大的地层伤害；裸眼段处于负压差下，容易造成井壁垮塌；地层产出液过多，会对环保提出更高的要求；人为主观故意形成溢流，如果对地层流体侵入量控制不当，会增大井喷的风险；需要特殊设备和服务人员，有时需要多下一层套管，钻井成本会提高。

3. 欠平衡钻井的主要装备

液相欠平衡钻井的主要装备示意图如图 6-6-1 所示。

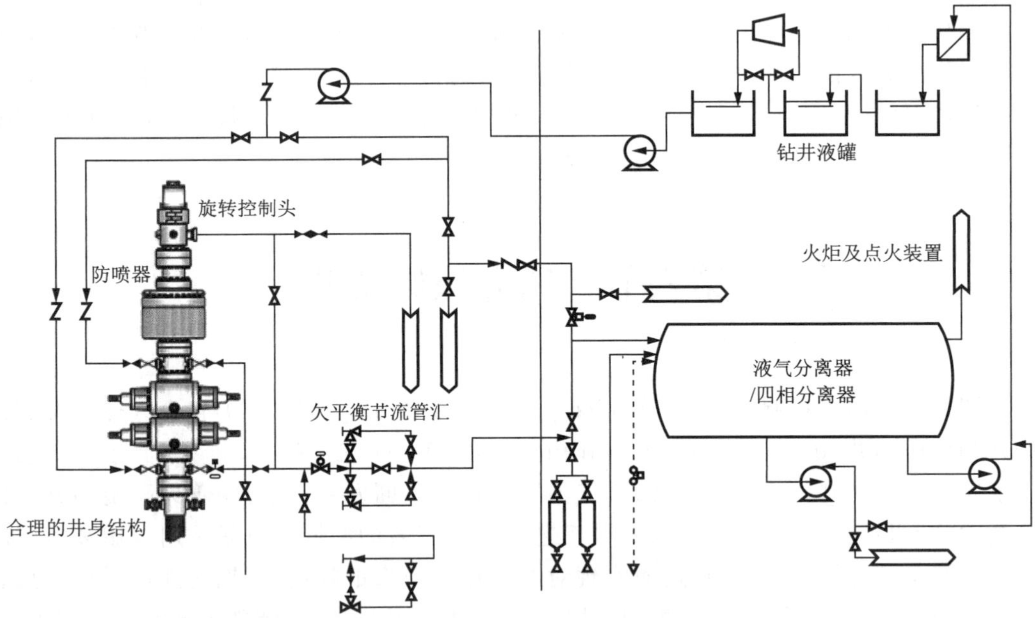

图 6-6-1　液相欠平衡钻井装置示意图

（1）旋转控制头（旋转压力控制设备）：欠平衡钻井的关键设备，主要在钻进和起下钻具的过程中实现井口环空的动密封。

（2）液气分离器/四相分离器：用于实现对产出流体的液气分离或油、气、水、岩屑的分离。

（3）欠平衡节流管汇：在实施欠平衡钻井过程中用于控制节流压力，根据欠平衡钻井的压力控制需要，控制井口压力，实现控制井筒压力分布的目的。

（4）火炬及点火装置：用于完成由液气分离器分离出的可燃气体的自动点火及燃烧放空。

（5）数据采集及压力控制系统：用于采集欠平衡钻井的关键参数，实施旋转防喷设备的润滑及动作控制，完成节流压力的控制动作等。

4. 欠平衡钻井的适用条件

（1）裸眼井段宜选取压力单一地层；若是多个压力系统，各层压差值均不得超过欠平衡钻井的允许范围。

（2）设计前做井壁稳定分析，地层稳定性应符合要求。

(3) 施工中排出的硫化氢含量应符合以下规定：与大气接触之前浓度小于 50 ppm (70 mg/m^3)，与大气接触的出口处浓度小于 20 ppm(28 mg/m^3)。

(4) 地面装备符合实施欠平衡钻井条件，井身结构应满足欠平衡钻井作业时的井壁稳定要求，减小产出地层流体对储层的伤害。

(5) 技术套管应封隔可能的破碎带、易坍塌层及出水地层，并尽可能封至储层顶部。

5. 欠平衡压差值

1) 欠平衡压差值的定义

欠平衡压差值(underbalanced pressure differential)是指井底压力与井底孔隙压力之差，又称为欠压值，特指井底压力小于井底孔隙压力的数值。

2) 欠平衡压差值的确定原则

(1) 欠压值小于孔隙压力与地层坍塌压力之差；

(2) 欠压值设计应结合地面设备能力；

(3) 应根据储层类型和岩性特点确定欠压值的大小，避免储层发生应力损害；

(4) 应根据地层产液(气)量确定欠压值大小；

(5) 地层压力较大，产液(气)量多，则欠压值应尽可能小，反之，欠压值应适当放大；

(6) 气油比高，则欠压值应尽可能小，反之，欠压值应适当放大；

(7) 最大套压不宜超过旋转控制头动密封压力的 50%。

二、气相欠平衡钻井

1. 气相欠平衡钻井的定义

用气体、雾或泡沫作为循环介质所进行的钻井，称为气相欠平衡钻井，简称气体钻井。

气相欠平衡钻井包括空气钻井(air drilling)、氮气钻井(nitrogen drilling)、天然气钻井(natural gas drilling)、雾化钻井(mist drilling)、泡沫钻井(foam drilling)等。空气钻井是指用压缩空气作为钻井流体所进行的钻井。氮气钻井是指用氮气作为钻井流体所进行的钻井。天然气钻井是指用天然气作为钻井流体所进行的钻井。雾化钻井是指将少量水和泡沫剂在压缩气体进入钻柱之前注入气流中作为钻井流体所进行的钻井。泡沫钻井是指用泡沫作为钻井流体所进行的钻井。

2. 气相欠平衡钻井的技术特点

1) 气相欠平衡钻井的优点

(1) 钻速高，往往能达到常规钻井方式的数倍；

(2) 单只钻头进尺多；

(3) 使用的钻压较低，有利于防斜打直；

(4) 能克服水敏性地层缩径、坍塌；

(5) 可消除压差卡钻；

(6) 可解决低压地层的井漏问题；

(7) 井眼可能更加规则，但是还可能出现井眼冲蚀问题；

(8) 钻井所需的水量减少；

(9) 钻井液系统的日常维护费用减少，但是必须储备钻井液，以便于进行井控；

(10) 岩样循环到达地面的滞后时间短，可降低对产层的伤害等。

2）气相欠平衡钻井的缺点

（1）难以应对有大量液体产出的地层；

（2）对地层压力的控制能力低，未知区域（地层）井控风险大；

（3）辅助设备的费用高、材料成本高、作业费用高；

（4）产气层存在燃爆的危险；

（5）失去钻井液的润滑，钻具磨损严重；

（6）浮力小、钻柱重量大；

（7）钻遇未知水层时可能导致卡钻；

（8）不能使用常规随钻测量工具；

（9）可能出现套管和钻柱腐蚀；

（10）井眼冲蚀可能给固井带来困难；

（11）套管设计方法与常规钻井套管设计方法不同；

（12）气体设备庞大，所需井场面积大；

（13）岩屑尺寸小，可能给岩屑录井带来问题等。

3. 气相欠平衡钻井的主要装备

气相欠平衡钻井的主要装备如图6-6-2所示。气相欠平衡钻井配套设备见表6-6-1。气相欠平衡钻井所需设备除了同液相欠平衡钻井所需的主要设备之外，还需要配套压缩机、增压机、氮气装置、排放管及燃烧池、雾泵等设备。

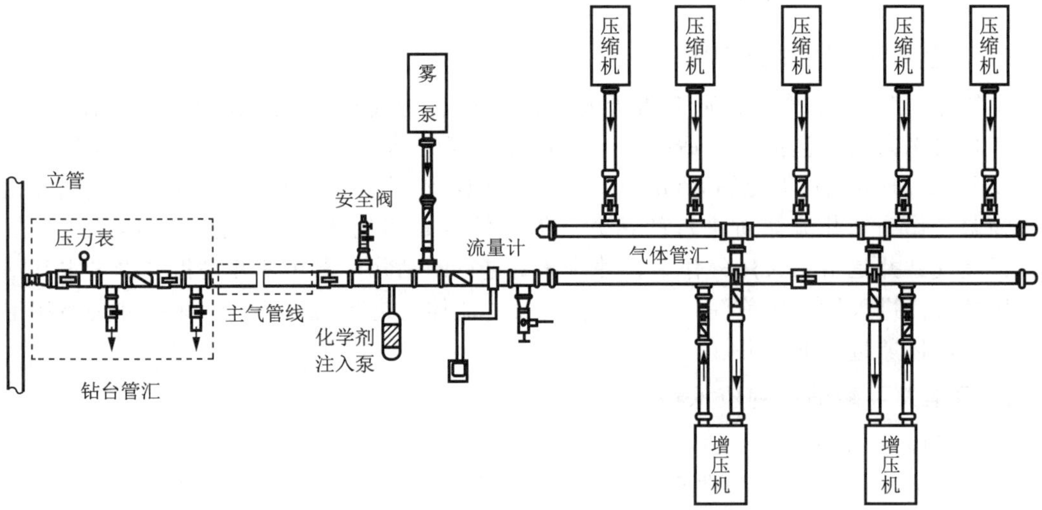

图6-6-2　气相欠平衡钻井注气设备示意图

表6-6-1　气相欠平衡钻井配套设备

配套装置	设备名称	欠平衡钻井方式		
		空气/雾化/泡沫	氮　气	天然气
压力控制装置	旋转防喷器①	√	√	√
	液动阀		√	√
	专用节流管汇		√	√

续表

配套装置	设备名称	欠平衡钻井方式		
		空气/雾化/泡沫	氮　气	天然气
气体燃烧装置	自动点火装置	√	√	√
	火　炬	√	√	√
	防回火装置	√	√	√
	排气管线	√	√	√
注入装置	空气压缩机	√	√	
	增压机②	√	√	√
	氮气装置③		√	
	雾　泵	√		
不压井起下钻装置④	套管阀			
	强制起下钻装置			

注：① 可以使用旋转控制头；② 天然气钻井选专用增压机；③ 根据现场实际情况选用；④ 用于全过程欠平衡钻井。

(1) 压缩机：为气相欠平衡钻井提供一定压力、一定排量的压缩空气。

(2) 增压机：根据施工需要，为气相欠平衡钻井提供更高压力的压缩空气。

(3) 氮气装置：根据打开油气层施工需要，为气相欠平衡钻井提供一定含量的压缩氮气。

(4) 排放管及燃烧池：用于排放井筒排出的岩屑及液体，以及可燃气体的点火和燃烧放空。

(5) 雾泵：根据施工需要，实现压缩空气的雾化。

4. 实施气相欠平衡钻井的条件

(1) 气相欠平衡钻井宜在常压或低压层段实施，高压高产井不宜开展气体钻井；

(2) 气相欠平衡钻井宜在地层比较稳定、不易坍塌的地层实施；

(3) 地层产液量应不至于造成井壁垮塌、钻头泥包、井眼堵塞，地层流体中硫化氢浓度应低于 50 ppm(70 mg/m^3)；

(4) 在常规井控装备的基础上，应配备欠平衡钻井特殊装备，并符合有关规定；

(5) 井场具备气体钻井设备安装位置，满足实施气相欠平衡钻井工艺及钻井流体处理的相关要求，气体钻井设备离井口大于 15 m，并保证足够的安全通道；

(6) 泡沫钻井破泡池容积不小于 1 000 m^3，岩屑池位置便于管线安装，岩屑池容量满足岩屑沉降、降尘水沉淀分离的要求，且满足环保要求；

(7) 储层段氮气钻井、天然气钻井应修建燃烧池，燃烧池位于井场下风方向 75 m 以远安全地带，并具备堆积岩屑和降尘水回收利用的条件；

(8) 欠平衡技术服务队伍具备相应资质，钻井队应具备乙级以上(含乙级)资质；

(9) 产层段实施气体钻井技术时，套管尽可能封至储层顶部；

(10) 非储层气体钻井表层套管或加深导管下深不至于造成地表窜漏；

(11) 套管抗外挤强度按全掏空进行校核，抗外挤安全系数不低于 1.0；

(12) 上层套管固井质量合格，满足气体钻井施工要求。

三、控压钻井

常规钻井强调的是井底压力略大于地层压力，以保证井控的安全，而欠平衡钻井强调的是具有一定的欠压值以保护地层，提高钻速。气体钻井注重在易漏地层防漏，以及在坚硬地层提高钻速。实践证明，无论是常规近平衡钻井、欠平衡钻井，还是气体钻井，均不能很好地全面解决钻井施工中的一些难题，因此控压钻井技术应运而生。

1. 控压钻井的定义

控压钻井是一种适用的钻井程序，根据井底（井筒）压力范围，通过精确地控制整个井眼环空的压力剖面，达到安全高效钻井的目的。

控压钻井包括井底压力恒定控压钻井（constant bottom hole pressure drilling）、钻井液帽钻井（mud cap drilling）、加压钻井液帽钻井（pressured mud cap drilling）和双梯度控压钻井（dual gradient drilling）。

2. 控压钻井的技术特点

(1) 控压钻井技术利用工具与技术的结合，控制环空液柱压力剖面，有利于减少在窄压力窗口地层钻进带来的施工风险；

(2) 通过对回压、流体密度、流体流变性、环空液面、循环摩擦阻力和井眼几何尺寸进行综合控制，达到精确控制环空压力剖面的目的；

(3) 通过改变节流压力（环空液面高度）的方式更快地纠正压力偏差，有效地减少因调整钻井液密度带来的人力、财力、物力和时间的损失；

(4) 可以更快地控制钻井液漏失或地层流体侵入，将施工过程中的地层流体流动更快地控制在安全可控的范围内；

— 拓展与思政 —

6-17

(5) 前期我国控压钻井技术主要依赖进口，由于设备成本高、服务价格高，所以其在国内的应用较少。随着我国油气勘探开发向深水、深层进军，对控压钻井技术的需求日益增加，近年来，我国先后研发了具有自主知识产权的陆上/海上精细/精准控压钻井装备与配套工艺技术，随着技术的逐步成熟，设备成本及服务价格显著降低，应用前景十分广阔。

3. 控压钻井的主要装备

控压钻井的主要装备如图6-6-3所示。

(1) 控压钻井节流管汇：控压钻井的关键设备，主要实现在钻进和起下钻具的过程中对井口压力的精细控制。

(2) 流量计：用于实现对循环流体流量的计量。

(3) 回压泵：用于起下钻、接单根过程中维持循环过程的连续和保持井口回压。

(4) 随钻井底压力监测：用于钻井过程中实时了解井底压力，便于实施对井底压力的控制。

(5) 数据采集及压力控制系统：用于采集控压钻井的关键参数，实施对回压泵、节流压力的控制。

4. 实施控压钻井的关键条件

实施控压钻井的关键条件有三个：

（1）一套封闭、承压的循环系统及 MPD 控制装置；

（2）一套完备的钻井水力学设计；

（3）一套熟悉 MPD 概念且训练有素的施工班子。

—动画—

6-18 旋转防喷器

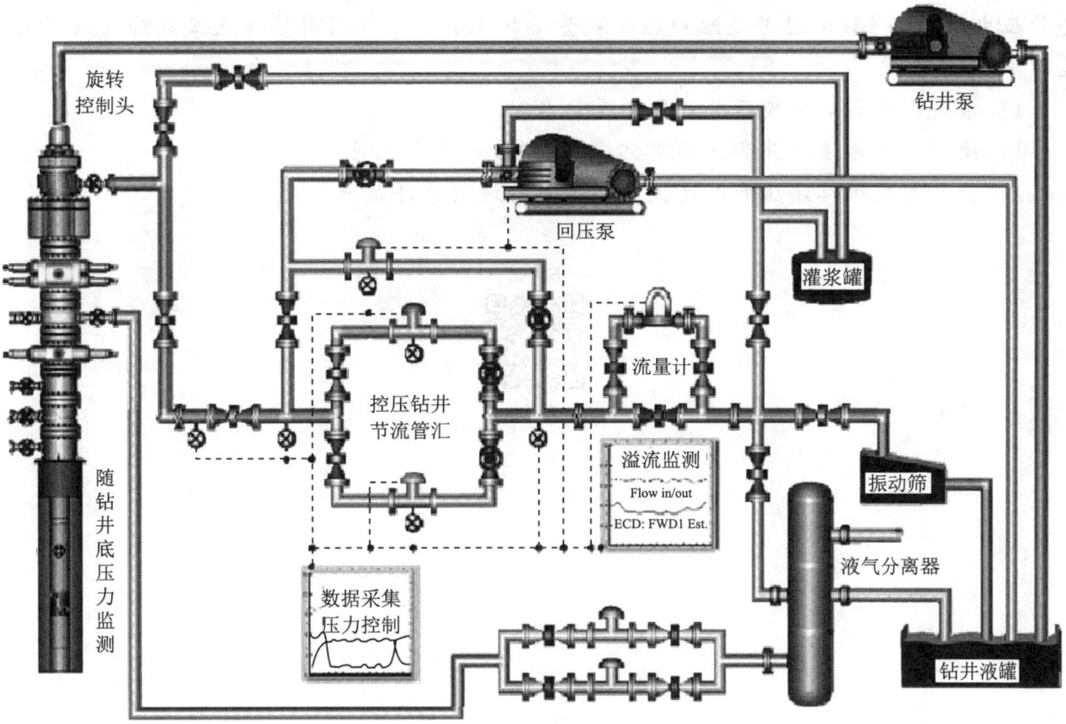

图 6-6-3　控压钻井装置示意图

习题与拓展

1. 确定钻井液密度的主要依据是什么？其重要意义是什么？
2. 如何处理平衡压力钻井与安全钻井的关系？
3. 简述欠平衡钻井的特点、适用性及局限性。
4. 简述地层流体侵入的原因及其预防。
5. 简述地层流体侵入井眼的征兆。
6. 地层流体侵入井眼的检测方法有哪些？
7. 什么情况下采用硬关井？
8. 气侵情况下如何准确地确定关井立管压力与套管压力？
9. 如何根据关井压力恢复情况粗略判断井控难易的原理。
10. 井底常压法压井的原则是什么？

11. 压井方法的选择依据是什么？

12. 某井井深 $D=4\ 000$ m；钻头尺寸为 215.9 mm；钻杆尺寸为 114.3 mm，线密度为 24.72 kg/m，壁厚为 8.6 mm；钻井液密度 $\rho_d=1.50$ g/cm^3；ϕ244.5 mm 技术套管下至 3 000 m，该处地层破裂压力梯度 $G_f=19.9$ kPa/m。根据溢流发生之前的记录，泵速 30 冲/min 时，循环压力 $p_{ci}=12.00$ MPa；钻井泵类型为 3NB-900；缸套直径 120 mm，泵速 30 冲/min 时，排量 $Q=15.56$ L/s，最大泵压为 33.27 MPa；发生井涌关井后 10 min，立管压力为 4.67 MPa，套管压力为 6.65 MPa，钻井液池内钻井液量增加 4.5 m^3。利用司钻法及工程师法设计压井施工单。

13. 常规压井与非常规压井的区别是什么？

14. 简述工程师法压井套压的变化规律，画图并简要说明。

15. 什么是反循环法压井？反循环法压井的适用条件是什么？

— 拓展阅读 —

6-19

第七章　固井与完井

固井是油气井建井过程中的一个重要环节。固井工程包括下套管和注水泥两个生产过程。下套管就是在已经钻成的井眼中按规定深度下入一定直径、由某种或几种不同钢级及壁厚的套管组成的套管柱的过程。注水泥就是在地面上将水泥浆通过套管柱注入井眼与套管柱之间的环形空间中的过程。水泥将套管柱与井壁岩石牢牢地固结在一起，可以将油、气、水层及复杂层位封固起来以利于进一步钻进或开采。一口井的固井质量不仅影响到井的继续钻进，而且影响到该井今后能否顺利生产，影响到井的采收能力及寿命。因此，一口井的固井质量，从开始固井设计到具体施工都应认真对待。固井时要消耗大量的钢材及水泥。据统计，生产井的固井成本占全井成本的 10%～25%，甚至更多，因此还应当在保证质量的前提下尽可能地节省材料，降低成本。

完井也称为油井完成，包括钻开生产层、确定完井的井底结构、使井眼与产层连通、安装井底及井口等环节。完井是联系钻井与采油生产的一个关键环节，是以油气储集层的地质结构、储集层的岩石力学性质和油层物性为基础，研究储集层与井眼的最佳连通方式的技术工艺过程。因此，应当选择最佳完井方式，为油气井的稳产、高产创造最优的条件。一口井的完井方式直接影响该井的井身结构、钻进方法、固井方法以及今后油井的开采、增产作业方法和井下作业方法。

本章主要介绍井身结构设计、套管柱设计、注水泥技术和完井技术。

第一节　井身结构设计

井身结构是指油气井在设计时或完井后的基本空间形态，其主要内容包括套管层次和每层套管的下入深度、每层套管的注水泥返高，以及套管和井眼尺寸的配合等。井身结构设计就是根据油气井所在区域的地质条件、现有技术装备条件、钻井目的、安全要求和工程技术要求等，合理确定以上主要内容。井身结构设计是钻井工程设计的基础，也是保证一口井能够顺利钻进的前提。合理的井身结构可以保证一口井顺利钻达预定井深，能够保证钻进过程的安全，能够防止钻进中的产层污染并保证后续产能的维持。井身结构设计的主要依据是地层压力和地层破裂压力剖面。

— 线上自学 —

7-1　井身结构设计概念及套管分类

一、套管的类型

套管的类型很多，根据套管的功用可将其分为以下几种类型（图 7-1-1）：① 导管；② 表层套管；③ 中间套管，亦称技术套管；④ 生产套管，亦称油层套管。导管是第一次开钻前井口下入的最短、最浅的一段钢管，主要作用是防止地表疏松地层坍塌。

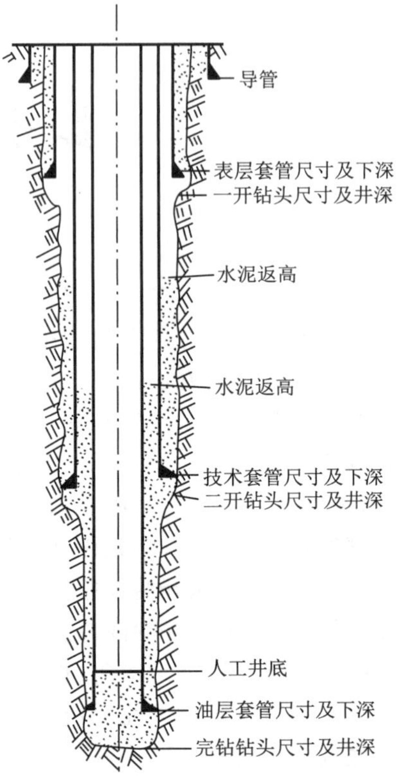

图 7-1-1　套管的基本类型

表层套管是为防止井眼上部疏松地层坍塌、污染饮用水源及上部流体侵入，并为安装井口防喷装置等而下的一层套管。表层套管主要有两个作用：一是在其顶部安装套管头，并通过套管头悬挂和支承后续各层套管；二是隔离地表浅水层和浅部复杂地层，使淡水层不受钻井液污染。表层套管鞋必须下在有足够强度的地层上，以免井涌关井后将套管鞋处的地层压漏，产生地下井喷。介于表层套管和生产套管之间的套管都称为中间套管，中间套管的作用是隔离不同地层孔隙压力的层系或易塌易漏等复杂地层。根据需要，中间套管可以是一层、两层，甚至多层。生产套管是钻达目的层后下入的最后一层套管，其作用是为生产层建立一条牢固通道，保护井壁并满足分层开采、测试及改造作业要求。

为了节约成本，常在下入一层中间套管后采用尾管，即只在裸眼井段下套管注水泥，套管柱不延伸至井口。采用尾管可减轻下套管时钻机的负荷和固井后套管头的负荷，同时又可节省大量套管和水泥，降低固井成本。

通常，并不是每口井都包含上述套管类型，但一口井一般都需要下入表层套管和生产套管。

二、井身结构设计原则

井身结构设计所遵循的原则主要有：

（1）符合当地法律、法规，满足安全、健康、环境体系管理的要求；

— 线上自学 —

7-2　井身结构设计原则及依据

（2）有利于发现、认识和有效地保护油气层，使不同压力梯度的油气层不受钻井液污染损害；

（3）应避免漏、喷、塌、卡等复杂情况的产生，为全井顺利钻进创造条件，确保钻井成功率，尽可能地降低钻井成本，使钻井周期最短；

（4）应具有一定的井控能力，钻进下部高压地层时所用的较高密度钻井液或井涌关井后产生的液柱压力不致压裂裸眼井段薄弱的裸露地层；

（5）下套管及钻进过程中，井内钻井液液柱压力和地层压力之间的压差不致产生压差卡钻和压差卡套管问题；

（6）探井设计要考虑加深和增下中间套管的需要。

三、井身结构设计依据及基础数据

1. 设计依据

井身结构设计的依据包括：

(1) 钻井地质设计；

(2) 地层孔隙压力、地层破裂压力及坍塌压力剖面；

(3) 地层岩性剖面；

(4) 完井方式和油层套管尺寸要求；

(5) 相邻区块参考井、同区块邻井实钻资料；

(6) 钻井装备及工艺技术水平；

(7) 井位附近河流河床底部深度、饮用水水源的地下水底部深度、附近水源分布情况、地下矿产采掘区开采层深度、开发调整井的注水(汽)层位深度；

(8) 钻井技术规范。

2. 基础数据及取值范围

(1) 抽吸压力系数 S_b：上提钻柱时，由于抽吸作用使井内液柱压力降低的值，用当量密度表示。S_b 一般取 0.015～0.040 g/cm^3。

(2) 激动压力系数 S_g：下放钻柱时，由钻柱向下运动产生的激动压力使井内液柱压力增加的值，用当量密度表示。S_g 一般取 0.015～0.040 g/cm^3。

(3) 破裂压力安全系数 S_f：为避免上部套管鞋处裸露地层被压裂的地层破裂压力安全增值，用当量密度表示。S_f 的大小与地层破裂压力的预测精度有关，一般取 0.03 g/cm^3。

(4) 井涌允量 S_k：井涌关井后因井口回压引起井内液柱压力上升，井涌允量表示关井前后允许井内液柱压力当量密度的增加值。S_k 的大小与地层孔隙压力预测的精度及井控技术能力有关，一般取 0.05～0.10 g/cm^3。

(5) 压差允值：裸眼井段所允许的井内液柱压力与地层孔隙压力之间的最大压差。裸眼井段的压差控制在该允许值范围内可以避免钻进和固井过程中出现压差卡钻和压差卡套管问题。压差允值的大小与钻井工艺技术和钻井液性能有关，也与裸眼井段的地层孔隙压力和渗透性有关。若正常地层压力和异常高压同处一个裸眼井段，卡钻易发生在正常压力井段，所以压差允值又有正常压力井段和异常压力井段之分，分别用 Δp_N 和 Δp_A 表示。正常压力井段的压差允值 Δp_N 一般取 12～15 MPa，异常压力井段的压差允值 Δp_A 一般取 15～20 MPa。

以上基础数据要根据当地的统计资料确定。

四、井身结构设计方法

— 线上自学 —

7-3 井身结构设计方法优选

井身结构设计的主要内容之一是确定套管的层次和下入深度，而确定套管层次和下入深度的实质是确定两相邻套管下入深度之差，也就是确定安全裸眼井段的井深区间。所谓安全裸眼井段，是指在该裸眼井段，应避免钻进过程中发生井涌、井壁坍塌、压差卡钻，钻进时压裂地层而发生井漏，井涌关井或压井时压裂地层而发生井漏，以及下套管时发生压差卡套管等井下复杂情况。对同一口井，在套管层次和下入深度确定时，所选择的裸眼井段的起始点以及设计顺序不同，则得到的套管层次和下入深度的设计结果也不同。因此，套管层次及下入深度的确定方法又分为自下而上设计方法和自上而下设计方法。一般来说，对于已探明区块的开发井或地质环境清楚的井，采用自下而上设计方法；对于新探区的探井或下部地层地质信息存在不确定性的井，采用自上而下和自下而上相结合的设计方法。

— 拓展与思政 —

7-4

1. 安全裸眼井段的约束条件

依据井身结构设计的原则和安全裸眼井段的定义，在裸眼井段钻进或固井时应满足防止井涌、防止井壁坍塌、防止正常钻进时压裂地层、防止压差卡钻或卡套管、防止井涌关井压裂地层等要求。

1）防止井涌约束条件

正常钻进过程中，应保证钻遇最大地层孔隙压力当量密度所处的地层时井内的钻井液密度不小于该地层的最大孔隙压力当量密度，即防止井涌的约束条件为：

$$\rho_{d} \geqslant \rho_{p\,max} + \Delta\rho \tag{7-1-1}$$

式中 ρ_{d}——钻井液密度，g/cm³；

$\rho_{p\,max}$——裸眼井段最大地层孔隙压力的当量密度，g/cm³；

$\Delta\rho$——钻井液密度附加值，g/cm³。

钻井液密度附加值按行业标准 SY/T 6426—2005 中的规定选取，有时 $\Delta\rho$ 也依据 S_b 的大小取值。对油井，$\Delta\rho=0.05\sim0.10$ g/cm³；对气井，$\Delta\rho=0.07\sim0.15$ g/cm³。

2）防止井壁坍塌约束条件

考虑地层坍塌压力对井壁稳定性的影响，裸眼井段的最大钻井液密度还应该满足以下条件：

$$\rho_{d\,max} \geqslant \max\{\rho_{p\,max} + \Delta\rho, \rho_{c\,max}\} \tag{7-1-2}$$

式中 $\rho_{d\,max}$——钻进时裸眼井段使用的最大钻井液密度，g/cm³；

$\rho_{c\,max}$——裸眼井段最大地层坍塌压力的当量密度，g/cm³。

3）防止正常钻进时压裂地层约束条件

正常钻进或起下钻时，在裸眼井段内最薄弱地层的井深位置处有可能出现的最大液柱压力当量密度应小于或等于该层位最小安全地层破裂压力的当量密度，即

$$\rho_{bn\,max} \leqslant \rho_{ff\,min} \tag{7-1-3}$$

其中：

$$\rho_{bn\,max} = \rho_{d\,max} + S_g \tag{7-1-4}$$

式中 $\rho_{bn\,max}$——正常钻进或起下钻时最大井内压力的当量密度，g/cm³；

$\rho_{ff\,min}$——裸眼井段最小安全地层破裂压力的当量密度，g/cm³。

裸眼井段安全地层破裂压力当量密度的表达式为：

$$\rho_{ff} = \rho_{f} - S_f \tag{7-1-5}$$

式中 ρ_{ff}——安全地层破裂压力的当量密度，g/cm³；

ρ_{f}——地层破裂压力的当量密度，g/cm³。

4）防止压差卡钻或卡套管约束条件

正常钻进或下套管作业过程中，裸眼井段内钻井液液柱压力与地层孔隙压力之间有可能出现的最大压差 Δp 应不大于 Δp_N 或 Δp_A：

$$\Delta p = 0.00981(\rho_{d\,max} - \rho_{p\,min}) D_n \leqslant \Delta p_N (\Delta p_A) \tag{7-1-6}$$

式中 Δp——钻井液液柱压力与地层孔隙压力之间的最大压差，MPa；

$\rho_{p\,min}$——裸眼井段内最大压差处所对应的地层孔隙压力当量密度，g/cm³；

D_n——裸眼井段最大压差处所对应的井深，m。

一般在正常孔隙压力地层，D_n 取正常压力地层的最大井深；在异常压力地层，D_n 取地层孔隙压力当量密度最小值所对应的最大井深。

5）防止井涌关井压裂地层约束条件

当井涌关井后，由井口套压和井内钻井液液柱压力联合作用所产生的井内当量密度随井深的不同是变化的，深度越小，当量密度越高。井涌关井后位于裸眼井段顶端（即上层套管的套管鞋处）的地层容易被压裂而发生井漏。因此，应保证井涌关井后在上层套管的套管鞋处，井内可能产生的最大压力不大于该处的地层破裂压力，同时裸眼井段的其他薄弱地层也应保证不被压裂。其约束条件为：

$$\rho_{\mathrm{ba\,max}} \leqslant \rho_{\mathrm{ff}D_{\min}} \tag{7-1-7}$$

其中：

$$\rho_{\mathrm{ba\,max}} = \rho_{\mathrm{d\,max}} + \frac{D_m}{D_x} S_k \tag{7-1-8}$$

式中 $\rho_{\mathrm{ba\,max}}$——发生溢流关井时最大井内压力当量密度，g/cm^3；

$\rho_{\mathrm{ff}D_{\min}}$——裸眼井段最浅井深处安全地层破裂压力的当量密度，g/cm^3；

D_m——裸眼井段最大地层孔隙压力当量密度对应的井深，m；

D_x——裸眼井段最薄弱地层对应的井深，一般按裸眼井段的最浅井深取值，m。

2. 套管层次和下深的自下而上确定方法及步骤

— 线上自学 —

7-5 井身结构设计步骤与尺寸配合

由于油层套管的下入深度主要取决于完井方法和油气层的位置，因此设计的步骤是由中间套管开始由下而上逐层确定每层套管的下入深度。其设计步骤为：

（1）获得设计地区的地层孔隙压力、坍塌压力和破裂压力三压力剖面图，如图 7-1-2 所示。图中纵坐标表示深度，横坐标以地层孔隙压力、坍塌压力和破裂压力的当量密度（ρ_p，ρ_c，ρ_f）表示。

（2）根据地区特点和所设计井的性质选取钻井液密度附加值 $\Delta\rho$、抽吸压力系数 S_b、激动压力系数 S_g、破裂压力安全系数 S_f、井涌允量 S_k、压差允值 Δp_N 和 Δp_A。

（3）在三压力剖面图中查找全井最大地层孔隙压力当量密度 $\rho_{\mathrm{p\,max}}$ 和最大地层坍塌压力当量密度 $\rho_{\mathrm{c\,max}}$，并分别记录这两个最大值所处的井深。利用式（7-1-2）计算裸眼井段的最大钻井液密度 $\rho_{\mathrm{d\,max}}$。利用式（7-1-4）计算正常钻进或起下钻时最大井内压力的当量密度 $\rho_{\mathrm{bn\,max}}$，利用式（7-1-5）计算全井不同井深处的安全地层破裂压力的当量密度 ρ_{ff}，并在三压力剖面图上绘制安全地层破裂压力的当量密度曲线，如图 7-1-2 中的 ρ_{ff} 曲线所示。

（4）根据防止正常钻进时压裂地层约束条件式（7-1-3），使 $\rho_{\mathrm{ff\,min}} = \rho_{\mathrm{bn\,max}}$，从图 7-1-2 中横坐标轴上找出 $\rho_{\mathrm{ff\,min}}$ 点，自 $\rho_{\mathrm{ff\,min}}$ 点向上引垂线与安全地层破裂压力 ρ_{ff} 曲线相交，交点井深即初选的技术套管下入深度 D_3。

（5）在小于 D_3 的井深区间内从三压力曲线上分别查找该井深区间内的最大地层孔隙压力当量密度 $\rho_{\mathrm{p\,max}}$ 和最大地层坍塌压力当量密度 $\rho_{\mathrm{c\,max}}$，并利用式（7-1-2）计算该井深区间内使用的最大钻井液密度 $\rho_{\mathrm{d\,max}}$。同时，在该井深区间内扫描计算不同井深处的最大井筒压力与地层孔隙压力之间的压差 Δp，并记录该井深区间内最大压差位置所对应的地层孔隙压力当量密度 $\rho_{\mathrm{p\,min}}$ 和井深 D_n。根据防止压差卡钻约束条件式（7-1-6），验证初选技术套管下入深度 D_3 有无压差卡钻的危险。

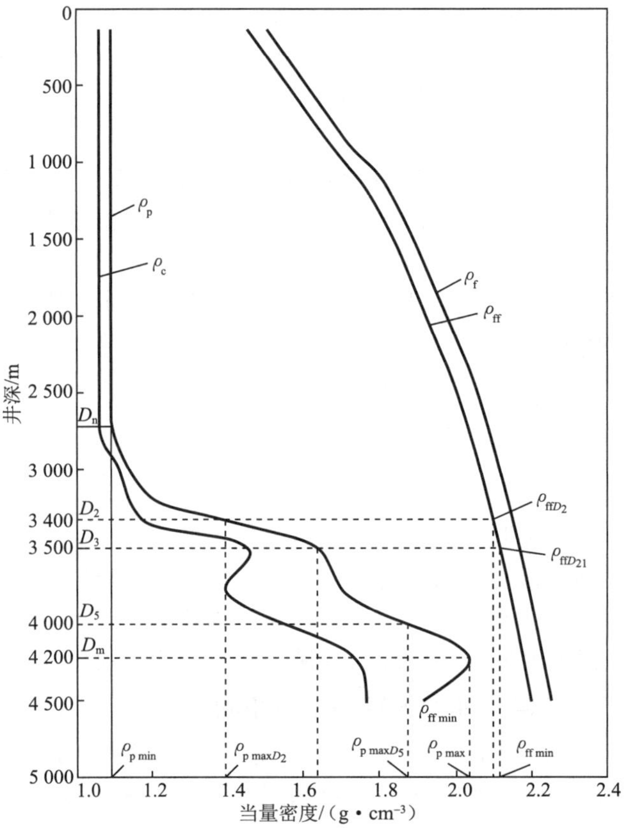

图 7-1-2　自下而上确定套管层次和深度设计步骤示意图

① 若 $\Delta p \leqslant \Delta p_N(\Delta p_A)$，则初选深度 D_3 为技术套管下入的复选深度 D_{21}。然后，根据防止井涌关井压裂地层约束条件，校核技术套管下入复选深度 D_{21} 处有无压漏的危险，即根据全井最大钻井液密度 $\rho_{p\max}$ 及对应的井深 D_m，利用式(7-1-8)计算 D_{21} 处最大井内压力当量密度 $\rho_{ba\max D21}$。当 $\rho_{ba\max D21}$ 小于且接近 D_{21} 处地层安全破裂压力当量密度 ρ_{ffD21} 时，满足设计要求，D_{21} 即技术套管下入深度 D_2。否则，应适当加深技术套管下入深度，并回到步骤(5)重新校核是否发生压差卡钻，最终确定技术套管下入深度 D_2。

② 若 $\Delta p > \Delta p_N(\Delta p_A)$，则技术套管下入深度应小于初选深度 D_3。此时，依据式(7-1-6)计算在 D_n 深度处压力差为 $\Delta p_N(\Delta p_A)$ 时所允许的最大钻井液密度值 $\rho_{d\max D_2}$，利用式(7-1-1)计算允许的最大地层孔隙压力当量密度 $\rho_{p\max D_2}$，并在横坐标轴上找出 $\rho_{p\max D_2}$ 对应点，向上引垂线与地层孔隙压力当量密度线相交，交点井深即技术套管下入深度 D_2。由于此时的技术套管下入深度 D_2 没有达到初选井深 D_3，所以 D_2 以下还需要继续设计尾管。

(6) 重复步骤(3)～(5)，逐次设计井深 D_2 以上的其他各层技术套管，直至表层套管下入深度确定完。

(7) 尾管设计。当技术套管下入深度 D_2 小于初选深度 D_3 时，需要下尾管并确定尾管下入深度 D_4。

① 首先确定尾管的最大可下入深度 D_5。在压力剖面图上查得井深 D_2 处的安全破裂压力当量密度 ρ_{ffD_2}，根据防止正常钻进时压裂地层约束条件式(7-1-3)，使 $\rho_{bn\max D_2} = \rho_{ffD_2}$，$\rho_{bn\max D_2}$ 即井深 D_2 处所能承受的最大井内压力的当量密度。利用式(7-1-4)计算出 D_2 至尾管

最大可下入深度 D_5 井段内允许使用的最大钻井液密度 $\rho_{d\max D5}$。然后利用式(7-1-1)计算出 D_2 至 D_5 井段内允许出现的最大地层孔隙压力当量密度 $\rho_{p\max D5}$，在横坐标轴上找出 $\rho_{p\max D5}$ 点，从该点向上引垂线与地层孔隙压力当量密度线相交，最靠近井深 D_2 的交点位置(如果存在多个交点)即尾管最大可下入深度 D_5。确定出 D_5 以后，还应该进行下尾管井段钻进时的压差卡钻校核和井涌关井压漏地层校核。

② 校核下尾管井段钻进或下尾管时是否存在压差卡钻的危险。校核方法同步骤(5)。

③ 校核下尾管井段钻进时是否存在井涌关井压漏薄弱地层的危险。根据下尾管井段所遇到的最大地层孔隙压力当量密度 $\rho_{p\max D5}$ 及对应的井深 D_5，利用式(7-1-8)计算 D_2 处的最大井内压力当量密度 $\rho_{ba\max D2}$。若 $\rho_{ba\max D2}$ 小于 D_2 处的地层安全破裂压力当量密度 ρ_{ffD2}，则尾管最大下入深度 D_5 满足设计要求，否则应适当减小尾管下入深度，重新根据防止井涌关井压裂地层的约束条件进行试算。

④ 在下尾管井段钻进时的压差卡钻校核和井涌关井压漏地层校核通过后，若 $D_5 > D_3$，则最终确定尾管下入深度 $D_4 = D_5$，否则，需要按照步骤(7)再设计一层尾管。

例 7-1-1 某井设计井深为 4 400 m，地层孔隙压力和地层破裂压力当量密度剖面如图 7-1-3 所示。给定设计系数：$S_b = 0.036\ g/cm^3$，$S_g = 0.04\ g/cm^3$，$S_k = 0.06\ g/cm^3$，$S_f = 0.03\ g/cm^3$，$\Delta p_N = 12\ MPa$，$\Delta p_A = 18\ MPa$，试进行该井的井身结构设计。

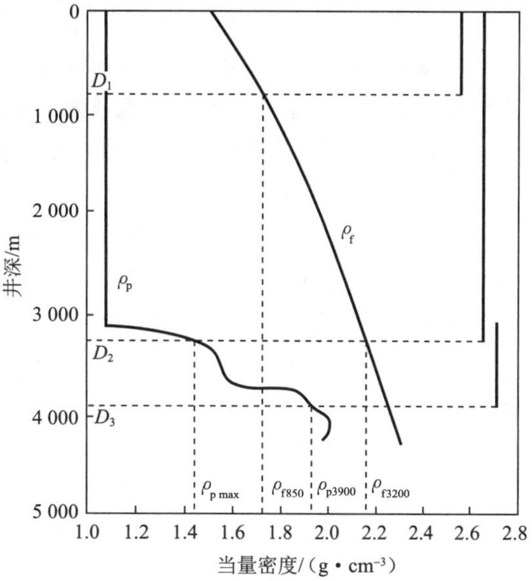

图 7-1-3 地层孔隙压力、破裂压力剖面图

解 由图 7-1-3 查得最大地层孔隙压力当量密度为 $2.04\ g/cm^3$，位于 4 250 m 处。

(1) 确定中间套管下入深度初选点 D_{21}。

由式(7-1-2)、式(7-1-5)、式(7-1-7)和式(7-1-8)，可得到钻遇最大地层孔隙压力地层时如果发生井涌，为确保中间套管鞋处不发生井漏，该处应具有的地层破裂压力当量密度表达式为：

$$\rho_f \geqslant \rho_{p\max} + S_b + S_f + \frac{4\ 250}{D_{21}} S_k$$

试取 $D_{21} = 3\ 400\ m$，并将各值代入上式得：

$$\rho_f \geqslant 2.04\ g/cm^3 + 0.036\ g/cm^3 + 0.03\ g/cm^3 + \frac{4\ 250}{3\ 400} \times 0.06\ g/cm^3 = 2.181\ g/cm^3$$

由图 7-1-3 查得 3 400 m 处 $\rho_{f3400} = 2.19\ g/cm^3$，因为 $\rho_{f3400} > \rho_f$ 且相近，所以确定中间套管下入深度初选点为 $D_{21} = 3\ 400\ m$。

(2) 校核中间套管下到初选点 3 400 m 过程中能否发生压差卡套管。

由图 7-1-3 查得，3 400 m 处 $\rho_{p3400} = 1.57\ g/cm^3$，$\rho_{p\min} = 1.07\ g/cm^3$，$D_n = 3\ 050\ m$，由式(7-1-6)得：

$$\begin{aligned}\Delta p &= 0.009\ 81 D_n (\rho_{p3400} + S_b - \rho_{p\min}) \\ &= 0.009\ 81 \times 3\ 050 \times (1.57 + 0.036 - 1.07)\ MPa = 16.037\ MPa\end{aligned}$$

因为 $\Delta p > \Delta p_N$，所以中间套管下深应浅于初选点。

在 $\Delta p_N = 12$ MPa 下，所允许的最大地层压力当量密度可由式(7-1-6)和式(7-1-1)联立求得：

$$\rho_{p\max} = \frac{12}{0.009\,81 \times 3\,050}\ \text{g/cm}^3 + 1.07\ \text{g/cm}^3 - 0.036\ \text{g/cm}^3 = 1.435\ \text{g/cm}^3$$

由图中地层压力当量密度曲线查出，与 $\rho_{p\max} = 1.435$ g/cm³ 对应的井深为 3 200 m，则中间套管下入深度 $D_2 = 3\,200$ m。因 $D_2 < D_{21}$，所以还必须下入尾管。

(3) 确定尾管下入深度 D_3。

确定尾管下入深度初选点为 D_{31}，由图 7-1-3 查得中间套管下入深度 3 200 m 处地层破裂压力当量密度 $\rho_{f3200} = 2.15$ g/cm³，由式(7-1-2)、式(7-1-5)、式(7-1-7)和式(7-1-8)，并代入数值可得到确保中间套管鞋处地层不被压漏所允许钻遇的最大地层压力当量密度：

$$\rho_{p\max} = 2.15\ \text{g/cm}^3 - 0.036\ \text{g/cm}^3 - 0.03\ \text{g/cm}^3 - \frac{D_{31}}{3\,200} \times 0.06\ \text{g/cm}^3$$

试取 $D_{31} = 3\,900$ m，代入上式得：

$$\rho_{p\max} = 2.01\ \text{g/cm}^3$$

由图 7-1-3 查得 3 900 m 处的地层压力当量密度 $\rho_{p3900} = 1.94$ g/cm³，因为 $\rho_{p3900} < \rho_{p\max}$，且相差不大，所以确定尾管下入深度初选点为 $D_{31} = 3\,900$ m。

(4) 校核尾管下到初选点 3 900 m 过程中能否发生压差卡套管。

由式(7-1-6)得：

$$\Delta p = 0.009\,81 \times 3\,200 \times (1.94 + 0.036 - 1.435)\ \text{MPa} = 16.983\ \text{MPa}$$

因为 $\Delta p < \Delta p_A$，所以尾管下入深度 $D_3 = D_{31} = 3\,900$ m，满足设计要求。

(5) 确定表层套管下入深度 D_1。

由式(7-1-2)、式(7-1-5)、式(7-1-7)和式(7-1-8)，可得到钻至 D_2 时如果发生井涌，为确保表层套管鞋处不发生井漏，该处应具有的最小地层破裂压力当量密度表达式为：

$$\rho_{f\min} \geqslant \rho_{p\max} + S_b + S_f + \frac{D_2}{D_1} S_k$$

试取 $D_1 = 850$ m，并将各值代入上式得：

$$\rho_{f\min} \geqslant 1.435\ \text{g/cm}^3 + 0.036\ \text{g/cm}^3 + 0.03\ \text{g/cm}^3 + \frac{3\,200}{850} \times 0.06\ \text{g/cm}^3$$
$$= 1.727\ \text{g/cm}^3$$

由图 7-1-3 查得井深 850 m 处 $\rho_{f850} = 1.740$ g/cm³。因 $\rho_{f850} > \rho_{f\min}$ 且相近，所以满足设计要求。

该井的井身结构设计结果见表 7-1-1。

表 7-1-1　某井井身结构设计结果

套管层次	表层套管	中间套管	尾　管	生产套管
下入深度/m	850	3 200	3 900	4 400

五、套管与井眼尺寸选择及配合

在井身结构设计中，当套管层次和每层套管的下入深度确定之后，还应通过合理的配合确定套管尺寸和井眼尺寸。套管及井眼（钻头）尺寸的选择和配合涉及采油、勘探以及钻井工程的顺利进行和成本。

1. 套管与井眼尺寸选择及配合应考虑的因素

（1）确定套管与井眼尺寸配合一般由内向外逐层进行。首先确定生产套管尺寸，再确定下入生产套管的井眼尺寸，然后确定各层技术套管尺寸及对应的井眼尺寸，依此类推，直到确定表层套管的井眼尺寸，最后确定导管尺寸。

（2）生产套管尺寸应满足勘探和采油工程的要求。对于生产井，应根据储层的产能、油管大小、增产措施及井下作业等要求确定生产套管尺寸；对于探井，应满足顺利钻达设计目的层以及勘探对目的层井眼尺寸的要求。

（3）对于探井，要考虑原设计井深是否需要加深；对于复杂地质条件和地质信息存在不确定性的区域，应考虑井眼尺寸留有余量以便施工中能够增加技术套管的层数。

（4）套管与井眼（钻头）尺寸配合应保证套管安全下入并满足固井质量的要求，如井眼情况、曲率大小、井斜角、下套管时的井底波动压力以及地质复杂情况等。

2. 套管与井眼尺寸标准组合

图 7-1-4 为行业标准给出的套管与井眼（钻头）尺寸配合选择路线图。使用该路线图时，先确定最后一层套管（或尾管）尺寸。实线箭头代表常用配合，它有足够的间隙以下入该套管及注水泥。虚线箭头表示非常规配合，选用虚线所示组合时，必须充分注意到套管接箍、钻井液密度、注水泥措施、井眼曲率大小等对下套管和固井质量的影响。

— 拓展阅读 —

7-6

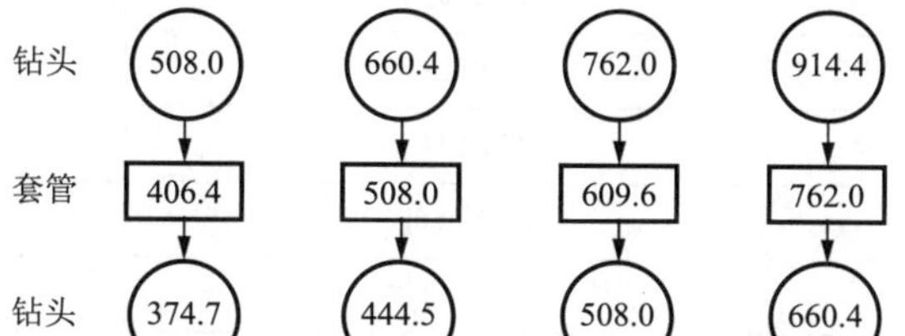

图 7-1-4　套管与井眼（钻头）尺寸配合选择路线图

（图中数据单位均为 mm）

第二节　套管柱设计

一、套管和套管柱

油井套管是由优质钢材制成的无缝管或焊接管，两端均加工有锥形螺纹。大多数套管是用套管接箍(casing coupling)连接组成套管柱。套管柱用于封固井壁的裸露岩石。

油井套管有其特殊的标准，每种套管都应符合标准。我国现用的套管标准与API(美国石油学会)标准类似。

API标准规定套管本体的钢材应达到规定的强度，用钢级表示。API标准中不要求套管钢材的化学性质，但应保证钢材的最小屈服强度，钢级后的数字表示钢材的最小屈服强度，单位为kpsi(1 kpsi=6.895 MPa)，API标准把套管钢级分为H，J，K，N，C，L，P和Q八种共计10级，见表7-2-1。

表7-2-1　API标准套管强度

API标准套管钢级	最小屈服强度/MPa(kpsi)	最小抗拉强度/MPa(kpsi)
H-40	275.79(40)	413.69(60)
J-55	379.21(55)	517.11(75)
K-55	379.21(55)	655.00(95)
C-75	517.11(75)	655.00(95)
L-80	551.58(80)	655.00(95)
N-80	551.58(80)	689.48(100)
C-90	620.53(90)	689.48(100)
C-95	655.00(95)	723.95(105)
P-110	758.42(110)	861.84(125)
Q-125	861.84(125)	930.79(135)

API标准要求套管外径符合一定的尺寸，常用的标准套管外径从114.3 mm(4½ in)到508 mm(20 in)共有14种：

114.30 mm(4½ in)；
127.00 mm(5 in)；
139.70 mm(5½ in)；
168.27 mm(6⅝ in)；
177.80 mm(7 in)；
193.67 mm(7⅝ in)；
219.07 mm(8⅝ in)；
244.47 mm(9⅝ in)；
273.05 mm(10¾ in)；
298.44 mm(11¾ in)；
339.71 mm(13⅜ in)；
406.40 mm(16 in)；
473.08 mm(18⅝ in)；
508.00 mm(20 in)。

套管有不同的壁厚，API标准规定的各种套管的壁厚范围为5.21～16.13 mm。通常小直径套管的壁厚小一些，大直径套管的壁厚大一些。

除标准的钢级和壁厚之外，还有非标准的钢级和壁厚，这也是 API 标准所允许的。

套管的连接螺纹都是锥形螺纹。标准套管的连接螺纹有四种：短圆螺纹（STC）、长圆螺纹（LTC）、梯形螺纹（BTC）、直连型螺纹（XL）。除此之外还有非标准螺纹。

圆螺纹的锥度为 1∶16，螺距为 3.175 mm（8 扣/in）；梯形螺纹的锥度为 1∶16（外径＜16 in）和 1∶12（外径≥16 in），螺距为 5.08 mm（5 扣/in）。

套管柱（套管串）通常由同一外径、相同或不同钢级及不同壁厚的套管用接箍连接组成，应符合强度及生产的要求。

二、套管柱载荷计算、套管强度及腐蚀

1. 套管柱载荷计算

— 线上自学 —

7-7 套管柱受力分析

在套管柱强度设计中，关键问题是如何恰当地确定套管在整个使用过程中所承受的最危险的载荷情况。目前套管柱设计中主要将钻井和生产过程中所受到的各种载荷归纳为三种载荷类型，即轴向力、外挤压力和内压力，其产生的原因是多方面的。载荷分析的目的就是根据钻井、完井及生产过程中的实际工况条件产生的载荷，找出最危险的载荷组合，结合磨损、腐蚀和高温对套管强度的影响，选择满足强度要求和生产需要的套管组合，尽可能地提高油井寿命和经济效益。

1）套管轴向力

套管可能受到的轴向载荷包括自重、浮力、惯性力、冲击力、摩擦力、弯矩力以及完井过程中及完井后井内温度、压力变化产生的附加轴向力。

（1）套管自重产生的轴向拉力。

套管自重产生的轴向拉力在套管柱上自下而上逐渐增大，在井口处套管所承受的轴向拉力最大，其计算公式为：

$$F_m = \sum_{i=1}^{n} q L_i K_B \tag{7-2-1}$$

其中：

$$K_B = 1 - \frac{\rho_d}{\rho_s}$$

式中 F_m——井口处套管柱受到的轴向拉力，kN；

q——单位长度套管重量，kN/m；

L_i——第 i 段套管长度，m；

K_B——浮力系数；

ρ_d——钻井液密度，g/cm³；

ρ_s——套管钢材密度，g/cm³。

现场进行套管抗拉强度设计时，一般不考虑套管在钻井液中的浮力减轻作用，通常用套管在空气中的重力来考虑轴向拉力，认为危险工况下井筒内钻井液发生漏失或采用气体钻井。

（2）套管弯曲引起的附加轴向力。

当套管随井眼弯曲时，由于套管的弯曲变形增大了套管的拉力载荷，当弯曲的角度及弯

曲变化率不太大时，可用简化经验公式计算弯曲引起的附加轴向力：

$$F_{bd}=0.073\ 3d_{co}K_cA_c \tag{7-2-2}$$

式中　F_{bd}——套管弯曲引起的附加轴向力，kN；

d_{co}——套管外径，cm；

K_c——每 25 m 的井眼曲率，(°)/(25 m)；

A_c——套管截面面积，cm^2。

在大斜度定向井、水平井以及井眼急剧弯曲处，都应考虑套管弯曲引起的附加轴向力。

(3) 套管内注入水泥浆引起的套管柱附加轴向力。

在注入水泥浆时，当水泥浆量较大，水泥浆与管外液体密度相差较大，水泥浆未返出套管底部时，管内液体较重，将使套管柱产生一个拉应力，可近似按下式计算：

$$F_c=\frac{\pi}{4}h\frac{\rho_c-\rho_d}{1\ 000}d_{ci}^2 \tag{7-2-3}$$

式中　F_c——注入水泥浆产生的附加轴向力，kN；

h——管内水泥浆高度，m；

ρ_c——水泥浆密度，g/cm^3；

d_{ci}——套管内径，cm。

(4) 其他附加轴向力。

下套管过程中的动载，如上提套管或刹车时的附加拉力、注水泥时泵压的变化等，皆可产生一定的附加应力。这些力是难以计算的，通常考虑用浮力减轻来抵消或加大安全系数。

另外，套管在生产中会受到温度作用，引起未固结部分套管的膨胀，也会产生附加应力。如果温度变化较大，引起的附加应力很大，则应当从工艺上予以解决。

2) 外挤压力

套管外挤压力是指下入井中的套管的外壁所承受的环空流体的压力以及地层侧压力。套管柱所受的外挤压力主要来自管外液柱的压力、地层中流体的压力、高塑性岩石的侧向挤压力及其他作业产生的压力。套管强度设计时使用的是有效外挤压力，即套管外挤压力与内压力抵消后的实际外挤压力。

对于非塑性地层，套管的外挤载荷一般按考虑一定掏空度条件下固井时的钻井液液柱压力计算，即

$$p_{ce}=0.009\ 81[\rho_d-(1-k_m)\rho_{min}]D \tag{7-2-4}$$

式中　p_{ce}——有效外挤压力，MPa；

k_m——掏空系数，取 0～1(0 表示管内充满液体，1 表示完全掏空)；

ρ_{min}——管内最小流体密度，对表层套管和技术套管取下一层最小钻井液密度，对生产套管取完井液密度，g/cm^3；

D——垂深，m。

对于塑性地层，在一定条件下，垂直方向上的岩石重力产生的侧压力会全部加给套管，给套管以最大的侧向挤压力，使套管产生损坏。有效外挤压力可表示为：

$$p_{ce}=0.009\ 81\left[\frac{\mu}{1-\mu}\rho_o-(1-k_m)\rho_{min}\right]D \tag{7-2-5}$$

式中　μ——岩石泊松比；

ρ_o——上覆岩层压力的当量密度，g/cm³。

3）内压力

套管内压力是指下入井中的套管的内壁所承受的管内流体的压力。套管柱所受内压力来自地层流体（油、气、水）进入套管产生的压力及生产中特殊作业（压裂、酸化、注水）时的外来压力。在一个新地区，由于在钻开地层之前，地层压力是难以确定的，故套管内压力也是难以确定的。对已探明油区，地层压力可参考邻井资料。当井口敞开时，套管内压力等于管内流体产生的压力；当井口关闭时，套管内压力等于井口压力与流体压力之和。套管强度设计时采用有效内压力，即套管内压力与外挤压力抵消后的实际内压力。有效内压力的确定主要有以下几种方式：

（1）按全井充满天然气考虑，任意井深处套管最大内压力为：

$$p_{bh}=\frac{p_g}{e^{1.1155\times10^{-4}(D-h)\gamma_g}} \tag{7-2-6}$$

套管有效内压力用下式计算：

$$p_{be}=p_{bh}-0.00981\rho_w D \tag{7-2-7}$$

式中　p_{bh}——任意井深处套管最大内压力，MPa；

p_g——井底天然气压力，MPa；

p_{be}——任意井深处套管有效内压力，MPa；

D——套管鞋下入垂深，m；

h——计算点处的垂深，m；

γ_g——天然气相对密度，取 0.50～0.55；

ρ_w——地层水密度，取 1.03～1.06 g/cm³。

（2）按下次钻进时的最大钻井液密度计算，任意井深处套管有效内压力为：

$$p_{be}=0.00981(\rho_{d\,max}-\rho_w)h \tag{7-2-8}$$

式中　$\rho_{d\,max}$——下次钻进时最大钻井液密度，g/cm³。

（3）按套管鞋处破裂压力确定最大井口压力，即井口关井压力与管内液柱压力之和小于套管鞋处地层破裂压力，则任意井深处套管有效内压力为：

$$p_{be}=p_{head}+0.00981(\rho_{d\,max}-\rho_w)h \tag{7-2-9}$$

式中　p_{head}——井口压力，MPa。

（4）以井口防喷装置的承压能力作为井口压力，计算方法同式（7-2-9）。

2. 套管强度

—线上自学—

7-8　套管的强度

套管强度是指套管所能承受的外载荷。根据套管所受载荷的形式，套管强度分为抗拉强度、抗挤毁强度、抗内压强度和三轴应力屈服强度。

1）抗拉强度

抗拉强度是指套管在拉力作用下能够承受拉伸破坏的拉力值。套管柱所受轴向拉力一般在井口处最大，因此井口处是危险截面。拉应力引起的套管柱破坏形式有两种：一种是套管本体被拉断；另一种是螺纹处滑脱，称为滑扣（thread slipping）。大量的室内研究及现场应用表明，套管在受到拉应力时，螺纹处滑脱比本体拉断的情况多，尤其是使用最常见的圆扣套管时更是如此。

圆扣套管的螺纹滑脱负荷一般比套管本体的屈服拉力要小，因此在套管使用中给出了各种套管的滑扣负荷，通常用螺纹滑脱时的总拉力（kN）来表示。在设计中可以直接从有关套管手册中查用。

2）抗挤毁强度

抗挤毁强度是指套管在外挤压力作用下能够承受挤压破坏的压力值。

（1）不考虑轴向应力时套管的抗挤毁强度。

API最早通过对2 488根K-55，N-80和P-110三种钢级套管进行挤毁实验，发现套管在只承受外挤压力作用时主要有四种破坏形式，即屈服挤毁、塑性挤毁、过渡性挤毁和弹性挤毁。挤毁形式与套管的径厚比（套管直径与壁厚的比值）有关。这四种破坏形式的套管抗挤毁强度计算公式可查阅API BULL 5C3，ISO 10400或SY/T 5724—2008等套管强度设计标准。套管强度设计标准或手册给出的抗挤毁强度为不考虑轴向力作用时的套管抗挤毁强度。

（2）考虑轴向应力时套管的抗挤毁强度。

在实际应用中，套管处于双向应力的作用下，即套管在轴向上承受下部套管的拉应力，在径向上承受套管的内压力或管外的外挤压力。由于轴向拉力的存在，套管承受内压或外挤的能力会发生变化。

假设套管自重引起的轴向拉应力为σ_z，由外挤压力或内压力引起的套管的周向应力为σ_θ、径向应力为σ_r。由于多数套管属于薄壁管，σ_r比σ_θ小得多，可以忽略不计，故只考虑轴向拉应力σ_z及周向应力σ_θ的两向应力状态。根据第四强度理论，套管破坏的强度条件为：

$$\sigma_z^2+\sigma_\theta^2-\sigma_\theta\sigma_z=\sigma_s^2$$

式中　σ_s——套管钢材的屈服强度，MPa。

上式可以改写为：

$$\left(\frac{\sigma_z}{\sigma_s}\right)^2-\frac{\sigma_\theta\sigma_z}{\sigma_s^2}+\left(\frac{\sigma_\theta}{\sigma_s}\right)^2=1 \tag{7-2-10}$$

该方程是一个椭圆方程，以$\dfrac{\sigma_z}{\sigma_s}$的百分比为横坐标，以$\dfrac{\sigma_\theta}{\sigma_s}$的百分比为纵坐标，可以绘出如图7-2-1所示的应力图，称为双向应力椭圆。

从图7-2-1中可以看出：

① 第一象限是拉伸与内压的联合作用，表明在轴向拉应力下套管的抗内压强度增加，使套管的应用趋于安全，因此设计中一般不予考虑。

② 第二象限是轴向压缩与套管内压的联合作用。由于套管受压应力的情况极少见，故这种情况一般也不予考虑。

③ 第三象限是轴向压缩和外挤力的联合作用。基于和第二象限相同的理由，这种情况一般亦不予考虑。

④ 第四象限是轴向拉应力与外挤力的联合作用，这种情况在套管柱中是经常出现的。从图中可以看出，轴向拉应力的存在使套管的抗挤毁强度降低，因此在套管设计中应当加以考虑。

当考虑轴向拉应力时，套管抗挤毁强度采用式（7-2-11）或近似公式（7-2-12）计算：

$$p_{cc}=p_c\left[\sqrt{1-0.75\left(\frac{\sigma_z}{\sigma_s}\right)^2}-\frac{\sigma_z}{2\sigma_s}\right] \tag{7-2-11}$$

$$p_{cc}=p_c\left(1.03-0.74\frac{F_m}{F_s}\right) \tag{7-2-12}$$

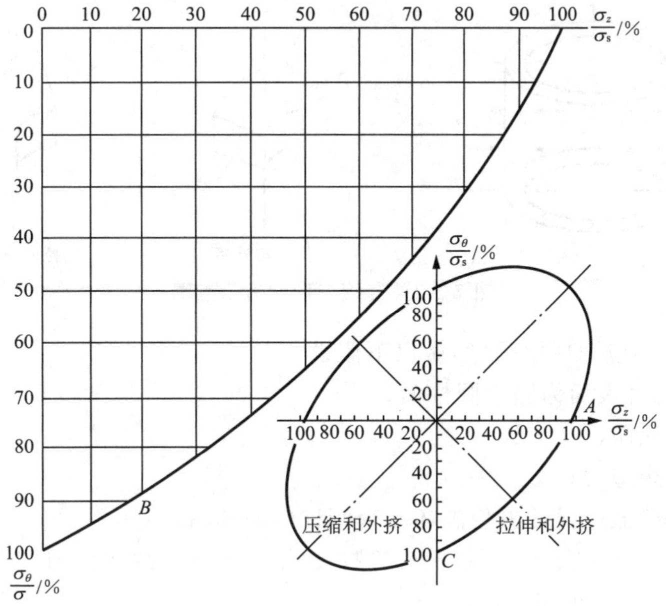

图 7-2-1 双向应力椭圆

式中 p_{cc}——考虑轴向拉应力时的最大套管抗挤毁强度,MPa;

p_c——无轴向拉应力时套管的抗挤毁强度,MPa;

F_m——轴向拉力,kN;

F_s——套管管体抗拉屈服强度,kN。

其中,p_c 及 F_s 皆可由套管手册查出。式(7-2-12)在 $0.1 \leqslant F_m/F_s \leqslant 0.5$ 的范围内计算误差与理论计算值相比在 2%以内。

3) 抗内压强度

抗内压强度是指套管在内压力作用下能够承受内压破坏的压力值。套管在承受内压力时有三种破坏形式,即管体破裂、接箍泄漏和接箍开裂。一般情况下,接箍泄漏压力比管体破裂和接箍开裂力小。接箍泄漏压力与螺纹类型有关,不易计算。对于抗内压强度要求较高的套管,应当将优质润滑密封油脂涂在螺纹处,并按规定的力矩上紧螺纹。

管体抗内压强度一般采用 Barlow 公式计算:

$$p_{bo}=0.875\left(\frac{2\sigma_s t}{d_{ci}}\right) \tag{7-2-13}$$

式中 p_{bo}——套管管体抗内压强度,MPa;

t——套管壁厚,mm;

d_{ci}——套管内径,mm。

各种套管允许的内压力在套管手册中均有规定,在设计中可以从套管手册中直接查用。

4) 三轴应力屈服强度

三轴应力屈服强度是指套管在内压力、外挤压力和轴向拉力联合作用下的套管强度。当套管本体所受 Von-Mises 等效应力达到材料最小屈服强度时,套管开始发生屈服。在三轴应力作用下,套管受到轴向应力 σ_z、周向应力 σ_θ 和径向应力 σ_r 的作用,σ_r,σ_θ 和 σ_z 均取拉应力为正,反之为负,如图 7-2-2 所示。

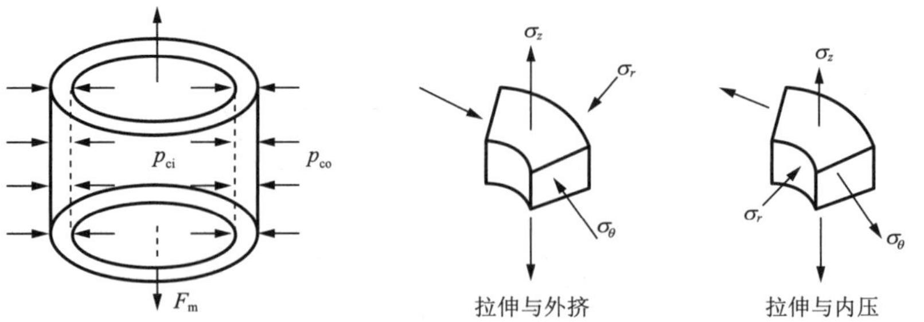

图 7-2-2　套管三轴应力示意图

为计算套管三轴应力屈服强度，做以下假设：

(1) 套管柱内、外表面为同心圆柱面；

(2) 各向同性屈服；

(3) 不考虑残余应力；

(4) 不考虑套管截面弹性失稳破坏和套管柱轴向屈曲。

由弹性力学的 Lame 公式，并考虑套管柱受力的轴对称性和轴向应力沿径向的均匀分布，可知套管柱的应力分布如下：

$$\sigma_r=\frac{p_{ci}r_{ci}^2-p_{co}r_{co}^2}{r_{co}^2-r_{ci}^2}-\frac{(p_{ci}-p_{co})r_{ci}^2r_{co}^2}{r_{co}^2-r_{ci}^2}\frac{1}{r^2} \tag{7-2-14}$$

$$\sigma_\theta=\frac{p_{ci}r_{ci}^2-p_{co}r_{co}^2}{r_{co}^2-r_{ci}^2}+\frac{(p_{ci}-p_{co})r_{ci}^2r_{co}^2}{r_{co}^2-r_{ci}^2}\frac{1}{r^2} \tag{7-2-15}$$

$$\sigma_z=\frac{F_t\times10^3}{\pi(r_{co}^2-r_{ci}^2)} \tag{7-2-16}$$

式中　r_{ci}——套管内半径，mm；

r_{co}——套管外半径，mm；

r——套管任意壁厚处的半径，mm；

p_{ci}——套管内压力，MPa；

p_{co}——套管外挤力，MPa；

F_t——计算处套管轴向力，kN。

式(7-2-14)和式(7-2-15)表明，在三轴应力作用下，径向应力和周向应力的大小与内外压差有关，也与套管计算半径 r 有关。套管强度设计最关心的是最大径向应力和周向应力。理论推导表明，当套管未受弯曲应力时，套管内壁处首先达到屈服。根据套管三轴应力公式与 Von-Mises 屈服准则，当套管内壁出现屈服时，其 Von-Mises 等效应力 σ_{VME} 等于套管材料屈服应力，即 $\sigma_{VME}=\sigma_s$。

$$\sigma_{VME}=\frac{\sqrt{2}}{2}\sqrt{(\sigma_r-\sigma_\theta)^2+(\sigma_r-\sigma_z)^2+(\sigma_z-\sigma_\theta)^2} \tag{7-2-17}$$

由此得到套管三轴应力屈服强度安全系数 S_3：

$$S_3=\frac{\sqrt{2}\sigma_s}{\sqrt{(\sigma_r-\sigma_\theta)^2+(\sigma_r-\sigma_z)^2+(\sigma_z-\sigma_\theta)^2}} \tag{7-2-18}$$

3. 套管腐蚀

套管在地下要使用很长时间且会接触各种流体，这些流体会对套管材料造成腐蚀，其结果是管体有效厚度减小，套管承载力降低；或者钢材性质发生变化，导致套管承载能力下降。

引起套管腐蚀的主要介质有气体或液体中的硫化氢（H_2S）、溶解氧、二氧化碳。

硫化氢主要存在于天然气中，是对套管钢材有极强破坏作用的化学物质。硫化氢接触套管钢材，会引起钢材的“氢脆”而使套管断裂。在低 pH 环境中，硫化氢的腐蚀作用更为强烈。

对于可能接触硫化氢气体的套管来说，可以选用抗硫套管，如 API 套管系列中的 H 级、K 级、J 级、C 级、L 级套管，并在高碱性环境下使用。

对于其他类型的腐蚀，可采取防腐剂、阴极保护、套管防腐涂层等措施进行防腐。

三、套管强度设计原则

套管柱的强度设计是依据套管所受的外部载荷（简称外载），根据套管的强度建立一个安全的平衡关系：

$$套管强度 \geqslant 外载 \times 安全系数$$

套管柱的强度设计就是根据技术部门的要求，在确定了套管外径之后，按照套管所受外载的大小及一定的安全系数选择不同钢级及壁厚的套管，使套管柱在每一个危险截面上都建立上述安全平衡关系。套管柱强度设计必须保证在井的整个使用期间，作用在套管上的最大应力在允许的范围内。

强度设计的原则应考虑以下三个方面：

（1）应能满足钻井作业、油气层开发和产层改造的需要；

（2）在承受外载时应有一定的储备能力；

（3）经济性要好。

在套管强度设计中，我国石油行业标准中给出的安全系数取值范围为：抗外挤安全系数 $S_c = 1.00 \sim 1.125$，抗内压安全系数 $S_i = 1.05 \sim 1.15$，抗拉安全系数 $S_t = 1.60 \sim 2.00$。

1. 常用套管柱强度设计方法

— 线上自学 —

7-9 套管柱设计方法及步骤

各国根据各自的条件规定了自己的套管柱强度设计方法，最常见的有等安全系数法、边界载荷法、最大载荷法、AMOCO 设计方法、BEB 设计方法及苏联设计方法等。

套管柱强度设计通常是由下而上分段进行的。按常规，把最下一段套管称为第一段，其上为第二段，自下而上依次上推。

1）等安全系数法

该方法的基本设计思路是使各个危险截面上的最小安全系数等于或大于规定的安全系数。设计时，先考虑下部套管的抗挤毁强度满足需求，通常水泥面以上的套管还应考虑双向应力，上部套管应满足抗拉及抗内压要求。

2）边界载荷法

边界载荷法也称拉力余量法，该方法的抗挤毁强度设计与等安全系数法相同，抗拉设计不用安全系数来设计，而是改用第一段以抗拉设计的套管的抗拉强度和安全系数所决定的一个边界载荷（拉力余量）值，以此值作为设计上部套管的抗拉强度标准。其设计方法为：以抗拉设计的第一段套管的可用强度＝抗拉强度/抗拉安全系数；边界载荷（拉力余量）＝抗拉强度－可用强度；以抗拉设计的第二段套管的可用强度＝抗拉强度－边界载荷；以后各段均按同一个边界载荷来选用可用强度。

这种设计方法的优点是套管柱各段的边界载荷相等，因此套管在受拉时各段的拉力余量是相等的，这样可避免套管浪费。

3）最大载荷法

这是美国提出的一种设计方法，其设计思路是将套管按技术套管、表层套管、油层套管等分类，将每一类套管的载荷按其外部载荷的性质及大小进行设计。其设计方法是先按内压力筛选套管，再按有效外挤力及拉应力进行强度设计。该方法对外部载荷考虑细致，设计精确。

4）AMOCO设计方法

该设计方法的独特之处在于：在抗挤设计中考虑拉力影响，按双轴应力设计，在计算外载时考虑到接箍处的受力，在计算内压力时也考虑拉应力的影响。设计中将解析法和图解法结合使用。

5）BEB设计方法

该设计方法主要是图解法。其设计特点是将套管分类进行设计。在设计中考虑抗挤毁及抗内压强度时，必须考虑拉应力的影响，拉应力一律按在钻井液中的浮重计算，并考虑浮力作用在套管底部的截面上而使底部受压应力。

6）苏联设计方法

该设计方法较为烦琐，设计思想是考虑外载按不同时期的变化，考虑不同井段的抗拉安全系数不同，不考虑双向应力，但是当拉应力达到管体屈服强度的50％时，将抗拉安全系数增加到10％。

在套管柱强度设计中，不宜将套管段分得太复杂，实际上应当采用2～3种钢级的套管，壁厚也只宜选用2～3种。套管分段细，分得种类多，虽然比较符合经济原则，但会给现场管理造成较多麻烦。

2. 各层套管的设计特点

对表层套管、技术套管和油层套管的设计来讲，各有其设计特点及设计的侧重部分。

1）表层套管的设计特点

表层套管是为巩固地表疏松层并为安装井口防喷装置而下入的一层套管，它还要承受下部各层套管的部分重量。因此，表层套管的设计特点是要承受井下气侵或井喷时的地层压力，在套管设计中主要考虑抗内压力，防止在关井时套管承受高压而被压爆裂。

2）技术套管的设计特点

技术套管是为封隔复杂地层而下入的一层套管，在后续钻进中要承受井喷时的内压力以及钻具的碰撞和磨损。技术套管的设计特点是既要有较高的抗内压强度，又要有抗钻具冲击磨损的能力。

3）油层套管的设计特点

油层套管是在油气井中最后下入的，并在其中下入油管，用于采油生产的一层套管。由于该层套管下入深度较大，抗外挤是下部套管应考虑的重点。该层套管应按其可能在生产中遇到的问题分别进行考虑。如有的井是用来注水的，有的井在采油中要进行压裂或酸化等，套管内也可能承受较大内压力，对这种井的油层套管应严格校核抗内压强度；有的井主要是注热蒸汽等进行热力开采，套管长期受热力作用会膨胀，产生较大的压应力，设计中应考虑施加预拉应力时的拉力安全系数等。

3. 等安全系数法

等安全系数法是一种较为简单的方法，它应用时间较久，在一般井中是比较安全的。套管柱的受力随井深变化如图 7-2-3 所示。从图中可以看出，轴向拉力、外挤力、内压力在套管柱的各个截面上是不同的。轴向拉力自上而下逐渐变小，外挤力自下而上变小，内压力的有效应力自下而上变大。在设计中为了使套管柱的强度得到充分发挥并且尽可能地节约成本，在不同的井段，套管柱应当有不同的强度。因此，设计出的套管柱是由不同钢级及不同壁厚的套管组成的。

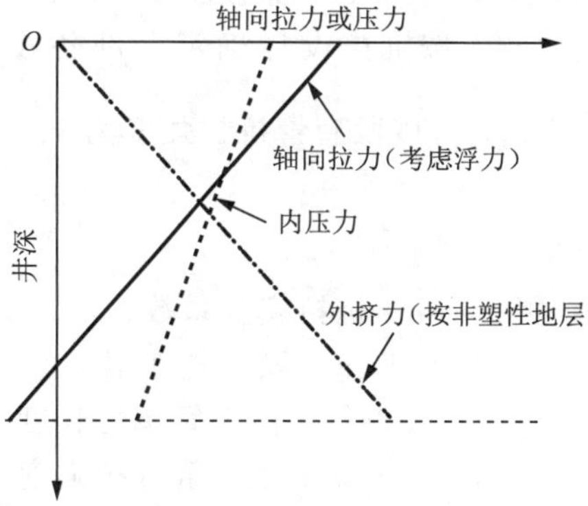

图 7-2-3　套管柱受力随井深变化示意图

设计时通常先根据最大的内压载荷筛选套管，挑选出符合抗内压强度的套管；再自下而上根据套管的外挤载荷进行设计；最后根据套管的轴向拉力设计、校核上部套管。

等安全系数法设计的具体方法和步骤是：

(1) 计算本井所能出现的最大内压值，筛选符合抗内压强度的套管。如果是一般的井，可以在套管全部设计完后进行抗内压校核。

(2) 按全井的最大有效外挤压力初选第一段套管。最大有效外挤压力 p_{ce} 可按式(7-2-4)或式(7-2-5)计算，选择的第一段套管的允许抗挤毁强度 p_{c1} 必须大于或等于 p_{ce}。

(3) 选择壁厚小一级或钢级低一级（也可二者都低）的套管为第二段套管。该段套管的可下深度为 D_2，如果按式(7-2-4)计算有效外挤压力（管内按全掏空），则：

$$D_2=\frac{p_{c2}}{0.00981\rho_d S_c} \tag{7-2-19}$$

式中　p_{c2}——第二段套管的抗挤毁强度，MPa。

由此可以确定第一段套管的许用长度 L_1 为：

$$L_1=D_1-D_2 \tag{7-2-20}$$

式中　D_1——第一段套管的可下深度，m。

根据第一段的长度 L_1 计算出该段套管在空气中的重力，即 L_1q_1，校核该段套管顶部的抗拉安全系数 S_{t1}，它应大于或等于设计抗拉安全系数 S_t。

$$S_{t1}=F_{s1}/(L_1q_1)\geqslant S_t \tag{7-2-21}$$

式中　q_1——第一段套管单位长度重量，kN/m；

F_{s1}——套管允许抗拉力，kN；

S_t——设计抗拉安全系数。

(4) 当按抗挤毁强度设计的套管柱超过水泥面或中性点时，应考虑下部套管的浮重引起的抗挤毁强度的降低，可按双向应力设计套管柱。

按式(7-2-11)或式(7-2-12)计算降低后的抗挤毁强度，校核抗外挤安全系数能否满足要求。如果不能满足要求，则用试算法将下部套管向上延伸，直至双向应力条件下的抗外挤安全系数满足要求为止。

这样自下而上确定下部各段套管。由于越往上，套管受到的外挤力越小，故可选择抗挤毁强度更小的套管。当达到一定深度后,套管自重产生的拉力负荷增加,外挤力减小,则应按抗拉设计确定上部各段套管。

(5) 按抗拉设计确定上部各段套管。设自下而上第 i 段以下各段套管的总重力为 $\sum_{n=1}^{i-1} L_n q_{mn}$,该段套管抗拉强度为 F_{si},则第 i 段套管顶截面的抗拉安全系数 S_t 为:

$$S_t = F_{si} / \left(L_i q_{mi} + \sum_{n=1}^{i-1} L_n q_{mn} \right) \tag{7-2-22}$$

式中 S_t——抗拉安全系数;

L_i——第 i 段套管许用长度,m;

q_{mi}——第 i 段套管单位长度浮重,kN/m;

F_{si}——第 i 段套管抗拉强度,kN;

$\sum_{n=1}^{i-1} L_n q_{mn}$——第 i 段以下各段套管的总重力,kN。

根据抗拉强度设计第 i 段许用长度的公式为:

$$L_i = \left(F_{si} / S_t - \sum_{n=1}^{i-1} L_n q_{mn} \right) / q_{mi} \tag{7-2-23}$$

按式(7-2-23)进行设计。L_i 若不能延伸至井口,则在第 i 段上部再选用抗拉强度较大的套管进行计算,一直设计到井口为止,整个套管柱设计即告完成。

(6) 抗内压安全系数校核。对事先未按内压力筛选套管的一般井,可按下式校核内压力:

$$S_i = p_{ri} / p_i \tag{7-2-24}$$

式中 S_i——抗内压安全系数;

p_{ri}——井口套管的抗内压强度,MPa;

p_i——井口内压力,MPa。

— 拓展与思政 —

7-10

资料表明,对中深井或深井,地层压力在正常压力梯度范围内,按以上步骤设计出的套管柱一般能满足抗内压要求。若实际抗内压安全系数 S_i 小于所规定的抗内压安全系数,则在井控时控制井口压力,将井口压力限制在套管(或井口装置)允许的最大压力之内,或将套管柱设计步骤改为先进行抗内压强度设计,选出满足抗内压强度的套管后再进行抗拉设计。

第三节 注水泥技术

注水泥就是采用一定的工艺技术将水泥浆注入井壁与套管柱之间的环空中,将套管柱和地层岩石固结起来的过程。注水泥的目的是固定套管,封隔油、气、水层,以利于后续的钻进或作业。最常见的注水泥方法是从井口经套管柱将水泥浆注入并从环空中上返。除此之外,还有一些用于特殊情况下的注水泥技术,包括双级或多级注水泥、内管注水泥、反循环注水泥、延迟凝固注水泥等。

注水泥技术包括水泥选择、水泥浆性能设计、水泥外加剂选择、井眼准备、注水泥工艺设计等内容。

油气井注水泥的基本要求包括：

(1) 水泥浆返高和套管内水泥塞高度必须符合设计要求；

(2) 注水泥井段环形空间内的钻井液全部被水泥浆替走，不存在残留现象；

(3) 水泥石与套管及井壁岩石有足够的胶结强度，能经受住酸化压裂及下井管柱的冲击；

(4) 水泥凝固后管外不冒油、气、水，环空内各种压力体系不互窜；

(5) 水泥石能经受油、气、水长期的侵蚀。

根据以上要求发展起来的现代注水泥技术涉及化学、地质、机械、石油等各学科的知识，可以分为水泥类型、水泥外加剂、注水泥工艺技术等几个方面的内容，以满足各种复杂井、深井、超深井及特殊作业井(高温、热采井等)的注水泥需要。

本节主要介绍油井水泥、水泥浆性能与指标要求、水泥外加剂(外掺料)及主要作用机理、注水泥设计及固井工艺技术、提高固井质量的措施以及特种水泥浆体系等内容。

一、油井水泥

— 线上自学 —

7-11　油井水泥的组成与水化

1. 油井水泥的基本要求及生产工艺

常用的油井水泥是波特兰水泥，因其主要成分为硅酸盐，所以也称为硅酸盐水泥，它是一种水硬性胶凝材料，呈粉末状，加水拌和后成浆体，能在空气和水中硬化，并保持和发展其强度。

波特兰水泥是在 1824 年由英国建筑工人阿斯普丁发明的，通过煅烧石灰石与黏土的混合料得到的一种胶凝材料，由它制成的砖块很像由波特兰半岛开采下来的波特兰石，由此被命名为“波特兰水泥”(Portland cement)。

油井水泥的生产工艺流程如图 7-3-1 所示。

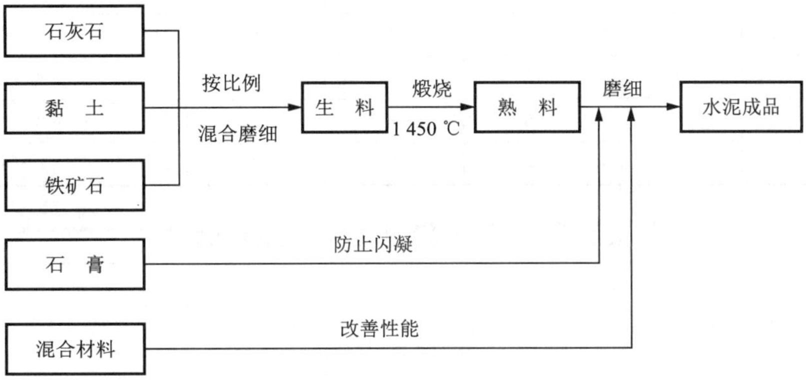

图 7-3-1　油井水泥的生产工艺流程

对油井水泥的基本要求是：

(1) 能配成流动性良好的水泥浆，这种性能应在从配制开始到注入套管并被顶替到环形空间内的一段时间内始终保持；

(2) 水泥浆应在井下温度及压力条件下保持稳定性；

(3) 水泥浆应在规定的时间内凝固并达到一定的强度；

(4) 水泥浆应能和外加剂相配合，调节各种性能；

（5）形成的水泥石应有很低的渗透性能等。

根据上述基本要求，由硅酸盐水泥经过特殊加工而制成的油气井固井专用的水泥称为油井水泥。

2. 油井水泥的主要成分（熟料矿物组成）

油井水泥的主要成分有以下几种：

（1）硅酸三钙（$3CaO \cdot SiO_2$，简称 C_3S），是油井水泥的主要成分，其含量一般为 40%～65%。C_3S 对水泥的强度，尤其是早期强度有较大的影响。高早期强度水泥中 C_3S 的含量可达 60%～65%，缓凝水泥中 C_3S 的含量在 40%～45%之间。

（2）硅酸二钙（$2CaO \cdot SiO_2$，简称 C_2S），其含量一般在 24%～30%之间。C_2S 的水化反应缓慢，强度增长慢，能在很长一段时间内增加水泥强度，对水泥的最终强度有影响，但不影响水泥的初凝时间。

（3）铝酸三钙（$3CaO \cdot Al_2O_3$，简称 C_3A），是促进水泥快速水化的化合物，是决定水泥初凝时间和稠化时间的主要因素。C_3A 对水泥的最终强度影响不大，但对水泥浆的流变性及早期强度有较大影响。它对硫酸盐极为敏感，因此抗硫酸盐的水泥应控制 C_3A 的含量在 3%以下，但对于有较高早期强度的水泥，其含量可达 15%。

（4）铁铝酸四钙（$4CaO \cdot Al_2O_3 \cdot Fe_2O_3$，简称 C_4AF），其含量为 8%～12%。C_4AF 对水泥强度的影响较小，其水化反应速度仅次于 C_3A，早期强度增长较快。

除以上四种主要成分之外，油井水泥中还有石膏、碱金属氧化物等。

较典型的油井水泥成分见表 7-3-1，矿物成分对水泥物理性能的影响见表 7-3-2。

表 7-3-1　典型 API 水泥成分

API 级别	化合物组成/%				瓦格纳细度/($cm^2 \cdot g^{-1}$)
	C_3S	C_2S	C_3A	C_4AF	
A	53	24	8	8	1 600～1 800
B	47	32	5	12	1 600～1 800
C	58	16	8	8	1 800～2 200
G 及 H	50	30	5	12	1 600～1 800

表 7-3-2　矿物成分对水泥物理性能的影响

矿物分子式及代号		项　目					
		早期强度	长期强度	水化反应速度	水化热	收　缩	抗硫酸盐腐蚀性能
$3CaO \cdot SiO_2$	C_3S	良	良	中	中	中	—
$2CaO \cdot SiO_2$	C_2S	劣	良	慢	小	中	—
$3CaO \cdot Al_2O_3$	C_3A	良	劣	快	大	大	低
$4CaO \cdot Al_2O_3 \cdot Fe_2O_3$	C_4AF	劣	劣	中	小	小	—

3. 油井水泥的水化作用

水泥与水混合成水泥浆后即发生化学反应，生成各种水化产物，水泥浆也逐渐由液态转变为固态，使水泥硬化和凝结，形成具有一定强度的固体状物质——水泥石。

1）水泥的水化反应

水泥的主要成分与水发生如下水化反应：

$$3CaO \cdot SiO_2 + 2H_2O \longrightarrow 2CaO \cdot SiO_2 \cdot H_2O + Ca(OH)_2$$

$$2CaO \cdot SiO_2 + H_2O \longrightarrow 2CaO \cdot SiO_2 \cdot H_2O$$

$$3CaO \cdot Al_2O_3 + 6H_2O \longrightarrow 3CaO \cdot Al_2O_3 \cdot 6H_2O$$

$$4CaO \cdot Al_2O_3 \cdot Fe_2O_3 + 7H_2O \longrightarrow 3CaO \cdot Al_2O_3 \cdot 6H_2O + CaO \cdot Fe_2O_3 \cdot H_2O$$

除上述反应外还发生其他二次反应，生成物中有大量的硅酸盐水化产物及氢氧化钙等。在反应过程中，各种水化产物均逐渐凝聚，使水泥硬化。

水泥的水化反应是一个放热反应，水泥水化热的大小反映了水泥水化的程度(图 7-3-2)。

图 7-3-2 中的初凝时间在放热曲线的 A 点附近，水泥的终凝时间在 B 点附近，利用水泥的水化放热特性可以探测水泥面的位置。在实际生产中，应当注意水泥放热对套管伸长及密封的影响。

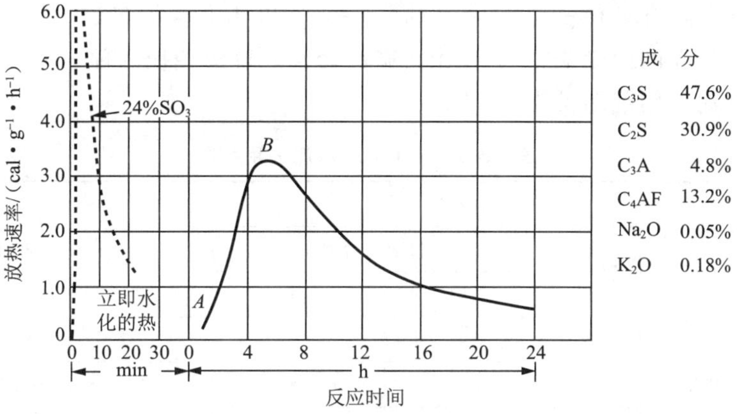

图 7-3-2 水泥的水化放热曲线

2）水泥凝结与硬化理论

水泥的硬化可分为以下三个阶段。

(1) 溶胶期：水泥与水混合成胶体液，此时水与水泥成分开始发生水化反应，水化产物的含量开始增加，达到饱和状态时部分水化产物以胶态或微晶体析出，形成胶溶体系。此时水泥浆仍有流动性。

(2) 凝结期：水化反应由水泥颗粒表面向内部深入，溶胶粒子及微晶体大量增加，晶体开始互相连接，逐渐絮凝成凝胶体系，水泥浆变稠，直至失去流动性。

(3) 硬化期：水泥的水化产物形成晶体状态，互相紧密连接成一个整体，强度增大，已经硬化成水泥石。水泥在水化反应中放出热量，在第二个放热峰值期开始凝固。

在水泥的整个水化、凝固过程中，C_3S 是水泥凝结和硬化的主要因素。水化反应较慢的 C_2S 使水泥的硬化期变长。在水泥凝固的早期，铝酸盐是主要因素，但其对最终强度的影响较小。

水泥石主要由三部分组成：其一是无定性物质，也称为水泥胶，它具有晶体结构，颗粒直径大体在 0.1 mm，互相连接成一个整体；其二是氢氧化钙的晶体，是水化反应的产物；其三是未水化的水泥颗粒。

4. 油井水泥的 API 分类

由于油井水泥要适应的井深从几百米到几千米，井下温度变化范围可达 100 ℃以上，压力变化可达几十兆帕，固井施工所用时间从几十分钟到几小时，要适应的井下情况是千差万别的，因此单一品种的油井水泥是无法满足工程需要的。针对不同的工艺要求，油井水泥分为不同类型。

按照 API 分类标准，油井水泥分为以下几类。

A 级：适用深度范围为 0～1 828.8 m，温度至 76.7 ℃，仅有普通型一种，无特殊性能要求。

B 级：适用深度范围为 0～1 828.8 m，属中热水泥，温度至 76.7 ℃，有中抗硫酸盐和高抗硫酸盐两种。

C 级：适用深度范围为 0～1 828.8 m，温度至 76.7 ℃，属高早期强度水泥，分普通、中抗硫酸盐及高抗硫酸盐三种。

G 级及 H 级：适用深度范围为 0～2 440.0 m，温度为 0～93 ℃，为两种基质水泥，加入调节剂后可用于较大的深度范围，分为中抗硫酸盐及高抗硫酸盐两种。

API 标准水泥适用范围见表 7-3-3。

表 7-3-3　API 标准水泥适用范围

<table>
<tr><th rowspan="3">API
级别</th><th rowspan="3">适用深度范围
/m</th><th colspan="3">类　型</th><th rowspan="3">备　注</th></tr>
<tr><th rowspan="2">普　通</th><th colspan="2">抗硫酸盐型</th></tr>
<tr><th>中</th><th>高</th></tr>
<tr><td>A</td><td rowspan="3">0～1 828.8</td><td>●</td><td>—</td><td>—</td><td>普通水泥，无特殊性能要求</td></tr>
<tr><td>B</td><td>—</td><td>●</td><td>●</td><td>中热水泥，中和高抗硫酸盐型</td></tr>
<tr><td>C</td><td>●</td><td>●</td><td>●</td><td>高早强水泥，分普通、中和高抗硫酸盐型</td></tr>
<tr><td>G</td><td rowspan="2">0～2 440.0</td><td>—</td><td>●</td><td>●</td><td rowspan="2">基质水泥，分中和高抗硫酸盐型</td></tr>
<tr><td>H</td><td>—</td><td>●</td><td>●</td></tr>
</table>

油井水泥在使用前应进行严格的实验以检验其性能。所进行的实验包括水泥浆的稠化时间实验、水泥浆的失水实验、水泥浆的流变性测定、水泥石的抗压及抗折强度实验、水泥浆与前置液和钻井液的配伍性实验等。对用于高温、高压井的油井水泥，还应当在高温、高压条件下进行有关测试，只有符合要求的水泥才能投入使用。

API 标准对每种水泥都规定了应达到的标准值。

— 线上自学 —

7-12　水泥浆性能参数

二、水泥浆性能与指标要求

对固井工程有较大影响的水泥浆性能包括水泥浆密度、水泥浆稠化时间、水泥浆失水、水泥浆凝结时间、水泥浆流变性、水泥浆稳定性、水泥石强度特性、水泥石渗透性及水泥石抗腐蚀性能等。当通过调节水泥的化学成分不能完全满足固井工程的要求时，就要加入水泥外加剂进行调节。

1. 水泥浆密度

根据油井水泥中各组分含量的不同，水泥干灰的密度一般在 3.05～3.20 g/cm^3 之间。一般来说，在水泥浆的混拌过程中，加水量与水泥干灰的质量比称为水灰比。要使水泥完全水化，水灰比通常为 0.20～0.25，但此时水泥浆基本不能流动。要使水泥浆能流动，用水量应该增加，而且不同类型 API 水泥的用水量不同。

— 实 验 —

7-13　油井水泥浆性能实验1

根据《水泥标准稠度用水量、凝结时间、安定性检验方法》(GB/T 1346—2011)，G 级水泥的水灰比为 0.44，A 和 B 级水泥的水灰比为 0.46，C 级水泥的水灰比为 0.56，H 级水泥的水灰比为 0.38。

— 实 验 —

7-14　油井水泥浆性能实验2

水泥浆密度设计的准则为：

(1) 满足井下压力条件限制。水泥浆静液柱压力必须大于地层孔隙压力，静液柱压力与流动阻力之和必须小于地层破裂压力。

(2) 满足顶替效率的密度差要求，尾浆密度＞领浆密度＞前置液密度＞钻井液密度。在可能的条件下，考虑密度差为 0.12～0.24 g/cm^3，但密度越大，流动阻力也越大。

(3) 满足水泥石强度和胶结要求。对于尾浆，特别是封隔油气层段的水泥浆，应尽量使用标准密度(同时也有利于降低渗透率和孔隙度)。非胶凝材料加重剂和减轻剂应尽量少加。

水灰比在 0.45～0.50 范围内调节出的水泥浆的密度在 1.80～1.90 g/cm^{3}之间。根据水泥浆密度的设计原则，水泥浆密度可以通过加入外加剂和外掺料的方法进行调节。例如，当需要的水泥浆密度小于正常密度时，需要添加减轻剂进行调节；当需要的水泥浆密度大于正常密度时，需要添加加重剂进行调节。

2. 水泥浆稠化时间

水泥浆调成之后，随着水化反应的进行，水泥浆逐渐变稠，流动性变差。在注水泥时，用泵注入及顶替过程中，水泥浆的流动可能会越来越困难，直至不能泵入，此时，水泥虽然还没有凝固，但是已无法用泵注入及顶替了。因此，注水泥的全过程必须在水泥浆稠化之前完成，稠化时间决定了施工作业可能的时间。对于施工周期长的深井注水泥，应当有较长的水泥浆稠化时间作为保证。

水泥浆的稠化时间是指水泥浆从配制开始到其稠度达到规定值所用的时间。API 标准规定，从开始混拌到水泥浆稠度达到 100 Bc 所用的时间为水泥浆的稠化时间。

在常压、设定温度下测定的稠化时间曲线为常压稠化曲线，而在设定压力和温度条件下测定的稠化时间曲线为增压稠化曲线。一般来说，常压稠化的时间比增压稠化的时间要长。常见的增压稠化曲线如图 7-3-3 所示。

为了防止固井过程中发生气窜，要求水泥浆的稠度由 30 Bc 增长到 100 Bc 的时间尽量短(不超过 30 min)。通常将水泥浆稠度由 30 Bc 快速增长到 100 Bc 的现象称为直角稠化现象。

对水泥浆的可泵性与稠度的关系，目前仍然说法不一，但一般认为：

(1) 容易泵注，5～20 Bc；

(2) 不易泵注，20～30 Bc；

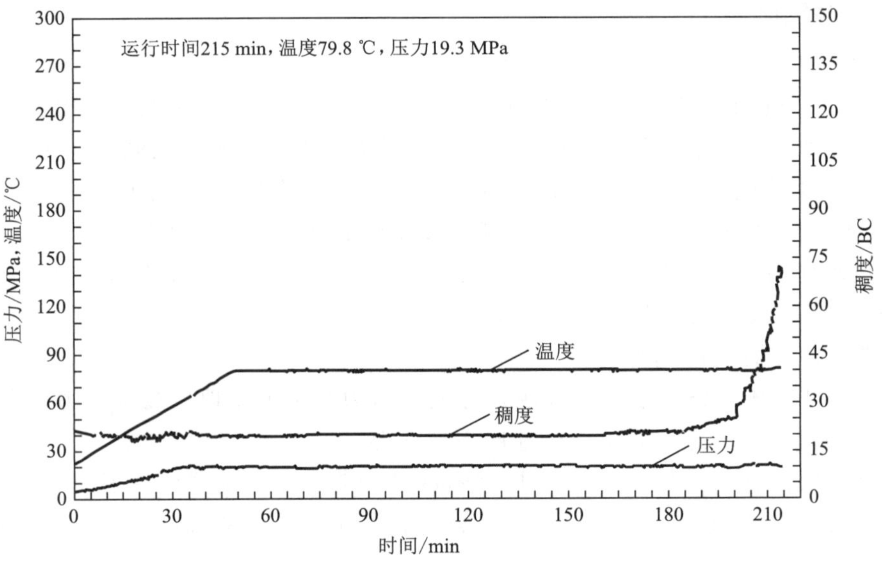

图 7-3-3　增压稠化曲线

(3) 难于泵注，30～40 Bc；

(4) 不能泵注，大于 40 Bc(也有认为高密度时大于 50 Bc)；

(5) 易沉降，伴有自由水，小于 5 Bc(也有认为小于 2 Bc)。

对于稠度的说法虽不统一，但对于是否可泵送并无妨碍，因用稠度描述可泵性只是定性的，实际施工中是以水泥浆的流变性做定量设计的。为了便于泵送，API 标准规定，任何水泥浆在增压稠化仪中稠化 15～30 min 的最大稠度应小于 30 Bc。较好的稠化情况是在现场总的施工时间内，水泥浆的稠度在 50 Bc 以内。

温度对水泥浆的稠化时间具有非常大的影响，温度越高，水泥水化的速度越快，水泥浆的稠化时间就越短。因此，要根据现场固井施工时间的长短调整水泥浆的稠化时间，一般需要添加调凝剂来满足稠化时间的需求。例如，要求的施工作业时间很短时，可以添加促凝剂；要求的施工作业时间较长时，可以添加缓凝剂，而且缓凝剂的选择应该考虑温度的需求。

3. 水泥浆失水

为了保证水泥浆的流动，应当使配水的加入量比完全水化所用的水量多出很多。水泥在凝固之后，多余的水就析出。水泥浆中的自由水在压差作用下通过井壁渗入地层中的现象称为水泥浆失水。水泥浆失水会对生产层造成严重污染。如果析出的水不能进入地层，则有可能留在水泥石中而形成孔道，形成流体上窜的通道，破坏水泥石的封隔性并降低水泥石的强度。

API 根据大量实践和研究，总结出了公认的失水量控制情况：

(1) 控制很好，<200 mL；

(2) 控制中等，200～500 mL；

(3) 控制较差，500～1 000 mL；

(4) 不能控制，>1 000 mL。

API 标准规定，在 6.9 MPa 压力和设定温度下，不同用途的水泥浆的失水量应达到以下要求：

(1) 防气窜，30～50 mL/30 min；

(2) 固尾管和挤水泥，≤50 mL/30 min；

(3) 固表层套管，≤250 mL/30 min。

由于未经处理的水泥浆的失水量可达 1 000 mL/30 min，因此水泥浆的失水量应当通过加入降失水剂的方法尽量使之降低。

4. 水泥浆凝结时间

水泥浆从液态转变为固态的转化过程称为水泥浆的凝结，所经历的时间称为凝结时间。凝结时间可以分为初凝时间和终凝时间。从水泥浆配制开始到水泥浆失去流动性所经历的时间称为水泥浆的初凝时间，而从水泥浆配制开始到水泥变成固态并可以承受一定的压力所经历的时间称为水泥浆的终凝时间。

API 标准规定，水泥浆的初凝时间不能小于 45 min，而终凝时间不能大于 12 h。初、终凝时间间隔越短，越有利于防止固井过程气窜的发生。

苏联的一专利数据显示，高温高压条件下水泥的稠化时间比初凝时间提前 15～30 min。但由于国内一般采用维卡仪在常压下进行初凝时间实验，虽然温度相同，但压力不同，因此就没有这种关系。

水泥浆的凝结时间对施工有较大的影响，即从注水泥到套管被封固后可承担一定负荷的时间就决定了固井完成到进行下一个工序所用的时间。对于封固表层及技术套管来说，希望水泥能有较高的早期强度，以便于尽快开始下一道工序。通常希望固完井候凝时间为 8 h 左右，水泥浆开始凝结成水泥石，其抗压强度达 2.3 MPa 以上即可开始下一次开钻。

5. 水泥浆流变性

流变参数是描述水泥浆在外力作用下产生流动的特点的参数。它的合理描述和准确测量直接影响注水泥过程流动摩擦阻力的准确计算。

水泥浆属于非牛顿液体，其流变特性与注水泥工作有着密切的关系。国内外常用的流变模式主要有两参数、三参数与四参数三类，其中常用的有宾汉、幂律、卡森、赫谢尔-巴尔克莱(Herschel-Bulkley，简称赫-巴)、罗伯逊-斯第夫(Robertson-Stiff，简称罗-斯)以及多项式模式等。

宾汉模式：

$$\tau=\tau_0+\eta_{pv}\gamma \tag{7-3-1}$$

幂律模式：

$$\tau=K\gamma^n \tag{7-3-2}$$

卡森模式：

$$\tau^{\frac{1}{2}}=\tau_0^{\frac{1}{2}}+(\eta_c\gamma)^{\frac{1}{2}} \tag{7-3-3}$$

赫-巴模式：

$$\tau=\tau_s+K\gamma^n \tag{7-3-4}$$

罗-斯模式：

$$\tau = A(\gamma + C)^B \tag{7-3-5}$$

多项式模式：

$$\tau = a_0 + a_1\gamma + a_2\gamma^{1-m} \tag{7-3-6}$$

式中 τ——切应力，Pa；

τ_0——动切力，Pa；

τ_s——赫-巴模式动切力，Pa；

η_{pv}——塑性黏度，mPa·s；

γ——速度梯度；

K——稠度系数；

n——流性指数；

η_c——卡森模式下的结构黏度，mPa·s；

A,B,C,a_0,a_1,a_2——实验系数。

其中，赫-巴模式的总体误差是最小的，宾汉模式与幂律模式的总体误差较大，但各自对某些钻井液或水泥浆的误差却很小。用宾汉模式描述的误差大时，用幂律模式描述的误差则小。宾汉模式与幂律模式形式简单、易于计算、便于推广，且流变参数含义明确，具有可直接指导钻井液和水泥浆流变性能的控制与调节等特点。因此，推荐采用宾汉模式、幂律模式和赫-巴模式描述水泥浆流变性。

研究表明，赫-巴模式的准确性通常要比宾汉和幂律模式高。因此，计算时如果采用赫-巴模式，则不再进行模式选择；否则，需对具体液体进行流变模式优选。流变模式选择原则以实际水泥浆的剪切速率和剪切应力对两个模式的吻合程度为准，其方法可用线性回归中的相关系数法或下面介绍的线性比较法（F 比值法）。F 用旋转黏度计 300，200 和 100 转的读值（ϕ_{300}，ϕ_{200}，ϕ_{100}）计算，具体公式为：

$$F = \frac{\phi_{200} - \phi_{100}}{\phi_{300} - \phi_{100}} \tag{7-3-7}$$

当 $F = 0.5 \pm 0.03$ 时，选用宾汉模式；反之，则选用幂律模式。

常用流变模式参数有 τ_0，η_{pv}（宾汉）；n，K（幂律）；τ_s，n，K（赫-巴）等。一般采用六速旋转黏度计测量，流变参数的计算公式为：

宾汉模式

$$\left.\begin{aligned} \eta_{pv} &= 0.001\,5(\phi_{300} - \phi_{100}) \\ \tau_0 &= 0.511\phi_{300} - 511\eta_{pv} \end{aligned}\right\} \tag{7-3-8}$$

幂律模式

$$\left.\begin{aligned} n &= 2.092\lg\frac{\phi_{300}}{\phi_{100}} \\ K &= \frac{0.511\phi_{300}}{511^n} \end{aligned}\right\} \tag{7-3-9}$$

赫-巴模式

$$\left.\begin{aligned}\tau_s &= \frac{\tau_x^2 - 0.261\phi_{300}\phi_3}{2\tau_x - 0.511(\phi_{300}+\phi_3)} \\ K &= \frac{0.511(\phi_{300}-\phi_3)}{511^n - 5.11^n} \\ n &= \lg\frac{0.511\phi_{300}-\tau_x}{\tau_x - 0.511\phi_3}\end{aligned}\right\} \tag{7-3-10}$$

其中：
$$\tau_x = 0.511(0.255\phi_{100} + 0.745\phi_6)$$

式中　ϕ_3，ϕ_6——旋转黏度计 3 和 6 转时的读值。

6. 水泥浆稳定性

稳定性是水泥浆的重要性能指标之一。稳定性较差的水泥浆所形成的水泥柱的致密程度从上到下非常不均匀。在大斜度井及水平井中，水泥石的这种不均匀性表现尤为突出，从井眼下侧到上侧，水泥石的致密程度及胶结强度不断减弱，这对水泥环的封固质量有不良的影响。稳定性差的水泥浆，其游离液含量一般较大，会在水泥柱中形成油、气、水窜的通道，影响水泥环的封固质量。

水泥浆的稳定性一般可用游离水含量（即水泥石的体积收缩量）和水泥柱的纵向密度分布来表示，其测量方法主要有 API 标准的自由水（析水率）、水泥柱纵向收缩、水泥浆沉降稳定性（即水泥柱纵向密度梯度）。

API 标准对常规水泥浆体系析水的最低要求是 250 mL 水泥浆析水不超过 3.5 mL，即析水不超过水泥浆体积的 1.4%，而在斜井或水平井中要求水泥浆析水为 0 mL。

水泥浆体系的沉降稳定性是指水泥浆体系中各种成分的不同颗粒的悬浮稳定性。水泥浆体系的稳定性主要用一段不小于 20 cm 的水泥柱顶端和底端的密度差来表示。按照常规的测量水泥浆体系沉降稳定性的方法制备水泥柱，并在室温下养护 12 h，然后将水泥柱分割成若干段，对它们进行测量并计算出各段的密度，再根据密度结果得到水泥柱最大密度差，以此来评价该水泥浆体系是否具有良好的沉降稳定性。SY/T 5480—2007 规定，低密度水泥浆和常规水泥浆上下密度差不大于 0.03 g/cm^3，定向井、水平井和大斜度井上下密度差不大于 0.01 g/cm^3，超高密度水泥浆上下密度差不大于 0.05 g/cm^3，其余水泥浆上下密度差不大于 0.03 g/cm^3。

实际应用中，只要存在上述情况之一，都认为水泥浆是不稳定的，即垂直水泥柱存在较大的密度梯度和/或水泥浆静止 2 h 游离出较多的自由水。这两种现象可以单独发生，也可以同时出现。

7. 水泥石强度特性

水泥石的强度应满足如下要求：

（1）支撑和加强套管。研究表明，当水泥石的抗压强度为 56 kPa 时，10 m 长的水泥环就可支撑 94 m 长的 ϕ177.8 mm 套管，因此支撑套管并不需要很高的水泥石强度。

（2）应能承受钻柱的冲击载荷。

（3）应能承受酸化、压裂等增产措施作业的压力。

水泥石的强度包括抗压强度、胶结强度和抗折强度三个方面。

1）水泥石的抗压强度

水泥石的抗压强度体现了水泥石承受压力和支撑套管的能力，其在 API 标准及 SY/T

6544—2003 中有明确的要求，见表 7-3-4。超低密度水泥浆用于封固产层时，其 24 h 抗压强度不低于 7 MPa，72 h 抗压强度应大于或等于 14 MPa。

表 7-3-4　不同封固层水泥石抗压强度要求

套管层次	水泥浆类型	密度/($g \cdot cm^{-3}$)	8 h 抗压强度/MPa	24 h 抗压强度/MPa
表层套管	领　浆	1.60	>1.8	>3.5
	尾　浆	1.90	>3.5	>8.0
技术套管	领　浆	1.60	>2.1	>3.5
	尾　浆	1.90	>5.0	>11.0
技术尾管		1.90	>5.0	>14.0
生产套管	领　浆	1.60	—	>8.0
	尾　浆	1.90	—	>14.0
生产尾管		1.90	—	>14.0

2）*水泥石的胶结强度*

要保证水泥石与套管和地层之间的胶结质量，达到有效封隔地层的目的，应考虑两个胶结特性，即剪切胶结力和水力胶结力，它们统称为胶结强度。

（1）剪切胶结力：支撑套管的自重。剪切胶结力一般通过测量水泥石与套管间开始产生移动时的作用力来确定，用单位接触面积上所需作用力的大小表示。一般情况下，剪切胶结力为抗压强度的 10%～20%。

（2）水力胶结力：阻止流体在环空中窜移的能力。水力胶结力一般通过测定套管与水泥环之间开始渗漏的压力来确定。

对于有效封隔地层来说，水力胶结力比剪切胶结力的作用更大。

目前 API 标准还没有提出水泥石胶结强度的标准要求。

3）*水泥石的抗折强度*

随着小间隙井眼越来越多，在固井过程中对水泥石的韧性提出了更高的要求。评价水泥石韧性的方法主要有：

（1）抗冲击韧性实验。抗冲击韧性是指水泥试件受冲击断裂所消耗能量（或称断裂功）的大小，用以表示水泥环承受冲击的能力。

（2）抗折强度实验。抗折强度又称为弯曲抗拉强度。抗折强度实验是测定水泥试件在抗折实验机上连续均匀加载条件下断裂时的载荷，并计算出其抗折强度。

（3）弹性模量实验。弹性模量实际上代表了材料抵抗变形的能力。弹性模量越大，材料越不容易变形，刚性也就越大。

（4）抗拉强度实验。抗拉强度实验是测定水泥试件在受到均匀拉伸载荷的作用下断裂时的载荷，并计算出其抗拉强度。

（5）实弹射孔实验。实弹射孔实验是模拟井下温度和压力条件下养护水泥环，并用实弹射孔以观察水泥环孔眼是否整齐、有无碎裂及裂纹，评价水泥塑性。

上述五种方法对固井工程具有实际的指导意义，但实验的难度有很大差别。对比而言，抗折强度实验、弹性模量实验操作较为简单，对试件的要求较低，而且能定量地分析水泥石韧性变形能力的大小。因此，目前主要由水泥石的抗折强度实验、弹性模量实验所得到的实验数据评价水泥石的韧性。

目前API标准还没有提出水泥石抗折强度的标准要求。

8. 水泥石渗透性

固井注水泥的目的之一就是在井壁与套管之间保持良好的封隔，在正常生产时间内不允许地层流体或完井液通过水泥环在环空中流动。

水泥石的渗透性是指在一定压力下水泥石允许流体通过的特性。SY/T 5480—2007 规定，水泥石的渗透率应小于 $0.01\times10^{-3}\ \mu m^2$，应尽量降低用于封固腐蚀性地层以及页岩气层的水泥石的渗透率。

9. 水泥石抗腐蚀性能

水泥石应能抵抗各种流体的腐蚀，主要应抗硫酸盐腐蚀。

在水泥成分中控制 C_3A 及 C_4AF 的含量为 $w(C_3A)\leqslant3\%$，$w(C_4AF$ 和 $C_3A)\leqslant24\%$，可使水泥抗硫酸盐腐蚀的性能提高，也可加入矿渣、石英砂等以提高水泥抗硫酸盐腐蚀的能力。

三、水泥外加剂(外掺料)及主要作用原理

随着石油工业的发展，油气勘探和开发领域日益扩大，钻井技术水平逐渐提高。深井、超深井和特殊工艺井的出现给固井技术提出了更高的要求。采用纯水泥已经远远不能满足固井工艺技术的要求，必须依靠外加剂(掺入量小于5%)或外掺料(掺入量大于5%)来调节水泥的使用性能。

1. 密度调节剂——加重剂及减轻剂

由于地层压力和地层破裂压力复杂多变，为了确保固井施工的安全和保证固井质量，需要在水泥浆中加入密度调节剂以满足固井施工的要求。水泥浆密度调节剂包括加重剂和减轻剂。

1) 加重剂

当钻遇高压油气层或在老油田调整井进行固井作业时，为防止井喷、气窜，需加大水泥浆的密度，常常往水泥中掺入加重剂。一般认为，密度在 2.00～2.30 g/cm³ 之间的水泥浆为高密度水泥浆，大于 2.30 g/cm³ 的水泥浆为超高密度水泥浆。常用的加重剂材料主要有重晶石、钛铁矿、赤铁矿和超细四氧化三锰等。

(1) 重晶石。

重晶石的主要成分是硫酸钡($BaSO_4$)，纯重晶石呈白色，有光泽，由于杂质及混入物的影响也常呈灰色、浅红色、浅黄色等，密度为 4.3～4.6 g/cm³。重晶石的化学性质稳定，不溶于水和盐酸，无磁性和毒性。用重晶石配制的水泥浆的密度可达到 2.2 g/cm³。

(2) 钛铁矿。

钛铁矿颜色为灰色或黑色，密度为 4.45 g/cm³，具有金属光泽，性质稳定。由于其密度较大，当钛铁矿作为加重剂时，水泥浆的密度最大可以加重到 2.40 g/cm³。

(3) 赤铁矿。

赤铁矿的主要化学成分为氧化铁，硬度很大，化学性质稳定，密度为 5.0～5.3 g/cm³。赤铁矿和钛铁矿一样，由于其密度较高，一般用于配制较高密度的水泥浆。赤铁矿可以使水

泥浆的密度加重到 2.60 g/cm^3。

(4) 超细四氧化三锰。

超细四氧化三锰的密度为 4.8 g/cm^3，粒径小于 10 μm。由于粒径小、密度高，因此其既有加重作用，又有悬浮稳定作用，与铁矿粉混用可以形成紧密堆积，有利于配制超高密度水泥浆。

2) 减轻剂

减轻剂用以降低水泥浆密度，从而降低固井水泥浆柱的静压力。这有助于防止由于薄弱地层的破裂而引起的井漏，提高固井质量。一般来说，密度在 1.2～1.7 g/cm^3 范围内的水泥浆称为低密度水泥浆，小于 1.2 g/cm^3 的水泥浆称为超低密度水泥浆。

常用的减轻剂材料有黏土、硅酸钠、粉煤灰、漂珠、微硅、硬沥青、空心玻璃微珠等。

(1) 黏土。

黏土的密度为 2.6～2.7 g/cm^3，是最常用的黏土类水泥浆减轻剂。由于黏土的造浆率很高，黏土可以使水泥含水容量增大，从而使水泥浆密度降低。膨润土用量一般为 20%，增加膨润土用量可以使水泥浆密度降低，同时也可使水泥石的抗压强度下降，渗透率增大，这种水泥体系的抗腐蚀性能也相应降低。

(2) 硅酸钠。

硅酸钠可以在水泥中与氧化钙或氯化钙反应生成硅酸钙凝胶，此胶体可以提供较大的黏度，从而大大地提高水泥的加水量而不增加水泥浆的游离液量，因此使用硅酸钠可提高水灰比而降低水泥浆的密度。硅酸钠的常用量为 0.2%～3%，可以使水泥浆密度降低到 1.37～1.70 g/cm^3，且析水率小。该水泥浆体系的适用温度为 60～70 ℃，在高温下浆体稳定性变差。

(3) 粉煤灰。

粉煤灰又称飞灰，它是从以煤为燃料的发电厂的锅炉烟气中收集下来的灰渣。粉煤灰的货源广、产量高。其矿物组成主要为玻璃微珠、玻璃态 SiO_2、玻璃态 Al_2O_3、石英、莫来石、碳粒等，其中以玻璃体和玻璃珠为主。粉煤灰的密度一般为 2.0～2.5 g/cm^3，容重一般为 1 000～1 250 g/cm^3，颗粒粒径在 0.5～300 μm 范围内。用粉煤灰配制的水泥浆可使其密度降低到 1.6～1.7 g/cm^3。

(4) 漂珠。

漂珠是薄壁的空心玻璃微珠，是一种从粉煤灰漂浮物中筛选出来的珠状颗粒。漂珠在常压下的密度大约为 0.7 g/cm^3，直径为 30～100 μm，壁厚只有颗粒直径的 5%～8%，其化学成分主要为 SiO_2，Al_2O_3 和 Fe_2O_3 等。

漂珠与水泥混合可制得轻质水泥浆，可以将水泥浆的密度降低至 1.05～1.45 g/cm^3，漂珠的掺量以 10%～40% 为宜。

(5) 微硅。

微硅又称超细硅粉，是铁合金生产过程中分离出来的一种副产品，其主要成分是 SiO_2（含量为 90%～98%）。微硅的密度约为 2.6 g/cm^3，粒度很细，平均粒径为 0.1 μm，比水泥平均粒径（20～50 μm）和漂珠平均粒径小得多，其粒度分布范围为 0.02～0.5 μm。微硅能够有效地起到提高水泥浆稳定性、减少游离液含量的作用，但是其降低水泥浆密度的范围较小（1.35～1.68 g/cm^3），并且微硅与水泥混合时需要大量的水来润湿，水灰比增大，影响水泥石强度的发展。

其流变性和用水量的限制使得单加微硅的水泥浆体系在油田中的实际应用较少。

(6) 硬沥青。

硬沥青是指天然沥青或通过沥青氧化法得到的高软化点沥青，其密度为 0.9～1.1 g/cm³。由于其密度与水相近，故可配制出低密度、高强度的水泥浆体系。硬沥青常与高保水材料复合使用，加量 2.5%～50%可使水泥浆密度降到 1.37～1.70 g/cm³，适用温度为 150 ℃以下。

(7) 空心玻璃微珠。

空心玻璃微珠是由硼硅酸盐制成的，粒径 10～200 μm、壁厚 1 μm 左右的空心微球，其密度为 0.2～0.6 g/cm³，抗压强度高达 82 MPa。空心玻璃微珠粒径越大，密度越小，抗压强度也越大。目前采用空心玻璃微珠可以配制出密度小于 1 g/cm³ 的水泥浆。

2. 稠化时间调节剂——促凝剂及缓凝剂

由于固井施工时间的长短差别较大，且水泥浆的稠化时间受温度影响较大，为了使水泥浆在不同的环境温度条件下均能较好地满足固井的要求，需要在水泥浆中加入促凝剂和缓凝剂来调节水泥浆的稠化时间。

1) 促凝剂

在浅井或深水固井注水泥施工中，虽然水泥浆满足了泵送的要求，但往往存在稠化时间长、强度发展慢的问题，严重影响钻井进度和固井质量，因此需要在水泥浆中加入促凝剂以加速水泥的水化，缩短候凝时间。促凝剂包括无机盐类促凝剂和有机化合物促凝剂。

(1) 无机盐类促凝剂。

许多无机盐都可作为油井水泥促凝剂，其中最常见的为氯化物盐类。其他一些盐类，如碳酸盐、硅酸盐、铝酸盐、硝酸盐、硫酸盐等，都有促凝作用。

氯化钙在所有无机盐类促凝剂中效果最好，成本最低，不存在缓凝点，一般加量为 2%～4%。氯化钠在加量低于配浆水质量的 10%时，起促凝作用；加量为 10%～18%时，对水泥浆稠化时间影响较小，但当加量超过 18%时则起到缓凝作用。

(2) 有机化合物促凝剂。

油井水泥有机化合物促凝剂包括甲酸钙、甲酰胺、草酸和三乙醇胺。

三乙醇胺既是水泥浆中铝酸盐的促凝剂，又是水泥浆中硅酸盐的缓凝剂，它在硅酸盐中使硅酸三钙水化诱导期延长而表现出缓凝或先缓凝后促凝的作用。因此，三乙醇胺通常不能单独使用，需和其他外加剂一起使用来消除某些分散剂所造成的过度缓凝。

(3) 促凝剂的作用机理。

不同促凝剂的促凝机理有所不同，目前促凝机理主要有以下三方面：

① 同离子效应(氯化钙)与盐效应(氯化钠)，改变胶凝材料的溶解度，加快水化进程；

② 与水泥胶体矿物发生化学作用，生成溶度积比相应单盐更小的复盐、络合物或难溶化合物，加快水化反应进程；

③ 形成结晶中心，加速水泥的凝结与硬化。

2) 缓凝剂

在中深井、深井以及超深井固井注水泥施工中，通常需要在水泥浆中加入缓凝剂以调节稠化时间，满足固井施工要求。缓凝剂包括有机物类缓凝剂和聚合物类缓凝剂。

(1) 有机物类缓凝剂。

目前常用的有机物类缓凝剂主要包括有机磷酸(盐)和羟基羧酸(盐)类缓凝剂。

有机磷酸（盐）种类繁多，有不少品种适合用作油井水泥缓凝剂，常用的有乙二胺四甲叉磷酸盐、羟基乙叉二磷酸等。有机磷酸（盐）缓凝剂的优点是它对水泥成分的微小变化不敏感。有机磷酸（盐）缓凝剂的有效使用温度范围为 40～170 ℃，其掺量大时会影响水泥强度的发展，研究开发时应注意这个问题。

羟基羧酸（盐）是较早开发的高温缓凝剂，主要包括酒石酸、葡糖酸、葡庚糖酸等。国内外对羟基羧酸（盐）的性能研究得比较透彻，其特点是：缓凝效果好，但加量敏感，稀释作用强。Chatterji 等使用链烷醇胺与羟基羧酸反应制得铵盐以缓解羟基羧酸的过缓凝作用。

(2) 聚合物类缓凝剂。

聚合物类缓凝剂是近年来国内外研究最多的一类缓凝剂。由于通过聚合技术可将多种不同的功能性单体结合在一起，而且可以控制分子链的长短、相对分子质量的大小及分布，因此这类缓凝剂可以用分子设计思想来指导其合成，得到综合性能较为理想的缓凝剂。目前这类缓凝剂主要通过 AMPS（2-丙烯酰胺基-2-甲基丙磺酸）与羧酸单体、丙烯酰胺等进行共聚得到。

AMPS 与衣康酸是这类缓凝剂中的典型代表，它们的缓凝效果明显强于 AMPS 与丙烯酸聚合物，无须加入硼砂、有机酸等缓凝增强剂，单独使用温度可达 260 ℃。

(3) 缓凝剂的作用机理。

不同缓凝剂的缓凝机理不同，共同的认识在于：缓凝剂抑制水泥矿物组分水化速度，延缓结晶过程。目前存在以下四种理论解释：

① 吸附理论。分子吸附于水化颗粒表面，阻止水的接触。

② 螯合理论。分子与液相中 Ca^{2+} 螯合，阻碍晶核生成。

③ 晶核毒化理论。分子吸附于最初生成的晶核表面，阻止晶体连生，使之难以形成聚晶体。

④ 沉淀理论。分子与 Ca^{2+} 和 OH^- 作用，沉淀于水化表面，阻止水向晶体内部渗透，抑制水化。

3. 降失水剂

固井施工时，水泥浆在压力下经过渗透性地层时将发生渗滤。水泥浆滤液进入地层会产生两种后果：一是使水泥浆失水，流动性变差，严重者可使固井施工失败；二是对储层造成不同程度的伤害。为了减少水泥浆的失水量，需要在水泥浆中加入降失水剂。水泥浆降失水剂产品可分为两大类：颗粒材料和水溶性聚合物。

1) 颗粒材料

颗粒材料主要是一些粒径较小的微粒材料，这些微粒进入水泥滤饼并嵌入水泥颗粒之间，使滤饼结构致密，渗透率降低。

这类材料包括微硅、沥青、胶乳以及热塑性树脂等。

2) 水溶性聚合物

目前，大部分降失水剂产品为水溶性聚合物。其作用机理为：大分子聚合物在溶液中通过氢键作用形成较稳定的胶状聚集物，并楔入水泥滤饼的微孔结构中，降低滤饼的渗透率；另外，这些高分子链上的极性基团吸附在水泥颗粒表面，以其吸附、溶剂化作用改变不同粒度水泥颗粒粒径，从而起到颗粒级配作用，构成致密水泥滤饼，降低水泥浆失水量。

这类产品又可分为改性天然产物与合成聚合物。

(1) 改性天然产物。

改性纤维素是水溶性天然产物中应用较多的一类降失水剂。可用作降失水剂的改性纤维素有CMC(羧甲基纤维素)、HEC(羟乙基纤维素)、CMHEC(羧甲基羟乙基纤维素)等。改性纤维素的共同缺点是水溶性差、黏度高、耐温性能差、延迟水泥强度发展。通过对纤维素进行化学接枝共聚反应,引入其他功能单体,是改善其性能缺陷的较好方法。

(2) 合成聚合物。

合成聚合物类降失水剂品种繁多、性能优异,具有一些改性天然产物无法比拟的特点,主要由如下几类:

① 非离子型聚合物。

PVA(聚乙烯醇)体系是国内应用较广的一类非离子型聚合物类降失水剂,具有独特的优点。该体系使用温度可达95 ℃,高于此温度后,交联键被破坏,降失水性能变差。此外,该体系抗盐(NaCl)性能差,抗盐通常不超过5%。为了改善PVA体系耐温、耐盐性能较差的缺陷,可以采用化学交联的方法对PVA进行改性,改性后耐温可达120 ℃,抗盐可达8%,失水量可以控制在50 mL以下。

② 阴离子型聚合物。

阴离子型聚合物是国内外研究最为广泛、产品种类最多的一类降失水剂。AMPS与丙烯酸、马来酸、丙烯酰胺等的共聚物是这类聚合物降失水剂的典型代表。这类降失水剂具有低增黏和优异的耐高温、耐盐特性,是一类性能优异的降失水剂。

4. 分散剂

分散剂的主要作用机理为:通过削弱和拆散水泥颗粒之间的成团连接,释放自由水,破坏水泥颗粒的胶凝结构,改善水泥浆的流变性。目前常用的分散剂主要包括以下几类:

(1) 磺酸盐。

磺酸盐是最普通的水泥分散剂,分散剂分子中含有5～50个磺酸盐基团,这些基团连接在高度枝化的大分子主链上。这类分散剂主要包括密胺磺酸盐、聚萘磺酸盐、木质素磺酸盐、聚苯乙烯磺酸盐等。

(2) 磺化醛酮缩聚物。

该缩聚物分子结构中含—OH,$—CH_3$,—C—和$—SO_3H$基团,其使用温度可达150 ℃,是目前国内最好的高温水泥分散剂。

(3) 低相对分子质量的羟基聚多糖。

属于此类分散剂的有水解淀粉、纤维素或半纤维素及其非离子型聚合物,如聚乙烯醇、聚氧乙烯和聚乙二醇等,均具有良好的分散性能。

(4) 低分子化合物。

该类分散剂的典型代表为羟基羧酸。羟基羧酸具有很强的分散能力,同时又是强缓凝剂,其中最典型的是柠檬酸。

5. 防漏失剂

注水泥期间常常会发生水泥浆向高渗透地层、裂缝性地层和孔洞性地层的漏失,为了控制水泥浆的漏失,需要向水泥浆中加入堵漏剂。常用的水泥浆堵漏剂为片状、纤维状、颗粒状或凝胶状材料，如赛璐珞、玻璃纤维、云母片和硬沥青等。目前在堵漏方面用得较好的堵漏剂是斯伦贝谢公司研发的专门用于水泥浆的硅基合成纤维（AFCS），这些纤维呈圆柱形，平均长度 12.7 mm，直径 20 μm。AFCS 的形状和使用材料的类型非常适合于和水泥浆混合。不同于常规纤维，AFCS 中的纤维在水泥浆中易于分散，可以在漏失带形成坚固的纤维网，水泥浆中的固体颗粒被这些纤维网固定并建立桥塞，从而阻止漏失。

6. 消泡剂

在水泥浆的配制过程中，尤其是在水泥浆中加入磺酸盐型外加剂时，往往会产生大量的气泡，这些气泡会改变水泥浆密度，也会影响水泥石强度和水泥柱高度。因此，需要加入消泡剂以消除气泡对水泥浆的影响。

1）常用消泡剂

固井常用的消泡剂一般有两类：一类是醇类，另一类是有机硅类。

（1）醇类。

醇类消泡剂包括醇、醚和酯，因其价廉而使用最广。在大多数情况下，在配浆之前将醇类消泡剂加入混合水中即可生效。醇类消泡剂主要有甘油聚醚、斯盘-80、磷酸三丁酯、乙二醇、正丁醇等。

（2）有机硅类。

有机硅类消泡剂是一类高效消泡剂，它与醇类所不同的是在水泥浆中起到破坏泡沫生成的作用。这类消泡剂主要有硅醚油和硅氧烷。

硅醚油是无色透明、无毒无味、中性油状液体，其凝固点低，化学性质稳定，难溶于水，表面张力低，一般 1/100 000 的用量即可保证使用效果。

硅氧烷是将研磨极细的硅粉分散到聚二甲基硅氧烷或类似的硅氧烷中而制成的悬浮体系，也可制成 10%～30%的水包油体系的乳状液。

2）消泡剂的作用机理

消泡剂的主要作用机理为：抑制泡沫产生，利用本身的低界面张力，迅速铺展，使液膜变薄破裂。目前有以下三种理论解释：

（1）抑制理论。泡沫将要产生时，消泡剂微粒迅速破坏气泡的弹性膜。

（2）破坏理论。泡沫存在时，消泡剂利用自身的低界面张力使泡沫液膜变薄并最终破裂。

（3）排液理论。消泡剂能促使液膜排液，从而导致气泡破灭。

7. 早强剂

早强剂是能缩短水泥浆稠化时间、提高水泥石早期强度的化学剂。目前，已经在现场应用的早强剂有无机盐类、有机物类、复合型三大类。

1）常用早强剂

（1）无机盐类早强剂。

无机盐类早强剂主要有氯化物、硫酸盐、硝酸盐、亚硝酸盐、碳酸盐以及钠、钾、铵的氢氧化物等。其中，氯化物是最常用的油井水泥早强剂。氯化钙是最有效、最经济的促凝早强剂，其正常加量为 2%～4%（质量分数）。

硅酸钠通常用作水泥的填充料，但也有促凝作用。在水泥浆液相中，硅酸钠与 Ca^{2+} 反应生成水化硅酸钙(C-S-H)胶核，从而促使水泥水化诱导期提前结束。

(2) 有机物类早强剂。

有机物类早强剂主要包括三乙醇胺、三异丙醇胺、甲酸、乙二醇等。

三乙醇胺在铝酸盐中为促凝剂，能加速 C_3A 的水化，并且在 C_3A-$CaSO_4$ 体系中能够加速钙矾石的生成，但在硅酸盐中可使 C_3S 水化诱导期延长而表现出缓凝或先缓凝后促凝的作用。

(3) 复合型早强剂。

复合型早强剂是指有机物与无机盐、有机物与有机物、无机盐与无机盐等复合型早强剂。

2) 早强剂的作用机理

一般认为，水泥浆的液相最初由硫酸盐溶液和氢氧化钙、氢氧化钾、氢氧化钠溶液组成，它们之间处于动态平衡：

$$CaSO_4 + 2(K,Na)OH \longrightarrow (K,Na)_2SO_4 + Ca(OH)_2$$

任何促使该反应向右移动的外加剂都能加速水泥浆的稠化与凝结过程，早强剂正是能加速该反应向右移动的外加剂。

归纳起来，早强剂的促凝早强机理有以下三个方面：

(1) 离子效应。

无机盐在水泥浆体系中可发生盐效应和同离子效应，从而改变胶凝材料的溶解度，加快水泥水化反应的进程。若水泥浆中没有同类离子的电解质，早强剂在盐效应的作用下可增大水泥浆溶液的离子浓度，改变水泥颗粒表面的吸附层，从而提高水化矿物的溶解度，加速水泥水化进程；若水泥浆中有同类离子的电解质，早强剂可在同离子效应的作用下，一方面减小一些水泥水化矿物的溶解度，另一方面促使水泥水化产物更快地结晶析出，从而提高水泥石的早期强度。

阴/阳离子的早强效果如下：

$$Ca^{2+} > Mg^{2+} > Li^{+} > Na^{+} > H_2O$$

$$OH^{-} > Cl^{-} > NO_3^{-} > SO_4^{2-} > H_2O$$

(2) 生成复盐、络合物或难溶化合物。

一些早强剂可通过与水泥胶体矿物发生化学作用，生成复盐、络合物或难溶化合物。由于复盐、络合物或难溶化合物的溶度积比相应单盐更小，从而加速了水泥水化进程。例如，亚硝酸盐和硝酸盐能与 C_3A 生成络合物、亚硝酸铝酸盐和硝酸铝酸盐，加速水泥水化并促进水泥石早期强度的发展；胺类在水泥浆中可生成易溶解络合物，加快 C_3A 和 C_4AF 的溶解速度，从而生成更多的硫铝酸钙以提高水泥石的早期强度。

(3) 形成结晶中心加速水泥的凝结与硬化。

一些早强剂还能起到制备结晶中心的作用，从而加速水泥的水化进程。例如 $NaAlO_2$，Na_2SiO_3 等物质在水溶液中可水解为呈胶态的氢氧化铝胶体、硅胶等，它们与钙离子结合可形成水化物的结晶中心而加速水泥浆的凝结与硬化。

8. 膨胀剂

1) 膨胀剂的类型

油井水泥膨胀剂可分为两种类型：一种是刚性膨胀剂，通过加入 CaO/MgO 和

$CaO/CaSO_4$等碱金属氧化物参与水泥水化反应，生成膨胀性晶体钙钒石、氢氧化钙、氢氧化镁等，补偿水泥水化后的体积收缩，且使水泥石产生微膨胀；另一种是发气膨胀剂，以铝粉为主，与稳泡剂等材料复合而成，在井下与水泥水化产物 $Ca(OH)_2$ 反应，生成氢气，产生微膨胀，补偿水泥水化后的体积收缩。

国内外使用的各类油井水泥膨胀剂达数十种，按其组成主要分为以下几类：

（1）无机盐，如 Na_2SO_4，$NaCl$，$CaSO_4 \cdot 0.5H_2O$，$4CaO \cdot 3Al_2O_3 \cdot SO_3$；

（2）金属氧化物，如 $CaO+MgO$，CaO，MgO，$CaO+Al_2O_3$；

（3）金属粉末，如铝粉、铁粉、锌粉、镁粉等；

（4）有机材料，如橡胶粉等。

在井下，由于受到套管和地层的限制，掺有膨胀剂的水泥水化后可产生轻度膨胀，补偿水泥石体积的收缩，堵塞环空微环隙，并且可以改善水泥石内部结构，提高固井界面的胶结强度。

2）膨胀剂的膨胀机理

常用的刚性膨胀剂为钙矾石、方钙石和方镁石，发气膨胀剂为铝粉。硫铝酸钙、方钙石和方镁石的膨胀过程较为相似：水泥浆体的膨胀起因于膨胀剂水化产物的生成和生长，钙矾石、氢氧化钙、氢氧化镁晶体在局部区域内的生成和生长使水泥浆体产生膨胀。当浆体处于受限状态时，膨胀将使水泥石结构致密化，并产生预应力（膨胀应力）。

（1）钙矾石的膨胀机理。

① 吸水膨胀。

钙矾石吸水膨胀理论认为，水泥浆中通过溶解-沉淀形成的 AFt 是具有胶体尺寸的似凝胶物质，并且带负电，具有高比表面积。凝胶状的钙矾石粒子吸引围绕在钙矾石晶体周围的极化水分子，引起颗粒之间的排斥力，造成整个体积的膨胀，而且当其与水溶液接触时会形成扩散双电层，宏观上表现为膨胀，但膨胀力不大。

② 结晶压力。

钙矾石晶体交叉生长，互相施加压力，导致水泥浆体膨胀，晶体生长使膨胀水泥体积增大，且膨胀取决于单位体积内结晶晶核数和晶体生长速度。晶核数越多，晶体越细小，产生的膨胀越大。晶核既可在溶液中形成，也可在水泥颗粒表面形成。实际上，微晶 AFt（Ⅱ型）因吸水膨胀产生膨胀压，粗晶 AFt（Ⅰ型）则产生结晶压，在受限状态下，Ⅰ型 AFt 起增强作用，Ⅱ型 AFt 起膨胀作用。

（2）方钙石（CaO）的膨胀机理。

CaO 水化生成 $Ca(OH)_2$ 时固相体积增大，导致水泥浆体的膨胀。但是 $Ca(OH)_2$ 并不是 CaO 水化的特有产物，其他熟料矿物如 C_3S 和 C_2S 等水化时也会生成 $Ca(OH)_2$，一般约占水泥水化产物的20%，而后者在水化的同时还会生成 CSH 凝胶和 $Ca(OH)_2$ 相，两者可能紧密地结合在一起，不会造成膨胀。CaO 水化时只形成 $Ca(OH)_2$ 相，此时形成的 $Ca(OH)_2$ 相可能主要堆积在 CaO 颗粒表面，即发生局部化学反应而导致水泥石体积膨胀。CaO 水化生成 $Ca(OH)_2$ 时不仅固相体积增大，其水泥石孔隙体积也增大，且水化产物呈局部堆积状态时才会导致水泥浆体膨胀。

（3）方镁石（MgO）的膨胀机理。

方镁石水化生成水镁石[$Mg(OH)_2$]的反应属典型的原地固相反应，其膨胀作用源于水镁石的结晶生长压。方镁石的水化过程分为四步：① 水分子在 MgO 表面的物理吸附和化学吸附；② Mg^{2+} 和 OH^- 在吸附水分子层的扩散；③ $Mg(OH)_2$ 晶体的成核；④ $Mg(OH)_2$ 晶体的生长。

在 $Mg(OH)_2$ 晶体很小时，水泥浆体的膨胀力主要来自吸水膨胀；随着 $Mg(OH)_2$ 晶体的长大，其膨胀力转为结晶压起主导作用，即方镁石造成的膨胀来自吸水膨胀力和结晶压的共同作用，但前者的作用非常有限。

(4) 铝粉的膨胀机理。

作为发气膨胀剂的铝粉需要经过精细粉碎，并且外表涂覆一层树脂，以控制铝粉在井下发气和持续的时间。在井下温度和压力等因素的作用下，铝粉与水泥浆中氢氧化钙发生反应，生成微小的氢气气泡，并在稳泡剂的作用下，形成相互独立的气泡，均匀分布在水泥浆中。微小气泡在水泥浆的圈闭作用下产生膨胀压力，补偿了因水泥浆体积收缩和水泥浆"失重"而产生的压力损失，在宏观上水泥浆总体积产生微膨胀，改善了水泥环与套管和井壁间的胶结质量。

9. 增韧剂

水泥环的层间封隔能力直接关系到后续钻井、完井、开发、提高采收率等强化开采措施能否有效实施。由于常规水泥石的脆性较大，抗冲击载荷能力较差，在套管试压、压裂和射孔等作业过程中，水泥环容易发生脆性破坏，从而丧失层间封隔能力，因此需要在水泥浆中加入增韧剂以对水泥石的性能进行改善。常用的增韧剂主要有纤维、胶乳、弹性颗粒等。

1) 纤 维

在水泥中加入纤维材料，使水泥具有一定韧性是提高水泥石承受井下外力作用的较好方法。纤维主要有钢纤维、聚合物纤维、玻璃纤维、碳纤维等。

(1) 钢纤维。

与其他纤维相比，钢纤维与水泥基材复合使用有较多的优越性。钢纤维的弹性模量与抗拉强度都比较高，为水泥基材的 5 倍以上，同时钢纤维也可制成各种变截面形状，以增加其与水泥基材之间的黏结力。

(2) 聚合物纤维。

常见的聚合物纤维有聚丙烯纤维、聚酯纤维等。聚丙烯是一种结构规整的结晶型聚合物，为乳白色、无味、无毒、质轻的热塑性塑料，密度为 0.90～0.91 g/cm^3，是现有树脂中最轻的一种。聚丙烯与大多数化学品，如酸、碱和有机溶剂接触不发生作用，物理机械性能良好。聚丙烯纤维的抗拉强度为 33.0～11.4 MPa，抗压强度和抗弯曲强度均为 41.4～55.1 MPa。

(3) 玻璃纤维。

玻璃纤维具有原料易得、拉伸强度高、断裂伸长低、弹性模量高、防火、防霉、耐热、耐腐蚀和尺寸稳定性好等优点，是一种常用的性能优良的增强材料。玻璃纤维最大的特点是拉伸强度高，直径 3～9 μm 的玻璃纤维的拉伸强度可高达 1 500～4 000 MPa。玻璃纤维是在复合材料中应用最广泛的一种纤维，其与碳纤维制成混杂复合材料，可以在不降低碳纤维复合材料强度的同时提高其韧性，并降低成本。

(4) 碳纤维。

碳纤维是指碳的质量分数超过 90%的纤维。碳纤维可以由沥青、聚合物（如聚丙烯腈）或含碳气体（如乙炔）制成。它具有轴向抗拉强度高、密度小、耐腐蚀性及耐久性好等特点。

2) 胶 乳

胶乳在油井水泥中通常用作防气窜剂和耐腐蚀材料。加入胶乳后的水泥石抗拉强度、弹性变形能力以及抗冲击能力会有较大的改善，因此胶乳也是一种性能优良的增韧剂。曾被用作或正用作水泥外加剂的胶乳有醋酸乙烯酯、聚苯乙烯、氯苯乙烯-氯乙烯共聚物、苯乙烯-丁二烯共聚物、氯丁二烯-苯乙烯共聚物及树脂乳液等。目前在油田应用较多、效果较好的胶乳是丁苯胶乳。

3）弹性颗粒

用于改善水泥石力学性能的弹性颗粒主要为橡胶粉。橡胶粉加入水泥浆中以后，在水泥的胶结作用下在孔隙四周形成一种具有一定强度、能够约束微裂缝的产生和发展、能吸收应变能的结构变形中心，可降低水泥石的刚性，当水泥石受到冲击力作用时，该结构变形中心能吸收震动能，从而提高水泥石的抗冲击性能。

然而，橡胶粉是惰性有机物质，表面不亲水，与水泥基体不胶结，并且由于其密度较低，在水泥浆中容易上浮，故造成水泥浆体系性能不稳定。若要使用橡胶粉，则必须对其表面进行处理，增强其表面亲水性，提高橡胶粉与水泥基体的界面胶结。

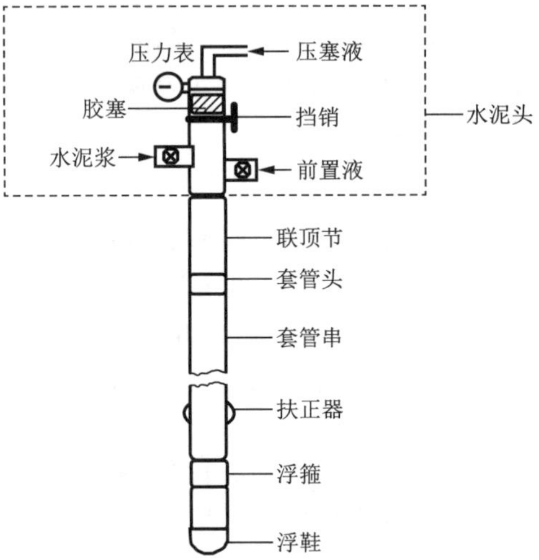

图 7-3-4　固井管串结构示意图

四、注水泥设计及固井工艺技术

1. 固井管串结构

固井管串主要由套管串组成，此外还包括套管串中的附件，如水泥头、胶塞、引鞋、浮鞋、浮箍、套管扶正器、水泥伞、分级箍、管外封隔器等。固井管串结构如图 7-3-4 所示。

— 线上自学 —

7-15　水泥工艺流程

1）水泥头

水泥头(cementing head)位于套管串的最顶部，是注水泥作业时浆体的注入控制头，其下部与联顶节相连。固井水泥头按其连接管件分为钻杆水泥头和套管水泥头两大类。钻杆水泥头用于内管固井或尾管固井；套管水泥头又分为单塞套管水泥头和双塞套管水泥头，其中双塞套管水泥头可应用于双胶塞固井和双级注水泥固井中。常用的水泥头类型如图 7-3-5 所示。

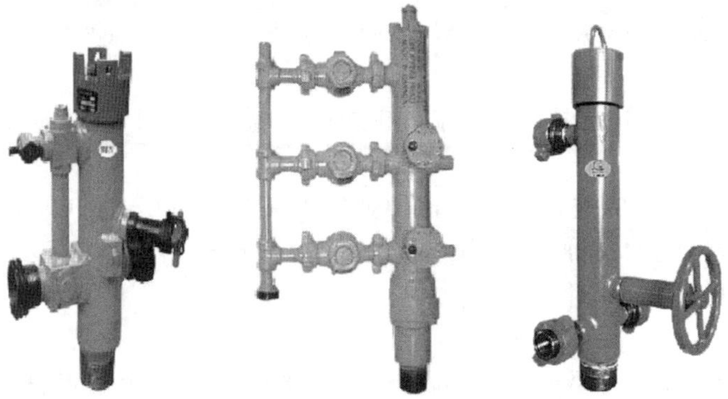

（a）单塞套管水泥头　（b）双塞套管水泥头　（c）钻杆水泥头

图 7-3-5　常用固井水泥头

2）胶　塞

胶塞(cementing plug)用以分隔水泥浆和顶替液(冲洗液)，防止两种不同液体相混。上胶塞(也称为顶胶塞)为实心胶塞，在顶替过程中，当上胶塞下行到浮箍的阻流环位置时实现碰压，指示顶替过程完成。下胶塞(也称为底胶塞)上部有一橡胶薄膜，下部为内空部分，下胶塞下行到浮箍的阻流环位置时被阻挡，上部橡胶薄膜被压破，以保证水泥浆继续循环。目前，固井过程中一般只用上胶塞。常规固井采用的胶塞如图 7-3-6 所示。

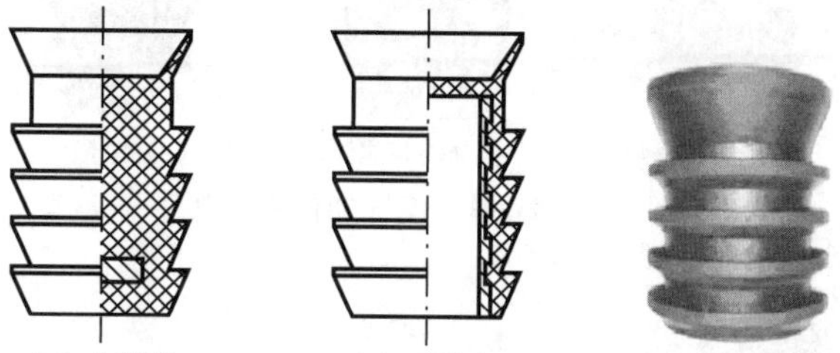

(a) 上胶塞　　(b) 下胶塞　　(c) 胶塞照片

图 7-3-6　常用固井胶塞

3）引　鞋

引鞋(guide shoe)的作用是引导套管顺利下入井中并保护下部套管。大部分类型的引鞋具有圆形凸头，凸头内部由可钻材料构成(对完井套管也可用其他材料)，外套通常用套管接箍钢材制成。目前，常用的引鞋有水泥制引鞋和铝制引鞋，如图 7-3-7 所示。对技术套管的引鞋，在钻掉下部引导部分后，套管下部要形成一个内斜面，以引导后续钻进工具的进入和上提，防止挂碰套管，此结构称为套管鞋。

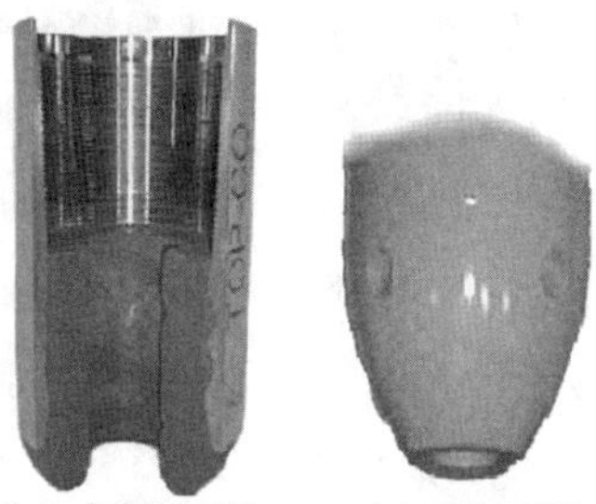

(a) 水泥制引鞋　　(b) 铝制引鞋

图 7-3-7　引鞋结构图

4）浮鞋和浮箍

浮鞋(float shoe)连接在套管串的最下部，其下部形状与引鞋相似(下部接浮鞋时就不再用引鞋)，可以引导套管顺利下入，浮鞋内部有一个单流阀(浮阀)，其作用是在下套管过程中增大浮力，减小大钩负荷，同时在顶替完毕后防止水泥浆倒灌入套管内。另外，采用单流阀容易控制下套管过程中的井涌，在套管内灌入净化良好的钻井液，为注水泥做好准备。自动灌浆式浮鞋可实现下套管过程中自动灌浆，当环空压力与套管内压力达到一定值后，浮阀自动开启以实现自动灌浆。

浮箍(float collar)的主要作用是防止水泥浆反流入套管内并实现碰压。在深井固井或长封固段，为安全起见，常采用两个浮箍。对技术套管，应采用易钻材料制成的浮鞋和浮箍，如图 7-3-8 所示。

5）套管扶正器

套管扶正器(casing centralizer)是扶正套管的工具。为提高套管在井眼内的居中度，提高固井质量，下套管作业时一般在下部井段的每根套管(或一定长度套管)外安装一个扶正器。常用的扶正器类型有弹性扶正器(单弓或双弓)、刚性扶正器、螺旋扶正器和滚轮扶正器等，如图 7-3-9 所示。在水平井中，保持套管的居中度非常重要，一般采用刚性扶正器。

螺旋扶正器可以使环空浆体形成旋流，从而提高顶替效率。滚轮扶正器具有减阻作用，可降低套管与井壁之间的摩擦力，一般用于水平井中。

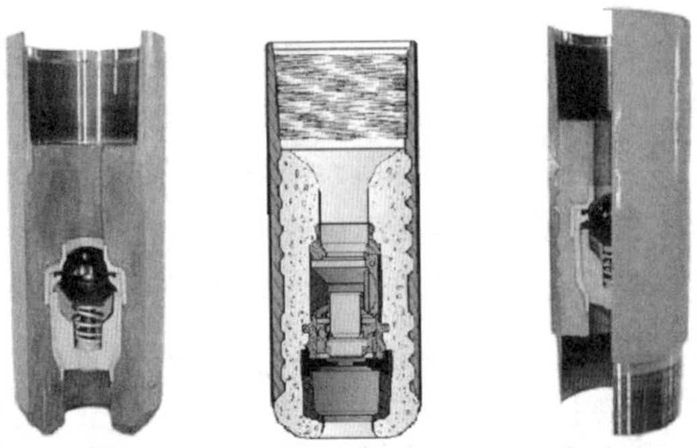

（a）常规浮鞋　（b）自动灌浆式浮鞋　（c）浮箍

图 7-3-8　浮鞋和浮箍

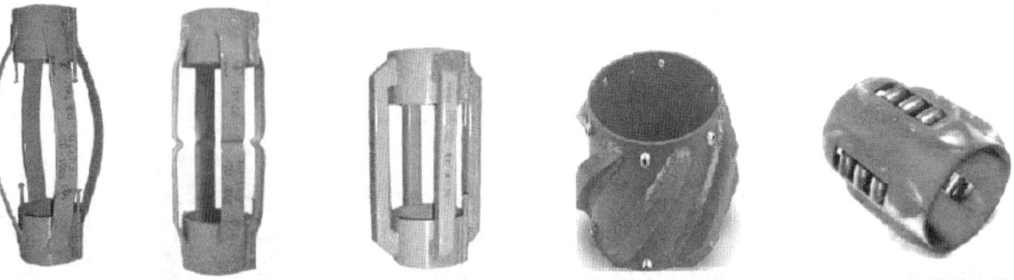

（a）弹性扶正器　（b）刚性扶正器　（c）螺旋扶正器　（d）滚轮扶正器

图 7-3-9　套管扶正器

6）水泥伞

水泥伞(cement basket)由锥形橡胶筒和弹性支撑筋制作而成，如图 7-3-10 所示。水泥伞一般安放在油层或破裂压力较低的薄弱地层上部，其作用是支撑上部的部分水泥浆重量，防止压漏和污染油气层。它与套管扶正器一样直接套在套管的外部，在水泥浆重量产生的压力作用下，其外径增大，封堵环形空间。

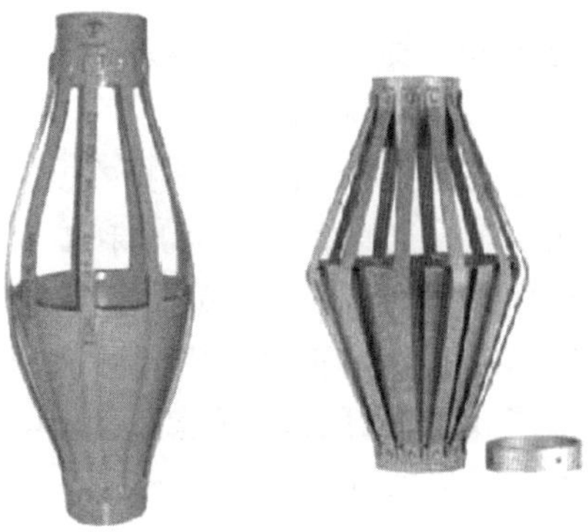

图 7-3-10　水泥伞

2. 注水泥设计

注水泥设计过程中涉及注水泥的黏附损失、井眼直径的准确预测、钻井液的压缩等因素，需要在考虑附加量的基础上合理设计水泥浆的用量、水泥浆性能等。

1）常用水泥浆设计系数及水泥外加剂的选用

常用水泥浆设计系数取值如下：

（1）井径扩大系数取 1.05；

（2）水泥附加系数取 1.10；

（3）水泥地面损失率取 1.05；

（4）钻井液压缩系数取 1.05；

（5）隔离液在环空附加系数取 1.10；

（6）常用水泥浆密度取 1.85 g/cm^3；

(7) 常用G级水泥的水灰比取0.44。

在固井过程中,推荐选用G级油井水泥。如果待固井段的最高温度大于120 ℃,则需要在水泥浆中添加抗高温剂,同时调整水泥浆外加剂使水泥浆体系达到良好的抗温能力。特殊地层条件下,建议根据API标准选用油井水泥。按照井深要求合理选择外加剂以调节水泥浆的密度、失水量、稠化时间、初终凝时间、水泥浆稳定性、析水率等性能。

2) 浆柱结构设计

(1) 固井浆体的组成。

固井过程中用到的浆体包括前置液和水泥浆两大部分。

① 前置液。

前置液体系是在注水泥浆之前向井中注入的各种专门液体,其作用是将水泥浆与钻井液隔开,起到隔离、缓冲、清洗的作用,可提高固井质量。在现代注水泥技术中这些专用液体已成为一个专门的体系。

前置液可分为冲洗液和隔离液。

a. 冲洗液。

冲洗液通常是在淡水中加入表面活性剂或是将钻井液稀释而制成的。常用的冲洗液配方为CNIC水溶液、表面活性剂水溶液以及海水等。

冲洗液的作用为:稀释和分散钻井液,防止钻井液的胶凝和絮凝,有效冲洗井壁及套管壁,清洗残存的钻井液及泥饼;在水泥浆及钻井液之间起缓冲作用,有利于提高固结质量。冲洗液应当有接近水的低密度,可在1.03 g/cm^{3}左右,还应具有很低的塑性黏度和良好的流动性能,具有低剪切速率、低流动阻力,以及能在低速下达到紊流的流动特性,其紊流的临界流速在0.3～0.5 m/s之间,且应与水泥浆及钻井液都有良好的相容性。

b. 隔离液。

隔离液一般是在水中加入黏性处理剂及重晶石等配成的,其性能要求为:密度应比钻井液大0.06～0.12 g/cm^3;黏度较高,切力值应为40～80 mPa·s;失水量约为50 mL/(30 min)。

隔离液的作用为:能有效地隔开钻井液与水泥浆;能形成平面推进型顶替效果;对低压、漏失层可起缓冲作用;具有较高的浮力及拖曳力,可以加强顶替效果。隔离液通常为黏稠的液体,其黏度较冲洗液要大,密度稍高,静切力稍大。隔离液是在冲洗液之后注入,隔离液注完之后再注水泥浆。

隔离液的常见配方为:水溶液中加入瓜胶或羟乙基纤维素,用重晶石调节密度。

② 水泥浆。

水泥浆是由干水泥(干灰)、水及各种外加剂混合而成的浆体。根据密度需求,水和干灰按一定比例配制。

常规水泥浆的密度一般在1.80～1.95 g/cm^{3}之间。由于常规水泥浆的固相基本为水泥颗粒,形成的水泥石强度较大,可以有效地承载套管载荷或射孔压力;另外,其密度较大,产生的静液压力较大。因此,固井过程中,为了有效封固产层而又不压漏地层,一般采用两种或两种以上密度的水泥浆,油层部位采用密度较高的水泥浆(尾浆)封固,上部地层采用密度较低的水泥浆(领浆)。

在水泥浆配制过程中,国内通常在水泥车的混浆池中进行混浆,由于干灰和水的下料速度存在变化,导致水泥浆的密度与设计要求存在一定偏差,施工过程中,密度偏差应控制在一定的范围内。若采用自动混浆设备，则可有效降低水泥浆密度的波动。

(2) 各浆体的设计要求。

① 冲洗液在环空中的段长取 60～100 m，最长不超过 250 m，密度取 1.10～1.25 g/cm^3。

② 隔离液在环空中的段长取 30～100 m，最长可保持在环空中占 200 m 的高度，密度应根据待固井层段的地层压力合理选取，常规条件下一般取 1.35～1.50 g/cm^3。

③ 水泥浆分为领浆和尾浆两部分，领浆密度可在 1.4～1.7 g/cm^3 之间，尾浆密度在 1.85～1.95 g/cm^{3}之间；也可以根据注水泥段段长进行水泥浆密度的合理设计，前提是水泥石的强度要满足固井的需求。通常套管外尾浆至少返至油层顶部 200 m 以上。

④ 压力平衡校核。在上述浆柱结构设计后，对井底和上层套管鞋位置进行破裂压力校核，保证不压漏地层并压稳高压层(不考虑失重影响)。如果作用在井底的压力不满足要求，则应对水泥浆密度或前置液(冲洗洗和隔离液)密度或段长进行调整。

3) 环空液柱压力的计算

(1) 静液柱压力的计算。

固井中的静液柱压力一般是指注水泥结束时的环空液柱压力，其计算公式为：

$$p_{\mathrm{j}}=0.009\ 81(h_{\mathrm{c1}}\rho_{\mathrm{c1}}+h_{\mathrm{c2}}\rho_{\mathrm{c2}}+h_{冲}\rho_{冲}+h_{隔}\rho_{隔}+L_{\mathrm{d}}\rho_{\mathrm{d}})+p_{\mathrm{b}} \tag{7-3-11}$$

式中 p_{j}——环空静液柱压力，MPa；

h_{c1}——尾浆水泥段长度，m；

ρ_{c1}——尾浆水泥浆密度，g/cm^3；

h_{c2}——领浆水泥段长度，m；

ρ_{c2}——领浆水泥浆密度，g/cm^3；

$h_{冲}$——冲洗液段长度，m；

$\rho_{冲}$——冲洗液密度，g/cm^3；

$h_{隔}$——隔离液段长度，m；

$\rho_{隔}$——隔离液密度，g/cm^3；

L_{d}——钻井液段长度，m；

ρ_{d}——钻井液密度，g/cm^3；

p_{b}——环空憋压压力，MPa。

(2) 动液柱压力的计算。

固井中的动液柱压力一般是指固井过程中的液柱压力，其计算公式为：

$$p_{\mathrm{d}}=p_{\mathrm{j}}+\Delta p_{\mathrm{la}} \tag{7-3-12}$$

式中 p_{d}——环空动液柱压力，MPa；

Δp_{la}——环空流动阻力产生的压力，MPa。

固井施工中环空动液柱压力 p_{d} 是一个变量，它与液柱的变化和排量的大小有关，一般认为水泥浆碰压时刻作用在井底的动液柱压力最大，并以此进行计算。

(3) 固井压力平衡设计的基本条件。

根据环空压力，计算并对比几个关键位置(或关键时刻)的环空动液柱压力 p_{d} 及环空静液柱压力 p_{j}，比较出最小环空静液柱压力 $p_{\mathrm{j\,min}}$ 和最大环空动液柱压力 $p_{\mathrm{d\,max}}$。

固井设计必须满足如下条件：

$$p_{\mathrm{j\,min}}>p_{\mathrm{p}} \quad 和 \quad p_{\mathrm{d\,max}}<p_{\mathrm{f}} \tag{7-3-13}$$

式中　$p_{j\,min}$——最小环空静液柱压力，MPa；

$p_{d\,max}$——最大环空动液柱压力，MPa；

p_p——地层孔隙压力，MPa；

p_f——地层破裂压力，MPa。

(4) 水泥浆用量的计算。

在水泥浆用量计算过程中，水泥浆用量、干水泥用量和混合水用量的计算都不考虑各种外加剂的质量和体积（考虑加入的是粉剂）。

① 水泥浆密度为：

$$\rho_s=\frac{\rho_c\rho_w(1+m)}{\rho_w+m\rho_c} \tag{7-3-14}$$

$$m=W_w/W_c$$

式中　ρ_s——水泥浆密度，g/cm³；

ρ_c——干灰密度，取 3.2 g/cm³；

ρ_w——水（或混合水）密度，取 1.05 g/cm³；

m——水灰比，一般根据水泥的级别给定该数值，即 G 级水泥的 $m=0.44$，A 和 B 级水泥的 $m=0.46$，C 级水泥的 $m=0.56$，D，E，F 和 H 级水泥的 $m=0.38$；

W_w——配制水泥浆的总需用水量，kg；

W_c——配制水泥浆的总需用水泥量，kg。

② 水泥浆用量。

理论水泥浆用量为：

$$V_c=\frac{\pi}{4}\left[\sum(d_{hi}^2-d_{co}^2)h_i+d_{ci}^2H\right] \tag{7-3-15}$$

$$h_{总}=\sum h_i$$

式中　V_c——水泥浆理论用量，m³；

d_{hi}——第 i 井段的井眼直径（即实际分段测量井径），如果无测量井径数据，则采用钻头直径与井眼扩大率（1.05）的乘积，m；

d_{co}，d_{ci}——套管的外径、内径，m；

h_i——对应井眼直径 d_{hi} 的套管外水泥高度，m；

$h_{总}$——套管外水泥的返升高度，m；

H——套管内水泥塞高度，m。

实际水泥浆用量为：

$$V_{实际}=K_1V_c\quad 或\quad V_{实际}=V_c+V_{附加} \tag{7-3-16}$$

式中　K_1——水泥附加系数；

$V_{附加}$——注水泥附加体积，m³；

$V_{实际}$——实际注水泥的总体积，m³。

③ 干水泥用量为：

$$W_c=V_{实际}\frac{\rho_c\rho_w}{\rho_w+m\rho_c}K_2 \tag{7-3-17}$$

式中　K_2——水泥地面损失率。

④ 配浆用水量为：

$$V_{w}=\frac{mW_{c}}{\rho_{w}} \tag{7-3-18}$$

式中 V_{w}——水泥浆配制总用水体积，m^3。

⑤ 前置液用量。

冲洗液用量为：

$$V_{冲}=\frac{\pi}{4}K_{4}\sum(d_{hi}^{2}-d_{co}^{2})h_{冲i} \tag{7-3-19}$$

$$h_{冲}=\sum h_{冲i}$$

隔离液用量为：

$$V_{隔}=\frac{\pi}{4}K_{4}\sum(d_{hi}^{2}-d_{co}^{2})h_{隔i} \tag{7-3-20}$$

$$h_{隔}=\sum h_{隔i}$$

式中 $V_{冲}$——冲洗液用量，m^3；

K_4——隔离液/冲洗液在环空中的附加系数；

$h_{冲i}$——对应井眼直径 d_{hi} 的套管外冲洗液高度，m；

$h_{冲}$——环空中冲洗液的总长度，m；

$V_{隔}$——隔离液用量，m^3；

$h_{隔i}$——对应井眼直径 d_{hi} 的套管外隔离液高度，m；

$h_{隔}$——环空中隔离液的总长度，m。

⑥ 顶替液用量为：

$$V_{替}=\frac{\pi}{4}K_{3}\sum_{j=1}d_{cij}^{2}h_{j} \tag{7-3-21}$$

$$h_{z}=\sum_{j=1}h_{j}$$

式中 $V_{替}$——顶替液用量，m^3；

K_3——钻井液压缩系数；

d_{cij}——各段套管内径，m^2；

h_j——各段套管内径对应的套管长度，m；

h_z——阻流环所处深度，m。

3. 常规固井工艺流程

1）固井的特点

(1) 固井作业是一次性工程，如果质量不好，一般情况下难以补救。

(2) 固井作业是隐蔽性工程，主要流程在井下，施工时不能直接观察；固井质量受多种因素的综合影响，取决于固井设计的准确性和施工过程中的质量控制。

(3) 对油气田的开发和后续工程产生影响。若固井质量不好，在开发过程中（特别是注水过程中）可能造成层间窜通，对油气田的正常开发造成严重影响。

(4) 固井作业是一项花钱较多的工程。

(5) 施工时间短、工序多。

2）常规固井基本条件

在常规固井施工中，为保证施工安全和固井质量，固井施工之前必须认真分析是否具备施工条件，若条件不具备就盲目施工，则可能造成工程事故或质量事故。一般来说，满足固井施工的基本条件为：

（1）井眼畅通；

（2）井底干净；

（3）固井前井下不漏失；

（4）钻井液中无严重油气侵，油气上窜速度小于 10 m/h；

（5）套管居中度不小于 67%；

（6）在不影响井壁稳定、保证井下压稳的情况下，应保证钻井液具有低黏度、低切力、低密度，且具有良好的流动性能；

（7）水泥浆稠化时间、流动度等物理性能应满足施工要求；

（8）水泥浆和钻井液要有一定的密度差，一般要大于 0.2 g/cm^3；

（9）下灰设备、供水设备、注水泥设备、替钻井液设备及高低压管汇等的性能满足施工要求。

3）固井的基本流程

常规固井的基本流程如图 7-3-11 所示。在注水泥作业的最后，顶替液将上胶塞顶到阻流环处，上、下胶塞碰到一起将循环通道堵死，泵压急剧上升，称为碰压（bumping）。

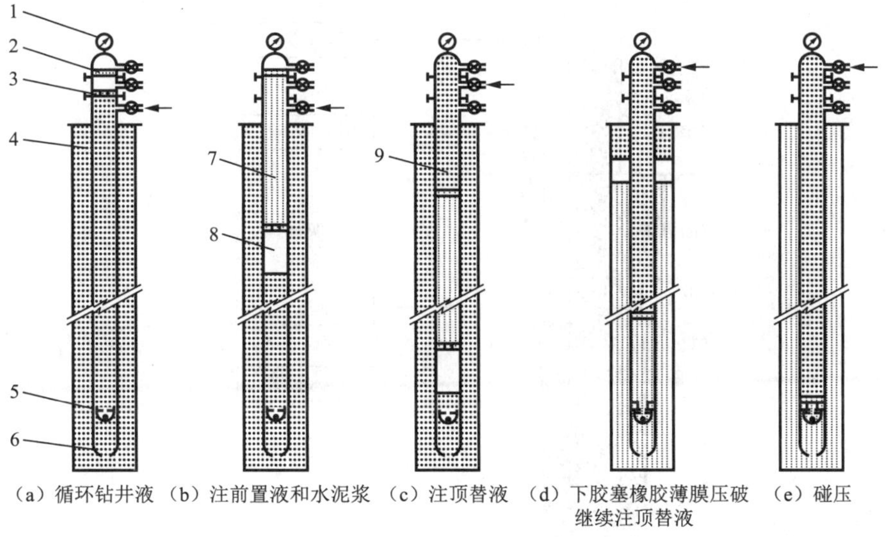

（a）循环钻井液　（b）注前置液和水泥浆　（c）注顶替液　（d）下胶塞橡胶薄膜压破继续注顶替液　（e）碰压

1—压力表；2—上胶塞；3—下胶塞；4，9—钻井液；5—浮箍；6—引鞋；7—水泥浆；8—前置液。

图 7-3-11　常规固井的基本流程

—动 画—

7-16　固井基本流程

具体作业步骤为：

（1）钻达设计井深后进行电测，电测完毕后通井，然后下套管；

（2）下完套管后循环钻井液，清洗井眼，一般要求循环两个循环周；

（3）连接地面固井设备；

（4）注前置液（包括冲洗液和隔离液）；

（5）压入下胶塞，注水泥浆，下胶塞到达浮箍后其橡胶薄膜被压破（注：也可没有下胶塞）；

（6）注入压塞液，压入上胶塞；

（7）泵入顶替液，上胶塞到达浮箍产生碰压后立即停泵；

（8）关井候凝。

4. 常用的固井工艺技术

为了提高固井质量，减小固井过程中对生产层的损害，满足施工要求，国内外逐步发展起来一些先进的固井工艺技术，并研制了相应的固井装置和工具。这里主要介绍目前常用的常规（单级）固井工艺技术、分级固井工艺技术、尾管固井工艺技术、内插管固井工艺技术、预应力固井工艺技术和反循环注水泥固井工艺技术。

1）常规（单级）固井工艺技术

常规（单级）固井工艺技术是用水泥车、下灰车及其他地面设备配制好水泥浆，通过前置液、下胶塞（隔离塞）与钻井液隔离后，一次性地将水泥浆通过高压管汇、水泥头、套管串注入井内，并从套管串底部进入环空，到达设计位置，以实现设计井段的套管与井壁间的有效封固（图 7-3-12）。固井施工流程：注前置液→注水泥浆→压碰压塞（上胶塞）→替钻井液→碰压→候凝。在常规固井施工中，为保证施工安全和固井质量，固井施工之前必须认真分析是否具备施工条件，若条件不具备就盲目施工，则可能造成工程事故或质量事故。具体的施工流程见常规固井工艺流程。

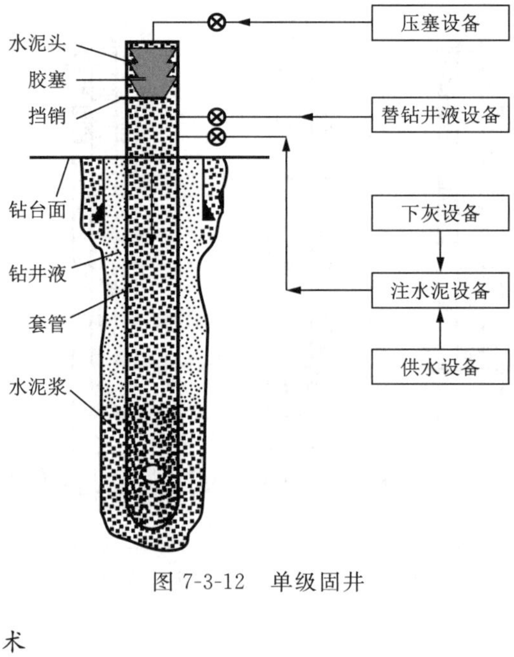

图 7-3-12　单级固井

2）分级固井工艺技术

分级固井工艺技术是把分级箍串联在套管串的一定位置处，在固井时使注水泥作业分两次或多次施工完成（图 7-3-13）。根据分级箍循环孔打开与关闭方式的不同，分级箍可分为机械式分级箍、液压分级箍和全通径式分级箍。

机械式分级箍由打开滑套、关闭滑套、剪切球、防转动装置和本体等部件组成，另外还包括打开塞、关闭塞(图 7-3-13)。机械式分级箍依靠重力塞憋压打开循环孔,或用打开塞打开循环孔。

液压分级箍不用打开塞,而采用液压方式打开循环孔,其原理是:在一级胶塞碰压后继续加压,形成一个向下的作用力,将下滑套打开,从而露出循环孔。分级箍关闭时仍需用关闭塞对循环孔进行关闭。

全通径式分级箍没有打开塞和关闭塞,它是利用内管柱和专用的工具打开和关闭循环孔的,打开方式有上提下放式和旋转式两种,通过上提下放或转动打开循环孔。和普通分级箍一样,全通径式分级箍接在套管串设计部位,下入套管串后,在套管内下入专用工具,用内管柱注完一级水泥后,通过专用工具打开循环孔进行二级注水泥作业,完成后关闭循环孔,起出专用工具。

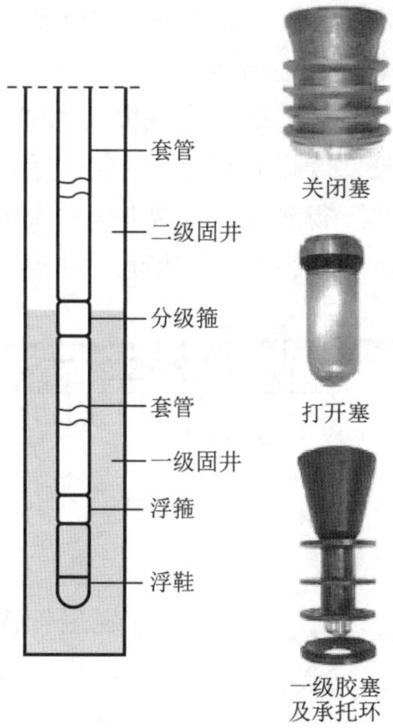

图 7-3-13　分级固井及工具
(机械式分级箍)

分级固井的原理为:对于长封固段的井来说,根据地层状况事先设计好需要分级的位置,将安全合格的分级箍接装好并使其随套管串一起下入井内。首先进行一级固井作业,一级注水泥与单级注水泥的工艺相似;然后根据分级箍打开原理的不同,打开分级箍循环孔并循环钻井液,直到一级固井水泥浆有一定强度;再通过分级箍旁通孔进行二级注水泥作业,二级注水泥完毕后压入关闭塞,关闭分级箍循环孔并实现碰压;关井候凝,最后钻掉分级箍内的关闭塞和打开塞。

分级固井的应用范围:

(1) 一次注水泥封固段太长,顶替泵压过高,一般注水泥设备难以满足施工要求;

(2) 低压易漏失井固井时,由于一次封固段太长,环空压力过高,容易引起固井漏失并污染产层;

(3) 因一次封固段太长,上下温差太大,水泥浆性能无法保证固井要求;

(4) 油气分布不均、不连续,且中间间隔距离太长。

分级固井是油气层保护和长封固段固井的有效手段之一。分级箍常与管外封隔器配合使用。

3) *尾管固井工艺技术*

在深井、超深井、水平井、小环空间隙井、高压气井等复杂条件下,经常使用尾管固井以满足钻井和完井的要求。尾管固井(图 7-3-14)不但可以节省套管费用、减小钻机负荷,而且有利于保护油气层,解决深井及复杂井中常规固井无法解决的技术难题。

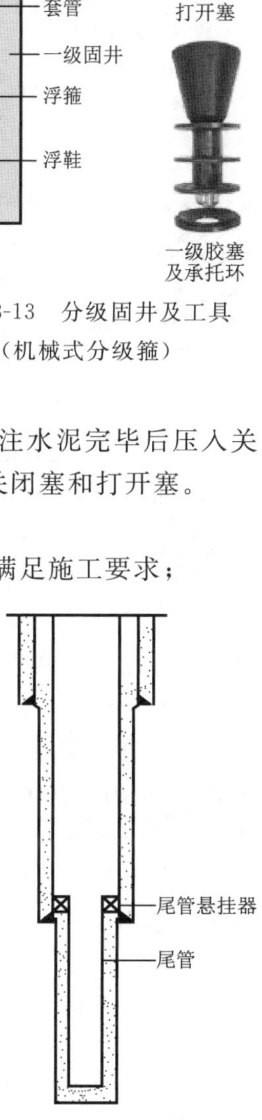

图 7-3-14　尾管固井

尾管固井的关键部件是尾管悬挂器,尾管固井作业的顺利、成功与否在很大程度上取决于尾管悬挂器设计和使用的合理性和可靠性。尾管悬挂器是将尾管下入井内,坐挂在上层套管下部的预定位置上,并能完成固井施工作业的井下工具。尾管悬挂器按坐挂方式分为机械式(包括轨道管式和 J 形槽式)、液压式、液压-机械联合式;按锥体机构分为单锥单液缸、双锥单液缸、双锥双液缸;按功能分为常规式、封隔式、旋转式、防腐型。另外，还有带封隔器的尾管悬挂器、旋转式尾管悬挂器、膨胀式尾管悬挂器等。

尾管固井采用复合胶塞，如图7-3-15所示。上胶塞为钻杆胶塞，装在井口水泥头中；下胶塞为尾管胶塞，固定于送入工具中心管的下部，尾管胶塞是内空的。顶替过程中，钻杆胶塞下行到尾管胶塞时，插入尾管胶塞内孔进行复合，从而剪断尾管胶塞的固定销钉并一起下行，复合胶塞到达球座时实现碰压，复合胶塞与球座锁紧在一起。

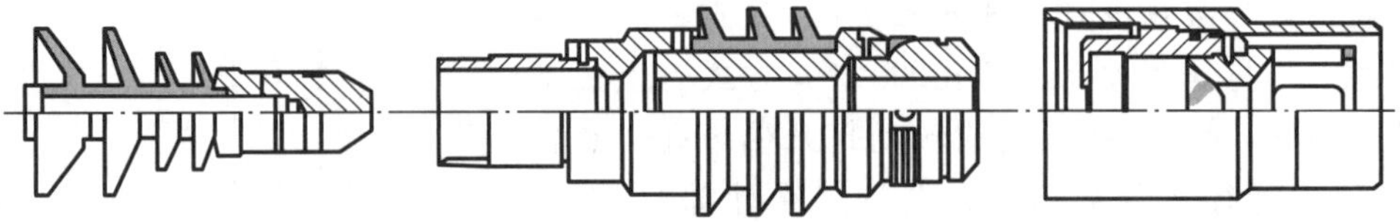

（a）钻杆胶塞　（b）尾管胶塞　（c）球座

图7-3-15　尾管固井复合胶塞与球座

—动画—

7-17　尾管固井

常规尾管固井后，重叠段封固质量差或根本无水泥的现象比较严重，由此导致地层内的油、气、水窜入套管内，这是尾管固井的主要问题。目前，常用带管外封隔器的尾管悬挂器来阻断重叠段环空通道，或采用旋转尾管固井以提高固井质量。

膨胀式尾管悬挂器是国外研制的新型尾管悬挂器，悬挂器膨胀后紧贴在外层套管上，由于本体上带有封隔元件，所以会在环空形成有效密封。由于膨胀式尾管悬挂器具有诸多优点，因此它是国内尾管固井的发展方向。

—动画—

7-18　内插管固井流程

4）内插管固井工艺技术

在表层套管或大尺寸套管固井时，由于套管直径大、管内浆体流速低、作业时间长，水泥浆和钻井液间混浆现象严重，导致固井质量差。为此，对大尺寸套管经常采用内管固井工艺。

（1）内管固井原理。

下套管之前，把内管注水泥插座安装在第一根套管底部；固井时，把内管注水泥插头接在钻柱下端；下放钻柱，把内管注水泥插头插入插座内，利用密封装置实现密封；循环钻井液正常后开始从钻杆内注水泥，水泥浆注完后投入钻杆胶塞；替浆碰压后起出钻柱，完成注水泥作业。

（2）内管固井工具。

内管注水泥的主要工具是内管注水泥器，包括插座和插头两部分。注水泥内管为钻杆，当插头进入插座后适当加压即可实现接头处的密封，如图7-3-16所示。

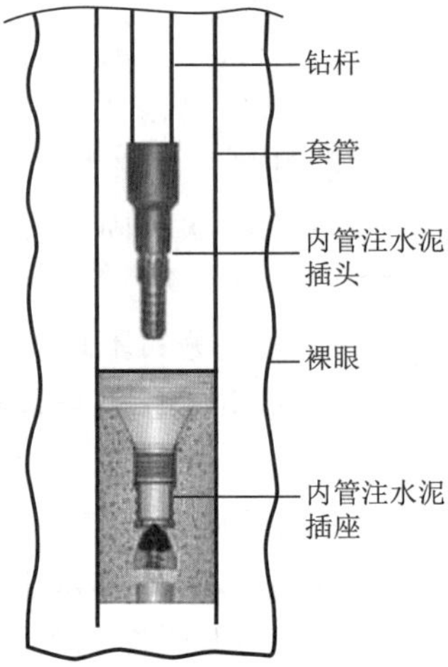

图7-3-16　内插管固井

内管注水泥器有插入式密封连接和丝扣连接两种方式，目前常用的是插入式密封连接，它在注水泥完成后可直接拔出，不需倒扣。

5）预应力固井工艺技术

预应力固井是在稠油热采井固井中使用的一种固井工艺技术，在注水泥前或水泥浆凝固前，给套管施加一定的拉力，使套管内部预先产生拉应力，从而平衡（减小）套管受热膨胀时产生的压应力，防止原油热采过程中套管膨胀损坏。

目前，一般采用地锚固井方式(图 7-3-17)对套管施加拉力。地锚是一种卡瓦，接在套管的底部，在套管下到预定的深度后按正常固井方式注水泥，碰压后继续加压，将地锚的悬挂销钉剪断，使卡瓦张开支撑井壁岩石，地锚即可承受拉力。上提套管至规定拉力候凝。

也有用钻具下井的地锚，它是将地锚接在钻具的底部，钻具下到井底后在地面加压，将地锚的销钉剪断，张开地锚，倒扣卸开钻具并起出。下套管后，套管与地锚对扣连接，施加拉力合格后注水泥，然后在地面给套管柱施加拉力到预定值，保持该拉力候凝，待水泥凝固后卸掉拉力。为提高地锚的抗拉力，也可用水泥先把地锚固死。

此外，还可以采用双凝水泥法对套管施加拉力。该方法的作用原理是：采用稠化时间差较大的双凝水泥，下部水泥凝固后提拉套管，产生预应力，等待上部水泥凝固。

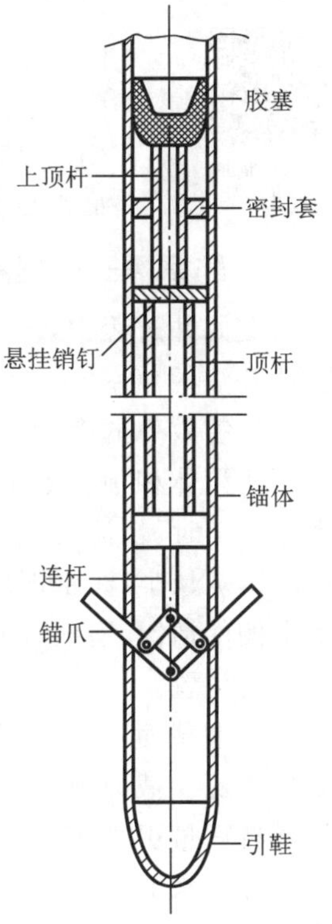

图 7-3-17 地锚固井示意图

6) 反循环注水泥固井工艺技术

反循环注水泥固井一般用于套管底部漏失严重的井。该工艺的特点是：从套管外环空按设计量向井内注入水泥浆，从套管内返出钻井液，井底严重漏失时，钻井液直接漏入地层，再用钻井液将水泥浆顶替到预定位置，达到固井目的。

反循环注水泥固井的优点：可减少因水泥浆上返时底部回压过大而造成的水泥浆漏失，从而保证水泥浆返高，减少水泥浆对生产层的污染。

反循环注水泥固井的缺点：水泥浆顶替效率低，易产生钻井液窜槽；为保证套管底部固井质量，需要使部分水泥浆返入套管，固井后要钻水泥塞。

五、提高固井质量的措施

— 线上自学 —

7-19 提高顶替效率措施

固井过程中易产生一些质量问题，主要问题不外乎管外水泥浆充填不完整和固井后管外冒油、气、水两大类问题。

1. 固井质量的基本要求

1) 各种情况下固井质量的基本要求

(1) 依照地质及工程设计要求，套管的下入深度、水泥浆返高和管内水泥塞高度应符合规定；

(2) 注水泥井段环空内的钻井液应全部被水泥浆替走；

(3) 水泥环与套管和井壁岩石之间的胶结良好；

(4) 水泥石能抵抗油、气、水的长期侵蚀。

在固井质量指标中，最重要的是水泥环的固结质量，其表现为水泥与套管和井壁岩石两个胶结面都有良好的有效封隔，能承受两种力的作用：一种是水泥的剪切胶结力，用于支承井内套管的重量；另一种是水力胶结力，可以防止地下高压的油、气、水穿过两个胶结界面上窜，导致井口冒油、气、水。

—动画—

7-20 固井质量问题

2）固井中常出现的固井质量问题

(1) 井口有冒油、气、水的现象；

(2) 不能有效地封隔各层位，开采时各种压力互窜，影响井的生产；

(3) 因固结质量不良在生产中引起套管变形，使井报废等。

最常见的质量问题是窜槽及管外冒油、气、水等。

2. 防窜槽——提高水泥浆的顶替效率

在固井过程中，环空内的钻井液可能未被水泥浆完全顶替出来，即水泥浆顶替钻井液的效率低。水泥浆在环形空间顶替钻井液的程度常用顶替效率 η 表示。

顶替效率的表示方法有两种，即体积顶替效率和截面顶替效率。

所谓体积顶替效率 η_v，是指在注水泥段水泥浆所占据的体积与该井段环空体积之比。当 $\eta_v=1$ 时，水泥浆全部替换了钻井液，注水泥质量优良；当 $\eta_v<1$ 时，水泥浆部分替换了钻井液。η_v 越小，注水泥质量越差。体积顶替效率并不能完全反映环空局部截面上钻井液严重窜槽的情况，有时体积顶替效率较好，但局部截面上的顶替效率却较差，如套管偏心后窄间隙的位置。

所谓截面顶替效率 η_{se}，是指在注水泥段各横截面上水泥浆所占据的截面面积与该截面面积之比。截面顶替效率 η_{se} 考虑了各截面水泥浆对钻井液的顶替情况，因此对评价水泥浆的顶替质量更真实。

在注水泥过程中，水泥浆不能将环空中的钻井液完全替走，使得环形空间局部未被水泥浆封固住，这种现象称为窜槽。

窜槽会引起封固质量的下降，使套管失去水泥石的保护，受到岩石侧向变形的挤压，引起套管损坏；在水泥石中形成连通的通道，丧失封隔不同压力体系地层的作用，使套管外冒油、气、水或使地下压力窜通。窜槽是一种常见的注水泥质量缺陷。

1）窜槽形成的原因

窜槽的形成与水泥浆在环空中的顶替效率有关，水泥浆顶替效率差，就会引起窜槽。

(1) 套管的居中不好。当套管在井眼中居中时，环空的空隙大小在各方向上是一致的，在某个断面的圆环上，环空中各方向的平均流速是相同的，顶替过程中水泥浆上升是均匀的。但当套管不居中时，一侧间隙大，水泥浆流动阻力小，流速快，一侧间隙小，水泥浆流动阻力大，流速则变慢，这就造成顶替过程中各个方向上的顶替流速不均匀，水泥浆的上升高度不一致。高速一侧易于突进，低速一侧则顶替不良，不易于将钻井液驱替走。套管偏心越大，井眼的倾角变化越大，此现象越严重，甚至可能出现间隙小的一侧钻井液不能被水泥浆替走而形成死区的现象，在环空中形成窜槽。

(2) 井眼不规则。当井眼不规则时，井径较小处流速高，井径较大处流速低，变径处存在流动阻力损失，此时变径处近壁面的钻井液只产生涡旋流动而不沿轴向流动，从而形成滞留，尤其是在套管不居中时，极易在变径处残留钻井液，形成窜槽。

(3) 水泥浆性能及顶替措施不当。水泥浆的流变性不良，顶替中使用的流速不当，也会加重窜槽现象。水泥浆的流动性较差，使顶替困难，泵压高，不易达到紊流状态。选用层流时，会使环空中部的流速大，造成突进，套管外壁面的井壁会滞留一层钻进液，加重窜槽。

2）提高顶替效率的措施

(1) 采用套管扶正器，改善套管居中条件。在井斜角或方位角有较大变化的井段，大量采用套管扶正器是改善套管居中程度的有效措施。扶正器可以使套管不居中的程度有所减缓，尤其是在斜井段更应该大量使用套管扶正器。

在一般井中，由于井斜角、方位角变化不太剧烈，可采用弹性扶正器。在斜井段及井斜角、方位角变化很大的井段，应采用刚性扶正器。

扶正器的安放位置取决于扶正器支撑高度、套管性能参数、套管与井眼间的间隙等。在水平井或大斜度井中有时一根套管上至少有一个扶正器。

(2) 注水泥过程中活动套管。在注水泥的顶替阶段，可以活动套管(上提下放套管或旋转套管)，这对提高顶替效率、将死区钻井液驱走是十分有帮助的。

上提下放套管对其周围钻井液的带动效应，使钻井液产生向上的运动趋势，有利于水泥浆对钻井液的顶替流动，从而提高顶替效率。

活动套管时，摩擦阻力的存在会使钻井液与套管一起运动，使钻井液获得一个牵引力。这个力使死区的钻井液获得一定的流动速度，从而帮助水泥浆替走该区的钻井液。通常转动套管要使用专门的设备，工艺比较困难。

(3) 调整水泥浆性能，提高顶替效率。可以采用加大水泥浆与钻井液密度差的方法，使钻井液获得一个浮力，促使其“漂浮”在水泥浆之上并被顶替走。采用优良的前置液体系，加强钻井液与水泥浆的隔离及冲洗井壁的效果。使用冲洗液可稀释钻井液，使之易于被替走。

(4) 调节注替浆柱在环空中的流速，实现紊流顶替。在顶替中应尽量使水泥浆的流速在环空中达到紊流，顶替中紊流状态的水泥浆在各断面上有相同的推进速度，顶替的效果最好。一般要求在关注点处的紊流顶替时间不低于某个时间，这个时间称为紊流接触时间，现场操作中紊流接触时间不小于 7 min。

顶替中若水泥浆流动为紊流状态，则此时应调整水泥浆的性能，要求水泥浆的流动阻力小，失水量小，流变性好，但紊流顶替时顶替流量较大，泵压较高。如果井眼、设备等条件不允许采用紊流顶替，如高速顶替时设备的允许功率不足，或是会在井下造成很高的压降，可能压漏地层，此时应采用小流量使水泥浆形成塞流，即进行平面推进顶替，而尽量不用塞流与紊流之间的流态(层流)进行顶替。这就要用很小的流量进行顶替，注水泥作业时间长，水泥浆的稠化性能难以调节。

在实际操作中，流体紊流及层流的临界流速可以通过对井内流体的流变性质的研究得到。

(5) 打入优质前置液体系。在注水泥前，打入一定量的隔离液或冲洗液，有效隔离钻井液，增大二者的密度差，在形成有利的“漂浮”作用的同时满足紊流接触时间的要求。一般在进行水泥浆密度设计时，要求水泥浆的密度比钻井液的密度大 0.2～0.4 g/cm^3，而冲洗液的密度约等于 1 g/cm^3，这样就增大了密度差，使钻井液更容易被顶替出环空。

在现场实际注水泥过程中，由于尾浆很难做到紊流顶替或塞流顶替，一般通过冲洗液或隔离液体系的注替实现紊流注替，并满足紊流接触时间的需求。冲洗液具有低密度、低黏度及低流动阻力，能在低速下达到紊流的流动特性，其紊流的临界流速为 0.3～0.5 m/s。要求前置液体系的紊流接触时间大于 7 min，从而保证良好的顶替效率。一旦前置液体系的注替量不能满足紊流接触时间的要求，可以采用部分领浆为紊流顶替，以便达到提高顶替效率的紊流接触时间要求。

— 线上自学 —

7－21 防止候凝过程中油、气、水窜措施

3. 水泥浆凝结过程中的油、气、水上窜问题

在水泥浆的凝结过程中，有许多因素可能会导致油、气、水窜入环形空间，进而引起管外冒油、气、水的问题。这是一个压力体系的平衡问题。解决办法是始终保持水泥浆的静液柱压力大于地层压力；或是在水泥凝固时固井一界面（水泥环与套管的胶结界面）、固井二界面（水泥环与井壁的胶结界面）都具有良好的水力胶结强度以实现对油、气、水的封隔。

1）引起油、气、水上窜的原因

（1）水泥浆胶凝失重。水泥浆是一种凝胶物质，与水混合后会逐渐由液态转变为固态。当水泥浆为液态时，它具有静液柱压力，一般水泥浆密度大于钻井液密度，因此在固井条件下，环空中的液柱压力通常大于地层压力。在水泥浆转变成固态之后，它与套管、与岩石有相当高的胶结强度，该强度可以防止地层压力突破其胶结面而上窜。但在水泥浆由液态向固态转变的过程中，随着水泥的水化和胶凝，水泥浆中的水泥颗粒与井壁和套管之间形成不同类型相互搭接的结构网，胶凝强度不断增大，使水泥柱的部分重量悬挂在井壁和套管上，从而降低了水泥浆作用在下部地层的有效液柱压力，甚至丧失了静液柱压力对地层压力的平衡作用，这种现象称为水泥浆胶凝失重，如图7-3-18所示。

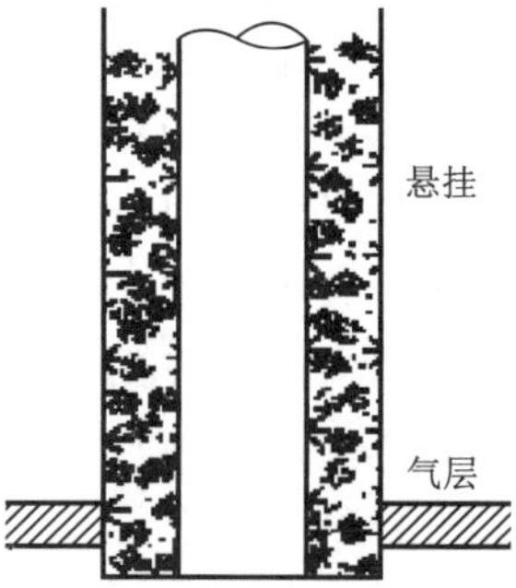

图7-3-18 水泥浆胶凝失重示意图

虽然水泥浆的大部分重量悬挂在胶结面上，但水泥浆并未完全固化，胶结面上的胶结强度很低。当水泥浆的有效静液柱压力由于固化而降低时，就不能平衡地层压力。如果一界面和二界面的胶结强度较低，则地层压力有可能突破其胶结面而上窜。如果碰巧井口是敞开，就有可能导致管外冒油、气、水。这种现象是由水泥浆失重引起的。

（2）桥堵引起的失重。在注水泥过程中及水泥返至设计高度静止之后，由于水泥浆失水所形成的泥饼、钻井时并未携带出的岩屑、注水泥时高速冲蚀的岩块以及水泥颗粒下沉等因素，在渗透层或环空间隙小的井段形成堵塞（即桥堵），如图7-3-19所示。桥堵阻止了水泥浆压力体系的下传，使作用于桥堵点以下地层的静液柱压力下降，地层流体窜入桥堵点以下的环空中，并突破桥堵点，使管外冒油、气、水。

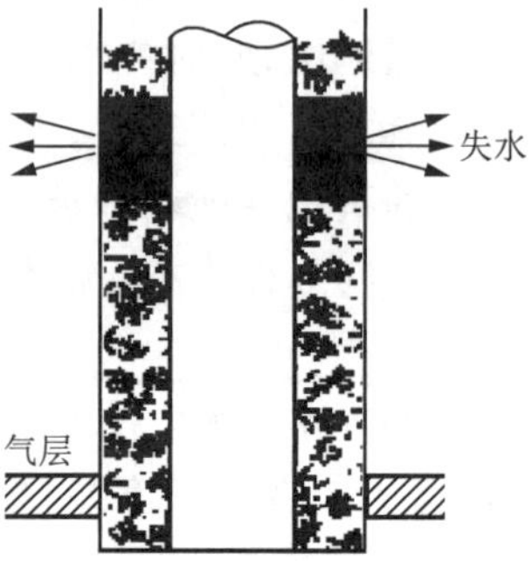

图7-3-19 桥堵失重示意图

（3）水泥体积收缩造成油、气、水上窜。水泥体积的收缩使胶结面上出现裂缝，有可能形成油、气、水通道。常规的硅酸盐水泥在凝固时体积会略有收缩，收缩率在0.2%以下。这一微小的收缩对高压层而言是十分危险的。

（4）套管内憋压。水泥候凝时，如果套管内保持该压力，则套管处于膨胀状态；候凝完毕，放掉套管内压力，会使套管收缩，也会形成油、气、水上窜的通道。

2）防止油、气、水上窜的办法

（1）注完水泥后及时使套管内卸压，并在环空内加压，可以防止油、气、水上窜。因此，在注水泥的过程中应使套管柱底部的回压凡尔保持良好。

(2) 使用膨胀性水泥,防止水泥石收缩。

(3) 采用多级注水泥技术或采用两种凝速的水泥。在注水泥过程中,采用多级注水泥工艺技术,减小注水泥段长度,降低由于水泥浆胶凝失重造成的油、气、水窜;或者采用两种凝速的水泥,使整个环空上下的凝固速度基本达到一致,从而延长液体传压时间,快速的凝固又使地层内的油、气难以进入水泥石中形成通道。

(4) 使用刮泥器清除井壁泥饼。泥饼的清除可以使水泥和井壁直接接触,从而形成良好的二界面胶结强度,避免二界面微裂隙的存在,达到有效封隔油、气、水的目的。

六、特种水泥浆体系

随着勘探开发和钻井技术的不断发展,固井遇到的深井、超深井、特殊井、疑难井越来越多,这些井的固井作业都存在某些特殊问题,单靠基本水泥外加剂形成的水泥浆体系是难以解决的。因此,用以解决一些特殊问题的特种水泥浆体系有了很大的发展。下面介绍几种主要的特种水泥浆体系。

1. 高密度水泥浆体系

当钻遇异常高压地层时,固井过程中为了平衡地层压力,需采用高密度甚至超高密度水泥浆进行封固。高密度水泥浆体系一般是指密度大于 2.0 g/cm^3 的水泥浆体系。目前,高密度水泥浆的配制方法有两种:一是根据颗粒级配原理采用单一的固体加重剂进行加重;二是提高配浆液的密度。

高密度水泥浆由于使用比水泥密度大的加重剂和较少的水泥胶结物,水泥浆的悬浮稳定性和强度受到较大的影响。因此,进行高密度水泥浆特别是超高密度抗盐水泥浆设计时,必须在满足配浆和注浆、替浆对流动性能要求的前提下,保证水泥浆在注替过程中停泵时的沉降稳定性和凝结体积的稳定性,包括析水率、水泥石密度分布和凝结体积收缩等,并在满足密度要求的条件下保证水泥石的强度。高密度水泥浆对水泥浆制备、水泥强度发展、沉降稳定性等都提出了较高的要求,特别是当密度超过 2.5 g/cm^3 时,高密度水泥浆应具有液固比小、流动性好、稳定性好等特征。

国内目前主要采用赤铁矿、钛铁矿配制高密度水泥浆。斯伦贝谢公司生产的DensCRETE 高密度水泥的加重材料由超细的锰矿粉和中等细度的钛铁矿、赤铁矿等组成,配制的水泥浆具有较高的抗压强度和良好的流变及稳定性能,密度可达 2.9 g/cm^3。

2. 低密度水泥浆体系

在固井过程中,一般要求环空液柱压力不超过裸眼地层的破裂压力,否则就会压裂地层,致使大量水泥浆漏进地层,污染产层,并且随着欠平衡钻井技术的发展,对欠平衡固井的需求增强。为适应油气层保护的需求,近年来低密度水泥浆体系得到了广泛应用。低密度水泥浆体系一般是指密度小于 1.7 g/cm^{3}的水泥浆体系。

水泥浆密度的降低一般通过掺入减轻剂来实现,减轻剂的选择要根据水泥浆体系的密度要求和应用条件等进行综合考虑。水泥浆减轻剂按其减轻原理分为两类:一类是吸水或增黏物质,如膨润土、硅藻土、粉煤灰、硬沥青、膨胀珍珠岩、火山灰、水玻璃以及一些超细粉末等,此类水泥浆的密度主要取决于水灰比;另一类主要依靠减轻剂本身来降低水泥浆密度,此类水泥浆的密度主要取决于减轻剂本身的密度和掺量。

低密度水泥浆为了降低密度需加入大量的减轻外掺料，加大水灰比，所以导致水泥浆体系稳定性差，失水量难以控制，水泥石强度发展慢，强度低。目前一般采用紧密堆积理论来解决水泥浆低密度和流变性、稳定性、抗压强度之间的矛盾，要求设计的低密度水泥浆体系的固含量尽可能地高，并且减轻材料表面的吸附水量(或水化膜)，并使之具有较好的球形度。

3. 抗高温水泥浆体系

1) 高温对固井的影响

在高温环境下，水泥浆、水泥石的物理化学性能将会发生明显的改变，主要表现为水泥浆稠化时间急剧缩短，水泥石强度产生衰退，渗透率增大，这说明水泥的水化产物及结构发生了相应的改变。随着温度的提高，水泥石强度曲线存在两个明显的临界衰退点，即在110 ℃之前强度基本呈增加趋势，而当温度超过110 ℃后，随温度增加强度开始迅速下降；当温度达到150 ℃后，强度再一次产生较明显的衰退变化。据此，可以将110 ℃和150 ℃看作产生强度衰退的两个临界温度点。

高温固井容易造成的危险主要有以下几方面：

(1) 高温可缩短水泥浆的稠化时间，使套管内的水泥浆来不及被替入环空就失去流动性，造成“灌香肠”事故；

(2) 在进行尾管固井或内插管固井时，钻具或内插管还没有倒扣或提出就被水泥固死，造成“插旗杆”事故；

(3) 水泥石的强度衰退严重，当强度较低时，就失去了对地层的封固特性或对套管的支撑能力，缩短了油气井的寿命；

(4) 高温使得水泥浆中的外加剂失效，从而导致水泥浆流变性变差，使注水泥过程中的流动阻力增加，造成井筒漏失、水泥返高不够等问题；

(5) 高温使得水泥浆失水量急剧增大，易造成水泥浆“快凝”现象，同时容易产生桥堵失重，造成候凝过程中的气窜等。

2) 常用的抗高温水泥浆体系

常用的抗高温水泥浆体系主要包括以下几类：

(1) 加砂抗高温水泥浆体系。

加砂抗高温水泥浆体系由H级、G级油井水泥，一定量的外掺料(如硅砂、微硅、密度调节剂等)及水泥外加剂等构成，其性能主要靠外掺料和外加剂进行调节。例如，加入硅砂后各温度条件下的水泥石强度均可得到不同程度的提高。

(2) 胶乳抗高温水泥浆体系。

胶乳是用于描述乳化聚合物的通用名称，胶乳中聚合物胶粒的粒径范围为0.05～0.5 μm，多数胶乳悬浮液含有大约50%的固相，小粒径的胶乳颗粒填充于水泥颗粒间的空隙中，堵塞通道，降低水泥石的渗透率。胶乳的最新产品为20世纪80年代以来开发的苯乙烯/丁二烯及其衍生物的共聚物，其使用温度可达176 ℃。国外开发的胶乳产品有：哈里伯顿公司开发的Latex2000胶乳，BJ公司开发的BA-86L胶乳，斯伦贝谢公司开发的D500，D600和D700系列胶乳等。大庆油田的姜宏图等根据大庆油田油藏埋藏深、井温高、目的层多等特点，开发了DHL丁苯胶乳高温防窜水泥浆体系。该体系具有抗高温(循环温度达170 ℃，静止温度达220 ℃)、低渗透率、直角稠化、防水气窜和流变性能良好等特点，胶乳掺量为5%～20%。

(3) 高铝水泥浆体系。

西南石油大学的李早元、郭小阳等探索了高铝水泥代替普通加砂水泥用于热采井固井的可行性。选用CF外加剂，高铝水泥在低温(35 ℃)下凝结后再在150 ℃及320 ℃高温水湿环境下养护7 d，其抗压强度不但不衰退，反而上升；在350～450 ℃范围内的临界模拟温度下，高铝水泥也具有良好的耐高温性能。但是没有查阅到该水泥浆体系应用于现场的事例。

4.低温水泥浆体系

水泥中各种矿物水化反应速度受温度影响较大。深水表层泥线温度只有4 ℃，在此温度下，硅酸三钙水化速度非常慢，硅酸二钙几乎不水化，导致常规的油井水泥强度发展缓慢。

低温水泥浆体系的主要特点是可提高水泥早期强度，其方法主要有以下几种：① 添加促凝早强剂；② 采用超细水泥和颗粒级配技术；③ 采用高铝早强水泥；④ 采用硫铝酸盐水泥。

目前常用的低温水泥浆体系有快凝石膏水泥浆体系、斯伦贝谢公司的DeepCRETE水泥浆体系，此外国内开发出抗冻胶乳水泥浆体系和深水固井水泥浆体系。

5.触变水泥浆体系

触变水泥浆在注入、顶替过程中是稀的流体，泵送停止后则迅速形成具有刚性、能自身支持的凝胶结构，在新的推动力作用下又会破坏凝胶结构，恢复流动，从而可以有效解决漏失问题。因此，触变水泥浆被认为是目前解决恶性井漏问题的一项重要技术。

目前触变水泥浆的适用条件为：① 适用于漏层的注水泥作业和处理钻井过程中的井漏；② 在一定条件下可以防止气窜的发生；③ 在渗透地层进行补救挤水泥时，可以采用触变水泥浆作为先导浆，以达到增加挤注压力和提高注水泥成功率的目的；④ 适用于薄弱地层的固井作业；⑤ 修补破裂或被腐蚀的套管。

触变水泥浆体系有黏土水泥浆体系、硫酸盐水泥浆体系等。黏土水泥浆体系是在硅酸盐水泥中加入吸水膨胀性黏土，黏土的加入量可达2%，可有效地用于防止环空气窜及堵漏。硫酸盐水泥浆体系是在硅酸盐中加入硫酸钙、硫酸铝或硫酸亚铁等，硫酸盐在水泥浆中形成一种凝胶物质，有触变性。硫酸盐的含量一般小于10%。

6.防腐蚀水泥浆体系

在长期的油气井开发过程中，固井水泥环会受到地层流体的腐蚀。对水泥腐蚀较严重的是酸性介质和硫酸盐。在水湿环境下，H_2S和CO_2会对水泥熟料矿物及水化产物造成严重的腐蚀，导致水泥石的封隔性能失效，层间窜通，严重时出现井口冒气现象。腐蚀性介质对水泥的腐蚀作用的根本原因在于水泥水化产物本身的组分及水泥石的微观结构，水泥石越致密越能够保持较高的抗腐蚀能力。

提高水泥抗腐蚀的方法主要有：

(1) 在水泥中掺入特定级别的粉煤灰，利用粉煤灰活化玻璃体与水泥水化产物的进一步作用及粉煤灰微细颗粒对水泥石内部孔隙的填充作用来改善水泥石的抗腐蚀性能；

(2) 降低水灰比，添加活性硅质材料以反应水泥中游离的$Ca(OH)_2$，或填充水泥石中的小孔隙空间，降低水泥石的渗透率，以有助于降低CO_2对水泥的腐蚀速度；

(3) 在水泥中加入丁苯胶乳，可明显提高水泥石的抗腐蚀能力，抗碳酸氢钠腐蚀的能力

明显强于原浆;

(4)采用磷酸盐水泥,通过酸碱反应产生磷酸钙,具有高强度、低渗透和优异的抗 CO_2 腐蚀能力。

防腐蚀水泥浆体系的典型产品有哈里伯顿公司的抗 CO_2 腐蚀水泥浆体系 Latex 胶乳体系及 Thermalock 水泥、斯伦贝谢公司的抗 CO_2 腐蚀水泥 EverCRETE 等。EverCRETE 是基于 CemCRETE 颗粒级配技术,减少常规波特兰水泥的用量,不含 $Ca(OH)_2$ 的体系,可限制水泥的性能退化,限制碳酸钙结晶反应,使水泥石保持较好的机械性能。

— 拓展与思政 —

7-22

第四节　完井技术

完井是使井眼与油、气储集层(又称产层、生产层)连通的工序。油气井完井的工艺过程包括钻开储集层、确定完井的井底结构、安装井底(下套管固井或下筛管)、使井眼与产层连通并安装井口装置等工序。完井关系到井的稳产与高产。

一、钻开储集层

储集层的岩石被钻开之后,原始的应力状态受到破坏,岩石在新的应力状态下获得新的平衡,因此岩石的机械性质、储油性质都会发生变化。由于储集层与钻井液、完井液相接触,液体与储集层岩石发生化学、力学作用,使储集层的性质发生变化。这些变化可能产生的后果为:储集层受到污染;储集层岩石失去稳定性,使井眼变形;储油孔隙及通道产生形状变化,使储集层的渗流能力变差,产能降低,井的寿命降低;压力平衡关系的破坏引起井涌。

— 线上自学 —

7-23　钻开油气层

完井可使储集层与井眼有良好的连通,并使储集层岩石受到的不良影响降低到最低程度。钻井的最终目的是迅速有效地开发油气资源,在整个钻井、完井过程中应当尽量保护储集层,使储集层不受到伤害。因此,钻开储集层是完井的一个重要环节。

1. 钻开储集层储油性质的变化

在钻开储集层岩石时,钻井液与岩石相接触。由于两者处于不同压力体系、化学物质体系及浓度体系之中,因此钻井液会对储集层岩石造成污染。

1)压力体系的影响

在一般情况下,钻开储集层时钻井液液柱压力要比地层压力大。在这个钻井液液柱压力下,钻井液中的液相和固相都会进入储集层岩石孔隙或裂缝中,造成孔道的堵塞,使储集层受到污染。

若井眼内的钻井液液柱压力小于地层压力,则会引起井涌,这也是不允许的。

2)化学物质体系的影响

钻井液中的化学物质不可能与构成储集层岩石的物质和岩石中所含流体物质的化学成分完全相同,甚至有时两种化学物质会发生反应,生成不溶于水的物质并沉淀在孔道边壁上,将孔道堵塞,或是钻井液的化学物质将岩石的某些成分溶蚀、剥蚀,使胶结物受到破坏,使岩石坍塌、膨胀，也会使储集层岩石的渗透性发生变化。

3）浓度不平衡的影响

由于钻井液和地层流体这两种液体体系中化学物质的浓度不一致，因此会发生化学物质的渗透现象，产生一定的渗透压力。在渗透压力的作用下，岩石胶结物产生破坏，或是油气流动受阻。

液相、固相物质与储集层岩石的相互作用会使岩石胶结物破坏、孔道堵塞、岩石润湿性发生变化、孔道产生水锁，对储集层结构造成永久性伤害。其表现为：

（1）固相、液相物质进入储集层的孔道中，堵塞油的流通通道，使一部分油不能被驱出，孔隙度下降，渗透率减小，井的开采储量降低，产量减少；

（2）固相、液相物质堵塞孔道，造成渗透性变化，表现为孔道的水锁、结垢、胶结物脱落等现象；

（3）固相与液相物质进入储集层岩石，使岩石骨架遭到破坏，造成出砂等问题。

2. 钻开储集层时岩石力学性质的变化

岩石在井下未被钻开时是处于稳定状态的。由于岩石被钻开形成了井眼，岩石应力状态重新分布，不仅会对非储集层造成缩径、坍塌等问题，也会对储集层造成影响。

井眼的岩石被钻掉后，形成一个空洞穴，井壁周围的岩石失去了支撑，应力重新分布，其结果是产生岩石向井眼中心挤的趋势。由于井眼中有钻井液，可以起到一定的弥补应力的作用。

岩石的变形情况与岩石侧向变形能力有关。当岩石的侧向变形能力强（其表现为泊松比大，如页岩、盐岩）时，岩石向井眼中突出的现象就比较严重；石灰岩等高强度岩石的侧向变形能力较小。变形能力也与钻井液的密度有关，钻井液密度小，则弥补侧向应力及变形的能力差，井眼变形严重；密度大，则弥补能力强，但若超过了岩石的抗压强度，又会压裂岩石。

储集层被钻开之后，岩石的侧向变形对储油结构也会有影响。对于孔隙较多、较大的砂岩储集层，这一影响不太明显，但对于裂缝性储集层，则有相当严重的影响。当产生侧向变形时，有些微小裂缝的张开程度会明显变小，甚至会闭合，使这些裂缝性储集层的渗透率降低，抵消了岩石的侧向变形。

在采油生产中，井筒内的压力降低是由于砂岩储集层受到了侧向挤压力的作用，同时由于油、气流的冲刷，砂粒受到拖曳力的作用，这会造成油气井出砂。长期的采油生产使产层内的压力下降，砂岩的骨架受力增大，砂岩也会被压碎而导致出砂。

3. 钻开储集层的方法

钻开储集层时防止污染的有效方法是采用合理的钻井液体系、平衡压力钻井技术、合理的井身结构，快速钻进以防止产层在钻井液中长时间浸泡。

1）采用合理的钻井液体系

钻开储集层时应选用合理的钻井液体系，应当根据储集层的特点确定钻井液的性能。

钻井液的化学体系应尽量与储集层配伍。根据储集层岩石的化学性质、储集层内流体的化学性质来确定所采用的钻井液的化学体系，防止两种化学体系不配伍而发生沉淀、溶解等不良反应。在通常情况下，尽量采用低固相或无固相钻井液，适当提高钻井液的矿化度并采用某些表面活性剂处理钻井液。

2）采用合理的钻井液密度，实现平衡压力钻井

由于钻井液的密度高，导致钻井液液柱压力高于地层压力，这一压力差是造成储集层污

染的主要原因；同时由于压差作用，压持效应增强，机械钻速降低。适当降低钻井液与地层压力之间的差值，进行平衡压力钻井是防止储集层污染的有效方法，也有利于提高钻速，缩短建井周期。应当准确地了解储集层的压力，调节钻井液的密度与之相当，适当增加一定的附加密度值，在钻开储集层时，使钻井液液柱压力与储集层压力大致相等，在此压力下钻开的储集层受污染最小。实现平衡压力钻井的前提是准确了解储集层压力，同时要有良好的井控技术及固相控制技术予以配合。

特殊储集层可采用负压钻井，如空气钻井、雾化钻井、泡沫钻井等。

3）采用良好的井身结构，减少储集层浸泡时间

储集层在钻井液中浸泡的时间越久，固相、液相侵入储集层的深度就越大，污染就越严重。因此，钻开储集层时间越短，对保护储集层越有利。要减少储集层浸泡时间，除了加快储集层的钻进速度之外，采用良好的井身结构也是一个很好的方法。将已钻开的储集层下入一层套管封固起来，是防止上部储集层继续被钻井液浸泡的一种方法。也可在钻开储集层之前，将上部地层用套管封固起来，在钻开储集层时采用优质钻井液，以实现平衡压力钻井；同时，良好的井身结构可以减少钻进过程中复杂情况和事故的发生，缩短建井周期。

4）其他生产环节中防止污染

在固井过程中，水泥浆造成的污染是相当严重的，而采用低失水的水泥浆并降低其密度，可以有效地防止固井中的污染。减少试油及其他井下作业中的关井、压井次数，也可以减少这些环节的污染。

除采取各种措施防止储集层污染之外，还可以采用酸化、压裂等方法进行储集层的改造，使被污染储集层的储油性质得到部分恢复。

二、油气井的完井原则及完井井底结构类型

1. 完井的原则

油气井是按照储集层的性质、生产状况等条件，在保证井的稳产、高产的前提下进行完井的。不同的储集层岩石、不同的生产方式要求有不同的完井方式。

1）完井要求

完井的主要任务是使井眼与储集层有良好的连通，使井能高产，同时保持井眼的长期稳定，使井能稳产较长一段时间。

对完井的基本要求是：

（1）最大限度地保护储集层，防止对储集层造成伤害；

（2）减小油气流进入井筒时的流动阻力；

（3）能有效地封隔油、气、水层，防止各层之间的相互干扰；

（4）克服井塌或产层出砂，保障油气井长期稳产，延长井的寿命；

（5）可以实施注水、压裂、酸化等增产措施；

（6）工艺简单、成本低。

— 线上自学 —

7-24　常用的完井方法

2）完井设计

由于完井对整个生产过程有举足轻重的影响，所以在一口井开钻之前应有完善的完井设计。完井设计是在确定了储集层性质、油气田开发方案之后，确定打开储集层的方式，确定完井的井底结构，决定油层套管的下入层位及下入深度，确定储集层与井筒的连通方式。完井设计一般是在钻井工程设计之前进行或与钻井工程设计合并进行的。

完井设计通常是在对储集层岩石的实验室分析和电测分析的基础上提出储集层分析报告，由油田开发部门提出完井方案，由钻井部门根据地层情况制定一口井的具体完井施工设计（在国外由油公司提出完井施工设计）。

完井设计的内容包括：

(1) 根据储集层的特点，提出井底结构的类型；

(2) 提出完井段的井眼尺寸，如井径、打开储集层的长度、口袋的长度等；

(3) 设计完井管柱，包括油层套管的直径、下入深度和水泥浆返高，油层套管的射孔参数，以及筛管和衬管的有关尺寸等；

(4) 设计完井液，提出完井液的类型、参数、使用及调整方法等。

2. 完井井底结构类型

选择井底结构要考虑的因素包括储集层类型、储集层岩性和渗透率、油气分布情况、完井层段的稳定程度以及附近有无高压层、底水或气顶等。例如，均质硬地层可采用裸眼完井，而非均质硬地层则采用套管完井；非稳定地层采用非固定式筛管完井；产层胶结性差、存在出砂问题时则应采用防砂筛管完井。

根据不同的储集层条件，完井井底结构的选择可按图 7-4-1 进行。

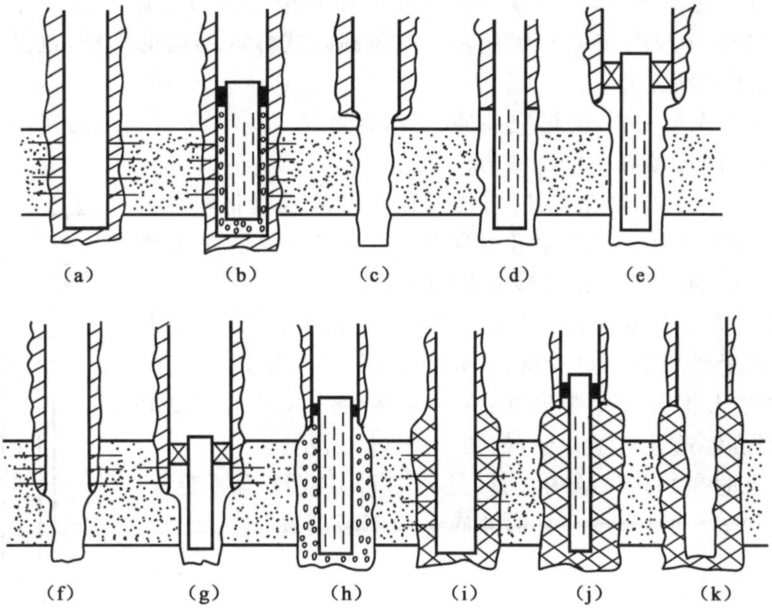

图 7-4-1　完井井底结构简图

完井井底结构大体可分为四大类：

第一类是封闭式井底，即钻达目的层，下油层套管或尾管后固井封堵产层，然后射孔打开产层，使产层与井眼相连，如图 7-4-1(a)和(b)所示。

第二类是敞开式井底，即钻开产层后不封闭井底，产层岩石裸露，直接与井眼连通，或是在产层段下带孔眼的各种筛管支撑地层，但不用水泥固井，如图 7-4-1(c)，(d)和(e)所示。

第三类是混合式井底，即产层下部是不封闭的裸眼，直接与井眼连通，上部下套管封闭后射孔与井眼连通，如图 7-4-1(f)和(g)所示。

第四类是防砂完井，主要是针对胶结弱的砂岩层进行的完井，产层可封闭或不封闭，用于防砂，如图 7-4-1(h)，(i)，(j)和(k)所示。下筛管的防砂完井方法需要在筛管或其他生产管柱与产层之间充填砾石。

这四大类又可细分为 11 种常见的完井方法。

(1) 单管射孔完井：典型的封闭式井底结构，在钻出的井眼中只下一根套管固井，如图 7-4-1(a)所示。除单管射孔完井之外还有多管射孔完井及封隔器射孔完井等。

(2) 先期裸眼完井：典型的敞开式井底结构，如图 7-4-1(c)所示。除此之外还有后期裸眼完井。

(3) 贯眼完井：敞开式井底结构的一种，是在裸眼段下筛管的完井方法，如图 7-4-1(d)所示。

(4) 衬管完井：敞开式井底结构的一种，是在裸眼段下衬管的完井方法，如图 7-4-1(e)所示。

(5) 半闭式裸眼完井：产层的下部是裸眼，直接与井眼连通，上部下入套管，固井并射孔，如图 7-4-1(f)所示。这是混合式井底结构。

(6) 半闭式衬管完井：产层的下部裸眼中下入衬管，上部下入套管并射孔，如图 7-4-1(g)所示。这也是半封闭式井底结构的一种。

(7) 管内砾石充填防砂完井：砂岩层射孔后在井中下入各种防砂筛管并在套管和筛管的环形空间充填砾石，如图 7-4-1(b)所示。这是封闭式井底结构的一种，也是防砂完井井底结构的一种，属于二次完井。

(8) 裸眼砾石充填完井：防砂完井的一种，如图 7-4-1(h)所示。这是在裸露的砂岩层中下筛管，在环形空间充填砾石的完井方法。

(9) 渗透性人工井壁射孔完井：将渗透性良好的可凝材料注入套管和砂岩层之间，再用小功率射孔弹射开套管但不破坏注入的渗透层，如图 7-4-1(i)所示。这是防砂完井的一种。

(10) 渗透性人工井壁衬管完井：在砂岩层下衬管，并在衬管与岩层之间注入渗透性良好的可凝材料，如图 7-4-1(j)所示。

(11) 渗透性人工井壁裸眼完井：在裸眼井段注入渗透性良好的可凝材料，形成渗透性人工井壁，如图 7-4-1(k)所示。

除以上常见的完井井底结构之外，还有各种井底结构的变种。随着钻井和采油工艺的进步，完井的井底结构不断发展。

三、常用完井方法

1. 裸眼完井法

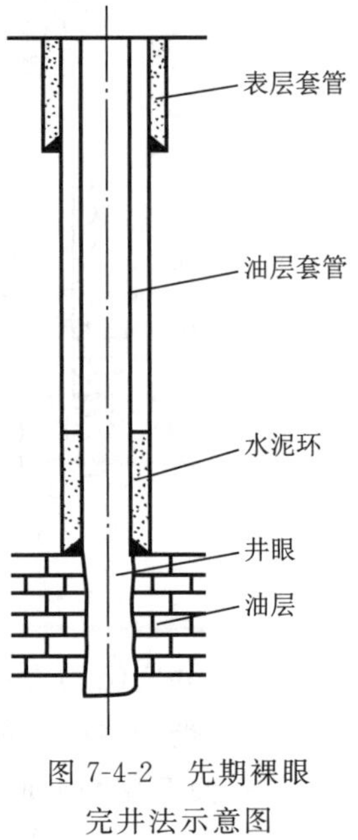

图 7-4-2　先期裸眼完井法示意图

裸眼完井是指完井时井底的储集层是裸露的，只在储集层以上用套管封固的完井方法。裸眼完井还可分为先期裸眼完井和后期裸眼完井。先期裸眼完井是在钻到预定的产层之前先下入油层套管固井，然后换用符合打开产层条件的优质钻井液及钻头钻开产层，保持油气层段裸眼完成的完井方法(图 7-4-2)。后期裸眼完井是指钻到油层底界以下预定位置，然后下套管到油层顶界以上进行固井，保持产层段裸露的完井方法。

裸眼完井只适用于在孔隙型、裂缝型、裂缝-孔隙型或孔隙-裂缝型等坚固的均质储集层中使用。储集层均质一般是指产层的渗透性大体相等，坚固储集层是指储集层岩石的强度可承受上覆岩石压力和流体流动时的压差而不破碎。均质储集层的渗透率可以有较大的范围，在 0.01～0.1 μm^2之间。

这种完井方法比较适用于井中只有单一的储集层，不需分层开采，无含水、含气夹层的井。比较适用的储集层岩石是石灰岩及坚硬的砂岩、泥岩、页岩等。裸眼完井法的优点是储集层直接与井眼连通，油气流进入井眼的阻力最小，尤其是先期裸眼完井的优点更为明显。当然，裸眼完井法也有缺点。

1）裸眼完井法的优点

（1）可排除上部地层的干扰，为选用符合打开生产层特点的钻井液提供最充分的条件，可以在受污染最小的情况下打开储集层；

（2）在打开储集层的阶段如果遇到复杂情况，可及时提起钻具到套管内进行处理，避免事故进一步复杂化；

（3）可缩短储集层在钻井液中的浸泡时间，减少储集层的受伤害程度；

（4）由于是在生产层以上固井，可消除高压油气对封固地层的影响，提高固井质量，并且储集层段无固井中的污染。

2）裸眼完井法的缺点

（1）适用面狭窄，不适用于非均质、弱胶结的产层，不能克服井壁坍塌、产层出砂对油井生产的影响；

（2）不能克服产层的干扰，如油、气、水的相互影响和不同压力体系的相互干扰；

（3）油井投产后难以实施酸化、压裂等增产措施；

（4）先期裸眼完井法是在打开产层之前封固地层，但此时尚不了解产层的真实资料，如果在打开产层的阶段出现特殊情况，会给后续生产带来被动；

（5）后期裸眼完井法没有避免钻井液和水泥浆对产层的污染和不利影响。

3）先期裸眼完井

先期裸眼井的一般结构是在距产层 20 m 左右，选择坚固的地层停钻，下套管固井。在固井前应先测井，推测储集层的位置，避免打开产层之前钻遇高压、疏松等复杂地层。套管鞋应当坐在坚硬的地层上。裸眼段的长度与产层的厚度和岩层的强度有关，其长度可从几米到一百多米。岩层强度高，可使用较长的裸眼长度。可以一次将产层全部打开，也可以在较厚的产层中钻开一部分。产层全部钻穿后应继续钻进一段，留足口袋停钻。口袋的长度可视井的复杂情况而定，至少为 5 m，一般在 10 m 以上。

对应每一个孔隙-裂缝型产层，都有一个允许的液柱压差，超过这一临界值时，孔隙就被堵塞，裂缝闭合，油井无法出油。同样，对应每一个孔隙-裂缝型产层，都有一定的岩石强度，生产中的油流速度在不超过某一临界值时，岩石不发生破坏。对较弱胶结的产层，允许的生产压差较小。因此，在钻开产层和采油时应注意防止产层被压死和破坏。

2. 射孔完井

射孔完井是指下入油层套管封固产层，然后用射孔弹将套管、水泥环、部分产层射穿，形成油气流通道的完井方法。射穿产层后的油气井的生产能力受产层压力、产层性质、射孔参数及质量的影响。在石油勘探和开发中，射孔完井是目前主要的完井方法，占完井总数的 80%～85%。

1）射孔完井的适用性

射孔完井是使用最多的完井方式，几乎所有的储集层都可用这种完井方法打开，因而产生了许多误解，认为射孔是最好的完井方式。但研究发现，并不是所有的储集层采用射孔完井都是最好的。

射孔完井适用于各种储集层，无论是孔隙型、裂缝型、孔隙-裂缝型还是裂缝-孔隙型储集层，无论储集层的强度是大还是小，是否均质，压力体系是否相等，都可用这种完井方法。也就是说，大多数储集层可采用射孔完井方法。虽说如此，但只有非均质储集层最适合采用射孔完井方法。非均质储集层的特点是稳定性岩层和非稳定性岩层相互交错，不同压力体系的岩层相互交错，有含水含气的夹层，或是有底水和气顶。均质的储集层更适合采用其他的完井方式。

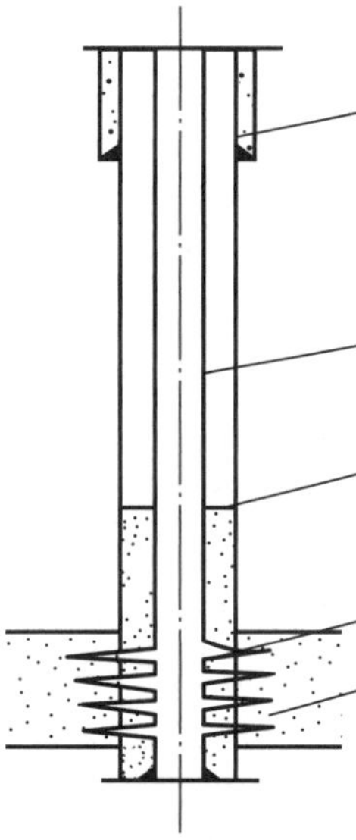

图 7-4-3　套管射孔完井法示意图

射孔完井法分为单管射孔完井、多管射孔完井、尾管射孔完井、封隔器射孔完井等，以单管射孔完井最多；按其射孔工具又可分为电缆输送的套管射孔完井和过油管射孔完井、油管传输射孔完井；按射孔工艺可分为正压射孔完井和负压射孔完井等。无论哪一种射孔方式，都对套管、固井等提出了较具体的要求。最常见的单管射孔完井的结构如图 7-4-3 所示。

在射孔完井中，打开储集层的工艺条件是十分严格的。油层套管鞋应在距井底 1～3 m 的范围内，套管的阻流环应在产层底界下 15 m 以上，阻流环以下套管内的水泥塞高度不小于 20 m。套管串上的扶正器、刮泥器等附件应尽量避开产层。套管串上应当有短套管，便于用磁定位器测井校正射孔深度。短套管的位置在油层以上 20～30 m。

射孔参数包括射孔密度、射孔孔道直径、孔道深度、射孔相位角、油层射开长度等。这些参数由岩石强度、产层性质、油藏开发方案来决定。射孔密度一般为 10～20 孔/m，最大可达 36 孔/m。射孔孔道直径一般为 10～16 mm，最大可达25 mm，孔道应接近圆柱形。射孔的相位角常在 72°～180°之间，呈螺旋状分布。在同一横截面上不允许有一个以上的射孔孔道。射孔的深度除应穿透套管、水泥环外，还应尽可能地超过产层伤害带。

2）射孔工艺

射孔是将射孔枪下到油气层部位，在地面点火引爆射孔弹，将套管、水泥石和产层一并射穿，形成连接井眼和储集层的通道。单管射孔如图 7-4-4 所示。

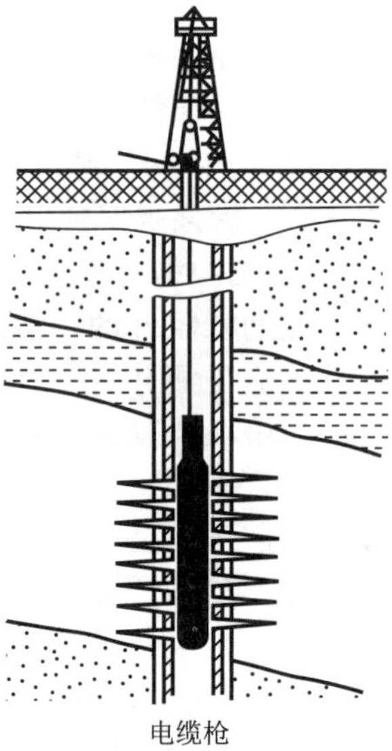

图 7-4-4　单管射孔示意图

射孔的工具是射孔枪。射孔枪分为电缆枪和无缆枪。电缆枪又分为管式枪和绳式枪，如过油管射孔枪、钢丝射孔枪、钢管射孔枪等。电缆枪靠电缆或钢丝绳送入井下，由电点火击发。无缆枪由油管送入井下，也称为油管传输射孔枪。常用的射孔弹为聚能射孔弹，也有使用子弹进行射孔的。

射孔工艺分为正压射孔和负压射孔。正压射孔是井筒内的液柱压力高于储集层压力时进行射孔。射孔时用绞车将电缆射孔枪下到预定深度，由地面通过电缆点火击发射孔弹，射开储集层。射开储集层时井筒内的液柱压力大于产层压力，地层流体不会立即进入井中，不会产生井喷。将所有产层射完后，起出射孔工具，下入油管，排出射孔液，使井筒内的压力降低，即可使高渗层产液。正压射孔时孔道得不到及时的清洗，射孔的残渣不能随流体排出孔外，而是留在孔内堵塞产层孔隙；射孔液在正压下侵入孔道，对储集层造成污染。虽然可采用各种方法解堵，但正压射孔对储集层的伤害是难以消除的。正压射孔所用工具简单，无井喷危险，但由于其对储集层有较大的污染，目前国外已基本停止使用，今后我国也将停止使用。

所谓负压射孔，是采用低密度射孔液或降低液柱高度使井筒的液柱压力低于储集层压力时进行的射孔。负压射孔的优点是能减少储集层在射孔过程中受到的污染。过油管射孔是负压射孔的一种。

过油管射孔是先把油管下到射孔层位以上 10～20 m，装好井口，通过井口防喷器用电缆下入射孔枪，关闭防喷器，通过磁定位器准确定位，在地面点火射孔。过油管射孔时所选用的负压值应恰当：太大时，工具难下入；太小时，起不到应有的作用。高渗透区负压值可取 1.378～3.477 MPa（产液）及 6.89～13.78 MPa（产气），低渗透区可取上述值的两倍。

负压射孔也可采用油管传输射孔。油管传输射孔又称无电缆射孔，如图 7-4-5 所示。它是将射孔枪直接装在油管上，配好油管的尺寸，下到井中，校正好射孔位置，装好采油井口，关闭井口，用投棒或环空加压的方法击发射孔弹，进行射孔。

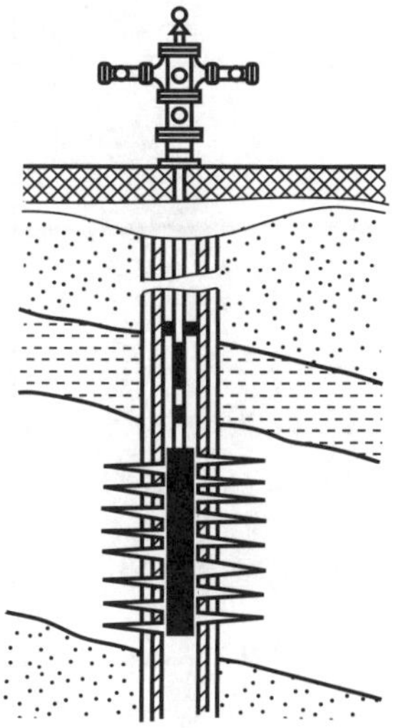

图 7-4-5　油管传输射孔示意图

射孔液是射孔时填充在井筒中的液体。以前没有专门的射孔液，往往使用固井时的顶替液进行射孔，但这会对产层造成严重的污染。专用的射孔液基本上是在水基完井液中加入固体加重剂和化学处理剂，调配成性能符合要求的射孔液。一般射孔液的 pH 为 9.5～10，密度为 1.05～2.03 g/cm^3。

3. 割缝衬管完井法

割缝衬管完井法共有两种。一种是在钻完油气层后，下入下端连接衬管的套管柱到油气层部位，使用套管外封隔器注水泥封固油气层以上井段的环形空间。对于这种完井方法，如果衬管损坏，则修理困难。因此，多使用另外一种完井方式：当钻头钻到油气层顶部时，下套管至油气层顶部，注水泥固井，下钻头从套管鞋继续向下钻穿油气层至完井井深，再下入带割缝衬管的管柱，用封隔器密封衬管和套管的环形空间。对于这种完井方法（图 7-4-6），当衬管损坏时，可以起出更换。

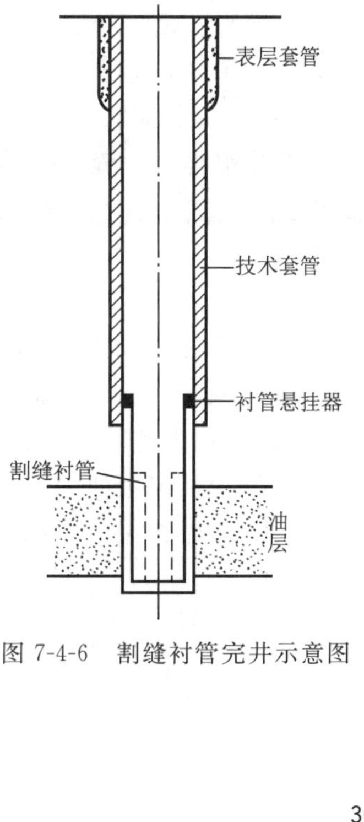

图 7-4-6　割缝衬管完井示意图

使用割缝衬管时允许一些细砂随着原油进入井中，而较大的砂粒被阻挡在衬管外面，形成“砂桥”或“砂拱”，随后较小的砂粒被挡住，以后更小的砂粒也会被阻挡住。这样，在井壁上形成由粗到细的滤砂层，阻止油层大量出砂，起到防砂的效果，如图 7-4-7 所示。

割缝衬管的参数如下：

(1) 缝眼形状。缝眼为梯形剖面(图 7-4-8)，斜边夹角为 6°，这种缝眼形状可防止砂粒卡住缝眼而堵塞油气流通道。

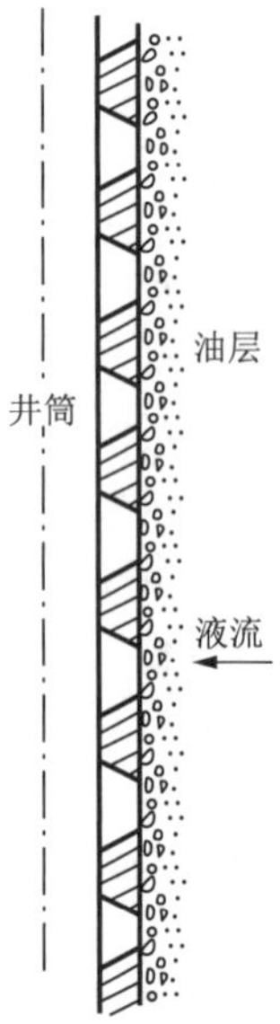

图 7-4-7　衬管外形成的"砂桥"示意图

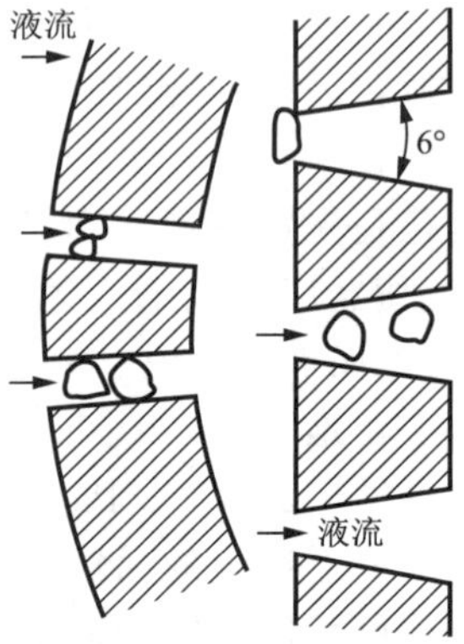

图 7-4-8　不同割缝剖面

(2) 缝眼宽度。缝眼宽度是指梯形缝眼小底边的边长。正确地确定缝眼宽度是割缝衬管防砂的关键。根据实验，砂粒在缝眼处形成"砂桥"或"砂拱"的条件是缝眼宽度不大于砂粒直径的两倍，即 $e \leqslant 2d_{10}$(e 为缝眼宽度，d_{10} 为产层砂粒度组成累积曲线上占累积质量 10%所对应的砂粒直径)。这样，占砂粒总质量 10%的大直径砂粒不能通过缝眼，被阻挡在衬管外，形成"砂桥"或"砂拱"。

(3) 缝眼长度。缝眼长度和管径与缝眼排列形式有关。由于横向衬管强度低，故缝长较短，多为 20～50 mm；纵向割缝的缝长一般为 50～300 mm。直径大的衬管，缝长应短；直径小的衬管，缝长应长，可取高值。

(4) 缝眼排列。缝眼的排列有两种方式：一种是与管的轴线相平行，即纵向排列，又分为直缝式、楔缝式、组合楔缝式三种排列；另一种是与管的轴线垂直的横向排列，又称为水平式，如图 7-4-9 所示。一般采用纵向割缝衬管，这是因为纵向割缝衬管比横向割缝衬管强度高。

(5) 缝眼数量。缝眼数量关系到衬管的流通面积，应该在确保衬管强度的原则下增大衬管的流通面积。缝眼的总面积为衬管外表总面积的 2%。由于割缝衬管完井的割缝衬管对应裸眼井段，因此既可起到裸眼完井的作用，又可防止裸眼井壁坍塌，可在一些出砂不严重的中粗砂粒油层中使用。这种完井法工艺不复杂，便于作业，成本也低。割缝衬管完井中套管、钻头、衬管相关尺寸见表 7-4-1。

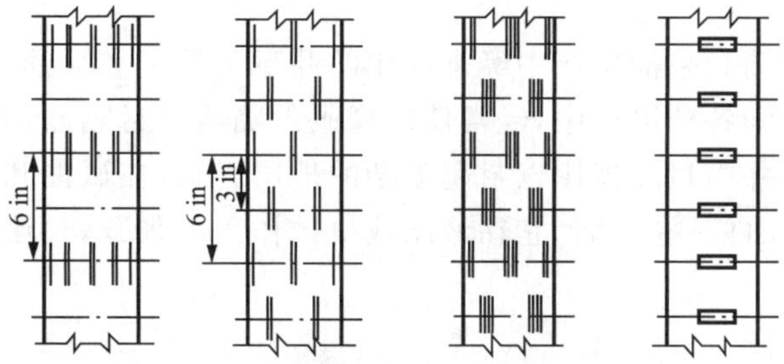

（a）直缝式 （b）楔缝式 （c）组合楔缝式 （d）水平式

图 7-4-9 割缝衬管示意图

表 7-4-1 割缝衬管完井中套管、钻头和衬管尺寸

上部套管尺寸/mm	再次开钻钻头尺寸/mm	衬管尺寸/mm
177.8	152	127～140
219.1	190	140～168
244.5	215	168～194
273.1	244	194～219

4. 封隔器完井法

1）封隔器完井

在开采时，可能会有底水在产层推进，或裸眼产层上下部位的岩层发生变化。例如，产层以上岩层坍塌等使裸眼井不能正常生产；或底水的上升使产层的含水上升，井底岩石强度降低。在这种情况下，将衬管（筛管）和裸眼封隔器组合使用，就可防止裸眼井段出现复杂情况。封隔器完井可在完井的最初阶段使用，也可在裸眼井使用一段时间，并出现不是很严重的复杂情况后使用。当出现严重的复杂情况时，用封隔器可能解决不了，就必须在有问题的井段下套管进行封闭。

在衬管的适当部位加裸眼封隔器并下到井下裸眼井段，在悬挂衬管的同时，张开裸眼封隔器，封隔有问题的上部岩层，使下部层位裸露，就可使井恢复正常生产。如果产层下部有底水上升，则可将裸眼封隔器装在衬管的下部；如果产层上部有岩石坍塌，则可在坍塌层下部安装封隔器。在较长的裸眼井段，在上下几个地方安装裸眼封隔器是比较灵活的。这种完井方式有时也称为裸眼封隔器完井，如图 7-4-10 所示。

封隔器在裸眼层的使用条件比在套管内的使用条件要恶劣，因为井壁粗糙，直径也不均匀，要将岩石封闭，封隔器的橡胶密封件要受较大的力。因此，在设计上裸眼封隔器的要求比套管封隔器高得多。

在裸眼层下封隔器的工艺在水平井中也是常用的。

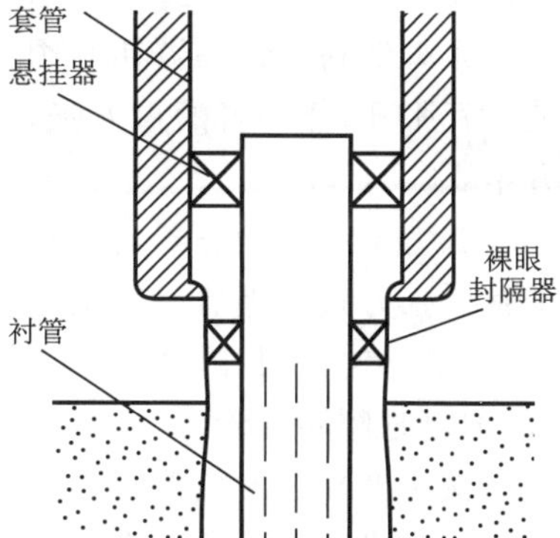

图 7-4-10 裸眼封隔器完井

2)封隔器

封隔器是完井、试油和采油生产中经常使用的井下工具。在采油生产中,封隔器在套管内的使用较多;在完井和各种测试中,经常使用裸眼封隔器。封隔器用于封闭裸眼层或套管内的某些层位,如在完井中封隔器用以封闭复杂的地层岩石,在试油和采油中用以封闭某些产层。封隔器的主要元件是橡胶筒,它在液压或机械作用下张开,封堵裸眼的岩层或套管的内壁,达到施工的目的。

(1)封隔器的原理。

封隔器是靠橡胶的膨胀实现对井壁岩石或套管壁的密封的。封隔器的原理为:用机械力、液压力推动卡瓦,使卡瓦张开并紧贴井壁或套管壁,固定封隔器,紧接着用各种力压缩密封元件,张开橡胶筒实现密封。有的封隔器只能用一次,卡瓦和橡胶密封件张开后不能收回,是永久式的;有的卡瓦和橡胶密封件能张开,能收回,可在井中多次起下,是可回收式的。永久式封隔器的密封可靠,经常用在完井和固井的固定场合;可回收式封隔器多用在套管内。

密封元件是封隔器的主要部件,它在常态下是收缩的,其尺寸比井眼直径或套管内径小,下到适当位置后在力的作用下能张开。因此,密封元件是具有极大变形能力的、以橡胶为主的部件。密封材料的基体是橡胶,为使材料能抗油、抗井下高温,常在橡胶中添加改性剂。材料的硬度取决于密封部位的压力差和密封部位的粗糙程度,通常有高硬度和低硬度的区别。高硬度密封件在高压和不太粗糙的套管壁上使用,低硬度的密封件在比较粗糙的井壁上使用,有时两种硬度的密封件结合使用。

封隔器应有耐腐蚀性。在有 H_2S 和 CO_2 存在的条件下,密封件应抗腐蚀,一般在橡胶中添加特氟龙、尼龙等,特氟龙材料可在腐蚀条件下耐 450 ℃的高温。封隔器还应有可打捞性。

(2)封隔器的种类。

按作用原理,封隔器可分为重力坐封式、张力坐封式、机械坐封式、液压坐封式等形式;按使用方式分为永久式和可回收式。

重力坐封式封隔器在使用中靠摩擦块使卡瓦保持固定。在预定位置加速下放油管,可使卡瓦张开,靠油管的重力张开密封胶筒;也有的是在井底使用,靠油管的重力剪断销钉,张开卡瓦。

张力坐封式封隔器实际是将重力坐封式封隔器倒转后使用,可在油管上施加拉力张开卡瓦。张力式封隔器一般用在浅井。

机械坐封式封隔器靠油管的旋转坐封或取出。在旋转油管时,卡瓦张开,并压缩密封件;取出时倒转油管。

液压坐封式封隔器是靠液压缸和活塞推动卡瓦张开,并张开密封筒。

永久式封隔器的特点是有可避免卡瓦松开的装置。在完井中,永久式封隔器是经常使用的。

配合封隔器使用的还有井下和地面控制装置,如井下的安全阀和安全接头、地面的液压泵组等。

5. 防砂完井

在生产过程中,某些砂岩储集层由于砂岩胶结不良,或是开采强度大,或是受到污染,会有出砂现象。出砂会影响产量，严重时会使井报废，因此必须防止出砂。通常在完井中采用防砂完井方式。常见的防砂完井方式有裸眼砾石充填完井、套管内砾石充填完井和人工井壁防砂完井。

1）裸眼砾石充填完井

裸眼砾石充填完井是在钻开产层之前下套管封固，再钻开产层，在产层段扩大井眼，下入筛管，在井眼与筛管之间的环空中充填砾石。砾石和筛管对地层出砂起阻挡作用。

2）套管内砾石充填完井

在下入套管并射孔的井中如果有出砂，在出砂井段下筛管，在筛管和油层套管之间的环空中充填砾石的防砂工艺称为套管内砾石充填完井。这种完井方法属于二次完井。

砾石充填完井的关键是选择砾石和保证充填的厚度。

砾石的直径由出砂的直径决定。由于地层出砂直径不等，需对砂粒进行筛分后作砂粒直径-累积重量分布图，累重为50%的砂粒对应的直径称为砂粒中径。砾石的直径一般为出砂砂粒中径的6～8倍，砾石层厚度至少是砾石直径的8倍。裸眼砾石充填时，砾石层厚度不小于30 mm；管内砾石充填时，砾石层厚度不小于15 mm。

筛管的类型有绕丝式、割缝式、多孔材料烧结式等，以绕丝筛管最常用。绕丝筛管是用绕丝间的缝隙阻挡砂粒。绕丝的间距为出砂砂粒最小直径的2倍。

3）人工井壁防砂完井

人工井壁防砂完井是通过将渗透性的可凝材料注入出砂层，形成阻挡砂粒的人工井壁来防砂的完井技术。

这种完井方式包括：渗透性人工井壁射孔完井法，即将渗透性良好的可凝材料注入套管和地层之间，再用小功率射孔弹射开套管但不破坏注入的渗透层的完井方法；渗透性人工井壁衬管完井法，即在衬管与裸眼之间注入渗透性可凝材料的完井方法；渗透性人工井壁裸眼完井法，即在裸眼井段注入渗透性可凝材料形成人工井壁的完井方法。

这种完井方式的关键是选择渗透性可凝材料。这种材料有水泥加砂形成的渗透性材料、树脂砂浆类材料等。

四、特殊完井

对于裂缝性储集层、低渗透储集层和水平井，完井方式虽可用前述四种类型的井底结构，但由于储集层有各自的特性，对井有特殊要求。

1. 水平井完井方法

从已钻的水平井统计来看，水平井单井产量为直井的2～5倍，单井成本仅为直井的1.5～2倍，水平井已成为裂缝性油藏、稠油油藏、低渗透油藏、底水油藏提高单井产量和采收率的有效手段。

水平井分长、中、中短、短和超短五种半径，长半径水平井每30 m造斜率为2°～6°，中半径水平井每30 m造斜率为6°～20°，中短半径水平井每30 m造斜率为20°～80°，短半径水平井每30 m造斜率为30°～150°，超短半径水平井采用特殊转向器在0.3 m内完成从垂直到水平的转向。

1）水平井的常用完井方法

水平井完井的原则是：井能获得最高的油气产量，同时其他流体（水）的排出量小；能防止井壁不稳定，能在出砂层控制出砂；有利于减少修井次数；井下各种管柱能在长期生产中保持不变形、不腐蚀、不结垢；井身条件能进行二次或三次开发；经济性好。

水平井完井应满足的技术要求是：封闭水或气的侵入；能进行生产测试，能采取增产措施，能修井；保证安全。

影响水平井完井的因素除直井中的所有影响因素外，还有井眼的弯曲程度对管柱的影响和水平井段的长度对井眼稳定程度的影响。这两个因素是影响水平井完井的重要因素。

水平井完井方法（图 7-4-11）有多种，常见的有裸眼完井、套管或尾管固井完井、割缝衬管完井、筛管完井、砾石充填完井、封隔器完井等。水平井完井方法可分为两大类：一类是选择性完井，主要是用水泥封固油层的完井，可在封固后选择性地射开某些层或某些段；另一类是非选择性完井，主要是裸眼及其变种的完井方式。

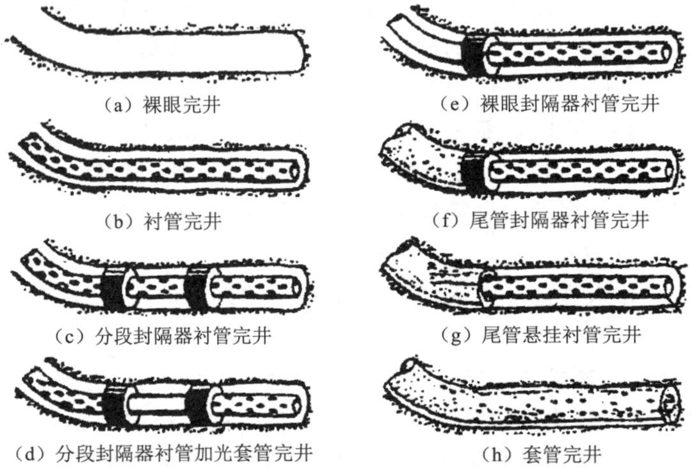

图 7-4-11　水平井完井方法

各种水平井完井方法的特点：

(1) 裸眼完井是最简单的完井方法，只能用于不破裂和不坍塌的坚硬岩层，多用于中、短半径及超短半径的水平井完井，因为在这种井中套管通过弯曲段时往往有较大的应力，容易引起套管的强度问题。这种完井方法的优点是井的完善系数高，产量高，污染易消除；缺点是当岩石强度不够高时，在生产中会发生井壁坍塌，井壁条件会限制增产措施的应用。

(2) 套管或尾管完井是传统的完井方法，在直井中有成熟的应用，在水平井中多用于长半径水平井。这种完井方法的优点是对井下各种地层的封隔良好，能克服井壁的复杂情况，能采取各种增产措施，能选择性地射开需要的层段；缺点是在井眼弯曲剧烈的中、短半径水平井中应用受限制。

(3) 割缝衬管完井是较简单的完井方式，可以用于各种半径的井，使用较普遍。在水平井眼中下割缝衬管，顶部用裸眼封隔器或套管封隔器挂在套管或裸眼地层上，衬管的作用是支撑弱的岩层。衬管可不用水泥封固，也可在局部井段注水泥封固。

(4) 筛管完井是防砂完井方式，筛管不用水泥封固，也可采用地面预充填砾石筛管。

(5) 封隔器完井是水平井中经常使用的完井方式。在可能出现问题的水平井段前后都用裸眼封隔器封隔。这种完井方式通常与割缝衬管或筛管配合使用。

国外对水平井的各种完井方式进行了统计，固井完成的井数约占 10%，裸眼完井约占

10%，砾石充填完井约占17%，割缝衬管完井约占40%，筛管完井约占3%，其他完井约占20%。从技术发展来看，固井完井、筛管完井、裸眼砾石充填完井的发展趋势良好。

水平井完井方式选择的步骤为：① 油藏模拟，根据油藏类型、流体类型、岩石稳定性提出完井方法的初步方案；② 根据采油工艺技术评价完井方案，其宗旨是完井类型能实现生产的目标；③ 根据钻井的工艺技术水平制定具体的完井施工措施；④ 由技术经济部门评价完井的技术经济性。总之，水平井的完井和直井类似，均应以理论为指导，以油藏、采油、钻井的技术经验和工艺条件为依据，使完井方法在实施和今后的生产中取得最佳的效益。

2）长半径水平井的完井

长半径水平井钻进的方法和常规钻直井基本上是一样的，完井方法可采用直井完井的所有方法。通常可以在井中下套管固井，再用射孔的方法打开产层。

钻完预定井深后，要进行测井。测井仪器很难用电缆送入较长的水平井眼中，可用钻具将测井仪器送入，边起钻边测井。

在长半径水平井井筒中可以较容易地下入套管，可采用正常下套管固井的方法封闭井底，再用射孔器射开产层。射孔枪难以用电缆送入水平井井筒中，可以采用油管传输射孔工艺射开产层。

长半径水平井完井中的主要问题是如何确保很长的水平裸眼井段的稳定性。当水平井眼的长度达上千米时，若岩层的稳定性好，则继续钻进或下套管均不成问题；若岩层不稳定，则应从钻井液性能和井身结构上解决。在钻入水平井段前，技术套管下到水平井段的顶部。钻进水平井段时可以使用含油钻井液，以使井眼稳定。

3）中半径水平井的完井

中半径水平井由于造斜段的半径小，井眼的弯曲剧烈，需要用弯接头、动力钻具等造斜钻具组合钻进。钻具起下时的摩阻较大，弯曲应力也较大。此时完井方式要根据套管在弯曲段的受力情况而定。若要下套管固井，则应当校核套管的弯曲应力和套管螺纹的密封性，保证套管顺利下入。在这种井中射孔也是比较困难的。当套管穿过弯曲段有一定危险时，不能用套管固井。

当不能下套管完井时，可选用裸眼完井、衬管完井、封隔器衬管完井等方式完井。选择完井井底结构的方法和短半径水平井相同。

4）中短半径和短半径水平井的完井

由于这种井多为老井中的侧钻井，水平井眼的直径受老井筒套管的限制，与长半径和中半径水平井相比一般是很小的，如在ϕ177.8 mm（7 in）套管内，水平井眼的直径不超过140 mm；在ϕ139.7 mm（5 in）套管内，侧钻水平井眼直径只有110 mm，并且井眼的弯曲更剧烈，每米增斜率为1°～5°。受井眼直径和弯曲井段的限制，中短半径和短半径水平井是无法在水平井筒中下套管的，因此采用的完井方式只有裸眼完井、衬管（筛管）完井、封隔器完井等。

5）超短半径水平井的完井

超短半径水平井是用一根很细（外径小于40 mm）的高压钢管，在其中注入高压流体，管体处于塑性或半塑性状态，能在极短的距离（0.3 m）内通过特殊的斜向器由垂直弯成水平，一边从最前端的喷头射出高压水冲蚀岩石，一边前进，形成水平井眼。也有的超短半径水平井是用高压软管弯过弯曲段的。由于弯曲段很短，一般不超过1 m，弯曲非常剧烈，井眼直径很小,一般小于100 mm,很难再将其他管柱下入水平井眼进行完井。用高压软管冲出井眼后将软管拔出,只能进行裸眼完井;用高压钢管冲出井眼后,如有必要,可将钢管留在井中,用电化学腐蚀的方法将喷嘴腐蚀掉,在水平井眼中的钢管上腐蚀出割缝,并从上部切断,形成衬管完井。此外,还可以在水平井眼中充填砾石,这一工艺很复杂,成本很高。

如果在一个油层中在不同的方位上钻多个井筒,则各个井筒之间有干扰,就更不能采用下管柱的完井方法,只能采用裸眼完井方法。

2. 致密储集层和裂缝性储集层的完井

致密储集层一般是指低渗透的砂岩层,其渗透率在0.001～0.01 μm^2之间。储集层是以孔隙-裂缝型和裂缝-孔隙型的居多,很少有单纯的孔隙型储集层。裂缝性储集层是指岩石中的裂缝提供了储油空间和渗透率的储集层,岩层可以是灰岩、泥岩、页岩、硅酸盐岩等沉积岩。储集层的渗透率受裂缝的控制可在很大的范围内变化,沉积岩中的裂缝多为垂直发育。这两种储集层的完井方法与单纯孔隙型储集层的完井有许多不同之处,这是由储集层的特点所决定的。

1) 致密储集层的完井

致密储集层的特点是产层岩石的强度较高,渗透率很低,产能低,单靠储集层的孔隙出油,采收率极低。采油中大多需要进行压裂和酸化处理以增加地层的孔隙,增加产量。这种井的完井主要应考虑井身能经受酸化和压裂。

致密储集层的完井原则是:套管强度要高,固井质量良好,水泥返高应达到要求,水泥石强度要高。应当采取的措施是:① 使用套管扶正器和刮泥器、性能良好的前置液和顶替液;② 高速顶替水泥浆,顶替时活动套管;③ 套管丝扣密封良好,选用优质丝扣密封油或丝扣黏结剂;④ 用N-80级以上的厚壁套管,其抗内压强度应是地层破裂压力的1.2倍以上,套管柱的壁厚尽量一致,防止壁厚突变,套管尽量无变形;⑤ 尽量避免在套管内进行套铣等有害作业;⑥ 压裂时要用上、下封隔器封隔压裂井段。

2) 裂缝性储集层的完井

裂缝性储集层的特点是裂缝的分布及发育不均匀,裂缝具有方向性,井眼与裂缝相交,井才能出油,且相交越多,井的产量越高。这种井的钻井特点是使井眼尽可能多地与裂缝相交,完井的特点是使裂缝与井眼很好地连通,防止钻井、完井过程中裂缝的闭合与堵塞。

裂缝性储集层的完井原则是:使井眼尽可能多地穿过储集层的裂缝,采用水平钻井使水平井眼与垂直发育的裂缝尽量多地相交是目前应用较多的技术。在裂缝性储集层完井过程中,普遍采用裸眼完井,而尽量不采用射孔完井。这是由于在采用射孔完井时,要下套管并用水泥封固,然后射开储集层,而水泥浆会堵塞裂缝使产层的渗透率大大下降;射孔孔道与分布不均匀的裂缝相交的可能大为减少。要使井眼与裂缝尽量多地连通,最好的完井方法就是采用裸眼完井及其变种的完井方法。

当储集层比较坚固时,可采用裸眼完井;当储集层强度稍差时,可采用筛管、衬管完井,也可在筛管、衬管的适当部位加封隔器封隔弱地层,或使用砾石充填完井。

五、完井井口装置

在油气井的测试和生产中,必须有一套可靠的井口装置,以便能有控制、有计划地进行井内的作业和生产。完井井口装置是在地面用以悬吊、安放井下管柱和井口控制闸门等部件的装置，它包括套管头、油管头和采油树三大部件。

1. 套管头

每一套技术套管和油层套管固完后，如果水泥不返到地面，则有一部分套管在井眼中悬空无支撑，即自由套管。这一部分套管的重力压在已封固的套管上。在生产中，自由套管受压力和温度的影响会伸长，应力发生变化，易使套管受损。因此，应在水泥候凝完毕后加装套管头，以密封两层套管间的环空，悬挂套管自由段部分的重力，使该重力压在表层套管上。

套管头按悬挂套管的结构形式分为卡瓦式和螺纹式，包括油层套管、技术套管和表层套管三层套管。标准套管头井口装置的具体结构如图 7-4-12 所示。

第一层套管头装在表层套管的顶部，用内螺纹与表层套管的外螺纹连接，套管头的法兰面基本与地面平齐。技术套管固完水泥后提起自由段的部分悬重，用卡瓦坐在套管头的锥面内，使悬重压在锥面上并密封这两层套管间的环空，卸下联顶节即可。第二层套管头坐在第一层套管头的法兰上。油管头坐在第二层套管头的法兰上。

如果油气层压力不大且各层套管的水泥返高接近地面，则可不用套管头而在两层套管之间用环形铁板将环形空间焊死。

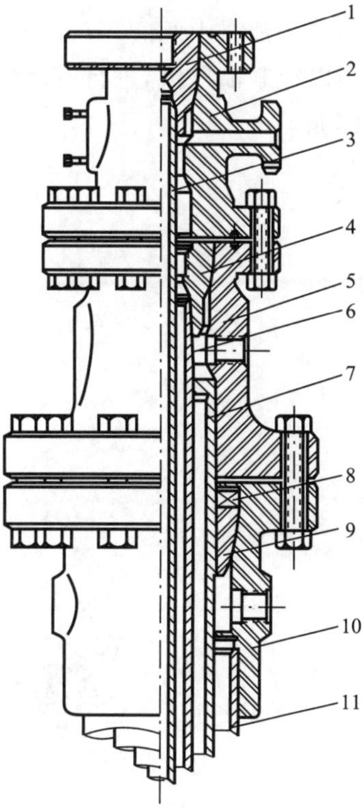

1—油管悬挂器；2—油管头；3—油管；4，9—套管悬挂器；5，10—套管头；6—油层套管；7—技术套管；8—密封圈；11—表层套管。

图 7-4-12　标准井口装置

2. 油管头

油管头是用以悬挂、密封油管，安装采油树的井口装置。油管头装在最后一层套管头的法兰上，用螺栓固定。在油管头的内孔中有一锥面，油管柱顶端的油管通过挂靠这一锥面来密封环形空间和悬吊油管，如图 7-4-13 所示。

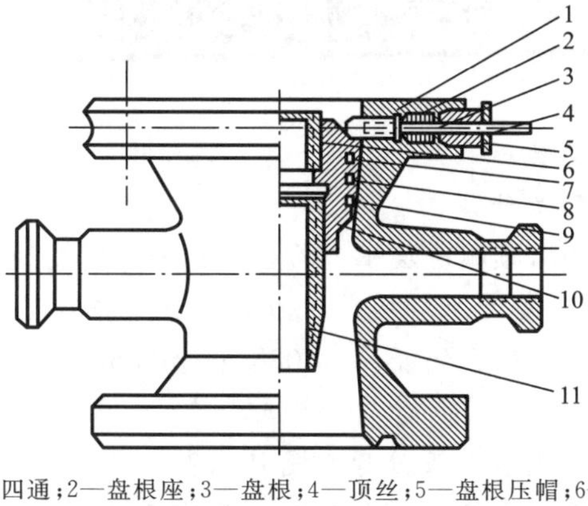

1—特殊四通；2—盘根座；3—盘根；4—顶丝；5—盘根压帽；6—护丝；7—上密封圈；8—O 形密封圈；9—下密封圈；10—锥形油管挂；11—油管短节。

图 7-4-13　CYb-250 油管头总成

3. 采油树

采油树由闸阀、节流器、密封盒、三通或四通等组成（图 7-4-14），它安装在油管头之上，用以控制油气流，进行有计划的生产。可通过采油树进行自喷采油、有杆采油、压裂、酸化等作业。

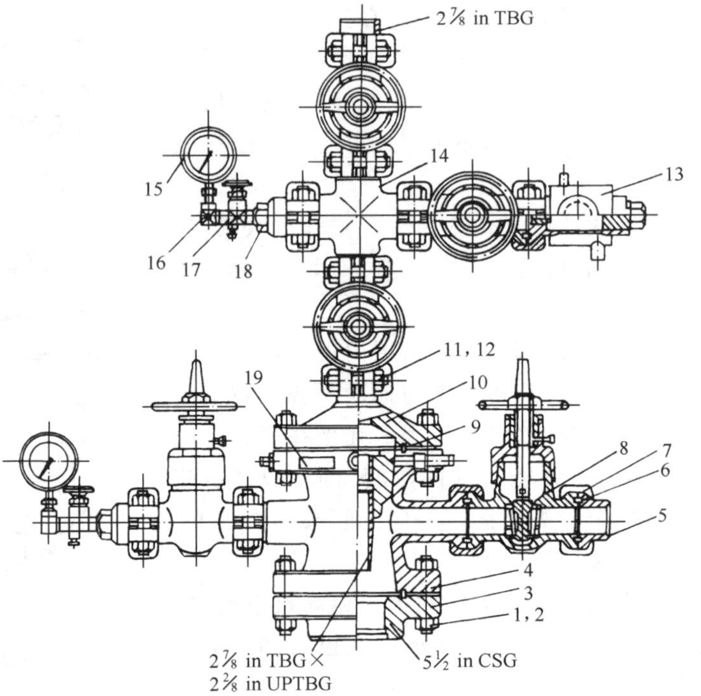

1，11—螺母；2—双头螺栓；3—套管法兰；4—锥座式油管头；5—卡箍短节；6，9—钢圈；7—卡箍；8—闸阀；10—油管头上法兰；12—双头螺母；13—节流器；14—小四通；15—压力表；16—弯接头；17—压力表截止阀；18—接头；19—铭牌。

图 7-4-14　CYb-250S723 型采油树

习题与拓展

1. 简述套管的种类及其功用。

2. 井身结构设计的原则是什么？

3. 某井油层位于 2 600 m，预测地层压力的当量钻井液密度为 1.30 g/cm^3，钻至 200 m 下表层套管，漏失试验测得套管鞋处地层破裂压力的当量钻井液密度为 1.85 g/cm^3，问不下技术套管是否可以顺利钻达油层？已知：S_b＝0.038 g/cm^3，S_k＝0.05 g/cm^3，S_f＝0.036 g/cm^3，S_g＝0.04 g/cm^3。

4. 套管柱设计包括哪些内容？设计原则是什么？

5. 套管柱在井下可能受到哪些力的作用？主要有哪几种力？

6. 目前主要有几种套管柱的设计方法？各有何特点？

7. 何谓双向应力椭圆？何时考虑双向应力？

8. 油井水泥的主要成分和性能是什么？

9. 简述水灰比的概念。

10. 水泥浆密度设计的原则是什么？

11. 简述水泥浆稠化时间的概念及其与固井施工的关系。

12. 简述水泥浆稳定性的表征方法及意义。

13. 简述水泥石胶结强度的表征方法及意义。

14. 何谓前置液体系？有何作用？

15. 套管柱下部结构包括哪些部件？各有何作用？

16. 简述多级注水泥工艺技术的流程及适用范围。

17. 尾管注水泥技术与单级注水泥工艺技术的主要差别是什么？

18. 影响固井质量的主要因素有哪些？

19. 如何提高固井质量？

20. 常用的油井完成方法有哪几种？各有何特点？

21. 某井使用 ϕ139.7 mm，N-80 钢级、壁厚 9.17 mm 的套管，其额定抗挤毁强度 $p_c=$ 60 881 kPa，管体抗拉屈服强度为 2 078 kN，其下部悬挂 194 kN 的套管，试计算 p_{cc}。

22. ϕ178 mm、N-80 钢级、壁厚 9.19 mm 的套管允许抗挤毁强度为 37 301 kPa，如果抗挤安全系数为 1.125，试求在 1.23 g/cm^3 的钻井液中的套管允许下入深度。

23. 井深 2 000 m 处下一层 ϕ245 mm 的技术套管，钻井液密度为 1.20 g/cm^3，水泥面高度在井深 1 600 m 处，试用计算机程序进行套管强度设计（要求在表 1 给定的套管中选择套管）。

表 1　题 23

钢　级	壁厚/mm	抗挤毁强度/kPa	屈服强度/kN	抗滑扣拉力/kN	线重/(kN·m^{-1})
N-80	11.05	26 269	4 470.5	3 669.8	0.638 4
N-80	10.03	21 305	4 074.6	3 278.3	0.583 5
K-55	10.03	17 720	2 802.4	2 495.3	0.583 5

— 拓展阅读 —

7-25

第八章 其他钻井技术及前沿动态

第一节 井下复杂情况及事故处理

在钻井过程中，遇到特殊地层、钻井液的类型与性能选择不当、井身质量较差等，造成井下遇阻遇卡、钻进时严重蹩跳、井漏、井涌等不能维持正常钻进和其他作业的现象，均称为井下复杂情况。操作失误、处理井下复杂情况的措施不当等，会造成钻具折断、顿钻、卡钻、井喷、失火等钻井事故。

井下复杂情况与钻井事故会给钻井工程带来很大困难，降低钻井效率，增加钻井成本，严重的钻井事故还会导致油气井报废，拖延油气田的勘探开发速度，甚至严重破坏油气资源。如果钻井时产生的一种井下复杂情况不能得到及时处理，便可能引起其他复杂情况或事故的发生。

为了确保钻井施工的顺利进行，钻井工作者必须严格执行钻井操作规程及一口井施工设计所规定的各项技术措施，了解事故发生的原因和过程，掌握处理各种井下复杂情况与钻井事故的基本技术和技能，及时采取有效的措施防止情况恶化，有针对性地处理好井下复杂情况和钻井事故，保证钻井工作安全、顺利进行。

一、井喷失控及处理

— 拓展与思政 —

8-1

钻井过程中，由于各种原因造成地层流体流入井筒，使井内钻井液连续或间断喷出的现象称为井涌，失去控制的井涌称为井喷。井喷失控可能会导致严重的后果，除了造成资源浪费、环境污染以外，还会造成设备毁坏、人员伤亡、油气井报废等后果；一旦井喷失火，后果更为严重。因此，在钻井设计与施工中应始终把防止井喷放在非常重要的位置上，尤其对于新探区和高压油气构造。

1. 井喷的原因

钻井过程中，当井内钻井液液柱压力低于地层压力时，就会失去地层-井眼系统的压力平衡，发生井涌、井喷，尤其是钻遇高压油气层时，这种危险性更大。造成井内压力失衡的原因主要有两方面：一是地层压力掌握不准；二是井内钻井液液柱压力降低。具体原因有以下几点：

(1) 地层压力掌握不准。在进行一口井的施工设计时，对异常高压地层的深度掌握不准，或对地层压力估计偏低，因而在没有准备或准备不充分的情况下打开异常高压油、气、水层，往往会导致井喷，尤其是在新探区钻井时常会遇到这样的情况。

(2) 钻井液密度降低。在钻遇高压地层时，地层流体侵入井筒内，使钻井液密度下降，液柱压力进一步下降，从而使地层流体更易于侵入井内，进一步使钻井液密度和液柱压力降低，最后导致井喷。

(3) 钻井液液柱高度降低。① 起钻时未灌满钻井液：起钻时，由于井内钻具的起出，井内液柱高度下降，若不能及时向井内灌钻井液以保持井底液柱压力，便会使井底地层流体侵入井内。据不完全统计，大约有 40%的井喷是由起钻时未能及时保持井内钻井液的高度而引起的。② 钻遇漏失层：钻遇漏失层时，由于钻井液漏失而造成井内液柱高度降低。因此，在调节钻井液密度以平衡高压油、气、水层时应特别注意防漏。

(4) 起钻时的抽吸作用。起钻时，黏附在钻柱内外表面的钻井液有随钻柱向上运动的趋势，从而使井底压力瞬时降低。这种由于上提钻具而使井底压力暂时减小的作用即抽吸作用。实验证明，上提速度和加速度越大，抽吸作用就越大；一般抽吸作用造成的压力降低值相当于钻井液密度降低 0.12 g/cm^3 以上。

最严重的抽吸作用往往发生在钻头刚刚提离井底时，如果在井内钻井液黏度、切力很高，泥饼厚，钻头泥包或钻杆中装有回压凡尔等条件下，那么抽吸作用会大大增强，从而造成井底压力更大幅度地降低，导致地层流体侵入井内，若处理不当，便会发生井涌、井喷。

2. 井喷失控的处理

一般井喷发生后的压井处理在第六章中已有阐述。一旦井喷失控，导致起火，则无法实现常规的压井施工和目的，就必须迅速采取有效措施及时处理，否则将造成严重后果。处理着火井喷的基本环节为灭火和压井。目前处理着火井喷的常用方法有两种：一是地面灭火，由原井口循环重钻井液压井；二是打定向救援井，由救援井向着火井输送重钻井液压井、灭火。

(1) 地面灭火压井。井喷着火后，整个井场几乎变成一片火海，操作者无法接近井口进行有效的控制操作，着火时间太长还会将井架等设备以及井口烧毁，造成巨大损失，并给后续的处理工作带来更大的困难。因此，首先必须迅速设法控制火势或灭火。地面灭火的直接目的在于为工作人员进入井场控制井口创造条件。若能够及时扑灭大火，则可强行控制井口或安装新井口，从而控制井喷。若不能扑灭大火，则先要进行清除障碍物的工作，然后在着火条件下采取一定的保护措施强装井口。由于井场设备和器材较多，对灭火和控制井口不利，所以必须及早清除这些障碍物，要在高压水射流冷却保护下，将油罐及易燃易爆药品拖离现场，并将柴油机、井架、钻台等设备拖离井场，使整个井口暴露出来，再根据具体情况设法更换新井口，通过井口的节流管汇和防喷器控制井口压力，然后根据设计的压井方法(见第六章)通过压井管线向井内循环重钻井液进行压井，最终建立起新的井内液柱压力与地层压力的平衡。

(2) 打定向救援井压井。当地面灭火极其困难或井口已被完全烧毁，无法进行地面灭火压井时，可利用定向钻井工艺技术，选择有利的地面位置，合理地设计井眼轨道，以尽可能小的钻井进尺定向钻至着火井的高压油气层部位，并按设计的压井方法，由定向救援井内向高压油气层循环重钻井液压井，最终达到制止井喷，恢复井内压力平衡并灭火的目的。

—动画—

8-2　救援井

二、井漏及处理

钻井过程中钻井液或水泥浆漏入地层中的现象称为井漏。井漏是钻井中严重而又常见的井下复杂情况之一。井漏往往使井内液柱压力降低，导致井壁坍塌或井喷，因此一旦发现井漏，要及时采取有效措施进行处理，避免其进一步恶化。

1. 井漏的原因

钻井过程中，井内钻井液液柱压力大于地层破裂压力便会发生井漏。引起井漏的因素主要有两方面：一方面是井下地层破裂压力异常低，岩层孔隙度大、渗透性好，或有裂缝、溶洞等；另一方面是由于钻井工艺措施不当，如钻井液密度过大、压力过高，或开泵过猛以及下钻速度过快而造成井下压力激动等。

井漏可能发生在以下四种地层中：

（1）松散或高渗透率的地层；

（2）天然裂缝性地层；

（3）诱导的裂缝性地层；

（4）洞穴性地层。

井漏会造成钻井液池面下降，返出的钻井液量减小，严重的井漏甚至会使钻井液失去循环，只进不出，进而导致井壁坍塌或井喷。

—动画—

8-3 不同类型井漏原理

2. 井漏的类型

钻井液每小时的漏失量称为漏速。根据漏层性质、漏速及发生井漏的原因可将井漏分为以下三大类：

（1）渗透性漏失。这种类型的井漏多发生在浅井段胶结疏松的砂砾岩层中。由于这种地层的渗透性较好，在井内压差的作用下钻井液会漏入岩层孔隙中，但泥饼的形成又会阻止或减弱其漏失的程度，因而渗透性漏失的漏速不大，一般在10 m^3/h以内。

（2）裂缝性漏失。钻井中钻遇的各种类型的岩层均可能存在天然裂缝，在天然裂缝发育的地层中钻井会发生不同程度的钻井液漏失。在破碎带地层中钻进时，常会随着井下蹩跳、钻速加快等现象的出现而发生井漏，其漏速一般为20～100 m^3/h。

（3）溶洞性漏失。在某些石灰岩地层中，经地下水长期溶蚀而形成大溶洞。当钻遇大溶洞时，会出现钻具放空的现象，有时可达4～5 m，随之循环失效，钻井液只进不出。溶洞性漏失的漏速一般在100 m^3/h以上，井漏后往往会造成井喷或井塌卡钻事故，属于最严重的井漏。

3. 井漏的处理

1）渗透性井漏的处理

轻微的漏失主要通过调整钻井液性能、降低井下压差及堵塞岩层孔隙通道的办法来达到恢复正常钻井的目的，如可降低钻井液密度，采用平衡钻井技术，同时适当提高钻井液的黏度和切力，以增大钻井液流入地层孔隙的阻力。常用的提高黏度和切力的处理剂有CMC、烤胶、纯碱、水玻璃、芒硝等。若提高黏度后处理效果不明显，则可在钻井液中加入细云母片、坚果壳粉等细颗粒桥堵剂，直至堵住为止。

2）裂缝性漏失的处理

由于裂缝性漏失的具体条件不同，其漏速差别很大，所以在具体处理时要根据具体情况选择合适的方法。目前国内常用的裂缝性漏失堵漏方法有以下三种：

（1）注谷壳、锯末稠钻井液堵漏。谷壳和锯末要细，加量为10%～15%，黏度要适当高些。由于锯末、谷壳易堵钻头水眼，故可采用反循环注入。

（2）在非油气层中发生裂缝性漏失时，可注入水泥或胶质水泥堵漏。胶质水泥的一种配方是：水泥5份，黏土1份，另加2%的氯化钙作为促凝剂。目前我国现场采用水泥堵漏方法较多，水泥堵漏的关键在于掌握井内水泥浆的位置，使初凝时水泥浆大部分进入地层，剩下少量留作水泥塞。

(3) 在油气层中发生裂缝性漏失时，可注入石灰乳钻井液对裂缝性油气层进行暂时性封堵，其配方有两种：一种是石灰乳（密度1.13 g/cm^{3}左右）和钻井液（密度1.25 g/cm^{3}以上）相混合，比例为1∶1或1∶2，具体要根据井下温度、施工要求的时间来确定；另一种是速凝石灰乳钻井液，即在普通石灰乳钻井液中加水玻璃配制而成，通过调节水玻璃的含量来调节初凝时间，水玻璃含量越大，初凝时间越短，适用于较大的裂缝性漏失。

3) 溶洞性漏失的处理

溶洞性漏失是最严重的漏失，常采取直接从井口投入石子泥球、长纤维物捆（稻草、树枝等）来填堵井下洞穴，或架起“桥”来再用水泥浆等进行封堵。此外，还发展了一种以钻井液和水泥浆携带形状不同、大小不一、数量不等的多边角坚硬果壳及云母、赛璐珞和各种植物纤维等惰性物质配成的复合堵漏液，利用这些物质的边锋与溶洞、裂缝、孔穴的腔壁产生较大的摩擦、阻挂和滞流作用形成网状桥架，进而利用云母等薄而光滑的、曲张变形的特点造成无孔不入、滑而流动的环境，再以植物纤维的密集堆砌达到填缝堵漏，消除漏失而恢复循环钻进的目的，实践中已取得了较好的效果。

三、卡钻及处理

钻井过程中，由各种原因造成的钻具陷在井内而不能自由活动的现象称为卡钻。地层原因、钻井液性能不良、操作不当等都可能造成卡钻，必须针对具体情况进行分析，以便有效地解卡。

1. 卡钻的类型、原因及预防

卡钻的类型主要有以下几种：

1) 沉砂卡钻

用清水钻进或用黏度小、切力低的钻井液钻进时，由于其悬浮岩屑的能力差，稍一停泵岩屑就会下沉，停泵时间越长，沉砂量越多，尤其是在钻速较快时更是如此，严重时可能导致下沉的岩屑堵死环空、埋住钻头及部分钻具，形成卡钻，称为沉砂卡钻。此时若开泵过猛，还会憋漏地层，或卡得更紧。

沉砂卡钻的表现是：接单根或起钻卸开立柱后，钻井液倒返甚至喷势很大；重新开泵循环，泵压很高或憋泵；上提遇卡、下放遇阻，且钻具的上提或下放越来越困难，转动时阻力很大，甚至不能转动。

为了预防沉砂卡钻，应确保钻井液的性能满足清岩和悬浮岩屑的要求，随时做好设备和循环系统的检查维护；在因故停止钻进时，应避免停止井内循环；缩短接单根时间，在发现泵压升高及岩屑返出量较小时，要控制钻速，加大排量洗井；停泵前要将钻具提离井底并随时活动钻具。

2) 井塌卡钻

井塌卡钻在吸水膨胀的泥页岩、胶结不好的砂砾岩等地层，或在钻进或划眼过程中发生得较多。井塌卡钻的主要原因是：钻井液的滤失量大，浸泡地层的时间长；钻井液密度小，或起钻未及时灌钻井液以及抽吸作用使井壁坍塌。

井塌卡钻的表现是：一般在严重井塌之前，先有大块泥饼和小块地层脱落，换钻头后下钻不能到底；有时钻井液携带出大块未切削的上部岩石；钻进中突然发生蹩钻、上提遇阻、泵压上升、憋泵甚至钻具不能转动等现象。

预防井塌卡钻的主要措施有：使用低滤失、高矿化度和适当黏度的防塌钻井液，在破碎易塌地层适当增大钻井液密度，随时保证钻井液液柱的高度；避免钻头泥包和抽吸作用引起的井壁坍塌。

3）压差卡钻

钻井中由于井眼不可能完全垂直，当井下钻具静止不动时，在井下压差作用下，钻柱的一些部位会贴于井壁，与井壁泥饼黏合在一起，静止时间越长，则钻具与泥饼的接触面积越大，由此产生的卡钻称为压差卡钻，又称为黏附卡钻或泥饼卡钻，如图 8-1-1 和图 8-1-2 所示。

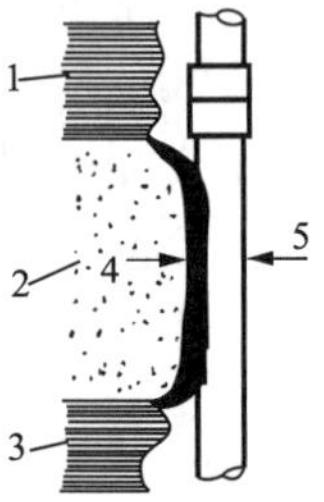

1—页岩；2—砂岩；3—页岩；
4—地层压力；5—井内液柱压力。

图 8-1-1　压差卡钻示意图

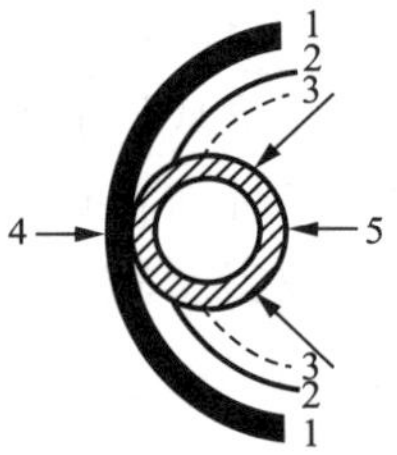

1—某一瞬时钻具与泥饼的接触情况；2—经过若干时间后的情况；
3—又经过若干时间后的情况；4—地层压力；5—井内液柱压力。

图 8-1-2　钻具与泥饼的接触面积随钻具静止时间而增大示意图

产生压差卡钻的原因主要是：钻井液性能不好，密度过高，造成井内压差过大；钻井液滤失量大，泥饼厚，黏滞系数大。一旦停止循环，若不活动钻具，钻具有一部分就会贴到井壁上而与泥饼接触，时间增加则会使接触面积和深度增大，泥饼对钻具的黏滞力增加，导致钻具无法上下活动和转动，但能够开泵循环，且泵压正常稳定。

压差卡钻的预防措施主要是：调节好钻井液性能，尽可能降低钻井液密度，提高钻井液的润滑性能，降低泥饼的黏滞系数，并加强活动钻具，或采用加扶正器的方法使钻具居中。

4）键槽卡钻

键槽卡钻多发生在硬地层中，井斜和方位变化大，形成了急弯（狗腿）的地方。钻进时，钻柱紧靠狗腿段旋转，起下钻时钻柱在狗腿井段上下拉刮，在井壁上磨出一条细槽（形如键槽），它比钻杆接头稍大，但比钻头直径小，起钻时钻头拉入键槽底部被卡住，如图 8-1-3 所示。

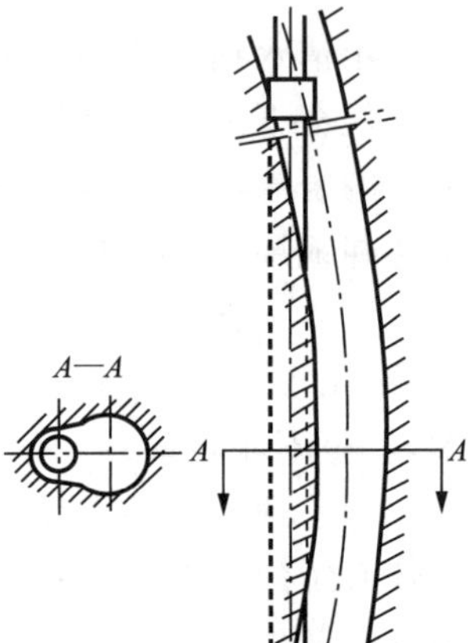

图 8-1-3　键槽卡钻示意图

键槽卡钻发生前即可发现钻杆接头偏磨严重，下钻不遇阻，钻进正常，泵压也正常，但起钻到狗腿处常遇卡，且随着井深的增加而愈加严重，严重时可卡死。

为了防止键槽卡钻的发生，首先要保证井眼质量，避免出现狗腿段；起钻时或再次下钻时应在键槽井段反复划眼，及时破坏键槽的形成，并且起钻到键槽井段时要低速慢起，严禁使用高速提升。

5）缩径卡钻

缩径卡钻常发生在膨胀性地层和渗透性、孔隙度良好的井段。由于钻井液性能不好，滤失量大，在井壁上易形成胶状疏松的泥饼，当泵排量小，钻井液上返速度低时，易在泥饼上沉积较多的黏土颗粒、岩屑及加重剂，致使井径缩小。

缩径卡钻的主要表现为：遇阻的位置固定，循环钻井液时泵压增大，上提困难，下放容易，起出的钻杆接头的上部经常有松软泥饼。

采用低密度、低固相、低滤失的优质钻井液，或在钻井液中混油，并在下钻遇阻井段划眼以扩大缩径处的直径，经常活动钻具，可有效地预防缩径卡钻。

6）落物卡钻

由于操作不小心，将卡瓦牙、吊钳牙或其他小工具掉落井内，卡于井壁与钻具或套管与钻具之间而造成落物卡钻。

这种卡钻的原因是显而易见的，只要严格执行操作规程，加强责任心就可避免其发生。

此外，现场上发现的卡钻还有泥包卡钻、砂桥卡钻等类型，由此可以看出卡钻的原因很多。因此，除积极预防卡钻发生外，一旦发生卡钻，还要进行正确的分析判断，找出卡钻的真正原因，采取有效措施及时解卡，避免事故进一步恶化。

2. 卡钻的处理

卡钻事故发生后，首先要根据上提、下放、转动、开泵循环情况，以及了解到的井眼情况和卡钻前的各种现象进行分析，准确判断出卡钻的原因，然后采取相应的措施，但不管哪种性质的卡钻，都要设法调整钻井液的性能，及时清除岩屑，清洗井眼。常用下述几种方法进行解卡：

（1）上提、下放和转动钻具解卡。在循环钻井液洗井的同时配合活动钻具，若卡得不严重，则可以解卡，但活动钻具时要针对不同类型的卡钻采取不同措施。如果是沉砂卡钻或井塌卡钻，则不要上提钻具，以免卡得更死，这时可以下放和旋转钻具，并设法憋开循环，用倒划眼的方法慢慢上提解卡。

起钻遇卡（键槽、缩径或泥包卡钻）时，可提到原悬重后猛放钻，切不可猛力上提，以免将钻头卡得更死。下钻遇阻、压得过大而卡钻时，则应用较大的力量上提解卡，可以采取猛提猛放和转动钻具的方法使较轻的黏附卡钻得以解除。

（2）浴井解卡。在采用上述方法无效时，对压差卡钻、泥包卡钻、缩径卡钻、沉砂卡钻等情况可采用浴井解卡。这种方法是向井内泡油、泡盐水、泡酸或采用清水循环等方式，泡松黏稠的泥饼，降低黏滞系数，减小与钻具的接触面积，减小压差，从而活动钻具解卡。

在浴井之前，首先要弄清卡点的深度。可以根据弹性材料受拉时的拉力与伸长量的关系实测出卡点的位置，即先用大钩以一定的力上提钻具，测出钻具受此拉力时的伸长量，然后根据下式计算出卡点的井深：

$$L=\frac{EA_{\mathrm{p}}\Delta L}{10^{3}F} \tag{8-1-1}$$

式中　L——卡点以上钻杆长度，m；

E——钢材弹性模量，取 20.6×10^4 MPa；

A_p——钻杆截面面积，cm^2；

ΔL ——钻杆的绝对伸长量，cm；

F——静拉力负荷，kN。

卡点深度确定后，计算出所需的泡油（液）量，并将其注入卡钻井段，解除黏附等卡钻。一般要求注入的原油返至卡点以上 100 m，卡点以下钻具全部泡上原油，并使钻杆内的油面高于管外油面。泡油量可按下式计算：

$$V_0=K_{hD}\times0.785(d_b^2-d_{po}^2)H_1+0.785d_{pi}^2H_2 \tag{8-1-2}$$

式中 V_0——泡油量，m^3；

K_{hD}——井径附加系数，一般取 1.2～1.5；

d_b——钻头直径，m；

d_{po}——钻杆外径，m；

H_1——环空泡油高度，m；

H_2——钻杆内注油高度，m；

d_{pi}——钻杆内径，m。

注入原油后，每隔 10～14 min 替入少量的钻井液，使原油上返，以加强原油的渗透浸泡作用。在油浴期间要配合活动钻具，浸泡 6～12 h 后如不能解卡，可替出原油重新浸泡或在原油中加入一定量的柴油，以提高浸泡效果。

有时用碱液或清水作浸泡剂也可获得很好的解卡效果。在石灰岩地层中，可以用低浓度的盐酸溶液解卡。

(3) 上击、下击解卡。在钻进中若遇到垮塌、黏性、膨胀性等易卡地层，可在钻杆与钻铤之间或在钻铤之间接上震击器，一旦遇卡，便立即下击或上击解卡。

起钻中遇卡，如缩径、键槽等引起的卡钻经活动不能解除时，可以在卡点处倒开钻具，再接上震击器，对扣后，下击解卡，然后循环洗井，慢慢上提钻柱，如仍有卡的现象，可以转动钻具倒划眼轻轻上提。

下钻过程中遇阻，未能及时发现而导致卡钻，或较轻的泥饼黏附卡钻时，均可用上震击器上击解卡。

(4) 倒扣套铣解卡。遇到严重的卡钻，用以上方法不能解除且不能循环时，现场常用倒扣、套铣的方法取出井内全部或部分钻具。倒扣是指使转盘倒转，将井内正扣钻杆倒出。每次能倒出的钻杆数量取决于井内被卡钻具丝扣松紧是否一致。通常希望从卡点处倒开。对卡点以下的钻具要下套铣筒（图 8-1-4），将钻具外面（即钻具与井壁的环形空间）的岩屑或落物碎屑等铣掉，然后倒出钻具，这是一种比较复杂的处理办法，费时较长。其倒扣、套铣的步骤如下：

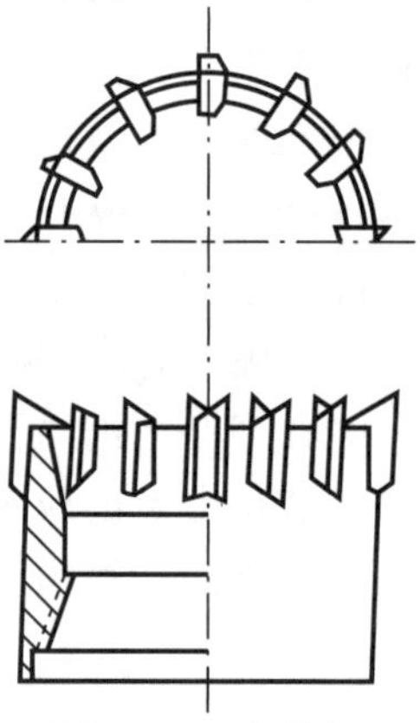
图 8-1-4 套铣筒

① 将卡点以上钻具重量全部提起（并稍大些），使卡点附近钻具不受拉力和压力，然后倒转转盘，将钻杆丝扣倒开，起出井外。

② 如果倒出的钻具还不到卡点处，可用反扣钻杆下接反扣公锥（必要时在公锥上面接安全接头），下到井内钻具处造扣，然后上提，使卡点处钻具不受力，再反转转盘倒扣，如此反复进行，直到将卡点

以上钻具全部倒出，再进行套铣。

③ 套铣时使用套铣筒，铣鞋、铣筒的外径比井眼稍小，其内径比钻杆接头外径大，如套铣 ϕ119 mm(4½ in)钻杆时可用 ϕ165 mm(6⅚ in)套铣筒，套铣筒的长度一般为 58 m 左右，也有更长的。套铣筒接在钻杆下面下入井内，套住井内钻具后再行套铣。套铣一个套铣筒的长度后起钻，再下入反扣钻杆及反扣公锥进行倒扣，如此反复(套铣→倒扣→套铣)进行，直到把井内钻具全部倒出。

(5) 爆炸倒扣、套铣。这是处理卡钻事故的一种新的倒扣方法。首先测出卡点的位置，然后用电缆将导爆索从钻具内孔送到卡点以上第一个接头丝扣处，在导爆索中部对准接头的同时，将钻具卡点以上的全部重量提起，并给钻具施加一定的倒扣力矩，点燃导爆索使其爆炸，导爆索爆炸时产生剧烈的冲击波及强大的震动力，足以使接头部分发生弹性变形，及时把扣倒开，这与钻杆接头卸不开时用大锤敲打钻杆母接头即可卸开的原理是一样的。同时，由于导爆索爆炸产生大量的热，使钻杆接头处受热，熔化其中的丝扣油，并产生塑性变形，也有助于卸开丝扣。

这种方法具有安全、可靠、速度快，钻具一般不易被破坏，不需要反扣钻具和打捞工具等优点，同时可加快处理卡钻的速度，但要严格控制炸药量，并合理操作，倒扣后套铣、打捞。

(6) 爆炸、侧钻新井眼。当采用上述各种方法无效，或卡点很深，用倒扣方法处理很费时间，且会使井眼情况严重恶化时，可将未卡部分钻具用炸药炸断起出，然后在留在井内的钻具顶上打水泥塞，再侧钻一新井眼。

四、钻具事故及处理

在钻井过程中，特别是在转盘钻井中，钻具事故是较常见的事故。钻具事故一般有钻杆和钻铤折断、滑扣、脱扣和黏扣等。掉落井内的钻具俗称“落鱼”，打捞落鱼是一件十分细致的工作，需要对井下情况做周密的分析，采用适当的工具和措施，及时进行处理，处理不当或落鱼在井内时间过长会导致事故进一步恶化，使事故处理更加困难，甚至使井眼报废。

1. 常见的钻具事故

1) 钻杆、钻铤折断

这种钻具事故是最常见的一种。以前使用有细扣钻杆时，常在其细扣根部折断；现已不使用细扣钻杆，但由于粗扣钻杆接头处强度较大，所以相对薄弱点转移到钻杆本体上，当钻杆受到过大的拉力、扭力(如解卡)或钻杆体上有伤痕、腐蚀等缺陷而受到较大的力时容易发生折断事故。

钻铤的折断则多发生在粗扣处，这是因为钻铤体部的刚性大，丝扣部分相对薄弱，又受到压力、扭力及弯曲力等复合载荷的作用，丝扣加工质量不佳或操作不当时都会在钻铤的粗扣处发生折断事故。

2) 钻杆滑扣、脱扣

滑扣是指相连接的两部分丝扣受力后滑开，主要是由于丝扣磨损严重或丝扣没有上紧、钻井液冲刷时间长而产生滑扣。扣型不合标准、不易上紧等也都容易造成滑扣。

脱扣是指丝扣并未损坏，由于钻具在井下不正常地倒转而自动退开丝扣连接的现象，可由井下蹩钻、打倒车等情况造成。

2. 钻具事故处理

处理钻具事故时，应根据鱼顶和井眼的实际情况选择适当的打捞工具，必要时可设计特殊的打捞工具，以便迅速捞出落鱼。常用的打捞方法有下列几种：

1）卡瓦打捞筒打捞

卡瓦打捞筒是打捞工具中最常用的工具，它是从落鱼外部进行打捞的，主要用于打捞钻杆、钻铤、油管等外径平滑的管类落鱼。打捞后可以憋压循环以便于解卡，如卡钻还可以退出卡瓦打捞筒，且操作简便。卡瓦打捞筒的基本结构如图 8-1-5 和图 8-1-6 所示。

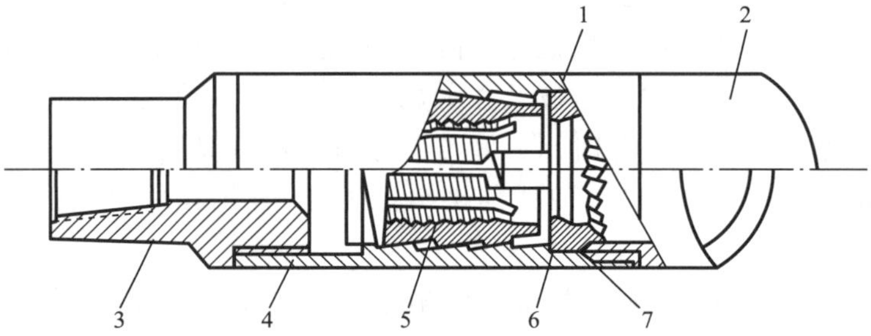

1—篮卡控制圈；2—引鞋；3—上接头；4—外筒；5—篮式卡瓦；6—R 形密封圈；7—O 形密封圈。

图 8-1-5　篮式卡瓦打捞筒

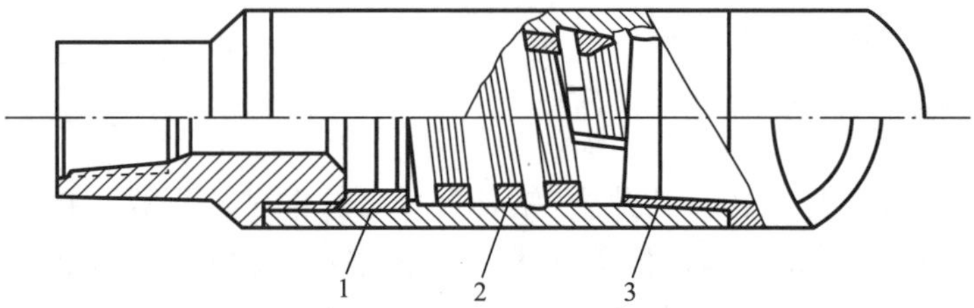

1—A 形密封圈；2—螺旋卡瓦；3—螺旋控制圈。

图 8-1-6　螺旋卡瓦打捞筒

在使用卡瓦打捞筒打捞时，应首先根据落鱼抓捞部位尺寸选用卡瓦、控制圈、密封元件，并按要求组装好，确定好卡瓦打捞筒的下入位置。当卡瓦打捞筒下到鱼顶时，在缓慢向右转动的同时，下放打捞钻柱，把落鱼套入打捞筒的引鞋内，鱼顶到达带铣齿的篮卡控制圈时，慢慢转动打捞钻柱，铣去鱼头毛刺，继续下放、打捞钻柱，当卡瓦下端到达鱼头时，加压 30～50 kN，落鱼上顶卡瓦，卡瓦胀开并让落鱼通过，直到卡瓦到达落鱼的抓捞位置为止，上提卡瓦打捞筒，筒体相对卡瓦上移，外筒锯齿斜面迫使卡瓦收缩，卡瓦内的牙齿便咬住落鱼。捞住落鱼后，必要时可开泵循环，但不能转动钻具以免落鱼滑脱，然后便可起钻，捞出井内落鱼。

2）打捞矛打捞

打捞矛是一种结构简单、工作可靠的打捞工具，其基本结构如图 8-1-7 所示，它由心轴、卡瓦、释放环和引鞋组成。

打捞矛是从管内打捞钻杆本体和套管的，因为它咬合落鱼的面积较大，所以不会损坏落鱼。当落鱼提捞不起时，打捞矛容易松脱和退出，将落鱼丢掉。打捞矛的卡瓦内部是左旋锯齿与心轴锯齿相结合，释放环的凸缘与引鞋端面凸缘是一个安全装置，它能抵抗打捞矛的锁紧、黏结或卡住，以保证容易释放。正转可使打捞矛脱开落鱼。

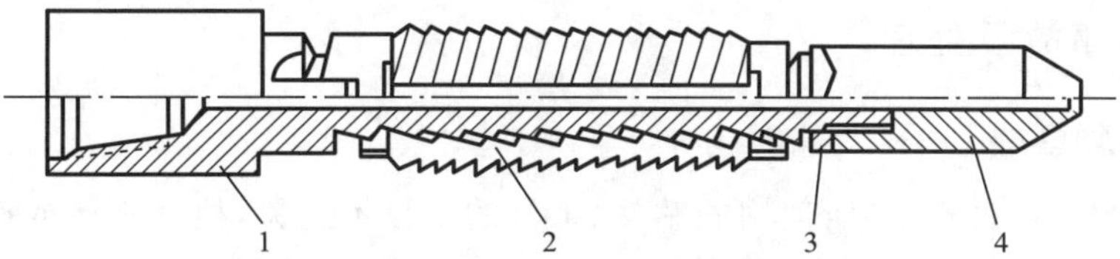

1—心轴；2—卡瓦；3—释放环；4—引鞋。

图 8-1-7 打捞矛结构示意图

用打捞矛打捞时，首先要选择与落鱼内径相适应的打捞矛，然后将其慢慢下入井内打捞钻柱，直到打捞卡瓦进入落鱼体内的预定位置，向左旋转一圈或两圈，然后上提打捞钻柱，这时卡瓦被心轴锯齿斜面胀大，使卡瓦外齿咬住落鱼内壁，便可捞出落鱼。

3）公、母锥打捞

以前公、母锥打捞落鱼在我国油田现场使用得最普遍，随着钻杆材料强度的提高和新打捞工具的出现，这种方法虽然不像以前那样受青睐，但仍不失为一种方便有效的打捞方法。

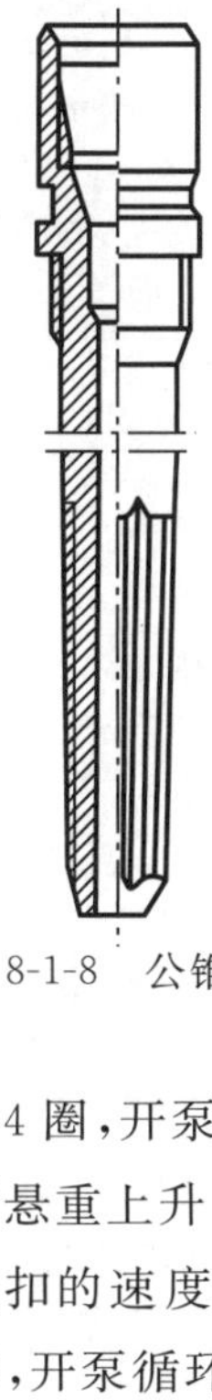

图 8-1-8 公锥

公锥的结构如图 8-1-8 所示，它是一圆锥体，中间带水眼，上部有粗扣，可与钻具相接，圆锥体上车有打捞丝扣，经表面渗碳淬火使其硬化，以便能够在落鱼上造扣。

公锥有正扣公锥、反扣公锥以及短公锥等。打捞时，将公锥插入落鱼水眼内，然后加压旋转造扣，以达到捞起落鱼的目的。只要鱼顶水眼规则，能够造扣，鱼顶管壁较厚，如接头、钻杆内加厚部分及钻铤等，均可用公锥打捞。但对壁薄的，如钻杆本体和油管，都不宜用公锥打捞。

打捞时，要计算好鱼顶位置，下钻至鱼顶以上 0.5 m 处开泵循环 10～20 min。记住此时的泵压和悬重，然后下放探鱼顶，根据泵压和悬重的显示及操作者的感觉判断公锥是否碰到鱼顶，是否插入落鱼的内孔，如果碰到鱼顶时悬重下降，则插入落鱼内孔时泵压上升。如果已确定进入落鱼，则可停泵造扣。造扣时加压 20～40 kN，旋转 3～4 圈，开泵循环，若泵压上升，则可继续造扣。造扣时悬重上升，表示公锥在造扣，此时要适当送钻，跟上造扣的速度，同时要准确记下造扣圈数。造扣已够后，开泵循环，冲洗钻头上沉积的岩屑，然后可试提。在起钻离开井底 2～3 m 后猛放、猛刹三次，以证明落鱼捞得可靠后再起钻捞出落鱼。

若下入公锥摸不着鱼顶，则应当核对鱼顶深度和打捞钻具入井深度有无错误，或将打捞钻具多下入一点摸鱼顶；若鱼顶偏离井眼中心摸不着，则可下入弯钻杆带公锥或壁钩带公锥去打捞，如图 8-1-9 所示。

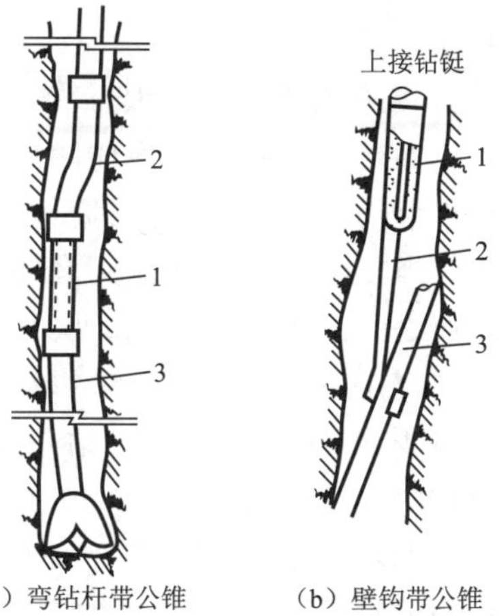

（a）弯钻杆带公锥　（b）壁钩带公锥

1—公锥；2—弯钻杆或壁构；3—落鱼。

图 8-1-9 公锥打捞示意图

五、落物事故及处理

1. 常见落物事故

在钻进或起下钻过程中，所使用的钻具、工具的质量不过关，检查不严或操作不当，措施不力等都可能引起落物事故。常见的落物事故主要有：掉牙轮（包括掉牙轮、掉牙轮轴、断巴掌、掉弹子）、断刀片（刮刀钻头）、测斜仪落井、钻台工具（如榔头、扳手、吊钳销子、电缆）等掉落井下。

2. 落物事故的处理

1）井壁埋藏法

如果井内落物较小（如弹子、销子、刀片等），井眼不深且地层较软，建井周期很短，可不予打捞，只需用废刮刀钻头将落物强行拨到井壁并挤压进井壁，埋藏起来即可。这种方法简单省事，但不够彻底，有时落物还可能从井壁上掉出来。大的落物、较硬的地层和井眼较深、裸眼井段较长等情况都不宜采用此法。

2）磁铁打捞法

磁铁打捞法广泛用于打捞落井的牙轮、弹子、小工具等。磁铁打捞器有一个长圆筒形的永久磁铁芯子，它的上下端为磁极，上端内接头与外壳用丝扣连接并压紧上极板，下端外壳与铣鞋用丝扣连接并压紧下极板，磁铁与外壳之间有绝缘的衬套，如图 8-1-10 所示。

磁铁打捞器接在钻杆下部，由于井眼中钻井液的磁阻较大，因此打捞时应使磁铁芯子尽量靠近落物。当磁铁打捞器下放到离井底 0.5～1 m 时，循环洗井，充分冲洗磁铁芯子和井底后停泵，然后缓慢下放磁铁打捞器到指重表指示已触井底即可。此时不应加压过大以防落物被压入地层，打捞起钻时不得使用转盘卸扣，以防捞获之物重新落井。

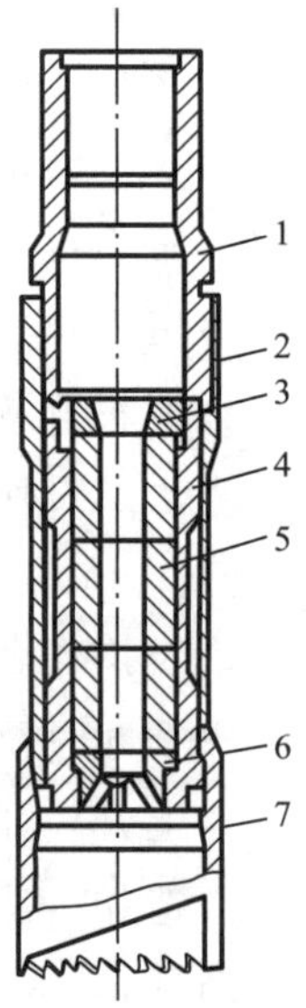

1—接头；2—体部；3—上磁铁；4—补筒；5—磁铁芯子；6—下磁铁；7—引鞋。

图 8-1-10　磁铁打捞器

3）反循环打捞篮打捞

反循环打捞篮的结构如图 8-1-11 所示，它是打捞牙轮和小件落物的打捞工具，其筒体是包含内筒和外筒的双筒结构。当投入的凡尔球落到凡尔座上后，钻井液便经内筒与外筒之间的通道，从一排小孔 A 向井眼喷射，将井底落物冲向打捞篮的筒体内。钻井液往上通过筒体经上端的四个孔 B 返出，形成反循环。钻井液冲不动的落物要靠铣鞋钻进取心，此时落物由岩心将其顶入筒体内。

反循环打捞篮打捞时下部接铣鞋及岩心爪，操作步骤是：下井前将凡尔球取出，然后下钻距井底 1 m 左右循环洗井，投入凡尔球，开泵反循环，同时低速转动，并缓慢下放打捞篮到井底，如果用铣鞋，加压 10～20 kN，取心钻进 0.3～0.4 m，割心后便可将落物与岩心同时取出。

4）随钻打捞

随钻打捞使用的是随钻打捞杯（图 8-1-12），它随钻头一起下入，可捞出掉在井内的钻头脱齿、断齿、弹子等粒状落物。入井时将随钻打捞杯接在钻头和钻铤之间（尽可能接近钻头），下钻到井底后，井内粒状金属落物经大排量钻井液可冲至杯筒上方，并因钻井液上返流速小而下沉到杯筒中。

随钻打捞杯的使用方法是：当钻头下到距井底 0.5 m 左右时，开泵循环，同时以一挡转速转动，慢慢下放钻柱到井底，循环 5～10 min，停止转动并停泵 2～3 min，随后上提钻柱，重复操作 2～3 次。打捞后不用起钻，可继续钻进。

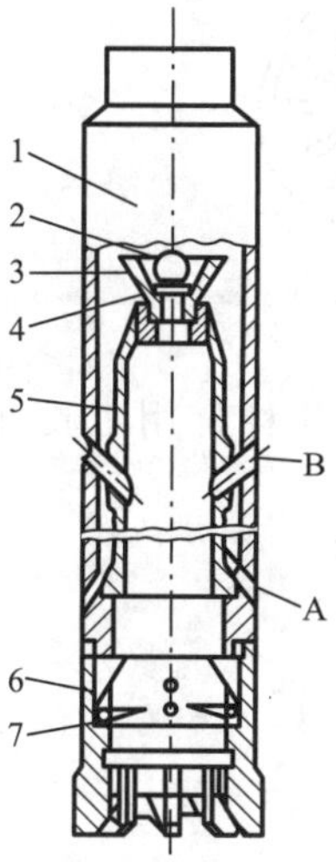

1—接头；2—凡尔球；3—凡尔杯；4—凡尔座；
5—筒体；6—铣鞋；7—岩心爪。

图 8-1-11 反循环打捞篮

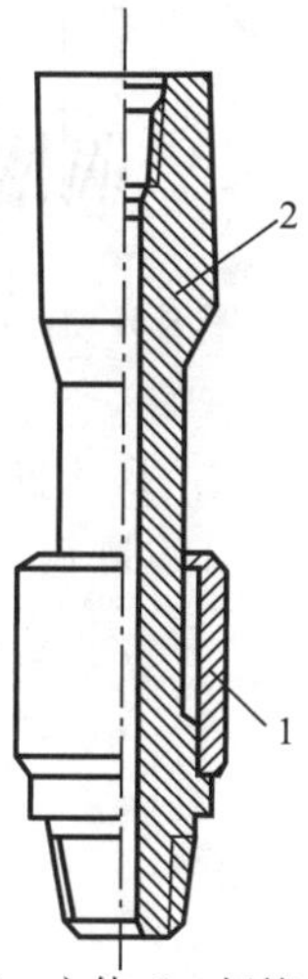

1—主体；2—杯筒。

图 8-1-12 随钻打捞杯

5）一把抓打捞

一把抓是一种结构简单、制造容易、使用方便的打捞工具，常用于打捞钻头牙轮之类的落物，其结构如图 8-1-13 所示。

打捞时把工具下至井底，稍微循环洗井后下探几个方位，在方入最多的地方加压 10～20 kN，转 3～4 圈，然后加压 30～40 kN，转 5～6 圈。加压转动过程中无蹩劲，且悬重较快恢复，是捞住的迹象，可起钻。

一把抓使用不慎时易断牙爪，在起钻遇阻严重的井中不宜使用，在井斜较大、下钻遇阻卡的井中也不宜使用，以免在下钻途中将齿包拢。

6）平底铣（磨）鞋磨碎落物法

在井底落物不易打捞的情况下，可下平底铣（磨）鞋将井底落物磨碎。平底铣（磨）鞋的结构如图 8-1-14 所示，其底部有辐射状牙齿，牙齿表面为硬质合金堆焊层，使用时应加一定的压力，用一挡转速转动，保持磨铣平稳，每磨 10～15 min 提起划眼一次，以便将挤入井壁的碎块划下再磨。在磨的过程中，若发现泵压升高，则可能是牙齿磨平，应起钻另换铣（磨）鞋。平底铣鞋可以和磁铁打捞器交替使用，在硬地层中磨鞋的效果较好。

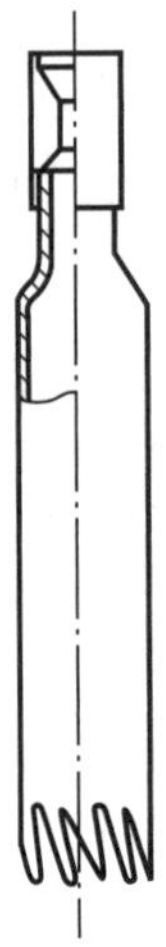

图 8-1-13　一把抓

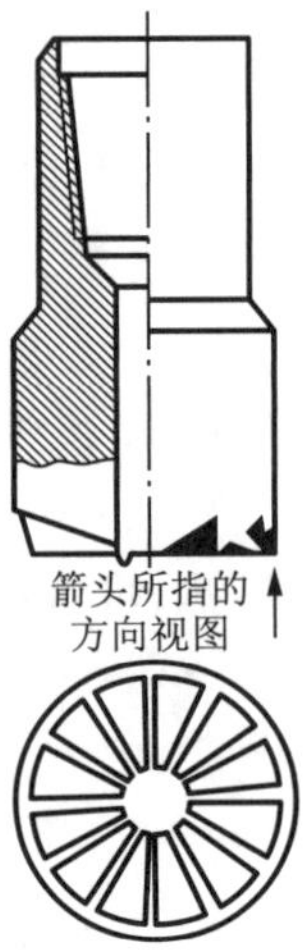

图 8-1-14　平底铣(磨)鞋

落物种类很多,打捞工具也是多种多样的,除了上述几种常用工具外,有时还要根据落物的特殊形状设计专门的打捞工具,如钢丝打捞筒等。

第二节　取心技术

一、概　述

1. 取心的目的

取心是获取地层剖面原始标本的唯一途径,由岩心标本可以得到其他方法无法得到的资料。在石油勘探和开发过程中,可以采用岩屑录井、地球物理测井、地球化学测井、地层测试等方法收集各种资料,了解地层情况,但这些方法都有很大的局限性。通过岩心可取得完整的第一性资料,只有通过对岩心的大量分析与研究,才能为制订合理的开发方案、准确计算油田储量、制定增产措施提供依据。取心的目的主要有以下几个:

— 拓展与思政 —

8－4

1）研究地层

利用岩心的岩性、物性、电性、矿物成分及化石等资料对地层进行对比分析。通过测定岩心的机械力学性能,了解地层岩石强度、可钻性、研磨性等,以指导钻井作业。

2）研究生油层

在一个沉积盆地内寻找油气,首先要确定该盆地有无良好的生油层。因此,需要从目的层的岩心取样化验分析各项生油指标。根据化验结果可以从生油角度选择勘探油气藏的目的层和有利地区。

3）研究油气层性质

勘探发现油气藏后,需要进一步了解储集层中油、气、水的分布情况,油层的孔隙度、渗透率、含油气饱和度以及油气层的有效厚度等，以确定油气层的工业开采价值。

油层的这些参数可以在室内通过对岩心样品的测定获得。不同参数的测定对岩心的要求也不相同。例如，在测定岩心的孔隙度、渗透率时，采用普通的取心方法即可；如要测定岩石的原始含油饱和度，则要用特殊取心方法以避免钻井滤液对岩心的影响。

4）指导油气田开采

油气田开发过程中，在二次采油时，要向油层中注入流体以保持能量驱动石油或天然气。地层中水驱油是一个复杂的油、水运移过程，掌握水驱油的原理及不同条件下的油水运移规律是合理开发油田的一个重要内容。人们常在实验室内用岩心制作各种油层模型并进行注水采油实验，通过实验可为油气田开发提供理论依据和实践经验。

对岩心的研究还可为低渗油气田的酸化压裂提供可靠依据。

5）检查开发效果

在油气田开发过程中，为了及时掌握油气田开采动态、注入流体推动情况及驱油效率，需要钻一些取心检查井，以获取油层的油水饱和度资料及岩性、物性资料，从中得出有关规律并指导实践以提高采收率，做到合理开发油气田。

此外，利用观察和测定岩心的有关资料可校核电测曲线，用于已电测而未取心的井上。

综上所述，在油气田勘探和开发各阶段，为查明储油、储气层的性质，或从大区域的地层对比到检查油气田开发效果，评价和改进开发方案，任一研究步骤都离不开对岩心的观察和研究。

2. 钻进取心的几个环节

（1）环状破碎井底岩石，形成岩心（圆柱体）。

（2）保护岩心。钻进取心时，对已形成的岩心要加以保护，避免循环的钻井液冲蚀岩心及钻柱转动的机械碰撞损坏岩心。

（3）取出岩心。在钻进取心到一定长度（通常为一个单根长度，也可以进行长筒取心，达几十米甚至上百米）后，要从所形成岩心的底部割断并夹紧岩心，在起钻时岩心随钻具一同提升到地面。

钻进取心时，以上三个环节都应做好，若任一环节处理不当，轻则得不到应有数量（长度）的岩心，重则导致取心失败，取不出岩心。

3. 取心钻进的评价指标

通常，钻进效率是以钻进时的机械钻速和钻头总进尺（一次行程）来评价的。取心钻进的目的是获得岩心，应将与取心钻进进尺同样长度的岩心全部取出。但常常由于各种原因（如冲蚀、磨损等）不能将应有长度的岩心取出。一般用岩心收获率来评价取心钻进，其计算方法为：

$$\text{岩心收获率}=\frac{\text{实际取出岩心长度}}{\text{本次取心钻进进尺}}\times 100\% \tag{8-2-1}$$

取心钻进时，首先要保证较高的岩心收获率，在此前提下尽量提高机械钻速。

二、取心工具

取心工具是钻取地下岩心的重要保证，为做好取心工作，必须了解取心工具的组成、结构特点、适用范围和使用要求，以合理选择和充分发挥取心工具的效力，保证获得较高的岩心收获率，提高取心钻进速度。

1. 取心工具的组成

取心工具种类很多，可以适应不同情况的要求，但其基本组成都包括三个部分：取心钻头，用以钻取岩心；岩心筒及其悬挂装置，用以保护岩心；岩心爪，用以割断和卡牢岩心并使岩心在起钻时随钻具提到地面。图8-2-1为取心工具组成示意图。下面分别介绍主要部分的结构及用途。

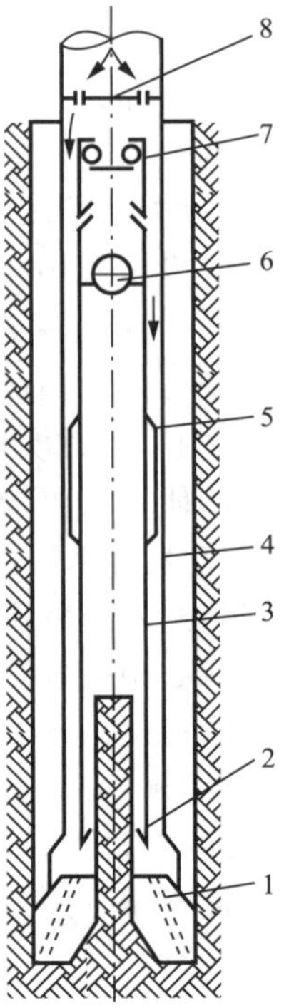

1—取心钻头；2—岩心爪；3—内岩心筒；4—外岩心筒；5—扶正器；6—回压凡尔；7—悬挂轴承；8—悬挂装置。

图 8-2-1 取心工具组成示意图

1）取心钻头

取心钻头是环状破碎井底岩石并在中心部位形成岩心柱的关键工具。岩心收获率的大小、钻进快慢都与钻头质量和选择有关。取心钻头的结构设计要有利于形成岩心并提高岩心收获率。钻头钻进时应平稳以免震动损坏岩心，钻头外缘与中心孔应同心，钻头水眼位置应使射流不直射岩心处并减少漫流对岩心的冲蚀，钻头的内腔应能使岩心爪尽量靠近岩心入口处，这样可使岩心在形成后很快经岩心爪进入岩心筒而被保护起来，同时可使岩心爪在割心时尽量靠近岩心根部，以减少井底残留岩心。

根据取心所钻地层不同，取心钻头分为牙轮、刮刀和金刚石几种类型(图 8-2-2)。

(1) 牙轮取心钻头有四牙轮取心钻头和六牙轮取心钻头，适用于中硬及硬地层。因钻头结构的限制，岩心直径不能太大。目前国内较少使用牙轮取心钻头。

(2) 刮刀式取心钻头以切削方式破碎岩石。与全面钻进刮刀钻头相同，刮刀式取心钻头刀刃部镶焊硬质合金，刮刀片对称均布在一个同心圆的环形面积上，钻头大多做成阶梯状以提高钻进效率。

(3) 金刚石取心钻头的结构形式多样，适应地层范围较广，有天然金刚石取心钻头、人造金刚石取心钻头和聚晶复合片取心钻头。

(a) 牙轮取心钻头

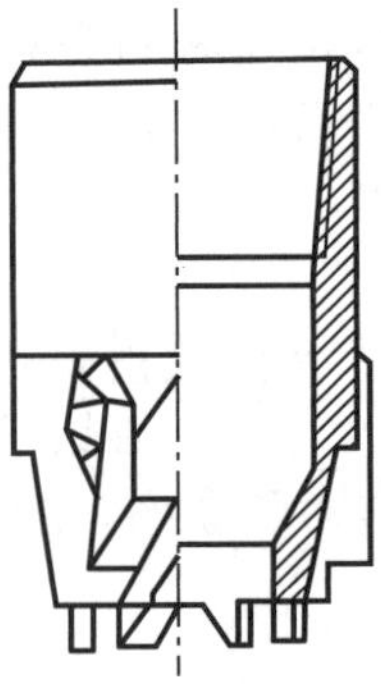

(b) 刮刀式取心钻头

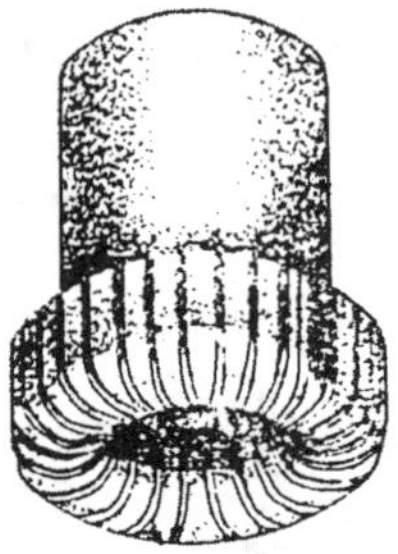

(c) 金刚石取心钻头

图 8-2-2 取心钻头

2）岩心筒及其悬挂装置

岩心筒是取心工具的重要部分之一。

取心工具有单筒取心工具（只有一个岩心筒）和双筒取心工具（即有内岩心筒和外岩心筒）之分，目前石油钻井中大多采用双筒取心工具。双筒取心工具包括内岩心筒、外岩心筒、内外岩心筒扶正器、内岩心筒回压凡尔及悬挂总成等部件，如图 8-2-1 所示。

（1）外岩心筒。外岩心筒由优质无缝钢管制成，上接钻柱，下接取心钻头。钻进中外岩心筒承受钻压并传递扭矩带动钻头旋转。为使其在钻进时不发生弯曲和摆动，在岩心筒外焊装扶正器。

（2）内岩心筒。内岩心筒的作用是在取心钻进时接收、储存和保护岩心。为了防止循环的钻井液进入内岩心筒和使筒内液体能及时排出（当岩心进入内岩心筒时），在内岩心筒的上部装有分水接头及回压凡尔（单流凡尔）。回压凡尔通常由 $\phi 5$ cm 钢球及球座组成。下钻前可先不装钢球，下钻后循环钻井液，液流流过内岩心筒将筒内因下钻而聚集的泥砂冲洗干净，再由井口从钻柱内投入钢球到达球座。钻进时，由于球阀密封，钻井液不能进入内岩心筒而由分水接头流向内外岩心筒之间的环形空间至钻头，使内岩心筒中的岩心不受冲蚀，当岩心进入内岩心筒时，筒内液体顶开回压凡尔的钢球排出。

为使岩心能顺利进入内岩心筒，要求筒身无变形、无弯曲、无碰扁，内壁光滑，壁厚均匀。

（3）内岩心筒悬挂总成。为避免内岩心筒旋转磨损岩心，一般将内岩心筒悬挂到外岩心筒顶部。悬挂总成包括悬挂轴承组和悬挂装置。悬挂轴承组用以防止内岩心筒旋转，并防止内岩心筒上下串动及摆动，通常由两副或两副以上轴承组成。悬挂装置是用不同方法将内岩心筒悬挂到外岩心筒顶部的装置，悬挂方式取决于取心工具的结构。目前常用的悬挂装置有以下几种：

① 丝扣式悬挂。这种悬挂方法是用丝扣将内岩心筒悬挂到外岩心筒顶部，是悬挂装置中最可靠的方法（图 8-2-3）。

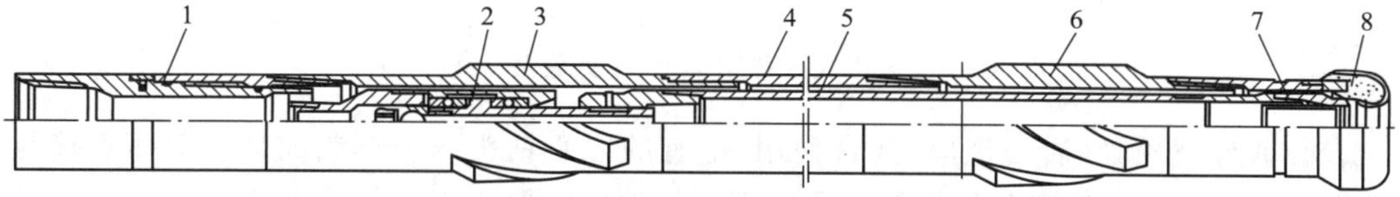

1—安全接头；2—悬挂总成；3—上扶正器；4—外岩心筒；5—内岩心筒；6—下扶正器；7—岩心爪；8—取心钻头。

图 8-2-3　自锁式常规取心工具

② 销钉式悬挂。这种悬挂方式是在对称的位置上用销钉将内外岩心筒连接起来。该方法对销钉的材料和尺寸要求很严格。在割心时要将销钉剪断，而在下钻和钻进时销钉应完好（图 8-2-4）。

③ 球座式悬挂。这种悬挂方式是用钢球通过悬挂套等部件将内岩心筒与外岩心筒连接起来，主要元件有钢球、悬挂接头、滑套及释放塞等（图 8-2-5）。

3）岩心爪

岩心爪的作用是在取心钻进结束后割断岩心，并在起钻时承托已割取的岩心以防岩心脱落。岩心爪应在取心钻进时允许岩心顺利通过并进入内岩心筒而不损坏岩心。

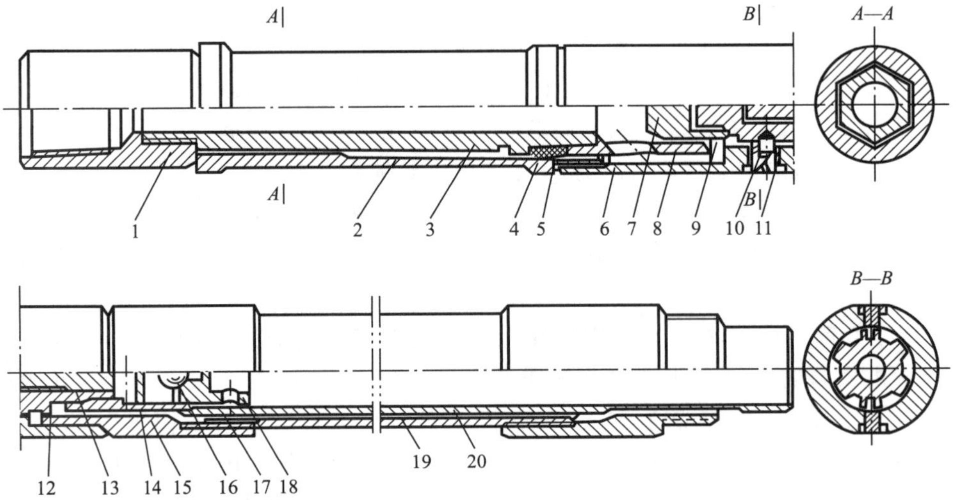

1—上接头；2—内六方孔；3—外六方套；4—盘根；5—压垫；6—定位接头；7—承压头；
8—加压中心杆；9—悬挂头；10—销钉；11—丝堵；12—螺帽；13—轴承；14—回压凡尔罩；15—轴承座；
16—回压凡尔球；17—外筒接头；18—回压凡尔球座；19—外岩心筒；20—内岩心筒。

图 8-2-4　机械加压式取心工具

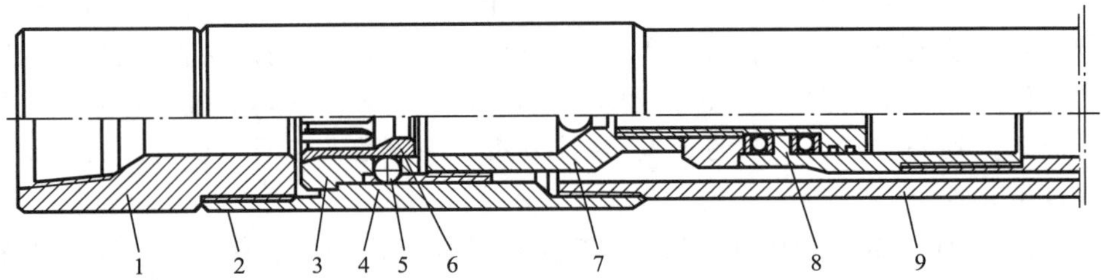

1—工具上接头；2—支撑接头；3—悬挂接头；4—滑套；5—悬挂钢球；6—释放塞；
7—分水接头；8—悬挂总成；9—外岩心筒。

图 8-2-5　球座式悬挂结构(加压式常规取心工具)

岩心爪与缩径套(岩心爪座)配合使用，也有的取心钻头内腔车制成爪座形而直接与岩心爪组合使用。岩心爪有多种类型以适应不同的地层及取心工具结构。

(1) 卡箍式岩心爪：适用于软及中硬地层，形状如圆箍，一圈开有数道缺口，将岩心爪分成许多瓣，每瓣内车有数圈卡牙(图 8-2-6a，b)。卡箍的外壁呈截锥状，与缩径套配合使用，缩径套有同样的锥面。岩心爪沿爪座移动时，其爪牙收缩卡紧岩心。

(2) 卡瓦式岩心爪：适用于中硬及硬地层，它由挂套、销轴、扭簧及卡瓦片组成(图 8-2-6c)。卡瓦片可依赖扭簧的力量张开，钻进时紧贴钻头内壁；割心时，在外力作用下岩心爪沿钻头内腔壁向下移动，卡瓦片收缩包紧岩心。

(3) 卡板式岩心爪：适用于中硬及硬地层，由外座、扭簧及片状卡板组成(图 8-2-6d)，一般和其他岩心爪复合使用。

(4) 卡簧式岩心爪：如图 8-2-6(e)所示，适用于硬地层，通常在地质钻探上使用，石油钻探取心中使用较少。

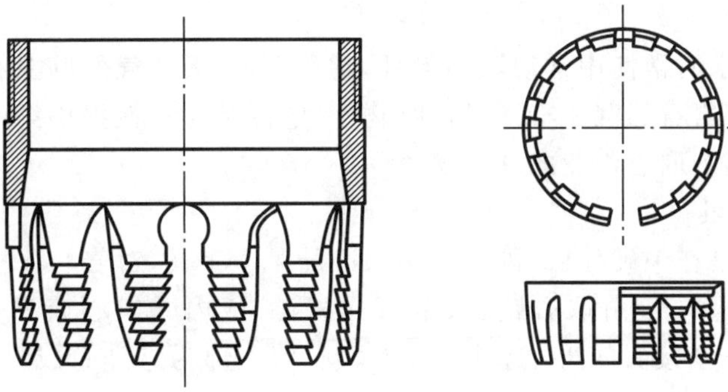

（a）卡箍式1　　（b）卡箍式2

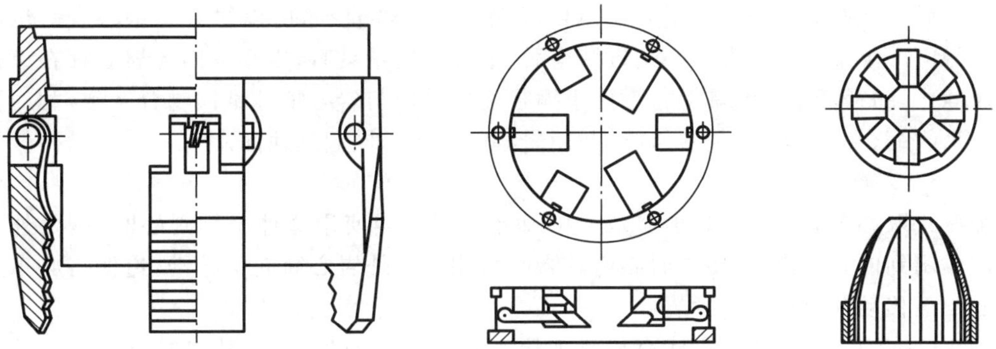

（c）卡瓦式　　（d）卡板式　　（e）卡簧式

图 8-2-6　岩心爪

2. 取心工具分类

以上分别介绍了取心工具的主要部件，实际使用的取心工具皆为成套生产。取心工具是为适应不同的地层、不同的取心目的和要求而设计的，因而有不同的结构、类型。取心工具的分类如下：

1）按工具结构分

单筒取心工具：无内岩心筒。

双筒取心工具：有内、外岩心筒，又可分为双动双筒取心工具（钻进时内、外岩心筒同时旋转）和单动双筒取心工具（钻进时内岩心筒不旋转）。

2）按取心长度分

短筒取心工具：一般钻进取心在一个单根长度以内，即取心钻进时不能接单根。

中长筒取心工具：可连续取心钻进几十米至上百米。

3）按割心方法分

自锁式、加压式、差动式。

4）按取心方式分

常规取心工具：对所取岩心无特殊要求，大多数取心属此类。

特殊取心工具：对所取岩心有一定要求，如严格防止污染岩心，保持井下原始状态，或要求定向岩心等。

3. 常规取心工具

对岩心无特殊要求时常使用常规取心工具，它在石油、天然气的勘探和开发过程中可为发现油气藏，了解地下岩石的沉积特征、岩性、物性、电性及含油性提供第一性资料。常规取心工具使用广泛，占整个取心作业的90%以上。

1）自锁式取心工具

自锁式取心工具是在中硬地层、硬地层中取心的基本工具，对岩心成柱性较好的地层也适用。自锁式取心工具一般由取心钻头、卡箍式岩心爪、内外岩心筒和安全接头组成（图8-2-3）。外岩心筒与安全接头的母接头相连，内岩心筒上部为悬挂总成，与安全接头公接头相连，内岩心筒下接缩径套（岩心爪座），岩心爪放置其内。

下完钻后，用大排量循环钻井液清洗内岩心筒及井底，然后停泵投入钢球（回压凡尔钢球），就位后开始取心钻进。由于岩心爪内径略大于岩心直径，所以岩心总是与岩心爪的内缘相接触而产生摩擦力。当取心钻进结束后，缓慢上提钻具时，岩心爪因与岩心存在摩擦力而相对静止，缩径套则随钻具上行。由于缩径套内锥面与岩心爪外锥面吻合一致，相对位移使岩心爪收缩、自锁、卡紧、拔断岩心，并使岩心随钻具一同起到地面。

2）加压式取心工具

加压式取心工具是在松软地层取心的基本工具。当使用这种工具割心时，需要外力直接加压作用到内岩心筒上，使内岩心筒及岩心爪相对于外岩心筒向下移动，迫使岩心爪沿钻头内腔锥面移动并收缩而卡紧岩心。

加压式取心工具的加压方式有机械加压和水力加压两种方式，其内岩心筒组合的悬挂方式有销钉式悬挂和球座式悬挂等。下面以机械加压方式介绍加压式取心工具。

机械加压式取心工具由能相对移动的六方杆（其上接钻柱）、六方套（其下接外岩心筒）及加压中心杆（其下接内岩心筒悬挂总成）组成（图8-2-4），其特点在于取心工具上部连接一加压接头。

机械加压式取心工具的工作原理如图8-2-7所示。钻进取心时，钻压和扭矩通过加压接头和外岩心筒传给钻头，岩心通过岩心爪进入内岩心筒（图8-2-7a）。割心时，上提钻具拉开加压接头，投入加压钢球，钢球到达加压中心杆球座（图8-2-7b）后下放钻具并加部分压力，压力通过钢球、加压中心杆传给承压头使销钉被剪断，内岩心筒失去支承而下滑（图8-2-7c），迫使内岩心筒下的岩心爪沿钻头内腔锥面滑动收缩包卡岩心，在钻具旋转扭矩作用下扭断岩心。

3）中长筒取心工具

一般取心工具（短筒）允许取心长度在一个单根长度之内。如果要求取心较长，则需要多次起下钻，因此为了提高效率，降低成本，发展了中长筒取心。

中长筒取心时，钻进中途需接单根，但在松软地层取心钻进过程中不允许钻头提离井底，因此还需增加接单根的专用装置——滑动接头（图8-2-8）。滑动接头是由滑动内外六方组成的差动装置，其有效滑动距约为11 m，可保证接单根时钻头（包括岩心筒）不离开井底（图8-2-9）。

当取心工具很长，其重量超过取心钻进所需的钻压时，滑动部分会使工具全部重量加在钻头上，为了灵活地调节钻压，在滑动装置下部配有转换接头，它有随意提放取心工具的功能，从而可调节钻压。

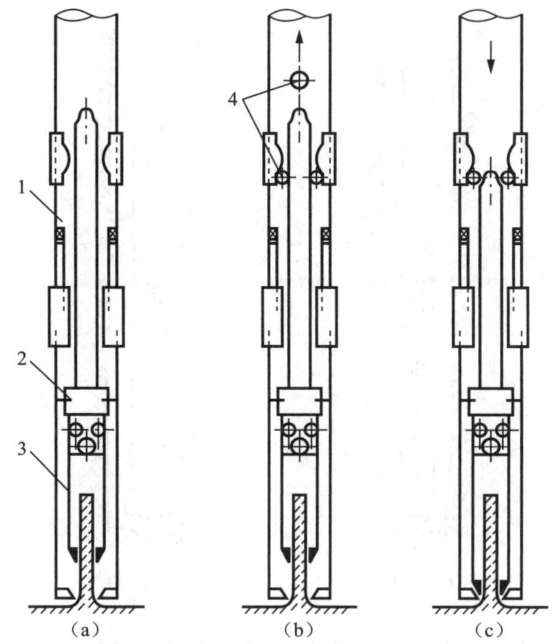

1—加压接头；2—销钉；3—取心工具；4—钢球。

图 8-2-7　机械加压割心示意图

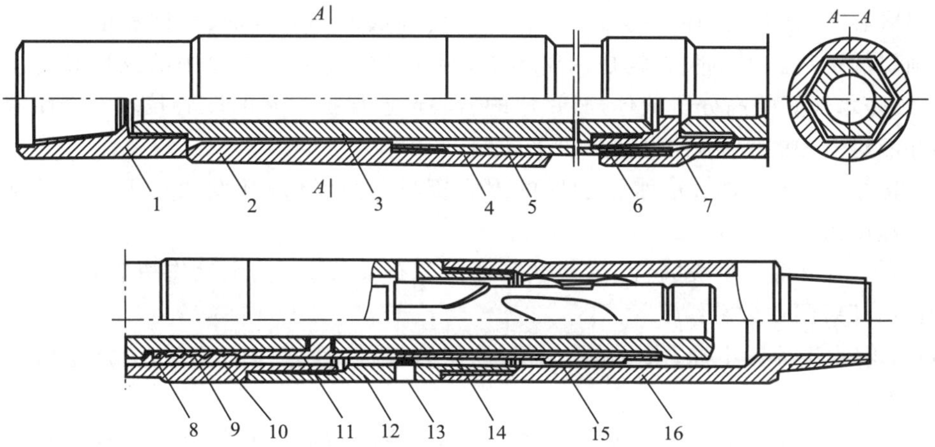

1—上接头；2—内方接头；3—方钻杆；4—加压套；5—外套；6—提升管；7—密封外套；8—活塞；9—中心管；10—密封圈；11—接箍；12—加压接头；13—承压销；14—滑套轴；15—滑套；16—下接头。

图 8-2-8　滑动装置

4. 特殊取心工具

在石油与天然气勘探和开发过程中，为了评价油气藏，需要取出满足特殊要求的岩心（如要求取出的岩心包含流体并保持其原始状态）。特殊取心有密闭取心、保压密闭取心、定向取心等。进行特殊取心所用的工具称为特殊取心工具。

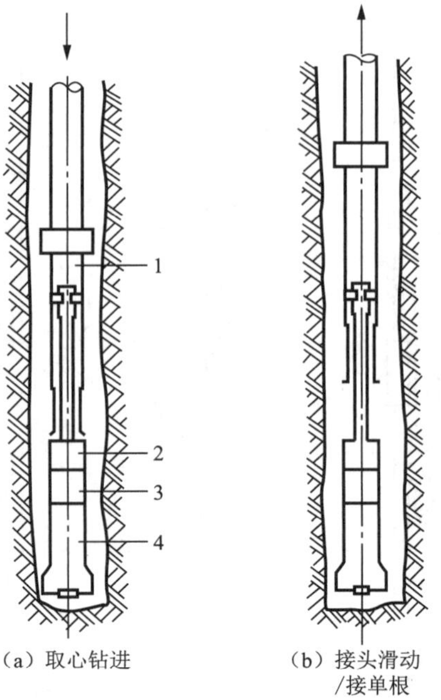

1—滑动接头；2—下接头；3—加压接头；4—取心工具。

图 8-2-9　中长筒取心接单根示意图

1）密闭取心

常规取心时，钻井液的滤液会侵入岩心中，使油层岩心的含油、气饱和度发生变化而不能取得确切的资料。密闭取心就是用密闭液（预先放置在内岩心筒中的黏性高、流动性好、附着力强、防水性好的高分子液体）将钻取的岩心迅速保护起来的取心技术。密闭取心可以防止钻井液对岩心的污染，并可解决以下问题：

（1）取得准确的含油、气、水饱和度的岩心资料，为计算未开发油气田储量及制定合理开发方案提供依据；

（2）了解油田采油阶段的含油、气饱和度及其分布规律、油水动态资料，以确定合理的开采方式和开采调整方案；

（3）了解水淹油田中油、水分布情况与油层岩性、物性之间的关系，为定量研究水淹油层驱油效率提供依据。

密闭取心工具有加压式密闭取心工具、自锁式密闭取心工具等类型。现以自锁式密闭取心工具为例介绍其结构。

图 8-2-10 为自锁式密闭取心工具的结构示意图，为自锁式割心方式，双筒双动式，其特点是在内岩心筒组合下部装有密封活塞并用销钉将其固定在取心钻头的进口处，内岩心筒与钻头的配合面上装有密封圈，内岩心筒的顶部装有浮动活塞。下钻前，内岩心筒灌满密闭液，浮动活塞置于限位接头之上，形成密封区；下钻过程中，随井深增加，密封区外部液柱压力增大，推动浮动活塞，使密闭区内外压力保持平衡，从而保证密封的可靠性。

下钻完毕后，在洗井液中加一定量的示踪剂——硫氰酸胺（NH_4SCN），开泵循环，使示踪剂均匀并达到含量要求，然后将工具下到井底，逐渐加压，剪断销钉。钻进时，不断形成的岩心进入内岩心筒并推动活塞上行。内岩心筒中的密闭液被挤向下排出，排出的密闭液在

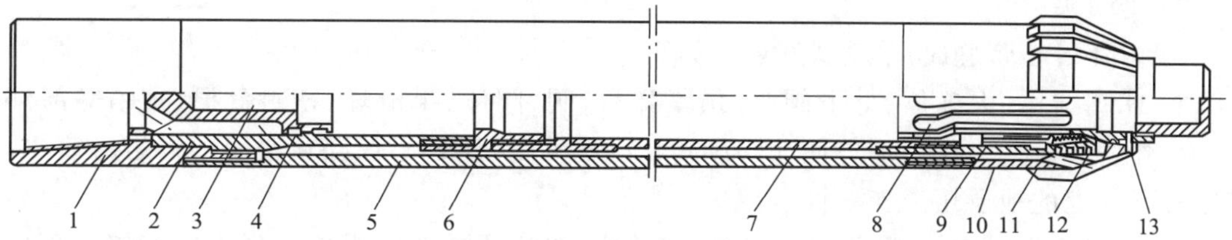

1—上接头；2—分水接头；3—浮动活塞；4—Y形密封圈；5—外筒总成；6—限位接头；7—内筒总成；
8—密封活塞；9—缩径套；10—取心钻头；11—岩心爪；12—O形密封圈；13—活塞固定销。

图 8-2-10 自锁式密闭取心工具结构示意图

井底钻头周围形成保护区，并立即黏附在岩心表面，形成一层保护膜，可防止钻井液污染渗入，从而达到密闭取心的目的。

密闭取心时所用的密闭液有油基和水基两种，各油田所用的原料配比各不相同。胜利油田所用配方（质量比）如下：

蓖麻油	100；
过氧乙烯树脂	12～14；
硬脂酸锌	0.84～1.68；
膨润土或重晶石	依密闭液密度而定。

2）保压密闭取心

密闭取心技术可以防止钻井液的污染，但在岩心从井底取到地面过程中，由于压力和温度降低，岩心中的气体和原油中的轻质组分剧烈膨胀而散逸，因此不能反映井底条件下的原始状况。保压密闭取心技术是取得保持储层流体完整岩心的一种有效方法。由这种岩心可准确求得井底条件下储层流体饱和度、储层压力、油层润湿性及储层物性等资料，对于正确认识地质情况和进行残余油储量计算，合理地制定开发调整井方案，以及提高采收率有十分重要的意义。

大庆油田成功研制了保压密闭取心工具并完善了相应的配套工艺技术，包括压力测试、岩心冷冻切割、包装运输及岩心化验等保压密闭取心技术。

（1）工具结构。

保压密闭取心工具结构如图 8-2-11 所示，它包括以下部分：

① 钻头：六翼三阶梯刮刀取心钻头。

② 卡心结构：采用卡箍组合结构。

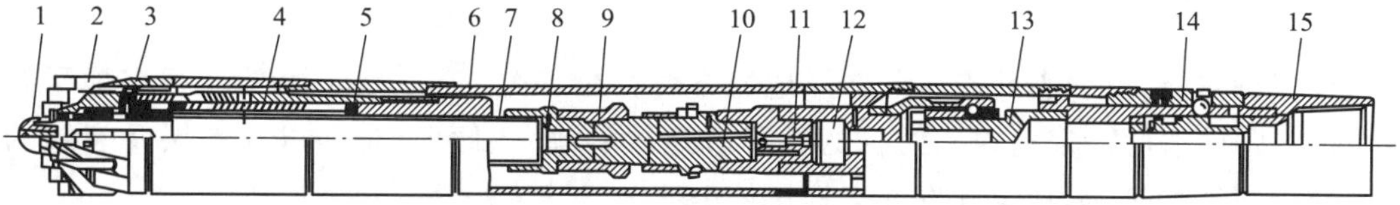

1—密闭头；2—取心钻头；3—轴承；4—球阀总成；5—外岩心筒下接头；
6—外岩心筒；7—内岩心筒；8—针阀；9—单向阀总成；10—气室连通总成；
11—调压室总成；12—高压气室；13—悬挂总成；14—差动装置；15—大接头。

图 8-2-11 保压密闭取心工具结构示意图

③ 密闭头。

④ 内外岩心筒总成：单动式双岩心筒。

⑤ 球阀结构：由球体、上下阀座、预紧弹簧、阀、阀体、半滑环、密封盘根、轴销等部件组成。在外岩心筒重力作用下迫使球阀旋转 90° 而关闭，使岩心保存在密闭的内岩心筒中，保持岩心所在处的地层压力。

⑥ 气阀调节机构：由高压气室、调压室总成、单流阀总成等组成。高压气室储存高压氮气(40 MPa)，调压室总成控制高压气室的气体在起钻过程中平衡内岩心筒压力，实现压力自动补偿。

⑦ 气室连通总成：起钻时连通接头打开，气体由高压气室通过连通接头向内岩心筒补充。测压接头接压力表用以测量内岩心筒压力或放空内岩心筒压力。

⑧ 悬挂总成：装有悬挂轴承组，用球座式悬挂内岩心筒，使内岩心筒保持不转动。

⑨ 差动式机构：由六方杆、内六方套、大小头、压帽、盘根等组成，主要用以传递扭矩，以便转动球阀，封闭内岩心筒。

(2) 工作原理。

该工具为单动双筒取心工具，卡箍式卡心，内岩心筒是容纳岩心的容器，也是割心后的密闭壳体。工具下井前，预先从密闭头将内岩心筒注满密闭液。当取心钻进完成后，上提钻具割心，然后投入 ϕ50 mm 钢球并使之坐在滑套座上，待钻井液返出且泵压正常(滑套到位)后，内外六方在重力作用下脱开，外岩心筒下移，其重力作用在球阀半滑环上，半滑环使球体产生一扭矩，并转动 90° 而关闭球阀，将岩心密闭在内岩心筒中。压力补偿系统中的高压气室预先储存高压氮气。阀门组机构预先调到规定压力，在起钻过程中以及以后作业中，通过压力调节器来维持内岩心筒的压力。

(3) 岩心处理。

① 将取心工具卸掉六方接头及悬挂接头，将压力测试装置接到测压阀上测试内岩心筒压力；

② 卸下内岩心筒，将带有岩心的岩心筒放入冷冻箱内，周围放置足够的干冰并向冷冻箱内充压到原有压力值，冷冻 6～8 h；

③ 为方便运输和化验，将冷冻后的岩心切割成一定长度(连同内岩心筒一起切割)；

④ 将切割后的岩心两端封好，在钻卡上打好井号、日期、井段等，然后将岩心放入冷冻箱并运往化验室；

⑤ 化验前将内岩心筒铣掉，清洗密闭液，准备化验。

3) 定向取心

定向取心是钻取岩心并确定其在原地的方位。在二次、三次采油中，为了更多地了解地层构造，需定向取心。定向取心的目的是了解地层的倾角、倾向、走向以及地层及裂缝的产状、裂缝分布规律等，为制定开发方案提供依据。

为达到定向取心的目的，了解岩心的原地方位，定向取心工具应能做到：① 钻进取心时在岩心上刻上标志线；② 测出标志线的方位。

定向取心工具由岩心筒和仪器两大部分组成(图 8-2-12)。在内岩心筒的下端装三把用于在岩心上刻槽的刻刀。钻进取心时，在进入岩心筒的岩心柱上沿纵向刻上标志线。

随钻测量仪器(多点测斜仪)下连加长杆，通过定向鞋与岩心筒顶部相接。加长杆使仪

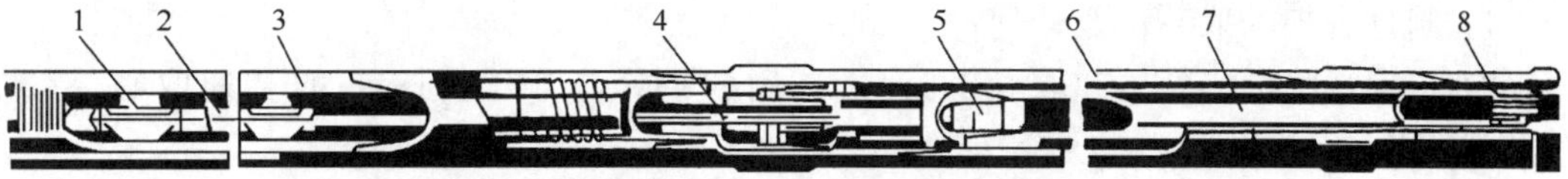

1—导向叶片；2—测量仪器；3—无磁钻铤；4—加长杆；5—仪器孔下部；6—外岩心筒；7—内岩心筒；8—定向鞋刻刀。

图 8-2-12 定向取心工具结构示意图

器位于无磁钻铤处以提高测量精度。刻刀与仪器外的刻线标记在一条直线上。仪器罗盘所读出的方位就是仪器外面刻线标记的方位，也就是岩心刻痕的方位。

有关仪器测量及定位测量的原理可参阅定向钻井章节及有关参考书。

三、提高岩心收获率

取心的目的是取出地下岩层中的原始资料——岩心。因此，无论在任何情况下，都应将提高岩心收获率作为主要任务。要提高岩心收获率，就要了解影响收获率的各种因素，然后采取相应的措施确保岩心收获率并提高取心钻进效率。

1. 影响岩心收获率的因素

在岩心钻取过程中，影响岩心收获率的因素是多方面的，归纳起来有以下几方面：

1）地　层

地层的变化是多样的，它对岩心收获率的影响也是多方面的。

地质构造与地层结构（如断层、大倾角地层、裂缝发育地层、溶洞等）都会对岩心收获率有影响。

地层的岩性是另一影响因素。胶结程度好、致密的地层成柱性强，易取得较高的岩心收获率，而胶结性差、松散、薄夹层、软硬交错地层、吸水膨胀地层、含大量可溶性盐类地层都会对岩心收获率造成不利的影响。

2）岩心直径

岩心直径越大，岩心的强度就越高，越有利于提高岩心收获率。岩心直径大小取决于取心工具。

3）取心钻进参数

取心钻进参数不合理会严重影响岩心收获率。钻压过大、过小对岩心收获率的提高都不利。钻压过大会使外岩心筒失稳弯曲，钻头工作不稳，外岩心筒与内岩心筒夹紧，内岩心筒摆动及旋转；钻压过低则钻速过低。转速过大会引起钻进不稳定、震动等而破坏岩心。在排量方面，过大的排量可能会冲蚀岩心，过小的排量会引起钻头泥包，这都影响岩心收获率的提高。

4）井下复杂情况

井眼中如果有井漏、坍塌、缩径、落物、狗腿、键槽、井喷等复杂情况，若不及时处理会直接影响取心效果。

2. 提高岩心收获率的措施

影响岩心收获率的因素是多方面的，但对某个地区来说，其影响因素有其主要方面，所以应不断总结取心的成功经验与失败教训。一般来说，提高岩心收获率应注意以下几个方面：

(1) 制订合理的取心作业计划;

(2) 正确选择取心钻头和取心工具,所选用的工具要符合取心目的(普通取心、特殊取心),同时要适合所钻地层;

(3) 工具在下井前应仔细检查,如岩心角有无变形、悬挂轴承转动情况、岩心爪的弹性及与岩心爪的配合等;

(4) 制定合理的取心钻进参数;

(5) 严格执行操作技术规范;

(6) 总结经验,不断提高取心工艺技术水平。

第三节 套管开窗技术

在已下套管的某一位置下入专用工具,采用铣削方法在套管上定向铣出一个窗口(孔为椭圆形)或铣去一段套管使原始地层重新裸露的技术,称为套管开窗技术,其目的是为侧钻定向井、水平井做准备。该工艺是石油勘探开发过程中提高探井成功率和油气采收率、增加产能的重要手段。关于侧钻定向井、水平井,本节着重介绍套管开窗工艺及有关工具。

套管开窗侧钻的用途包括以下四个方面:

(1) 钻多底井。

(2) 事故井侧钻。

(3) 已钻井偏离含油区。

(4) 老油田枯竭采油井二次完井:① 采油井下部套管损坏或发生事故无法处理,可用套管开窗技术重新钻达目的层,二次完井采油;② 油层井段严重砂堵或被水淹没,利用该技术钻达生产层二次完井;③ 老油田枯竭井,通过开窗侧钻定向井或水平井开采死油区。

套管开窗目前有两种方法:一种是采用斜向器在套管一侧定向开孔,另一种是用扩张式工具将一段套管铣掉。

一、用斜向器进行套管开窗

1. 简易套管开窗工具的施工步骤

简易套管开窗工具的施工步骤(图 8-3-1)如下:

(1) 确定开窗位置(深度、方法)。

(2) 打水泥塞。在拟开窗位置处打一段长 80～100 m 的水泥塞。

(3) 通径和洗井。用大于斜向器外径及长度的通径规通径,并充分洗井。

(4) 下斜向器。工具的连接如下:钻柱+送入器+斜向器+尾管。用钻柱将工具送入井内到预定位置(水泥塞顶部)后,注水泥返至斜向器以上 10 m 左右,然后加压剪断连接送入器与斜向器的销钉,上提钻柱及送入器,冲洗掉多余的水泥浆,候凝 2～5 d。

(5) 套管开窗。钻去斜向器以上的水泥,用初始铣鞋铣套管一侧,最后用锥式铣鞋修整窗口。所用铣鞋如图 8-3-2 所示。

(6) 造斜侧钻。

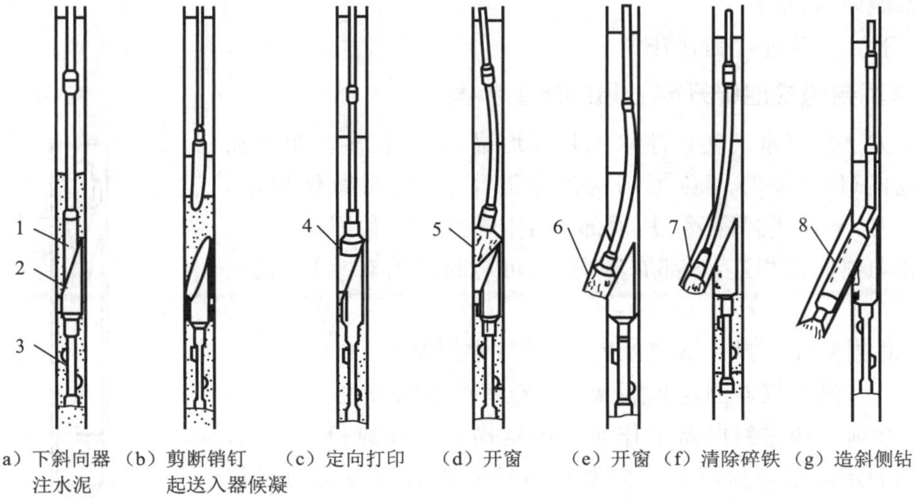

1—送入器；2—斜向器；3—尾管；4—铅印；5—复式铣锥；6—单式铣锥；7—内侧钻井筒；8—涡轮。

图 8-3-1　开窗施工步骤示意图

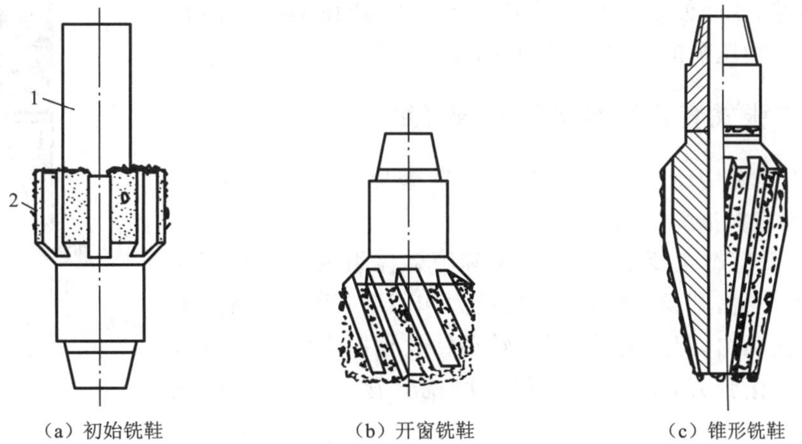

1—导杆；2—切削刀。

图 8-3-2　套管开窗铣鞋

当对开窗的方位有一定要求时，要用钻杆定向下钻。这种方法定向效率较低，误差较大。当对所开窗口无方位要求时，用一般的下钻即可。

2. 固定锚式开窗工具的施工步骤

这种方法的施工步骤与前述方法大致相同，但可用仪器（陀螺测斜仪）。其施工步骤如下：

(1) 在适当位置打水泥塞；

(2) 下入斜向器及地锚（钻柱＋送入器＋斜向器＋地锚）至水泥塞顶部；

(3) 从钻柱内下入测量仪器测斜向器工作面方位，并调整斜向器至规定方位，此后不得转动钻柱；

(4) 为封固地锚注水泥浆，注完后加压剪断连接送入器与斜向器的销钉，上提钻柱，冲掉多余水泥浆，候凝；

（5）下入铣鞋进行套管开窗。

3. 卡瓦封隔式地锚开窗工具的施工步骤

以上方法须打水泥塞或注水泥封固地锚，工序较多。用卡瓦封隔式地锚（图 8-3-3）可免去两次注水泥作业，从而简化程序。所用工具有：卡瓦式封隔器（其顶部有定向鞋短节）和固定锚（上部用丝扣与斜向器相连，下部有定向鞋，可与封隔器对接）。施工步骤如下：

（1）将封隔器坐封在预定位置（代替打水泥塞）。

（2）下入测量仪器测定封隔器定向鞋短节键的方位。

（3）在地面调整斜向器工作面与固定锚定向鞋的相对位置，使固定锚的定向鞋与封隔器定向鞋短节键对接后斜向器的工作面在预定的方位。

（4）下入斜向器及固定锚。其工具组合为：钻柱＋初始铣鞋＋斜向器＋固定锚。

下钻到封隔器处使固定锚的定向鞋与封隔器顶部的定向鞋短节对接，然后加压剪断销钉，开始侧向铣削套管。

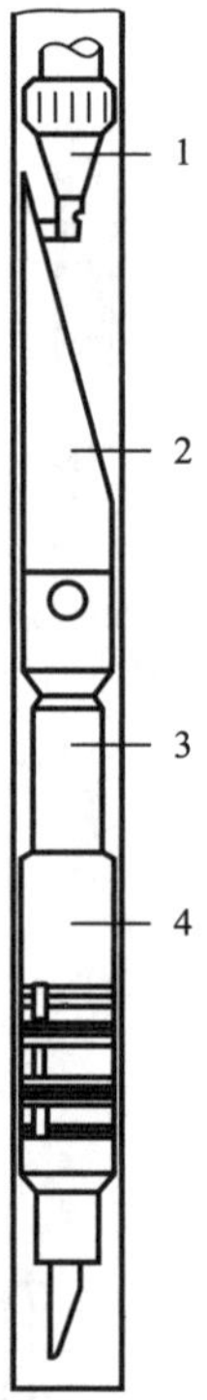

1—初始铣鞋；2—斜向器；
3—固定锚；4—封隔器。
图 8-3-3 卡瓦封隔式地锚开窗工具组合

二、用扩张式套管磨鞋进行套管开窗

这种方法是采用水力扩张式套管磨鞋磨掉一段套管（30～50 m），用常规定向造斜方法进行侧钻。

扩张式套管磨鞋主要由刀片、活塞和磨鞋体组成。套管磨鞋下至预定开窗位置，开泵循环，在循环压力作用下，活塞压缩弹簧下行，使支撑头顶出刀片，向外扩张，转动钻具切割套管。套管被割断后，刀片逐渐张开，泵压下降，轻压磨铣套管，直至达到磨铣的长度要求。

第四节 智能钻井技术

钻井技术在历经“概念—经验—科学—自动化”的发展过程后，正加快与大数据、人工智能等新技术融合，逐步迈向智能钻井技术发展阶段，有望实现钻井作业的智能决策和控制，大幅提高作业效率和安全性，降低钻井成本。

一、智能钻井技术的基本内涵

智能钻井技术是将大数据、人工智能、云计算、物联网、数字孪生、智能材料、信息工程、控制工程等理论与技术应用于钻井工程的一项变革性钻井技术，通过应用地面自动化/智能化钻机和控制系统、井下与地面双向高速数据传输系统、井下智能感知与导向钻井系统、远程实时智能决策控制中心等，实现钻井作业的超前探测、闭环调控、精准制导和智能决策，能大幅提高钻井效率和储层钻遇率，降低钻井成本，显著提高复杂油气藏单井产量和采收率。

智能钻井系统的基本组成如图 8-4-1 所示。

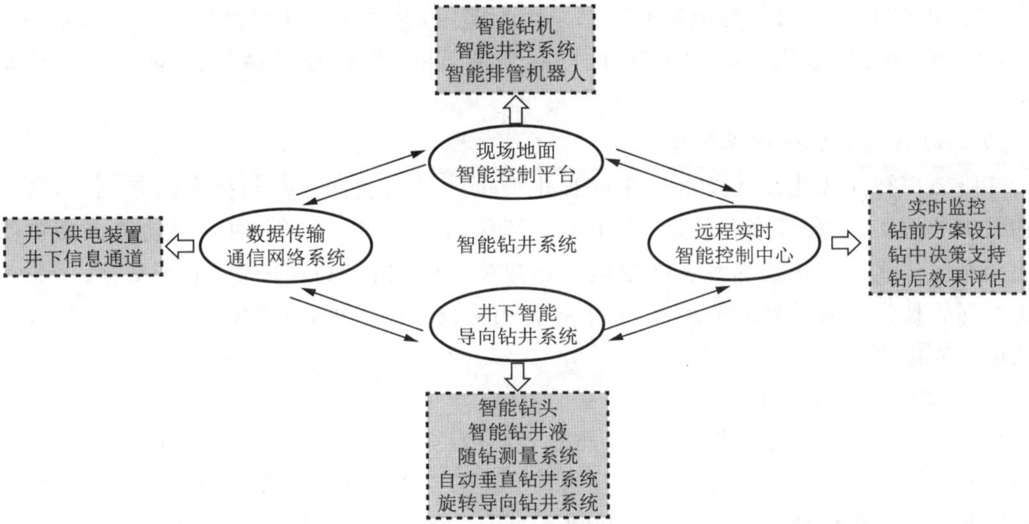

图 8-4-1 智能钻井系统组成

根据不同时期钻井工艺技术的特点，一般将钻井技术划分为机械化钻井、自动化钻井、智能化钻井和无人化钻井四个发展阶段，智能钻井技术处于第三个发展阶段。

（1）机械化钻井阶段。该阶段的代表性工艺技术主要有牙轮钻头、旋转钻井技术、喷射钻井技术、平衡压力钻井技术、多点测斜仪、电驱动钻机、大功率钻井设备等。

（2）自动化钻井阶段。该阶段的代表性工艺技术主要有 PDC 钻头、螺杆钻具、自动化钻机、自动控压钻井系统、旋转导向工具、随钻测量测试技术等。

（3）智能化钻井阶段。该阶段正在研制和发展的代表性工艺技术包括智能钻机、智能钻头、智能钻杆、智能钻井液、井下智能导向钻井系统、远程实时智能控制中心等。

（4）无人化钻井阶段。该阶段将依托无人化钻井生产平台、井下智能钻井机器人等，实现钻井全过程的无人化操控。

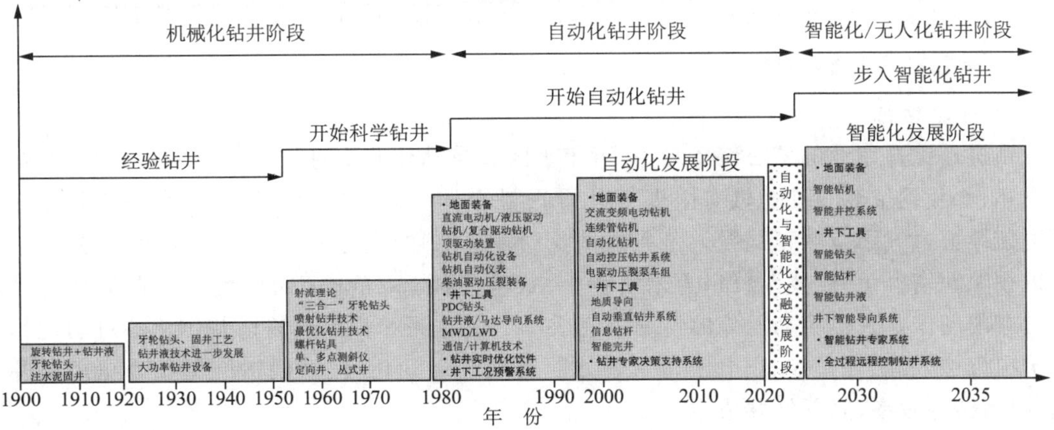

图 8-4-2 钻井技术发展历程

二、智能钻井关键技术与装备

1. 智能钻井关键技术

近年来，通过国内外在智能钻井技术领域的探索，对智能钻井关键技术有了初步统一的认识，主要包括井眼轨道智能优化设计、钻速智能优化、智能导向钻井、智能监测与决策等技术。

1）井眼轨道智能优化设计技术

井眼轨道智能优化设计技术是在现有井眼轨道优化设计理论与技术的基础上，基于钻前和钻中的地质、工程等多源数据，利用人工智能、数字孪生等技术对井眼轨道参数进行智能化动态优化设计。该技术对三维地质动态建模、井下信息高速传输、虚实交互、多源数据智能处理等技术具有较高的依赖性，未来随着相关技术的发展，有望实现复杂油气钻井的井眼轨道智能优化设计。

2）钻速智能优化技术

钻速智能优化技术是依据地质、工程等多源数据，采用大数据分析和机器学习等技术，对影响机械钻速的地层和钻井参数进行综合分析，实现在不同地质条件下对最优机械钻速进行钻前智能优化设计和钻中施工参数动态调控。该技术需构建海量的机械钻速训练数据集、实时获取井下地质及工程相关参数、优选或研发高可靠性智能优化算法等，以提高优化设计和参数调控的准确性和可靠性。

3）智能导向钻井技术

智能导向钻井技术是在井眼轨道智能优化设计技术、旋转导向钻井技术等基础上，依托地质-井筒数字孪生模型和人工智能算法等，实现井眼轨迹的智能化、自适应动态控制，从而实时优化钻井参数，提高机械钻速，消除井眼轨迹偏差，达到“智能驾驶”的目的。

4）智能监测与决策技术

智能监测与决策技术包括井下信息的智能监测和钻井全过程的智能决策两部分。其中，井下信息智能监测技术是利用大数据、人工智能等技术快速分析和融合地面及井下的多源监测数据，为井下复杂工况的实时诊断和预测提供准确的数据支撑。钻井全过程的智能决策技术是通过远程、地面或井下的智能决策系统对地质、工程等多源数据（包括智能监测数据）进行智能分析，实现对钻井全过程井下工况和风险的智能化诊断与实时决策。

2. 智能钻井关键装备

1）智能钻机

钻机是钻井作业的核心装备之一，近年来随着自动化和信息技术的发展，自动化钻机逐步成熟，如我国宝鸡石油机械有限责任公司研制的 7 000 m 自动化钻机已在四川长宁—威远国家级页岩气示范区正式投入工业性试验；我国研制的全球首台 12 000 m 特深井自动化钻机在深地塔科 1 井（我国首口万米科探井）成功应用；Nabor 公司研发的全自动陆地钻机在没有现场作业人员手动操作的情况下完成了一口井深 6 071 m 的钻井作业。自动化钻机由于在管柱处理、井口控制、电子司钻等方面实现了自动化，较常规钻机可显著缩短钻井周期，提高钻井效率，降低钻井成本。

智能钻机是在自动化钻机的基础上，通过自动化控制与人工智能等技术的融合，实现钻机故障的智能诊断与排除以及钻井参数的智能调控，为钻井作业提供智能化的动力支撑。由于钻机是一个十分庞大且复杂的系统，要真正实现智能钻机，仍需在钻井智能决策与控制系统等方面进行攻关。

2）智能钻杆

— 拓展与思政 — 8-5

— 拓展与思政 — 8-6

智能钻杆（图 8-4-3、图 8-4-4）是在常规钻杆基本结构的基础上，通过嵌入电缆、光纤等，实现地面和井下双向数据的高速传输甚至电力的供应。与现有的泥浆脉冲、低频电磁波、钻柱声波等井下信息传输技术相比，智能钻杆具有双向信息传输速度快、速率高、可为井下供电等优势，是智能钻井的“中枢神经”和实现智能钻井的关键装备之一，目前国内外已对其开展了一系列实验和测试，具有非常广阔的发展前景。

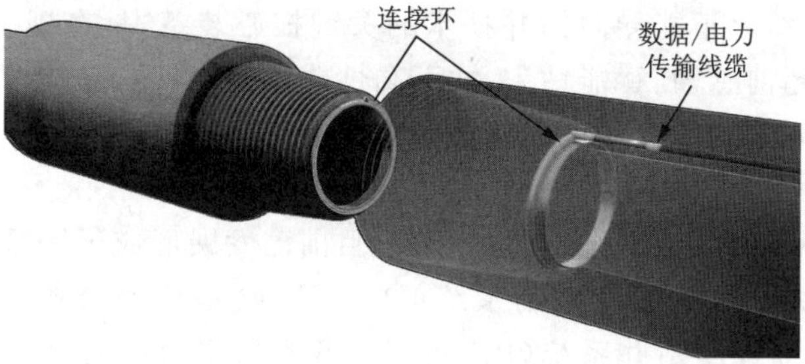

图 8-4-3　智能（有缆）钻杆结构示意图

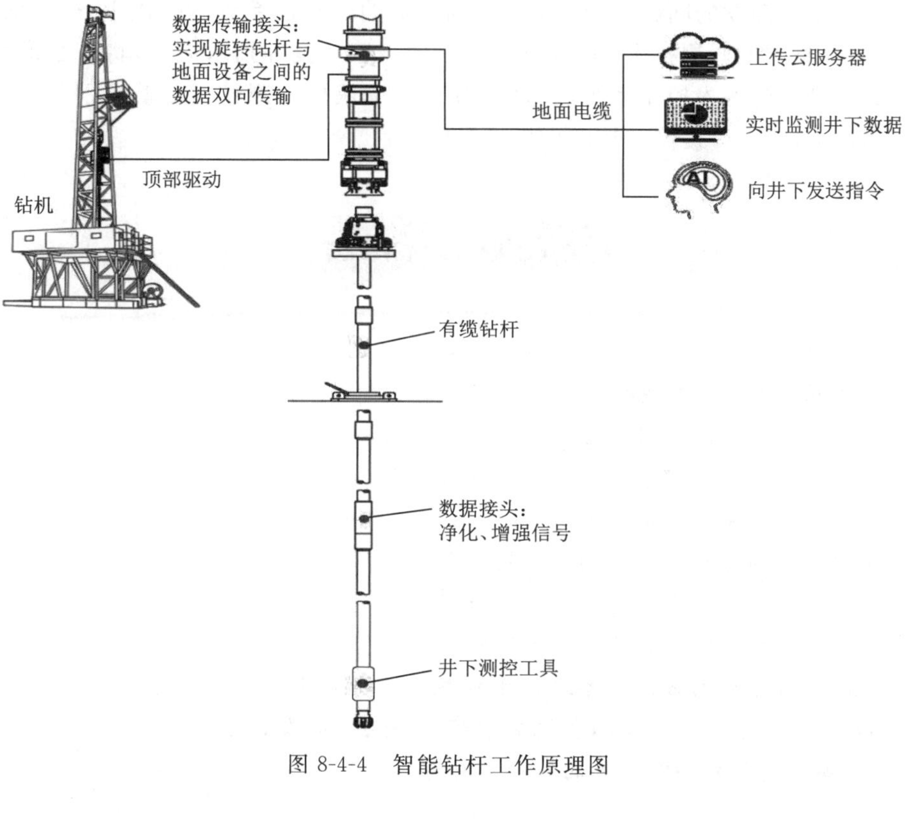

图 8-4-4　智能钻杆工作原理图

3）智能钻头

钻头是与井底岩石直接接触和破岩的关键装备。自1909年发明牙轮钻头以来，随着钻井深度的不断增加以及对高效破岩的实际需求，钻头的形态及破岩方式经历了系列变革，如金刚石钻头、PDC钻头、“狮虎兽”钻头、自适应钻头、差压步进式钻头、个性化钻头等，为提高破岩效率和机械钻速提供了重要支撑。

智能钻头是在现有钻头功能的基础上，通过将传感器（如振动、温度、钻压、扭矩、方位等）、信息处理与传输系统、控制机构（如切削齿自适应调节结构、推靠机构等）等集成在钻头内部，实时获取和监测井下信息及钻头工作状态，并对获取的信息进行处理分析及高速上传，实现钻头根据地层特性和井下工况智能调控自身形态。与现有钻头相比，未来的智能钻头将集成信息监测、分析与上传功能（获取的信息较现有近钻头测量更直接、准确），且能够通过“变形”适应不同地层，具有广阔的发展前景。

4）智能导向钻井系统

智能导向钻井系统是智能导向钻井技术的关键核心装备，是在现有旋转导向钻井系统的基础上，融合随钻超前感知、智能钻头、井下高性能智能处理器等技术装备，自主识别地层和决策控制参数，从而提高钻井效率和储层钻遇率。

5）智能井控系统

井控系统是保障钻井作业安全的关键装备，目前已发展形成了一系列自动化控压系统，如斯伦贝谢公司的动态环空压力控制系统（DAPC）、哈里伯顿公司的控制压力钻井系统（MPD）、中石油的精细控压钻井系统（PCDS）等，可依据监测数据自动调节排量、回压等参数，实现对井筒压力的精细化、自动化调控，可有效解决深水、深层窄密度窗口地层溢流、井漏等井下复杂情况频发的问题。智能井控系统是在自动控压系统的基础上，融合大数据、人工智能、井下信息智能监测技术、地面和井下自动控压工具等技术装备，将海量的井控历史数据及事故处理经验融入控压系统，实现钻井过程中依据监测数据自动识别井下工况并智能调控井筒压力，进一步提高井控的准确性和时效性。

习题与拓展

1. 什么叫井下复杂情况？什么叫钻井事故？
2. 造成井喷的原因有哪些？
3. 井喷失控着火后有几种处理方法？各有何特点？
4. 造成井漏的原因有哪些？有几种井漏类型？
5. 常用的堵漏方法和堵漏剂有哪些？
6. 什么现象称为卡钻？常见的卡钻有几种类型？
7. 压差卡钻是如何造成的？如何判断及预防？
8. 什么是键槽卡钻？如何判断及预防？
9. 有几种处理卡钻的方法？各适用于哪些类型的卡钻？
10. 倒扣套铣解卡和爆炸倒扣套铣解卡有何特点？步骤如何？
11. 钻具事故包括哪些？常见的打捞工具有哪些？

12. 公锥和母锥的打捞原理是什么？各适用于何种情况？
13. 打捞井下落物时常用哪几种工具？各有何特点？
14. 取心的目的是什么？
15. 取心钻进的几个环节是什么？
16. 取心钻进的评价指标是什么？
17. 取心工具包括哪几个主要部分？
18. 取心钻头有哪几种类型？其结构如何？
19. 岩心筒的结构如何？
20. 岩心筒的悬挂装置如何？
21. 常规取心工具有哪些？各适用于哪些地层？
22. 密闭取心用于何种情况？其工具的特点是什么？
23. 保压密闭取心工具有何特点？
24. 为什么要进行定向取心？
25. 套管开窗的用途是什么？
26. 简易套管开窗工具的施工步骤有哪些？

— 拓展阅读 —

8-7

参考文献

[1] 刘希圣. 钻井工艺原理[M]. 北京:石油工业出版社,1992.

[2] 陈庭根,管志川. 钻井工程理论与技术[M]. 东营:石油大学出版社,2000.

[3] 武汉地质学院. 钻探工艺学[M]. 北京:地质出版社,1980.

[4] 《钻井手册(甲方)》编写组. 钻井手册(甲方)[M]. 2 版. 北京:石油工业出版社,2013.

[5] 屠厚泽,高森. 岩石破碎学[M]. 北京:地质出版社,1990.

[6] 徐小荷,余静. 岩石破碎学[M]. 北京:煤炭工业出版社,1984.

[7] 史立涅尔 JI A. 岩石力学的物理基础[M]. 朱德懿,译. 北京:石油工业出版社,1957.

[8] 沈忠厚. 油井设计基础和计算[M]. 北京:石油工业出版社,1988.

[9] 孙广忠. 工程地质与地质工程[M]. 北京:地震出版社,1993.

[10] 李智毅,王智济,杨裕云. 工程地质学基础[M]. 武汉:中国地质大学出版社,1990.

[11] 王瑞和,张卫东. 钻井工艺技术基础[M]. 2 版. 东营:中国石油大学出版社,2016.

[12] 江汉石油管理局钻头厂. 江汉钻头使用手册[M]. 北京:石油工业出版社,1992.

[13] 罗肇丰. 钻井技术手册[M]. 北京:石油工业出版社,1984.

[14] 赵国珍,龚伟安. 钻井力学基础[M]. 北京:石油工业出版社,1988.

[15] 黄汉仁,杨坤鹏,罗平亚. 泥浆工艺原理[M]. 北京:石油工业出版社,1981.

[16] 李克向. 保护油气层钻井完井技术[M]. 东营:石油大学出版社,1993.

[17] 赵福麟. 采油用剂[M]. 东营:石油大学出版社,1997.

[18] 孙松尧. 钻井机械[M]. 北京:石油工业出版社,2006.

[19] 李继志,陈荣振. 石油钻采机械概论[M]. 东营:石油大学出版社,2001.

[20] 马永峰,康涛. 钻机操作维护手册[M]. 北京:石油工业出版社,2005.

[21] 韩志勇. 定向井设计与计算[M]. 2 版. 东营:中国石油大学出版,2007.

[22] 查永进,管志川,戎克生,等. 钻井设计[M]. 北京:石油工业出版社,2014.

[23] 郝俊芳. 平衡钻井与井控[M]. 北京:石油工业出版社,1992.

[24] 姜仁. 井控技术[M]. 东营:石油大学出版社,1990.

[25] 刘刚,金业权. 钻井井控风险分析与控制[M]. 北京:石油工业出版社,2011.

[26] 孙振纯,夏月泉,徐明辉. 井控技术[M]. 北京:石油工业出版社,1997.

[27] NELSON E B. 现代固井技术[M]. 刘大为,译. 沈阳:辽宁科学技术出版社,1994.

[28] 张明昌. 固井工艺技术[M]. 北京:中国石化出版社,2007.

[29] 刘崇建,黄柏宗,徐同台,等. 油气井注水泥理论与应用[M]. 北京:石油工业出版社,2001.

[30] 熊大玉,沈威.混凝土外加剂[M]. 西安:陕西科学技术出版社,2003.

[31] 张德润,张旭. 固井液设计与应用[M]. 北京:石油工业出版社,2002.

[32] 高因斯 W C. 防止井喷[M]. 郝俊芳,李自俊,译. 北京:石油工业出版社,1981.

[33] 徐同台,刘玉杰. 钻井工程防漏堵漏技术[M]. 北京:石油工业出版社,1997.

[34] 刘瑞棋. 钻井工程事故的预防与处理[M]. 北京:中国建筑工业出版社,1982.

[35] 李海石,符国强. 钻井取心技术[M]. 北京:石油工业出版社,1993.

[36] 梅江,严世才. 调整井钻井完井技术[M]. 北京:石油工业出版社,1993.

[37] 《钻井测试手册》编写组. 钻井测试手册[M]. 北京:石油工业出版社,1978.

[38] 刘景伊,周全兴,刘贵芝. 钻井工具使用手册[M]. 北京:科学出版社,1990.

[39] SY/T 5313—2006 钻井工程术语[S].

[40] SY/T 5435—2003 常规定向井轨道设计与轨迹绘图[S].

[41] SY/T 5435—1992 两维常规定向井轨道设计与轨迹绘图[S].

[42] SY/T 5619—2009 定向井钻具组合设计作法[S].

[43] SY/T 5724—2008 套管柱结构与强度设计[S].

[44] SY/T 6544—2010 油井水泥浆性能要求[S].

[45] 马保国,许永和,董荣珍. 三乙醇胺对水泥初始结构的力学性能的影响[J]. 建筑材料学报,2006,9(1):6-9.

[46] 韩志勇. 垂直井眼内钻柱的轴向力计算及强度校核[J]. 石油钻探技术,1995,23(s1):8-13.

[47] 姚晓. 油气井膨胀剂研究(Ⅱ)——膨胀机理及影响因素[J]. 钻井液与完井液,2004,21(5):43-48.

[48] 姚晓. 镁氧类油井水泥膨胀剂膨胀机理的研究[J]. 西南石油学报,1999,21(2):77-80.

[49] 章清姣,邓敏. 掺 MgO 膨胀剂水泥浆体膨胀机理研究述评[J]. 科技导报,2009,27(13):111-115.

[50] 陈志勇. 铝粉膨胀剂水泥浆和微膨胀水泥的工程应用[J]. 科技信息(科学教研),2007,30(13):127-128.

[51] 房恩楼,熊敏,刘玉杰,等. 抗冻胶乳水泥浆室内研究[J]. 石油天然气学报(江汉石油学院学报),2010,32(5):278-280.

[52] 步玉环,尤军,姜林林,等. 触变性水泥浆体系研究与应用进展[J]. 石油钻探技术,2009,37(4):110-112.

[53] 王建东,屈建省,高永会. 国外深水固井水泥浆技术综述[J]. 钻井液与完井液,2005,37(4):110-112.

[54] 孙富全,侯薇,靳建洲,等. 超低密度水泥浆体系设计和研究[J]. 钻井液与完井液,2007,24(3):31-34.

[55] 闫铁,许瑞,刘维凯,等. 中国智能化钻井技术研究发展[J]. 东北石油大学学报,2020,44(4):15-21.

[56] 李根生,宋先知,田守嶒. 智能钻井技术研究现状及发展趋势[J]. 石油钻探技术,2020,48(1):1-8.

[57] 王敏生，光新军. 智能钻井技术现状与发展方向[J]. 石油学报，2020，41(4)：505-512.

[58] 许玉强，管志川，张洪宁，等. 基于含可信度地层压力剖面的精细井身结构设计方法[J]. 中国石油大学学报(自然科学版)，2014(6)：72-77.

[59] ROKINSON L H，Jr. Effects of pore and confining pressure on failure characteristics of sedimentary rocks[J]. Trans. AIME，1959，216(6)：26-32.

[60] BLACK A D，GREEN S J. Laboratory simulation of deep well drilling[J]. Petr. Engineer，1978，50(3)：41-48.

[61] MOORE P L. Drilling practices manual[M]. Wyoming：Petroleum Pub. Co. ，1974.

[62] REHM B，MCCLENDON R K. Measurement of formation pressure from drilling data[C]. SPE 3601，1971.

[63] CHILINGARIAN G V，VORABUTR P. Drilling and drilling fluids[M]. Amsterdam：Elsevier Scientific Publishing Company，1981.

[64] GRAY G R，DARLEY H C H，ROGERS W F. Composition and properties of oil well drilling fluids[M]. 4th ed. Texas：Gulf Publishing Company，1981.

[65] VAN OLPHEN H. An introduction to clay colloid chemistry[J]. Soil Science，1964，97(4)：290.

[66] WILCOX R D，JARRETT M A. Polymer deflocculants：chemistry and application[C]. SPE/IADC 172001，1988.

[67] CHESSER B G. Design consideration for an inhibitive and stable water-based mud system[C]. SPE/IADC 14757，1986.

[68] VIDRINE D J，BENIT E J. Field verification of the effect of differential pressure on drilling rate[J]. Journal of Petroleum Technology，1968(7)：676-680.

[69] BOURGOYNE A T，YOUNG F S. A multiple regression approach to optimal drilling and abnormal pressure detection[C]. SPE，1974，14(4)：371-375.

[70] ECKEL J R. Microbit studies of the effect of fluid properties and hydraulics on drilling rate[J]. Journal of Petroleum Technology，1967，19(4)：541-546.

[71] LUMMUS J L. Drilling optimization[J]. Journal of Petroleum Technology，1970，22(11)，1379-1388.

[72] MCLEAN R H. Crossflow and impact under jet bits[J]. Journal of Petroleum Technology，1964，16(11)：1299-1306.

[73] GRACE R D，et al. Field examples of gas migration rates[C]. SPE 35119，1996.

[74] INGLIS T A. Directional drilling[J]. Petroleum Engineering & Development Studies，1987，18(10)：53-60.

[75] ADAMS N. Well control problems and solutions[M]. Tulsa：Penn Well Books，1980.

[76] NICKENS H V. A dynamic computer model of a kicking well. Part 1—The theoretical model[C]. SPE 14843，1985.

[77] CHOE J，JUVKAM-WOLD H C. Well control model analyzes unsteady state，two-phase flow[J]. Oil and Gas Journal，1996，94(49)：49-53.

[78] SCHUBERT J J，JUVKAM-WOLD H C，WEDDLE C E. HAZOP of well control

procedures provides assurance of the safety of the subsea mud Lift drilling system[J]. SPE/IADC,74482,2002.

[79] CASARIEGO V. Generation,migration,and transportation of gas-contaminated regions of drilling fluid[R]. Baton Rouge,LA (USA):Louisiana State University and Agricultural and Mechanical Coll. ,1987.

[80] ADAMS A J,MACEACHRAN A. Impact on casing design of thermal expansion of fluids in confined annuli[J]. SPE Drilling & Completion,1994,9(3):210-216.

[81] ALUN WHITTAKER. Coring operation[M]. Berlin:Springer Netherlands,1985.

[82] API BULLETIN 5C3. Bulletin on formulas and calculations of casing,tubing,drill pipe and line properties[S]. 6th ed. API Production Department,1994.

[83] ISO/TR 10400 Petroleum and natural gas industries-equations and calculations for the properties of casing,tubing,drill pipe and line pipe used as casing or tubing[S].

[84] XU Y Q, JIANG M N, GUAN Z C, et al. Analysis and determination method of addition mud density in casing program design[J].Journal of Petroleum Science and Engineering, 2020(184): 106503.